高等学校水利学科教学指导委员会组织编审

高等学校水利学科专业规范核心课程教材·水利水电工程

水利概论

主　编　姜弘道
副主编　严忠民
主　审　李玉柱

中国水利水电出版社
www.waterpub.com.cn

内 容 提 要

本书内容包括水文学与水资源、水环境与水生态、水利工程、水利经济与水利管理、水利科技与水文化等5篇。

本书为水利学科水文与水资源工程、水利水电工程、农业水利工程等专业的通用教材，供各专业开设“水利概论”课程使用。本书还可供其他相关专业开设“水利概论”或“水利工程概论”课程使用，也可供社会上关心水利的人士了解水利使用。

本书中图、表和链接资料可在 http：//www.waterpub.com.cn/softdown/进行查找及下载。

图书在版编目（CIP）数据

水利概论 / 姜弘道主编. -- 北京 : 中国水利水电出版社, 2010.10(2024.7重印).
高等学校水利学科专业规范核心课程教材. 水利水电工程
ISBN 978-7-5084-7999-6

Ⅰ. ①水… Ⅱ. ①姜… Ⅲ. ①水利工程－高等学校－教材 Ⅳ. ①TV

中国版本图书馆CIP数据核字(2010)第203572号

书　　名	高等学校水利学科专业规范核心课程教材·水利水电工程 **水利概论**
作　　者	主编　姜弘道　副主编　严忠民　主审　李玉柱
出版发行	中国水利水电出版社 （北京市海淀区玉渊潭南路1号D座　100038） 网址：www.waterpub.com.cn E-mail：sales@mwr.gov.cn 电话：（010）68545888（营销中心）
经　　售	北京科水图书销售有限公司 电话：（010）68545874、63202643 全国各地新华书店和相关出版物销售网点
排　　版	北京时代澄宇科技有限公司
印　　刷	天津嘉恒印务有限公司
规　　格	175mm×245mm　16开本　27.5印张　629千字
版　　次	2010年10月第1版　2024年7月第5次印刷
印　　数	10001—12000册
定　　价	**69.00**元

水利水电工程专业教材编审分委员会

总 前 言

随着我国水利事业与高等教育事业的快速发展以及教育教学改革的不断深入，水利高等教育也得到很大的发展与提高。与1999年相比，水利学科专业的办学点增加了将近一倍，每年的招生人数增加了将近两倍。通过专业目录调整与面向新世纪的教育教学改革，在水利学科专业的适应面有很大拓宽的同时，水利学科专业的建设也面临着新形势与新任务。

在教育部高教司的领导与组织下，从2003年到2005年，各学科教学指导委员会开展了本学科专业发展战略研究与制定专业规范的工作。在水利部人教司的支持下，水利学科教学指导委员会也组织课题组于2005年年底完成了相关的研究工作，制定了水文与水资源工程，水利水电工程，港口、航道与海岸工程以及农业水利工程四个专业规范。这些专业规范较好地总结与体现了近些年来水利学科专业教育教学改革的成果，并能较好地适用不同地区、不同类型高校举办水利学科专业的共性需求与个性特色。为了便于各水利学科专业点参照专业规范组织教学，经水利学科教学指导委员会与中国水利水电出版社共同策划，决定组织编写出版“高等学校水利学科专业规范核心课程教材”。

核心课程是指该课程所包括的专业教育知识单元和知识点，是本专业的每个学生都必须学习、掌握的，或在一组课程中必须选择几门课程学习、掌握的，因而，核心课程教材质量对于保证水利学科各专业的教学质量具有重要的意义。为此，我们不仅提出了坚持“质量第一”的原则，还通过专业教学组讨论、提出，专家咨询组审议、遴选，相关院、系认定等步骤，对核心课程教材选题及其主编、主审和教材编写大纲进行了严格把关。为了把本套教材组织好、编著好、出版好、使用好，我们还成立了高等学校水利学科专业规范核心课程教材编审委员会以及各专业教材编审分委员会，对教材编纂与使用的全过程进行组织、把关和监督。充分依靠各学科专家发挥咨询、评审、决策等作用。

本套教材第一批共规划52种，其中水文与水资源工程专业17种，水利水电工程专业17种，农业水利工程专业18种，计划在2009年年底之前全部出齐。尽管已有许多人为本套教材作出了许多努力，付出了许多心血，但是，由于专业规范还在修订完善之中，参照专业规范组织教学还需要通过实践不断总结提高，加之，在新形势下如何组织好教材建设还缺乏经验，因此，这套教材一定会有各种不足与缺点，恳请使用这套教材的师生提出宝贵意见。本套教材还将出版配套的立体化教材，以利于教、便于学，更希望师生们对此提出建议。

高等学校水利学科教学指导委员会

中国水利水电出版社

2008年4月

第5次重印前言

根据水利类专业教学工作的需要，本书第5次重印，现写下我们对再次重印本书的一点认识。

本书自2010年出版至今已有14年了。在这14年中，习近平总书记提出了“节水优先、空间均衡、系统治理、两手发力”治水思路和关于治水兴水的一系列重要论述，为新时代的水利事业提供了科学指南与根本遵循；党中央、国务院发布了“关于加快水利改革发展的决定”“黄河流域生态保护和高质量发展规划纲要”“长江三角洲区域一体化发展规划纲要”“国家水网建设规划纲要”以及一系列关于实施乡村振兴战略的文件，为新时代的水利事业构建了创新改革发展的宏大格局。在党中央、国务院坚强领导下，水利事业持续深入落实“节水优先、空间均衡、系统治理、两手发力”治水思路，在新时代创新改革发展的征程中取得一个又一个令人瞩目的成果，为水利高质量发展奠定了扎实的基础。

令人欣慰的是，水利事业改革发展的实际表明我们在编写本书最初提出的“希望通过这样一门不限于工程的概论性质的课程，使得新入学的水利学科专业的学生对水利以及中国的水利事业有较全面的了解和较宏观的认识”的目标以及据此目标安排的本书的内容是与新时代水利事业改革发展的需要基本相适应的；再从水利类专业认证标准的毕业要求来看，本书的内容也能在实质上支撑若干毕业要求指标点的达成；因而再次重印本书以应教学之需既是必要的，也是合适的。

从培养支撑水利高质量发展、建设水利新质生产力的水利类专业人才的要求来看，编著水利类专业教材还有许多工作要做，本书也有不少需要进一步修改完善之处，以反映水利改革发展的新思路、新理论、新技术、新方法。同时，经过多年教学实践的检验，本书既有的内容也有需要修改完善之处，作者恳切希望使用本书的教师、学生将意见、建议反馈给我们，以便再版时改进。

作者

2024年7月

前　言

“水利概论”是在制定水利学科专业规范时新列入的一门核心课程，在此之前，一些学校的水利学科专业已开设了“水利工程概论”、“水利土木工程导论”一类的必修或选修课程。作出这个改变的主要想法是希望通过这样一门不限于工程的概论性质的课程，使得新入学的水利学科专业的学生对水利以及中国的水利事业有较全面的了解与较宏观的认识，从而使得他们对本专业的教学目标、内容与要求有较具体的理解，进而能较主动地完成其四年的学业。本书为试图尝试实现这个改变而编写。

由于水利的学科内含十分广泛，如何取材成了编写本书的第一个难题。目前，本书包括水文学与水资源、水环境与水生态、水利工程、水利经济与水利管理、水利科技与水文化共5篇。从这个安排，读者可以体会到作者对当代水利的“较全面”与“较宏观”是如何理解的。除了内容框架的确定，本书在编写过程中还特别强调要努力做到：概念提出必须清晰明了，内容阐述应该选择精当，中国水情力求交待清楚，至于本书是否基本达到了这些要求，有待读者检验并提出宝贵意见。

本书涉及水利学科中多个次级学科内容，因此如何组织相关学科的教师共同完成编写任务是编写本书的第二个难题。好在参与本书编写的各位教师既是本学科领域的专家，又十分重视此项任务，不仅及时完成了初稿，并根据本书特点多次修改书稿，又经主编们统稿、定稿，终于全部完成。参加本书编写的教师分别来自河海大学的各个学院，他们是水文水资源学院的刘新仁教授（第1篇第1章、第3章），任立良教授（第1篇第2章、第4章），钟平安教授（第1篇第5章、第6章）；水利水电学院的严忠民教授（第2篇第7～第10章），沈长松教授（第3篇第11～第13章、

第15章)，张展羽教授（第3篇第14章)；公共管理学院的黄涛珍教授（第4篇第17章、第18章)，尉天骄教授（第5篇第20章)；以及姜弘道教授（第4篇第16章、第18章第3节，第5篇第19章)。全书由刘新仁、严忠民、姜弘道三位教授分篇统稿，并由姜弘道教授全书定稿。尽管我们在统一全书风格方面作了很多努力，但由于各篇内容的差异仍难以做到浑然一体，希望通过教学实践再加以修改完善。

本书由清华大学水利水电工程系李玉柱教授主审。李玉柱教授不仅在水利学科的各个方面有宽广而深厚的造诣，而且具有丰富的教学经验和教材编审经验。他认真而仔细地审阅了全书，提出了许多宝贵的修改意见，为全书增色不少。在此谨向他表示衷心的感谢。

在教学中如何使用本教材，需通过实践不断摸索、逐步完善。如，在教学内容安排上，可根据水利学科各个专业的不同要求有所取舍；在教学方式上，可以由几位教师以讲座的形式开出，也可由一至两位教师完成全部内容；在教学方法上，可以多用多媒体，还可结合认识实习、听取生产单位专家报告；等等。作者们建议，完成全书内容大致需要3学分（48课时)。其中2学分在一年级第一学期或第二学期开设，主要讲授前3篇和第4篇第16章、第5篇第19章5.1节、5.5节的内容；1学分可在三年级第二学期或四年级第一学期开设，主要讲授其余各章、节的内容，重点是介绍水利科技前沿方向与水文化。

由于篇幅所限，本书中更全面的图、表以及一些链接材料可在 http://www.waterpub.com.cn/softdown/进行查找及下载。

由于编写此种教材尚属初次尝试，书中存在的缺点与不足在所难免，恳请读者批评指正。

编者

2010年9月

于南京河海大学

目录

第2篇 水环境与水生态

第3篇 水利工程

第4篇 水利经济与水利管理

第 5 篇　水利科技与水文化

第1篇

水文学与水资源

最近100多年是人类历史上发展最迅速的时期，人口增长，经济发展，科技进步，物质生活改善，使人类社会发生翻天覆地的大变化。与此同时，人类也开始感到前所未有的生存环境压力，原来还比较宽敞的地球，开始变得拥挤，原来比较丰富的资源，开始出现紧缺。人类正面临越来越严峻的人口、资源和环境的挑战。

在此背景下，人们对水的认识也发生根本性的变化。原本水总是作为取之不尽、用之不竭的天然物质。但是，到了20世纪的后半期，水问题就开始显现，最近一二十年，水资源更是成了影响经济、社会发展的制约因素。国际上，已将水问题提到涉及人类社会安全的高度，联合国也开展一系列的活动，加强对水的认识、研究和管理。2004年第58届联合国大会通过了一项决议，确定2005～2015年为“生命之水”国际行动十年，作为实现联合国“千年发展”目标的一项重要措施。

要解决水资源紧缺、水环境恶化、水灾害加剧的问题，迫切需要的是提高对水文规律的认识。水文学是关于地球上水的科学，在希腊文中是由“水”和“知识”两个词组成。水文学研究地球上水的发生、分布和循环，它们的物理和化学性质，以及地球水圈与大气圈、岩石圈和生物圈的相互关系。水文科学的研究领域涉及地球上水的整个运动变化过程。

在20世纪初期，水文学的研究和应用范围远小于整个水科学的范围，只是为水利工程提供所必须的水文数据和信息。到20世纪末，人们对地球水圈在全球系统中的核心作用及人类活动对自然过程具有的影响力，有了较深刻的认识，水文学开始从传统水利工程所涉及的学科范围拓宽出来，定义为地球科学的一个分支，涵盖整个地球水圈，派生出越来越多的交叉学科。水文学的范围，从最初的陆地水文和工程水文，到后来的水资源水文，再到最近出现的生态水文，得到迅速扩展。

作为水利概论的第1篇，主要介绍水文学和水资源的基本概念，以及水文学应用和水资源管理的基本原理，为从事水利工作和与水有关的各行各业的人员提供基础知识，以便能在各自的工作领域中，以符合自然规律的理念来合理开发水资源，有效保护水环境，切实防治水灾害，达到人与自然的和谐共处和经济社会的可持续发展，最终造福于人类。

本篇首先介绍有关水的基本属性，了解诸多水文现象的物理本质，其次给出地球上的水循环和水量分布的一个全貌描述。接着，以人类主要生存的场所陆地为主，介绍与陆地有关的水循环的几个环节，即：陆地与大气之间，陆地与地下土壤岩石之间，以及陆地表面的水分分布和交换。最后，介绍水文学的几个主要应用技术领域：水文观测、水文设计、水文预报及水资源规划和管理等。

第1章 地球上的水

人类所生活的地球是由4个部分组成：岩石圈、水圈、大气圈、生物圈。这4个圈相互交错、相互作用，构成一个完整的地球系统。水圈在其中起着核心的作用。

1.1 地球——水的行星

地球是太阳系中至今了解唯一存在三相（液态、固态和气态）水的行星。根据最新资料，地球上有 $13.86\times10^8\mathrm{km}^3$ 的水，若平铺地表，足以形成一个厚达2700m的水层。

这些水主要集中于海洋中。地球表面面积为 $5.1\times10^8\mathrm{km}^2$，其中海洋面积为 $3.6\times10^8\mathrm{km}^2$，占地球表面面积的7/10，陆地面积为 $1.5\times10^8\mathrm{km}^2$，占3/10。根据这一点，地球可以称为水的行星或海洋行星。当然，从整个地球的质量来看，水的质量仅占地球总质量的1/4500，而且虽然海洋的平均深度有3000m之深，但和地球6378km的半径（赤道）相比，实在只是极薄的一层皮。因此，地球还是应该称为地球，而不称为水球。

任何星球上水圈的性质，决定于星球的表面温度和压力。地球上之所以有着这样多的液态水，主要是由于地球的表面温度平均为15℃，十分接近水的三相点，见图1-1。地球与其两个相邻的行星——金星和火星相比，金星的表面温度为464℃，火星为－53℃，前者温度太高，如果有水存在的话，则只可能是气态水，后者温度太低，只可能存在固态水。只有在地球上，可以同时存在三种物态的水，且三种物态之间很容易转换。

地球上的水以各种形式存在于地球的各个圈层中，形成一个环绕地球的巨大水圈。水在地球圈层中的存在形式，大体上可分为地面水、地下水、大气水和生物水四大部分。地面水主要包括海洋、湖泊、河流、冰川、沼泽等各种水体储存的水，也是地球上水量的主要组成部分；地下水主要是指储存在土壤和岩石圈孔隙中的水；大气水是指悬浮于大气中的水蒸气，但有时也以液态和固态悬浮于大气圈中；生物水主要指一切生物有机体内的水分，这部分水量虽然占的比重不大，但却是地球上一切生物生存所不可缺少的组成部分。

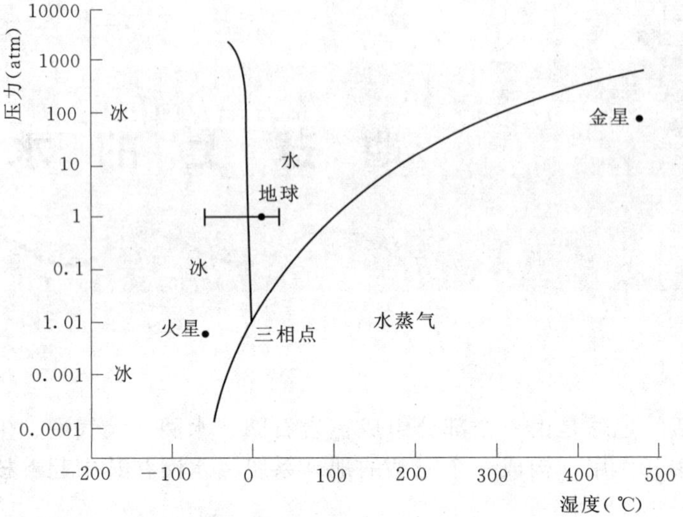

图1-1　太阳系行星表面压力和温度及水的相图
（图中地球的温度界限标表示地球年平均温度的变幅）

表1-1　　地球上水的分布

分布场所	水量（×10⁶km³）	百分数（%）	
		占总水量	占总淡水量
海洋	1338.00	96.5	
地下水	23.40	1.7	
（其中淡水）	(10.53)		30.1
（土壤水）	(0.0165)		0.05
冰雪水	24.0641	1.74	68.7
（其中南极）	(21.6)		
（格陵兰）	(2.34)		
（北极）	(0.0835)		
（山区）	(0.0406)		
地下水（永冻带）	0.3	0.022	0.86
湖泊	0.1764	0.013	
（其中淡水湖）	(0.091)		0.26
（咸水湖）	(0.0845)		

续表

分布场所	水量（$\times10^6km^3$）	百分数（%）	
		占总水量	占总淡水量
沼泽	0.01147	0.0008	0.03
河道	0.00212	0.0002	0.006
大气	0.0129	0.001	0.04
生物	0.00112	0.0001	0.003
总水量	1385.984610	100	
总淡水量	35.029100	2.53	100

注 表中数字引自《World Water Balance and Water Resources of the Earth》，UNESCO，1978。

地球上究竟有多少水，这是很难精确估计的。就以海洋来讲，要知道海洋中有多少水，首先要量测海洋地形。可是直到20世纪70年代，世界大洋仅5%的面积有足够可靠的等深线，大部分测量工作是在1957～1958年国际地球物理年期间完成的。美国海洋学家弗·普·舍帕尔德曾指出，人们对海底的了解比对月球可见到的那一面的了解还少。至于分布于地下和两极冰盖中的水量，同样也是很难估计的。因此，至今地球上水的分布，存在不同的估计数据，也就不足为怪了。但是尽管各家数字不尽相同，其分布的大体比例基本一致。

根据联合国教科文组织（UNESCO）1978年发表的数字（见表1-1和图1-2），地球上水的总量为13.86亿km^3，其中绝大部分（96.5%）聚集在海洋中。淡水仅占2.53%，而淡水中又有68.7%是以冰雪形式存在于两极和高山冰川中，30.1%存在于地下，其中又有近一半深埋于800m以下的岩层中。地球上全部河流、湖泊及沼泽水量约为19万km^3，仅占地球上总水量的0.014%，但是，这部分水与人类关系最为密切。大气水总量约为1.29万km^3，占地球总水量的0.001%，这部分水量虽然不大，但循环很快，却是地球上淡水的主要来源。

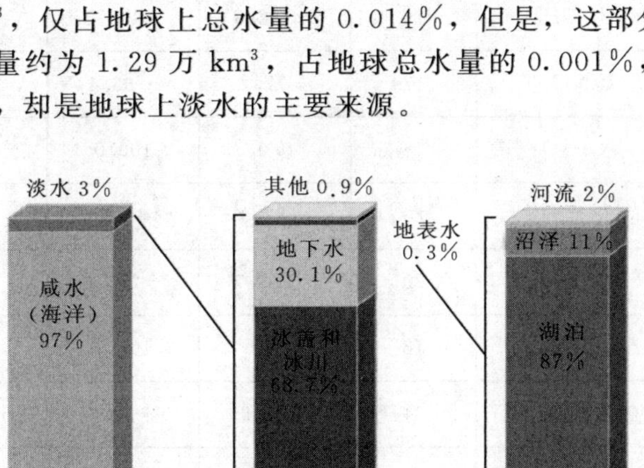

图1-2 地球上水的分布

1.2　水——不寻常的寻常物质

尽管水是十分平常的东西，到处都有，随处可见，无人一日不接触水，但是，水在自然界中，几乎所有的物理化学性质都是与众不同的。水作为天然物质，具有一系列独特的、异常的性质，它是地球上最令人惊奇和最不寻常的物质。

1.2.1　特别高的冰点和沸点

在一个大气压下，水的冰点为0℃，沸点为100℃，我们可能觉得这是十分正常的现象。但是要是和与水同类的化学物质相比，就会发现其实是相当反常。

水分子由二个氢原子和一个氧原子构成，氧在化学元素表中处于第6族。与水相似，还有一些由二个氢原子、一个第6族的元素的原子组成的物质，如氢与碲的化合物（H_2Te）、氢与硒的化合物（H_2Se）、氢与硫的化合物（H_2S）等。在这些化合物中，它们的分子量分别为130、81和34，相应的沸点分别为－2℃、－41℃和－60℃，冰点分别为－48℃、－66℃和－83℃，见表1－2和图1－3。与此三种化合物相比，水具有最小分子量18，如果它的特性与其他相似分子结构的物质一样，那么它的沸点和冰点按分子量排列，应该是－70℃和－100℃，但实际上水的沸点是100℃，冰点是0℃。同样，与同属第二周期的元素的氢化物相比，水的习性也都与其他物质不同，其沸点和冰点也是最高的。从这样的比较中可以充分显示水的异常特性。

正是由于水的异常高的沸点和冰点，才在地球的常温条件下，有如此多的液态水存在，并有如此频繁的水的三相变化。

表1－2　　水和其他氢化物的热学性质　　单位：kcal/mol

氢化物		分子量	冰点（℃）	沸点（℃）	融化热	蒸发热
第二周期元素的氢化物	甲烷 CH_4	16	－182.8	－161.5	0.23	1.96
	氨 NH_3	17	－77.7	－33.4	1.35	5.58
	水 H_2O	18	0.0	100.0	1.44	9.72
	氟化氢 HF	20	－83.0	19.5	1.09	1.8
	氖 Ne	20	－248.7	－246.0	0.08	0.43
第六族元素的氢化物	水 H_2O	18	0.0	100.0	1.44	9.72
	硫化氢 H_2S	34	－82.9	－59.6	0.57	4.5
	硒化氢 H_2Se	81	－65.7	－41.3	0.60	4.6
	碲化氢 H_2Te	130	－48	－1.8	1.0	5.55

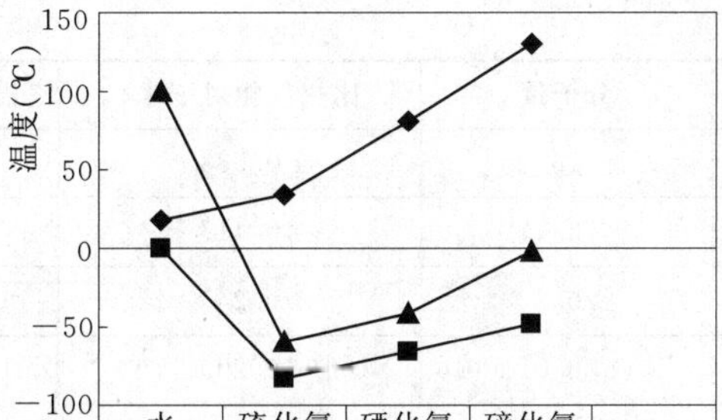

	水	硫化氢	硒化氢	碲化氢
◆ 分子量	18	34	81	130
■ 冰点	0	−82.9	−65.7	−48
▲ 沸点	100	−59.6	−41.3	−1.8

分子量

图 1-3　第 6 族元素氢化物的沸点和冰点

1.2.2　特别大的融化和蒸发潜热

当水改变物态时，要吸收或释放大量热能，称为潜热。在表 1-2 中可以看到，无论是与第 2 周期的还是与第 6 族的其他元素的氢化物相比，水的融化潜热 1.44kcal/mol（80cal/g），蒸发潜热 9.72kcal/mol（539cal/g），都是最大的。水的融化潜热比其他一些常见物质如铅（潜热为 6cal/g）、铜（51cal/g）、铁（65cal/g）也都要大。

当 1g 水从 1℃升温到 100℃，只需要消耗 100cal 的热量。而水从液态变为气态需要消耗蒸发潜热为 539cal/g。这个量等于将水从冰点升到沸点所需要热量的 5 倍。巨大的蒸发潜热对地球上水的状态有很大的影响。如果这个数值很小，所有的水体都会干涸，降雨在降落地面之前就将蒸发到空气中，田野和森林都会迅速变为沙漠，那将是一场灾难。

1.2.3　特别大的比热

在研究各种物质的比热时，发现液态水的比热也显得特别大。表 1-3 给出若干种物质的比热与水的比热的比值。水的比热大约是铁的 10 倍，沙的 5 倍，空气的 4 倍。

由于水具有特别大的热容量，也就是说，具有很大的热惰性，因而海洋就成为巨大的恒温器，成为全球气候的调节器。虽然海洋占去了地球 7/10 的表面积，但也正是海洋给地球上的生命创造了合适的气候。同样，在植物和动物细胞内，对温度敏感的蛋白质，也因受液体浸泡而得到保护。

表 1-3　　几种物质的比热与水的比热的比较

分子式	分子量	比热（相对于水）	温度（℃）	状态
水 H_2O	18	1.000	15	液
冰 H_2O	18	0.502	−1	固
氨 NH_3	17	0.498	25	气
氟化氢 HF	20	0.348	25	气

续表

分子式	分子量	比热（相对于水）	温度（℃）	状态
甲烷 CH_4	16	0.533	25	气
苯 C_6H_6	78.1	0.417	25	液
氖 Ne	20.2	0.246	25	气
氯化钠 NaCl	58.5	0.203	25	固
硫酸钡 $BaSO_4$	233	0.104	25	固
铝 Al	27	0.216	25	固
铁 Fe	55.8	0.107	25	固
石墨 C	12	0.170	25	固
金刚石 C	12	0.121	25	固

1.2.4 反常的热膨胀和密度变化

液体例如酒精、水银等，从冰点开始，随着加热其容积与温度升高成正比增加。但是，与大多数物质不一样，水在加热时表现反常现象。从冰点0℃开始加热，在达到4℃前，水容积不但不增加，反而缩小，超过4℃后，水才开始随加热而膨胀，见图1-4。

一般液体容积随温度上升成正比增加，温度和容积的关系表现为一条直线，或接近于直线。这样的图形说明温度每增加1℃，体积增加相同的量。例如，水银加热1℃，体积的膨胀是其原来体积的0.00018，与处于什么温度上（从0～1℃或从99～100℃）无关。但水的热膨胀却与所处的温度有关，图1-4中水的体积随温度的变化表现为一条曲线。热膨胀的变化相应的也就是密度的变化，从图中可以得知，水的温度在4℃左右，密度最大。

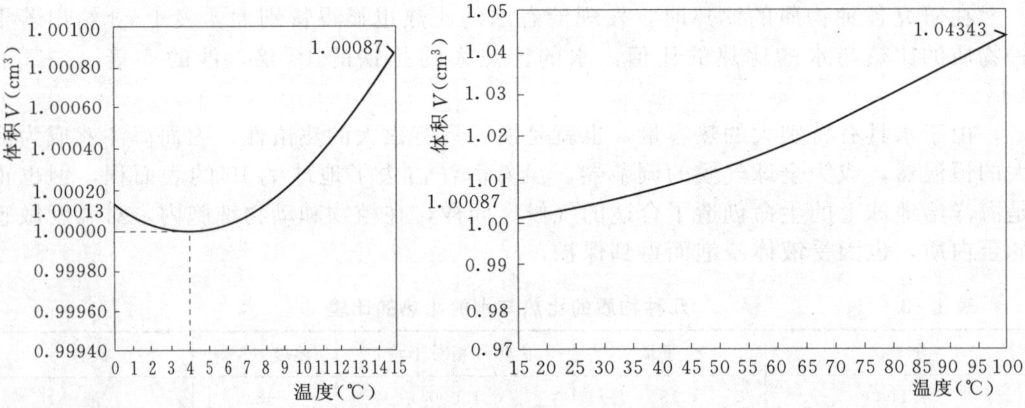

图1-4 水的体积随温度变化图

水的密度变化异常现象，还表现在0℃的冰与0℃的液体水的密度不同上，0℃的冰的密度仅为0.915g/cm³，比0℃的液体水的密度约小10%。水的这种特性，使得在寒冷的冬季，水面结冰后，水底常可维持在4℃左右，保护了许多水生生物的生存，对地球上生物的生存十分重要。

1.2.5　万能的溶剂

水是一种极性物质。极性特性的度量是介电常数，水的介电常数在20℃时为80.4，大多数其他液体的介电常数为10～50，而一般非极性液体的介电常数为1.6～2.6之间。由于水的介电常数高，所有的离子物质都容易溶解于水，使水成为无所不能的溶剂，包括气体和最坚硬的岩石。有些物质，例如氧气和氮气，不能分解成离子，但却能够溶解于水中。虽然金和银是实际上不可溶解的物质，但在海水中还是能够探测到它们的痕迹。因此水被认为是万能溶剂。水的这种特性在生命机体的新陈代谢中十分重要，因为，细胞膜只能透过溶解了的物质。

1.3　水文循环与水量平衡

1.3.1　水文循环

自然界的水在太阳能的作用下，不断地从水面（海洋、河流、湖泊等）、陆面和植物表面蒸发，化为水汽升到高空，然后被气流带到其他地区。在适当条件下水汽凝结，又以降水的形式降落到地面和水面上。到达地面的水，在重力作用下，一部分渗入地下，一部分形成地面径流流入江河，汇入海洋，还有一部分重新蒸发回到空中。渗入地下的部分，或者通过土壤蒸发，或者通过植物散发回到空中，或者通过地下途径排入江河，汇入海洋，完成水的循环。水的这种永不停止的循环过程，如图1-5所示，称为水循环或水文循环。

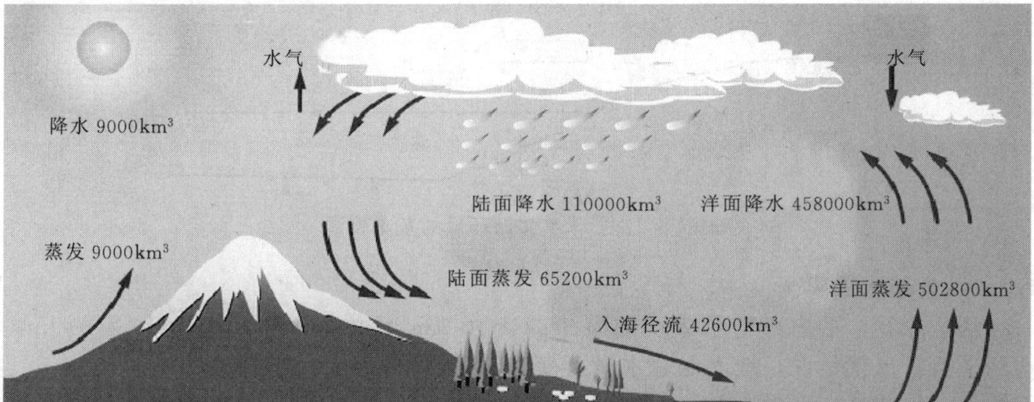

图1-5　水文循环示意图

（引自"World Water Resources—A New Appraisal and Assessment for the 21st Century" prepared in the framework of the International Hydrological Programme by Igor A. Shiklomanov）

水文循环是自然界中最重要、最活跃的物质循环之一。这一循环的内因是水的三种物态在常温条件下可以互相转化，其动力是太阳辐射和地心引力。

太阳、海洋和大气犹如一个巨大的永远运转着的蒸馏装置，含盐海水（世界大洋）是地球上淡水的主要源泉。据估计，平均每年从海洋上蒸发的水量为 $50.28\times10^4 km^3$，提供了大气中水汽的主要部分。每年海洋上的降水量平均为 $45.80\times10^4 km^3$，小于蒸发量。这就是说，海洋上空的水汽有一部分流向大陆上空，其净输送量平均每年为 $4.48\times10^4 km^3$。大陆上的降水平均每年为 $11.9\times10^4 km^3$，其中外流区为 $11.0\times10^4 km^3$，内陆区为 $0.9\times10^4 km^3$。大陆上的降水一部分发生蒸发，平均每年为 $7.42\times10^4 km^3$。其中外流区为 $6.52\times10^4 km^3$，内陆区为 $0.9\times10^4 km^3$。其余的部分通过河道和地下回归海洋，其中由河道汇入海洋的为 $4.26\times10^4 km^3$，从地下汇入海洋的为 $0.22\times10^4 km^3$。由此构成了全球的水分循环，其基本格局见图1-6。由海洋到大陆，又回到海洋的循环称为大循环，或外循环。由陆地到空中又回到陆地，或由海洋到空中又回到海洋的循环，称为小循环。前者又可称为内陆小循环，后者称为海洋小循环。

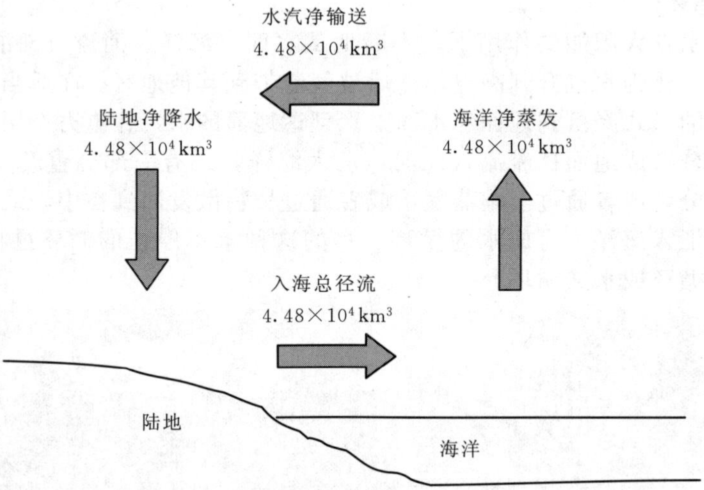

图1-6 全球水文循环量的基本格局

1.3.2 全球水量平衡

从全球看，平均每年总蒸发量为 $57.7\times10^4 km^3$，总降水量也是 $57.7\times10^4 km^3$，达到平衡。也就是说，地表的总水量不变。这是否可以认为地表的水分既不消失，也不增生，地球是一个封闭系统呢？

事实上，地球可以从宇宙空间获取水分，也可以向宇宙空间散失水分，还可以从地球内部析出化合水。水从宇宙空间进入地球通过两种途径：一是随降落的陨石带来，据估计这一项每年平均约 $0.5km^3$；另一是在大气圈上层由太阳来的质子形成的水分子，这一项数量难以估计。在大气圈上层，由于太阳紫外线的作用，水蒸气分子可以离散为氢原子和氧原子，使水在宇宙中消散。大体上可以认为，地球从宇宙获得的水量等于消失在宇宙中的水量，进出基本平衡。

据地质学家的估计，每年火山喷发时从地球深部带到地表的原生水约1km^3。这一数量与现今地表13.86×10^8km^3的水量相比是微不足道，无法察觉的。因此，对于现今地质时期，地球上总水量不变的论断可以成立。但在漫长的数以亿年计的地质历史时期中就不能这样认为了。

世界大洋的水平面可以作为地球上水量变化的某种指标。尽管世界平均海平面的量测十分困难，人们还是发现20世纪以来，从1900～1964年的65年中，世界大洋水面总共上升了10cm，平均每年上升1.4mm。这一现象是怎样造成的？

据研究，在此期间地球普遍变暖，北半球平均气温上升0.5℃，因而冰川冰的体积每年减少约250km^3，融化的水进入海洋，造成海平面上升约每年0.7mm。

在20世纪，由于大陆变干，内陆湖面下降，从1900年到1964年，里海水面下降3m，咸海下降0.7m，美国大盐湖下降3.5m，死海下降4.5m。湖面下降减少陆地上的水储量每年约80km^3，造成海平面上升约每年0.2mm。

数百年来，在地球上许多地区观测到地下水面下降的现象。地下水量每年减少约300km^3，这些水量将造成海平面上升约每年0.8mm。

在这一时期，世界上建造了大量水库，增加蓄水约3000km^3，每年要抽取河水约50km^3，因而使海平面下降约每年0.1mm。

综合以上各项，世界大洋水平面的最终变化平均每年为1.6mm（＝0.7＋0.2＋0.8－0.1）。这与直接观测资料基本吻合。因此，海平面的变化并不能作为地球总水量变化的根据，而是由于陆地水量的变化所引起。这种变化在最近10～20年中有进一步加剧的趋势。

1.3.3 水体更新速度

地球总水量13.86×10^8km^3，其中每年平均仅57.7×10^4km^3的水参与水循环，按此速度全部水量循环一次，或者说全部水量更新一次，需要2400年。各种水体发生完全更新所需时间是不同的，见表1-4。大气中的水汽虽然总量很小，仅占世界总水量的0.001％，但是，其更新速度很快，只需8d。河道水量也是如此，河道总水量仅占世界总水量的0.0002％，但其更新时间只有16d。这一特性对人类的淡水供应具有特殊重要的意义，使水成为地球这个星球上唯一能自动恢复的资源。

但是，从另一个角度可以看到，有些水体的更新速度十分缓慢，例如深层地下水，其平均循环时间为1400年，一旦大量开采，需很长时间才得以恢复。因此，地下水资源的开发必须慎重，应充分考虑其更新速度，以确保其利用的可持续性。

表1-4　水体更新时间

水体和水	更新时间
极地冰川、常年雪、地下冰	近10000年
世界大洋	2500年
高山冰川	1600年
地下水（深部）	1400年
湖	17年

续表

水体和水	更新时间
沼泽	5年
土壤水	1年
河水	16日
大气水	8日
生物水	几小时
全球	2400年

1.3.4 全球能量循环

来到地球的太阳辐射驱动着地球上的水分循环，而伴随着水分循环发生热能的循环。在水热循环的联系环节中，蒸发起了重要作用。在地球大气的外界面上，垂直于太阳光线的每平方厘米表面上，每分钟太阳短波辐射的热量相当于2cal，这一数值称为太阳常数。由于地球的球状和绕轴转动，地球表面不可能同时垂直于太阳光线。因此，平均每平方厘米的地球表面接受到太阳常数1/4的热量，即0.5cal/（cm^2·min）。

来到地球的太阳短波辐射，一部分被地球吸收，一部分被地球反射，回到宇宙中。地球受到太阳辐射加热后，发出长波辐射，将热能散失到宇宙中。全球长期平均得到和散失的热量是相等的，也就是说，达到平衡。到达地球的太阳辐射总量中用于水分蒸发的热量占23%。蒸发的水带着这部分热量进入大气，当水蒸气凝结时，这些热量又重新释放出来，给予大气。因此，随着水分的循环、迁移，带来了能量的循环和迁移。

1.4 地球水圈在地球系统中的作用

1.4.1 水是生命的介质

水的许多宝贵特性，像异常高的溶解能力，在溶解物质作用下其化学性质不变等，对于地球上生命的诞生和发展具有重要意义。

关于生命是如何产生的，至今仍有许多尚未弄清的问题。但是，从有机质水溶液中产生原始生命的看法，原则上已为许多学者所接受。一些科学家认为，在地球出现生命和生物演化之前，经历了长期化学演化阶段和由最简单的化学元素形成可能产生生命物质的有机（含碳的）化合物的阶段。

1953年，美国物理学家斯·米列尔通过对气体混合物（氢分子H_2、甲烷CH_4、氨NH_3和水汽H_2O）放电，合成了一系列氨基酸，用实验证实了在地球出现生命之前的主导条件下产生复杂有机化合物的可能性。这些化合物在落入某一水体之后，由于水层的保护，避免了强烈的太阳辐射作用。随后，进一步经历了复杂含碳化合物的合成过程。

可以完全合乎逻辑地推测，生命应该是在连续覆盖着地球表面的水介质中胚育和进化的。生命最初出现在海中，只是后来才到达陆地，这已是毫无疑义的了。上到岸上的两栖类把诞生地海水中的一些物质留在其体内，逐渐地转入血液中。人血的化学成分非常接近于海水，如表1-5所示，表明至今人类在自己的体内还保留着从海洋中起源的痕迹。

表1-5 海水和人血中溶解的化学元素的相对含量 %

元素	氯	钠	氧	钾	钙	其他
海水	55.0	30.6	5.6	1.1	1.2	6.5
人血	49.3	30.0	9.9	1.8	0.8	8.2

注 资料来源于夫·弗·杰尔普戈利茨，1971年。

1.4.2 水是大气圈中氧的源泉

水分子和二氧化碳（CO_2）在植物（包括海藻）光合作用下，克服了氢、氧原子的结合力，分解出氧，排入空气中，留下碳（C）和氢（H）用于植物生长。这是地球上最大的生物化学过程之一。

在补充大气圈的氧的过程中，起重要作用的不是高等地面植物，而是聚集于海洋表面的细小的藻类植物——浮游植物。植物在光合作用中输送到大气中的氧，每年约有1500亿t。

1.4.3 水参与人体内的所有生命作用

人体中的消化作用、物质交换、血液循环、组织的合成，都是在水溶液中完成的，并都有水的参与。

人体中的有毒残余物质随水排出，约140g重量的肾在一昼夜中通过和纯化约$2m^3$的血液。换句话说，一昼夜通过肾的血液量是全部人血的360倍，约4min轮换一回。由汗腺析出及由皮肤表面散失的水，调节了人体的温度。由99%的水组成的眼泪，不停地湿润眼睛，冲洗眼睛中的灰尘，人一昼夜要耗费0.5～$1cm^3$的眼泪水。心脏每分钟要泵出3.5～5.5L血液。一个活到60岁的人，心脏压出的血液近$150000m^3$，相当于一个深2m、直径近300m的湖水量。

如果人体中水量失去正常，减少1%～2%（0.5～1L），就会感到口渴。减少5%（2～2.5L），皮肤开始起皱纹，口腔“干涸”，意识模糊。当失水14%～15%（7～8L）时，人将死亡。没有食物，人能存活近个把月，而没有水连一个星期都活不成。人为了维持生命，每昼夜需得到近2.5L水作为饮料和随食物进入人体。

1.4.4 水是所有生物机体的主要组成

地球上所有生物或多或少都含有水，平均含80%。也就是说，有机体几乎4/5的重量是水。据水文学家估计，地球上所有的动植物和人含有近11200亿t水，相当于同时灌满世界上所有河床的水量的一半。可以通俗地说，在人类和动物的血管里，在植物的根、茎、叶中，有相当于地球河水的一半的水在流动。

1.4.5 水是生态系统中的重要元素

1954年美国学者在研究宇宙飞船中的人工环境问题时，提出了“环境科学”的概念，这对解决地球上人类环境问题是重要的启发。为了能对更远的天体作宇宙航行和保护宇宙飞船内的环境，科学家设计出了废物还原的宇宙旅行飞船装置，把起飞时所携带的食物、水、空气在使用后通过废物还原过程不断地重复使用。它包括这样一些设备：用化学过滤器把宇航员呼出的二氧化碳和水蒸气收集起来；用蒸馏或其他方法从人的粪便中回收尿素、盐和水分；处理过的干粪用紫外线进行消毒杀菌；用消毒后的干粪以及收集的二氧化碳和水施给生长在水箱中的海藻；通过光合作用，海藻把二氧化碳和粪便中含氮化合物转变为有机物和氧气，供宇航员食用和呼吸。唯一需要从系统外输入的东西是进行这些过程所需要的能量，而它可以由太阳不断供给。不难看出，在这个生态系统的物质循环中，几乎没有一个环节没有水的参与，水是重要的载体，离开了水也就不存在这样的循环。

这一设计给我们以非常宝贵的启示，生动地展示了一个理想的生态系统。1974年，德国科学家乌·希普克把地球比作一艘宇宙航船，这种比喻是恰当的。他说："在人类宇宙航船——地球一号上，现有36亿乘客（指1974年世界人口数）。载有5万亿Mt空气和13亿km^3水，其中只有2%是淡水"。学者们提出问题，要我们当心，不要弄脏了"地球一号"这一宇宙飞船，保护航船上的环境和资源，使众多的乘客们有饭吃，能健康地生存和发展。要达到这一目标，研究水在这个生态系统中的作用是首要任务之一。

1.4.6　水是地球气候的调节器

由于水的特大热容量，世界大洋成为一个巨大的恒温器，使世界范围内气温标准化，调节了世界的气候。

除了热容量的影响外，从海洋进入大气圈的水蒸气，起着巨大的"温床效应"，使地球不至于过分冷却。据马·伊·布迪科计算，大气圈水蒸气含量若减少一半，则地球表面的平均温度将降低5℃左右，从14.3℃降到9℃。

冰融化和水蒸发时消耗热量以及冻结和凝结时放出潜热，对气温也起到了调节作用。

水圈除了通过调节气温影响气候外，陆地上水量分布的不均匀也是造成各地气候不同的重要因素。匈牙利水文学家Szesztay（1965）提出一种气候分区法，用蒸发量和降水量的比值作为一个地区的气候指标，定义为干旱系数α：

$$\alpha = E_0/P$$

式中：E_0为平均年蒸发能力；P为平均年降水量。

根据气温和干旱系数α，全球陆地分为9类，即按照$\alpha>2$、$0.5<\alpha<2$和$\alpha<0.5$将湿润程度分出干旱（A）、中等（M）和湿润（H）三个等级，按照月平均气温的最高值T_{max}和最低值T_{min}的变化范围：$T_{max}<0℃$、$T_{min}<0℃<T_{max}$和$T_{min}>0℃$，将温暖程度分出寒冷（C）、中等（M）和温暖（W）三个等级，由此构成9类地区，见表1-6。9类地区中有4类地区：MM，MH，WM，WH，能产生地表径流，占陆地总面积1.5亿km^2的62%左右，其余38%为无径流区，其中CA为冷原荒漠；CM和CH为极地冰盖和冰川；MA和WA为沙漠和半沙漠区。

表 1-6　气候分区图

$\alpha = E_0/P$	月平均气温 T		
	$T_{max}<0℃$ 寒冷，C	$T_{min}<0℃<T_{max}$ 中等，M	$T_{min}>0℃$ 温暖，W
$\alpha>2$ 干旱，A	CA	MA	WA
$0.5<\alpha<2$ 中等，M	CM	MM	WM
$\alpha<0.5$ 湿润，H	CH	MH	WH

1.4.7　水是地球形态的塑造者

水在整个地球范围内还起着塑造地球面貌的作用。

水的冷热变化使岩石崩裂，造成土壤；雨水、小溪、河流冲刷着山脉形成深切的峡谷，并搬运了大量疏松物质，形成宽阔的冲积平原，冰川削平了山谷，留下了冰蚀丘陵和湖泊；地下水对灰岩和其他岩石的溶蚀，造成了喀斯特地形；淋滤了岩石的地下水，每年把 30 亿 t 可溶物质带到海洋。

据估计，世界所有河流每年带入海洋的固态物质（淤泥、沙等）有 220 亿 t，平均每年每平方公里侵蚀 150t 左右。我国黄河陕县以上的侵蚀量为 2280t/（km^2 · a）。地质学家斯·马·格里戈里也夫估计，按照现今的被风和水破坏的速度，如若没有不断的地壳运动，陆地表面在 11000 万年内将全部夷为与世界大洋水面一样平的平地。

1.5　水——宝贵的自然资源

从上面的介绍可以看到，水，无论对人类自身的生存还是对人类所赖以生存的地球环境，都具有无可替代的重要作用。水和空气都是人类须臾不可或缺的物质，是最可宝贵的自然资源。

中华民族自古以来认识到水的价值，十分重视水，并在千百年与水打交道的过程中，形成了兴利除害的“水利”概念，用“水利”一词来表达人对水的态度，人与水的关系和概括解决各种水问题的活动。

把水看作生产资料和生活资料而出现“水资源”的术语，只是近代来自西方的概念，反映了西方从经济和社会的发展来看待水的价值观。事实上，西方的一些著名水文学者，认为中国的水利一词更能全面反映人与水的关系而加以赞赏。

水作为资源所涉及的范畴因人们对其作用的考虑角度不同而异。这就出现了形形色色的水资源定义。如果仅从人类生活和生产所直接应用的水考虑，那么具有资源性的水就主要局限于不断更新的、易于获取的、可以直接应用的淡水。一般水资源的定义就是从这个角度出发，把河川径流量和部分未汇入河流的浅层地下水定义为水资源。同样从这个角度出发，降水不只是变成河川径流和地下水才能被应用，一部分储存在土壤中的水分，也能被作物吸收而达到应用的价值。或在某些特殊地区，例如海岛、沙漠等，还可以用特制的装置，直接截获降水或大气中的水气供应用，故有人认为一个地区的水资源量理论上就是该地区的降水量。不过，要全部截获降水，在多数情况下是达不到的，因此这种定义未被普遍采纳。如果考虑的角度扩大到从地球水圈对整个地球系统的影响来看待水的资源价值，则地球上存在的一切自然水都是水资源，这就是《不列颠百科全书》和《中国大百科全书·水利卷》的水资源定义，即水资源就是指自然界一切形态（气态、液态和固态）的水。

虽然水资源的定义有多种，但在国内外大多数水资源评价工作中实际应用的定义，是指河川径流量和部分地下水。本书中说到的水资源，主要限于这一概念。

第2章

大气——陆地水分交换

地球是一个复杂的系统，地球环境是一个复合的系统，包含了众多错综联系在一起的各种过程。地表一大气界面在地球系统控制能量、动量和物质的传输功能方面起着重要的作用。地球水系统由物理（自然）的、社会的、生物地球化学三部分组成，在太阳能量辐射下，伴随着生物地球化学循环的过程，通过降水、截留、下渗、蒸发、产流、汇流等过程，进行着陆地表面的水循环。本章简要介绍大气—植被—陆地—水文系统，着重讲述水循环中大气和陆地之间的交换过程，主要是降水和蒸发过程，最后介绍了“绿水”的概念及其生态内涵。

2.1 大气——陆地水文系统

2.2.1 太阳辐射与生物地球化学循环

1. 太阳辐射

太阳是地球上一切能源之源。太阳以电磁波的形式向外传递能量，称太阳辐射。太阳辐射所传递的能量，称太阳辐射能。太阳辐射能按波长的分布称太阳辐射光谱（图 2-1）。太阳辐射的波长范围很广，但其能量的绝大部分集中在 0.15～4.0μm 之间，其中 0.4～0.76μm 为可见光区，其能量占 50%，大于 0.76μm 的为红外区，其能量占 43%，紫外区＜0.4μm，占 7%。可见光谱区又分赤、橙、黄、绿、青、蓝、紫七色光。太阳表面的温度约 6000°K。地面和大气的温度（250～300°K）比太阳表面低得多，其辐射的波长主要在 3～120μm。故称太阳辐射是短波辐射，地面辐射、大气辐射是长波辐射。

太阳辐射是地球大气最主要的能量来源，到达大气上界的太阳辐射取决于太阳高度角（照射到地球的太阳光线与地球水平面的夹角）、日地距离和可照时数。太阳辐射强度与太阳高度角的正弦成正比。太阳高度角大，等量的太阳辐射散布面积小，单位面积获得的辐射能多，太阳辐射强度就大。日地距离愈长，太阳辐射愈少。可照时数愈多，太阳辐射愈强。全年获得太阳辐射量最多的是赤道，随纬度增高而减少，到极地点达最小。

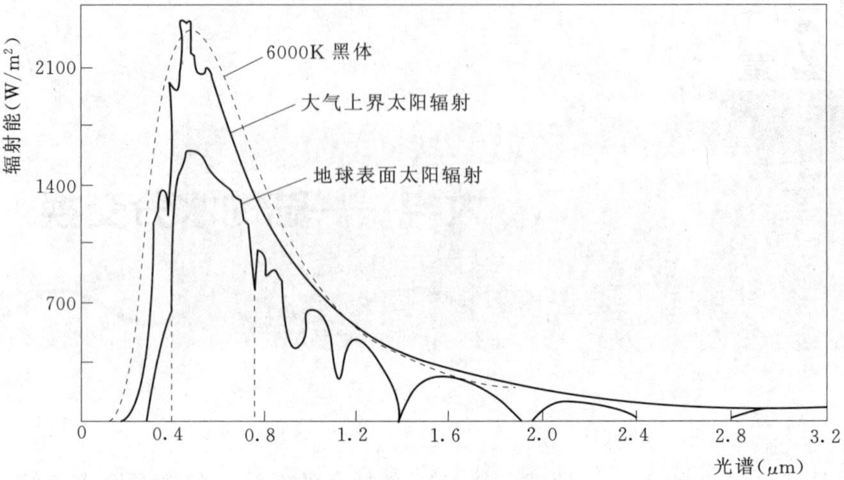

图 2-1 太阳辐射的光谱

地面和大气在吸收太阳辐射的同时，又按其本身温度昼夜不停地向外辐射能量。地面温度约 300K，对流层大气的平均温度约 250K，在此温度下，它们的辐射能主要集中在 3～120μm 的红外光波长范围内，与太阳辐射相比属长波辐射。地面以电磁波的方式向上发射指向大气的辐射，称地面辐射。地面辐射的大小主要取决于地面温度，随地面温度升高而增大，其辐射波长在 3～30μm 之间，属于红外热辐射，最大辐射能量的波长在 9.6μm。白天地面吸收的太阳辐射多于放射的辐射，因而地面增温，夜间没有太阳辐射，地面因地面辐射而降温。地面辐射绝大部分被大气中的云、雾、水汽和二氧化碳等吸收，只有波长为 8.4～12μm 的部分可穿过大气层进入宇宙空间，故此波段称为“大气窗”。

大气对太阳短波辐射的直接吸收很少，它主要吸收地面辐射而保持其一定温度。大气亦按其本身温度，以电磁波的方式昼夜不停地向四面八方发射长波辐射，称为大气辐射，其大小取决于气温、湿度和云天状况。气温愈高，水汽和液态水的含量愈多，大气辐射能力愈强。大气的平均温度比地面低，它的辐射波长为 7～120μm，最大辐射能对应的波长为 15μm，与地面辐射一样，也属于红外热辐射。

大气中的水汽和二氧化碳等，可以透过太阳辐射，又能强烈地吸收地面辐射，使绝大部分地面辐射的能量保存在大气层中，并通过大气辐射向上传递。大气辐射向下指向地面的部分，方向与地面辐射相反，称大气逆辐射。大气逆辐射也几乎全被地面所吸收，这就使得地面因辐射所损耗的能量得到一定的补偿，故大气对地面有保温作用。可见，大气对太阳短波辐射吸收很少，能让大量太阳短波辐射通过大气层到达地面，但大气能强烈吸收地面长波辐射而增热，并又以长波逆辐射的形式返回给地面一部分，使地面不至因辐射失热过多，大气的这种对地面的保温作用，称大气保温效应或称温室效应。据计算，如果没有大气，且大气中没有水汽和二氧化碳，则地球的平均温度要比现在低 33℃，其中 30℃的贡献归功于大气中的水汽，所以水汽在温室效应中扮演着重要的角色。

2. 生物地球化学循环

地学界有两个空前规模的全球变化国际研究计划：全球气候研究计划 WCRP（World Climate Research Program）和国际地圈一生物圈计划 IGBP（International Geosphere-Biosphere Program）。WCRP 主要研究气候系统中物理方面的问题（绝非意味着气候的变化主要由物理原因所致，只是便于工作的开展而进行的人为划分），而 IGBP 着重研究地球系统中生物地球化学方面。这里有两个物质循环起着关键的连接作用，一个是水循环，另一个是生物地球化学循环，这两个循环就将大气、海洋和陆地（包括其上的生物）上的各重要过程连接了起来。

在太阳辐射能驱动作用下，地球表面进行着广泛的能量流动和物质循环。地球上各种生物维持生命所必需的化学元素很多，但生物体全部原生质中约有 97%以上是由氧、碳、氢、氮和磷五种元素组成，此外还有硫、钙、镁、钾等。这些主要的化学元素在生物圈中的物质循环过程，包含生物的、地质的和化学的系统，因而称为生物地质化学循环或生物地球化学循环（Biogeochemical Cycle）。图 2－2 表示了地球上水、氧气和二氧化碳的循环。

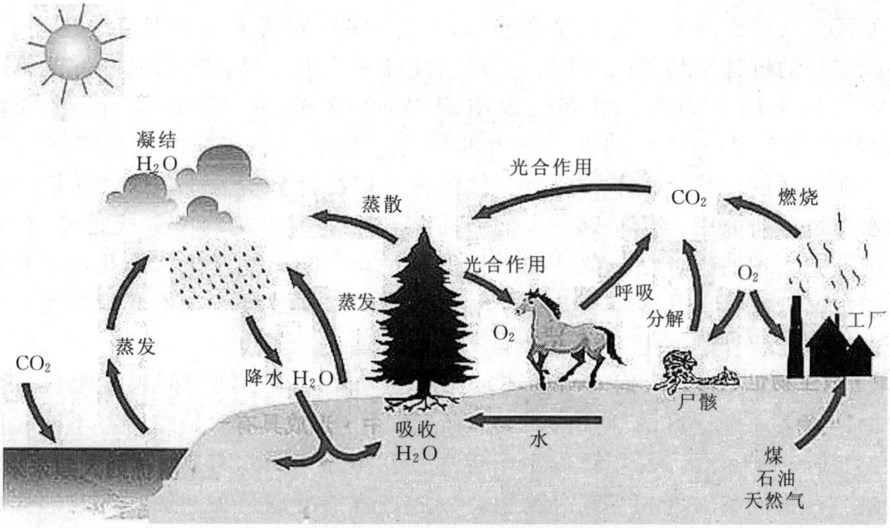

图 2－2　地球上水、氧气和二氧化碳的循环

碳是构成生物体的主要元素，它以二氧化碳的形式贮存于大气中。植物借光合作用吸收空气中二氧化碳制成糖类等有机物质而释出氧气，供动物需用。同时，植物和动物又通过呼吸作用吸入氧气而放出二氧化碳重返空气中。此外，它们死亡后的遗体经微生物分解，最后也氧化变成二氧化碳、水和其他无机盐类。可燃烧矿物如煤、石油、天然气等也是地质史上生物体所形成的，当它们被人类燃烧时，耗去空气中的氧而释放出二氧化碳。最后，空气中的二氧化碳有很大一部分为海水所吸收，逐渐转变为碳酸盐沉积海底，形成新岩石；或通过水生生物的贝壳和骨骼移到陆地。这些碳酸盐又从空气中吸收二氧化碳成为碳酸氢盐而溶于水中，最后也归入海洋。其他如火山爆发和森林大火等自然现象也会使碳元素变成二氧化碳回到大气中。近代由于工业发

展，人类大量耗用化石燃料，以致空气中二氧化碳的浓度不断增加，温室效应增强，对世界的气候产生影响，对人类造成危害。

倘若地球表面没有植被，则光合作用停止，太阳辐射主要消耗于水分的无效蒸发。因此，植物在陆气界面交换过程中扮演着十分重要的角色，植物可将太阳能转化为生物能。

2.1.2 气候与气候系统变化

1. 气候与气候系统

气候是指大气圈－水圈－冰雪圈－岩石圈－生物圈这个综合系统的缓慢变化的状况。它是以一段时间（譬如一个月或更长时间）内气候系统的一些适当要素的平均量来表征，同时考虑这些平均量随时间的变率；而对不同地区的气候进行分类时却要考虑这些时间平均变量在空间上的变化。以前的气候概念是局地气候，基本上就是地表温度和降水量的长期平均状况；近几十年来，随着对决定气候及其变率的下垫面过程的认知的日益增多和深入，气候的概念已经大大拓宽并且发生了演化。

20世纪50年代之前的相当长时间内，人们把气候看成是静态的，气候被用来描述一个地区大气要素的某种统计平衡状态，用一些气候因子（如温度、压力、湿度、降水、风等）的统计平均值来说明。这里的统计平均值是根据较长时间的观测，求出的多年观测数据的平均值。世界气象组织WMO（World Meteorological Organization）曾规定取系列为30年的平均作为准平均，并用距平和标准差来描述气候的变化特点。在这样的传统定义下，研究气候的方法以统计分析为主。这种认识同样反映在陆地水文过程研究中，长期以来人们一直将长系列的水文均值看成是稳定不变的，年径流统计中出现的丰、枯现象，被看作围绕平均值的周期变化。因此，水利规划设计要求的水文计算都以几十年至几百年时间尺度内水文过程稳定不变为前提，未来被视为过去的重复或外延。上述观念影响广泛而深远。

20世纪50年代后，人们发现前述定义的“气候”在不同时间尺度上仍然表现为不同的特征，某一个地区的气候并不处在统计的平衡状态，而是经历着不同时间尺度的变化：年际、十年际、百年际以至千年际、万年际，因此需要从“过程”的视角来研究气候。在不同的时间和空间尺度上，气候过程的特点是不同的。观念的变化带来认识的发展，最重要的一点是气候不仅仅作为大气运动的长期表现，在较长的时间尺度和较大的空间尺度上，大气运动必然受到海洋、陆地和冰雪等诸多因素的影响。认识的发展进一步推动了观念的更新，“气候”概念中增加了新的内涵。

从20世纪70年代起，人类在认识气候形成方面有了一个突破性的飞跃。决定气候变化的因子不单纯是大气内部的过程，还有大气上边界和下边界处各种物理、化学和生物的过程，于是提出了“气候系统”的概念。传统的“气候”概念和领域从单一的大气行为逐渐扩展成“气候系统”的概念和领域，即包括了地球的大气圈、水圈、冰冻圈、岩石圈和生物圈表层（主要是土壤）等各部分，从系统观点出发，研究有关全球及区域的气候和环境的整体行为和个别行为。

气候系统是由大气、海洋、冰雪覆盖、陆地表面和生物圈在一起共同组成的系统（图2-3），五个子系统处在相互作用之中，它们之间的相互关系决定了气候的长期平衡和变化。气候系统概念的提出，是气候学研究的新里程碑，不仅使气候学研究从孤立、封闭的定性描述，进展到整体的、相互联系的、定量的气候模型研究，而且也使水文科学研究进入到一个新的阶段，即从单纯地研究降水落到地面后的水的时空再分配，发展到将陆地水视为气候系统中的一个子系统。

人们认识到气候系统不仅仅由大气圈内部热力、动力过程所产生，而是包括大气圈、水圈、冰雪圈、岩石圈所构成的地球气候系统中各圈层相互作用的结果。具体来说，气候系统的变化是地球大气、海洋、冰雪、陆地等它们之间相互作用之结果。20 世纪 80 年代，人们已认识到气候变化还与生物圈、人类活动有很大关系。

太阳辐射是驱动地球气候系统唯一重要的能源。由于大气对太阳短波辐射是透明的，该辐射并不直接加热大气，而是加热地球表面，包括陆面和水面。地表受热后再往大气辐射长波辐射，因为 CO_2、CH_4 等温室气体会吸收长波辐射，减少了长波往太空的辐射，因此温室气体在大气中浓度增加会使低层大气升温。

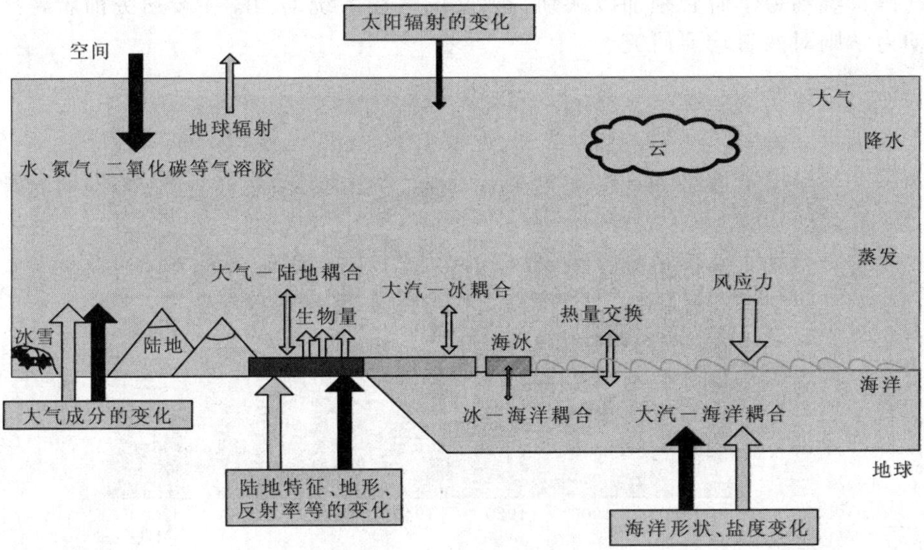

图 2-3　气候系统示意图

海洋是气候的调节器。海洋通过蒸发供给大气水汽，由于水汽凝结而释放出大量潜热；当海洋温度高于大气时，将向大气输送感热，大气温度高于海表温度时，则海洋从大气中吸收热量。此外，大气通过风应力驱动海流改变海洋温度的分布，并且海洋还吸收大气中的 CO_2。海洋和大气同是地球上的层结流体，由于同受重力和科氏力的作用，它们的运动有许多共同点，因此可以说海一气耦合系统是气候系统中最重要的一个子系统。

地表面接受太阳的短波辐射而加热，同时又以长波形式往大气辐射，因此不仅陆面和海洋受热不同，而且陆面上各种植被覆盖、沙漠和冰雪对太阳辐射的反射、吸收很不一样，各种地表特征的改变对气候变化有很大影响。此外，土壤温度、特性对气候变化也有一定影响。可以说陆一气耦合系统是气候系统中一个重要子系统。

冰雪覆盖对气候系统也有一定作用，极冰、海冰以及陆面上的冰雪覆盖将影响太阳辐射的吸收、反射，所以冰雪圈的空间分布对气候变化有一定影响。生物圈对气候系统的作用十分复杂。生物圈通过碳循环的作用对气候变化起到一定作用，植物能吸收 CO_2，有减少大气中 CO_2 含量的作用，且对地表的反照率、地表与大气之间的热量、水汽和能量的交换也有很大影响，因此生物圈对于气候变化有很大影响。由于涉及到生物过程，使得生物圈对气候变化的影响非常复杂。

2. 气候变化

气候变化指气候要素在连续几十年或更长时间上的长期统计结果的任何系统性变化。气候变化的原因可能是自然界的外源强迫，例如太阳发射辐射的变化或地球轨道参数的缓慢变化；也可能是气候系统固有的内部过程；也可能是人类活动的强迫。

气候变化有两种不同的涵义：一种是气候的自然变化，它是一种振荡（climate variability），这可能是气候系统各圈层相互作用的结果；另一种是像全球增暖这样的全球变化，它不是振荡，更可能是一种变迁（climate change，如图 2-4 所示）。在研究气候系统动力学时必须加以区别，狭义的气候系统动力学主要研究前者，广义的气候动力学则对两者均要研究。

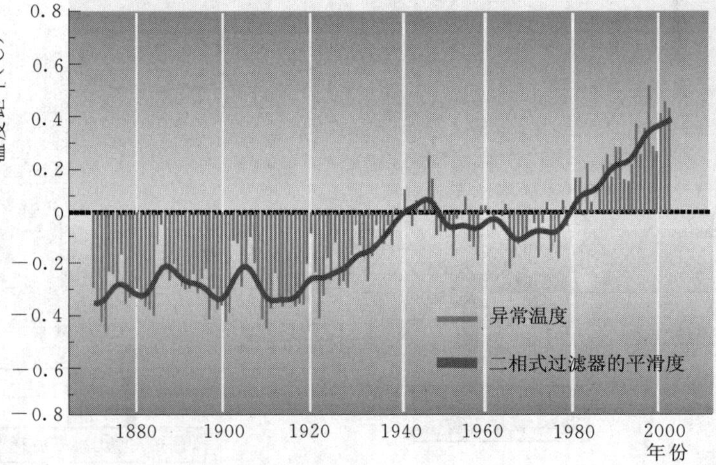

图 2-4 全球地表与海面综合温度的变化（以 1961～1990 年的均值为基准）

气候系统是一个非常复杂的系统。气候变化不仅是由于发生在大气内部的动力、热力过程所造成，更重要是由于受海洋、冰雪圈（包括冰川、海冰和大陆上冰雪覆盖）、岩石圈（主要是山脉、陆面、土壤）、生物圈和人类活动的影响。这些各不相同的“圈”之间的相互作用可以形成月、季度、年际、年代际以及百年以上时间尺度的气候变化。

人类活动对气候变化有很大影响，归纳起来通过两种途径来影响 CO_2、CH_4 等温室气体：一方面，人类的工业生产和生活大量使用矿物燃料而大量放出 CO_2，并且在农业生产中也大量产生 CH_4，导致大气中温室气体增加；另一方面，工农业生产和人类生活需要大量毁林，致使吸收 CO_2 的过程减弱，从而大气中温室气体不断增加。这些温室气体对全球增暖起着关键作用，地球气候系统的不同子系统在不同时间尺度上有着复杂且经常是混沌的相互作用，所以人类活动产生的温室气体导致的全球增暖以及由此引起的气候变化、全球变化还存在诸多不确定性，需要进一步研究。

全球变化是指超出地球本身自然变率范围的地球环境变化，如世界目前正面临的严重的环境问题：洁净淡水短缺，陆地和水生生态系统退化，土壤侵蚀加剧，生物多样性破坏，大气化学性质变化，渔业产量下降，全球气候较大的变化。全球变化实际上是人与自然之间关系的变化，它不仅仅是气候变化，而是由大范围的人类活动造成的全球环境变化所组成。它们发生的时间虽不长，但影响却深远，而且许多变化正在加速进行中，在局地和区域尺度上彼此相互作用。全球变化的研究就是要描述和理解人类赖以生存的地球上各种物理、化学、生物与人类过程的相互作用、相互影响，从而提高对未来的环境变化及其对人类社会发展影响的预测和评估能力。

2.1.3　大气－植被－陆地－水系统

大气环流是水文循环的上边界，陆地表层是水文循环的下边界，地表进行的各种能量、物质循环都会对水文循环过程产生影响，因此全球气候变化引起的上边界变化和地表人类经济社会活动导致的高强度流域下垫面变化使得地球水系统和全球水文循环情势变得更为复杂。

1. 地球水系统

地球水系统由物理（自然）的、社会的、生物的及生物地球化学的这三部分组成（图2－5）。

（1）自然部分：指传统水文要素或水循环的物理属性和过程，包括降水、蒸散发、径流、水的蓄量、水分传输、地貌和泥沙过程等，不仅包括地面以上、以下的水文过程，还包含大气、海洋中的水文过程。

（2）社会部分：指涉水组织机构、工程公司及用水部门之总和。社会不仅是地球水系统的组成部分，而且是水系统变化的重要驱动力；社会不仅面临可获得的水的变化，而且可采取各种措施减缓或适应这种变化。

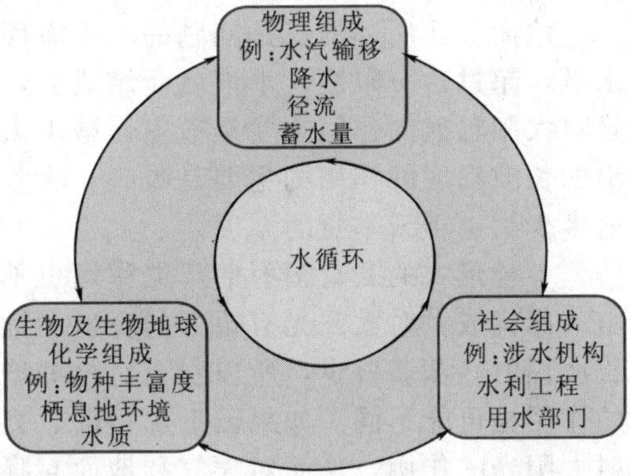

图2－5　地球水系统的主要组成部分

（3）生物及生物地球化学部分：指水生的、河岸的、湖滨的有机体及其生态系统和生物多样性的总和，这些有机体也是全球水系统地球化学功能的重要组成部分，不能简单地理解为生理－化学系统变化的接受载体。同时，还包括全球水系统和水质的生物地球化学方面，如种群密集度、栖息地环境质量、水质等。

全球水系统不仅在地球系统无机界物质动力学过程中扮演着关键角色，譬如通过耦合碳和其他的生物地球化学循环，水帮助调节二氧化碳和其他对辐射产生重要作用的温室气体的释放和回收，水文循环控制着水溶物质、泥沙等从大陆到海洋的输送，云层、雪盖和水汽调节着地球的能量平衡；而且在人类社会中也起着中心作用，随着日益增长的经济、技术的全球化，水系统的全球作用愈来愈强烈，譬如国际组织实施的水价政策、水技术国际贸易直接影响着取水和配水的世界格局，从而影响着废水排放量、水文情势、水的生物地球化学方面及水生生态系统的健全程度。

2. 水在地球系统中的地位和作用

全球变化有两个巨大的过程体系：物理气候系统和生物地球化学循环，在这两个过程体系中，每个子系统都直接或间接地与其他子系统产生相互的作用。全球水分处于中心部位，是整个地球系统物质循环和能量流动的核心。陆地过程方面，陆地生态系统和陆地能量/水分系统既分别与土壤系统相互作用，建立间接联系，也存在直接的作用，即陆地生态系统驱动着陆地能量/水分系统，同时陆地生态系统与全球水分系统紧密连接着。能量和水以各种方式贯穿于整个体系，存在于所有子系统和过程之中。驱动全球变化的最终能源是太阳辐射，人类活动加入到全球变化中来，主要表现在通过土地利用影响陆地生态系统，通过污染物与温室气体的排放影响对流层化学系统。但是，人类活动也受到了陆地生态系统和气候变化的制约。

水在地球系统内的存在形式是多种多样的，不同形式的水在地球系统中的作用也不同。除了河流、湖泊、海洋中的液态水外，还以水汽和固态的雪或冰形式存在。水汽是大气中最主要的一种温室气体，它在大气中的含量随时随地变化，主要取决于大气的天气系统。空气的含水量愈大，温室效应也愈强。当全球增暖时，水体蒸发增强，大气含水量增加，截获更多的长波辐射，使全球增温加剧，形成正的效应。

然而上面所述的仅是问题的一个方面，因为大气的水汽含量有一个上限：饱和含水量，超过这一限度，水汽就凝结成云，云对辐射的反馈作用非常复杂。总的来说，云对太阳辐射的作用主要是散射，减少太阳辐射到达地面的总量；对大气和地面放射出的长波辐射的作用则主要是吸收，吸收长波辐射的同时，云也放射出长波辐射，放射多少决定于云本身的温度。

各种形式的云对辐射的反馈作用也不一样，有一种高和薄的云，称为卷云，主要由冰晶构成，对太阳光有很强的反射和散射作用，而对来自下面（指地面和大气）的长波辐射则截获极少，所以卷云对全球增暖产生副作用。对于深厚的云，上部和下部的作用也可能不同。如果云上部很高、亮度大、冰晶含量多，就可起到大量反射和散射太阳光的作用，从而对大气和地面起降温作用。如云的下部的颜色较黑，说明云层深厚，则以吸收长波辐射为主，然后本身再放出长波辐射使地面增温。总起来说，云对全球增暖的副作用大于正作用。因此，在全球变暖情况下，水面蒸发大，空气水汽增加，全球总云量将增加，对全球变暖将形成负反馈。

水的第三种形态是固体：雪和冰，冰雪是白色的，反射率大，可以大量地将太阳辐射反射出地球系统，使温度下降，导致更多的冰雪形成，反射出更多的太阳辐射，使地球温度继续下降。反之，如因某种原因，地球系统增暖，冰雪减少，反射率减少，使地球系统得到更多的辐射，则使地球继续增温。这是一般的情况，在南极和格陵兰这些具有巨大冰盖的地方，情形则不同。这两个地方的温度远低于冰点，当全球增温时，水面蒸发大，水汽增多，降水加大，但在南极和格陵兰地区增加的降水仍以雪的形态出现，可能增加这两个地区的冰雪覆盖。在具有非常年积雪的中高纬度地区，冰雪是季节性的，冬季积累，夏季融化，所以这个地区的冰雪对地球系统的作用表现出非常强的季节性。

3. 植被和人类活动对水循环的影响

水循环和能量循环不是彼此独立的，它们之间有着复杂的非线性相互作用。最明显的是水的凝结加热和蒸发吸热、云和辐射的相互作用，它们反映了两个复杂循环过程间的联系。植被在水循环和能量循环过程中起着重要的作用，植被的作用是多方面的。首先，植被影响反射率、辐射的吸收和释放、感热和潜热、降水截留和水分保持等；其次，它还有重要的蒸腾作用；植被的另一个重要作用就是把地下水和大气连接了起来。这些作用，尤其是蒸腾过程，人们对它们的认知非常不够。水热平衡控制着气候，气候又是植被的控制因子，人们对这种相互反馈的循环作用的知识更是贫乏。为了研究这些问题，WCRP 设置了“全球能量和水循环试验”（GEWEX）计划，IGBP 设立了“水文循环的生物作用”（BAHC）计划。前者着重物理方面，后者侧重植被和陆面过程，也就是着重研究植物群落和生态系统与陆面结构如何影响水文循环。

陆面一大气相互作用通过两条错综复杂的途径发生：生物物理的、生物地球化学的。动量、辐射能量和感热代表了生物物理传输，而二氧化碳和许多微量气体则与发生在植物或土壤表面的生物地球化学活动相关联。作为水汽的蒸散或蒸发的潜热和气溶胶通过生物物理过程以及生物地球化学过程得以交换。在两种途径中，正向的（自增强的）或者负向的（自衰减的）非线性反馈经常发生。两种途径的反馈均直接地影响近地表的能量、动量、潜热通量。为了考察不同化合物交换和陆地一大气相互作用对这些通量的控制，必须对小到溪流、大到大陆盆地尺度的水文和生物地球化学循环进行研究。

人类作用影响产生的景观变化导致了热量、湿度和能量在空间上重新分配的巨大变化。从 IGBP－BAHC 中得到的经验是土地利用和土地覆盖变化 LUCC（Land－Use and Land－Cover Change）强烈地影响着地表和大气之间的水分和能量的交换，使得它们成为了气候系统中重要的组成部分。因此人类带来的土地覆盖变化极有可能导致重要的区域气候和全球气候变化。反过来，气候变化又在各个时间和空间尺度上影响着陆地生态系统，甚至在某种程度上破坏着像亚马逊流域或针叶林森林等较大区域。因此，作为复杂系统的地球，它的一个基本特性就是它们对变化的反应是高度非线性的或者以突变的方式。在最初的强迫下，这些系统可能具有较好的缓冲，但一旦突破极限，系统就可能突变为另一种状态。这里有一个有力的证据表明地球系统倾向于突然变化：极地臭氧空洞或者末次冰河时代的气候振荡。人类导致的全球变化将地球系统推入了一种非类比状态——气候以及其他环境状况与近 50 万年的情况不同，由于潜在有害的后果，导致不可预测的变化可能性在增加，所以探索并量化地球系统相互作用十分重要。

一系列相互作用的例证是土地利用变化（砍伐森林）和大气污染物的排放——特别是工业、生物燃烧所产生的气溶胶，它们一同作用剧烈扰动着热带地区的大气。因为热带是驱动大尺度大气环流的“热力机”，热带地区的云以及降水过程的扰动预计会影响全球气候动力过程。主要产生于地表的人为排放气溶胶及其前体物能够影响云的性质，从而影响降水的强度和降水区域以及大气中污染物的垂直分布。这些影响通过作用于陆地水循环反馈地表，最终影响水的可利用程度、农业生产力和源自陆地生态系统微量气体的排放。

2.2 降 水

降水是指从云雾中降落到地面的液态水或固态水，如雨、雪、雹、霰等。一般，空气中直接凝结在地面或地物上而成的液态水或固态水，如露、霜等，都统计在降水量之内。液态降水为不同大小的水滴，包括雨和毛毛雨。固态降水的形状多种多样，包括雪、霰、米雪、冰粒、冰雹等固态降水物的基本形态。

2.2.1 成因

形成降水的三个要素是水汽、凝结核和上升的气流。降水过程有阵性和连续性两种。降水的特性主要决定于上升气流、水汽供应和云的微物理特征，其中尤以上升气流最为重要。通常按上升气流的特性，将降水分成对流性、系统性和地形性三种。

1. 对流性降水

对流是在大气静力不稳定的条件下产生的，其水平尺度很小（0.1～50km），生命史很短（几十分钟），但上升速度很大（1～20m/s）。降水粒子在云中形成之后，其落速往往小于气流的升速，因而积聚在云的中部和上部，不能下落。由于大量降水粒子的拖曳或其他原因，使上升气流速度减慢到小于降水粒子的落速时，降水粒子就陡然下落，形成阵性降水，常称阵雨。阵雨的开始和停止都比较突然，降水强度的变化也很大。对流性降水常伴有雷暴，称为雷阵雨。在大气层结很不稳定、高层不断降温、低层有充分水汽供应的天气条件下，可出现铅直发展极盛的积雨云，其上升气流可大于15m/s，含水量大于10g/m^3，云顶温度低于−30℃。在这种云里，可能形成冰雹。

2. 系统性降水

锋面、气旋、切变线等天气系统，低层的空气辐合，引起大范围的上升运动。这些系统的水平尺度很大（1000～3000km），持续时间很长（1～3d），但上升速度很小，一般为1～50cm/s，局部地区可达100cm/s。这种大范围上升运动可形成层状云系，产生大范围的连续性降水，有时虽然出现间歇，但降水强度（单位时间内的降水量）没有急剧的变化。

3. 地形性降水

湿空气受山脉等地形抬升而产生的降水。地形作用一般使山的迎风面的降水量增大，背风面的降水量减少，甚至出现干旱少雨区域，称为雨影区。

实际的降水往往是复合型的。如系统性降水常常因地形抬升而加强；在大范围空气辐合的天气系统中，往往有中尺度天气系统和中小尺度天气系统产生对流性降水。世界年降水量的分布即是上述情况综合的结果。降水量的年变化及年际变化受地理位置、海陆分布、地貌和大气环流、天气系统等因子的影响。

2.2.2 观测

降水量测量分为传统方式和现代方式。传统方式主要有雨量器、雨量计两类，一般只能得到点的雨量数据，测得的数值是实实在在、实际降至陆地表面的雨量，所以精度较高；而现代方式可以获取面上的雨量信息，如雷达测雨、卫星测雨，需要地面观测的雨量数据进行校正、同化和验证。

1. 雨量器

雨量器是测量在某一段时间内的液体和固体降水总量的仪器。一般为直径 20cm 的圆筒，为保持筒口的形状和面积，筒质必须坚硬。为防止雨水溅入，筒口呈内直外斜的刀刃形。雨量器有带漏斗和不带漏斗的两种。筒内置有储水瓶。降雪季节取出储水瓶，换上不带漏斗的筒口，雪花可直接储入雨量筒底。

2. 雨量计

雨量计是可连续测量和记录液体降水量的自记仪器。常用有虹吸式和翻斗式两种。

(1) 虹吸式雨量计（图 2-6）。当雨水经漏斗进入测量筒后，筒内的浮子随水位升高，当筒内贮满 10mm（或 20mm）雨量时，在短时间内发生一次虹吸，将筒内的存水一次排出，使浮子重新从零位开始记录。浮筒上所带自记笔尖可在钟筒上画出降雨量随时间累积的过程。

(2) 翻斗式雨量计。其测量器是两个三角形的翻斗，每次只有其中的一个翻斗正对漏斗口。当翻斗盛满 0.2mm 降水时，由于重心外移而翻倒，将盛水倒出，同时使第二个翻斗移到漏斗口下，由翻斗交替次数和时间的记录可得降水资料。翻斗式雨量计可用于自动气象站。

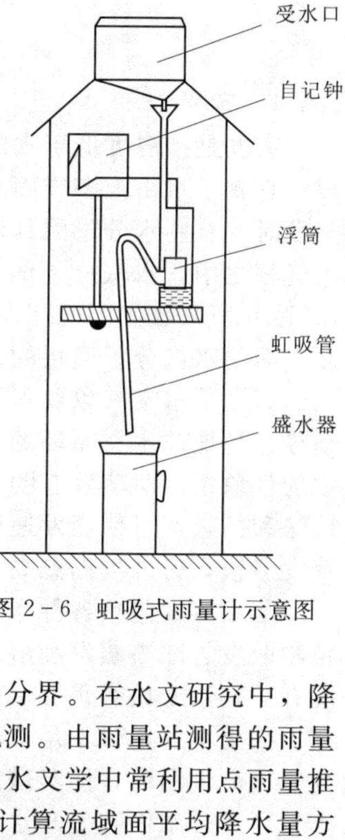

图 2-6 虹吸式雨量计示意图

2.2.3 降水量计算

降水量是以不透水的平面上所形成的水层来计量的，单位为 mm。固体降水量，是指固态降水融化后水层的深度值。中国日降水量时制采用北京标准时，并以 8：00 为日分界。在水文研究中，降水过程的观测用自记雨量计，雨量器则主要用于定时分段观测。由雨量站测得的雨量值，只代表某一点或较小范围内的降水情况，称点雨量。在水文学中常利用点雨量推算整个流域或某特定水文区的平均降雨量（又称面雨量）。计算流域面平均降水量方法有加权平均法、雨量等值线法，对雷达观测的雨量资料则采用简单的算术平均法。

加权平均法（又称泰森多边形法）是在流域图上将各雨量站用直线连成一些三角网，对各边作垂直平分线，连接后构成一些多边形，每个多边形内都含有一个雨量站，假设每个站的雨量可以代表该多边形面积内的平均降水量，则可计算全流域上降水量的加权平均值。

2.2.4 降水时空分布

对一个地区而言，降水量在时间上的分配并不均匀，我国夏季降水占全年的 60%～70%以上，冬季降水偏少。降水量在空间上的分布，常用降水量等值线图表示，由图也可量算流域平均降水量。我国降水量从东南向西北递减，主要是因为我国受控于季风气候，东南地区距海洋近。世界年降水量一般分布情况是由赤道向南、北渐趋减少，过了副热带高压带往南、北又趋增多，过盛行西风带后降水量又趋减少，两极地区年降水量较少。

大气降水是地表淡水的主要来源，与人类关系特别密切的淡水总量还不及全球总水量的2%，因有降水、蒸发、径流等水循环过程，才使淡水成为可更新的资源。全球平均的降水周期较短，约11d，故能确保淡水资源的补给。但是，在许多地区降水量的年际与年内分配不均匀，往往形成各地的旱涝灾害，为此努力探究降水量的时空变化规律，具有重要的意义。

2.3 蒸发和散发

2.3.1 定义

蒸发是指温度低于水的沸点时，水汽从水面、冰面或其他含水物质表面逸出的过程。它属于水由液态或固态变为气态的相变过程。从分子运动论的观点来说，水或冰蒸发时，有些水分子因其动能大于其他水分子对它的吸引力，就脱离水面或冰面，进入气相之中。水汽分子的不规则运动，也会使其中一部分撞到水（或冰）面，被水（或冰）所吸收。因此蒸发量就是从水（或冰）面飞出的水汽分子通量与回到水（或冰）面的水汽分子通量的差值。

蒸发是水文气象要素之一。在自然界中，蒸发是海洋和陆地水分进入大气的惟一途径，是地球水文循环的主要环节之一。自然条件下的蒸发是很复杂的，大气边界层中的气象条件对蒸发有明显的影响。风和湍流的增强，有利于蒸发面附近潮湿空气的输送和扩散，可使蒸发速度加快。风速梯度愈大，蒸发愈快；水汽含量的梯度愈大，蒸发愈快；另外气温愈高，蒸发速度也愈高。

陆面蒸发包括各种水体（河流、湖泊、水库、塘坝等）的水面蒸发、土壤蒸发、植物散发、冰雪蒸发和潜水蒸发。陆面蒸发与土壤的结构、含水量以及植物覆盖的情况有关。当土壤有足够水分时，蒸发量主要取决于辐射差额；在干旱的地区或干旱时期，因土壤含水量不足，蒸发量就减少，在沙漠和半沙漠情况下，蒸发量最小。森林地带充分潮湿时，能蒸散出大量的水分；特别是夏季，森林蒸散的水分甚至比水面的蒸发还多。水面蒸发与水的相态（水或冰）、温度、水面大小和水中所含杂质情况有关，海洋的蒸发还与海水中所含盐分有关。海水的含盐浓度通常为35%，空气的相对湿度较低时，含盐浓度对蒸发的影响不大，当相对湿度较高时，影响较大，如相对湿度为90%时，海水的蒸发量仅为淡水的80%；相对湿度为95%时，则为60%。

大气中的水汽是从江河、海洋、湖泊、潮湿的土壤以及植物等表面蒸发出来的。从全球平均情况来看，有效太阳能达230W/m^2，其中用于蒸发过程的能量为70W/m^2，约占地球上来自太阳有效能量的3/10。大气中水汽的蒸发和凝结所引起的相变潜热的吸收和释放，是大气中能量转换和输送过程的一种重要方式。

2.3.2 观测

1. 水面蒸发

水面蒸发指水面的水分从液态转化为气态逸出水面的过程，包括水分化汽（又称汽化）和水汽扩散两个过程。

单位时间从单位面积的水面上蒸发的水量称水面蒸发率，以mm/d计。水面蒸发量可用仪器直接观测确定，也可估算。中国采用的直接观测水面蒸发的仪器有20cm直径小型蒸发器，80cm直径套盆式蒸发器。20世纪60年代初选用E－601型蒸发器为全国标准仪器。蒸发实验站则采用$20m^2$和$100m^2$蒸发池和漂浮蒸发器。大水体的蒸发量的确定要用各种蒸发器测得的蒸发量乘以折算系数。折算系数随蒸发器面积大小、季节和气候区等不同而异。

大水体蒸发量的间接估算可用水量平衡法，即根据降水、径流和蓄水量等要素推求自然水体某一时段的水面蒸发量。这种方法精度受测量误差的影响，应用受到一定限制。另一种是热量平衡法，是通过测算太阳短波辐射、大气和水面长波辐射、进出水体的热量、对流的热量和水体的储热量等来估算蒸发量。如有观测资料，这个方法能估算到1h的时段蒸发量，但由于其中几个必要的项目难估算，易产生误差。经验公式与半经验公式法是根据蒸发的影响因素之间的关系推求水面蒸发量。

2. 土壤蒸发

土壤蒸发指土壤中的水分通过上升和汽化从土壤表面进入大气的过程。土壤蒸发影响土壤含水量的变化，是水文循环的一个重要环节。

土壤蒸发持续进行的条件是：经常有热量到达土面，提供水分汽化所需的汽化热；土面水汽压高于大气水汽压；土面能持续得到土内水分。根据各种形态水分的运动情况，土壤蒸发过程分三个阶段：①毛细管运行阶段，当土壤湿润时，水充满土壤孔隙，水分通过毛细管作用，不断快速地向地表运行，水分在地表汽化、扩散，土壤水分蒸发强烈。②薄膜运行阶段，当蒸发耗水使土壤含水量降低，小于毛细管水断裂含水量时，毛细管水断开，毛细管传导作用停止，土壤水分则以薄膜水形式，由水膜厚的地方向水膜薄的地方运动。由于这种运动缓慢，土壤蒸发明显减弱。此时，蒸发不仅在地表进行，土壤内部水分也可汽化，并经土壤孔隙向大气扩散。③扩散运行阶段，当土壤含水量降低，接近凋萎系数时，土壤水分由底层向土面的薄膜运动已基本停止，地表土壤内只有气态水进行扩散，蒸发率甚小。此时地表干土层很厚，水分不能满足作物需要。

此外，也有根据土壤蒸发率变化情况，把土壤蒸发过程分为：①大气蒸发力控制阶段（即蒸发率不变）；②土壤导水率控制阶段（即蒸发率降低）；③扩散控制阶段（即干土层的蒸发由水汽扩散控制）。

单位时间从单位面积土壤上蒸发的水量称土壤蒸发率，以mm/d计。测定方法有：①实测法（器测法），常用土壤蒸发器根据水量平衡原理确定土壤蒸发。这种方法适用于点上，而在大面积上因植被和土壤类型复杂，难于分清土壤蒸发与植物散发，所以器测法极少应用。②数学模型法，模型可由热量平衡原理建立。平衡方程由净辐射通量、土壤吸收热通量、感热通量和蒸发热通量组成。通过计算可得土壤蒸发率。此外，也有根据土壤水运动理论，考虑等温或非等温条件推出的数学模型、经验公式或图解曲线法等推求土壤蒸发量。

3. 植物散发

植物散发指在植物生长期，水分从叶面和枝干蒸发进入大气的过程，又称植物蒸腾。

植物根系从土壤中吸收水分，经导管向上移动，在根压和蒸腾拉力作用下，水分移动可达树梢的叶子。叶子由许多薄壁细胞组成，叶子表皮有许多气孔。影响气孔开闭的主要因素是光线强度、叶的水分补给、空气的温度和湿度及生物化学变化。气孔通常白天开着，黑夜关闭。植物散发主要在白天进行，散发强度中午最大，夜间仅及白天1/10。温度在4.5℃以下时，植物几乎停止生长，散发极少；在4.5℃以上时，每增加10℃，散发强度约增1倍，在40℃以上时，植物失去气孔调节性能，气孔大开，散发大量水分。

散发量的确定用实测法和计算法。实测法有器测法，确定旱作物散发的器测法是用不漏水圆筒，装满足够植物生长的土，种上作物，面封石蜡，视植物生长需水，随时灌水。测定实验时段始末重量和注水重量求散发量。此外，还有坑测法和棵枝称重法等。计算法有：①水量平衡法，根据一块样地或流域的整片植物群落生长期始末的土壤含水量、土壤蒸发量、渗漏量和径流量的收支状况来确定散发量。②热量平衡法，测定植物生长期间落在单位面积上热量卡数，然后算出1hm^{2}植物叶子所拦蓄的热量卡数，除以在20℃时1kg水变为水汽所需的卡数，即得出1hm^{2}植物散发水量千克数。③散发模型，有确定根系吸水强度的根系模型和确定树冠散发的气孔模型。研究流域的水量平衡时，往往难以分清蒸发与散发，因而把这两个要素合并为一项来处理。

4. 潜水蒸发

潜水蒸发是指潜水向包气带输送水分，并通过土壤蒸发或（和）植物散发进入大气的过程。由于土壤蒸发或（和）植物散发，在土壤表层或根系层中消耗水分，潜水通过毛细作用不断向上补给水分，保持土壤蒸发和植物散发持续进行。

单位时间内从单位面积上潜水的蒸发量称潜水蒸发率（常以mm/d表示）。影响潜水蒸发率的主要因素有：①气候条件。太阳辐射强、气温高、相对湿度小、风速大时，潜水蒸发率大，反之则小。②潜水埋藏深度。埋深小，潜水蒸发率大；埋深越大，潜水蒸发率越小。③包气带岩性。它是一个很复杂的影响因素。岩性本身的颗粒组成、结构排列、密实程度、孔隙构成、通道形式和土壤生化物质等因素在参与蒸发过程中所发生的能量、热量和水量的转变和交换现象都是十分复杂的。岩性不同，潜水蒸发率也不同。④植被。裸露的地面，无植物生长，潜水蒸发率小。有植被的地面，由于植物的散发，潜水蒸发率增大。植被覆盖愈密，潜水蒸发率愈大。不同植物（包括同类植物而种不同）有不同的潜水蒸发率。同一植物在不同生长期，潜水蒸发率也不同。

计算和测定潜水蒸发量的方法主要有三类：①实测法，常用地中蒸渗仪（图2-7）和称重式蒸渗仪，直接测定潜水蒸发量。一般采用若干个控制不同地下水埋深的测筒，内装各种原状土，筒内种有植物或不种植物，分别测定不同地下水埋深，不同土壤和不同植物的潜水蒸发量。②经验公式法，根据实测资料，在潜水蒸发率和其影响因素（如水面蒸发率、地下水埋藏深度、岩土性质）之间建立关系式，这是常用的方法。③求解数学物理方程，应用包气带水分运动理论，建立数学物理方程，用解析法或数值法求解。由于潜水蒸发的因素比较复杂，求解比较困难，尚未广泛应用。

蒸发和植物散发是潜水在自然条件下垂直排泄的主要方式。在干旱和半干旱地区，地下水埋藏浅时，潜水蒸发强烈，引起盐分上升并在地表积累，使土壤盐渍化。减少潜水蒸发损失，可增加地下水资源的可利用量，这是合理开发利用地下水的一个重要课题，因此研究潜水蒸发有重要的实际意义。

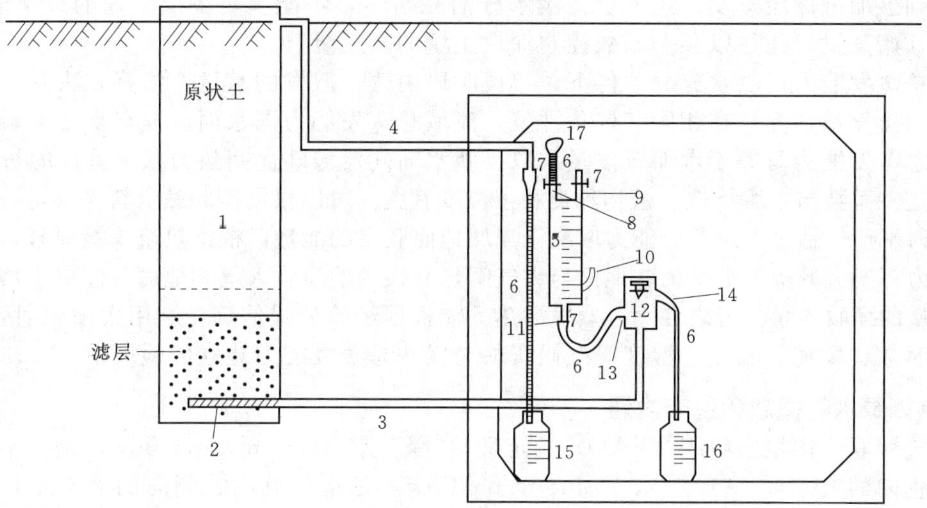

图 2－7　地中蒸渗仪工作原理

1—原状土皿；2—透水管（外包筛绢）；3—连通管；4—径流；5—微流量仪；6—乳胶（塑料）管；7—开关；8—进水孔；9—排气孔；10—进气孔；11—供水孔；12—水位控制器；13—水位控制器进水孔；14—溢流孔；15—径流储水瓶；16—溢流储水瓶；17—输水管路

2.3.3　蒸发计算

上节介绍了水面蒸发、土壤蒸发、植物散发、潜水蒸发这 4 类蒸发的测定方法，事实上很难分类测量自然界各类蒸散发量。流域总蒸发是对流域内陆面蒸发、水面蒸发和植物散发的总称，又称流域蒸散发。在水文学中，通常又指这些蒸发量的总和。陆地上的年降水量有 60%～70%通过蒸发和散发返回大气，因此总蒸发是水文循环的重要组成要素，它是干旱和半干旱地区水文循环中陆相排水（通过陆地排泄）的主要水文过程。从水量损失角度来说，总蒸发是降雨径流形成过程中唯一损失，是流域水量平衡计算中重要项目之一。流域总蒸发不是靠实测而是通过估算求得，因为在大面积上，各项蒸散发量不可能分别测定。

总蒸发量估算方法有两种：①水量平衡法。即根据降水、径流、流域蓄水量变化等资料估算总蒸发量。在资料充分而可靠的条件下，它是较好的估算方法，常用来推求多年平均总蒸发量，有较高的精度。但随着计算时段的缩短，运用这种方法，要正确给定时段始末的流域蓄水量是有困难的。②模式计算法。根据土壤含水量的垂直分布，流域总蒸发量的计算用一层模式、两层模式和三层模式。一层模式把可蒸发层作为一个整体，并认为蒸发量同该层土壤含水量成正比。由于模式未计及土壤水分垂向分布，对久旱之后的小雨，土壤水分少，计算的总蒸发量明显偏小。两层模式把可蒸发层分为上、下两层，并认为降雨补给土壤和蒸发消耗土壤水分都是先上层后下层。两层分别遵循各自的蒸发规律：上层以蒸发能力（充分供水条件下的蒸发率）蒸发，直到上层水分耗尽，才由下层土壤水供给；下层蒸发量等于总蒸发能力与上层土壤蒸发量之差值乘以下层土壤实际水分与该层最大含水量之比值。三层模式则在两层模式的基础上加进深层蒸发。当下层土壤水分消耗殆尽，不能满足下层蒸发的最小值时，深层开始蒸发，往往以某一系数控制深层土壤的蒸发量。

总蒸发能力指供水充分条件下，单位时段内蒸、散发的水量。估算方法有：①根据水面蒸发量估算，在相同气候条件下，流域总蒸发能力同水面蒸发有密切关系，因此，总蒸发能力可等于水面蒸发量乘以反映水面同流域陆面间热力状况差异的折算系数。这一系数与土壤特性、植物种类和植被度有关，可以根据实验站资料来确定。②根据辐射平衡值估算，总蒸发能力取决于流域地面获得的能量，根据热量平衡原理，总蒸发能力等于流域辐射平衡值、地面与大气间热交换量的净收入量和地面与深层土壤间热交换量的净收入量三者之和除以蒸发潜热。③根据经验公式估算，利用太阳辐射强度，日照时数、风速、温度、湿度等气候资料与实测总蒸发能力建立经验关系。

2.3.4 绿水的概念和生态内涵

按照联合国粮农组织（FAO）的定义，“绿”水（Green water flow）是指不可见的、垂向的气态水，“蓝”水（Blue water flow）是指可见的、侧向的液态水，如图2-8所示。“绿”水是进入大气的不可见水汽。生产性的“绿”水被定义为植物的蒸腾量，它直接影响植物的生物量。非生产性的“绿”水为土壤蒸发（地表积水坑的直接蒸发和来自土壤水的蒸发）和截留蒸发（截留是树木和农作物拦截的降水）。因此“绿”水相当于常用的术语——蒸散发，即将生产性和非生产性的水汽流合为一项。

“绿”水系统包括森林、草场及雨灌农作物的耗水。它既支撑陆地生态系统，也支持雨灌农作物生产。“绿”水和“蓝”水均维持生态功能，提供生态系统产品和服务，二者皆为人类生存和社会发展的先决条件。“绿”水与“蓝”水的另一重要区别是“绿”水（蒸发+蒸腾）总是消耗用水，而“蓝”水不消耗用水。“绿”水不能在河流下游重复利用，而“蓝”水可以被循环再利用。

1993年FAO研讨会首次提出绿水，为什么要提出“绿”水/“蓝”水的概念呢？这是因为2/3的陆地降水直接消耗于陆地生态系统的生物总量生产过程中的光合作用，在食物生产过程中消耗的“绿”水是如此的巨大，陆地降水的1/3以径流形式流入海洋，我们把这1/3称为“蓝”水。在传统的水资源评价体系中，只有这1/3被看作是人类的淡水资源，而那些在食物生产中消耗的水被错误地理解为仅仅是指灌溉用水。

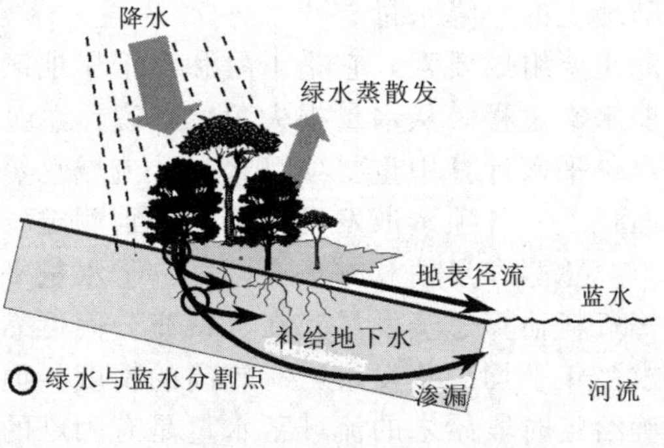

图2-8 “绿”水和“蓝”水的概念

水循环一个重要且常被忽略的方面是蒸发的“绿”水能够形成陆地上的降水，组成一个重要的水汽反馈圈。众所周知，在全球尺度上，海洋水汽在风的作用下进入陆地，构成陆地40%的降水，而对于另外60%的降水却知之甚少，实际上它们来自陆面的蒸发。这意味着支撑生物圈和人类圈的“血液”大部分由生物圈自身产生。因此自然或人为地改变地形能对降雨的可靠性和持续性产生巨大的影响。

降雨是源自陆地还是海洋，主要根据陆地的面积来判断。在小岛上，本地蒸发可以忽略，但在大陆上，陆地蒸发产生的水汽反馈效应具有支配作用。根据经验，若海洋湿气途经陆地的距离大于500～1000km，则陆地蒸发对陆地水循环的影响比海洋水汽更为显著。例如，在撒哈拉地区，90％的降水源自陆地蒸发；在美国中部，60％的降水来源于陆地蒸发。

陆地表面的蒸发使水汽回归到大气中，从而维持降雨。月降雨量与空气湿度线性相关。如果大气水分减少，降雨则减少至一个较低的阈值，低于此阈值将不再会产生任何大的降雨。有人做过数值试验：如果西非地区蒸发完全消失，即雨水直接流入河流，那么，降雨将局限于自海岸向内陆延伸的500km带状范围内。目前，西非地区降雨到达离海岸2000km处，但是这个距离正在缩小！因为土地利用变化使得转化为径流的降雨所占的比例提高。如果转化为径流的降雨所占比例提高，则返回大气的水分就会相应减少，这个比率与降雨到达内陆的距离是成反比的。

在西非草原地区，土地利用变化是显著的。该地区原为迁徙耕作及大量的自然植被，如今该地区主要为永久定居地，自然植被锐减。由于农作物的根系深度有限，农作物的蒸发通常比自然植被少。在自然栖息地，生物量以最优的方式生产，即最大限度地利用水，消耗于植被蒸腾。耕种和栽培通常增加地表径流，从而减少蒸发。总之，在雨季，土地利用变化会减少蒸发，减弱水汽循环和降低大气水分，从而减少在内陆的降雨。在干旱年份，人类砍伐森林的活动扩大，因而破坏了有限的水汽循环。

土地利用变化对生态系统和农业生产的影响是剧烈的。撒哈拉地区正遭受着巨大灾难，20 世纪 70 年代之前存在的生态平衡逐渐被打乱，80 年代连续的干旱年份加速了这种过程。80 年代，多数科学家认为，撒哈拉地区干旱的原因源于气候变化。现在人们更加广泛接受这样一个观点，即干旱是引起该地区生态平衡破坏的导火索。干旱引发的人类活动而非干旱本身加速了土地退化，导致持续的干旱。需经历一系列的湿润年才能部分恢复该地区的生态系统。

人类历史与河流、湖泊和井中的可见水或“蓝”水息息相关，但是不可见水或者“绿”水更为重要，因为它是植物生产即食物生产的根本所在，并且参与提供陆地生态服务。这种生态水文学的基本观点可以深入理解水危机和环境危机，从而正确解决这些问题。目前人口日益增加，粮食需求也随之增长，生态学界告诫我们，可扩展的灌溉面积非常有限，因此应更加关注雨养农业生产、土壤中的不可见水以及“绿”水。若将更多的水用于农作物生产且流域降水是有限的，则剩余更少的水补给含水层和河流。因此食物生产需与利用“蓝”水保持平衡。

水在水循环中具有基本的平衡功能，即削弱太阳能时空分布的不均匀性。水是全球生命支撑系统最为基础的生态服务，水循环参与三种相互作用的平衡过程：两种物理过程（蒸发/凝结）、两种化学过程（结晶/溶解）、两种生物过程（水分子电离/重组）。水在生物圈和人类圈发挥基本功能，水循环联系着社会和自然，因此十分有必要将生态学与水文学结合起来，使人类及其生存环境和谐发展。由于众多环境问题干扰生态系统，威胁自然资源的基础，因此在制定政策时，我们应当采用陆地—水—生态系统综合管理的方法，使水造福人类，避免这些影响破坏生存支持系统，认识到这点是至关重要的。

第3章 地表以下的水文系统

在地表以下的土壤和岩石中，存在着许多水分，虽然不像河流、湖泊、水库里的水那样可以直接看见，但却是水循环和水环境的重要组成部分，是蕴藏丰富的水资源。土壤和岩石中水的存在、运动及其参与整个水循环的交换，构成地表以下的水文系统。

3.1 土壤和岩石中的水

地球的陆地部分为土壤和岩石所覆盖，土壤和岩石中通常存在空隙，包括：孔隙、裂隙和洞穴，可以储蓄水分，成为蓄水体。全部空隙被水充满的状态，称为饱和状态，部分空隙有水的状态称为非饱和状态。通常称土壤中非饱和带的水分为土壤水，称土壤和岩石中呈饱和状态的水为地下水。

3.1.1 地下储水量

土壤水和地下水究竟有多少量？根据第一章中所给数据，地表以下总储水量为 $23.40\times10^6 km^3$，占地球总水量的 1.7%，见表 3-1。以人们最为关注的淡水来讲，地下水中的淡水储量有 $10.530\times10^6 km^3$，土壤水的储量有 $0.0165\times10^6 km^3$，在全球淡水总量中，分别占 30.1%和 0.05%。与河川水的储量相比，地下水的淡水量是河川的 5000 倍，土壤水则是河川的 8 倍。可见地表以下储存的水量十分可观，是重要的水资源。但是，河川水的更新期短，平均为 16d，一年中可以 20 多次再生，而地下水更新十分缓慢，更新一次平均要 1400 年。因此，地下水虽然有很大的储量，却不得轻易使用，对其特性和动态必须要有充分的了解和掌握。

表 3-1 地面以下的储水量

区域	水量 ($\times10^6 km^3$)	占总水量的 (%)	占总淡水量的 (%)
全球总水量	1385.98	100	
地下总水量	23.40	1.7	
全球淡水量	35.0291		100
地下淡水量	10.53		30.1

3.1.2　含水层和隔水层

地下水并不是均匀分布在地面以下的岩石土壤之中，而是存在于具有一定条件的岩土层内。

为水所饱和并且能够透过和给出相当数量水的岩土层，称为含水层。含水层不但要能够贮水，而且水还要能够在其中运动，例如：砾石、裂隙和有溶穴的岩石。有些岩层不能或只能少量透过和给出水，这种岩层称为隔水层或不透水层。还有一些岩层处于透水与不透水之间，称为半隔水层或弱透水层。

含水层的形成必须要有以下三个条件：①含水层首先应该是透水层，透水层岩土的空隙越大，数量越多，连通性越好，贮存和通过的水就越多，越有利于形成含水层，如砂砾石层等。②含水层还必须要有透水层和不透水层的组合，构成含水地质结构，才能形成。如果没有隔水层的阻隔，含水层中的水将无法积聚，也就不能形成含水层。③含水层的形成还必须要有水源补给，缺乏水源补给的地层，即使有很好的空隙和具备储存地下水的地质结构，也不易形成含水层。

3.1.3　潜水、承压水和包气带水

含水层可以存在于地面以下第一个隔水层或弱透水层之上的岩土中，见图 3-1，这种地下水通常称为潜水。潜水具有自由水面，称为潜水面或地下水面。潜水面的标高称潜水位或地下水位，见图 3-2。

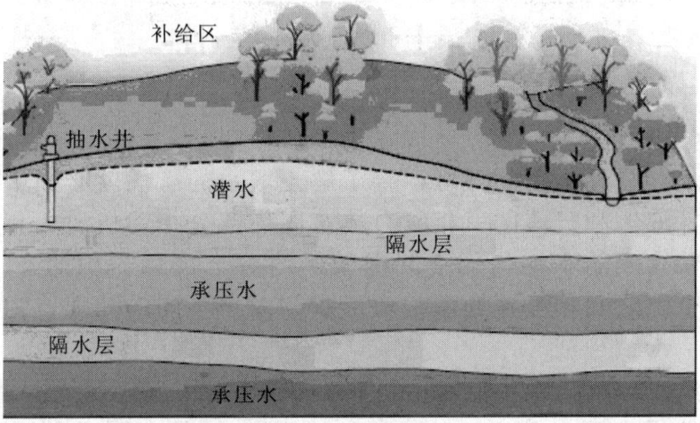

图 3-1　含水层和隔水层

含水层也可能存在于两个隔水层或弱透水层之间，见图 3-1。当地下水充满隔水层之间的透水层时，这种地下水往往承受一定的压力，称承压水。当钻孔打穿上部隔水层时，地下水在静水压力的作用下穿过上部隔水层，上升到上部隔水层以上某个高度，此时水面的标高称承压水位。承压水位甚至可以高出地面，以至地下水可溢出地表，成为自流水，见图 3-3。

地表以下第一个含水层水面到地面之间，通常为非饱和带，称为包气带，见图 3-2。包气带中的水称包气带水。包气带是最接近地面的岩土层，因此，包气带一般也就是土壤层，包气带水也就是通常所说的土壤水。虽然包气带水的称法比较严格，但实用上大多考虑的是土壤中的水，本章后面在讨论包气带水时，将主要用土壤水

一词。

包气带或土壤水带是地表水和地下水的联系通道，在地下水文动态中起着重要的控制作用。下面两节介绍有关土壤水及土壤水带中的两个重要水文过程——下渗和蒸发的一些基本知识。

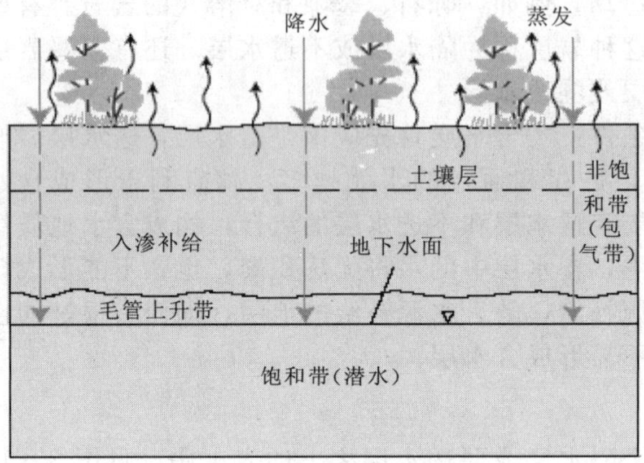

图3-2　包气带和潜水

图3-3　承压水溢出地面

3.2　土壤水特性

3.2.1　土壤的水理特性

土壤是土壤水存在和运动的环境，要了解土壤水的特性就必须了解土壤的水理特性。土壤是固体、液体和气体的三相复合体。固体部分指无机质、有机质等大小、形状均不规则的颗粒构成的不均匀的空间框架，约占土壤总容积的50%。在此框架中存在许多空隙，空隙之间相互连通，构成形状和大小不同的孔隙，为水分的保持和运动提供了场所。

任何一种天然土壤都是由不同粒径的颗粒组成。不同粒径的土壤颗粒在物理特性上有显著差别，粒径小于0.01mm（10μm）的颗粒，具有明显的吸湿性、黏结性和可塑性，简明的颗粒分级是将粒径小于0.01mm的称为物理性黏粒；粒径大于0.01mm的颗粒称为物理性砂粒。土壤的颗粒组成（机械组成）称为土壤质地。土壤质地可分为砂土、壤土和黏土三大类，以砂粒和黏粒所占比重不同而定。土壤颗粒分级和土壤质地分类有许多种标准，可以参考有关的文献。

土壤中的细颗粒物质，如黏土、氧化铁、有机质分解物等，在较粗的颗粒间起着胶结的作用，使松散的颗粒形成各种形状和大小不同的可分辨的团粒，各种团粒的组合排列称为土壤结构。

土壤质地是影响团粒大小和相互间组成的最重要因素之一，若土壤中包含各种大小不同的颗粒，则有利于形成小而稳定的团粒，缺乏胶体微粒（粒径小于0.001mm）的土壤，就缺乏团粒结构，砂土就是最典型的一种无结构的土壤。

土壤孔隙分为团粒内部的孔隙和团粒之间的孔隙两个不同的层次，前者称为质地孔隙，后者称为结构孔隙，如图 3－4 所示。结构孔隙常大于质地孔隙，它是水分的良好通道。团粒内部的孔隙不易导水，它是保持水分的场所。此外，土壤中还常有动物、植物生长活动形成的较大管状通道，称为大孔隙，它们在土壤水分运动中也很重要。

土壤中所含孔隙的多少，可用孔隙度来定量表达。孔隙度是土壤孔隙体积与土壤总体积之比值。自然界中土壤的孔隙度一般在 30%～60%之间，表层土壤的腐殖质层中，孔隙度可达 50%～60%，森林地表的枯枝落叶层及泥炭土的孔隙度甚至高达 90%。自然界沉积的砂土常具有较好的分选性，并且无团粒结构，其孔隙度一般较小，在 30%～40%之间。

孔隙度只表达了土壤孔隙的一种平均特性，土壤孔隙对水分运行的作用不仅与孔隙度的大小有关，还与孔隙的大小有关。例如，黏土的孔隙度比砂土的大，但孔隙的直径小，数量大，而孔隙小对水流的阻力大，所以黏土的持水能力强，透水性弱，砂土则相反。

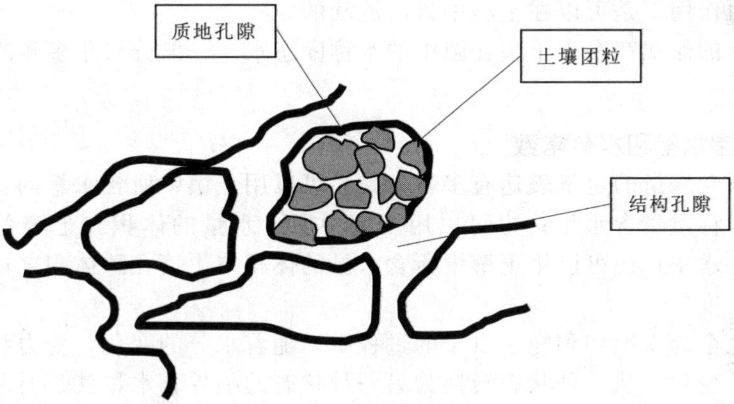

图 3－4　土壤孔隙

3.2.2　土壤水的存在形式

土壤孔隙全部被水充填的状态称为饱和状态，部分被水充填的状态称为非饱和状态。在地下水面以下的土壤处于饱和状态，称为饱和带。地下水面以上到地表，通常处于非饱和状态，称为非饱和带，也就是前面所说的包气带。

土壤中的水分按物理性质和受力情况的不同，一般可以分为气态水、吸着水、薄膜水、毛管水、重力水和固态水等几种主要形式。吸着水和薄膜水又可统称为结合水。

气态水指土壤孔隙中呈水汽状态的水。气态水很容易被吸附在土壤颗粒表面，形成结合水。气态水具有很大的流动性，可以随孔隙中空气的流动而流动，也可以由水气压力高的地方向水气压力低的地方移动，还可以从温度较高的地方向温度较低的地方移动，在干旱的沙漠地带，这种性质在土壤水分运移中有一定的重要性。

结合水是受分子力作用吸附在土壤颗粒表面的水分，包括强结合水和弱结合水。

强结合水通常称吸着水，所受分子力非常强大，可达10000个大气压，但作用范围极小，是以单个分子形式存在于土壤颗粒表面，不易运动，也不能为植物吸收。在讨论土壤水储量和运动问题中，无实际意义。

弱结合水指包围在吸着水外面的结合水，通常称薄膜水。薄膜水所受分子力的大小约在31～6个大气压之间，虽比强结合水要小得多，但是，相比重力来讲，所受分子力仍很大。因此，薄膜水可以不考虑重力的作用，但不像吸着水那样紧贴土壤颗粒表面，而是具有一定的流动性，可以从薄膜厚处向薄处流动。

毛管水是受毛管力作用存在于毛细孔隙中的水分。毛管力是影响土壤水分的保持和运行的最重要的力。毛管水是土壤水储量和运动的重要的水分形式。

重力水是土壤中在重力作用下可以自由运动的水。严格意义上，土壤中的水分任何时候都受到重力的作用。但是，对结合水来讲，重力和分子力相比极微小，可忽略不计。在毛管孔隙中，当孔隙逐渐加大，毛管力变小，重力逐渐起主导作用。在大孔隙中，即非毛管孔隙中，液态水主要受重力作用，这种水称重力水。对重力水来讲，分子力和毛管力都是微乎其微的，所以，只要没有不透水层或相对不透水层的阻碍，重力水在重力作用下是可以在土壤中自由流动的。

以固体冰的形式存在于土壤孔隙中的水称固态水。一般分布于多年冻结区或季节冻结区。

3.2.3　土壤含水量和水分常数

土壤中所含水量的定量表达有多种方式：可以用土壤中所含水量的重量与干土重量之比表达，称重量含水率；也可以用土壤中所含水量的体积与土壤总体积之比表达，称体积含水率；还可以用土壤中所含水量的体积与土壤孔隙体积之比表达，称为土壤水分饱和度。

土壤从完全为水饱和到完全烘干的过程中，随着水分的变化，受力状态和存在形式也不断发生变化。从一种状态转换为另一种状态的临界含水量就是所谓的土壤水分常数。这种状态的转换是连续的，因此，水分常数是一个范围而不是一个单个的数值。对土壤水分存在形式有不同的分类，相应地，水分常数也有所不同。最基本的水分常数一般包括如下几种：

（1）饱和含水量：是指土壤中所有孔隙都为水充满时的含水量。土壤含水量达到饱和含水量时，非毛管孔隙中的水分受重力作用，在排水时首先排出，这部分水分称为自由重力水，它是土壤水中最易运动的部分。

（2）田间持水量：是指自由重力水排完时的土壤含水量。它是在分子力毛管力作用下维持在土壤中的水分，是毛管力所能维持的最大含水量。土壤含水量达到田间持水量时的土壤水吸力约为1/3个大气压。

（3）毛管断裂含水量：当土壤表面发生蒸发时，处于连续状态下的毛管水会向蒸发面转移，提供蒸发水量。蒸发不断进行，含水量不断减少，当原本处于连续状态的毛管水达到断裂时，以液态水形式向蒸发面供水基本停止。这时的含水量称毛管断裂含水量。

（4）最大分子持水量：由分子力所结合的水的最大量，称最大分子持水量，也就是薄膜水达到最大量时的土壤含水量。此时水分受到的吸力约为 6 个大气压。一般，植物根系的吸力为 15 个大气压，也就是说，一部分薄膜水能够为植物所吸收。

（5）凋萎含水量：当含水量继续减小到分子力达 15 个大气压时，植物吸收水分的能力达到极限值，植物无法吸收水分而将枯萎，此含水量定义为凋萎含水量。

（6）最大吸湿量：在水汽饱和的空气中，烘干土吸收水汽达到的最大量，称最大吸湿量。

凋萎含水量以下的土壤水分，受分子力强烈吸引，难以参与水分循环；凋萎含水量到田间持水量之间的水分，被土壤分子力和毛管力保持在土壤中，不会在重力作用下排出土壤，也就构成土壤的持水能力，这部分水只能通过蒸发和植物散发进入大气，参与水分循环；超过田间持水量的水分，不能为土壤所保持，将会在重力作用下，通过一定的途径，形成地下或地表径流，参与水分循环。

凋萎含水量和田间持水量是两个重要的水分常数。凋萎含水量到田间持水量之间的这部分土壤水是对植物生长有效的部分。田间持水量到饱和含水量之间的部分，是土壤无力维持而要在重力作用下流走的部分。表 3－2 给出了三种典型土壤的几种水分常数，可以看到，壤土的有效水分最高。黏土虽然田间持水量最大，但凋萎含水量也很大，因此，有效水分并不高。

表 3－2　　三种典型土壤的水分常数

含水量	砂土	壤土	黏土
饱和含水量 θ_s	0.42	0.51	0.57
田间持水量 θ_f	0.08	0.36	0.50
凋萎含水量 θ_w	0.02	0.13	0.35
有效水分（$\theta_f-\theta_w$）	0.06	0.23	0.15

3.3　下渗和蒸发

这里所指的下渗和蒸发是发生在地面以下的水文系统中的两个重要水文过程，下渗是地面有水（降雨）时，水分在包气带中向下运行的过程，蒸发是地面（土壤或植物）蒸发时，水分在包气带中向上运行的过程。

3.3.1　下渗

水从土壤表面进入土壤内部的过程称为入渗，水文学中所涉及的入渗一般是指降雨从土壤表面向下进入土壤的过程，通常称为下渗。

下渗是水文循环中十分重要而又很难定量的环节。下渗过程不仅决定着降雨产生地表径流的量和时间分布，而且影响着土壤水分和地下水的补给及壤中流和地下径流的形成。

不同质地和结构的土壤，同一土壤不同植被，同一植被不同生长期，下渗能力均不相同。下渗是具有很强随机性的现象，这是造成坡面水文现象复杂的重要原因。对下渗及其影响因素的了解是水文学的重要基础知识。

3.3.1.1　下渗率和下渗能力

下渗率是单位时间内，从单位面积上渗入土壤中的水量。水量用水深表达，常用单位有 mm/h 或 mm/min。下渗能力是给定条件下，土壤可能发生的下渗率，在数值上等于该条件下充分供水时的实际下渗率。

3.3.1.2　下渗过程

这里所讨论的下渗过程是指完全干燥的土壤在地表充分供水条件下的下渗变化过程，它反映土壤的下渗能力特性。下渗过程大致可以分为三个阶段：

第一阶段为渗润阶段。下渗开始时，土壤十分干燥，下渗水分主要受分子力的作用，被土壤颗粒吸附而成薄膜水。

第二阶段为渗漏阶段。随着水分不断进入土壤，土壤水不断增加，下渗水分的受力逐渐以毛管力和重力为主，下渗水分填充土壤孔隙，并通过孔隙向下运行。

第三阶段为渗透阶段。当土壤孔隙为水充满达到饱和时，水分在重力作用下向下运行。此时，饱和的土壤层起着过水通道的作用。

前两个阶段为非饱和状态的水分运动，渗透阶段为饱和水分运动。

3.3.1.3　下渗曲线

下渗曲线是描述下渗能力随时间变化的曲线。干燥土壤充分供水条件下的下渗过程表现为下渗能力不断降低的过程，这是由土壤孔隙不断为水填充，土壤吸力不断减小，以及雨滴压实地表、细颗粒冲入大孔隙堵塞通道、土壤膨胀使孔隙缩小、土壤中空气受禁锢产生阻力等原因所形成。下渗能力不断降低，以至最后趋于一个稳定数值，这个稳定值称稳定下渗率。下渗能力随时间的递减，在以纵坐标为下渗率，横坐标为时间的图形上，表现为一条下降的曲线，如图 3-5 所示，这条曲线称下渗曲线，表达了土壤的基本下渗特性。

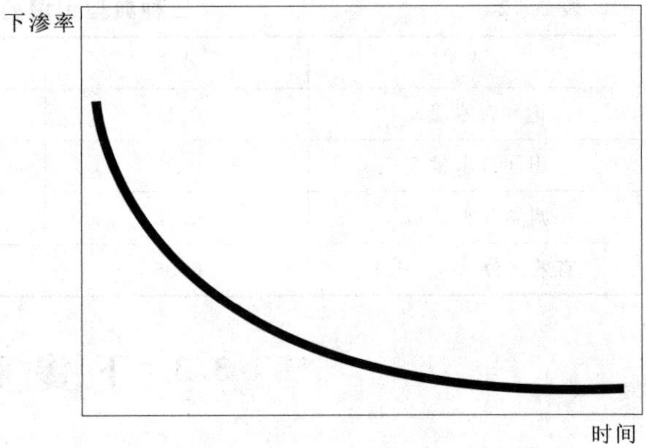

图 3-5　下渗曲线示意图

3.3.1.4　影响下渗的因素

实际的下渗过程并非像上述下渗能力那样变化，而是受到许多因素的影响。

1. 初始土壤含水量

初始土壤含水量影响着土壤的有效孔隙，较高的初始含水量意味着较低的有效孔隙，因而下渗率较小，并较快地趋近稳定下渗率。

2. 供水强度

实际下渗过程除了决定于土壤性质外，还决定于土壤表面的供水率，也就是通常讲的降雨强度。下渗初期，往往土壤比较干燥，下渗能力较大，来多少水就下渗多少水，实际下渗率等于供水（降雨）强度。随着下渗进行，土壤含水量不断增大，下渗能力逐渐减小，当下渗能力降到等于和小于供水（降雨）强度时，下渗就按下渗能力进行，同时地表出现积水，如图 3－6 所示。从供水开始到出现积水的时间与供水强度有关，供水强度越小，则越长。这一特性在降雨产流分析中十分重要。

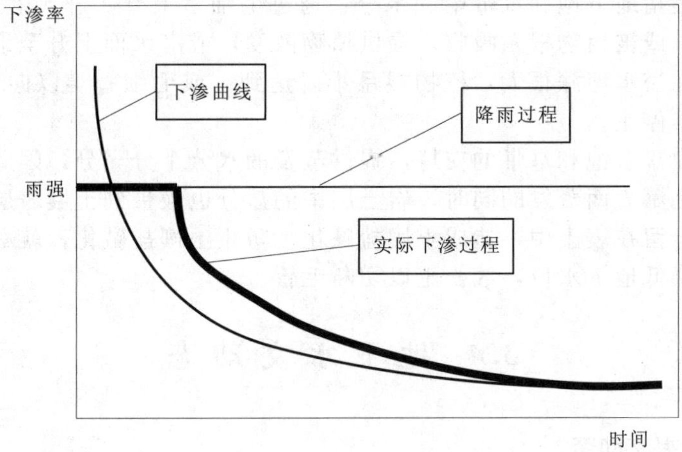

图 3－6　实际下渗过程

3. 土壤表面性质的变化

某些土壤受水湿润后，水力特性会有显著改变，尤其在地表，例如，团粒的潮解，胶体物质的膨胀，造成地表孔隙封闭。这种变化对下渗率的影响有时超过上面所讨论的因素。

此外，下渗过程还受到土壤分层以及土壤中空气不能自由逸出等因素的影响。总之，实际下渗过程是非常复杂的现象，是水文循环中的重要环节。

3.3.2　蒸发

蒸发是地表以下的水文系统中水分向上运行的过程。土壤表层的水分在和空气接触中，会直接发生蒸发。土壤根系层中的水分，可以被植物吸收，通过植物叶面散发。前者称为土壤蒸发，后者称为植物散发。土壤蒸发或植物散发减少了土壤表层或植物根系层中的土壤水分，此时，土壤中的毛细管就会从土壤下层饱和带（潜水）中吸收水分，向上输送，补充上层土壤，从间接角度看，这也就是潜水蒸发。如果地下水面本身接近地面，那么，潜水就会直接进行蒸发，这是直接意义上的潜水蒸发。

土壤蒸发是土壤颗粒周围的水膜和土壤孔隙中的水的蒸发，并通过土壤表面向大气中逸散的过程。由于土壤含水量的不同，土壤可能是饱和的和非饱和的，土壤饱和时其蒸发同水面蒸发相似，属于饱和蒸发；土壤非饱和时，蒸发要受到土壤供水条件的影响，属非饱和蒸发。因此，土壤蒸发除了那些影响蒸发的气象因素外，还决定于土壤含水量。

植物散发是植物从根部吸收土壤水分，通过茎部输送至叶面，由气孔逸出，散入大气。植物散发是土壤水向大气输送的重要途径，据研究估计，全球大气中的水汽，大约有 10％是植物散发提供的。植物散发不仅决定于影响蒸发的气象条件，而且还决定于所处的土壤环境和植物本身的生理特性，土壤、水分、植物、大气构成一个十分复杂的系统，它既是水文循环的重要环节，又是气候和生态系统的重要组成部分。

潜水蒸发是指地下饱和水带中的水分，通过毛细管上升，进入上层非饱和水带，提供土壤蒸发，或被植物根系吸收，提供植物散发，或潜水面上升至地面，直接发生的蒸发。只有在潜水埋深很大，植物根系难以达到，或毛细管难以向上提供水分时，潜水蒸发才基本停止。

潜水蒸发由于有饱和水带的支持，提供蒸发的水分十分充分，因此蒸发量往往很大。潜水在向土壤表面蒸发的同时，岩土层中的盐分也被带到土壤表层，水分蒸发到大气中，而盐分留在表土中，造成土壤盐碱化。防止土壤盐碱化，就必须抑制潜水蒸发，措施就是降低地下水位，或松土以切断毛管。

3.4 地下水文动态

3.4.1 包气带水文动态

如上所述，包气带是地表与地下水分联系的通道，地面以下的水文动态以包气带最为活跃。如图 3-7 所示，当降水降落到地面时，雨水首先被土壤吸收；当吸收的水分超过土壤保持水分的能力，即土壤含水量超过田间持水量时，多余的部分将通过包气带向下渗透，补充地下水；无雨时，被包气带保持的水分，将缓慢消耗于蒸发。当包气带水分由于蒸发而逐渐减少时，在毛管力的作用下，包气带可以从其下方的潜水带源源不断获得水分补充，形成向上的水分转移。可见下渗和蒸发是地下水与大气间水分交换的重要过程，包气带的透水和持水能力是重要的控制因素。

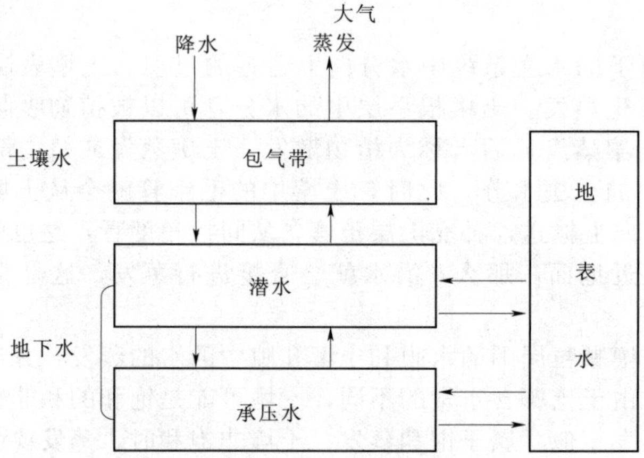

图 3-7 地面以下水文系统示意图

3.4.2 潜水水文动态

潜水带与包气带之间也不断进行水分交换，当雨水从包气带向下渗透时，潜水获得补给，当包气带由于蒸发而从潜水带提取水分时，潜水就向包气带转移。如果潜水位足够接近地面，还会形成潜水的直接蒸发。

潜水和地表水体之间也存在直接的水分交换，潜水可以向河流、湖泊排出，河流、湖泊也可以向潜水渗漏，这决定于地形、地质条件。在山区或河流中上游地区，地形切割强烈，地面坡度大，如图 3－8 所示，入渗雨水 山坡补给坡 饱和带（潜水），继而向河流排泄。同时，山区潜水埋藏深度一般较大，潜水蒸发极少，因此，在山区，潜水的补给以垂向从降水渗透中获得为主，排泄以水平向河流排出为主；而在河流的下游或平原地区，情况则不同，由于坡度较小，潜水径流条件不同时，潜水埋藏一般较浅，潜水蒸发较强烈，因此，潜水的补给和排泄均以垂向为主。

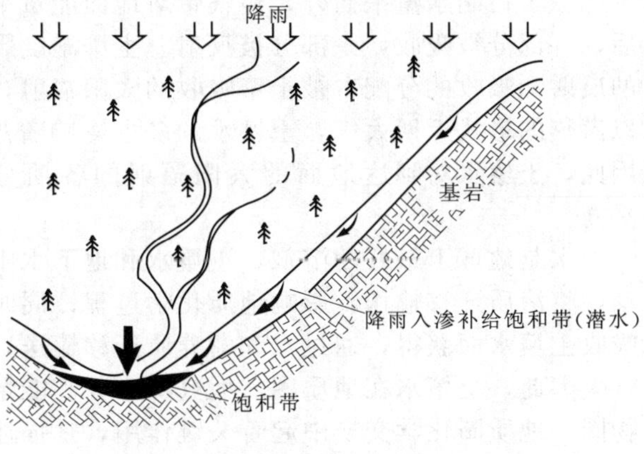

图 3－8　山丘区潜水向河流排泄

3.4.3　承压水水文动态

承压水的补给和排泄主要决定于隔水层和含水层的具体地质结构，如图 3－9 所示，承压含水层的补给区在某个地层斜坡的上端，排泄区则在其下端。层压含水层和地表水体的水分交换比较缓慢，不如包气带和潜水频繁。

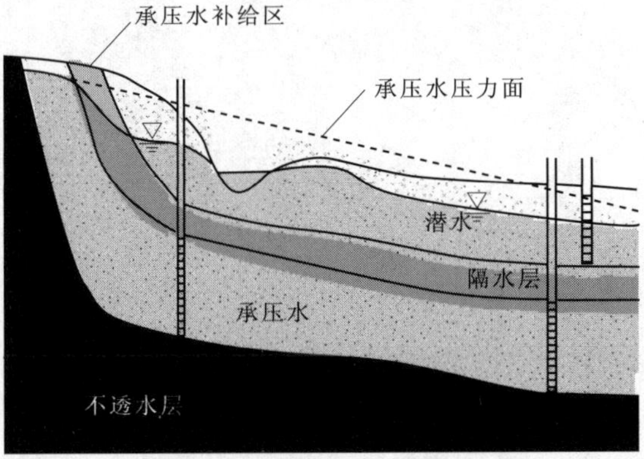

图 3－9　承压水的补给和排泄

3.4.4　地下水文系统在水文循环及能量和化学循环中的作用

包气带或土壤水是水文循环中的关键环节。当降雨强度小于土壤下渗能力时，全部降雨渗入土壤成为土壤水，当土壤水超过土壤持水能力时，超过部分就向下渗透，补给地下水，或沿坡面流动成为壤中流；当降雨强度超过下渗能力时，超过的部分就会形成地表径流。这就是说，包气带的特性和状况决定着降落地面的雨水的去路，或补给地下水，或成为地表水，或暂时储存于包气带中，以后消耗于蒸发。包气带影响着水量平衡各项分配，起着控制陆地水文循环路径的关键作用。

除了控制水量平衡外，包气带对地面能量平衡也有显著影响。太阳辐射到达地面后，一部分被吸收，一部分被反射。土壤湿度影响着土壤反射率，进而影响太阳辐射的反射和吸收的分配；被土壤吸收的太阳辐射，将通过感热的形式和通过土壤水蒸发以潜热的形式返回大气，土壤水的多少影响着返回大气的热能中感热和潜热的比重。因此，土壤水对到达地面的太阳辐射的各项分配也起着控制作用，影响全球能量平衡。

水是地球上最好的溶剂，土壤水和地下水中溶解了许多化学物质，通过水分的运动，将溶质迁移输送，影响地质化学过程；同时，植物所需营养物质也是由植物根系吸收土壤水而获得，通过水和营养质迁移输送，影响生态系统过程。

因此，土壤水在地质圈—大气圈水分和能量交换、生物圈—大气圈水分交换、生物圈—地质圈化学交换中起着关键作用，是描述气候系统，生态系统，流域水文系统的基本变量。陆面过程的每一个环节，入渗、蒸发、产流等，都与土壤水有密切联系，又都影响着土壤水的分布，从而影响反馈大气的水分和能量。

总之，地表以下不仅存在一个巨大的蓄水体，而且这个蓄水体是处于持续的动态变化之中，通过降水和蒸发与大气不断进行水分交换，通过地下径流和地表水体不断进行着水分的交换，是整个水文循环的重要组成部分，尤其是靠近地表的土壤水带，对全球水文循环和能量循环，以及生物地质化学过程和生态系统过程，都有一定程度的控制作用。

第4章 流域水文

水文循环中不停运动的水是地球上所有生命体最基础的组成部分，是生物圈与人类圈之间最基本的联系。降水发生后，进入陆地环境的水经过截留、入渗、蒸发、产流、汇流等环节，并以地表水和地下水的形式流向海洋，由此构成了水文循环中与人类生存密切相关的水文系统。流域是陆地基本的水文地貌单元，流域内的降水是陆地和水生生态系统共同的水源，也是自然和人类社会共享的水源。本章先介绍地表水水文系统的几个基本概念，如流域、天然水体、人工水体，接着介绍流域产流和汇流的现象、过程，再阐述河川径流的相关知识：流量过程线、洪水、枯水、年径流，最后给出“蓝水”的概念及其生态内涵。

4.1 地表水水文系统

4.1.1 流域

1. 流域的定义

从水文学的角度，陆地表面可被划分为一系列的地理单元，每个单元中所有降水均在该单元内水系的下游同一出口断面（如河口）处流出。划分相邻水系（或河流）的山岭或河间高地称为分水岭，分水岭两侧的降水沿着不同方向流动：一部分以蒸散发的形式返回大气圈，另一部分汇入河流，或进入地下成为地下水，然后形成泉水、洞穴水、谷地水并渗流返回至地表。

陆地表面山顶、山脊线、鞍部等分水岭海拔最高点的连线称为分水线（图4－1）。如秦岭是长江和黄河的分水岭，秦岭的山脊线便是长江和黄河的分水线。分水线可分为地表分水线和地下分水线，地表分水线主要受地形影响，而地下分水线主要受地质构造和岩性控制。分水线不是一成不变的，河流的溯源侵蚀、切割，下游的洪水泛滥、改道等都能引起分水线的移动，不过这种移动过程一般很缓慢。

分水线所围成的地理单元称作流域。由于分水线有地表分水线、地下分水线，故流域也是指汇集地表水和地下水的区域。流域可分闭合流域、不闭合流域。地表分水线与地下分水线重合的流域为闭合流域，反之为不闭合流域。

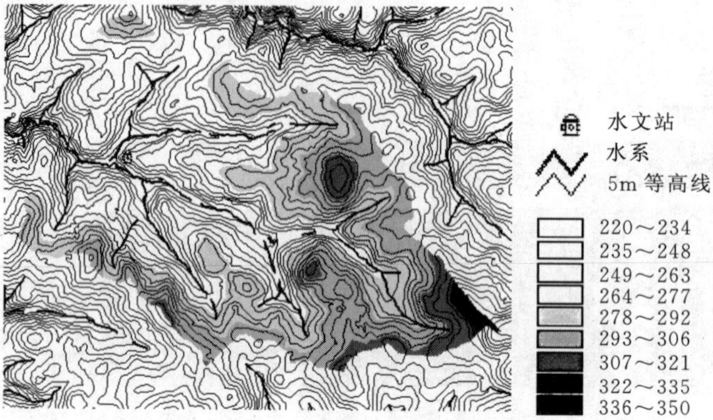

图 4-1　流域分水线示意图

流域是水文学意义上的空间单元或区域概念，是指河流及其支流排水的地理区域，具有闭合性、系统性和相对独立性。一般而言，流域是由若干个子流域组成（图 4-2），子流域由坡面、河道组成。坡面上部，雨水通过植物根区向下运动，补充地下水；坡面下部，地下水返回至地表。

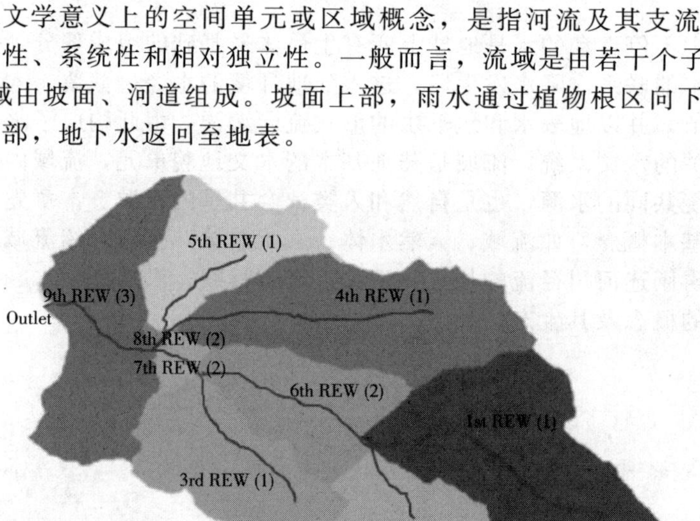

图 4-2　流域与子流域分水线示意图

流域面积、流域形状、流域高度、流域宽度、流域坡度、流域的倾斜方向、干流流向等是流域的重要特征。这些特征对河川径流的影响明显，例如流域面积大，河水量也大，洪水历时长，且涨落相对缓慢。流域面积除以流域长度可得出流域宽度，流域的最大宽度是河流的一个重要特征，宽度愈大，流域愈接近于圆形，因而洪峰流量也愈大，洪水泛滥的可能性也愈大（如图 4-3 中 E 类型所示）。

流域作为水文学的研究对象，其空间尺度概念比较模糊。小到几平方公里、大至数百万平方公里的都可称作流域。面积较大的水文地理单元为流域（Basin/ Valley/ Watershed），面积较小的水文单元称为集水区（Catchment）。径流直接流入海洋的流域称为外流区，相应的流域也称作外流流域；径流不流向海洋而流入内陆沙漠或内陆湖泊的流域称为内流区，相应的流域也称作内流流域。中国外流区由北向南包括下列七大流域：松辽流域、海河流域、黄河流域、淮河流域、长江流域、太湖流域、珠江流域。

随着对地观测和地理信息系统技术的发展，数字地面模型得到广泛应用，流域地形空间特征的可视化表达变得容易，由数字高程模型（Digital Elevation Model，缩写成 DEM）提取流域分水线、水系等信息并构建空间拓扑关系也非常方便，这已使得流域水文物理过程的模拟发生革命性的变化。

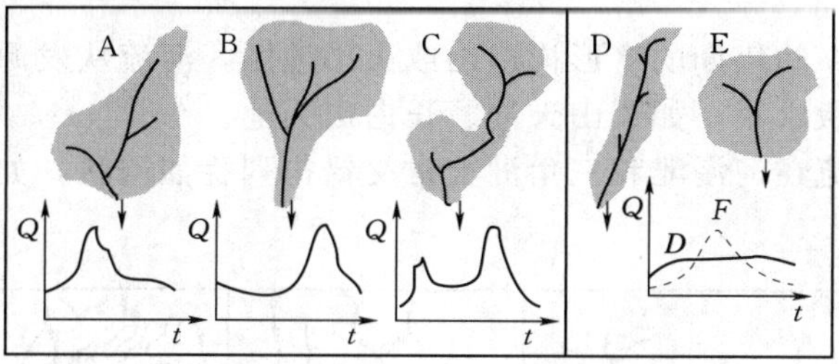

图 4-3　流域形态与洪水过程的关系

2. 水系

流域内的干流、支流和流域内的湖泊、沼泽以及地下暗河彼此连接所构成的脉络相通的水道系统，称为水系或河系。水系汇聚了全流域的地表水和地下水，最终注入海洋、湖泊或消失于荒原。水系的名称通常以它的干流或以注入的湖泊、海洋命名，如长江水系、黄河水系、淮河水系。水系特征主要包括河长、河网密度和河流的弯曲系数。

河长是从河口到河源沿河道的轴线所量得的长度。

河网密度是指流域内干支流的总长度与流域面积之比值，即单位面积内河道长度，可用式（4-1）表示：

$$D=\frac{\sum L}{F} \tag{4-1}$$

式中：D 为河网密度，km/km^2；$\sum L$ 为河流总长度，km；F 为流域面积，km^2。

河网密度表示一个地区河网的疏密程度。它是一个地区自然地理特征的综合表征，因气候、地质、地貌不同而变化。在年降水量相近的条件下，排水良好的流域河网密度小。

河流的弯曲系数是指某河段的实际长度与该河段直线距离之比值，可用下式表示：

$$K=\frac{L}{l} \tag{4-2}$$

式中：K 为弯曲系数；L 为河段实际长度，km；l 为河段直线距离，km。

河段的弯曲系数愈大，河段愈弯曲，对航运和排洪愈不利，但对缓解洪涝灾害亦有积极作用，因为弯曲河段的河槽蓄水量大，对洪水的调蓄作用强。

由于流域内原始坡度大小不一、岩石硬度不均、地质构造条件不同，自然界水系的结构形式复杂多样，这里简单介绍几种（图 4-4）。

树枝状水系：干支流的分布呈树枝状，支流多且不规则，大多数河流属此类型，平原河流常属于这种类型。如珠江的主流西江、长江的支流嘉陵江、渭河的支流泾河等水系。

格状水系：干流与支流、支流与支流之间呈直角相交，这是由于河流沿着互相垂直的两组节理、断层、褶皱或单斜等构造线发育而成，如澜沧江、闽江水系。

平行状水系：在平行褶曲或断层区域，河流呈平行排列，如淮河左岸的洪河、颍河、涡河，云南西部横断山脉地区的水系。

辐合状水系：数条河发源于四周高地向一个低的中心辐合，如新疆塔里木盆地的水系。

放射状水系：在幼年期的穹形构造山或火山地区，河流从发源地顺坡向四周放射分布，而形成放射状水系，如天山天池、长白山天池。

网状水系：河流在河漫滩和三角洲上常交错排列犹如网状，如三角洲上的河流常形成扇形网状水系。

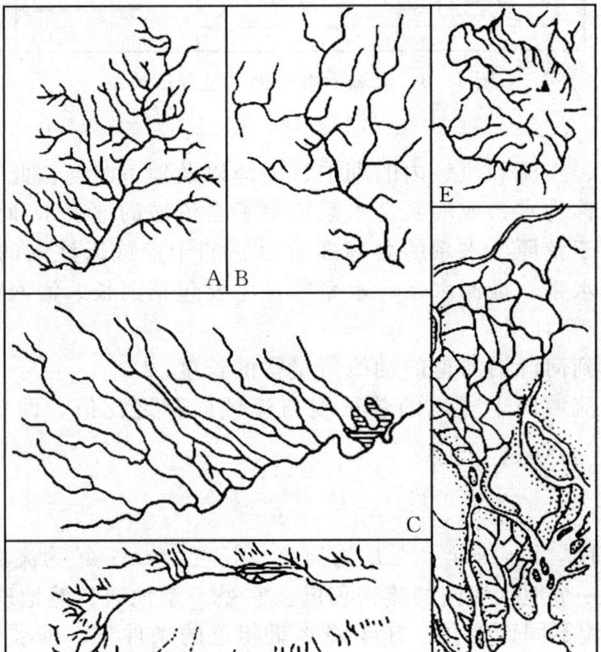

图 4-4 水系的类型

A—树枝状水系；B—格状水系；C—平行状水系；
D—辐合状水系；E—放射状水系；F—网状水系

4.1.2 天然水体

陆地表面的天然水体一般包括江河、湖泊、湿地，下面分别介绍它们的内涵和作用。

1. 江河

陆地表面经常或间歇有水流动的泄水凹槽，称为河流或江河。它是地表的河流水系，是流动的水与凹槽的总称，主要是由水流侵蚀作用的结果。江河一般是指终年有水的水道，湿润区河流终年有水，干旱半干旱区河流枯季水少或无水。河流有长有短，长江长约6300km，是世界第三长河流。

河流是水文循环的一个重要组成部分，是地球上重要的水体之一。它是塑造地表形态的动力，对气候和植被等都有重要的影响。自古以来，河流与人类的关系很密切，是重要的自然资源，在灌溉、航运、发电、水产和城市供水等方面发挥着巨大的作用，但河流也会给人类带来洪涝灾害。

较长的河流可分为河源、上游、中游、下游、河口五个部分。河源是河流的发源地，河口是河水的出口处。上游、中游、下游是从河源到河口之间的三个河段，他们有着不同的水文地貌特征。这些特征从上游向下游逐渐变化：上游河谷呈V形，河床多为基岩或砾石，比降大，流速快，下切力强，流量小，水位变幅大；中游河谷呈U形，河床多为粗沙，比降较缓，下切力不大但侵蚀显著，流量较大，水位变幅较小；下游河谷宽广，呈∪形，河床多为细砂或淤泥，比降很小，流速很小，水流无下切侵蚀力，淤积严重，流量大，水位变幅小。以长江为例，湖北省宜昌以上为上游，江西省湖口以下为下游，其间是中游地区。内蒙古自治区托克托以上为黄河上游，河南省桃花峪以下为下游，其间是黄河中游。

河流补给水的来源又称河流的补给。河流补给的类型及其变化，决定着河流水情要素的变化和河流的特征。根据降水形式及其向河流运动路径的不同，河流补给可分为雨水补给、融水补给、湖泊和沼泽水补给、地下水补给等类型。

雨水补给是自然界河流最主要的补给类型。大气降落的雨水直接落入河槽的水量是十分有限的，它主要通过在流域内形成的径流来补给河流，因此雨水补给与降雨特性、下垫面性质密切相关。雨水补给的特点主要取决于降雨量和降雨特性，降水量的大小决定了补给量的多少；由于降雨具有不连续性和集中性，使雨水补给也具有不连续性和集中性，流量过程线呈锯齿状，与降雨过程大体一致。

融水补给包括季节性积雪融水、永久性积雪或冰川融水的补给。融水补给的特点主要决定于冰雪量和气温的变化。冰雪量大，补给量就多。由于气温变化具有连续性且变化缓和，流量过程线与气温变化过程线一致，且较平缓和光滑。气温具有日周期变化、年周期变化，融水补给量亦具明显的日周期、年周期变化。

湖泊可位于河流的源头（如长白山的天池），也可位于河流的中下游地区。湖泊面积广阔，接纳了大气降水和地表水，并能暂时储存起来，然后再缓慢流出补给河流，对河槽水量起调节作用，削减洪峰流量，使河流水量年内变化趋于平缓。沼泽对河流水量也能起到一定的调节作用，沼泽水没有湖泊水那么深，且运动缓慢，故补给河流的过程更慢，调节作用弱。

地下水是河流稳定的补给源。我国冬季降水稀少时，河流几乎全靠地下水补给，其特点是稳定且变化小。地下水可分浅层地下水和深层地下水。浅层地下水是埋藏于地表冲积物中的地下水，受气候条件影响较大，补给量有明显的季节变化。它与河水有特殊的河岸调节关系：河水上涨时，河水位高于地下水位，这时河水补给地下水，把部分河水暂时储存在地下；当河水位下降并低于地下水位时，地下水则补给河水。深层地下水埋藏深，且上有隔水层覆盖，受当地气候条件影响小，季节变化不明显，故它是河流最稳定的补给源。

河流除了天然补给外，还有人工补给，如跨流域引（调）水、抽取地下水、人工降雨等方式来扩大河流水源。河流的补给，实际上并不是单一的补给形式，至少具有两种以上的补给水源，只是以某种补给类型为主罢了。

对于人类的生活和生产活动，河水是利用率最高的重要水源。河川径流不仅是极佳的水资源，而且还蕴藏着丰富的水能资源。人们依靠河流作为日常生活用水、工业用水、农业灌溉用水的主要水源，把河流作为发展航运、进行水产养殖的场所，利用水能资源为动力来发电等。由于自然地理条件的地区差异，特别是气候年内年际变化，水资源在时程分配、地区空间分布上都不平衡，且时常发生水旱灾害威胁人类社会。为满足人类社会和经济发展的需要，人们通过兴建水库、跨流域调水、水土保持、工程滞洪等措施，调节径流在时间、空间上的不均匀性，固沙保土，防洪抗旱。

河流是所在流域内自然地理要素综合作用的产物，气候条件起主导作用。气候一方面控制河流的地理分布、河网密度，另一方面制约着水源的补给形式及其比例。可以说，河流是气候的一面镜子，河流是山地景观的创造者，冲积平原的奠基者。

2. 湖泊

湖泊是指终年蓄积了水，又不直接与海洋相连的天然洼地，是湖盆和湖水的总称。因此，湖泊不仅有湖盆，并且要有长期蓄水，才能形成湖泊。由于历史和习惯的原因，中国各地对湖泊的称呼很多，如湖、泊、泽、淀、海（子）、诺尔、淖、错、茶卡、库尔、库勒、池、荡、漾、塘、潭、泡等。中国湖泊众多，青海湖面积为4000多km^2，是中国最大的湖泊；西藏的纳木错，湖面高程为4718m，是海拔最高的湖泊；位于白头山上的天池（中国朝鲜界湖），水深达373m，是中国最深的湖泊。

湖泊是在内、外营力综合作用下形成的。以内营力作用为主形成的湖泊主要有：构造湖（洞庭湖、滇池、俄罗斯贝加尔湖），火山口湖（长白山天池）；以外营力作用形成的湖泊有：冰川湖，河成湖（牛轭湖），泻湖（如太湖、杭州西湖），风成湖（敦煌月牙湖），岩溶湖，人工湖（水库）。堰塞湖是因山崩、滑坡、泥石流、冰碛或火山喷发的岩块和碎屑物堵塞河流而形成的湖泊，既可由内营力作用形成，也可由外营力作用形成。内力火山喷发熔岩流堵塞河道，形成堰塞湖，如东北牡丹江上的镜泊湖、黑龙江省德都县的五大连池等都属于这一类。外力山崩岩土堵塞河谷亦可形成湖泊，如2008年5月12日四川汶川地震时在唐家山形成的堰塞湖，当地称海子。

湖泊是重要的自然地理环境，具有调节气候与河川径流的作用，为防洪减灾提供洪水调蓄功能。湖泊也是人类宝贵的自然资源之一，是人类生产和生活的重要直接水源。湖水可用来灌溉、发电、供水、运输、养殖、旅游，湖泊还可提供一些化工原料，如盐、芒硝、稀有元素。

湖泊资源丰富。地球上湖泊（包括淡水湖、咸水湖和盐湖）总面积约为205.87万km^2，总水量约176400km^3，其中淡水储量约占52%，约为全球淡水储量的0.26%。湖泊淡水储量的地区分布很不均匀，贝加尔湖、坦噶尼喀湖和苏必利尔湖等40个世界大湖储存的淡水量占全球湖泊淡水总量的4/5。中国的鄱阳湖、洞庭湖、太湖、巢湖和洪泽湖的淡水总量约为553亿m^3。

湖泊利于舟楫，是水路交通的重要组成部分，并具有供水、水力发电、灌溉、渔业、旅游、调蓄径流及调节当地气候等多方面的功能。湖泊盛产鱼、虾、蟹、贝，生产莲、藕、菱、芡和芦苇等，是水产和轻工业原料的重要来源。盐湖中的盐、碱等矿物，硼、锂等稀有元素等，在国防工业、化学工业和人民生活中具有重要意义。但是，目前世界湖泊水体污染日益加剧，资源破坏严重。湖泊资源的不合理开发会造成湖泊渔业资源衰减，湖泊面积缩小和湖泊周围土地的沼泽化等不良后果。许多国家正采取多种措施，为维护湖泊良好的生态环境而努力。

湖泊与其他自然现象一样，也有它的产生、发展和消亡过程。当湖盆产生并充满水之后，湖泊的生命就开始了。以后由于波浪，主要是拍岸浪的侵蚀，使湖岸凸出部分受侵蚀，湖岸线趋于平直。由于湖岸崩解物质随湖流带入湖中沉积以及入湖河流携带泥沙的沉积，使湖泊日益变浅，加上水生植物生长逐渐繁盛，并由湖岸向湖心推进，植物残体的堆积进一步导致湖泊面积逐渐缩小，直到植物长满了整个湖泊时，湖泊就被另一种自然状态——沼泽所代替。根据湖泊的一般发育历史，湖泊的演变过程大致可分为幼年期、壮年期、老年期、衰亡期等阶段，当整个湖泊被植物占据，转化为低地沼泽湿地，湖泊的历史也到此结束。

3. 湿地

目前，世界上关于湿地的定义可以分为两大类：一类是管理者给出的定义，最权威的是《湿地公约》中的定义：湿地是指不问其为天然或人工、长久或暂时性的沼泽地，泥炭地、水域地带，静止或流动的淡水、半咸水、咸水，包括低潮时水深不超过6m的海水水域。该定义给出了湿地明显的边界，具有法律上的约束力，在湿地管理上易于操作，对湿地管理具有重要意义。另一类是科学家从科学研究角度给出的定义，认为湿地是一类既不同于水体，又不同于陆地的特殊过渡类型生态系统，为水生、陆生生态系统界面相互延伸扩展的重叠空间区域。湿地由特定的生物群落及其存在环境共同组成了一种动态平衡系统，该系统中，生产者是湿生、沼生、浅水生植物，消费者为湿生、沼生和浅水生动物，特定的微生物群为该系统中的分解者。湿地的土壤具有明显的潜育化，湿地与周围相邻的系统有密切关系，并与它们发生物质和能量交换。

显然，湿地生态系统与水资源有着非常密切的关系，水是湿地与水生态环境之间联系的纽带，它既是湿地属性的决定性因子，也是水生态环境中最重要的因子。湿地是水生态环境的重要组成部分，水生态环境是湿地的重要支撑和基础，没有良好的水生态环境，也就没有健康完整的湿地，没有健康完整的湿地，就不会有良好的水生态环境。保护湿地是保护水生态环境的重要内容和有力措施，保护水生态环境是保护湿地的前提和保证。湿地的破坏和丧失，将直接影响水生态环境，水生态环境的恶化，直接威胁湿地的安全，健康的湿地和良好的生态环境是人类生存和发展的基本条件，是经济、社会可持续发展的基础。否则，不但严重影响可持续发展，而且将会受到大自然的强烈报复，因此，两者相辅相成，互相影响，相互依托，休戚相关。

湿地，是地球上水陆相互作用而形成的独特生态系统，有“地球之肾”和“生命摇篮”之美誉。与森林、海洋并列为全球三大生态系统类型，具有季节或常年积水、生长或栖息喜湿动植物等基本特征，是自然界最富生物多样性的生态景观和人类最重要的生存环境之一。它不仅为人类的生产、生活提供多种资源，而且在调蓄洪水和降低洪峰、调节径流、补充地下含水层、改善水质、防止盐水入侵、保护物种基因多样性、美化环境和维护区域生态平衡等方面具有其他系统不可替代的作用。黄河三角洲地处渤海之滨的黄河入海口，是黄河携带的大量泥沙在入海口处沉积所形成，为全国最大的三角洲，也是我国温带最广阔、最完整、最年轻的湿地。

湿地对于水资源的可持续利用是至关重要的。湿地系统本身既构成独立的生态系统，又是它所在流域系统的一部分，湿地面临的生态问题也是流域存在的生态问题。湿地一直是地表水体净化的加工厂，这种作用被称作水的自净作用。河口湿地有助于减缓水的流速，并且将由径流带来的农业的、人类的废弃物和工业的排放物与沉积物结合在一起，同时沉降。营养物被湿地植物吸收，经化学和生物学过程转换而储存起来，避免因营养过量导致湖水富营养化带来的溶氧减少、水质下降；有毒物吸附在小沉积物的表面或含在黏土的分子链内，也有助于与沉积物结合在一起的污染物储存、转化，使水质得以净化。一些湿地植物能有效地吸收污染物，湿地中许多植物包括挺水、浮水、沉水植物，能够在组织中富集重金属的浓度比周围水体高出10万倍以上。水葫芦、香蒲和芦苇都已被成功地用来处理污水。

在天气多雨、河流涨水的季节，湿地像“海绵”一样储存过量的水分。洪水被储存在湿地土壤内，或以地表水的形式保存于湖泊和沼泽中，直接减少河槽蓄水量。一部分洪水可在短时期内从储存的湿地中排放出来，在流动的过程中，通过蒸发和下渗成地下水而被排除。当水从湿地流入到地下蓄水系统时，蓄水层的水就得到补充，成为浅层地下水系统的一部分。浅层地下水系统可为周围地区供水，维持水位，或最终流入深层地下水系统，成为长期的水源。

4.1.3 人工水体

人工水体一般指水库、塘坝。塘坝数量多，但规模小，水量也有限，这里主要介绍水库。水库是指用坝、堤、水闸、堰等工程，于山谷、河道或低洼地区拦蓄径流而形成的人工水域。水库就是人工湖泊，具有一般湖泊的性质，但因由人类为防洪、灌溉、发电、航运、供水等目的兴建大坝等形成，故又有其特殊性。

水库是用于径流调节以改变自然水资源时程分配过程的主要措施，对社会经济发展有重要作用。水库的建造可以追溯到公元前约3000年。早期的水库由于受技术水平的限制一般较小，近代水工建筑技术的发展，兴建了一批高坝，从而形成了一批巨大的水库。中国在20世纪50年代以前水库不多，规模较小，以后兴建了一大批各种类型的水库，至今约有85000座。

根据水库的位置与形态，其类型主要可分为以下两种：①山谷水库，系用拦河坝横断河谷，拦截天然河道径流，抬高水位而成，绝大部分水库属于这一类型；②平原水库，系在平原地区的河道、湖泊、洼淀的出口处修建闸、坝，抬高水位形成，必要时还在库周圈筑围堤，如当地水源不足还可以从邻近的河流引水入库。此外，在干旱地区的透水地层，建筑地下截水墙，截蓄地下水或潜流而形成地下水库。

目前已建成很多高坝大库。世界上已建库容在1000亿m^3以上的水库有6座，其中埃及的阿斯旺高坝的库容达到1689亿m^3，大部分库容由维多利亚天然湖构成的乌干达的欧文瀑布水库总库容为2048亿m^3。长江三峡工程是当今世界最大的水利枢纽工程之一，自1994年正式开工以来，三峡工程的建设者们创造了100多项“世界之最”，突破了世界水利工程的纪录，三峡水库库容393亿m^3，防洪库容221.5亿m^3，泄洪能力10万m^3/s，是世界上防洪效益最为显著的水利工程。

水库可以拦蓄洪水、集中落差、调节河川径流及地下径流，故可用于防洪、水力发电、灌溉、航运、城镇供水、养殖、旅游、改善环境等许多方面，具有巨大的经济、社会和环境效益。由于兴建水库，也会带来一系列自然情势的变化，应当在水库工程规划与设计中予以认真研究，对其不利影响要妥善处理。一般要对以下几方面给予考虑：①水库淤积，水流进入水库后流速减慢，泥沙随即沉积，从而引起回水抬高与库容减少；②水库水量损失，包括水库蒸发与水库渗漏，如水量损失过大应在规划设计中考虑采取必要的措施；③对水库诱发地震，应加强监测；④水库塌岸；⑤水库浸没；⑥水库水质变化，包括水温变化及富营养化等问题；⑦水库对当地气候的影响等。

4.2 流 域 产 流

径流是由降水或融雪水形成，在重力作用下沿着一定方向和路径流动的水流。沿着陆地表面流动的水流称为地面径流，在土壤中流动的水流成为壤中流，于饱和土层及岩石孔隙流动的水流叫地下径流，地面、壤中、地下径流汇聚到河槽并在重力作用下沿河床流动的水流统称作河川径流。为便于描述、探究流域水文过程，常把流域径流形成过程简化为产流过程、汇流过程（图4-5），且将这两个过程分开进行模拟计算。事实上，在整个的径流形成过程中，降水、产流和汇流在时间上并无明显界限，而且是同时交替进行的。

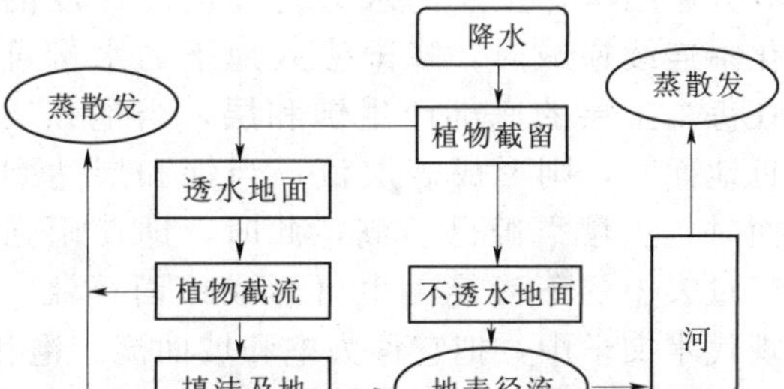

图4-5 径流形成过程示意图

4.2.1 产流现象

流域内自降水开始到水流汇集到流域出口断面的整个过程，称为径流形成过程。径流形成过程是一个复杂而连续的物理过程，它开始于降水过程，结束于流域出口断面的流量过程。降雨或冰雪融水在流域中产生径流的现象，是径流形成过程的重要组成部分。产流现象和产流过程受气候和流域下垫面因素的影响，十分复杂。因此，对产流现象的认识也在不断发展中。

1. 霍顿产流概念

1933年霍顿把下渗理论和流域出口断面洪水过程的分析结合起来，把产流概括为三种情况：①强度大、历时短的降雨形成的洪水。此时，由于降雨强度大于下渗能力，只产生地面径流。因为降雨历时短，下渗量小，土壤缺水量不能补足，所以不产生地下径流。②强度小、历时长的降雨形成的洪水。此时，由于雨强小于下渗能力，不产生地面径流，但由于降雨历时长可以把土壤缺水量补足，因而产生地下径流。③强度大、历时也长的降雨形成的洪水。此时降雨强度大于下渗能力，土壤缺水量又得到满足，所以既产生地面径流，也产生地下径流。霍顿产流概念的基本点是：超渗雨形成地面径流，当土壤田间持水量（即土壤最大蓄水量）补足以后，稳定下渗量形成地下径流。第一种情况常称为超渗产流，第二、第三种情况常合称为蓄满产流（又称超蓄产流，即土湿达到田间持水量以后才产流）。20世纪60年代以赵人俊教授为代表的中国学者提出在湿润地区以蓄满产流为主、干旱地区以超渗产流为主的结论，符合水文物理规律，并据此创建了闻名世界的新安江模型。

2. *超渗坡面流*

当降雨强度或融雪强度超过土壤下渗强度时，便产生当地地面径流。当地地面径流一部分消耗于蒸散发，一部分沿地面流动形成超渗坡面流，一部分渗入地下。渗入地下的水量一方面增加土壤含水量，一方面可能继续向深层下渗，若土层的上层下渗强度超过下层下渗强度，则发生层间积水，当层面倾斜时，层间积水在重力作用下可以形成侧向壤中水流。当土壤含水量超过田间持水量后，水分在重力作用下向深层渗漏，直至潜水层而形成地下径流。

3. *饱和坡面流*

在气候湿润、植被良好的地区，当土壤有分层结构，土层的水力传导度随深度的变化不连续递减时，降雨渗入地下的水量可以在每个土层的底部产生饱和层，当饱和层接近地面时，则形成表层流；当饱和层达到地面时，土壤空隙已蓄满，此时，即使雨强不超过表土的下渗能力也可形成地面径流。在现代水文学中，把它称为饱和坡面流。饱和坡面流很难在全流域面积上产生，但很容易在局部面积上产生，例如，在河湖水面、与河沟紧接的坡脚、凹潭及凹坡的坡底和一些土层很薄的地方，都很容易形成饱和坡面流（如图4-6）。

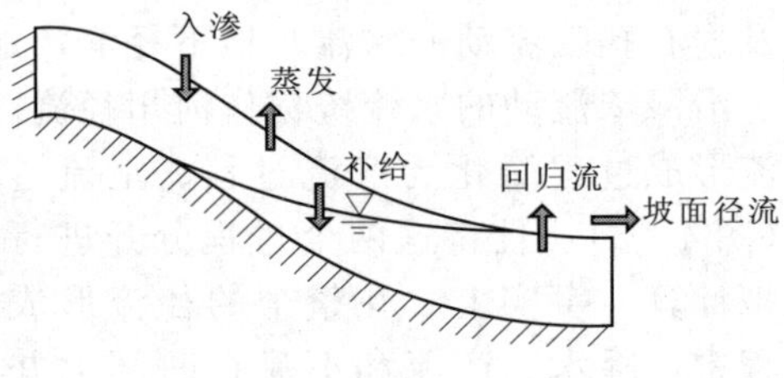

图4-6 饱和坡面流示意图

4.2.2 产流过程

降落到流域内的雨水，一部分因植物截留、下渗、填洼与蒸发等而损失，另一部分形成径流。降雨扣除损失后的雨量称为净雨，把降雨扣除损失成为净雨的过程称产流过程，净雨量也称产流量，降雨中不能产生径流的那部分雨量称为损失量。

在分析流域径流形成过程中，可将流域下垫面分为三类：一是与河网连通的水面；二是不透水地面，如屋顶、水泥路面等；三是透水地面，如草地、森林等。如图4-5所示，降雨开始后，降落在与河网连通的水面上的雨水，除少量消耗于蒸发外，直接形成径流。降落在不透水地面上的雨水，一部分消耗于蒸发，还有少部分用于湿润地面，被地面吸收损失掉，剩余雨水形成地表径流。降落在透水地面上的雨水，一部分滞留在植物枝叶上，称为植物截留，截留量最终消耗于蒸发。当植物截留量得到满足后，降落的雨水落到地面后将向土中下渗。当降雨强度小于下渗能力时，雨水将全部渗入土中；当降雨强度大于下渗能力时，雨水按下渗能力下渗，超出下渗的雨水称为超渗雨。超渗雨会形成地面积水，积蓄于地面上大大小小的洼地，称为填洼。填洼水量最终消耗于蒸发和下渗。随着降雨持续进行，满足了填洼的地方开始产生地表径流。形成地表径流的净雨，称为地面净雨。下渗到土中的水分，首先被土壤吸收，使包气带土壤含水量不断增加，当达到田间持水量后，下渗趋于稳定，逐渐过渡到稳定下渗阶段。继续下渗的雨水，沿着土壤孔隙流动，一部分会从坡侧土壤孔隙流出，注入河槽形成径流，成为表层流或壤中流。形成表层流的净雨称为表层流净雨。另一部分会继续向深处下渗，到达地下水面后，以地下水的形式补给河流，称为地下径流。形成地下径流的净雨称为地下净雨，包括浅层地下水（潜水）和深层地下水（承压水）。

4.3　流　域　汇　流

4.3.1　汇流现象

产流水量在某一范围内的汇聚、集中的过程就称为汇流现象。汇流现象决定于水力学规律。地面径流决定于坡面与河道的水力学规律，已有较成熟的计算方法，如洪水演算；地下径流与壤中流决定于渗流力学规律，也较成熟，如地下水动力学。但对一个流域整体而言，由于各种边界条件十分复杂，难以综合，所以还缺乏有物理根据的汇流理论。

地面、地下径流的汇流速度相差很大。地面径流的流速以每秒几米计，地下径流则以每天几米计。因此，流域出口流量中地面与地下的径流比例对流量过程的特性起着决定性的作用。当雨强大时，地面径流的比例大，流域汇流就快，流量过程猛涨猛落，形成洪水。而当雨小或无雨时，地下径流的比例大，流域汇流就慢，流量过程十分平稳，形成枯水。各个流域的气候、地质等条件相差很大，因此径流比例的差别也很大，表现在流量过程线上，差异十分明显，成为河流的重要水文特征之一。

4.3.2　汇流过程

降水形成的水流，从它产生的地点向流域出口断面的汇集过程称流域汇流，是径流形成概化过程的后一阶段。汇流可分为坡地汇流、河网汇流两个子阶段。

1. 坡地汇流

坡地汇流指降雨产生的水流从它产生地点沿坡地向河槽的汇集过程。坡地是产流的场所，也是径流输移的场所。坡地汇流包括坡面、表层和地下三种径流成分的汇流。坡面上的水流多呈沟状或片状，从产流地点到河网的流程不长，因此汇流历时较短。由于坡面糙率大，坡度陡，水流惯性作用可以忽略。表层汇流和地下汇流均属有孔介质中的水流运动，它们的运动都比地面流缓慢。表层汇流速度又比地下汇流高得多，地下汇流的速度最低。

2. 河网汇流

许多大小不同的河槽构成相互贯通的、完整的泄水系统，称为河网。水流沿着河槽向下游的运动过程称河槽汇流。在这个系统中各级河槽的水流向下游的流动称为河网汇流。河槽汇流实际上就是洪水波在河槽中的运动过程，其水流运动规律可用非稳定流的圣维南方程组描述。在天然河槽，特别是在河网中，沿程旁侧入流的加入、干支流水流的相互影响和沿程水力特性的差异等，使洪水波的运动更为复杂。在水文学中，通常将河网汇流简化成线性水库，采用水量平衡方程与线性蓄泄关系来推求出流过程。随着流域面积增大，河网汇流时间越来越大于坡地汇流时间，以致河网在径流的时程再分配上起主要作用。相反，当流域面积减小时，坡地汇流对径流时程再分配的作用逐渐变得显著。

3. 影响因素

影响因素主要有降雨特性和下垫面因素两大类。

(1) 降雨特性是指降雨的时空分布和降雨强度的变化。降雨在时空分布上的不均匀，决定了流域上产流的不均匀和不同步。水流流程的长短和沿程承受调节作用的大小直接影响着流域汇流过程。若暴雨中心在上游，则出口断面的洪水过程的洪峰出现时间较迟，洪水过程线峰形也较平缓，反之，当暴雨中心在下游，则洪水过程线峰形尖瘦，洪峰出现时间较早。

(2) 下垫面因素主要是指流域坡度、河道坡度、水系形状、河网密度及土壤和植被等。当水系呈扇状分布，因沿程水量注入比较集中，其洪水过程线的起落较陡。森林或植被较好的流域，水流阻力大，汇流速度减低，洪水过程也较平缓。

4.4 河川径流

4.4.1 流量与流量过程线

单位时间内通过河流某一过水断面的水量称流量，流量等于过水断面面积乘以断面平均流速，单位为 m^3/s。

在方格纸上，以时间为横坐标，以江河某断面的水位或流量为纵坐标，可以绘出洪水从起涨至峰顶到落尽的整个过程曲线，称为洪水过程线，纵坐标是水位的洪水过程线称水位过程线，纵坐标是流量的洪水过程线为流量过程线。由于洪水的整个过程两头低中间高，形似山峰，故称洪峰。

4.4.2 洪水

暴雨或急骤的融冰化雪和水库垮坝等引起江河水量迅猛增加及水位急剧上涨的现象称洪水，山区河流的这种现象称为山洪。如暴雨引起山坡或岸壁的崩坍，大量泥石连同水流下泄，则成为泥石流。水库溃坝，存蓄的大量水体突然泄放，使下游河段的水位流量急剧增涨的现象，称为溃坝洪水。冰川融水积聚而成的冰湖溃决时，也发生类似现象。地震或其他原因引起的巨大山体的滑坍，常会堵塞河流，使上游的水位急剧上涨，而当堵塞部分被水流冲开时，在下游河段也会发生这种现象。在河口感潮河段的高水位或洪水时期受到台风或高潮的影响，河流水位也会升高很多，甚至超过单独由上游来水形成的最高洪水位。寒冷地带的河流在冬季或春季因冰凌堵塞引起水位急剧上涨的现象，称为凌汛。

当流域上发生暴雨或融雪时，在流域各处所形成的地面径流，都依其远近先后汇集于河道的出口断面处。当近处的地面径流到达该出口断面时，河水流量开始增加，水位相应上涨，这就是洪水起涨之时。随着远处的地表径流陆续流到，河水流量和水位继续增涨。到大部分高强度的地表径流汇集到出口断面时，河水流量增至最大值，称为洪峰流量。其相应的最高水位，称为洪峰水位。此后，洪水流量和水位逐渐下降。到暴雨停止以后的一定时间，当远处的地表径流和暂时存蓄在地面、表土、河网中的水量均已流经出口断面时，河水流量及水位即回落到接近于原来状态，这时即为洪水落尽之时。

洪水涨落过程因洪水成因不同而异，典型过程有下列几种。

1. 暴雨洪水型

热带和温带地区的河流的洪水主要由暴雨形成。小河的流域面积和河网的调蓄能力都小，因此一次暴雨即形成一次洪峰，并且暴涨暴落。大河的流域面积大，不同场次的暴雨在不同支流所形成的多次洪峰先后汇集到大河时，各支流的洪水过程往往相互叠加，又由于河网、湖泊和水库的调蓄，洪峰的次数减少，而历时则加长，涨落速度比较平缓。中国的多雨季节由南向北逐渐推迟，华南地区为2～6月，华中地区暴雨洪水集中发生在4～9月，华北、西北、东北则为6～10月，相应地，各地区的洪水发生季节也不相同。

2. 凌汛型

北半球中高纬度地区的自南向北的河流（或河段），在冬季北部河段开始结冰封冻，而南部河段尚在流凌。当大量冰凌流到北部已封冻的河段处，往往壅积成为冰坝，使水位升高。在春季，南部河段先解冻开河，大量冰凌连同流水壅至北部尚在封冻的河段，也会堵塞河道形成冰坝，迅速抬高水位，甚至高于暴雨洪水的最高水位，成为全年的最高水位。当堵塞部分由于壅积很高、水压过大而被冲开时，当地和上游的水位迅速降落，而流量却迅猛增加，形成历时很短、急骤涨落的洪峰。由滑坡堵塞或水库垮坝所形成的洪水，其涨落过程与此相似。在中国北方的河流如黄河上游自兰州至包头一段及下游自兰考至河口一段（图4-7），松花江下游干流的通河以下河段，都存在这种现象。

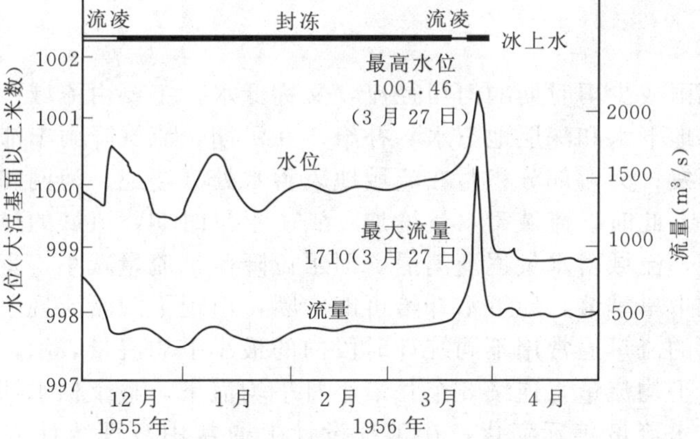

图4-7　1955～1956年冰期黄河包头站凌汛型水位流量过程线

3. 融雪洪水型

在南北半球的高纬度寒冷地区，如俄罗斯、加拿大的大部分和中国的东北部地区，冬季的积雪较厚，春季气温大幅度升高时，各处积雪同时大量融化，就会形成江河的融雪洪水。在积雪较厚而夏秋季暴雨不大的俄罗斯和加拿大等地区，春季融雪洪水往往是全年最大的洪水。中国黑龙江省西部嫩江水系，位于大小兴安岭之间，冬季积雪较多，水流由北向南，其融雪洪水流量过程线见图4-8。

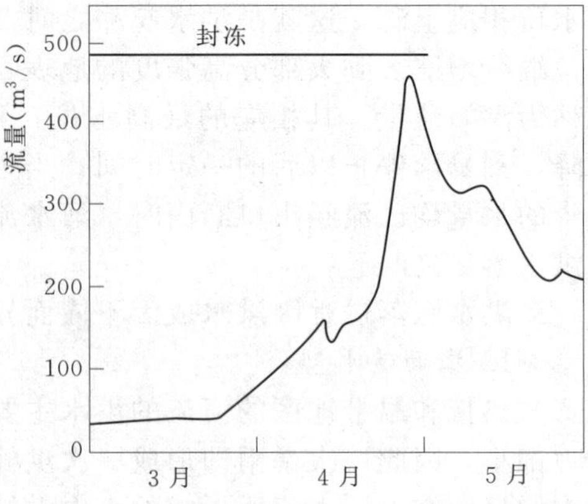

图4-8 1954年3～5月嫩江江桥站融雪洪水型流量过程线

4. 融雪融冰与暴雨混合型

在美国西部和欧洲的部分地区，春季降雨量很大，地面的积雪因降雨而同时融化，成为雨雪混合洪水。在中国甘肃省的河西走廊、青海、新疆、西藏等省区的一些有冰川和融雪补给的河流，当4～5月气温升高时，低山处的积雪先融，成为融雪洪水；6～7月气温更高，高山上的冰川和积雪也融化成为冰雪洪水；这时如遇暴雨就成为雨雪冰的混合洪水；至8～9月则主要由暴雨形成洪水。图4-9为融雪融冰与暴雨混合型流量过程线。

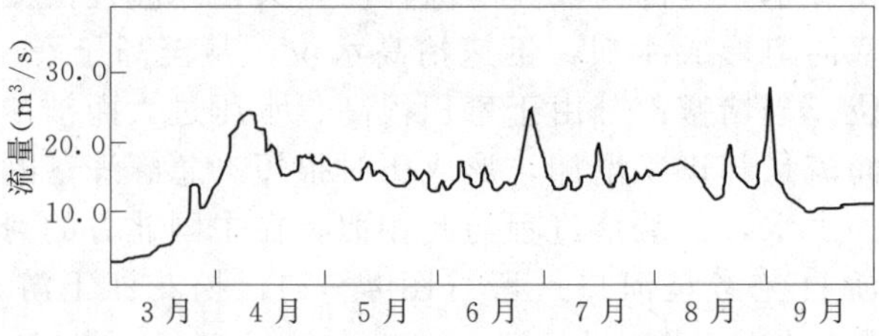

图4-9 甘肃党河西千佛洞站1954年3～9月逐日平均流量过程线

4.4.3 枯水

枯水是指无雨或少雨时期的河川径流，又称低水，主要由流域蓄水，特别是流域地下蓄水（浅层地下水和深层地下水）补给。在汛期，流域降雨丰沛，雨水一部分形成径流和耗于蒸发；另一部分积蓄在流域地表蓄水处（洼地、河网和湖泊等）和土壤及岩层的空隙中。此时，流域蓄水量增加。到了干旱时期，流域的径流量和蒸发量大于降水的补给量，流域蓄水量逐渐消退，河水位降落，流量减小，直到出现枯水。对一些小河流，在干旱季节，地下水补给可能中断，出现干涸断流现象。

河流枯水期的流量通常用不同统计时段内的最小平均流量表示，如年最小日平均流量，月最小日平均流量，连续3个月最小日平均流量，整个枯水期平均流量等。对于一定时段的枯水流量年际变化，在工程设计上通常用数理统计方法来表示。当有20～30年的实测流量资料时，可以绘制某一时段枯水流量的频率曲线。在频率曲线上可查出某一频率（重现期）的枯水流量。干旱地区的较小河流，多年内有时会发生干涸现象，相应地在枯水流量系列中可出现数值为零的项。这时可用目估配线法绘制频率曲线。当短缺实测流量资料时可通过实地调查采用水文比拟法插补缺测资料。

不同的工程设计常需要求出不同频率、不同时段的枯水流量。在设计灌溉水库时，常需求出频率为50%～95%的灌溉期枯水流量，作为设计的依据；有些国家把频率为90%（10年一遇）最小7d平均枯水流量作为控制污染的设计流量等。当河流的枯水流量低于某一工程拟订的设计标准值时，会产生不利后果，如将减少水电站的保证出力，影响工农业用电；难以保证灌溉供水，妨碍作物生长；有可能中断或减少工业和城市供水；影响水上运输；降低河流稀释、输移污染物质能力，使水质变坏影响生态等。因此，枯水评估在水资源开发利用中占有重要的地位。

枯水的影响因素可分两类：一类是下垫面因素，包括流域的水文地质条件、河槽下切深度、流域面积大小、河网密度、湖泊率、沼泽率和植被度等；另一类是气象因素，包括前期降水量和总蒸发量、枯水期降水量和蒸散发量等；此外，还有人类活动的影响。

流域水文地质条件，如岩土的特性，岩层构造，裂隙及岩溶等，决定流域地下水储存的数量和形式；岩层透水性好，汛期的雨水和冰雪融水容易渗入地下，形成地下水。岩溶地区常有持久而稳定的地下水补给，枯水流量较大，变化较小。河槽下切越深，切割的含水层越多，获得的地下水补给越多，枯水流量就越大。如果河槽没有切割到含水层，得不到深层地下水的补给，枯水期就会发生断流现象。一般说，流域面积大，枯水流量也大。流域中的湖泊是流域的天然调节水库，它能储蓄部分汛期洪水，在枯水期补给河流。植被对枯水流量的影响有两方面：一方面植被能阻滞地表径流，有利于雨水下渗，增加地下水储量，另一方面，植被的散发会消耗地下水，使地下水储量减少。植被（包括森林）对径流的作用在不同地区有不同的效果。流域内前期蓄水量决定枯水期开始时的流域蓄水量，如前期降水量充足，则流域蓄水量大，枯水流量也较大。平原地区地下水埋深较小时，枯水期径流消退规律主要取决于潜水蒸发强度，潜水蒸发越强，径流消退越快；人类活动可能增加或减小枯水径流。筑坝蓄水可以调节水流，增加枯水流量；引水灌溉，会减少枯水流量。植树、种草和其他水土保持措施能增加枯水流量。

4.4.4 年径流

在一个年度内，通过河流某个出口断面的水量，称为该断面以上流域的年径流量，可用年平均流量、年径流总量、年径流深或年径流模数来表示。年平均流量是指该断面某一年365天的日流量的算术平均值，单位为m^3/s；年径流总量是指某一年内通过该断面的总水量，单位是m^3；年径流深是将年径流总量除以该断面控制的流域面积，单位是mm；年径流模数是将单位为m^3的年径流总量除以单位为km^2的流域面积，其单位为m^3/km^2。

通过水文测验和资料整编，可得到实测的年径流量，将实测值按年代顺序点绘便得年径流量过程线图。图4-10是1470～1990年黄河流域中游三门峡站天然年径流总量的过程线，对其观测和分析，可以看出以下年径流变化的一些特征：

(1) 年径流具有大致以年为周期的汛期与枯季交替变化的规律，但各年汛、枯季的历时有长有短，发生时间有早有迟，水量也有大有小，基本上年年不同，从不重复，具有偶然性质。

(2) 年径流在年际间变化很大，丰水年径流量接近于平水年的2倍，最枯的年径流量还不到平水年的1/2。

(3) 年径流在多年变化中有丰水年组和枯水年组交替出现之现象。图4-10出现过1826～1864年连续40年的多水年组，而后的1865～1901年连续36年则基本上是少水年组。这说明河流的年径流量具有或多或少的持续性，即逐年的径流量之间并非独立，具有一定的相关关系。

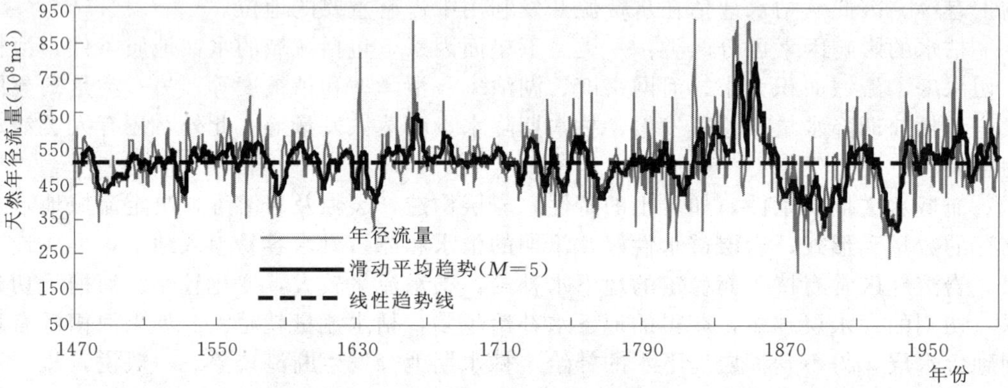

图4-10 1470～1990年黄河流域中游三门峡站天然年径流过程线

水库的作用就在于调节径流在年内、年际之间的不均一性。将汛期的水量蓄积起来留至枯季利用的水库称为年调节水库，把丰水年组的水量蓄起来到枯水年组用的水库则称多年调节水库。

影响年径流的因素有气候、下垫面和人类活动三个方面。气候因素中年降水量与年蒸发量对年径流量的影响程度，随地理位置不同而有差异。湿润地区，降水量较多，其中大部分形成了径流，年径流系数较高，年降水量与年径流量之间具有密切关系，说明年降水量对年径流量起着决定性作用，而流域蒸发的作用就相对较小。干旱地区，降水量小，且大部分耗于蒸发，年径流系数很低，年降水量与年径流量的关系不很密切，降水和蒸发都对年径流起着相当大的作用。对于以冰雪补给为主的河流，年径流量主要取决于前一年的降雪量和当年的气温。

影响年径流量的下垫面因素包括地形、流域面积、湖泊和水库等水体面积大小。地形主要通过气候因素——降水、气温、蒸发，间接影响年径流量。地形对降水的影响表现在山地对水汽的抬升和阻滞作用，使迎风坡降水量增大，增大的程度随水汽含量和抬升速度而定。地形通过气温对蒸发有影响，一般气温随高程增加而降低，所以蒸发量随高程增加而减少，地形对降水和蒸发的综合作用使得年径流量随高程增加而加大。流域可视为径流调节器，降水是输入，径流是输出。一般而言，随着流域面积的增大，年径流量的变化相应地减少。这是因为：①面积增大时，地下蓄水量相应加大；②随着流域面积的增加，流域内部各地径流的不同期性愈加明显，流域所起的调节作用就更为显著。湖泊和水库等水体一方面通过增加蒸发量而减少年径流，该影响干旱区比湿润区显著；另一方面通过调节流域蓄水量影响年径流的变化，因而起着减小径流年际变化的作用。

人类活动对年径流的影响，包括直接的和间接的。直接影响如解决径流空间分布不均一问题的跨流域引水工程，会直接减少或增加本流域的年径流量。间接影响如解决径流过程时间分配不均匀性问题的水库、塘堰等水利工程，旱地改水田，坡地改梯田，植树造林，种植牧草等措施，主要通过改变下垫面性质而影响年径流量。一般而言，这些措施都将增加蒸发量，从而使年径流量减少。

综上所述，年径流既受气候系统的控制，又受地表系统的影响。气候系统决定降水范围、降水总量、降水年内分配和年际变化；陆地表面系统决定径流的赋存条件、地表径流量、地下水资源量、河道枯季径流量。事实上，随着人口的增长、工农业生产的发展、城镇化进程的加快，大规模人类活动明显改变了天然状态下的水循环过程，灌溉、排污以及河流上的水利工程建设等都在时间和空间上导致了水文循环要素质和量的变化。大规模土地利用不仅改变了地表产汇流规律，也改变了地下水补给规律；生产活动造成河道外用水大量增加，使地表径流量、枯季径流量和地下水补给条件相应改变；水利工程的修建和通江湖泊的开垦，更改变了水循环过程的一系列特性。

人类活动对河川径流的影响在空间尺度和时间尺度上都很复杂，下游河川径流量主要取决于流域降水和上游河道外取水。无论从自然流域的角度还是从行政区域的角度来说，中国北方河川径流都存在减少的趋势；扣除气候变化的影响之外，河道外用水量的增加是导致中国北方地区实测径流减少的直接原因，上游水库拦蓄、引水量的激增等不合理的用水方式是导致下游河口河道干涸、断流的主要原因；人类活动对干旱和半干旱地区的径流影响比对湿润地区的径流影响要严重得多，人类的作用致使干旱和半干旱地区的河水流量比湿润地区减少得更快，主要表现在小流量出现的频率大增，20世纪80～90年代相同量级的降水量产生的径流量较50～60年代减少20%～50%。从实测资料看，中国北方东部湿润地区河川径流量减少甚微，西部河川径流的减少速度比东部快。

定量计算人类活动的水文效应是不容易的，因为自然因素也同时发生变化。在人类活动对径流的影响因素中，有些是能够计算的，如水库的引水量、取水量；有些是很难估计的，譬如土地利用的变化、水土保持措施的实施、农业耕作技术的改进、农业生产结构布局的调整、乡镇企业的发展、城乡人口的不断增长及社会经济结构的变化等因素导致用水量的增加或减少。

4.4.5 蓝水的概念和生态内涵

按照世界粮农组织（FAO）的定义，“蓝”水是在地表和地下侧向运动的可见液态水流，即地表径流和地下径流，如图2-8所示。“蓝”水可以是小溪、溪谷和河流的地表径流，亦可以是补给地下水含水层的地下径流。“蓝”水可在河流下游被循环再利用，而“绿”水不能在下游重复利用。例如，由于灌溉效率低，取自系统的“蓝”水仅有一部分以“绿”水的形式消耗掉，大部分的“蓝”水渗透、补给地下水，因此能在其下游被重复利用。

"蓝"水系统支撑水生生态系统，形成能被人类直接利用的水资源。"蓝"水被使用后，以废水（通常携带污染物）回流的形式返回水系。"蓝"水也被抽取用于灌溉，其中已用的水，即消耗部分，变成"绿"水，而剩余的水，即非消耗部分，形成"蓝"水的回流。由于农业生产通常使用农用化工品且径流携带侵蚀的泥沙，回流通常会携带溶解的化学物质及土壤营养物。这些物质会引起淡水水域和沿海水域的富营养化。

"绿"/"蓝"水的概念促使我们有效深入地研究与土地利用变化相联系的水平衡变化，即"绿"/"蓝"水之间的重新改向。瑞典 Falkenmark（2004）通过举例，揭示了土地利用决策也是一种用水决策。以前消耗性用水现象通常归结为"环境冲突"，这种现象需深入讨论，从而避免用水的不合理方面。流域上游的人类活动及生物量生产与下游的人类活动之间总存在严重的利益冲突，尤其在人口快速膨胀、食物需求逐步上升的流域，这些冲突将更为尖锐。

10 多年前，两大主要专业团体（工程师和水生生态学家）都着重思考水问题。他们均关注可见的"蓝"水。工程师们关注水的直接效用，研究控制水流的方法，而淡水和海水生态学家关注可见水的间接生态功能。20 年前，所有的管理人员均关注河流和含水层中的可见水。尽管水是植物生长的两大原料之一（另外一原料为空气中的二氧化碳），生态学家更多地进行关于能量流和养分流方面的研究。另一方面，工程师认为农作物生产是灌溉问题，至今大多数水利专家仍持这种观点。但是对于农作物自身而言，其根系吸收的水与是否来自降雨入渗还是来自灌溉并不相关。

我们研究水资源时通常更多地关注"蓝"水，而且，所谓的可用水资源就是指流域下游河流和地下含水层中稳定的"蓝"水量，这样就忽视了水资源是由上游降雨量划分产生的一部分。"绿"水维持所有生物的生长，而局地"蓝"水在抵达下游河道之前维持小流域内的湿地生物的生存以及人类的用水。

然而，土地利用方式的改变可以轻易地通过对降水在蓝水和绿水间的分配影响径流的产生。人类通过砍伐森林、开垦土地、植树造林等活动不仅可以改变陆地生态系统，而且改变了地表径流量、地下水补给量。例如，南非国家水法明确：植树造林是一种影响地表径流的行为。这种土地利用和产流之间的联系，使得土地、水和生态系统有了一个统一起来的基本途径，而新的绿、蓝水范例为这种统一性创造了可行性。

生态水文学的一个切入点就是要深刻理解降雨被划分成"绿"水和"蓝"水。"绿"水就是陆地水文循环中的蒸汽流或总蒸发，它包括来自截留于植物叶面、地表、水面和土壤的非生产性的蒸汽流和源自植物蒸腾、促进植物生长的生产性的蒸汽流。"蓝"水是水循环中液态水流，它包括地表径流和地下水的补给。识别水循环中的两个划分点是分析降雨量划分决定性因素的十分有效的方法。第一个划分点位于土壤表面，降雨一部分渗透到土壤里，另一部分在地表形成径流。渗透到土壤的降雨形成土壤水分，从而产生了第二个划分点。第二次划分中一部分水变成"绿"水，还有一部分在土壤中继续渗透形成地下水补给量。土壤水分以土壤蒸发形式变成非生产性的"绿"水返回大气，或被根系吸收以植物的蒸腾作用的形式作为生产性的"绿"水返回大气。

降雨的划分表明了在水循环中水和土壤紧密相关以及土壤水分作为维持生物生长

的水源的重要作用。降雨划分受生物物理因素和人类因素的双重影响，自然因素（如土壤湿度和坡度，植被和土壤结构）影响第一个划分点上产生的地表径流量的多少，土壤中有机物的构成对土壤的蓄水能力有很大影响，植物的根系活力会影响第二次划分中植物吸收的水和地下水补给的比例。人为因素像农业耕作和城市的不透水面积都会对降雨划分成“绿”水和“蓝”水有很大的影响，流域上游的土地利用状况会影响下游可用水量。

从生态水文学的角度来看，流域土地利用的变化会直接影响维持生态系统的可用水量，生态系统中土地利用和水之间的关联体现在水循环中的两个划分点上．每一项土地利用方案的实施都会产生一个特定的降雨的划分，这是由土壤、水、植物和大气之间的相互作用所致。

此外，空间分布也很重要。我们研究水资源时通常更多的关注“蓝”水，而且，所谓的可用水资源就是指流域下游河流和地下含水层中稳定的“蓝”水量，这样就忽视了水资源是由上游降雨量划分产生的一部分。“绿”水维持所有生物的生长，而局地“蓝”水在抵达下游河道之前维持小流域内的湿地生物的生存以及人类的用水。最根本的水资源是降水，而并不是上面所说的稳定的“蓝”水，生态水文学启示我们一种新方法，即从雨滴着手研究，而不是从江河、湖泊或含水层的“蓝”水开始。

水文科学研究、水文业务部门重侧向轻垂向，重河川轻陆面，重汇流轻产流，重地表水轻地下水。“绿”水、“蓝”水的定量研究可以促进能量平衡原理应用于水文研究中的蒸发、蒸腾量计算，向着传统水文研究的薄弱环节进军。地球环境变化和人类活动影响改变了水的自然循环规律，加剧了资源、环境和经济发展之间的矛盾。我国人口众多，经济处于快速增长期，社会处于转型期，上述矛盾尤显突出。人与自然和谐相处的理念要求人们统筹考虑生产、生活、生态用水，不仅要评价液态侧向的“蓝”水，还要评价气态垂向的“绿”水；不仅需要评价地表水、地下水等重力水，还需要评价植被和作物对土壤水的有效利用，需要考虑雨水利用和评价节水潜力，即需要丰富水资源评价的内涵。

第 5 章

水文分析与预测

为水利、电力、交通、城市发展和环境保护等工程建设与管理提供水文设计依据和水文预报服务，是水文学的重要任务之一。水文分析与预测是水文学应用的核心内容。

自然现象按其确定程度可分为三类：第一类称之为确定性的现象，这类现象产生的原因已被充分认识，人类能准确预测现象的发生与发展进程；第二类现象称为纯随机性的现象，这类现象发生的原因人类基本没有掌握，现象的发生与发展充满“玄机”，飘忽不定；第三类现象界于前两者之间，既不是全知道，也不是全不知道。水文现象（又称水文过程）的变化，大多属于第三类，当水文过程确定性成分占主导地位时，我们称之为确定性水文过程，采用确定性水文学方法开展研究，通过建立数学物理模型和概念性模型模拟它；当水文现象随机性成分占主导地位时，我们称之为随机水文过程，对于纯随机过程采用统计水文学方法研究，提出水文要素的统计特征；介于两者之间的水文过程，在分析中考虑观测值的时序特性，利用时间序列分析的理论与方法分析水文时间序列时序相依的概率结构，并在此基础上对水文时间序列进行随机模拟与预报。

5.1 水文要素概率分布

5.1.1 水文要素及其随机性

水文要素是指表征某一地区、某一时期水文情势的主要因素，是作为水文分析与预报对象的不同物理量。如降水、蒸发、入渗和径流，是水文循环中的 4 个基本要素。此外，水位、流量、含沙量、水温、冰凌和水质等也称为水文要素。各种水文要素可以通过水文站网的水文测验和观测来测定。

在水资源规划和工程设计中，设计者需要评价一种设施（如水库、水电站等）在未来几十年甚至上百年时间里，不同水文输入（主要指降雨和河川流量）下的运行性能，但当今科学技术水平尚不能提供具有使用价值的降雨或径流的未来过程，水文学在处理这类问题时，常用两种方法：一是假定水文要素的未来系列与已观测得到的历史系列具有相同的随机特性，从而可以将历史系列移植到未来；二是根据历史系列的统计特征生成水文要素的未来系列，将生成的水文要素新系列输入到水资源系统中，进而能得到系统响应（如水库的供水量或发电量等）的概率分布。

水文现象的演替是一个时空连续的过程，在利用水文统计学方法定量研究水文要素的变化规律时，只能摘取其中的某些特征（以下称水文变量），如年雨量、年最大洪峰流量、枯季最小流量等。

从表面上看，零星观测的资料似乎毫无规律，我们不能得到水文要素长期变化的确定性过程，但水文要素的长期变化，如降水量、洪峰流量和径流量等，却都遵循一定的统计规律，其出现可能性的大小或出现的频繁程度，在数理统计学上称为“概率”，在水文学上则习惯称为“频率”。采用频率分析的方法，解决水文要素长期变化特性，是当前应用水文学中使用最为广泛的方法之一。

频率分析方法利用历史观测的水文资料提取水文特征值样本系列，选择合适的概率分布类型和统计参数估计方法，建立概率分析模型，进而推求相应于各种频率（或重现期）的水文设计值。解决水文要素的概率分布需要解决样本系列及其审查、经验频率与重现期计算、分布函数及其参数估计等关键问题。

5.1.2 样本系列及其审查

无限个成因相同、相互独立的同类水文变量（如年最大洪峰流量）的集合称为该水文变量的总体。由于气候条件、大气环流和自然环境变化的复杂性，水文现象时、空变化的随机性，水文要素特征值出现时间和大小是不能事先确切知道的，所以水文变量的总体是未知的。现有水文资料只是过去发生过的和今后可能发生的整个总体中的一部分，故称作一个样本；把现有水文变量的资料（样本）按大小次序排列组成一个序列，称为样本序列，其中序列所含水文变量的项数，称为序列长度（又叫做样本容量）。

水文频率分析就是通过样本序列的统计特征来估计其总体的统计特征，因此，样本序列是水文频率分析的基础。对于水文现象取得一个资料的观测周期较长，一个水文变量的样本中的元素可能前后相隔数十年甚至上百年，不同时间观测环境、采用的观测技术和方法等均可能不同，所以在进行水文频率分析之前，要求对样本进行“三性”审查与处理。

所谓“三性”审查，是指对水文变量原始观测系列的可靠性、一致性和代表性审查，在水利规划设计中，涉及水文的“安全”有两层含义：一是保证主要水工建筑物和水利工程保护区的安全，即防洪安全，主要与洪水的特性有关；另一类是保证工程所有受益部门的供水安全，主要与年径流量的特性有关，所以，“三性”审查应包括洪水与年径流量两个方面。

1. 资料可靠性审查

重点检查由于战争、重大灾害和政治动乱等导致的观测记录不全、观测条件变化和整编质量较差的年份，以及对设计洪水计算成果影响较大的大洪水年份和对设计年径流计算成果影响较大的枯水年份。审查如发现有问题，应会同原整编单位作进一步审查，必要时作适当的修正。

2. 资料的一致性审查与还原

应用数理统计法的前提是要求统计系列具有一致性，即要求组成系列的每个资料具有同一成因。导致资料不一致的原因主要有气候条件和下垫面条件变化两大类。实用上，洪水过程与年径流系列的时间尺度有显著差异，两者的不一致性影响因素不尽相同。一般认为气候条件的变化极其缓慢，可认为是相对稳定的；但人类活动可迅速改变下垫面条件。

就洪水而言，不一致性主要由于在洪水资料的观测期内，流域上修建的蓄水、引水、分洪、滞洪等工程或发生的决口、溃坝、改道等事件，改变了流域的洪水形成条件。导致不同时期观测的洪水资料可能代表着不同的流域自然和下垫面条件，将这些洪水资料作为一个样本，就不能保证资料的“一致性”或“同分布性”。洪水资料还原或修正是指将洪水资料改正到同一的基础上，力求使样本系列具有同一总体分布规律。

就年径流量系列而言。人类活动对河川径流量的影响，主要表现在三个方面：第一，随着经济和社会的发展，河道外引用消耗的水量不断增加，直接造成河川径流量的减少，水文站实测径流已不能代表天然情况。第二，由于工农业生产、基础设施建设和生态环境建设改变了流域的下垫面条件（包括植被、土壤、水面、耕地、潜水位等因素），导致入渗、径流、蒸散发等水平衡要素的变化，从而造成产流量的减少或增加，我国北方半湿润、半干旱地带的地表水资源量呈衰减趋势，同量级降水情况下，20 世纪 80～90 年代的产流量明显小于 50～60 年代的产流量。第三，由于测流断面上游修建了水库或引水工程，则工程建成后下游水文站实测资料的一致性遭到破坏。

为了使水文站历年的径流量能基本上代表当年天然产流量，需要将测站以上受地表水开发利用活动影响而增减的水量进行还原计算。还原计算是处理实测径流系列不一致的有效办法。

3. 资料系列的代表性分析

资料系列的代表性是指样本统计特征接近总体统计特征的程度。按照水文频率分析计算的假定，每年观测的水文变量值，是独立随机地从客观存在但未知的总体中抽取的，观测了 n 年，则组成了容量为 n 的样本。可以设想，总体中存在着无数组这样的样本，观测的样本只是这其中的一组。由于抽样的随机性和样本数量的有限性，所以由观测的这组样本的特征估计总体特征时，不可避免地存在着误差，这个误差称为抽样误差。抽样误差的大小，与样本特征接近总体特征的程度有关，即与样本代表性的高低有关。抽样误差过大，水文统计分析中所估计出的各种数值（如频率分析中的各个参数、相关系数等）与总体不符，从而导致概率预估的失败。所以，为了降低抽样误差，就要尽可能提高样本的代表性。

代表性分析的通常做法是在本河流或邻近河流选择具有洪水和径流成因相似、具有长期水文气象资料的测站（称为参证站），将参证站的长期系列看作总体，参证站中与设计站同期的资料作为样本，分析参证站样本的代表性，如果参证站样本的统计参数与总体（全系列）统计参数基本一致，则认为参证站样本具有代表性，进而推定设计站同期资料也具有较好的代表性，反之亦然。

5.1.3 分布函数及其参数估计

洪水频率分析中，认为样本系列是独立随机抽自某一总体，但总体是什么并不清楚，总体的分布函数也是未知的。具体某一设计站点的水文变量，目前还无法从理论上论证应该采用何种频率曲线线型（统计分布模型）描述其统计规律。国际上关于水文变量分布的常用线型高达20余种，在我国，20世纪60年代以来，根据我国洪水资料的验证，认为皮尔逊Ⅲ型（简称P－Ⅲ型）能适合我国大多数洪水系列。此后，我国洪水及其他水文变量的频率分析中，一直采用P－Ⅲ型曲线。

P－Ⅲ型曲线有3个统计参数，即均值（算术平均值的简称）、离差系数 C_v（也称变差系数）和偏态系数 C_s。均值是表示水文变量数量级大小或水平高低的指标，例如对降雨系列，均值大的表示雨量充沛，反之表示雨量稀少。离差系数（系列均方差与均值之比）表示系列中各项值对其均值的相对离散程度的指标，如果离差系数 C_v 较大，即系列的离散程度较大，亦即系列中各项值对均值离散较大，如果 C_v 较小，则系列的离散程度较小，亦即系列各项的值同均值相差较小。偏态系数是表示系列中各项值偏于均值左右情况的相对指标，如果大于均值的各项值占优势称为正偏（$C_s>0$）；若小于均值的各项值占优势称为负偏（$C_s<0$）；当大于均值和小于均值的各项值均衡时称为对称（$C_s=0$）。图5－1为泗河书院站24h降雨量P－Ⅲ型频率曲线。

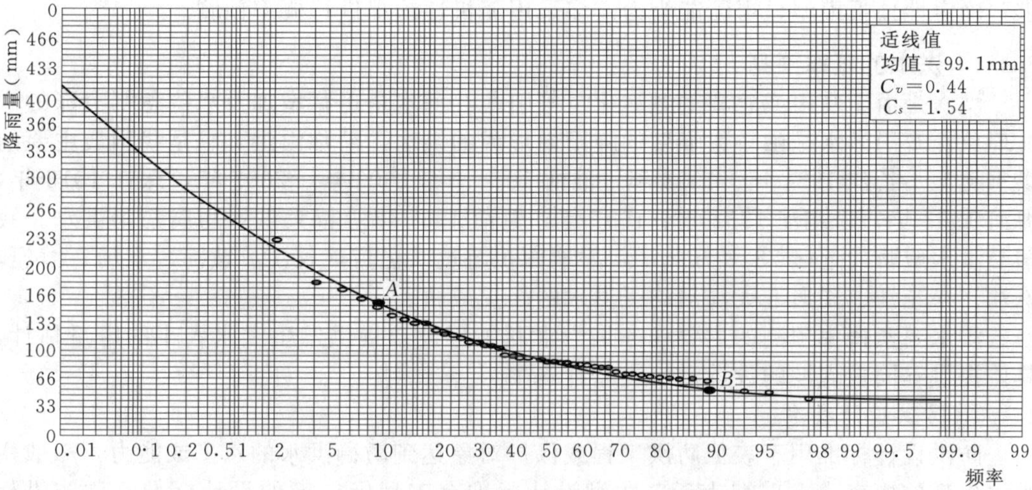

图5－1 泗河书院站24h降雨量P－III型频率曲线

5.1.4 经验频率与重现期

样本系列中某水文变量 X（如图5－1为24h降雨量）大于或等于一定数值 V（即 $X\geqslant V$）的可能性称为频率，一般用符号 P（$X\geqslant V$）来表示，其值在0与1之间。例如，泗河书院站24h降雨量系列中，出现24h降雨量 $X\geqslant 247$mm 的可能性为1%，则称 $X\geqslant 247$mm 的频率等于1%，即：P（$X\geqslant 247$）＝1%。

水文变量取值（水文事件 $X\geqslant V$）在长时期内出现一次的平均间隔年数，称为水文事件的重现期。重现期（T）与频率（P）的关系根据不同研究对象有下列两种表示方法：

（1）当研究对象为防洪治涝的暴雨、洪水时，人们关心稀遇的超过频率，即设计频率通常位于 $P<50\%$ 部分，此时，$T=\frac{1}{P}$（年）。例如，在图5-1中，A 点24h降雨量的 $P=10\%$ 时，得重现期 $T=10$ 年，称为十年一遇的暴雨。

（2）当研究对象是考虑兴利的年径流时，人们关心的是稀遇的不足频率，即设计频率 $P>50\%$ 的部分，此时，$T=\frac{1}{1-P}$（年）。例如，在图5-1中，B 点24h降雨量的 $P=90\%$ 时，得重现期 $T=10$，称为十年一遇的枯水。

暴雨或洪水等水文现象并无固定的周期，所谓百年一遇是指大于或等于这样的洪水在长时期内平均每百年出现一次，而不能理解为每百年必出现一次。对于具体的100年来说，超过这种洪水可能不止一次，也可能一次都不出现。

5.2 水文要素概率预测

水文要素的预报（简称水文预报）是水文服务的重要方面，现状研究方法可以划分为确定性预报模型与随机性预报模型，二者各有其应用领域。在水利工程的规划、设计中，需要预估未来几十甚至上百年的工程运行特性。对于如此超长预见期的要求，确定性预报模型显得无能为力，多采用随机性预报进行概率预测。

5.2.1 洪水的概率预测

洪水是由于暴雨或急骤的融冰化雪等引起江河水量迅猛增加及水位急剧上涨的水文现象。暴雨洪水是由较大强度的降雨而形成的洪水，简称雨洪，它是我国最主要的洪水类型。长江1954年、1998年，淮河1954年、2003年、2007年，珠江1915年，海河1963年，松花江1932年、1957年，黄河1957年等特大洪水均属暴雨洪水。我国受洪水威胁的地区73.8万 km^2，耕地面积超过5亿亩，长江、黄河、淮河、海河、珠江、松花江、辽河七大江河均受洪水的严重威胁。

洪水要素概率预测的主要任务是为水利工程设计提供发生洪水大小的定量估计，具体提供不同重现期的设计洪水或设计暴雨。

1. 防洪设计标准

防洪设计标准用于表征防洪工程或保护对象达到防御洪水的水平或能力，一般用洪水出现的概率或重现期表示。防洪设计标准有工程保护区的设计标准（称防洪标准），水利枢纽正常运用设计标准（称设计标准）和非常运用设计标准（称校核标准）三种。当洪水低于防护区防洪标准时，应保证保护区不发生洪水灾害；当洪水超过水利枢纽正常运用设计标准时，工程的正常运用将遭到破坏；当洪水超过水利枢纽非常运用设计标准时，工程的安全将受到威胁。

防洪设计标准的选择必须统筹安全和经济两个方面，选择防洪设计标准过高，即选用过大的洪水作为设计依据，虽然安全，但不经济，反之，选择较低的防洪标准，即选用较小的洪水作为设计依据，工程投资虽然减少，但不安全或达不到预期的防洪要求。不同规模和不同重要性的工程分别采用不同的防洪设计标准。例如，三峡水利枢纽是我国最大的水利工程，防洪的要求很高，下游保护区荆江河段的防洪标准为百年一遇，大坝的设计标准为千年一遇，校核标准为万年一遇，俗称“千年设计，万年校核”。

2. 设计洪水

设计洪水指为防洪规划设计而拟定的，当地可能出现的符合指定防洪设计标准（频率或重现期）的洪水，即防洪规划和防洪工程预计设防的最大洪水。设计洪水的内容包括设计洪峰、不同时段的设计洪量、设计洪水过程线、设计洪水的地区组成和分期设计洪水等。水利工程的设计标准与校核标准的洪水，我们在有生之年是难以见到的，但由于洪水的随机性，在水利工程存续期间也不是绝对见不到，只不过见到的概率很小而已。因此，必须预测可能发生的设计标准与校核标准的洪水洪峰与洪量的大小，以便在工程设计中采用适当的措施。

5.2.2　暴雨的概率预测

暴雨通过下垫面转换后成为洪水，暴雨与洪水虽然不完全对应，但却高度相关，在缺少洪水资料的地区，采用设计暴雨推求设计洪水是十分常见、而且相当可靠的方法。为防洪等工程设计拟定的、符合指定设计标准的、当地可能出现的暴雨，称为设计暴雨。

1. 设计面暴雨量和点暴雨量

设计面暴雨量指一定时段内、一定面积上符合设计标准的面平均雨量。根据工程要求和暴雨资料条件，设计面暴雨量的计算方法有以下几种：

(1) 在有较长系列的面暴雨量资料时，用数理统计方法直接计算。首先选定不同统计时段。短历时一般取1h、3h、6h、12h和24h为统计时段；长历时取3d、5d、7d为统计时段；特长历时可取15d和30d为统计时段，视工程要求和流域大小而定。逐年选取每年中各时段的最大面暴雨量，组成面暴雨量系列，并审查系列的代表性；然后，分别对各时段暴雨量系列进行频率分析，即可求得各时段的设计面暴雨量。

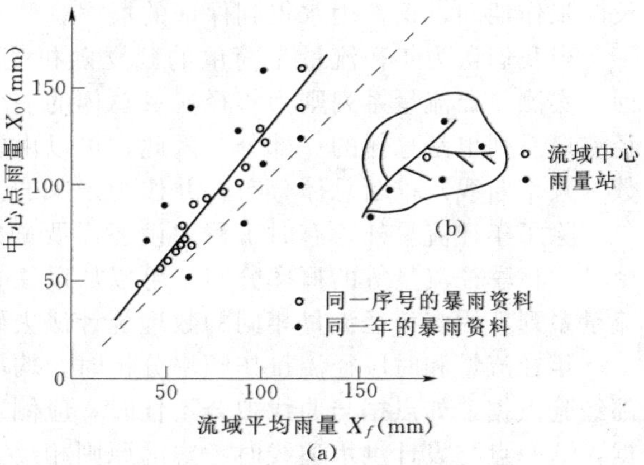

图5-2　暴雨点面相关图

(2) 在面暴雨量资料短缺时，可通过设计点暴雨和暴雨的点面关系（图5-2）间接推算设计面暴雨量。

2. 设计暴雨的时程分配

总量相等的暴雨可有不同的雨量过程，应选择既满足工程设计要求、又符合工程所在地区暴雨特性的雨量过程作为设计暴雨的时程分配。

3. 设计暴雨的地区分布

总量相等的暴雨可有不同的地区分布，应拟定既满足工程设计要求，又符合本地区暴雨特性的设计暴雨地区分布，供推求设计洪水过程线和分析设计洪水地区组成之用。设计暴雨总量在流域或地区上的分布，常用设计暴雨的等雨量线图表示。

5.2.3 年径流的概率预测

一年中通过河流出口断面的水量，叫做该断面以上流域的年径流量。

由于气候、下垫面的共同影响，年径流量变化具有显著的随机特征，自然界每年都有汛枯交替，但汛、枯季的历时长短，时间早迟，水量大小等，基本上年年不同，从不重复，所以，年径流在年际间变化很大，有些河流丰水年径流量可达平水年的2～3倍，而枯水年径流量只有平水年的10%～20%。更有甚者，年径流在多年变化中还常有连续丰水年组和连续枯水年组交替出现的现象。年径流的变化不定，对于水利工程规模选择，特别是水库工程的兴利库容和灌溉工程灌溉面积的确定影响重大。

对兴利工程而言，兴利设计标准称为设计保证率。设计保证率是针对入库径流的随机性的一个统计参数，在需水一定的情况下，当来水不同时，需要水库调节的水量不同，需要设置的兴利库容就不同，一般情况下，来水越少，需要水库提供的水量越多，需要的兴利库容越大。当兴利库容设置过小，很多年份的需水量将得不到保证；当兴利库容设置过大，耗费的人力、物力和财力多，但由于发生特殊干旱年的几率较小，导致很多年份库容闲置，显然是不经济和不合理的。水利工程的使用年限，一般长达几十年甚至几百年，要通过成因分析途径确切地预报未来长期的径流过程是不可能的。因此，目前都是用数理统计方法来研究年径流量变化的统计规律，回答在水库长期工作期间，正常用水得到保证的概率。

当我们认为年径流量是简单的独立随机变量时，年径流量系列即可作为随机系列，实测年径流量系列则为年径流量总体的一个随机样本。而未来工程运行期间的年径流量系列也是总体的一部分。因此，可以由以往n年实测年径流系列求得的分布函数（频率曲线）推断总体分布，并作为未来的工程运行期间年径流量的分布函数。

除了年径流量外，有时工程建设还需要确定其他时段径流量，如最小1个月、3个月、枯季径流量等的概率分布，可以从以往n年实测年径流系列提取相应时段的径流量系列，用与年径流量相同的数理统计法去研究它的变化规律。

年径流量和时段径流量作频率分析时，均可采用P－Ⅲ型曲线。适线时要考虑全部经验点据，如点据与曲线拟合不佳时，应侧重考虑中，下部点据，适当照顾上部点据，这一点与设计洪水适线时考虑的原则相反。

5.2.4 枯水的概率预测

枯水流量亦称最小流量，是河川径流的一种特殊形态。按设计时段的长短，枯水流量又可分为瞬时，以及日、旬、月等平均最小流量，其中又以日、旬、月平均最小流量对水资源利用工程的规划设计和河流生态安全关系最大。

当洪水、暴雨超过一定量级后，即产生洪涝灾害。对于暴雨与洪水，人们是怕“大”，越大危害越重，所以在暴雨洪水频率分析时，洪峰流量、时段洪量、降雨量等都选取年内最大值作为样本，在频率计算中采用超过的概率P（$X \geqslant V$）。

当枯水流量低于一定量级后，即造成所在区域的供水紧张和生态危机，水量严重不足往往制约着城市的发展规模、农业灌溉面积、水电站保证出力、通航的容量和时间等。可见，流量过小的危害同样十分严重，枯水流量的概率预测就是要确定未来遭遇各种小流量的可能性。显然，对于枯水流量，人们怕“小”，所以当设计代表站有长系列实测流量资料时，可按年最小选样原则，选取一年中的时段最小流量（时段平均流量的最小值），组成时段最小流量样本系列。在枯水流量频率分析时采用不足概率，即以时段流量小于或等于某数值［q（$X \leqslant V$）］的概率来表示。按照超过概率与不足概率的定义，有：$q=1-P$ 的关系。

枯水流量频率曲线也常采用P－Ⅲ型频率曲线适线。当得到时段枯水流量频率曲线后，就可以预测不同频率相应的设计枯水流量。

5.3 水文要素实时预报

根据前期或现时的水文气象资料，对某一水体、某一地区或某一水文站在未来一定时间内的水文情势作定性或定量的预测，称为水文预报。它在防洪、抗旱、水资源合理利用和国防事业中有重要意义。

与前文的概率预测不同，水文预报属于确定性水文学的范畴，它不仅要预报出预报对象的大小，而且需要给出某预报值的具体出现时间，而概率预测只能给出预报值出现的可能性，而无法给出什么时候出现。

按水情特点和预报内容，水文预报可以分为洪水预报、枯水预报、冰情预报、台风暴潮预报、泥沙预报等。按预见期（发布预报到预报事件出现的时隔），水文预报可以分为短期预报（2d以内）、中期预报（2～10d）、长期预报（10d～1年）和超长期预报（1年以上）。

实时水文预报离不开前期或现时的水文气象资料的支持。河流、湖泊、水库和其他水体的水文及有关要素的现时变化情况称为水文情报。为了获得水文情报，需布设科学合理的水情站网，通过电话、电报、通信卫星等方式，定期或随时发布指定项目的水文情报。水雨情信息的采集、传输、存储与处理是水文预报重要支撑，直接关系到实时水文预报的作业效率、预见期和精度。

5.3.1 洪水预报

洪水预报是根据洪水形成和运动基本规律，利用水文、气象信息，预测洪水发生与变化过程的应用科学技术。可靠的洪水预报对防止洪水灾害具有特别重要的作用。例如在河流防洪抢险中，需要及时预报出防洪地点即将出现的洪峰水位、流量，以便在洪峰到来之前，迅速加高加固堤防、转移可能受淹的群众和物资，动用必要的防洪设施等，将洪水灾害减小到最低限度。再如在水库管理中，可以利用洪水预报，使上游来的洪水与区间洪水的高峰段彼此错开（称错峰），从而大大减低下游的洪峰和洪水灾害，1998年8月长江中下游发生近百年一遇的特大洪水，由于及时准确的洪水预报，对葛洲坝水库、隔河岩水库和漳河水库科学调度，使三峡以上来的洪水和清江、沮漳河洪水的洪峰互相错开，大大降低了荆江河段的洪峰水位，避免了荆江分洪损失。另外，利用洪水预报还可较好地协调水库防洪与兴利的矛盾，在预报的洪水未进库之前，先打开泄洪闸门腾空一部分库容，以便洪水来临时能蓄存更多的水量；当洪水即将结束时，预知近期没有很大的洪水入库，则可超蓄洪水尾部的一些水量，用于多发电、多灌溉，使现有工程发挥更多的效益。

由于大气环流、海洋潮汐、各种地球物理因子和下垫面产流、汇流条件等对洪水形成和演变都能产生影响，故短期洪水预报多采用基于物理成因的经验方法，内容包括河段洪水预报与降雨径流预报。

1. 河段洪水预报

河段洪水预报的任务是根据河段上断面水位和流量过程预报下断面水位和流量过程。依据河道洪水波运动理论，由于河槽的调蓄作用，洪水波向下游传播过程中，不断发生变形。洪水波在传播过程中，波长不断加大，波高不断减小的现象称为洪水波的展开（或坦化）；洪水波在传播过程中，波前水量不断向波后转移的现象称为洪水波的扭曲。河段洪水预报的常用方法有：

（1）相应水位（流量）法。根据上游站和下游站的实测水位过程线，摘录相应的特征点（如洪峰水位值和洪峰流量值）及其出现时间（图 5-3），绘制上下游相应洪峰水位（流量）相关曲线及其传播时间曲线（图 5-4）形成预报方案。在预报作业中根据 t 时刻上游出现的洪峰水位（流量）查相应洪峰水位（流量）相关曲线和传播时间曲线，就可以预报出下断面的水位和流量。

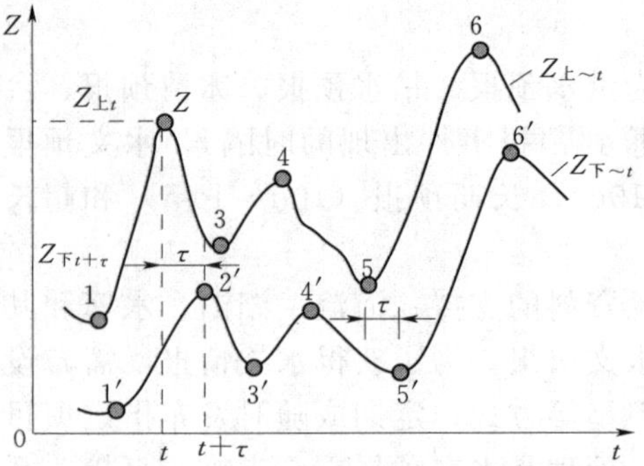

图 5-3 上下游站相应水位过程线图

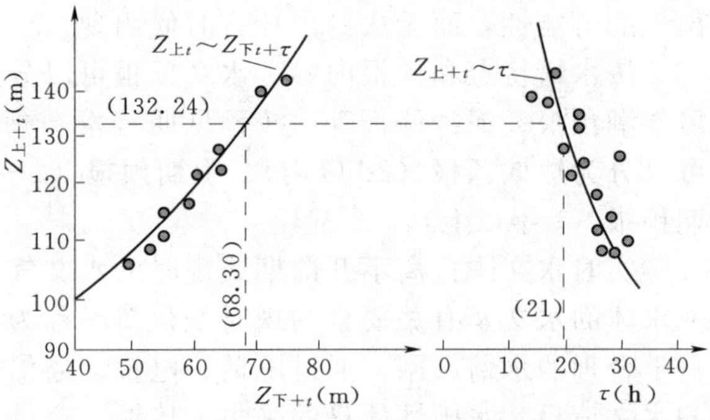

图 5-4 上下游站相应洪峰水位及传播时间关系图

（2）合成流量法。在有支流汇入的河段，按照上游干、支流各站的传播时间，把各站同时刻到达下游站的流量叠加起来得合成流量，然后建立合成流量与下游站相应流量的关系曲线，形成合成流量法的预报方法。在作业预报时根据 t 时刻上游各支流的流量计算合成流量，查合成流量与下游站相应流量的关系曲线，得下断面的预报流量。

（3）流量演算法。利用河段中的蓄泄关系和水量平衡原理（如图 5-5），由上断面流量过程演算出下断面流量过程。

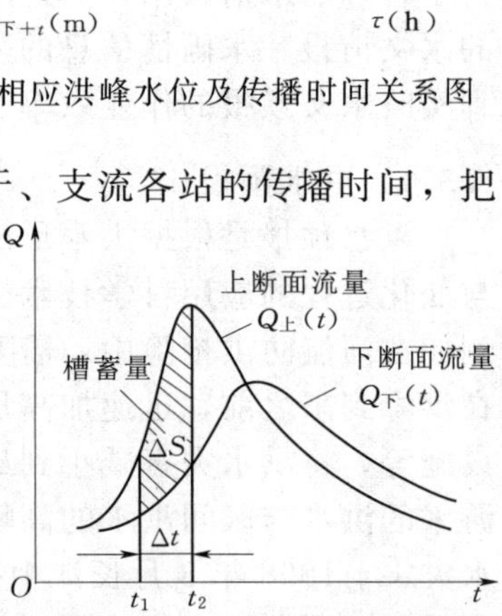

图 5-5 河段时段水量平衡示意图

2. 降雨径流预报

降雨径流预报是指根据流域降雨量进行产流和汇流计算，预报流域出口断面径流过程的方法。流域洪水预报方法常用的有实用预报方案和流域水文模型。实用预报方案即用实测的雨洪资料建立起降雨径流经验相关图和由实测洪水过程线分析出来的经验单位过程线，对降水所形成的径流量及洪水过程进行预报。流域水文模型是从系统的角度来模拟降雨径流关系，以流域为系统，降雨过程作为系统的输入，经过系统的作用，流域出口流量过程作为系统的输出（如图5-6）。因此，建立降雨径流模型，首先要建立模型的结构，并以数学方式表达，其次要用实测降雨径流资料来率定及调试模型参数。随着人们对流域上产、汇流过程认识的深入和计算机的发展，研制了大量的流域水文模型，较多的是用于水文预报方面，目前我国有代表性的是新安江模型。

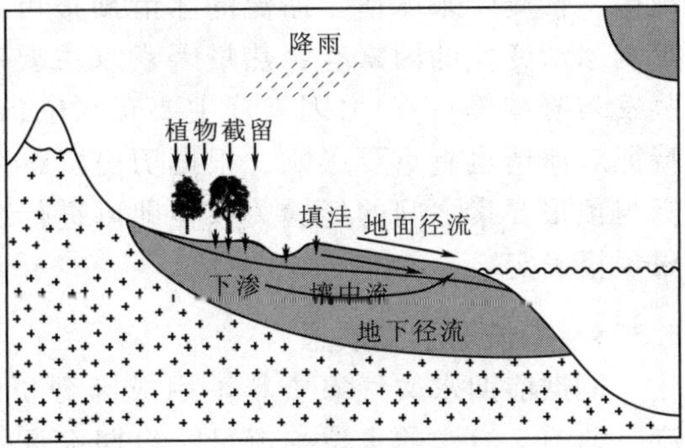

图5-6 流域产汇流示意图

5.3.2 枯水预报

根据枯水季节流域蓄水的消退规律，利用前期流域蓄水资料，预报未来的河川径流量和流量过程的预报技术。枯水预报的预见期短至几天，长达1个月以上。流域蓄水指流域中所蓄存的水量及其分布，可分为地表蓄水和地下蓄水两部分。地表蓄水有河网、洼地、水库、湖泊和沼泽等，地下蓄水有土壤孔隙、岩石裂隙、溶隙和层间含水带等。枯水季节的河川径流主要靠流域蓄水补给，流域蓄水的消退过程，便是流域出口断面的枯季流量过程。因此，可根据流域蓄水的消退规律，预报枯季河川流量和流量过程。枯水预报的常见方法有：

（1）退水曲线法。流域蓄水的消退规律可用河网退水曲线表示。在枯水预报中常把退水曲线，表示成退水流量公式：

$$Q_t = Q_0 e^{-t/k}$$

式中：Q_t为退水开始后t时刻退水流量；Q_0为开始退水时出流量；k为退水参数。

显然，退水曲线实质上是分析k的变化，k值越大，退水越快；k值越小，退水越慢。应用退水曲线公式计算退水流量，实际预报中常应用各种简易相关图。

（2）前后期流量相关法。当河道中枯季径流量主要由流域地下水补给时，前期径流量能反映流域地下水蓄量，可直接建立前后期径流量相关图作预报（如图5-7），方法简便易行，如上一月末流量与下一月基流量相关图，上一旬（月）平均流量与下一旬（月）平均流量相关图等。

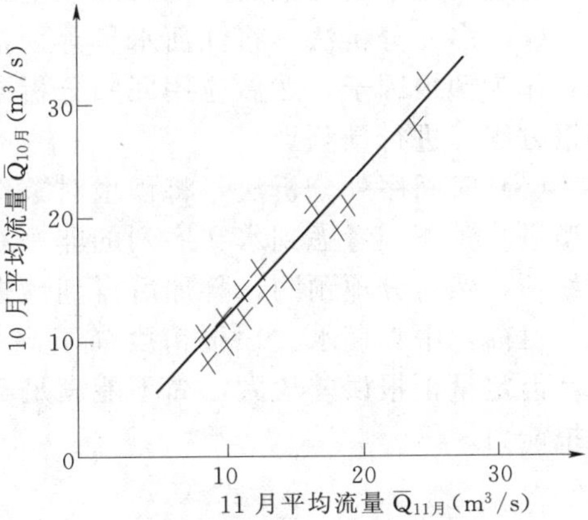

图5-7 某水文站10月与11月平均流量相关图

5.3.3 冰情预报

利用历史和现时水文、气象资料，根据河流、水库和湖泊等水体的封冰和解冻的规律，预测未来冰情。河流的冰情预报可按其发展阶段，分为封冻预报和解冻预报。影响冰情变化的因素有：热量因素（主要有太阳辐射，水体与大气、河床的热交换，蒸发与凝结等）；动力因素（主要有水位、流量、流速、波浪、风速和风向等）；河道特征对冰情也有重要影响。根据历史资料采用若干指标反映上述诸因素，建立这些指标与预报要素之间的经验关系，即可进行冰情预报。冰情预报的预见期一般要借助气象预报确定。

5.3.4　中长期水文预报

根据前期水文气象资料，用成因分析和数理统计方法，预测未来较长时期的河流、湖泊、海洋的水位、流量、汛期水量的丰枯、旱涝年景以及冰情、融雪径流等。

水文情势长期变化与大气环流、太阳活动、下垫面条件、人类活动等密切相关。异常的旱涝现象总与大气环流的异常联系在一起。太阳活动的增强和减弱会引起大气运动状态的改变，从而影响水文过程，使其发生相应的变化，不少地区的旱涝灾害与太阳黑子相对数的变化存在一定的对应关系。海洋表层水温异常会引起大气运动的异常，陆地表面状况的异常，也会影响大气环流的形势，从而影响水文过程的长期变化。人类活动不仅直接影响当地水文情况的变化，而且对水文过程产生间接影响。目前常用的中长期预报方法有：

（1）由前期大气环流形势预测后期水文情况。根据各种环流的历史资料，概括出旱涝年前期环流特征的模式，由前期环流特征作出后期水文情况的定性预测。

（2）根据前期海温分布特征进行预报。根据历史资料概括出旱涝年前期海温分布的模式后，可由前期海温分布特征对后期水文状况作出定性预估。

（3）利用太阳活动的某些信息进行预报。主要采用太阳黑子相对数来反映太阳活动的强弱。根据太阳黑子数11年周期的位相或分析黑子数的变化与江河水量变化之间的对应关系，定性预测后期可能发生的旱涝。

（4）多元分析法。将江河水量等预报对象作为随机变量，把分析得出的各个影响因素作为预报因子，然后应用回归分析或判别分析的方法对预报因子进行筛选，建立预报方程，进行预测。

（5）时间序列分析法，将预报对象作为一个离散化的平稳随机过程，应用自回归模型进行预测。考虑到水文序列的非平稳性，可将水文序列分解成趋势项、周期项、平稳项，然后分项预测，叠加后得到预报结果。

目前，中长期水文预报精度尚不高。大范围旱涝趋势的定性预报有一定参考价值，但定量预报误差较大，尚不能满足实际需要。对特大的洪涝和干旱还缺乏有效的预报能力。

5.4　水 文 模 型

水文现象是由众多因素相互作用的复杂过程，它与大气圈、地壳圈、生物圈都有着十分密切的关系，属于综合性的自然现象。迄今为止，人们还不可能对水文现象用严格的物理定律来描述。常见的研究方法是将复杂水文现象加以概化，忽略次要的与随机的因素，保留主要因素和具有基本规律的部分，建立具有一定物理意义的数学物理模型，并在计算机上实现。流域水文模型是为模拟流域水文过程所建立的数学结构，被模拟的水文现象称为原型，模型则是对原型的物理和逻辑过程的概化。

流域水文模型在进行水文规律研究和解决生产实际问题中起着重要的作用。随着现代科学技术的飞速发展，以计算机和通信为核心的信息技术在水文水资源及水利工程科学领域的广泛应用，使流域水文模型的研究得到迅速发展，并广泛应用于水文基本规律研究、水旱灾害防治、水资源评价与开发利用、水环境和生态系统保护、气候变化及人类活动对水资源和水环境影响分析等领域。因此，流域水文模型的开发研究具有重要的科学意义和应用价值。

国内外开发研制的水文模型众多，结构各异，按照模型构建的基础，流域水文模型可分为物理模型、概念性模型和系统理论模型三类。

5.4.1　水文物理模型

水文现象和水文规律十分复杂，利用实体场景研究水文过程变化规律，以及某些要素物理性质的模型称为水文物理模型。水文实验是水文物理模型的核心环节，它是为探求和研究水文现象和过程并对其作出成因分析的科学实验。水文现象受许多自然因素制约和人类活动影响，一般的水文观测和分析难以清楚地揭示其物理过程和相互关系，需要在野外或实验室内用特定的程序、装置和设备进行系统的、有控制的观测和试验。水文实验研究的主要目的在于揭示天然条件下和人类活动影响下水文现象的物理机制，以及各种水文要素之间的相互联系；在研究现有水文学理论和应用中有待认识和解决的问题；检验已有的规律与理论。

当前水文物理模型（实验、试验）的应用领域越来越广泛，如：

（1）水文过程研究，包括蒸散发、降雨径流关系、水文过程及动态的研究。

（2）水化学平衡和植物生态研究。

（3）不同自然地理条件和人类活动影响下的水文规律研究。

（4）特殊地区（如岩溶、冻土地区）和特殊径流形式的水文研究等。

5.4.2　概念性水文模型

概念性流域水文模型是以水文现象的物理概念和一些经验公式为基础构造的水文模型，它将流域的物理基础（如下垫面等）进行概化（如线性水库、土层划分、蓄水容量曲线等），再结合水文经验公式（如下渗曲线、汇流单位线、蒸散发公式等）来近似地模拟流域水流过程。按对模拟流域的处理方法，概念性水文模型又可分为集总式模型和分散式模型。集总式概念性模型把全流域当作一个整体来建立模型，即对流域参数（变量）进行均化处理；分散式概念性模型则按流域下垫面不同特征和降水的不均匀性把流域分为若干个单元，对每一单元采用不同特征参数进行模拟计算，然后依据各单元的水力联系和水量平衡原理，通过汇流演算得到全流域的输出结果。

世界上知名的概念性模型已不下20种，主要的计算步骤大同小异。在我国，最著名的概念性水文模型是新安江流域水文模型（简称新安江模型）。新安江模型是河海大学赵人俊教授等在长期研究与实践的基础上，于1973年对新安江水库作入库流量预报工作时提出的降雨径流模型。新安江模型主要由4部分组成：蒸散发计算、蓄满产流计算、水源划分和汇流计算。模型主要特点是：

（1）在产流计算中应用蓄满产流概念。

（2）将水源分为地面、壤中与地下3种。

（3）在河道洪水演算中应用马斯京根法。

新安江模型的核心是提出蓄水容量曲线表达包气带蓄水能力（容量）的空间不均匀性。

新安江模型是分散性模型，它把全流域分成若干单元面积，对每块单元面积分别作产汇流计算，得出各单元面积的出口流量过程，再分别将各单元出口流量过程经河道洪水演算至流域出口断面，把同时刻的流量相加即求得流域出口的流量过程。

图5-8是三水源新安江模型的结构。新安江模型根据输入的实测水面蒸发与当时的土壤湿度，代入蒸散发模型，可计算出流域蒸散发。再根据输入的实测降雨与计算的蒸散发，代入产流方程，可计算出径流，同时调整了土壤湿度。把径流代入分水源方程可分出地面径流、壤中流与地下径流。地面径流用单位线计算流量过程，壤中流与地下径流采用水库演算计算流量过程，合而成为流域的出流过程。再应用河道洪水演算，求得下游某断面的流量过程。

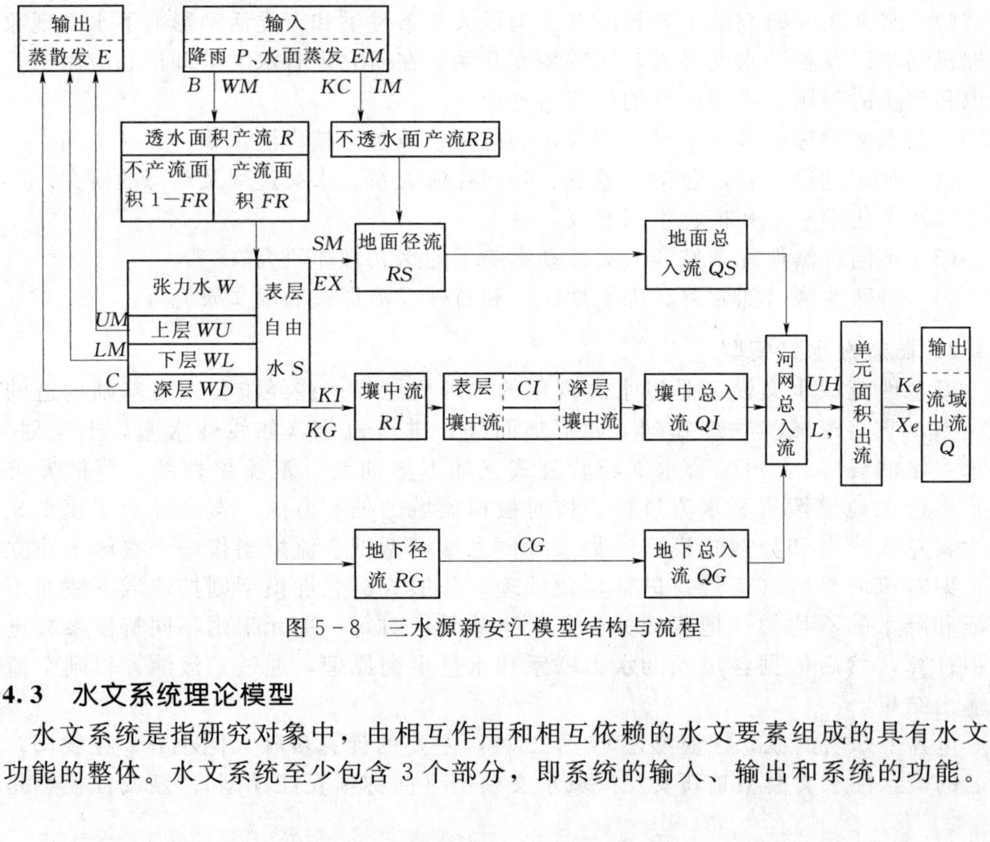

图5-8　三水源新安江模型结构与流程

5.4.3　水文系统理论模型

水文系统是指研究对象中，由相互作用和相互依赖的水文要素组成的具有水文循环功能的整体。水文系统至少包含3个部分，即系统的输入、输出和系统的功能。对于河流而言，上断面的水位或流量为输入，下断面的水位或流量是输出；对于流域产汇流而言，降雨与蒸发是输入，流域出口的流量过程为输出。水文系统的功能是与系统所处的地理位置、流域或河系的地貌、植被与下垫面特性，以及人类活动影响等因素相联系。当系统的输入与输出之间的转化满足线性叠加原理的称为线性系统，反之，称为非线性系统。当系统输入与输出转化关系中的参数随时间变化时，称为时变系统，反之，定常参数的系统称为时不变系统。当系统输入、输出或参数不存在空间变化的称为集总系统，反之称为分散系统。从系统的观点看，真实的流域系统在复杂环境因素的共同作用下，多半是非线性、时变和分散的。

系统理论模型又称系统响应模型，这类模型将研究对象视为一种动力系统，一般采用回归分析方法，利用已有降雨径流资料建立某种数学关系，然后由此用新的输入推求输出。系统理论模型只关心模拟结果的精度，而不考虑输入—输出之间的物理因果关系，因此又被称为黑箱子模型。

第 6 章 水资源评价与配置

6.1 水资源及其基本属性

6.1.1 水资源的内涵

地球上有13.86亿km³的水，但在如此浩瀚的水中对于人类“直接有用”的只是极其有限的一部分。所谓资源指的是一切可被人类开发和利用的物质、能量和信息的总称，所以“水资源”不能等同于“水物质”。什么叫水资源呢？直到目前为止还没有一个普适性的公认的定义，不同国家、学术组织从不同的角度给出不同的定义。下面介绍几种影响较大的观点。

《不列颠大百科全书》中，水资源被定义为“全部自然界任何形态的水，包括气态水、液态水和固态水”。《中国水利百科全书》中也有类似的提法，定义水资源为“自然界各种形态（气态、液态和固态）的天然水”。这种定义将水资源等同于水物质。

联合国教科文组织与世界气象组织，在《水资源评价活动——国家手册》中，将水资源定义为“可供利用或有可能被利用，具有足够数量和可用质量，并可适合某地水需求，而长期供应的水源”，《中国大百科全书·水利卷》中表述与此相近，“水资源是地球表层可供人类利用的水，包括水量（质量）、水域和水能资源”。水资源是水中的一部分。

此外，在《中国农业百科全书·水利卷》、《中华人民共和国水法》中，也有关于水资源的描述。

《辞海》中将资源表述为生产资料或生活资料的天然来源，可见资源的定义是以满足人类需求为导向的，物质或非物质被视作资源至少应具备有用性、有限性和可控制性特征。目前，学界比较倾向将水资源分成广义水资源和狭义水资源。

所谓狭义水资源是指“在一定技术经济条件下可以被人类社会直接利用，具有一定数量和质量保证，并能在短时期内得到恢复的天然水”，狭义水资源就是在水循环中，富集于江河、湖泊、冰川和埋藏在地下较浅的含水层中的水。它来源于大气降水，可以通过水循环逐年得到补充和更新，易于为人类所利用。

所谓广义水资源是指“地球上一切具有直接利用或潜在利用价值的天然水”，广义水资源是指自然界中以固态、液态和气态形式广泛存在于地球表面和地球的岩石圈、大气圈、生物圈中的水，是包括海水在内的地球水量的总体。

6.1.2　水资源的基本属性

水资源是人类生存和经济社会发展的物质基础，是不可替代的重要自然资源。水资源之所以备受重视，是由于水资源具有自然、社会、经济和生态等多重属性。多属性造成人类与自然，经济与社会，以及经济社会内部不同利益集团之间的用水竞争性，导致产生一系列供需矛盾和水资源问题。

1. 水资源自然属性

水资源的自然属性是指水资源具有的自身特征和规律，主要表现为时空分布的不均匀性、随机性、循环再生性和统一不可分割性等。

（1）时空分布不均匀性。太阳与太阳系运动的规律，以及地球表面的自然地理环境和人文环境，产生了复杂的地球气候和水文循环，使得水资源在地区分布上，有丰水、多水、过渡、少水和干旱带之分，在年际分布上，存在着丰水年、平水年、枯水年的区别，在年内水资源量的分配也明显存在着枯水期与丰水期差异。水资源时空分布的不均匀性对水资源的科学配置，提高用水效益造成极大困难。

（2）随机性。水资源具有显著的随机性特点，目前我们还不能够准确预测具体时间和空间水资源数量变化，甚至对水资源变化的定性描述尚存在困难。水资源的随机性给水资源的开发利用和水资源工程的运行管理带来极大的复杂性和盲目性。

（3）循环再生性。水文循环的周期性变化，使得水资源川流不息，源源不断，但不同类型水源的再生速度差异很大。有资料显示河流的水量更新周期大约 16d，土壤水的更新周期需要 1 年，而深层地下水和冰川等的更新周期则超过 1000 年（参见表 1－5）。当人类对水资源消耗速度超过了水资源的再生速度时，就会产生严重的生态问题，正确理解和运用水资源的循环再生性，是确保水资源可持续利用的物理基础。

（4）统一不可分割性。水文循环是一个连续的过程，循环过程中的各个环节是统一不可分割的，任何一个环节的改变都会直接或间接影响其他环节。地表水、土壤水、地下水是一个有机的整体。水资源的统一不可分割性决定了水资源的开发利用应该统筹考虑、统一规划，它是流域水资源统一管理的理论基础。

2. 水资源社会属性

水资源不仅是一种自然资源，还是一种社会资源，是不可替代的人类生活资料，水资源稀缺，对人类社会的发展乃至生存构成直接威胁。有人甚至预言 21 世纪，水资源将取代石油成为地区冲突的导火索，水资源的社会属性日益突出。水资源的社会属性主要表现为伦理性、垄断性和准公共物品性等方面。

（1）水资源的伦理性。水资源的伦理性包括两个方面：一是人类对待水资源的态度，人类不能以水资源取之不尽、用之不竭为由，采用粗暴的、掠夺性的态度去开发水资源。二是要以“道德的方式”对待水资源，水资源是人类生存的基础资源，不仅要满足当代人的需要，也要满足后代人的需要，应以道德的理念保证后代平等的发展权利。水资源是公共资源，在水资源使用面前人人平等，维持每个人对水资源基本的生存需要是社会的最根本的义务。

（2）水资源的垄断性。主要是指行政垄断，《中华人民共和国水法》明确规定“水资源属于国家所有。农村集体经济组织所有的水塘和农村集体经济组织修建管理的水库中的水，归该农村集体经济组织使用”。水资源关系到国计民生，只有国家能从战略和人性的角度对水资源进行有效的规划和分配，所以水资源垄断性有其必然性。

（3）水资源的准公共物品性。水资源是具有有限的非竞争性与非排他性的物品，必须政府的有效干预才能保证水资源的有效利用。如果政府采用免费提供水资源或只是象征性地收费的方式，必然导致人们无控制地过度消费，严重地浪费水。我国许多地区的水资源费或水价已经进行过多次调整，但仍只是象征性的，还达不到与供水成本的平衡，更与我国水资源紧缺状况不相适应。这也是导致节水措施难以推广的原因之一。

3. 水资源经济属性

水资源是一种经济资源，水资源产业是国民经济的组成部分之一。水资源的经济性表现在：

（1）水资源是国民经济持续发展的动力资源之一，它不仅是农业生产的命脉，直接决定着粮食产量的高低，而且是工业生产的血液，维系着工业经济的发展与效益。据有关资料，自新中国成立以来，在工业用水增加近20倍的基础上，工业产值增加了近60倍。在黄河流域，1972～1996年因断流造成工农业累计经济损失约268亿元。

（2）水资源本身已成为战略性的经济资源，它不仅可直接产生经济效益，而且关系着国家的经济安全与社会稳定。

4. 水资源生态环境属性

水是生态环境中最活跃、最重要的元素，它积极参与生态环境中一系列物理、化学和生物过程，是生命物质原生质的组成部分。一般来说，生物体内含水量约占体重的60%～80%，有的还可高达90%以上。水是多种物质的溶剂，土壤中很多矿物质要先溶于水后，才能被植物吸收和运移。水是植物光合作用制造有机体的原料，许多营养物质如水溶性维生素只有溶于水后，才能被机体吸收。植物一生中要消耗大量的水分，这些水主要用于蒸腾作用，维持植物体内的水分平衡，满足各种生理生化活动的需要。水对植物的生长发育有不同的基点，低于最低点植物萎蔫、生长停止；超过最高点植物缺氧、窒息。水对动物的影响比食物更重要，动物缺食的生存时间要比缺水长；湿度对动物的形态、体色、生长发育、繁殖、代谢、活动和行为以及寿命都有影响。水资源的过度开发，会造成水域生态系统中生物多样性受损、生态完整性受损、环境污染加重。

6.2　世界水资源与中国水资源

6.2.1　世界水资源概况

虽然地球上蕴藏着大量的水，但大多数是难以直接利用的咸水。由于海水淡化技术还不够成熟、成本高难以普及；淡水资源中，分布在南北两极地区的固体冰川、永冻土底冰，以及深层地下水等更新周期太长，不能轻易使用。目前人类较易利用的淡水资源仅占全球淡水资源的 0.3%，仅占全球总储水量的 0.7‰。

全球淡水资源不仅短缺，而且地区分布极不平衡。表 6-1 反映世界各大洲水资源分布情况。

表 6-1　世界水资源分布表

大陆	面积（万 km^2）	年降水		年径流		径流系数
		mm	万亿 m^3	mm	万亿 m^3	
欧洲	1050	789	8.29	306	3.21	0.39
亚洲	4347.5	742	32.24	332	14.41	0.45
非洲	3012	742	22.35	151	4.57	0.2
北美洲	2420	756	18.3	339	8.2	0.45
南美洲	1780	1600	28.4	660	11.76	0.41
澳洲	761.5	456	3.47	40	0.3	0.09
大洋洲	133.5	2700	3.61	1560	2.09	0.58
南极洲	1398	165	2.31	165	2.31	1.0
全部陆地	14900	800	119	315	46.8	0.39

全世界多年平均年径流总量为 46.8 万亿 m^3（包括 2.31 万亿 m^3 的南极冰川径流），其中有人居住或适合人居住的地区，至多拥有全部径流的 40%。水资源的分布与人口的分布极不均衡，亚洲拥有 36%的水，却集中了世界 60%的人口，南美洲拥有世界 26%的水，却只集中世界 6%的人口。按国家分布，巴西、俄罗斯、加拿大、中国、美国、印度尼西亚、印度、哥伦比亚和刚果 9 个国家的淡水资源占世界淡水资源的 60%，而约占世界人口总数 40%的 80 个国家和地区的人口面临淡水不足，其中 26 个国家的 3 亿人口完全生活在缺水状态。预计到 2025 年，全世界将有 30 亿人口缺水。

20 世纪以来，随着人口膨胀与工农业生产规模的迅速扩大，全球淡水用量飞快增长。从 1900～1995 年的 95 年中，世界农业用水量增加了 3.9 倍，工业用水量增加了 16.2 倍，生活用水增加了 16 倍，总用水量增加了 5.5 倍。并且近几十年来，用水量正以每年 4%～8%的速度持续增加，淡水供需矛盾日益突出。表 6-2 为世界各经济部门用水动态变化表。

表 6-2　世界各经济部门用水动态变化表

年份	1900	1940	1950	1960	1970	1980	1990	1995
人口（亿人）			25.42	30.29	36.03	44.10	52.85	57.35
灌溉农田（万 hm^2）	4730	7590	10100	14200	16900	19800	24300	23500

续表

年份	1900	1940	1950	1960	1970	1980	1990	1995
农业用水（亿 m^3）	5130	8950	10800	14810	17430	21120	24250	25040
农业耗水（亿 m^3）	3210	5860	7220	10050	11860	14450	16910	17530
城市用水（亿 m^3）	215	589	867	1180	1600	2190	3050	3440
城市耗水（亿 m^3）	46.1	125	167	206	285	383	450	498
工业用水（亿 m^3）	437	1270	2040	3390	5470	7130	7350	7520
工业耗水（亿 m^3）	48.1	119	191	306	510	709	788	826
水库蒸发（亿 m^3）	3	70	111	302	761	1310	1670	1880
用水合计（亿 m^3）	5790	10880	13820	19680	25260	31750	36330	37880
耗水总计（亿 m^3）	3310	6170	7680	10860	13410	16860	19820	20740
人均用水（m^3/人）			544	650	701	720	687	660

6.2.2 中国水资源概况

我国是世界上水资源最为紧张的国家之一，是世界13个贫水国之一。虽然水资源总量位于世界第6，但人均水资源量不足2200m^3，不足世界平均水平的1/4。

1. *水资源数量及其时空分布*

根据1956～2000年同步资料系列计算，我国多年平均降水量约为650mm，年降水量为61786亿m^3，全国水资源总量为28412亿m^3，其中地表水资源量为27375亿m^3，约占水资源总量的96%，地表水资源量与地下水资源量之间不重复计算的水量为1037亿m^3，约占水资源总量的4%，区域分布如表6-3。

表6-3　水资源一级区水资源总量

水资源一级区	降水量（亿 m^3）	地表水资源量（亿 m^3）	地下水资源量（亿 m^3）		水资源总量（亿 m^3）	人均水资源总量（m^3）	单位耕地面积水资源总量（m^3/亩）
			资源量	其中不重复量			
松花江区	4719	1296	478	196	1492	2333	544
辽河区	1713	408	203	90	498	909	445
海河区	1712	216	235	154	370	293	213
黄河区	3555	594	378	113	707	647	290
淮河区	2767	677	397	239	916	457	347
长江区	19370	9857	2492	102	9960	2246	2001
东南诸河区	4372	2654	665	27	2681	2899	4640

续表

水资源一级区	降水量（亿 m^3）	地表水资源量（亿 m^3）	地下水资源量（亿 m^3）		水资源总量（亿 m^3）	人均水资源总量（m^3）	单位耕地面积水资源总量（m^3/亩）
			资源量	其中不重复量			
珠江区	8972	4723	1163	14	4737	3193	2837
西南诸河区	9186	5775	1440		5775	29298	10509
西北诸河区	5421	1174	770	102	1276	4663	1305
全国	61786	27375	8219	1037	28412	2195	1437

中国水资源在空间分布上，具有南方多、北方少，山区多、平原少的空间分布特征，从东北大兴安岭西侧至中尼边境西端为 400mm 降水深等值线，400mm 降水深等值线以西面积约占全国的 42%，其中年降水深 200mm 以下面积约占全国的 26%；400mm 降水深等值线以东面积约占全国的 58%，年降水深 800mm 以上面积约占全国的 30%。南方地区面积占全国的 36%，多年平均年降水量占全国的 68%，地表水资源量占全国的 84%；北方地区面积占全国的 64%，多年平均年降水量约占全国的 32%，地表水资源量占全国的 16%。山丘区面积约占全国的 72%，降水量占全国的 85%，多年平均地表水资源量约占全国的 93%；平原及盆地面积约占全国的 28%，多年平均年降水量占全国的 15%，其多年平均地表水资源量占全国的 7%。

在时间分配上，水资源年内集中度高。南方地区大部分测站多年平均连续最大 4 个月（5～8 月）降水量约为多年平均年降水量的 55%，河川径流量占全年的 50%～70%；北方地区多年平均连续最大 4 个月（6～9 月）降水绝大部分测站超过多年平均年降水量的 70%，河川径流量占全年的比例一般在 60%～80%，其中华北、东北、西北内陆河的局部地区可达 80%以上，部分测站甚至超过 90%。1960 年 7 月内蒙古商都一次暴雨，4h 降水量 600mm，相当于当地常年全年降水量的 1.5 倍；1977 年 8 月内蒙古乌审旗的一次暴雨，10h 降水量达 1400mm，相当于当地常年全年降水量的 3.5 倍。受季风气候影响，中国水资源年际变化大，南方地区年降水量最大值与最小值的比值，一般为 2～3，最大年径流量与最小年径流量的比值，一般在 5 倍以下，图 6-1 为浙江衢州湖南镇站年径流变化过程，由此可见该站年径流最大值与最小值之比达 2.8 倍；北方地区年降水量最大值与最小值的比值，一般为 3～6，最大年径流量与最小年径流量的比值可达 10 倍以上。各地降水普遍存在连丰和连枯现象，其中北方地区尤为明显。

地下水资源量的分布受水文地质、气候、水文和水资源开发利用等因素的影响。中国地下水资源量模数（单位面积地下水资源量）南方地区平均为 17 万 m^3/km^2，北方地区平均为 5 万 m^3/km^2。

2. 中国水资源量演变

近 20 年来，由于气候和下垫面状况较以往均有显著的不同，因而中国水资源数量发生了一定的变化，北方地区变化尤其显著。对比1980～2000年系列（近期下垫面条件）与1956～1979年系列（代表20世纪70年代下垫面条件），就全国而言，降水量变化不大，地表水资源量和水资源总量略有增加。南方地区河川径流量和水资源总量增加幅度接近4%；黄河、淮河、海河和辽河等4个水资源一级区合计降水量减少6%，水资源总量减少12%，其中海河区降水量减少10%、河川径流量减少41%、水资源总量减少25%。图6-2反映了各水资源分区不同系列水资源变化幅度。

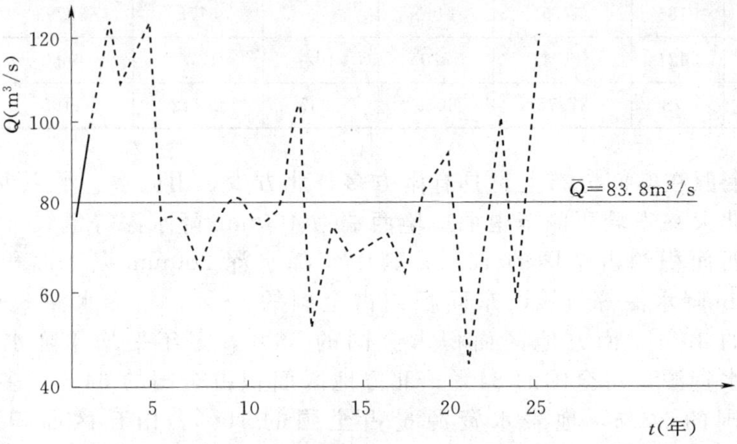

图6-1　浙江衢州湖南镇年径流及其均值变化过程

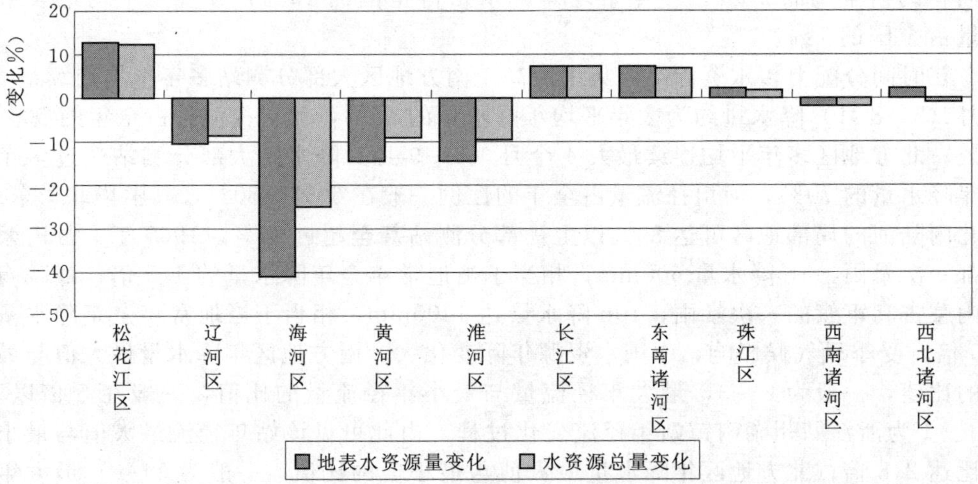

图6-2　1980～2000年和1956～1979年水资源数量变化比较示意图

3. 中国水资源可利用量

地表水资源可利用量是指在可预见的时期内，在统筹考虑生活、生产和生态环境用水的基础上，通过经济合理、技术可行的措施在当地地表水资源量中可供河道外一次性利用的最大水量。一个区域的地表水资源量可划分为三部分：一是由于技术手段和经济因素等原因尚难以被利用的部分汛期洪水；二是为维系河流生态环境功能而应保持在河道内的最小河道内生态环境用水量；三是可供人类经济社会活动使用的河道外一次性利用最大水量——地表水资源可利用量。中国河道内最小的生态环境用水约需 8470 亿 m^3，约占全国地表水资源量的 32%；在可预见的未来，各类水资源配置工程实施后中国尚有约 10726 亿 m^3 难以利用的水量排泄入海或出国境及流入边境界河，约占全国地表水资源量的 40%；可见，中国地表水资源可利用率（地表水资源可利用量与地表水资源量的比值）仅为 28%，地表水资源可利用量约为 7500 亿 m^3。

地下水可开采量是指在可预见的时期内，通过经济合理、技术可行的措施，在不引起生态环境恶化的条件下，以凿井的方式从地下含水层中获取的可持续利用的水量。全国平原区多年平均年浅层地下水可开采量为 1235 亿 m^3，约占全国平原区地下水总补给量的 68%。

水资源可利用总量由地表水资源可利用量与平原区浅层地下水可开采量相加再扣除两者之间的重复计算水量。全国水资源总量中，水资源可利用总量约为8139 亿 m^3，其中，地表水资源可利用量约为 7500 亿 m^3，不重复的地下水量约为 644 亿 m^3。若将水资源总量中扣除水资源可利用总量，剩余的水量则为河道及地下水生态环境系统的总用水量，全国合计水量为 19569 亿 m^3，占全国水资源总量的 71%。

4. 中国水资源需求

用水量是指从水源供给河道外用水户的包括输水损失在内的毛用水量。用水量的大小与气象与社会经济发展水平等因素有关，不同年份的用水量不同。以 2000 年为例，2000 年全国总用水量为 5628 亿 m^3，其中农业用水量 3861 亿 m^3（包括农田灌溉用水 3484 亿 m^3，林牧渔业用水 377 亿 m^3），占总用水量的 68%；工业用水量 1160 亿 m^3（包括火核电工业用水 360 亿 m^3），占总用水量的 21%；生活用水量 607 亿 m^3（包括城镇生活用水 324 亿 m^3，农村生活用水 283 亿 m^3），占总用水量的 11%。2000 年全国用水结构见图 6-3。

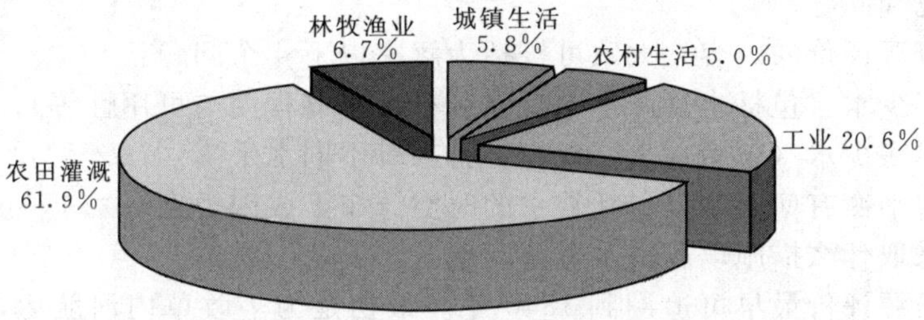

图 6-3　2000 年全国用水结构示意图

与世界情况一样，中国的用水量增长迅速，1949 年中国总用水量仅 1031 亿 m^3，人均用水量 187m^3；1959 年增至 2048 亿 m^3，人均用水量 316m^3；1965 年增至 2744 亿 m^3，人均用水量 378m^3；1980 年达 4408 亿 m^3，人均用水量 449m^3。1980～2000 年，中国总用水量仍处于增长态势，2000 年用水量比 1980 年增加 1220 亿 m^3，人均用水量基本维持在 450m^3左右。

从 1949～2000 年全国总用水量变化趋势来看，增长趋势逐步减缓，1980～2000 年，工业和生活用水量增长迅速，占总用水增长量的 88%，呈显著的增长态势，工业和生活用水量的比重不断加大，由 1980 年的 15%提高到 2000 年的 32%。农业用水量由于农业节水措施得到较大发展，加之受水资源限制，则处于缓慢增长态势，而用水比重不断下降，由1980年的85%下降到2000年的68%。

5. 中国水资源供给

截止到2000年，全国已建成大中小型水库8.5万多座，塘坝等工程585万座，蓄水工程总库容达5756亿m^3，兴利库容3134亿m^3，分别为多年平均年径流量的22%和12%。海河、黄河和辽河3个水资源一级区蓄水工程总库容均大于多年平均年径流量，兴利库容约占多年平均年径流量的55%～70%。全国已建成引水工程近84万处，其中大型引水工程引水能力占总引水能力的37%。提水工程30多万处，其中大型提水工程提水能力占总提水能力的16%。跨水资源一级区的调水工程88处，现状情况下年调水能力227亿m^3。此外，全国有地下水生产井约494万眼，其中配套机电井约429万眼。

供水能力是指供水工程系统在现状条件下相应设计供水保证率的可供水量，与来水状况、工程条件、需水特性和运行调度等方式有关。中国现状地表水供水设施年供水能力为5323亿m^3，配套机电井供水能力为1129亿m^3。

6.3 水资源调查评价

6.3.1 水资源评价概念与基本任务

国际上关于水资源评价的概念、范围和内容，认识很不一致。不同的国家有不同的规定和操作程序。

在美国，认为水资源评价就是对水资源进行有分析的估价。它不仅仅包括对水的数量、质量及时空分布的估价，还包括对需水量的分析，与土地利用、社会、政治、经济及法律的因素也有密切的关系。水资源评价不仅要查明现状，还要鉴定和评价将要出现的情况和问题。

美国水资源评价的内容，大致可概括为解决以下4个问题：

（1）有多少水（包括水资源不同时空分布、可靠程度与可用性等）。

（2）需要多少水（包括过去、现在、将来等不同水平）。

（3）供需平衡有何问题（包括缺水的时空分布、成因类型等）。

（4）应采取什么措施以解决水资源问题。

美国水资源评价最早可追溯到1840年。最初是为了改革内河航运，然后随着干旱的西部地区的开发，水资源大量用于农业灌溉。更晚些时候，出现了多目标综合利用水资源的概念和实践，水资源评价工作也相应扩大了范围。1968年，美国水资源理事会编制了《国家的水资源》报告，被称为第一次美国全国水资源评价报告。该报告对比了供水与需水，评价了特定的问题，评论了缺水问题，试图进行水资源分区，并制定了到2020年的需水规划。1978年12月完成了第二次国家水资源评价工作，分析并提出现状和规划的用水需要，提出了需要解决的问题。水资源条件，以及技术、社会经济和环境等都是不断发展变化的，水资源评价成果要不断进行重新估价和更新。根据美国的情况和经验，认为5～10年进行一次全国水资源评价是适当的。

前苏联，把“国家水资源登记”和“国家水册”作为国家的水资源评价，与美国水资源评价相比，范围较窄，有关社会经济方面的评价内容较少。1970年，前苏联最高苏维埃通过了《苏联及加盟共和国水法准则》的立法，组织进行水资源登记工作、用水的计划与检查工作。自 1978 年开始实施国家水资源登记，其内容包括：地表水及地下水数量、质量的测验和初步统计，用水量检查，分流引水量及回归水水量，水质的测验和初步统计，向用户提供初步统计的资料成果。

我国曾于 20 世纪 70 年代末、80 年代初组织开展过全国第一次水资源调查评价工作。通过调查和分析，基本查明了全国各地区地表水资源的数量及其时空分布特点，研究了降水、蒸发和径流等水平衡 3 个要素的关系，为全国各地区水资源评价、水利规划、水利化区划以及农业区划提供了重要的科学依据。第一次评价总体上比较粗，广度、深度不够，资料系列短（具体为 1956～1979 年），研究范围较窄，侧重为农业和水利服务。为了正确评价气候变化、人类活动以及经济社会发展对水资源的开发、利用、保护造成了的影响，2000 年组织开展了第二次全国水资源及其开发利用调查评价，第二次水资源及其开发利用调查评价主要内容与总体思路见图 6-4。

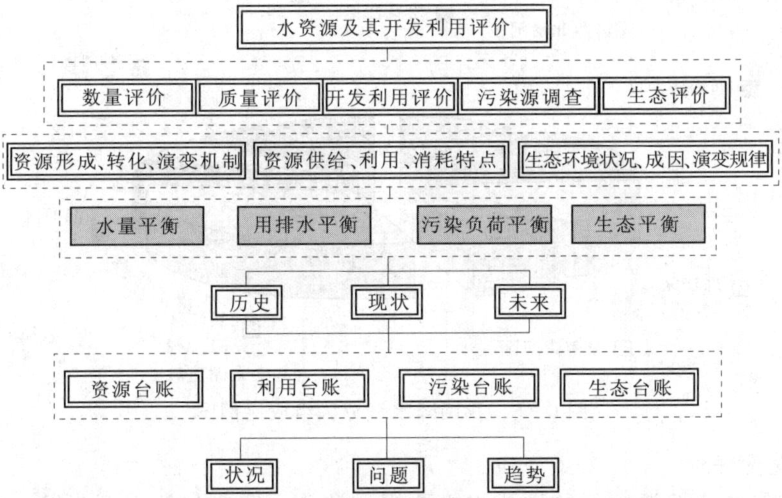

图 6-4　水资源及其开发利用调查评价主要内容与总体思路框图

第二次全国水资源及其开发利用调查评价包括：水资源数量评价、水资源质量评价、水资源开发利用情况评价、水污染状况调查和生态环境状况调查评价以及综合评价等，涉及气象、水文、水资源、水文地质、水环境、水工程、供用水、社会经济、土地利用、生态等多个领域和专业，是一项庞大的系统工程。评价过程中采用科学的技术手段与方法，统一了水资源分区和有关技术口径与标准，系统研究了水循环要素平衡关系、用排水平衡、污染负荷平衡以及生态平衡等多维平衡关系，通过实际调查、系统分析、全面评价、专题研究、逐级审核、汇总平衡、综合集成的方式，多次反馈和平衡汇总，对我国水资源的数量、质量、开发利用情况，水污染和生态环境状况等进行了全面系统的评价。在评价工作中，针对变化条件下的水资源情势，对水资源的自然、经济、社会和生态环境属性进行统一评价，注重水资源天然状况、开发利用状况和生态与环境状况评价相结合，水资源天然状况与人类活动影响分析相结合，水资源的静态属性与动态特征评价相结合，地表水与地下水、水量与水质评价相结合，取水、供水、用水、耗水、排水评价相结合，流域与区域、城市与农村相结合，全面系统地评价了我国的水资源及其开发利用情况。

水资源调查评价是水资源综合规划的基础，是水资源配置的基础平台，也是政府实施水资源管理和保护的基本依据。

6.3.2　水资源数量评价

水资源数量评价，包括降水量、蒸发量、地表水资源量、地下水资源量和总水资源量评价的内容。

1. 降水量评价

选择资料质量较好、系列较长、面上分布较均匀的雨量观测站，采用经过整编和审查的同步降水资料成果，计算分区降水量，分析其空间分布特征和时间变化规律，图6-5为我国第二次全国水资源评价中降水量空间分布图。

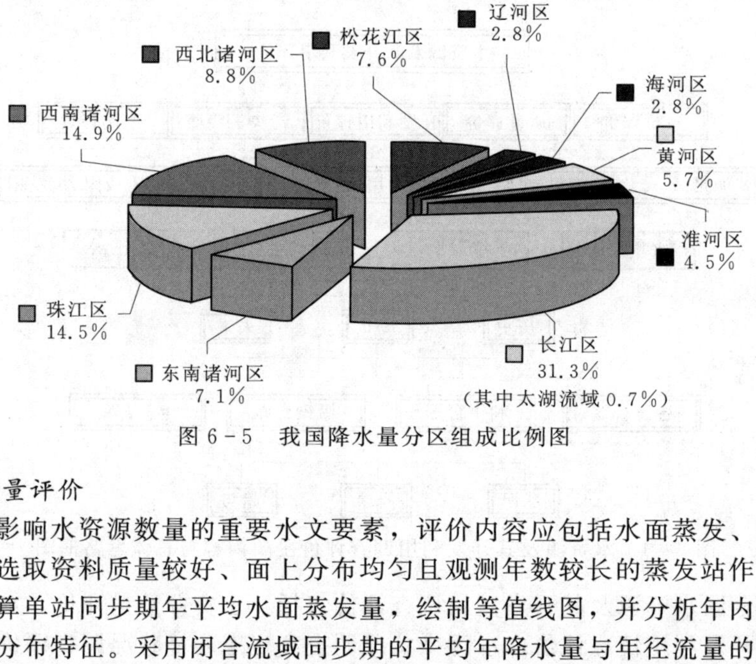

图6-5　我国降水量分区组成比例图

2. 蒸发量评价

蒸发是影响水资源数量的重要水文要素，评价内容应包括水面蒸发、陆面蒸发和干旱指数。选取资料质量较好、面上分布均匀且观测年数较长的蒸发站作为统计分析的依据，计算单站同步期年平均水面蒸发量，绘制等值线图，并分析年内分配、年际变化及地区分布特征。采用闭合流域同步期的平均年降水量与年径流量的差值表示陆面蒸发量，绘制同步期平均年陆面蒸发量等值线图，并进行地区分布特征的分析。采用年水面蒸发量与年降水量的比值评价干旱指数。图6-6为我国水资源一级区水面蒸发与陆面蒸发量对比图。

3. 地表水资源评价

地表水资源量是指由当地降水形成的河流、湖泊、冰川等地表水体中可逐年更新的动态水量，用河川径流量表示。地表水资源评价要求必须对水资源开发利用情况进行调查，根据取用水调查结果对实测径流进行还原，以使径流系列能真实反映实际产水状况；而且，必须对各测站径流系列的一致性进行检验，对因下垫面条件变化明显、产汇流规律发生明显改变而造成径流系列一致性出现偏差的，对其径流系列进行一致性修正，使径流系列能较好地反映近期下垫面条件下的产汇流规律。

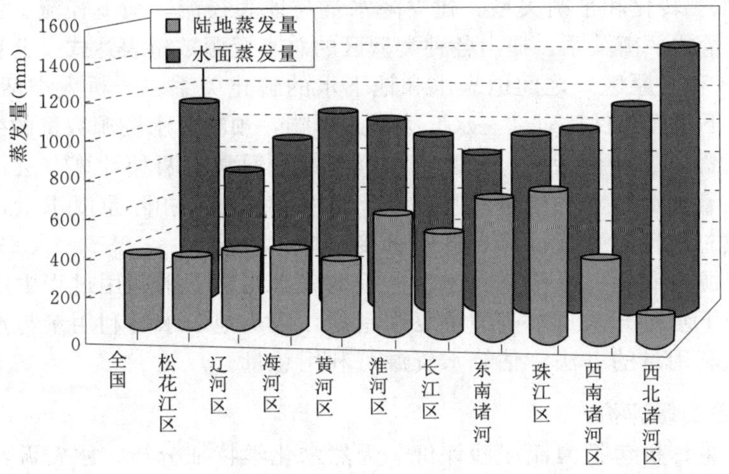

图 6-6　我国水资源一级区水面蒸发量与陆地蒸发量比较图

图 6-7 为我国不同分区地表水资源量组成图，由此可见，长江流域的地表水资源量占全国的比例最大，而面积比例更大的西北诸河区的水资源所占比例则很低。

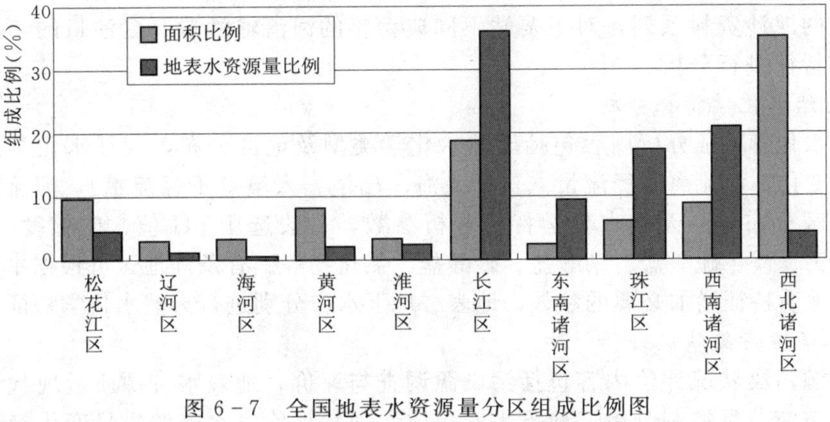

图 6-7　全国地表水资源量分区组成比例图

4. 地下水资源评价

地下水资源数量评价包括补给量、排泄量、可开采量的计算和时空分布特征分析，以及人类活动对地下水资源的影响分析等。

地下水可开采量是指在经济合理、技术可能且不发生因开采地下水而造成水位持续下降、水质恶化、海水入侵、地面沉降等水环境问题和不对生态造成不良影响的情况下，允许从含水层中取出的最大水量，地下水可开采量应小于相应地区地下水总补给量。

5. 总水资源评价

在地表水和地下水资源数量评价的基础上进行总水资源数量评价，主要内容包括“三水”（降水、地表水、地下水）关系分析、总水资源数量计算和水资源可利用总量估算。

（1）“三水”转化和平衡关系。建立降水量与地表径流、地下径流、潜水蒸发、地表蒸散发等分量的平衡关系，提出各种类型区的总水资源数量表达式。分析相邻类型区（主要指山丘区和平原区）之间地表水和地下水的转化关系。分析人类活动改变产流、入渗、蒸发等下垫面条件后对“三水”关系的影响，预测总水资源数量的变化趋势。

（2）总水资源量分析计算。分区总水资源数量通常有两种计算方法：一是在计算地表水资源数量和地下水补给量的基础上，将两者相加再扣除重复水量；二是划分类型区，用区域总水资源数量计算表达式直接计算。

（3）水资源可利用总量估算。通过分析地表水与地下水利用过程中的水量转化关系，用扣除地下水可开采量本身的重复利用量，以及地表水可利用量与地下水可开采量之间的重复利用量的办法，估算水资源可利用总量。

6.3.3　水资源质量评价

水资源质量评价包括河流泥沙评价、天然水化学特征分析、水资源污染状况评价等内容。

1. 河流泥沙分析计算

河流泥沙分析计算内容包括河流输沙量、含沙量及其时程分配和地区分布。在评价过程中，应充分利用资料系列较长的河流泥沙站的输沙量与含沙量资料，并采用与径流同步的泥沙资料系列，对主要站不同典型年的河流输沙量、含沙量的年内分配和地区分布特征进行分析。

2. 天然水化学特征分析

天然水化学特征分析内容包括天然水化学类型及地区分布，天然水化学成分的年内、年际变化，河流离子径流量（包括入海、出境、入境离子径流量），河流离子径流模数及地区分布等。天然水化学特征分析参数，一般选用pH值、矿化度、总硬度、钾、钠、钙、镁、硫酸盐、硝酸盐、碳酸盐、氯化物等。有条件地区可根据本地区的水质及水文地质特征增加必要的参数，地表、地下水应分别进行天然水化学特征分析。

3. 水资源污染状况评价

水资源污染状况评价内容包括污染源调查与评价，地表水资源质量现状评价，地表水污染负荷总量控制分析，地下水资源质量现状评价，水资源质量变化趋势分析及预测，水资源污染危害及经济损失分析，不同质量的可供水量估算及适用性分析。

图6-8为2000年我国河流水质评价结果图。

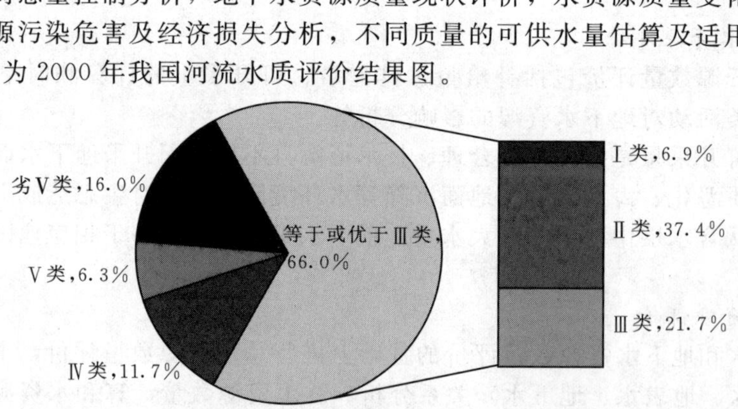

图6-8　2000年我国河流水质全年评价结果示意图

6.3.4　水资源综合评价

水资源综合评价是在水资源数量、质量和开发利用现状评价以及对环境影响评价的基础上，遵循生态良性循环、资源永续利用、经济可持续发展的原则，对水资源时空分布特征、利用状况及与社会经济发展的协调程度所作的综合评价。主要内容包括水资源供需发展趋势分析、评价区水资源条件综合分析和分区水资源与社会经济协调程度分析。

1. 水资源供需发展趋势分析

选取与国民经济和社会发展规划目标协调一致的不同水平年，以现状供用水水平和不同水平年经济、社会、环境发展目标以及可能的开发利用方案为依据，分区分析不同水平年水资源供需发展趋势及其可能产生的各种问题，其中包括河道外用水和河道内用水的平衡协调问题。

2. 水资源条件综合分析

从不同方面、不同角度进行全面综合和类比，并进行定性和定量的整体描述。

3. 分区水资源与社会经济协调程度分析

分区水资源与社会经济协调程度分析包括建立评价指标体系、进行分区分类排序等两部分内容。评价指标应能反映分区水资源对社会经济可持续发展的影响程度、水资源问题的类型及解决水资源问题的难易等。常用的指标有：人口、耕地、产值等社会经济状况的指标；用水现状及需水情况的指标；水资源数量、质量的指标；现状供水及规划供水工程情况的指标；水环境状况的指标等。在确定评价指标体系后，采用适当的技术理论与方法，建立数学模型对评价分区水资源与社会经济协调发展情况进行综合评判。对各评价分区按水资源与社会经济发展的协调程序分为严重不协调区、不协调区、基本协调区和协调区等类别；按水资源与社会经济发展不协调的原因，将不协调分区划分为资源短缺型、工程短缺型、水质污染型等类型；按水资源与社会经济发展不协调的程度和解决的难易程度，对各评价分区进行排序。

6.4　水资源配置和调度

6.4.1　水资源配置

水资源配置是指在流域或特定的区域范围内，遵循高效、公平和可持续的原则，通过各种工程与非工程措施，考虑市场经济的规律和资源优化配置准则，通过合理抑制需求、有效增加供水、积极保护生态环境等手段和措施，对多种可利用的水源在区域间和各用水部门间进行的时空调配。通过水资源合理配置，实现水资源开发利用、流域和区域经济社会发展与生态环境保护的协调，促进水资源的高效利用，提高水资源的承载能力，缓解水资源供需矛盾，遏制生态环境恶化的趋势，支持经济社会的可持续发展。

水资源合理配置的根本任务就是通过工程或非工程措施来改变水资源的天然时空分布，以适应生产力布局，并以促进区域可持续发展为目标，协调各项竞争性用水。将流域水资源循环系统与人工用水的供、用、耗、排水过程互相联系为一个整体，在区域之间、用水目标之间、用水部门之间进行水量和水环境容量的合理调配。

水资源合理配置在一定的区域范围内进行，而这样的区域均应视为社会—经济—自然的复合系统，其内部各要素的协调性和整体性，是系统合理演变的保证；水资源的天然良性循环需要，以及所具有的社会、经济、生态环境、文化等各方面的价值，共同决定了水资源持续利用的重要性和紧迫性。因此，有效性、公平性、系统性及可持续利用性，应成为水资源合理配置的基本原则。有效性体现在促进社会、经济和环境协调发展的综合效益上。公平性体现为促进水质、水量和水环境容量在地区之间、近期和远期之间、用水目标之间、用水人群之间的公平分配。系统性主要强调水资源配置要将流域或区域作为一个完整的有机体，注重系统内部的协调性和外部环境的适应性。水资源可持续利用原则，就是要抛弃传统水资源开发利用方式中只顾眼前不顾未来、只顾当代不顾后代、只顾经济发展不顾生态环境保护的不恰当做法。图6-9是水资源配置流程图。

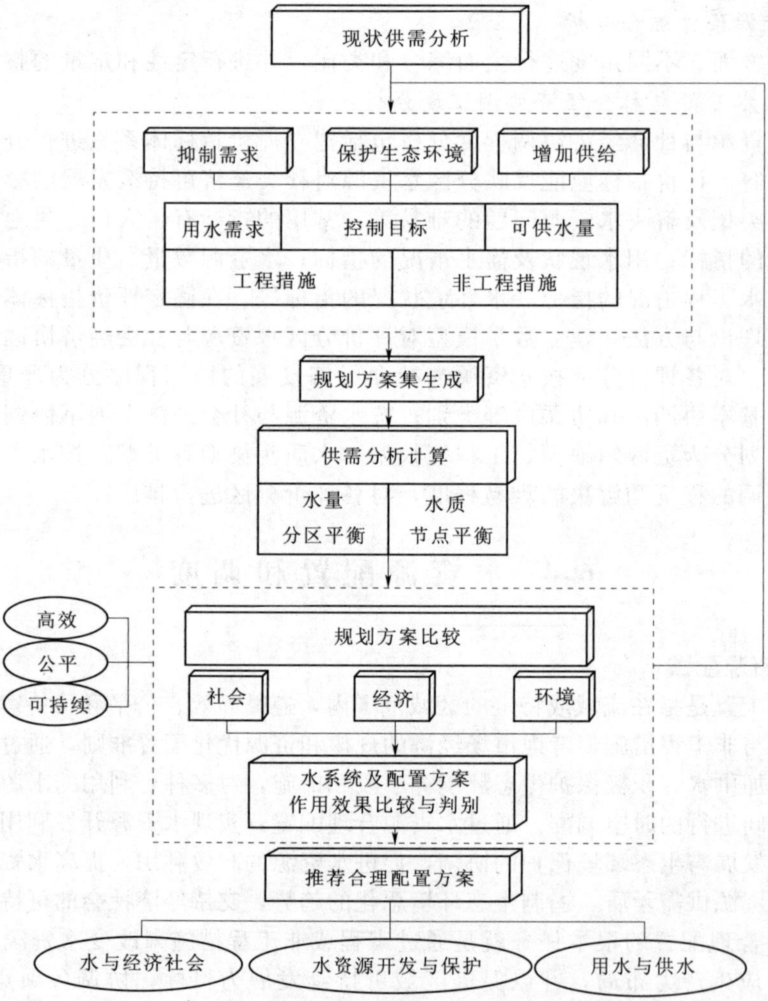

图6-9　水资源合理配置流程示意图

6.4.2　水资源供需平衡分析

供需平衡分析是区域水资源合理配置的核心内容之一，通过对不同水平年、不同工程状况和不同用水结构的区域水资源的供需平衡分析，可以明确本区域水资源供需状况和存在问题，得到本区域是否缺水？哪里缺水？什么时候缺水？缺多少水等基本情况，根据计算结果可以进一步分析，为什么缺水，实现供需平衡的措施与方法等深层次问题。

区域水资源供需平衡分析，包含供水需水两个方面，供需分析方案的制定也是从增加供给与节约用水两个方面进行。增加供给包括增加新的供水工程，跨流域调水、开发新水源、改造与完善现有工程设施等；节约用水包括调整区域的经济结构与规模、农业的种植结构与规模、降低各类用水的定额、减少各类用水的损失等。根据全国水资源综合规划技术细则，按 4 次供需平衡的要求生成方案（见图 6－10）。

（1）一次供需分析是考虑人口的自然增长、经济的发展、城市化程度和人民生活水平的提高，按供水预测的“零方案”，即在现状水资源开发利用格局和发挥现有供水工程潜力的情况下，进行水资源供需分析。

（2）二次供需分析，即考虑强化节水、污水处理再利用、挖潜配套以及合理提高水价、调整产业结构、合理抑制需求和保护生态环境等措施进行水资源供需分析。

（3）三次供需分析进一步加大调整经济布局和产业结构及节水的力度，充分考虑本流域的水资源条件进行开源。

（4）四次供需分析，对具有跨流域调水可能的地区，应考虑实施跨流域调水，不具备调水条件的地区降低发展指标。

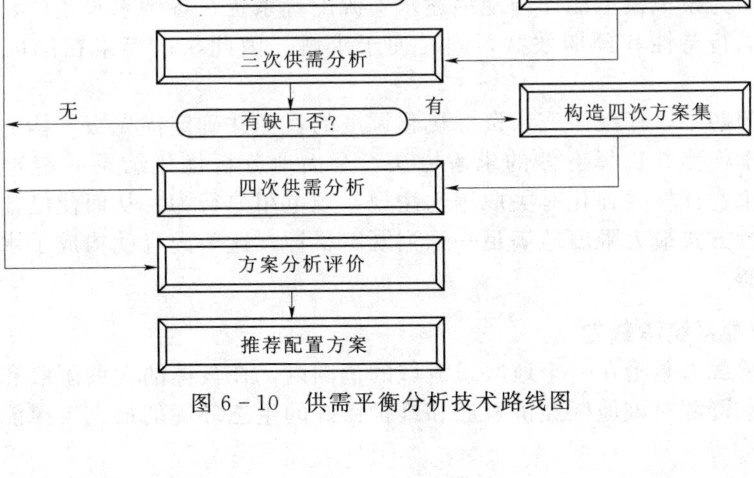

图 6－10　供需平衡分析技术路线图

6.4.3 水资源优化调度

水资源优化调度是采用系统分析方法及最优化技术，研究有关水资源配置系统管理运用的各个方面，并选择满足既定目标和约束条件的最佳调度策略的方法。

水资源优化调度是水资源开发利用过程中的具体实施阶段，其核心问题是水量调节。将位于某地区、具有某种水质、在一定时刻具有某种概率分布的天然径流，通过水工程调节成在指定地区、具有规定质量并在一定时刻具有一定保证率的供水量。这种调节通过水资源配置系统来完成。系统中同时具有硬件（水库、大坝、水电站、井群等）和软件（水位、调度策略、水费制度等）两方面的元件。在需水过程和系统硬件已定的情况下，水资源优化调度就是充分利用天然径流的不同步性和各个水库库容特性的差异，最大限度地发挥水资源的综合利用效益。

水资源优化调度在理论上属于多目标、多阶段决策问题。其调度目标通常涉及到防洪、发电、城市与工业供水、灌溉及防止水库淤积和生态环境保护等。为减少问题的复杂性，可根据实际情况将各目标赋予权重，或将次要目标化为约束条件，从而使问题成为单目标多阶段决策问题。调度决策一般由日、旬或月作出。任一时段决策所导致的水资源配置系统状态（水位、库容）则成为余留期决策的初始条件。余留期最佳调度策略的期望效益是初始条件的函数。因此任一时段的调度策略的作出均应不仅对于当前时段是最优的，而且还应使其所导致的时段末系统状态对于余留期最佳策略而言是最好的初始条件。天然径流的随机性使得水资源优化调度十分复杂，根据对天然径流随机性的处理，可分为随机型和确定型两类调度方法。

水资源优化调度的工作步骤一般为：①明确调度目标及各类约束条件；②建立适当模型并选择优化方法；③分析结果并形成调度方案；④利用行政及经济手段促进调度方案的执行；⑤利用实际调查或其他调度方案的模拟，确定是否有必要改进目标、模型、求解方法、调度规则及水费体系等。

水资源优化调度求解算法有数学规划方法、网络流方法、大系统分解协调方法和模拟技术。在数学规划中，用得较多的是线性规划和动态规划。在有水力发电目标时，通常用非线性模型求解以避免线性化带来的精度损失。当问题规模较大时，可采用大系统分解协调技术处理。模拟技术是评价系统运行方式能否产生预期效益的一个有力工具，因为模拟模型能详细地描述水资源配置系统在各种来水条件、需水过程和运行方式的运行特性和预期效益，同时便于求解。因此，近年来在国内外有广泛的应用。

在实际问题中，仔细研究水资源优化调度的目标并确定优先级，构造基本反映客观实际的数学模型并选择有效的求解方法，全面地分析优化结果并制定优化调度策略，辅之以水费杠杆并强化有关取用水法规，规范用户行为，从而使已建的水资源配置系统的运行方式最大限度地满足一系列既定目标。这些内容就构成了水资源优化调度的基本范畴。

6.4.4 水资源系统承载力

水资源承载力是指在一个地区或流域的范围内，在具体的发展阶段和发展模式条件下，当地水资源对该地区经济发展和维护良好的生态环境的最大支撑能力。

水资源承载力具有动态性、多目标性和极限性 3 个特点。水资源承载力的动态性体现在两个方面：一方面随着经济发展和技术进步，人类开发利用水资源的能力越来越强；另一方面由于节水和技术进步，单方水的利用效率越来越高，可生产出更多的粮食及工业品。承载力的动态性，也使承载力数值具有阶段性的特点。水资源承载力的多目标性体现在区域发展模式和水资源开发利用方式的多样性上，这些多样性使得某一区域的需水量和供水量均不相同，且相关的发展指标差异也很大，从而导致承载力数值不仅与区域发展模式有关，也与水资源配置模式有关，承载力计算应在区域水资源合理配置的基础上进行。水资源承载力的极限性主要体现在某一可预见的发展阶段中，在水资源合理配置的条件下，水资源对经济发展和生态环境保护的最大支撑能力。

水资源承载力研究属于评价、规划与预测一体化性质的综合研究，它以水资源评价为基础，以水资源合理配置为前提，以水资源潜力和开发前景为核心，以系统分析和动态分析为手段，以人口、资源、经济和环境协调发展为目标。由于受水资源总量、社会经济发展水平和技术条件以及水环境质量的影响，在研究过程中，必须充分考虑水资源系统、宏观经济系统、社会系统以及水生态环境系统之间的相互协调与制约的关系。在水资源系统中，通过对区域水资源的现状评价、水资源的潜力和水资源的优化配置的研究，确定在不同水平年、不同配置方案下的可供水量大小。在宏观经济社会系统中，通过对工业、农业和社会的发展规模水平的研究，确定在不同水平年、不同产业结构和生活标准及节水水平下的各部门用水定额和用水效率的大小。在水生态环境系统中，根据不同的经济社会发展水平，预测污染物排放率及排放总量大小。

在以上研究的基础上，建立水资源、经济、人口、环境、社会相联系的水资源承载力多目标核心模型，以可供水量、用水水平和污染物排放总量为模型入口，研究不同水平年、不同策略方案下的水资源所能承载的经济、人口规模。将模型计算得出的水资源承载力与经济社会发展目标相比较，若发展目标高于水资源的承载能力，则需调整战略，提高水资源承载力，承载力提高到本年度的最大时，若发展目标还高于水资源的承载能力，则说明制定的发展目标已超过水资源的承载能力，需适当调低；若水资源承载力与发展目标相协调，可得到与水资源承载力相协调的国民经济社会发展规模、发展速度以及保证水资源可持续利用、经济社会可持续发展的各种战略和方案。

在进行水资源系统承载力研究时，必须坚持以下原则：

（1）动态性原则。必须考虑系统内各有关部门之间在不同时期相互关系的变化趋势、各部门经济发展速度、各部门需水变化趋势等。

（2）一致性原则。必须使部门经济发展的速度与水资源可支持的速度相一致。

（3）战略性原则。必须把近期和远期结合起来，对远期水资源承载力作出较为客观的预测与评价，使水资源支持区域经济社会可持续发展近期与远期相协调。

（4）整体性原则。必须把区域内水资源系统、经济系统、社会系统和生态系统作为一个大系统统一考虑，研究各子系统间的内在联系及其内部各要素之间相互影响、相互制约的关系。

第 2 篇

水环境与水生态

自 20 世纪以来，人类社会获得空前的发展。由于科学技术的突飞猛进，社会生产力得到极大提高，人类文明的进程迅速推进，人类的生活方式也发生很大变化。然而，这一进程也带来巨大的负面影响，环境严重污染，生态不断退化，积累形成了许多重大的环境与生态问题。我国是一个开发历史悠久、人口增加较快的国家，生态与环境的恶化，尤其是水生态与水环境的恶化也十分显著，重大的环境事件与生态危机时有发生。如 2007 年太湖蓝藻暴发，导致无锡饮水危机。太湖蓝藻为什么会暴发？蓝藻暴发会带来什么样的危害？一时间，众说纷纭，莫衷一是。正确回答这些问题需要了解水环境与水生态的基本科学知识。本篇旨在引导读者的视角不仅关注水量，同时也高度关注水环境与水生态，丰富和拓展有关水环境与水生态的科学基础知识。本篇共分 4 章，第 7 章主要介绍环境与生态的一般概念和它们的内涵，地球所面临的环境与生态问题以及研究对策和方法；第 8 章结合水环境的基本概念，阐述我国水环境面临的问题和对策，水污染的形成机理和危害，介绍水污染控制与防治技术的基本知识及其发展趋势；第 9 章结合水生态的基本概念，阐述我国水生态面临的问题和对策，介绍水生态修复的内涵和有关修复技术的基本知识及其发展趋势；第 10 章针对水利工程生态效应的热点问题，阐述水利工程对环境生态的正面影响和负面影响，讨论水利工程对环境生态负面影响的补偿途径，并介绍我国水利工程生态补偿方面的几个成功案例。

第7章 环境与生态

7.1 环境与环境科学

7.1.1 环境的定义

环境（Environment）是指某一特定主体以外的空间，以及直接或间接影响该主体的一切事物的总和。它是人类物质文明和精神文明发展的标志，并随着人类社会的发展不断丰富和演变。环境的定义可以分为环境的科学定义和环境的法律定义。《中国大百科全书》对“环境”的科学定义是：“围绕着人群的空间及其中可以直接、间接影响人类生活和发展的各种自然因素和社会因素的总体。”可见，在科学上，环境是个很大的概念。如果按照环境的性质分，有自然环境与社会环境。自然环境是直接或间接影响到人类的、一切自然形成的物质、能量和自然现象的总体，包括阳光、温度、气候、空气、水、岩土、动植物、微生物以及地壳的稳定等。社会环境是人类在自然环境的基础上，通过长期有意识的社会劳动所创造的人工环境，包括由人工形成的物质、能量和精神产品，以及人类活动中所形成的人与人之间的关系等。在法律上，各国不同时期的法律对环境的表述方式也有所不同，反映出不同时期的人们对环境认识的发展以及立法的目的。我国是世界上最早制定环境法规的国家。早在公元前11世纪，西周王朝的《伐崇令》规定：“毋伐屋，毋伐材木，毋填井，毋动六畜。有不如令者，死无赦。”可见当时的环境仅局限在建筑、水源、森林和动物。现在，环境的法律概念已接近科学意义上的概念。1989年12月颁布实行的《中华人民共和国环境保护法》对环境作了如下界定：“本法所称环境，是指影响人类生存和发展的各种天然的和经过人工改造的自然要素的总体，包括大气、水、海洋、土地、矿藏、森林、草原、野生生物、自然遗迹、人文遗迹、自然保护区、风景名胜区、城市和乡村等”。

由此可见，对不同的主体、空间和影响要素，可以从不同的角度对环境的定义给出不同的表述。但无论在科学上还是在法律上，现代意义上的环境都是一个“大环境”的概念，它具有多种层次，多种结构，可以作各种不同的划分。按照环境要素可分为大气环境、土壤环境、生物环境和水环境等；水环境按照水域范围又可分为河流环境、湖泊环境和海洋环境等。

7.1.2 环境的特点

环境具有以下一些特点：

(1) 整体性。人与地球环境是一个整体，各部门之间存在着紧密的相互联系、相互制约关系。局部地区的环境污染或破坏总会对其他地区造成影响和危害。

(2) 稀缺性（或有限性）。人类环境的稳定性有限、资源有限、容纳污染物质的能力有限，或对污染物质的自净能力有限。在自然要素中，一些不可再生资源（如煤、石油、矿藏等）会逐渐耗竭。即使如空气和水等资源，如被污染，人们想要寻求干净的、无损于人体健康的空气和淡水也是非常困难的。

(3) 公用性。在自然要素中，许多资源不可能专供一个人享用而不让其他人享用，因而环境是一种公用品或公用财产。这就会导致人们自由地、无限制地去使用它、消耗它，造成环境的污染和恶化。

(4) 外部性。环境价值往往不被人们所重视，环境污染所引起的防治费用也并非由污染者来承担，而往往由他人和社会来承担。这就会导致人们为获得最大经济利益而不惜去牺牲环境。

(5) 环境污染与环境破坏的隐显性，持续反应性和灾害放大性。

7.1.3 环境的功能

人类对环境的功能是逐步认识的。就目前的认识而言，环境的功能主要体现在以下4个方面：

(1) 提供资源。人们的衣、食、住、行和生产所需的各种原料，无一不取之环境。环境中的资源是人类从事生产的物质基础，也是各种生物生存的基本条件。

(2) 消纳废物。环境消纳废物是通过其自身的净化作用来完成的。它通过各种各样的物理、化学、生物反应去容纳、稀释和转化废弃物，并由存在于大气、水体和土壤中的大量微生物将其中的一些有机物分解成稳定的无机物，又重新进入不同元素的循环之中。在人类生存和自然环境不致受害的前提下，环境可能容纳污染物质的最大负荷量，或环境自净能力的度量称为"环境容量"。

(3) 精神享受。环境不仅能为经济活动提供物质资源，还能满足人类对舒适性的要求。优美的环境是人们健康愉快生活的基本需求。

(4) 生命支持。自然界中，由不同生物物种构成的生物群落和各种环境因素的综合构成一个系统，以支持人类的生存，人们习惯称其为"生物圈1号"。1984～1996年，美国曾建造所谓"生物圈2号"，试图模拟可供人类生存的地球生态环境，但试验最终以失败告终，说明人类目前离不开地球环境的支持。

7.1.4 环境的价值

资源是构成环境的重要要素，环境的价值主要体现在自然资源的价值上，它代表了社会财富积累与发展的物质基础。但由于环境所具有的外部性和公用性，传统的价值理论并未赋予自然资源以价值的概念。人类在使用自然资源过程中也从未考虑其成本，从而导致自然资源过度消耗、甚至严重浪费。因此，环境的价值，首先决定于它对人类的有用性，其价值的大小则决定于它的稀缺性和开发利用条件。不同的时间、不同的地区、不同的质量，环境价值是不同的。

环境的价值一般分为直接使用价值、间接使用价值、选择价值和非使用价值（存在价值）。直接使用价值是由环境资源对目前的生产或消费的直接贡献来认定的；间接使用价值指从环境资源所提供的用来支持目前生产和消费活动的各种功能中间接获得的效益；选择价值又称期权价值或潜在价值，指环境资源所具有提升潜力的价值。非使用价值是指环境资源的一种内在属性，是人们对环境资源价值的一种道德上的评判，包括人类对其他物种的同情和关注。

上述分类比较精细、深刻，对理解环境价值所包括的内容、范围和深远意义大有启发。但是，在几种价值之间，特别是在选择价值和存在价值之间的界限比较模糊，而且难于定量计算。因此国内学者倾向于将环境价值分为两部分：一部分是比较实的有形的物质性的商品价值，简称资源价值；一部分是比较虚的无形的舒适性的服务价值，简称生态价值。这种分类虽然比较简略，但它较为概括，且便于定量计算，是国内目前环境价值评估的基础。

7.1.5 环境科学

环境科学是运用科学理论、方法和技术研究人类与环境相互作用规律的一门学科。它以“人类·环境”系统为对象，研究该系统的发生和发展、调节和控制以及利用和改造。随着人类在控制环境污染方面所取得的进展，环境科学这一新兴学科日趋成熟，并形成自己的基础理论和研究方法以及不同研究领域的学科分支。这些分支学科在深入探讨环境科学的基础理论和解决环境问题的途径和方法的过程中，还会出现更多的新的分支学科。例如水环境科学在研究水环境演变规律时，必然涉及到水利工程的建设而引起的环境变化方面，从而导致环境水利学的出现。

环境水利学（Environment Hydraulics）是环境科学与水利科学相互渗透的交叉学科。美国环境与水资源研究所环境水利学技术委员会提出“环境水利学特别着重于将物理因素（水动力学、泥沙输移和地形条件）、化学因素（保守与非保守物质的传输、反应动力学和水质）和生物因素（生态学）作为一个系统来进行研究”。广义地讲，环境水利学研究与环境有关的水利问题。从与水污染有关的水利问题来说，环境水利主要研究地面及地下水域中物质的扩散、输移和转化规律，建立其分析计算方法，确定物质浓度的时空分布及其应用。20世纪70年代以来，随着水体富营养化等生态问题的突出，其研究对象扩展到藻类、浮游动物、鱼类、底栖动物等水生生物。水文、水力学条件、非生物组分与生物组分间的相互作用以及水生物组分间的食物链关系成为环境水利学研究的重要内容，污染动力学与生长动力学结合使环境水利学向着生态水利学的方向发展。

7.2 生态与生态系统

7.2.1 生态

生态（Eco—）来源于希腊文 oikos，其意为“住所”或“栖息地”。简单的说，生态就是指一切生物的生存状态，以及生物之间和生物与环境之间环环相扣的关系。

生态起初主要是研究生物个体行为，进入17世纪之后，随着人类社会经济的发展，生态研究开始发展成研究生物与其生活环境相互关系的一门独立的学科，即生态学(Ecology)。由于研究背景和研究对象的不同，不同学者对生态学提出不同的定义。美国生态学家E.P.Odum认为“生态学是研究生态系统的结构和功能的科学”，在其后来的《生态学》(1997年)一书中提出，生态学是“研究有机体、物理环境与人类社会的科学”，并以“科学与社会的桥梁”作为该书的副标题，以强调人类在生态学过程中的作用。中国生态学会创始人马世骏(1980年)认为生态学是“研究生命系统与环境系统之间相互作用规律及其机理的科学”。这里，生命系统包括动物、植物、微生物和人类本身，即不同的生物系统；而环境系统则指生物生活中的无机因素、生物因素和人类社会共同构成的系统。

综上所述，生态学与环境科学所研究的问题基本上是相近的。只不过生态学是以一般生物为对象，着重于研究自然环境因素与生物的相互关系，单纯属于自然科学的范畴。环境科学则以人类为主要对象，把环境与人类生活的相互影响作为一个整体来研究，从而和社会科学有着十分密切的联系。

7.2.2 生态系统

一个生物物种在一定范围内所有个体的总和称为种群；在一定的自然区域中许多不同种的生物的总和称为群落；任何一个生物群落与其周围非生物环境的综合体就是生态系统。生态系统是由英国生态学家坦斯利1935年首先提出的，他认为，生态系统是在任何规模的时空单位内由物理－化学－生物学活动所组成的一个系统。1971年，世界著名生态学家又将其定义为包括特定地段中的全部生物和物理环境的统一体。

因此，生态系统可定义为一定空间内生物和非生物成分通过物质的循环、能量的流动和信息的交换而相互作用，相互依存所构成的生态学功能单位。根据生态系统的定义，一个生态系统在空间边界上是模糊的，即大小上是不确定的，其空间范围在很大程度上是依据人们所研究的对象、研究内容、研究目的或地理条件等因素而确定。从结构和功能完整性角度看，它可小到含有藻类的一滴水，大到整个生物圈(Biosphere)。池塘、河流、草原和森林等都是典型的生态系统。城市、矿山和工厂等从广义上讲也是一种人为的生态系统。这许多各种各样的生态系统组成统一的整体，就是人类目前生活的自然环境。因此，整个生物圈就是一个最大的生态系统，生物圈也称之为生态圈(Ecosphere)。

根据生态系统的环境性质和形态特征，生态系统可以分为陆地生态系统和水域生态系统。陆地生态系统又可分为自然生态系统和人工生态系统，前者如森林生态系统、草原生态系统、荒漠生态系统等；后者如农村、城市、矿山等。水域生态系统则主要包括湖泊、水库、河流、海洋生态系统等不同类型。

7.2.3 生态系统的组成

生态系统的组成包括两大部分，4个基本成分。两大部分指生物部分和非生物部分，或称之为生命系统和环境系统。4个基本成分指生产者、消费者、分解者和非生物环境。各组分之间的相互联系和作用如图7－1所示。

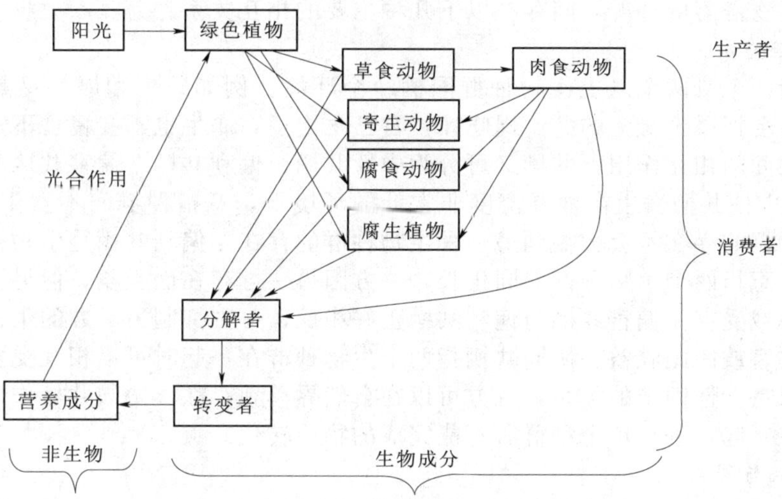

图7-1　生态系统的组成和主要作用

1. 生产者

生产者是能以简单的无机物制造食物的自养生物（autotrophs），主要指有根的植物和浮游植物，其主要特点是利用太阳等能源，将简单的无机物合成为复杂有机物。

2. 消费者

所谓消费者是针对生产者而言，即它们不能从无机物质制造有机物质，而是直接或间接依赖于生产者制造的有机物质，因此属于异养生物（heterotrophs）。消费者按其营养方式上的不同又可分为：直接以植物体为营养的草食动物（herbivores），也称为一级消费者；以草食动物为食物的食肉动物（carnivores），也称为二级消费者；以肉食动物为食物的大型肉食动物（top carnivores），也称为三级消费者。

3. 分解者

分解者是异养生物，其作用是把动植物残体的复杂有机物分解为生产者能重新利用的简单化合物，并释放出能量，其作用正与生产者相反。分解者在生态系统中的作用是极为重要的，如果没有它们，动植物尸体将会堆积成灾，物质不能循环，生态系统将毁灭。分解作用不是一类生物所能完成的，往往有一系列复杂的过程，不同阶段由不同生物去完成。这些生物主要由细菌、真菌和无脊椎动物组成。水体中的细菌和真菌主要来自4个方面，即水体中固有的微生物，来自土壤的微生物，来自生产和生活污水的微生物和来自空气的微生物。

4. 非生物环境

非生物环境包括参加物质循环的无机元素和化合物（如C、N、CO_2、O_2、Ca、P、K），联系生物和非生物成分的有机物质（如蛋白质、糖类、脂类和腐殖质等）以及气候或其他物理条件（如温度、压力等）。

7.2.4　生态系统中生物种群间的相互作用

在生态系统中，生物部分不仅与非生物环境关系密切，而且它们内部各种生物之间也有着密切的关系。这些关系彼此制约，相互影响，共同促进生态系统群落的进化与发展。生物群落内种群之间存在以下几种主要的相互关系。

1. 共栖关系

共栖指两个或两个以上生物种群同栖一个环境。例如犀牛和犀牛鸟是一对好朋友，犀牛鸟会把犀牛身上的虻、蝇吃掉，自己吃饱了，犀牛也不会寝食不安了。根据生物种群之间的相互作用，共栖又可分为中性共栖、偏利共栖、偏害共栖和协同共栖4种形式。中性共栖发生在种群密度非常低的环境下，意指种群间不发生相互作用，一种生物种群的存在不会影响到另一种生物种群的存在。偏利共栖是生物种群常见的相互关系，意指两个生物种群共同生长，一方因另一方存在而受益，但另一方并没有相应地受益或受害。偏害共栖与偏利共栖正好相反，一方抑制另一方的生长，而其自身不受到伤害或因此收益。协同共栖指两个生物种群在一起时可以相互受益，但它们之间并不保持专性固定的关系，双方可以在自然界单独存在。协同共栖作用使种群很好地联系在一起，进行单个种群所不能完成的物质转化。

2. 共生与寄生

共生指两种种群间相互作用相互受益而形成的专性关系，是协同共栖作用的延伸。例如，地衣是藻类和真菌的结合体，藻类利用光能将无机物合成有机物供自身和真菌营养，真菌则从基质吸收水分和无机盐供二者营养，二者共生互为有利。寄生关系由寄主和寄生物两种微生物种群构成，寄生物从寄主活体内获得营养，对寄主产生不利影响，如寄生在人体内的蛔虫。有的寄生物不能离开寄主而生存，称专性寄生；有的寄生物离开寄主后能生存的叫兼性寄生。

3. 捕食与竞争

捕食关系指的是一些生物种群不通过代谢方式对抗对方，而是吞噬对方，从被捕者得到营养，对被捕食者产生不利影响。捕食关系在自然界中很普遍，由此而构成了生态系统中的食物链。竞争是两个种群间在共同生存时，为获得营养、能量、空间而发生的争夺现象。竞争双方均受到不利影响，每个种群的密度和生长速率均比在没有竞争条件下低。竞争可以发生在任何生长限制因子上，如水、氧、营养物质等，而且种内生物和种间生物都存在竞争。竞争将导致关系密切种群的生态分离。

7.2.5 生态系统的功能

生态系统的功能主要表现在生物生产、能量流动、物质循环和信息传递等方面。它们是通过生态系统的核心——有生命部分即生物群落来实现的。

1. 生物生产

生物生产是生态系统的基本功能之一。生物生产就是把太阳能转化为化学能，再经过动物的生命活动转化为动物能的过程。显然，生物生产经历了两个过程：植物性生产和动物性生产。植物性生产是植物通过光合作用，源源不断生产出植物性产品的过程，叫做第一性生产或初级生产，其提供的生产力称为初级生产力。动物把采食的植物同化为自身的生命物质，使动物不断增长和繁殖，叫动物性生产。由于它以植物产品为原料，以第一性生产为基础，故也称之为第二性生产或次级生产，提供的生产力称次级生产力。这两种生产过程彼此联系，进行着能量和物质交换，同时两者又各自独立进行。

2. 能量流动

能量是生态系统的动力，是一切生命活动的基础。能量是指做功的能力，它有两种存在形式：动能和潜能。生态系统中的动能是生物及其环境之间以传导和对流的形式相互传递和转化的一种能量，包括热和辐射。生态系统中的潜能是蕴藏在光合产物化学键内处于静态的能量，它只能通过取食方式在生物之间传递和转化。这种生物与环境之间、生物与生物之间的能量传递和转化过程，就是生态系统的能量流动过程。

生态系统中的能量流动有一个显著的特点，就是能量的流动是单一方向的，即按照前进方向进行的，是不可逆的。这是因为能量以光能的状态进入生态系统后，就不能再以光能的形式，而是以热能的形式逸散于环境之中。例如，绿色植物不能用热能进行光合作用，它从太阳获取的光能就不可能再返回到太阳中去。

3. *物质循环*

生态系统中的物质循环，又称为生物地球化学循环，即生态系统从大气、水体和土壤等环境中获得营养物质，通过绿色植物吸收，进入生态系统，被其他生物重复利用，然后再归还于环境之中。简单说来就是各种化学物质在地球上的生物和非生物之间循环运转。这种循环运转主要在生态系统和生物圈里进行，生态系统中的任何元素都处在循环的某个阶段。每种元素在生态系统中的循环都有自己的特点，但对于整个系统的重要性不同。图7－2显示了水、氧气和二氧化碳的循环过程。

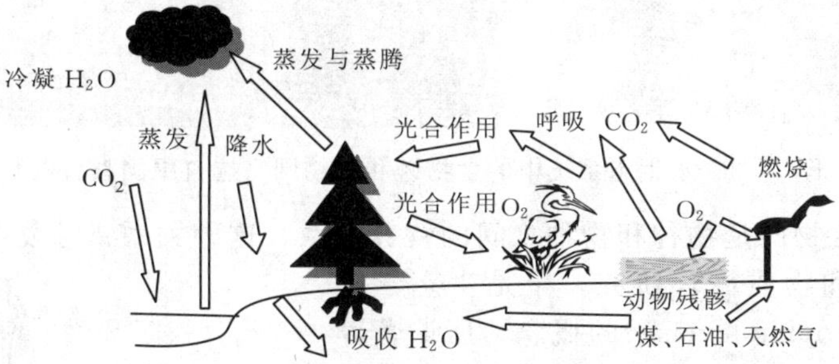

图7－2　生物圈中水、氧气和二氧化碳的循环

4. *信息传递*

信息传递也是生态系统的基本功能之一。生态系统中有机体之间存在多种多样的信息传递，有物理信息、化学信息、营养信息和行为信息。这些信息有强有弱，它们起着把生态系统中各个组成部分联成一个整体的作用。信息在传递过程中伴随着一定的物质和能量的消耗，但是不像物质流那样是循环的，也不像能量流那样是单向的，而往往是双向的，有从输入到输出的信息传递，也有从输出向输入的信息反馈。按照控制论的观点，正是由于这种信息流，才使生态系统产生了自动调节机制。

7.2.6　生态系统的能量流动与物质循环规律

生态系统中的物质元素可以持续循环，能量通过生态系统后必须不断补充。生态系统中的生物成员与非生物环境成分之间，通过能量流动和物质循环而形成的高层次的生物组织，是一个物种间、生物与环境间协调共生，能维持持续生存和相对稳定的系统。向生态系统寻找这些协调共生、持续生存和相对稳定的规律，将给人类科学保护生态环境以启示。植物利用太阳能通过光合作用将简单的无机物如 CO_2、H_2O 转变为复杂的有机物，即转化为储存于有机物分子中的化学能。这种化学能以食物的形式在生态系统中流动。换句话说，生态系统中的生产者所固定的能量和物质，实质上是通过一系列取食和被食的关系在生态系统中传递。各种生物按其食物关系排列的链状顺序称为食物链。食物链彼此交错连接，形成一个网状结构，称为食物网。水生态系统中的捕食关系依次是肉食性鱼类、草食性鱼类、浮游动物、浮游植物。图 7－3 是水生态系统的食物链和食物网的示意图。

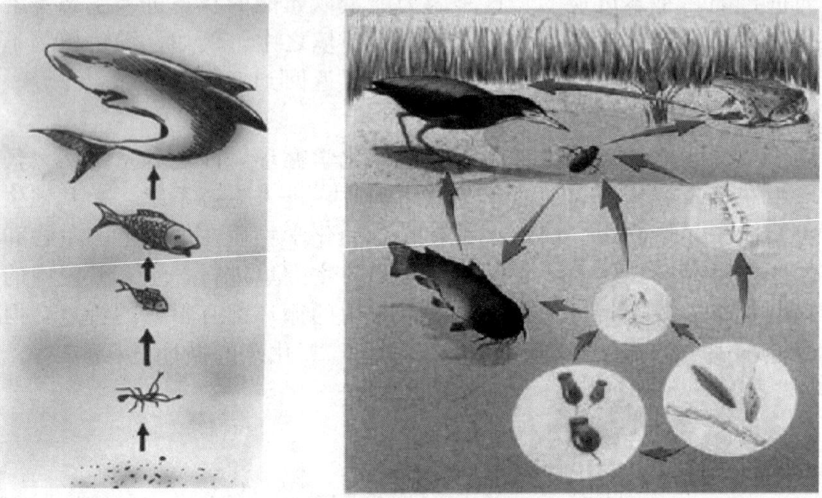

图 7－3　水生态系统中的食物链和食物网（选自中国教育网）

食物链和食物网是物种和物种之间的营养关系，这种关系错综复杂，无法进行定量的能量流动和物质循环研究，于是生态学家提出营养级（trophic levels）的概念。所谓营养级是指处于食物链某一环节上所有生物种的总和。一般说来，食物的化学能在各个营养级流动时，生物从低营养级获得的物质能量不可能全部转移至高一级营养级中去，其转移效率仅为 10％左右。

能量从一个营养级传到另一个营养级时，各营养级生物要维持自身的生命活动，就要消耗一部分能量，并以热能形式消散掉，还有一部分作为不能利用的废物浪费掉或被分解生物所利用。因此，随营养级的增加，生物的能量会逐级减少，所以如果把通过各营养级的能量流，由低到高画成图，就构成了一种金字塔形，称为能量金字塔。除此以外，一些资料以生物量或生物个体数量来表示，可以得到生物量金字塔或数量金字塔，这 3 类金字塔合称生态金字塔，见图 7－4。

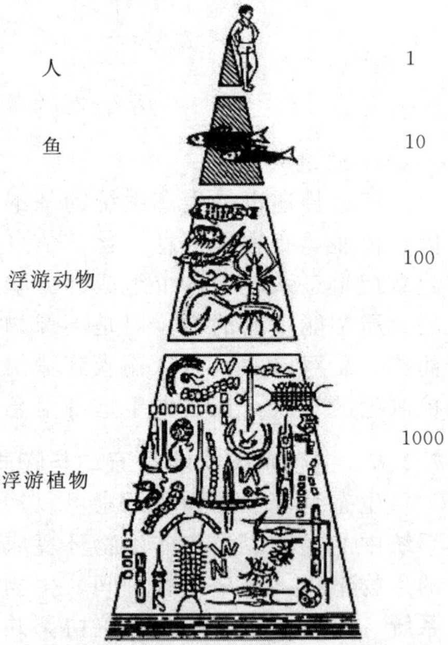

图 7－4　生态金字塔（选自中国教育网）

图7-4右侧数字表示物质循环的“十分之一”定律，即一个人若是靠吃水产品来增长1kg体重的话，就得吃10kg的鱼，这10kg的鱼就要吃掉100kg的浮游动物，而这100kg的浮游动物又要消耗1000kg的浮游植物。上述10%的比例数只是大体上的数字，确切的比例数会由于各种食物链的不同，或各种食物链内营养级数目的不同，以及食物链与食物链之间的交织等因素而有所差异。

这里要指出的是，生物量金字塔和数量金字塔有时候会出现倒置的塔形。例如，在海洋生态系统中，由于生产者（浮游植物）的个体小，寿命短，又会不断地被浮游动物吃掉，所以某一时刻调查到的浮游植物的生物量（用质量来表示），可能低于浮游动物的生物量（用质量来表示），这时生物量金字塔的塔形就颠倒过来了。当然，这不是说流过生产者这一环节的能量要比流过消费者这一环节的能量少。事实上，一年中流过浮游植物的总能量还是比流过浮游动物的要多。与此同理，成千上万只昆虫生活在一株大树上时，该数量金字塔的塔形也会发生倒置。

7.2.7　生态系统平衡

生态平衡问题是当前国内外舆论最关切的问题。诸如森林缩小、草原退化、沙漠扩大、水土流失、气候变化、人口膨胀等，都是生态平衡失调的表现。由于生态平衡问题不仅涉及各种生物群体内部，生物群体之间，以及生物群体与环境之间的关系，而且关系到人类经济生活和社会活动的许多方面。因此，调整、恢复和维护好生态平衡是一项艰巨而又十分迫切的历史任务。

生态平衡是指在生态系统内部，生产者、消费者、分解者以及非生物环境之间，在一定的条件下保持着相互的相对稳定状态。生态平衡的特征体现在3个方面，即稳定性、整合性和自我调节性。稳定性描述了一个生态系统在经历了暂时的破坏后恢复到平衡的能力，即当一个生态系统被扰乱时，该系统通过对抗瓦解的调节机制而保持自己的生存。整合性是指生态系统在其所处的地理条件下，发育最佳的一种状态，它包括总能量的输入、可获得的水和营养资源，以及物种迁移定居历史等。自我调节性是指当生态系统达到动态平衡的最稳定状态时，它能够自我调节和维持自己的正常功能，并能在很大程度上克服和消除外来的干扰，保持自身的稳定性。

一个生态系统若具有结构上的平衡、功能上的平衡以及输入和输出物质数量上的平衡这3方面的平衡，就处于生态平衡之中。但这种平衡不是完全静止的，而是暂时的、相对的动态平衡。如果生态系统遭受严重干扰，它将遭致瓦解和破坏，也就是通常所说的生态系统失衡。生态系统失衡的原因有自然因素，也有人为因素。自然因素主要是指自然界发生的异常变化或自然界本来就存在的对人类和生物的有害因素。如火山爆发、山崩海啸、水旱灾害、地震、台风、流行病等自然灾害，都会使生态平衡遭到破坏。人为因素主要是指人类对自然资源的不合理利用、工农业发展带来的环境污染等问题，包括物种改变引起失衡，环境因素改变引起失衡和信息系统破坏引起失衡。

7.3　人类面临的环境与生态问题

7.3.1　人类历史上的环境与生态劫难

人类生存繁衍的历史可以说是人类社会同大自然相互作用、共同发展和不断进化的历史。在原始文明时期（公元前1万年以前），人类生产水平低下，人类对环境的破坏很小。进入农业文明时期（公元前1万年至公元18世纪），人类已经能够利用自身的力量去影响和改变局部地区的自然环境，在创造物质财富的同时也产生了一定的环境问题，主要体现在水土流失、河流改道等方面，如中国黄河，在1949年以前的2500年间，下游决口2500多次，较大的改道26次。但在整体上，人类对自然环境的破坏还远未达到造成全球环境问题的程度。随着工业文明时期（18世纪以后）的到来，人类获取巨大物质财富的欲望不断加强，伴随着各式各样的环境问题不断涌现，20世纪中叶一些工业化国家先后出现的公害事件，至今还令人不堪回首。

1. 比利时马斯河谷烟雾事件

比利时马斯河谷地带分布着许多钢铁、玻璃、炼锌、炼焦、硫酸、化肥等工厂，每天排放大量有害气体。1930年12月～5日，气温发生逆转，浓雾覆盖河谷，致使工厂排放的有害气体和煤烟粉尘被封闭在逆温层下，不易扩散，浓度急剧增加，造成严重的大气污染事件，致使数千人发病，主要症状为咳嗽、恶心、呕吐等，一周内60人死亡，为平时同期死亡人数的10.5倍。分析致害原因为二氧化硫氧化为三氧化硫，进入肺的深部。

2. 美国多诺拉烟雾事件

多诺拉是美国匹兹堡市南边的一个工业城市，坐落在两岸耸立着100多米高山的马蹄形河湾的内侧，市内有炼钢、炼锌、硫酸等很多工厂，不停排放二氧化硫等有害气体和粉尘。1948年10月27日，地面处于死风状态，烟雾覆盖了多诺拉，空气有种怪味令人作呕。烟雾持续了4天，致使这个只有14000人的小镇，有5900人患病，17人死亡。分析致害原因为二氧化硫与烟尘作用生成硫酸，吸入肺部。

3. 英国伦敦烟雾事件

1952年12月4日，逼近伦敦的大型移动性高气压脊使得伦敦出现无风状态和低空逆温层，从工厂和住宅排出的烟尘被封盖在低空逆温层下。几天过后，大气中烟尘与二氧化硫的含量分别超过标准的10倍与20多倍，人们呼吸几乎窒息。从12月5～8日的4天中，死亡人数达4000余人，其中45岁以上的亡者约是平时的3倍，事件后的两个月里又有8000多人死亡。分析致害原因同多诺拉事件。

4. 日本水俣事件

日本熊本县水俣湾地区自1953年以来发现许多病人，开始面部痴呆、口齿不清、步态不稳、全身麻木，进而耳聋眼瞎，最后精神失常、全身弯曲、高喊而死。截止1979年1月受害人数上千，死亡206人。分析致害原因是附近的化肥厂在生产氮肥时，使用了含汞的催化剂。这种汞通过废水进入水体后被鱼食用，转化成有毒的甲基汞，人食用鱼后引起中毒甚至死亡。

5. 日本米糠油事件

1968年，日本爱知县等23个府县发生一种怪病，患者开始眼皮肿、易出汗、全身起红疙瘩，严重时恶心呕吐、肝功能下降、全身肌肉疼痛、咳嗽不止，有的因急性肝炎或医治无效死亡。该年7～8月，患者达5000多人，死亡16人。后查明原因为，一家生产米糠油的工厂，因管理不善，将用作载热剂的多氯联苯混入米糠油中，居民食用后中毒甚至死亡。

6. 沿海国家近海赤潮事件

由于大量氮磷等营养物质进入日本的濑户内海，水体浮游生物大量繁殖，导致海域赤潮经常发生，次数逐年增加。在1955年以前总共仅发生赤潮约40次，但随着海域污染日益加重，赤潮发生次数开始急剧增加，1976年达到326次的最高峰。日本环境厅调查，濑户内海的一次赤潮爆发就杀死了价值5亿元的黄尾鱼，目前有2/3的海底已经没有或几乎没有生物。1994年3月17日，南非西海岸出现了50多年来罕见的赤潮，臭鱼烂虾堆满整个海滩。在一些海滩上，死鱼堆得足有两三尺厚。1983年菲律宾发生一起赤潮，有278人中毒，死亡21人。同年6～9日，印尼在一次赤潮事故中，中毒200人，死亡4人。

7. 澳大利亚槐叶萍爆发事件

槐叶萍原产巴西，1952年首次在澳大利亚出现，由于它繁殖力极强，到1978年覆盖了昆士兰一个湖泊的400hm^{2}面积，总重达50000t，造成对交通、灌溉和渔业的严重危害。直到1980年，由巴西引进专食槐叶萍的象鼻虫，才将危害控制住。

7.3.2 环境与生态问题的现状与特点

当前，环境与生态问题日益严重，全球50%的湿地被毁；50%的河流遭污染；人均淡水供应量减少30%；荒漠化已影响到100多个国家近10亿人口；森林资源以每年1600万km^{2}的速度消亡；全球生物多样性已经损失30%；异常气候和自然灾害发生频繁。这一切表明环境与生态问题正在由区域性问题演变成全球性问题，如臭氧层损耗、全球变暖和土地荒漠化等。

1. 臭氧层损耗

臭氧层存在离地面20～30km的大气层里，它具有非常强烈的吸收紫外线的功能，能有效地挡住来自太阳的紫外线的辐射，保护地球上各种生命的存在、繁衍和发育。但由于人类大量使用氟里昂（一种化学物质，氟氯碳）作制冷剂、发泡剂和清洗剂，使大气环境氟里昂含量急剧增加。而氟里昂一旦进入大气环境，在紫外线的照射下会释放出氯原子，一个氯原子可以破坏10万个臭氧分子，从而对臭氧层造成很大破坏。在20世纪70年代，美国环境科学家首先观察到臭氧层损耗的痕迹。1985年，英国科学家证实南极上空的臭氧层出现空洞，到1994年，南极上空的臭氧层损坏面积达2400万km^2，占总面积的60%。欧洲和北美上空的臭氧层平均减少了10%～15%，西伯利亚上空甚至减少了35%。臭氧层被大面积地破坏，将损害人体的免疫系统，导致皮肤癌和角膜炎患者急剧增加；影响植物的光合作用和生物物种的突变；促使塑料等高分子材料加速老化和分解，引起新的环境污染。

2. 全球变暖

联合国组织的政府间气候变化专业委员会（IPCC）在1990年气候变化第一次评估报告中指出，在过去100多年中，全球平均地面温度上升了0.3～0.6℃，海平面上升了14～25cm。IPCC还预估本世纪气温将以每10年增加0.3℃的速度上升，全球平均海平面每10年会升高6cm。造成全球气候变暖趋势加快的罪魁祸首是所谓的“温室效应”。科学家现已证明，二氧化碳是产生温室效应的最主要的气体。大气中二氧化碳增加的原因：一是人类活动向大气中的排放量增加；二是地球陆地植物系统的破坏，植物通过光合作用吸收的二氧化碳在减少。全球变暖将影响动植物的分布，产生频繁而加重的气象灾难事件，危及全人类。

3. 荒漠化

荒漠化（Desertification），根据《联合国防治荒漠化公约》定义："荒漠化是指包括气候变异和人类活动在内的种种因素造成的干旱、半干旱和亚湿润干旱地区的土地退化。"这种土地退化主要由风蚀、水蚀、盐渍化和冻融所引起。风蚀和水蚀会使土壤物质流失，土壤的物理、化学和生物性或经济特性退化及自然植被长期丧失。土地盐渍化是在气候比较干燥，蒸发量大和地下水位高共同作用下，土壤盐分积累过多的结果。冻融则是因气候变化，土壤反复遭受冰冻和融化而发生酥松，引起土地退化的现象。我国荒漠化土地面积已达 262 万 km^2，并且每年还以 2460km^2 的速度扩展。导致荒漠化扩张的原因很多，除去全球气候变化的因素外，不合理的人为活动在加剧着荒漠化的扩张，如滥垦、滥牧、滥伐、滥采、滥用等。

4. 生物多样性消失

生物多样性（Biodiversity）是指一定空间范围内多种多样活的有机体（动物、植物、微生物）有规律地结合在一起的总称。生物多样性消失是指包括动植物和微生物的所有生物物种，由于生存环境的丧失，对资源的过分开发、环境污染和引进外来物种等原因，使这些物种不断消失的现象。由于食物链的作用，地球上每消失一种生物，往往有 10—30 种依附于该生物的物种消失。每一种生物物种的消失都会减少自然和人类适应变化条件的选择余地。人类对物种灭绝速度的影响可以追溯到至少15000 年前，但最近 400 年来，地球上的物种灭绝速度在加快，如兽类在 17 世纪平均 5 年灭绝一种，到 20 世纪 2 年就灭绝一种。在 1850～1950 年间，鸟类和哺乳动物的灭绝速度平均每年一个种。现在每年都有 1 万～2 万个物种灭绝，物种灭绝的速度是形成速度的 100 万倍。

7.3.3 环境与生态问题的实质

尽管上述环境生态问题的表现形式有多种多样，但归根结底，产生环境与生态问题的主要实质：一是向环境排放废弃物的数量超过了环境的自净能力；二是人类经济活动索取资源的速度超过了资源本身及其替代品的再生速度。

1. 环境承载能力有限

环境承载能力是指环境承载污染物和维持生物多样性及生态平衡的能力。在社会发展的进程中，人们的生活方式、社会的运作机制、资产的结构形式、流域的地形地貌、江河的产汇流条件和水域的水质等都在发生显著的变化。人们为了自身的发展，每年向环境排放大量的废水、废气和固体废物，这些废物排入环境后，有的能稳定地存在上百年。而废物的富集量超过环境容量，就会导致环境的恶化，造成生物的死亡，破坏生态系统的平衡。这种以人的生存和发展需求为导向，使人与自然的平衡不断被打破，成为环境恶化的诱发因素。

2. 资源承载能力有限

资源的承载能力是指天然资源的可供给量能够支持人口、环境与经济协调发展的程度。资源是一切生态系统不可缺少的组成部分，但资源并不是取之不尽、用之不竭的。自然资源的补给和再生、增殖都是需要时间的，一旦超过极限，要想恢复是很困难的。例如人类消费水量的迅速增加导致水资源的严重短缺；过量的捕捞和放牧导致鱼类种群的减少和草地的退化。

7.4　环境管理及其实施

环境问题的日益严重促使人们必须考虑人类活动对环境造成的后果。联合国环境署和联合国贸易与发展会议在1974年召开的"资源利用、环境与发展战略方针"专题研讨会上形成3点共识，即：①全人类的一切基本需要都应得到满足；②要进行发展，以满足基本需要，但不能超出生物圈的容许极限；③协调这两个目标的方法即环境管理，从而明确提出环境管理是协调人与自然和谐发展的根本保证。

7.4.1　环境管理的概念

环境管理目前尚无统一的定义。国外学者休埃尔在其《环境管理》一书中指出："环境管理是对损害人类自然环境质量的人为活动（特别是损害大气、水和陆地外貌质量的人为活动）施加影响。"所谓"施加影响"系指"多人协同的活动，以求创造一种美学上令人愉快、经济上可以生存发展、身体上有益于健康的环境所做出的自觉的、系统的努力"。国内学者秦大河等在其《中国人口资源环境与可持续发展》一书中指出，环境管理是"运用行政、法律、经济、科技与教育等手段、预防与禁止人们损害环境质量的行为，鼓励人们改善环境质量的活动，通过全面规划与综合决策，制定环境目标，选择行动方案，正确处理发展与环境的关系，实现既满足当代人需求又不危及后代人满足其需求能力的发展"。

由此可知，环境管理首先体现为对人的管理。为了实现环境质量与公众健康的双保障，环境管理不仅以水资源、土地资源、林业资源的管理和影响环境质量的城市、农村经济活动为对象，还要对从事开发、利用、保护活动的人进行教育、监督指导和协调。因此环境管理面对的主要矛盾是经济发展与环境保护目标之间的协调与平衡，这就使环境管理处在高于单项资源管理的决策层次。

7.4.2　环境管理的实施手段

1. 环境规划

环境规划或称环境保护规划，是由环保行政主管部门或人民政府组织编制的一种专项规划，也是国民经济和社会发展计划体系的一个组成部分，是环境管理功能的基础。环境规划编制程序见图7－5。

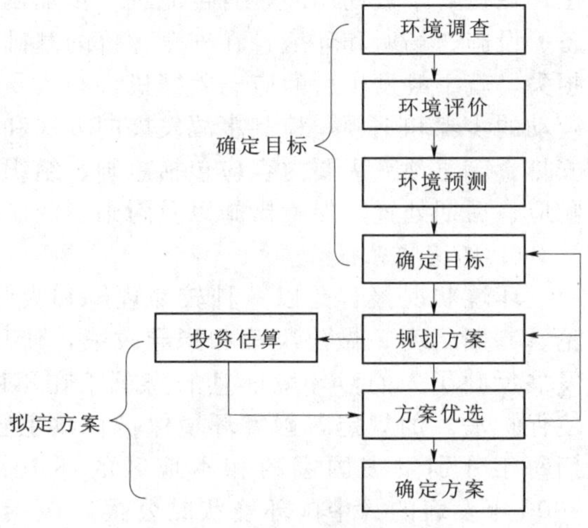

图7－5　环境规划编制框图

2. 环境法规

各项法律，包括各项环境保护法律的有效实施，是实施环境管理的重要依据。国情决定了我国必须在环境管理工作中依法管理、科学管理。截止20世纪末，我国先后出台了《中华人民共和国环境保护法》等6部环境法律，《中华人民共和国水法》等12部资源法律。到2005年为止，国家仅水资源与水环境方面的法规及部门规章就已经颁布了80余件，地方性法规、省级政府规章及规范性文件近700件。一个比较科学和完善的环境法规体系已经初步形成。

3. 环境标准

环境标准是环境管理中应用最早的一项措施。它通过确定环境中污染物排放的最大允许浓度，以确保环境质量和人体健康免受损害。绝大多数现有的环境标准都是在卫生标准的基础上制定的。随着人们对生态系统的重视，国内外普遍认为制定环境标准必须起到保护生态资源的作用，即不仅要考虑污染物质对人体健康的损伤，还要考虑使其能起到保护自然环境（如湿地、森林和自然与人文遗迹）的作用。迄今为止，我国先后制定各类环境标准，包括环境质量标准、污染物排放标准、相关监测标准等，有力地促进环境的管理。

4. 环境影响和风险评价

环境影响和风险评价是环境管理中的一项强制性措施，是决策者收集和处理数据资料的工具，其主要目的是预防由于人为活动引起的环境破坏和退化。例如，我国重大水利工程建设前，必须进行环境影响评价，否则不予立项；工程建成和运行后还需要进行环境影响后评估，以减少和避免水利工程对环境的不利影响。环境风险评价是对一定范围内的环境，考虑其受到复杂作用因素的影响，做出整体风险概率评价。通过风险分析，可以查出潜在的事故诱发因素，估计事故发生的概率和潜在的损失程度。

5. 突发事故应急预案

环境污染重大突发性事故后，如果没有相应的突发事故应急预案响应，应急处理工作往往处于被动局面，有可能进一步加剧事故造成的损失。应急预案是针对具体设备、设施、场所和环境，在安全评价的基础上，为降低事故造成的人身、财产与环境损失，就事故发生后的应急救援机构和人员，应急救援的设备、设施、条件和环境，行动的步骤和纲领，控制事故发展的方法和程序等，预先做出的科学而有效的计划和安排。应急预案主要内容应包括总则、组织指挥体系及职责、预警和预防机制、应急响应、后期处置、保障措施以及附则、附录等。

6. 环境状况报告

环境状况报告是以一种较易理解和吸收的形式来提供信息。信息有助于指导舆论、判断行为、做出决策和指导政策，使环境管理工作不断完善。环境状况报告的发展反映了人们对环境信息的需求正在不断增长。我国自1990年开始，根据《环境保护法》的规定，国家环境保护行政主管部门和各省（自治区、直辖市）环保部门每年分别发表国家的和本地区的环境状况公报。例如，国家环境保护总局在2006年发表的《中国环境状况公报》包括淡水环境、海洋环境、大气环境、声环境、固体废物、辐射环境、土地、森林、草原、生物多样性、气候与自然灾害以及专栏等内容。

7. 环境审计与生命周期分析

环境审计与生命周期分析是近年发展起来的环境管理手段，在水环境管理中尚处于发展之中。环境审计用于对环境组织、管理手段和仪器设备是否发挥作用进行系统的、规范的、定期的和客观的评价，达到保护环境的目的。环境审计包括司法审计和组织审计。生命周期分析是对一种产品从原材料开采到成品运输、出售以及废弃物最终处置的全过程的环境影响进行全面分析和评价。

8. 环境教育

环境意识如何是衡量一个国家和民族的文明程度的一个重要标志，环境教育是提高全民族思想道德素质和科学文化素质（包括环境意识在内）的基本手段之一。环境是公用品，具有外部性特点，因此环境保护是一项公益事业，需要公众的参与。公众的参与有利于监督政府部门的环保工作，也会对社会和企业排污形成压力和监督。因此推动公众和非政府组织参与环境保护是各级政府的一项重要职责。近年来，一些与国际接轨的“环境标志”、“ISO14000”、“绿色校园”等活动在中国正大力推广，见图 7-6。

中国环境标志图形（图 7-6）由中心的青山、绿水、太阳及周围的 10 个环组成。图形的中心结构表示人类赖以生存的环境，外围的 10 个环紧密结合，环环紧扣，表示公众参与，共同保护环境；同时 10 个环的“环”字与环境的“环”同字，其寓意为“全民联系起来，共同保护人类赖以生存的环境”。

图 7-6　部分国家和地区环境标志图（摘自中国生态环境论坛网）

第 8 章 水环境问题与对策

8.1 水 环 境

8.1.1 水环境的基本概念

水环境（water environment）是构成环境的基本要素之一，是人类社会赖以生存和发展的最重要场所，也是受人类干扰和破坏最严重的地区。中华人民共和国国家标准 GB/T 50095—98 对其做出的界定：水环境指的是围绕人群空间可直接影响人类生活和发展的水体，及影响其正常功能的各种自然因素和有关的社会因素的总体。这种界定有 3 层含义：

（1）水环境以水为核心，包括地球上分布的各种水体以及与其密切相连的诸环境要素，如河床、海岸、植被、土壤等。这里“水体”不仅指江河湖海，地下水等水体本身，而且包括水体所含有的物质。

（2）水环境同其他自然环境要素如土壤环境、生物环境、大气环境等构成了一个有机的综合体，它们彼此联系、相互影响、相互制约。当改变或破坏某一区域的水环境状况时，必然会引起其他环境要素发生变化。

（3）社会因素包括各类涉水工程和人类活动对水环境有着重大影响。前一个含义是指水环境的组成，后两个含义是指影响水环境功能的因素，可以用水环境质量来表征。

8.1.2 水环境质量

水环境质量是指水环境对人群的生存和繁衍以及社会经济发展的适宜程度，一般通过制定相应的质量标准来衡量水环境遭受污染的程度。我国的水环境质量标准（简称水质标准）是根据不同水域及其使用功能分别制定的，分强制性标准和推荐性标准两种，国家和行业两类。根据所控制对象主要有：地表水环境质量标准、海水水质标准、渔业水质标准、农田灌溉水质标准、景观娱乐用水水质标准、地下水质量标准、饮用水标准等。不同功能区有不同的水质基准和检测指标。常见的水质检测指标主要有化学耗氧量（COD）、生化耗氧量（BOD）、氨氮（NH_3-N）、总氮（TN）、总磷

(TP) 等。化学耗氧量又称化学需氧量，是测量水样化学氧化有机物的量，指水样在一定条件下，氧化1L水样中还原性物质所消耗的氧化剂的量，以氧的mg/L表示。它反映了水中受还原性物质污染的程度，其值越小，说明水质污染程度越轻。该指标也作为有机物相对含量的综合指标之一。生化耗氧量与化学耗氧量一样，都是表示水质污染度的重要指标，BOD/COD的比率还反映出污水的生物降解能力。氨氮指以氨或铵离子形式存在的化合氨。氨氮和总氮、总磷都是水体中的营养素，可导致水体富营养化现象产生，是水体中的主要耗氧污染物。

根据水质标准，我国水质分为5类，即：

Ⅰ类水质：水质良好。地下水只需消毒处理，地表水经简易净化处理（如过滤）、消毒后即可供生活饮用。

Ⅱ类水质：水质受轻度污染。经常规净化处理（如絮凝、沉淀、过滤、消毒等），其水质即可供生活饮用。

Ⅲ类水质：适用于集中式生活饮用水源地二级保护区、一般鱼类保护区及游泳区。

Ⅳ类水质：适用于一般工业保护区及人体非直接接触的娱乐用水区。

Ⅴ类水质：适用于农业用水区及一般景观要求水域。超过五类水质标准的水体基本上已无使用功能。

也有人将水质分为6类，增加劣Ⅴ类。

8.1.3 水污染

如前所述，水环境质量可以通过水污染的程度来表征。水污染是指由于人类活动排放的污染物进入河流、湖泊、海洋或地下水等水体，使水体的污染物在水体中的含量，超过了水体的本底含量和水体自净能力，以致水体中水的物理、化学性质或生物群落组成发生变化，从而降低了水体的使用价值和原有的用途。水污染形成主要来自两个原因：一种是外来突发性事故所导致的水质变化；另一种是水体复合污染物长期积累所导致的污染爆发。造成水体复合污染物长期积累的原因则是由于污染源长期存在所致。形成污染的物质称污染物，向水体中排放污染物的场所、设备、装置和途径称为水体的污染源。世界各国的水污染经历了一个发展过程，以泰晤士河黑臭缺氧为代表的第一代水污染，以及重金属、有毒化学品为代表的第二代水污染，营养元素超量为代表的第三代水污染。我国在高速发展工、农业的压力下，三代水污染同时出现。

1. 水体污染源

水体污染源分类方法较多。按水体污染的原因可分为天然污染源和人为污染源；按污染源释放有害物种类可分为物理性（热、放射性）污染源、化学性（无机物和有机物）和生物性（细菌、病毒）污染源。另外，按污染源分布和排入特点可分为点污染源、面污染源和内源性污染源。点污染源（Point Sources，PS）是指有相对产生范围并有固定排放点的污染源。点污染源主要来自城市污水和工业污水。面污染源又称非点污染源（Non－point Sources，NPS），主要指区域性污染源。对数量很小，分布很广的点污染源，也可视为面污染源。面污染源又可分城市和农村的面污染源，前者主要是以降雨形成雨水径流的形式产生，后者以灌溉水形成的径流、农村废水和地表径流的形式产生。内源污染源（Internal Source of Pollution，ISP）主要是指水体中底泥所释放的污染物质形成的污染源。

从20世纪60年代后期开始，人们对由非点污染源引起的污染后果逐渐重视起来。在一些发达国家，由于点污染源的控制严格，治理程度高，非点污染源引起的污染问题就更加突出。如美国的非点污染源造成的水质问题就占全部水质问题的一半以上，其中包括伴随水土流失造成的氮和磷对水体的污染和农业面源污染。此外，在没有二级污水处理设施的城市中，暴雨径流产生的BOD可占年负荷量的40%～60%，在大暴雨期间，径流产生的BOD负荷可高达94%～95%。因此，面源污染和内源污染控制是今后水环境治理的重中之重。

2. 污染物在水中的形态

污染物在水中的形态表现为无机悬浮固体、浮游生物、微生物、胶体、低分子化合物、无机离子和溶解性气体等。无机悬浮固体在5～10mm之间，在水体中呈悬浮状态。浮游生物在3～10mm之间，包括浮游动物（7～10mm）和浮游植物（3～0.2mm）。主要浮游动物有枝角目、太阳虫目、轮虫类等。主要浮游植物有蓝藻纲、绿藻纲、硅藻纲等。赤潮和水华就是藻类过分繁殖生长的结果。微生物（50～80μm），包括变形虫（10～50μm）、细菌（0.8～50μm）、病毒（8～400μm）。主要变形虫是痢疾变形虫等；主要细菌是硫细菌、铁细菌、葡萄球菌、大肠杆菌、破伤风杆菌等。主要病毒有噬菌体、流感病毒、肝炎病毒等。胶体颗粒粒径在0.1～1μm，包括胶体黏土、胶体硅、胶体重金属氢氧化合物、腐殖质、蛋白质、多糖、脂类等。低分子化合物包括有机酸、有机碱、氨基酸、糖类、油脂类等。无机离子包括K^+、NH_4^+、Mg^{2+}、Ca^{2+}、Cu^{2+}、OH^-、Cl^-、HCO_3^-、CN^-、NO_2^-、NO_3^-、HS^-、$H_2PO_4^-$、SO_4^{2-}、HPO_4^{2-}、CO_3^{2-}、PO_4^{3-}等（其大小0.2～1μm）。溶解性气体包括CO_2、CO、Cl_2、H_2S、SO_2、NH_3等。

3. 污染物的危害作用

（1）消耗水中氧气。生活污水和某些工业废水中含有的有机物，在微生物作用下可分解成简单的无机物、CO_2等，并在分解过程中消耗水中氧气。在通常情况下，天然水体溶解氧在5～10mg/L之间。而在污染水体中，溶解氧降至5mg/L以下时，水体就会丧失使用价值。当水中溶解氧降至1mg/L时，水中鱼类就会窒息死亡；水中溶解氧耗尽后，水中厌氧菌就会大量繁殖，有机物将进行厌氧分解，产生甲烷、硫化氢、氨、硫醇等难闻气体。

（2）水体富营养化。生活污水中的磷和农业污染中的氮能为水中植物及藻类生长、发育提供所需的养分，使水体富营养化。水体富营养化是一种引起藻类及其他浮游生物迅速繁殖、水体溶解氧含量下降，水质恶化，鱼类及其他生物大量死亡的现象。江河湖泊中出现的富营养化现象称为"水华"，而在海洋中则称为"赤潮"。赤潮是一个历史沿用名，被喻为"红色幽灵"，但赤潮并非只表现为红色。随赤潮发生的原因、种类和数量不同，水体呈现不同颜色，有红、蓝、绿、黄等各种颜色，国际上通称"有害藻类"。

（3）破坏水体使用功能。水中无机悬浮物可以吸附有毒物质随水流迁移，扩大污染范围或沉积在底泥中，使水体浑浊、阻挡光线、影响水生植物光合作用，并且还可伤害水生动物。酸碱废水污染水体后，水的pH值将发生变化。当pH值小于6.5或大于8.5时，水中微生物生长受抑制，致使水体自净功能减弱。水体热污染是指水体中排放的废热使水温升高，从而影响水生生物的生存及对水资源的利用。

(4) 通过食物链进入动物或人体内产生毒性。污水中的重金属、难降解有机物以及放射性污染物大多具有较强的毒性，并有致癌、致畸、致突变作用，进入水体后能长时间残留在水中并可通过食物链不断累积、富集，最终进入动物或人体内产生毒性或其他危害。

(5) 传播疾病。来自生活污水、医院污水及屠宰、制革、洗毛、生物制品等工业废水的病原体常导致水媒型传染病。一些寄生虫还可钻入人体皮肤和粘膜而使人得传染病。历史上流行的瘟疫，有的就是水媒型传染病。如1991年秘鲁霍乱大流行，1998年我国上海市肝炎流行等。

8.2 中国水环境问题

几千年来，人类文明的发展基本上是以大量消耗环境资源为代价换来的。这一过程使生态环境不断恶化，积累形成了许多重大的生态环境问题。我国是一个开发历史悠久、人口众多的国家，环境的恶化，尤其是水环境的恶化更为显著。水环境质量恶化已成为制约我国经济发展的“瓶颈”，引起政府和社会的高度关注。1973年召开的全国第一次环境保护会议将环保工作提到了国家议事日程。自那时起，中国环境保护工作取得了重要进展，重点流域、区域、城市和海域污染防治工作逐步加强，节能减排和污染治理工程建设进度加快，在国内生产总值和能源消费总量逐年增加的形势下，全国水环境质量状况总体保持稳定。但我们依然清醒地看到，我国水环境状况仍然存在许多问题。

8.2.1 水资源短缺和时空分布不均

中国地处北半球亚欧大陆的东部，东南面临世界最大的海洋——太平洋，是世界上季风最为显著的国家之一，东南季风和西南季风决定了中国气候，加之地形西高东低，因而形成夏秋湿润多雨，冬季寒冷干燥，东南沿海地区多雨，西北地区干旱的特点，这就造成中国水资源量自东南沿海向西北内陆递减的趋势。中国人口占世界总人口的22%，而人均水资源量却仅为世界的8%（约2200m^3），年缺水总量约为300亿～400亿m^3。按照联合国的环境承载力标准，干旱地区是7人/km^2，半干旱地区是20人/km^2，而处于干旱的我国西北地区，1982年就已经达22人/km^2。目前，淮河水资源利用率为60%，辽河65%，黄河62%，海河高达90%，远远超过国际公认的30%～40%的水资源利用警戒线。我国的黄河、淮河、海河三大流域目前都已处于“不堪重负”状态。由于水资源开发利用缺乏统一管理，致使河流上下游用水矛盾日趋紧张，许多河流下游地区因来水量减少，河道断流乃至萎缩，大面积农田被迫撂荒，形成土地荒漠化。如黄河是我国的母亲河，随着人口、农业、城市和工业的迅速增长，黄河的水量却逐年减少，断流天数逐年增加。在1997年，黄河断流天数高达

226d。同时地下水过量开采，致使地下水位逐年下降，形成了地下水降落漏斗，对水资源的正常循环产生影响。2006 年监测结果表明，全国有地下水降落漏斗 216 个（其中浅层地下水降落漏斗 120 个，深层地下水降落漏斗 91 个，岩溶地下水降落漏斗 5 个），其中华北地区因地下水超采而形成了约 3 万～5 万 km^2 的漏斗区。

与此同时，水资源浪费问题仍相当突出。我国城市用水的重复利用率较发达国家低许多，一些重要产品的单位耗水量比国外发达国家高几倍，甚至几十倍。每千克粮食的耗水量是发达国家的 2～3 倍。在城市居民生活用水方面，不讲节约，铺张浪费和跑冒滴漏的现象也十分严重。

8.2.2 污染物排放量远远超过水环境容量

表 8－1 显示全国近年废水及主要污染物排放总量。从表 8－1 中数字可以看出，全国污水排放总量逐年增加，但工业废水排放量已出现下降的趋势，而生活污水排放量却逐年增加，并超过工业废水排放量，而且主要污染物化学需氧量 COD 和氨氮排放量也远超过工业废水。近 10 年来，我国城市生活污水排放量每年以 5％的速度递增，在 1999 年首次超过工业污水排放量，2006 年城市生活污水排放量 297.5 亿 t，占全国污水排放总量的 55.4％，而我国城市生活污水处理设施严重滞后和不足。据清华大学紫光顾问公司调查：我国污水处理设备运行状况是 1/3 运行正常、1/3 不正常、1/3 处于闲置状态，污水处理厂的实际运转率只能达到 50％，且部分污水处理厂尚不具备脱氮除磷的功能。这既反映出工业企业节能减排以后所取得的成就，也反映出城市污水处理基础设施虽逐年增加，但还远远满足不了城市发展的要求。

表 8－1　全国近年废水及主要污染物排放总量表

年份	废水排放量（亿 t）			COD 排放量（亿 t）			氨氮排放量（亿 t）		
	合计	工业	生活	合计	工业	生活	合计	工业	生活
2001	432.9	202.6	230.3	1404.8	607.5	797.3	125.2	41.3	83.9
2002	439.5	207.2	232.3	1366.9	584.0	782.9	128.8	42.1	86.7
2003	460.0	212.4	247.6	1333.6	511.9	821.7	129.7	40.4	89.3
2004	482.4	221.1	261.3	1339.2	509.7	829.5	133.0	42.2	90.8
2005	524.5	243.1	281.4	1414.2	554.3	859.4	149.8	52.5	97.3
2006	537.0	239.5	297.5	1428.2			141.3	42.1	99.2

注　摘自 2006 年中国环境状况公报。

8.2.3 江河湖泊海洋普遍遭受污染

2006 年国家环境监测网监测的 745 个地表水监测断面中，Ⅰ～Ⅲ类，Ⅳ类、Ⅴ类，劣Ⅴ类水质的断面比例分别为 40％、32％和 28％（图 8－1），Ⅳ、Ⅴ类、劣Ⅴ类水质的断面比例之和高达 60％。

1. 七大水系

我国有七大水系，分别为长江、黄河、淮河、珠江、辽河、松花江和海河水系。在七大水系中，珠江、长江水质良好，松花江、黄河、淮河为中度污染，辽河、海河为重度污染。淮河、辽河、海河通称“三河”，是我国进行水污染治理的重点水系。七大水系水质类别比例见表8-2。

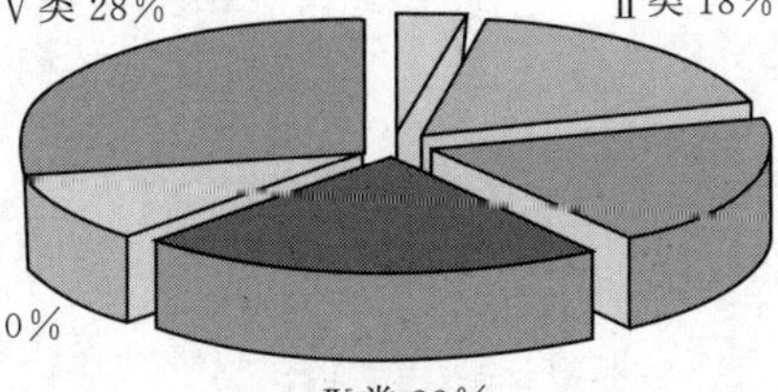

图8-1 地表水水质类别比例（摘自2006年中国环境状况公报）

表8-2　　2006年七大水系水质类别比例

七大水系	Ⅰ、Ⅱ类（%）	Ⅲ类（%）	Ⅳ类（%）	Ⅴ类（%）	劣Ⅴ类（%）
长江	58	18	12	5	7
黄河	18	32	25	0	25
珠江	58	24	15	0	3
松花江	3	21	48	7	21
淮河	5	21	37	7	30
海河	14	8	11	10	57
辽河	27	8	17	5	43
总体	27	19	23	5	26

2. 重点湖（库）

27个国家控制的重点湖（库）中，以“三湖”水质最差，其中巢湖水质为Ⅴ类，太湖和滇池为劣Ⅴ类，主要污染指标为总氮和总磷。水库水质好于湖泊，富营养化程度较轻。

这些年太湖的治理使太湖水质局部有所改善，但是这个改善的指标主要是COD，氮磷还没有得到有效的控制。2006年，太湖湖心区平均氮磷的含量分别比1996年增加了2倍和1.5倍。2007年5月以来，太湖大部分水域藻类叶绿素的含量剧增，局部地区高达230多μg/L，这就为藻类生长提供了一个最为基础的物质条件，太湖呈全湖性的富营养化趋势，在适宜的气候条件下，蓝藻暴发，发生严重的水环境污染事件。

3. 近岸海域

南海、黄海近岸海域水质良好，渤海、东海近岸海域分别为轻度和中度污染，远海海域水质良好。在近岸海域，Ⅳ类及Ⅳ类以下海水比例为24.3%，其中，渤海、东海近岸海域分别为轻度和中度污染。

4. 水源地

重点城市集中式饮用水源地水质总体良好（图8-2），河流型水源地主要污染指标为粪大肠菌群，湖库型水源地主要污染指标为总氮。环保重点城市月均监测取水总量为15.9亿t，达标水量11.5亿t（占72.3%），不达标水量4.4亿t（占27.7%）。

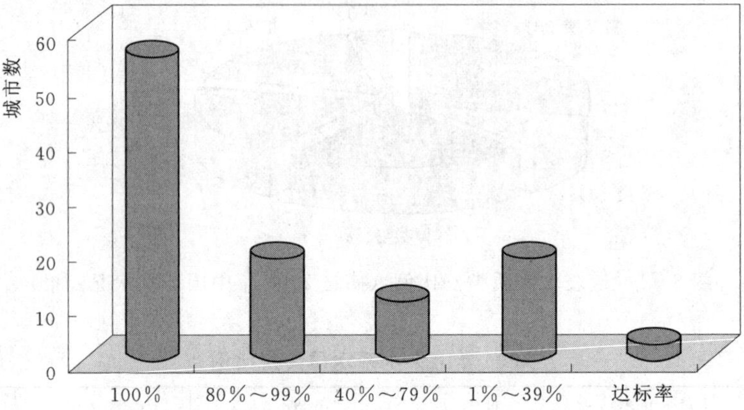

图8-2 重点城市集中式饮用水源地水质达标率

8.3 水环境治理对策

8.3.1 建立与完善经济、社会、生态环境的综合决策

做好新形势下的环保工作，关键是要加快实现三个转变：一是从重经济增长轻环境保护转变为保护环境与经济增长并重；二是从环境保护滞后于经济发展转变为环境保护与经济发展同步；三是从主要用行政手段保护环境转变为综合运用法律、经济、技术和必要的行政办法解决环境问题。这三个转变是方向性、战略性、历史性的转变，是中国环境保护发展史上一个新的里程碑。这充分说明，水环境治理决策不仅仅是环境决策，也不是单纯的经济决策，而是涉及到经济、社会和环境政策的综合决策，牵涉到发改委、政法、环保、水利、农林牧鱼等各个部门。如果仅由各个部门分隔、孤立地决策与实施，水环境治理难以达到预期的目标。近年来，国务院有关部门在综合决策方面已经有了明显的进步，例如经常有各部门联合发布规章，发布之前经过充分协商，发布之后相互配合，实施效果远比一个部门"单打一"的好得多。

8.3.2 加强水环境管理，确保水环境治理的可持续性

水环境治理是一个长期的缓慢过程，不可能指望一朝一夕就能完成。实践证明，加强环境管理主要是确保管理的可持续性。由于环境是一个相对较新的关注热点，且具有公用性和外部性等特点，再加上对自然资源存在利益分配问题，这使得管理的可持续性显得十分重要。因此要确保管理的可持续性，首先要求建立完善的，而且是强有力的管理部门。

我国的水环境管理基本上是流域管理与行政区域管理相结合的管理体制。我国先后成立了长江水利委员会、黄河水利委员会、淮河水利委员会、珠江水利委员会、海河水利委员会、松辽水利委员会和太湖流域管理局7大流域机构。这些流域机构是水

利部派出的流域水行政管理机构，代表水利部行使所在流域的水行政主管职能。20世纪80年代以前，流域机构主要负责本流域内水资源的规划和管理，侧重于水量方面。20世纪80年代以后，我国的水污染日趋严重，引起社会各界的关注，也成为流域水管理的新问题。长江、黄河等7大流域机构先后成立了水资源保护局，并自1983年起与国家环保部门实行双重领导，把水环境保护的任务列入流域管理的内容，开创了既管水量、又管水质的水环境管理体制。但流域管理机构与当地行使行政区域管理职能的政府密切配合还很难做到尽善尽美。各地发生的一些环境事件，除自然因素外，无一不同企业行为、个人行为或政府行为不当有关。例如淮河沿岸过去受短期利益驱使，建造了上千家造纸厂，废水直接排放汇入淮河，严重影响沿岸人民的生活与人体健康，国家不得不筹资168亿元以关闭这些小造纸厂，加快治理淮河。

8.3.3 扩大国际合作与交流

20世纪80年代末，特别是联合国环境与发展大会会议以后，环境治理已成为国际社会环境与发展领域的一个主流。我国是一个发展中的国家，环境治理起步较晚，可以向发达国家学习更多、更先进的治理与保护经验。如发达国家在水环境保护中采用排污费、水权及排污权交易等市场经济手段，值得我国借鉴。此外，水环境问题可以发生在地区、国家、区域和全球的不同层次，跨界的和全球性的水环境问题只能由各国相互合作协商解决。我国在立足于解决好国内环境与发展问题，继续改善13亿人民赖以生存和发展的环境的同时，继续推进环境保护与可持续发展领域的国际合作。一方面积极参加环境公约和有关贸易与环境的谈判，维护国际利益，履行国际义务，为解决人类面临的环境与发展问题作出贡献；同时，积极引进先进的技术和管理方法，制定防止污染转移、有害物种入侵等政策、法律法规和环境标准，促进国内环境保护跨越式发展，保障国家水环境安全。

8.3.4 提高科学技术在水环境治理中的贡献率

水环境治理最终要靠科技进步来实现。人类发展的历史表明：科学技术进步在改变人类命运过程中具有伟大而神奇的力量。在当代人类面临水环境恶化与经济发展两难境地而寻求可持续发展的关头，人类的希望再次寄托在科技进步上。但科学技术是一把双刃剑。曾几何时，在应用一些传统技术，如能源、化工等领域的技术过程中，伴随出现了大量的环境问题；而随着科技进步，也产生了许多无害于环境的或者有益于生态环境的技术。事实上，在生产实践中，确实存在这样的机会与可能，即在科技开发应用促进经济发展的同时，也起到减轻污染负荷，改善水环境的作用。问题是，如何去发掘、利用和传播这类科学技术？这就需要拓展新兴学科的研究，并采用鼓励使用新兴技术的政策，提高科技进步在水环境治理中的贡献率。

8.4 水污染控制规划与防治技术

8.4.1 水污染控制规划

水污染控制系统是环境污染控制系统的重要组成部分。水污染控制规划就是运用系统工程的思想和方法，分析和协调水污染控制系统各组成因素之间的关系，并综合考虑与水质有关的自然、技术、经济诸方面的关系，以便以最小的代价获得满意的效果。

1. *水污染控制系统分类及其组成*

（1）河流或流域范围的水污染控制系统。整个系统可由4个子系统组成，即：污染源系统、输水系统、处理系统和水体系统。

（2）工业污染源控制系统。污染物从产生到排放，可经过改进管理、循环、回收、处理等过程。生产过程中所产生的污染物又随工艺设备替换而变化。这个系统是整个水污染控制系统的一个子系统，同时也可以污染物排放控制指标为目标，单独进行最小化的系统分析。

（3）城市给排水域污水系统。城市给排水域污水系统是河流流域或区域水污染控制系统的子系统。图8-3展示了城市给水与污水系统。污水处理厂是城市给水与污水系统或污染源控制系统的一个子系统。一个污水处理厂还可以再分解为若干个污水处理过程和污泥处理过程。如初次沉淀、曝气池、二沉池、污泥浓缩、污泥消化、污泥脱水等。这些单元过程应当服从于污水处理系统整体的目标与有关的约束条件。

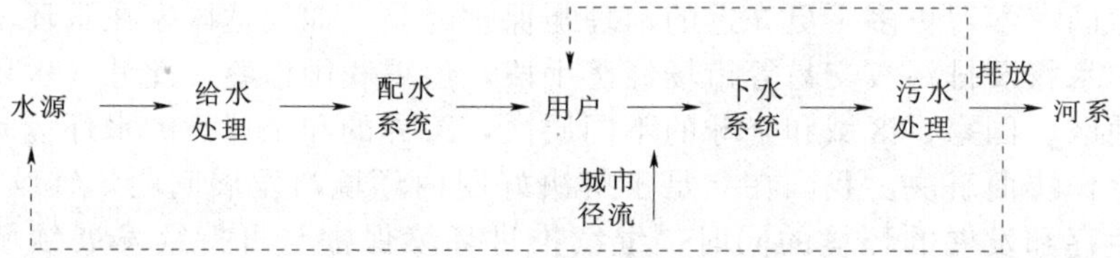

图8-3 城市给水和污水系统

2. *水污染控制系统规划问题的类型*

（1）不同层次的规划类型。

1）河流流域规划：它应当就整个河流流域的范围作出统一和协调的水质规划。其目标是使所有达不到水质标准的水体达到规定的指标，并要求避免高质量水体的水质下降。

2）区域规划：指河流流域范围内具有复杂的城市和工业点污染源污染问题的区域水质规划。其目标是估算各种控制水质的方案并作出管理部门可以执行的计划。城市和工业废水处理是该规划的重要部分，还可以包括一个或一个以上的污水处理设施规划。

3）污水处理设施规划：它的任务是要为维持和改善水质，规划出污水处理设施。

（2）不同水体的规划分类。从防治水体种类出发，水质规划可以分为河流、河段、水库、湖泊等水资源保护规划。

（3）不同解决途径的规划类型。从水污染控制系统规划问题的解决途径来看，它可以分成两大类：第一类是水污染控制系统的最优控制问题；第二类是可选比较方案的模拟规划问题。

1）水污染控制系统的最优规划问题是应用数学规划方法，科学地组织污染物排放或科学地协调各个治理环节，以便用尽量小的代价达到规划的水质目标。目前最优规划包括区域规划与设施规划。前者包括排放口最优化处理、最优化均匀处理、区域最优化综合治理、城市给水与污水处理的综合优化；后者包括废水处理系统最优工艺流程、污水处理系统的最优设计等。

2）规划方案的模拟选优问题：水污染控制系统最优规划的共同点是根据各种因

素所提供的信息，一次求出整个问题的最优解，可以较容易地应用现有数学手段加以处理。在主客观条件具备的条件下应用最优规划法得出的规划方案应该是很理想的。尽管环境问题十分复杂，但如果我们简化合理，处理得当，从模型中得到的数学规划结果对于实际河流的总体规划而言，至少是合理的。在很多情况下，模拟规划法是一种既实用又能保证效果的有效规划方法。

3. 规划过程与步骤

水污染控制系统的规划是一个反复协调决策的过程。一个最优的实用的规划方案应该是整体与局部、局部与局部、主观与客观、现状与远景、经济与水质、需要与可能等各方面的统一。总体说，它分4个阶段，即规划目标、建立模型、模拟优化、评议决策。每个阶段都有它各自相应的规划工作和规划准备工作。在模拟优化阶段又分为最优规划和模拟规划两种途径。

8.4.2 水污染控制技术

水污染控制技术是防止、减轻乃至消除水环境的污染，改善和保护水环境质量，有效地保护和合理利用水资源的一种工程技术。水污染控制技术主要是在给水和排水工程尤其是水处理工程技术的基础上发展起来的。

1. 水污染控制技术的发展过程

最古老的污水处理方法是污水灌溉农田。早在古希腊的雅典就实行了污水灌溉；德国的本劳兹大约在300年前就成功地利用污水灌溉了农田；19世纪欧美一些大城市在其初期下水道工程建成后，由此排除的污水大都用于灌溉农田。以后随着城市的不断发展，原有的污水灌溉区划为城市建设区而被公用。到了20世纪以后大都不复存在了，但有些仍然存在至今并且在使用中不断完善。

氧化塘是另一种自然处理方法，主要是利用自然生长的藻菌共生系统，对水进行自然生物处理。我国在2000多年前就利用城镇和农村附近的水塘处理污水和人畜粪便，并通过繁殖藻类、枝角类动物、水草等用于养鱼、养鸭鹅等。

从20世纪初开始，随着水污染的进一步加剧，客观上需要更有效的处理方法从污水中取出更多的污染物，特别是导致水体中溶解氧降低的生物耗氧性有机物，曾先后开发和应用了生物膜法和活性污泥法等生物处理法。1913年在英国首先研究成功活性污泥法后，被广泛应用于城市污水处理中。

自20世纪70年代以来，人们又研究并开发了城市污水深度处理，进一步通过物化或生化方法去除水中的N、P等营养物质。另外在缺水地区对污水进行深度处理以回用于不同途径。然而，完善的深度处理因基建和运行费昂贵，大约比相同规模的二级处理厂贵2～3倍，因而使其发展受到限制。

为了充分利用水资源和节约能源，一些新的分离技术、循环用水和水的重复利用、土地处理系统、水生生物系统和污水节能生物处理技术，是今后水污染防治技术的重要发展趋向。

2. 点源污染防治和处理技术

点污染源主要来自城市污水和工业污水，其污染排放地点固定，污染物的种类、特性、浓度和排放时间相对稳定，因而具有容易控制和集中处理的特点。现代的处理方法主要分为物理处理法、化学处理法和生物处理法3类，并将既有物理作用又有化学作用的处理方法称为物理化学处理法。

按处理程度，废水处理一般可分为3级。一级处理的任务是从废水中去除呈悬浮状态的固体污染物。二级处理的任务是大幅度地去除废水中的有机污染物。但是处理后的污水仍含有原污水中的大部分氮、磷等营养物质，还会导致水体发生富营养化现象。经过二级处理出水仍会含有较多的难降解的有机化合物，而使受纳水体特别是饮用水源受到污染。三级处理是在二级处理后，补充增加一项或几项处理单元，从废水中去除某几种特定的污染物，如磷、氮等。

3. *面源污染控制与治理技术*

面源污染的产生和迁移过程主要由降雨径流、土壤侵蚀、地表溶质溶出和土壤溶质渗漏4个过程组成，它们之间的相互作用机制非常复杂。其控制技术主要由源头控制、迁移途径控制和末端控制技术组成，达到"减源，截留，修复"3级控制效果。

(1) 源头控制。面源污染源头控制就是在各污染源发生地采取各种措施将污染物截留下来，避免污染物在降雨径流的输送过程中溶解和扩散。面源污染源头主要来自城市和农村。城市面源污染源头控制原理主要是降低水流流速，延长水流时间，对降雨径流进行拦截、消纳、渗透、减轻后续处理系统的污染负荷和负荷波动。因此，对于城市面源污染的控制，实际上就是对初期暴雨雨量、水质进行控制的问题。城市河流周边地区的绿地、道路、岸坡等不同源头的降雨径流控制技术包括下凹式绿地、透水铺装、缓冲带及生态护岸等技术。农村面源污染源头控制原理主要是优化农业种植模式，减少农业生产对水体的污染，包括化肥减量化、推广生物农药、充分利用土地和植物的净化能力等。

(2) 迁移途径控制。迁移途径控制主要是综合应用前置库技术、土地处理技术、岸边带生态修复技术等一系列技术，延长水流滞留时间，通过沉淀、过滤、吸附、离子交换、植物吸收和微生物分解来实现对污水的高效净化。

前置库（Pre-reservoir）技术是指在受保护水体的上游支流，利用天然或人工库塘的蓄水功能，将因表层土地中的污染物（营养物质）淋溶而产生的径流污水截留在水库中，通过物理、化学以及生物过程使污染物得到去除的技术。前置库一般选择在主河道的汇流口上游构建。根据不同地貌地形状况，可在汇流口布置也可在汇流口上游布置一系列子库（水塘），也称"串塘"，使支流上游到下游沿线的水质变化呈梯度特点，以便有效降低进入下级子库或主库中水的污染物含量。在前置库设计过程中，为使入库径流中的污染物能被有效去除，必须有足够库容以受纳绝大部分径流并保证足够的滞水时间（图8-4）。

土地处理技术系统包括慢速渗滤处理系统、快速渗滤处理系统、地表漫流处理系统、污水湿地处理系统和地下渗滤土地处理系统。这些系统可以单独使用，也可相互组合成联合处理系统，见图8-5。自从1977年德国学者提出根区法（The Root-Zone Method）奠定湿地废水处理的理论以来，利用人工湿地处理技术处理污水已被越来越多国家和地区所采用。人工湿地是一个综合的生态系统，它应用生态系统中物种共生、物质循环再生原理、结构与功能协调原则，在促进废水中污染物质良性循环的前提下，充分发挥资源的生产潜力，防止环境的再污染，获得污水处理与资源化的最佳效益，是一种较好的生态废水处理方式。该系统通常包括污废水输送单元、预处理单元、湿地处理单元和排水处理单元。湿地处理单元按水流类型分为垂直流式、潜流式和自由表面流式 3 种类型。目前，在美国有 600 多处人工湿地工程用于处理市政、工业和农业废水。在德国、英国等欧洲各国至少有 200 处人工湿地（主要为地下潜流湿地）系统在运行，新西兰也有 80 多处人工湿地系统被投入使用。我国首例采用人工湿地处理污水的研究工作是在 1987 年，由天津市环保研究所建成的占地 $6hm^2$、处理规模为 $1400m^3/d$ 的芦苇湿地工程。1996 年胶南市充分利用风河下游北岸的大片盐碱荒滩，修建芦苇湿地系统，不仅很好地处理了工业废水和生活污水，而且吸引了鸥鹭、燕雀栖息，取得了良好的生态效益。

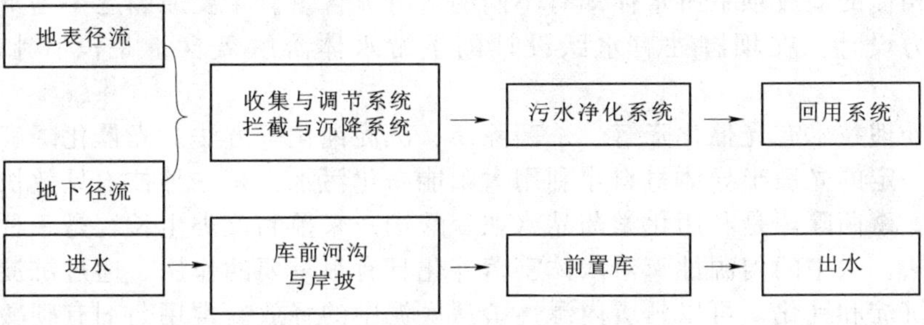

图 8-4　前置库组成系统与工艺流程

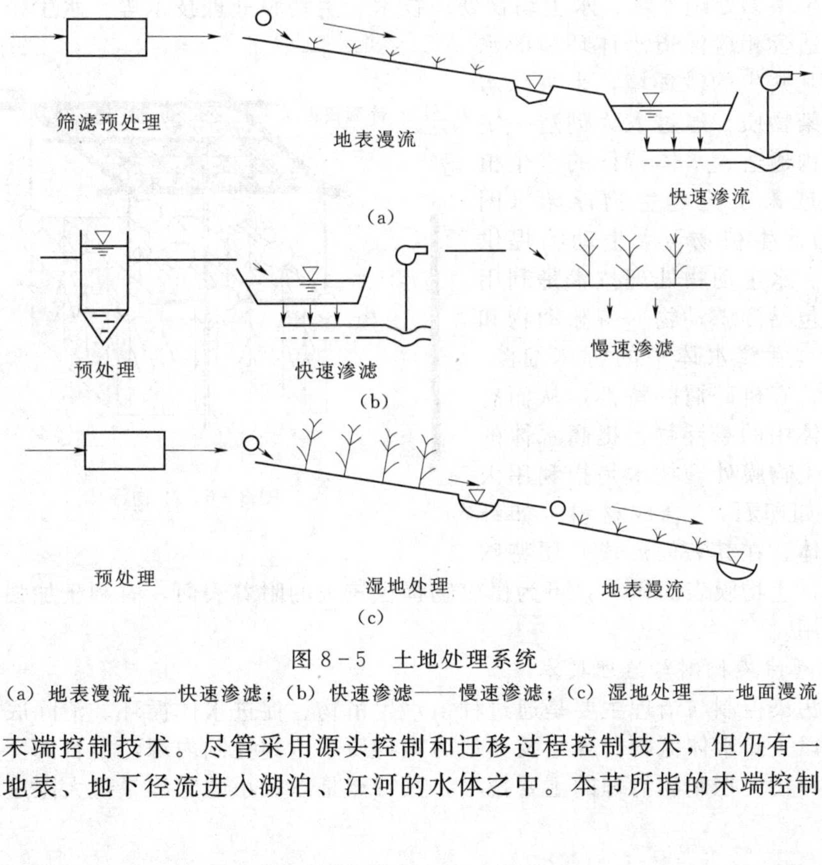

图 8-5　土地处理系统

(a) 地表漫流——快速渗滤；(b) 快速渗滤——慢速渗滤；(c) 湿地处理——地面漫流

（3）末端控制技术。尽管采用源头控制和迁移过程控制技术，但仍有一部分污染物质会随地表、地下径流进入湖泊、江河的水体之中。本节所指的末端控制治理就是采用工程处理技术、生化处理技术、生物强化处理技术等，对水体污染进行控制和治理。

工程处理技术包括引水稀释和水工建筑物复氧技术等。引水稀释是通过水利设施（闸门、泵站等）调控，引入污染水域上游或者附近的清洁水源冲刷稀释污染水域，以改善水环境质量，如我国正在实施的“引江济太”工程。利用水工建筑物进行水体复氧的研究也取得了许多成果。氧气通过空气与水的交界面进入水中，是河流系统溶解氧（DO）的重要来源。正常情况下，河流需要很长一段距离才能达到的DO水平，而在水工建筑物中却可以很快实现。美国伊利诺州水调查所的水质部（Water Quality Section of the Illionis State Water Survey）对该州48座水坝下游进行水质调查，发现外形相似的溢流坝下游水体却有不同的溶解氧含量。主要原因之一是下游坝脚有不同的水力设计。在坝脚处有水跃设计的下游水体溶解氧含量是没有水跃设计的两倍。

生化处理技术有光催化降解、杀菌除藻、沉淀钝化等方法。光催化降解是通过在水中加入一定的光敏半导体材料，利用太阳能净化污水，是一种技术见效快但成本较高的技术。杀菌除藻是利用化学药品（如硫酸铜）来控制藻类生长，是一种应急的传统除藻方法。水中的内源性磷对水体富营养化具有很重要的作用。通过沉淀钝化技术促使磷的沉淀和钝化，可以延缓内源性磷从底泥中的释放。常用药剂有碳酸钙、硫酸铝、明矾等。沉淀技术发挥作用较快，但一般只作为临时措施使用。生物强化处理技术包括水生植物处理技术、水生动物处理技术、生物膜处理技术等。水生植物处理技术是利用适合相应河道水体环境的水生植物及其共生的微环境，来去除水体中的污染物质。通过人为创造一定的条件，构建适合水体特征的水生植物群落，或人工构建生物浮床（图8-6），为水生植物、水生动物提供生存环境。水生动物处理技术是利用水生动物包括浮游动物、游泳动物和底栖动物，吞食水体中的游离细菌、浮游藻类、有机碎屑的特性，从而有效减少水体中的悬浮物，提高水体的透明度。生物膜处理技术是指利用天然材料（如卵石）、合成材料（如纤维）为载体，在其表面形成一层特殊的生物膜，生物膜表面积大，可为微生物提供较大的附着表面，有利于加强对污染物的降解作用。

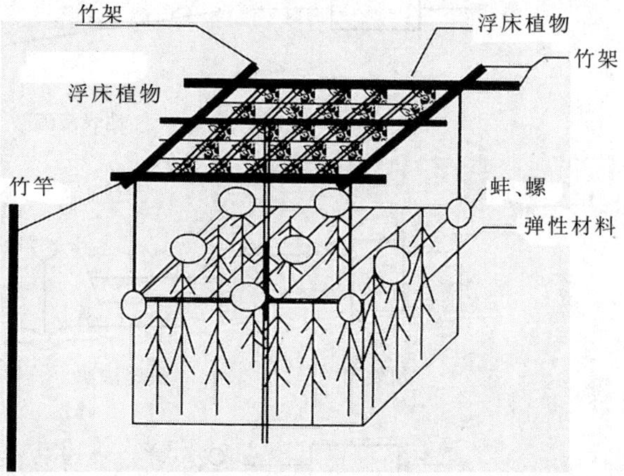

图8-6 生物浮床

4. 内源污染控制与治理技术

内源污染控制与治理主要是通过种植水生植物、促进水体循环、清除底泥、换水等措施，以去除水体氮磷营养盐及其他污染物质，达到控制内源污染目的。生态疏浚是目前内源污染控制和治理的主要技术，其特点是以较小的工程量最大限度地清除底泥中的污染物，同时为后续生物技术的介入创造生态条件。生态疏浚将污染物从水域系统中清除出去，可以较大程度地削减底泥对上覆水体的污染贡献率，进而解决内源释放而造成的二次污染。我国的太湖、滇池都曾经进行过一定规模的底泥疏浚，滇池草海 1999 年完成了 424 万 t 的底泥疏浚工程，大观河疏挖底泥 11.2 万 t，盘龙江清除淤泥 9 万 t。瑞典 Finjadjon 湖 1987 年开始大规模疏浚底泥，5 年时间对湖区面积 25%范围内的底泥进行疏浚。

第 9 章 水生态问题与对策

9.1 水生态系统

水生态系统是生态系统的一个重要组成部分。水生生物群落与其生存的水环境之间以及水生生物群落内不同种群生物之间不断进行着物质交换和能量流动，并处于相互作用和相互影响的动态平衡之中，构成了水生态系统（Water ecosystem）。水生态系统有时也称为水域生态系统或水生生态系统，简称水生态。水生态系统的组成见图 9-1。

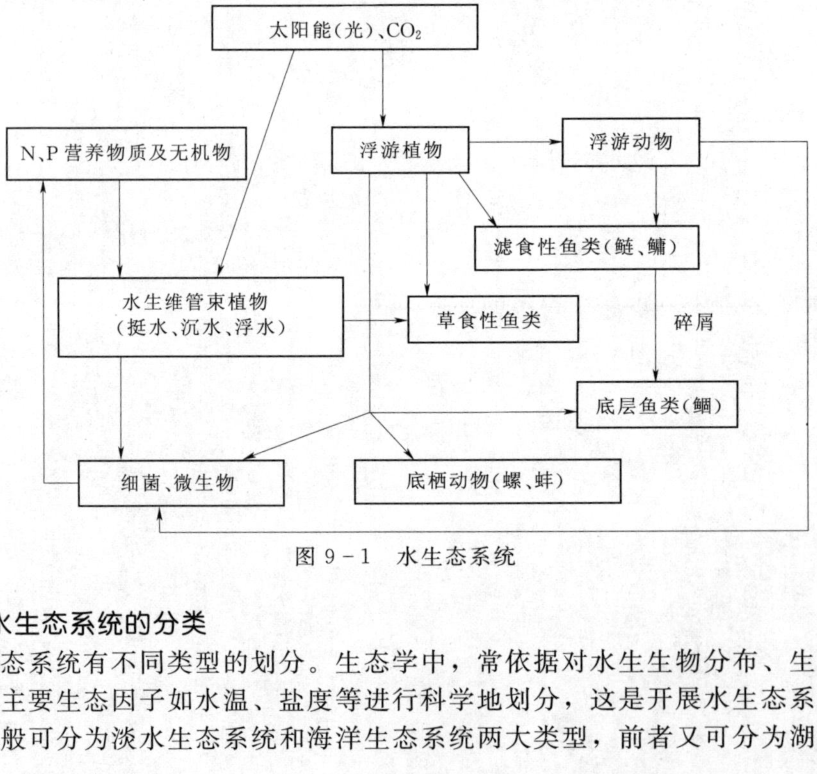

图 9-1　水生态系统

9.1.1 水生态系统的分类

水生态系统有不同类型的划分。生态学中，常依据对水生生物分布、生长等起重要作用的主要生态因子如水温、盐度等进行科学地划分，这是开展水生态系统研究的基础。一般可分为淡水生态系统和海洋生态系统两大类型，前者又可分为湖泊生态系统、河流生态系统和淡水湿地生态系统；后者又可分为河口生态系统、滨海湿地生态系统、浅海生态系统和深海生态系统。水生态类型不同，生物群落的结构和功能就不同，因而对外界的干扰和抵抗力也不相同。以下就一些典型的水生态系统的生境特征和生物群落作一简单的介绍。

1. 河流生态系统

河流是陆地与海洋联系的纽带，在生物圈的物质循环中起着重要的作用。河流的生境特征主要表现在形态呈带状，水流具有很强的流动性，导致河流的水温和某些水化学成分沿纵向分布，使得河流生态系统也沿纵向发生变化，这些变化与水温、流速以及酸碱度的变化率有关。由于这些变化并不是均匀变化，特殊条件和特殊种群均可在河流中存在。在河流的上游，生物多具有适应急流环境的特殊形态结构，而在河流的下游，生物多具有适应缓流环境的特殊形态结构。此外，由于河流中水流流动性大，水体的更新速度快，所以河流系统的自净能力强，但受其他系统的制约较大。流域内陆地生态系统的气候、植被以及人为干扰强度等都会对河流生态系统产生较大的影响。另一方面，河流将各种有机、无机物质源源不断输送到海洋，是沿海生态系统的重要营养来源，直接影响到河口及海湾生态系统的形成和演化。因此，河流生态系统的破坏，对环境的影响远比静态的水生态系统大。

2. 湖泊生态系统

湖泊（水库也是一种人工湖泊）属于静水生态系统。湖泊在空间地理形态上表现为空间相对封闭，出流河道少，水交换缓慢，水体流动以风生流为主，流速缓慢，流态呈现环流分布。这些特点决定了湖泊的许多生态功能与其形态特征有关、受许多因素制约，如湖泊的构成与倾斜度、深度、底质及水的物理、化学特性等。湖泊生态系统的表层与深水层存在复杂的营养关系。在湖泊的浅水层，光照强、水温高、营养物质丰富，常常聚集着许多动、植物，尤其是水生维管束植物和藻类等，初级生产者极为繁茂。在湖泊的深水层，光照弱，光照强度不能满足藻类光合作用的需要，故只聚集着异养动物和厌气性细菌。异养动物多以小型浮游动物为食，细菌则降解由上层沉落下来的有机残体。湖泊属于生态脆弱的水生生态系统，物质循环和能量循环容易受到外界的扰动而失去平衡，并且生态系统的恢复十分困难。人为富营养化导致蓝藻暴发是湖泊生态系统存在的一个突出的环境问题。

3. 湿地生态系统

湿地是指陆地到开敞水面的过渡带，以湿生植物为显著标志。按含盐量的高低可分湖泊淡水湿地和滨海盐生湿地。含盐量小于1‰的湿地称之为湖泊淡水湿地。淡水湿地地处水陆过渡带，湿生植物的促淤功能使得湿地得以蓄积来自水陆两相的营养物质而具有较高的肥力，又有与陆地相似的光照、温度和气体交换条件，并以高等植物为主要的初级生产者，因而具有较高的初级生产力。湿生植物具有较强的吸附和截污能力。同时，湿地为鱼类、鸟类和其他水生动物提供丰富的饵料和优越的栖息条件，因而具有卓越的生态环境功能。近年来，盲目的资源开发和管理不善是导致湿地生态系统破坏和生态功能丧失的主要原因。

4. 河口生态系统

河口是河流的终段，是河流与受水体的结合地段，在生态学上则指地球上陆海两类生态系统之间的交替区。河口区即是海水和淡水交汇和混合的部分封闭的沿岸海湾。河口生境特征主要体现在三个方面，一是盐度呈周期性和季节性变化；二是河口的水温冬、夏变化大，与相邻水域相比，冬天水温更低，夏天水温更高；三是溶解氧含量低。因此，河口生境条件比较恶劣，生物种类多样性较低，广温性、广盐性和耐低氧是河口生物的重要生态特征，其生物组成主要有3种成分，即占主要成分的海洋入侵生物，由广盐性淡水生物迁移而来的淡水生物和适应低盐条件的半咸水生物。河口生态系统和其他富营养系统一样，有时候会由于甲藻突然大量繁殖而形成"赤潮"。

5. 浅海生态系统

海洋是生物圈中最庞大的生态系统，具有高盐度的特有环境，生物群落与淡水生态系统明显不同。浅海生态系统位于海岸线到水深200m以内的大陆架上，与深海生态系统的生境特征不同，主要表现在浅海接受河流带来的淡水和大量有机物，促使其盐度、温度和光照呈季节性变化；海底构成复杂，有不同的海底环境，波浪的作用常影响到海底基质的稳定，使基质颗粒浮于水中。浅海区的生物生产力很高，为次级生产提供了丰富的物质基础，从而栖息着大量的生物，包括浮游生物、底栖生物和游泳生物，是海洋生态系统最活跃的区域之一。与湖泊生态系统相似，人为富营养化导致赤潮爆发是浅海生态系统存在的一个突出的环境问题。

9.1.2 水生态系统与陆地生态系统的区别

由于受地理位置、气候以及下垫面的影响，地球上的生态系统是由无数个大小不等的各类生态系统所组成，各类系统在循环规律上都有各自的特点。水生态系统因其以水作为系统的环境因素而具有一些共同的特征，这些共同的特征在很大程度上都与水的理化特性有关。而且，正是由于水的这些理化特性使水陆两类生态系统在能量流动和物质循环特征上存在以下许多明显的差异。

(1) 水生态系统存在于水域环境中，而陆地生态系统存在于陆域环境中，因而两者的外貌和物种组成均不相同。与水域环境不同，陆域环境无水的浮力，温度变化大，而且多数营养物质由土壤进入植被，因此植被多以草本、灌木和乔木为主。水生态系统主要有水生植物和藻类。水生植物一般指水生高等维管束植物，按其生态类型可分为漂浮植物、沉水植物和挺水植物。藻类大多为单细胞生物，个体较小，代谢率高，繁殖速度快。水体藻类有九大类，典型的主要有蓝藻类和甲藻类。蓝藻多喜在水温较高的、含氧及有机质丰富的水体中生长，甲藻大部分为海产种类。当水中藻类数量过多时会形成有害藻类，是水体富营养化的标志。

(2) 水生态系统的生产者在其生态特征上与陆地差别很大。陆地生态系统中生产者主要是有根的绿色植物；而水域的生产者除一部分水生高等植物外，主要是体型微小但数量惊人的浮游植物。它们比有根植物更重要，是有机物质的主要制造者。这类生产者的特征是代谢率高、繁殖速度快、种群更新周期短，能量的大部分用于新个体的繁殖。

(3) 生态系统中的能量流动开始于绿色植物通过光合作用对太阳能的转化。陆地生态系统的太阳光充足，但空气中CO_2含量少，限制了植物的光合作用，能量与物质周转速率慢。水生态系统初级生产者对光能的利用率比较低，因而初级生产量较陆地生态系统低。例如，占地球表面2/3面积的海洋，其初级生产量仅占全球净初级生产总量的1/3。但初级生产转化为次级生产的效率并不低，能量与物质周转速率快。

(4) 水生态系统分解者的作用远不如陆地生态系统重要，水域中只有10%～40%的初级生产量是由分解者分解的，而陆地生态系统初级生产的90%是由分解者分解的。水生态系统本身含有大量和丰富的有机物，其消费者和分解者可以直接从水体中获取必需的化学物质。水域中的动植物尸体及其排泄物的去向主要有3条途径：一是通过自溶归回环境而重新被利用；二是由分解者分解而重新被利用；三是下沉，一部分被深水生物所利用，一部分随水体运动重新返回上层被再利用。

(5) 水生态系统一般封闭性较强，与周围环境的物质和能量交换量小，内环境比较稳定，生态因子变化幅度小，因而常被生态学家作为研究生态系统能流的对象。但水域类型不同，生物群落的结构和功能也就不同，对外界干扰的反应和抵抗力也不同。如河流系统由于水的流动性大，自身物质循环的功能比较差，内源性营养较少，而由径流汇入的外源性营养占有很重要的位置。

9.1.3 水生态系统生存环境的影响因素

在水生态系统中，水生生物的生存和繁殖依赖于各环境生态因子的综合作用。生态因子是指环境中对生物生长、发育、生殖、行为和分布有直接和间接影响的环境因素，如水文、水力、水温、溶解氧、pH值、营养物质、含沙量等。

1. 水文与水力因子

水文与水力因子对生物有重要作用，一方面生物生命过程对水文、水力因子有着特定的需求，同时水文、水力因子对生物循环过程及对生物群落和生态系统结构同样有着重要的影响。水文、水力因子的改变必将导致生态系统稳定状态的破坏，对生物造成极大的影响。

水位是最基本的水文、水力因子。水位影响河流湖泊的水面面积、水体体积，进而影响到生物的生存空间。同时水位的高低是河流湖泊与其他单元生态系统联系的重要指标。洪水高水位可使河流湖泊与周边滩地的联系更加密切，生物的交换也更加频繁。水位的时空变化异常会导致栖息地过早或推迟出露水面，影响水生动物和候鸟的觅食，甚至中断食物链。

流速也是重要的水文、水力因子。很多研究表明，鱼类大多数生态行为与流速及流速的空间分布密切相关。不同的鱼类种群有不同的流速偏好，甚至不同的流速会使鱼类的外表形态发生改变。流速的空间分布反映了水流的复杂程度，对于不同鱼类的各生命阶段和生活行为有着与之相适应的水流流场。例如对于体外受精的鱼类，在繁殖过程中通常会选择水流混乱程度较高的水域进行交配，甚至只有在水流达到一定紊乱程度才会刺激交配行为的产生，而在产卵前后可能会停留在相对平静的水域。

流量是河流的重要特征因子。反映河流流量过程的5个主要因素：即流量值、历时、频率、发生时间和变化率对水生生物都有重要的影响。流量的大小及其变化率影响水生生物的保育场地和营养物质。某个流量的历时长短会对水生生物形成生存压力，影响生物物种的构成，如洪水泛滥时间过长不利于非耐淹植被，会改变河岸植被的覆盖类型。流量出现频率的改变同样会影响河岸植被物种和群落，当自然的极限流量出现几率减少，河流生存环境恒定，外来物种容易适应从而造成入侵几率增加，破坏本地物种生存环境，自然生态系统的多样性和本地鱼类及无脊椎动物的丰富度下降。发生时间指特定流量出现时间，特定流量出现时间能给出水生生物进入新的生命周期信号，如一些鱼类利用季节流量峰值作为产卵信号，某些植被生命周期与自然流量变化的季节时间相适应。

水文、水力因子的变化通常会影响到生物栖息地结构。栖息地通常指某种生物或某个生态群体生存繁衍的地区或环境类型，包括其完成全部生活史过程所必需的水域范围，如产卵场、索饵场、越冬场以及连接不同生活史阶段水域的洄游通道等。栖息地不仅提供生物的生存空间，同时还提供满足生物生存、生长、繁殖的全部环境因子。水流的流动影响河道的形状、大小和复杂性，支流和三角洲的形成，浅滩、急流、深潭和静水区域的分布，河床基质的多样性和稳定性。生物在长期自然选择与进化过程中，其生命活动的完成，往往依赖于这些环境因子的细微变化。例如，栖息地水深是一定水位与河道地形相叠加的结果，其主要在两方面影响鱼类，一方面是为底栖型鱼类提供适当的活动空间，另一方面是为沉性卵提供适当的孵化环境。栖息地河床形态与基质在很大程度上也会影响物种的分布与丰度。不同的鱼类对河床形态如浅滩、深潭和河床基质有着不同的偏好，如产沉性卵的鱼类喜好在基质为卵石或砾石的深槽产卵等。

2. 水质因子

水质因子主要包括水温、溶解氧、pH 值、含沙量等。水温是生物的重要生存因子。在适宜的温度范围内，温度每升高 10℃，生物的酶促反应速率将提高 1～2 倍，其代谢速率和生长速率均可相应提高。现有研究成果表明，许多鱼类性腺最终发育成熟并完成排卵的过程受水温的影响显著。各种生物都有各自的适宜温度，多数藻类的最适宜温度在 28～30℃，水生微生物的最适宜温度在 5～10℃，中华鲟天然产卵场的水温范围一般在 17～20.2℃。

pH 值反映了水体的酸碱度的变化。不同生物的生命活动、物质代谢与 pH 值密切相关。在极端酸性和碱性条件下，生物活性降低。大多数细菌、藻类和原生动物的最适宜 pH 值为 6.5～7.5。

水中溶解氧的含量是水生生物生活和分布的限制因子。除了大气溶氧，大型水生植物和藻类作为生产者，能利用太阳光产生氧气，是水体中氧气的主要来源，与此同时它们的呼吸也消耗一部分氧气。水体中的消费者和大部分的分解者都是耗氧的生物。例如，水体中的好氧微生物利用溶解氧，能把有机物分解为简单有机物和无机物，并用以组成自身有机体。若水中溶解氧含量过低，水生动物就会死亡，导致厌氧细菌大量繁殖，使水体中的有机物完全无机化。

水体中含沙量从 3 个方面影响水生生物的栖息：其一，含沙量影响下游河道的冲刷和淤积，影响栖息地结构形态；其二，含沙量会改变产卵场中粘性卵的着床率；其三，悬移质含沙量会影响栖息地饵料的组成，有科学家在对美国干旱地区五条河流进行研究后指出，轮虫等饵料的数量和分布明显受到悬移质含沙量的影响。

3. 营养因子

营养物质是促使生物新陈代谢的重要因子。生物从外界环境不断地摄取营养物质，经过一系列的生化反应，转变成细胞的组分，同时产生废物并排泄到体外，这一过程称为新陈代谢。新陈代谢包括同化和异化作用。同化作用是将营养物质转变为机体组分的过程，需要能量；异化作用是将营养物质和细胞物质分解的过程，产生能量。水体中主要营养因子是氮、磷等微量元素。如果氮、磷等营养物质含量过多，则会导致水体富营养化。

9.2 中国水生态问题

我国海域辽阔，江河湖泊众多，湿地资源丰富，为水生生物提供了良好的繁衍空间和生存条件。受独特的气候、地理及历史等因素影响，我国水生生物具有特有程度高、孑遗物种数量大、生态系统类型齐全等特点。我国现有水生生物2万多种，其中鱼类约3862种，白鳍豚、扬子鳄为中国特有的珍稀濒危野生动物，在世界生物多样性中占有重要地位。通过对濒危物种栖息地的保护和恢复，大部分国家重点保护的野生动植物野外资源急剧下降的趋势已得到有效遏制，种群动态逐步稳定，中华鲟、扬子鳄等国家重点保护的水生野生动物回归自然工作已稳步推进。但总体来看，中国水生生物资源总量不足、过度消耗的状况仍十分严重。由于人类活动使水生生物栖息地及生境遭到破坏以及过度开发利用等原因，中国水生态系统仍然面临以下问题。

9.2.1 生态用水的水量水质难以满足生态需水要求

生态用水（water use）是在现状环境条件下生态系统可以利用的水量。生态需水（water requirement）是指达到某种生态水平或者维持某种生态系统平衡所需要的水量，或是发挥期望的生态功能所需要的水量。我国是一个水资源短缺的国家，水资源主要用于工、农业生产和生活用水，很少考虑生态用水。根据我国黄河、淮河和海河的有关统计资料，海河流域生态可用水量仅4.4亿m^3，占流域天然径流量的3.7%；黄河利津站河道生态可用水量仅18.61亿m^3，只占多年平均天然径流量的3.2%；均远小于该区域的生态需水要求。淮河干流王家坝河段生态可用水量为49.4亿m^3，占多年平均天然径流量的91%。淮河干流生态可用水量虽然充沛，但水体污染严重，劣Ⅴ类水质高达30%。专家指出，劣Ⅴ类水质已基本丧失水体使用功能。

9.2.2 不合理地开发利用自然资源所造成的生态破坏

由于盲目围湖造田、掠夺性捕捞、乱采滥挖、不适当地兴修水利工程或不合理灌溉等引起野生动植物和水生生物资源日益枯竭，旱涝灾害频繁，以致生态失衡。一些非国家重点保护的水生动植物，特别是具有较高经济价值的水生动植物种群下降趋势明显。以长江流域为例，长江主要经济鱼类青、草、鲢、鳙“四大家鱼”的种苗产量已由最高年份的300亿尾，下降到目前的4亿尾。近年来长江捕捞产量已下降到10万t左右，不足最高年份的1/4。

大鲵有3.5亿年的进化史。因其叫声近似婴儿啼哭，四条又短又胖的腿，前脚有四趾，后脚有五趾，很像婴儿的手臂，被俗称为娃娃鱼。从生态学上看，娃娃鱼一般生活在幽暗、湍急、清凉的溪流中，某种意义上是人类生命之源——水环境状况的生物“晴雨表”。但这种可与大熊猫相媲美的“活化石”，在最近几十年间，因其味鲜美，且具有一定药用价值，遭人类滥捕滥杀。20世纪50～60年代，重庆、湖南、陕西一些地方，每年进入市场的娃娃鱼以吨计算，形同普通水产，导致娃娃鱼濒危。

9.2.3 部分生物物种面临绝迹和消亡的威胁

中国是生物多样性较高的国家，居世界第八位，北半球第一位。我国现有水生生物2万多种，其中鱼类约3862种，白鳍豚、扬子鳄为中国特有的珍稀濒危野生动物，在世界生物多样性中占有重要地位。按照国际惯例，50年未见的物种可定义为“灭绝”，由于各类因素的影响，我国已有15%～20%的动植物种类受到灭绝的威胁，高于世界10%～15%的平均水平。

中华白海豚和白鳍豚、儒艮三种水生哺乳动物，1988年被我国政府确定为国家一级重点保护的濒危野生动物，也是被国际贸易公约列入濒危野生动植物种的珍稀哺乳动物。如今，长江水域中的白鳍豚已近灭绝，广西海域中的儒艮数量急剧下降，只有中华白海豚尚存一定数量。2006年11～12月间，来自中国、美国、英国、德国、瑞士、日本等6个国家的25名科学工作者联合组成科考队，对长江流域的白鳍豚种群进行考察，在历时38天往返3400km的长江水域考察之后，未会发现一头白鳍豚。中华白海豚主要分布在我国东南部沿海，其中雷州半岛海域约200多头，厦门的九龙江入海口不足100头，广西钦州三娘湾100～200头，珠江口约1000～1200头。珠江口一带的中华白海豚所拥有的世代最完整，从幼儿期到老年期，灰色（幼儿）、白色（壮年）、粉红色（老年）3种颜色、各个世代的都有。但是，珠江口中华白海豚的生存环境正受到威胁，死亡事件不断出现。从2003年以来的5年间，珠江口中华白海豚国家级自然保护区统计处理的中华白海豚死亡案件共19起。珠江口中华白海豚种群正面临前所未有的生存威胁，其濒危程度远远超过大熊猫。

中华鲟已有1.4亿年的历史，堪称“活化石”，最大的重上千公斤，又称“长江鱼王”。1988年，中华鲟被列为国家一级保护动物。中华鲟生于长江，长于大海，在海洋里生活9～14年后性腺成熟，再向长江上游金沙江洄游产卵。1981年葛洲坝大江截流后，在宜昌市境内的长江葛洲坝下游江段80km内发现了中华鲟新的产卵场。尽管人们为保护中华鲟付出许多努力，但工业企业向长江大量排污和人类活动等外界危害，使中华鲟的种群数量急剧减少。1981年葛洲坝截流前，每年洄游到长江上游产卵的中华鲟超过3500条，如今洄游至宜昌江段产卵的已不足500条。研究发现，长江污染已使野生中华鲟雌、雄鱼性腺发育退化，可受精时间越来越短，精子寿命原来10～30min，现只有3～5min，可受精时间原来超过1min，现缩短为10多s。从近几年捕捞情况看，野生中华鲟雌鱼多，雄鱼少，雌雄比达5∶1，有时达到10∶1。按中华鲟物种安全性要求，雌雄比应该是1∶1，性比失调意味着中华鲟种群整体正在衰退之中。世界自然资源保护监测中心公布的报告称，野生中华鲟总资源量仍在锐减，如不采取有效措施，10年后中华鲟可能灭绝，成为第二个白鳍豚。

此外，长江江豚种群数量正以每年7.3%的速率下降，目前长江中仅存1100～1200头，不足20世纪90年代初的一半，生存形势非常严峻。

生物多样性消失将恶化人类的生存环境，限制人类生存与发展机会的选择，甚至严重威胁人类的生存与发展。

9.3 水生态系统修复对策

9.3.1 水生态修复的基本概念

水生态修复是利用生态系统原理以及水生生物的基础生物学特性，采取各种人工和生物调控相结合的方式，修复受损伤的水体生态系统的生物群体及结构，通过引种移植、保护和生物操纵等技术措施，修复和强化水体生态系统的主要功能，并能使生态系统实现整体协调，自我维持、自我演替的良性循环。实现这一目标所采用的技术称之为生态修复技术，是从环境修复和生产力恢复层面上发展起来的修复技术。

修复的本意是对错误和缺陷进行纠正的作用或过程。修复最早从环境治理角度被定义为：借助外界作用力使某个受损的特定对象部分或全部恢复到原初状态的过程。生态修复起源于环境修复，环境修复是对被污染的环境采取措施使污染物浓度降低到未污染前的状态。早期的环境修复主要采用工程技术手段，以后采用物理和化学手段。20世纪90年代美、德等国家提出通过生态系统自组织和自调节能力来修复污染环境的概念，并通过选择特殊植物和微生物，人工辅助建造生态系统来降解污染物，形成环境生态修复技术。

20世纪70年代后，受生态工程学术思想的影响，从环境修复和生产力恢复层面上升到了生态系统恢复层面。基本内涵就是在人为辅助控制下，利用生态系统演替和自我恢复能力，使被扰动和损害的生态系统恢复到接近于它受干扰前的自然状态，即重建该系统干扰前的结构与功能有关的物理、化学和生物学特征。美国在修复五大湖生态系统时，将管理后生态系统的变化结果概括为恢复（restoration）、改建（rehabilitation）、重建（enhancement）和恶化（degradation）4种状态（图9-2）。恢复是将受损系统从远离初始状态的方向推移回到初始状态；恶化与恢复的方向相反，使生态系统受到更大破坏；重建是将生态系统的现有状态进行改善，结果是增加人类所期望的“人造”特点，压低人类不希望的自然特点，是生态系统进一步远离它的初始状态；改建是将恢复与重建措施有机结合起来，并使恶化状态得到改善。此后，我国一些科技工作者将恢复、改建、重建总括为修复，使生态修复研究迅速拓宽。

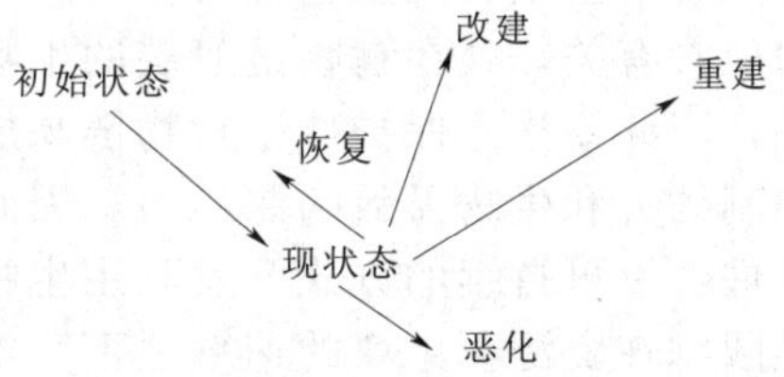

图9-2 生态修复状态示意图

9.3.2 水生态系统修复的基本对策

1. 保护系统结构的整体连续性

生态功能是以生态系统完整的结构和良好的运行为基础的。高效的功能取决于水生态环境稳定的结构和持续的运行过程。因此系统结构的整体连续性表现在系统结构的完整性和运行的连续性。

水生态系统结构的完整性包括地域的连续性、物种的多样性、生物组成的协调性和环境条件的匹配性。地域的连续性是生态系统存在和长久维持的重要条件，物种的多样性是促使生态系统趋于稳定的重要基础，生物组成的协调性是生态系统结构整体性和维持系统稳定性的重要因素，环境条件的匹配性则是构成生态环境的重要支柱。2007年6月中下旬原本栖息在洞庭湖区400多万亩湖洲中的数以亿计的东方田鼠，随着水位上涨，部分群落蜂拥内迁，破坏防洪大堤，啃食农作物籽实和根茎，直接威胁到湖南洞庭湖区22个县市区的防洪大堤及数百万亩粮田的安全。这一事件充分显示了保护水生态系统结构完整性的必要性。

水生态系统运行的连续性是影响其功能甚至影响系统自身稳定性的另一个关键所在。生态系统的运行主要是物质循环和能量流动的两个过程。这个运行过程必须持续进行，削弱这一过程或切断运行中的某一环节，都会使水生态环境恶化甚至完全崩溃。构成物质循环和能量流动的核心是绿色植物，它们处于食物链的最底层。生态系统从大气、水体和土壤等环境中获得营养物质，通过绿色植物吸收，进入生态系统，被其他生物重复利用，然后再归还于环境之中。因此，当某地绿色植物因人类活动而遭到破坏或清除时，就需要人工补建绿色植被予以补偿，从而维持生态系统运行的连续性。

2. 保持系统的再生产能力

水生态系统有一定的再生能力和恢复功能，其再生和恢复功能主要受两种因素制约：一是水生生物的生殖潜力；二是环境的制约能力。生物的生殖潜力与其所处食物链的位置有关，处在食物链底层的生物生殖潜力大，而处在食物链高层的生物生殖潜力小，因此要注意保护位于食物链高层的生物及其生境。环境的制约能力包括无机环境的制约力和生物天敌的制约力，因此要保持生态系统稳定、恢复或重建所必须的环境条件，以可持续的方式开发利用生物资源。要将人类开发和获取生物资源的规模和强度限制在资源再生产的速率之下，不使过度消耗资源而导致其枯竭。我国实施的休鱼、休牧和生态调度政策一定程度上保持了系统的再生产能力。例如为保护长江鱼类资源，2002年长江流域开始试行春季禁渔，实施休鱼政策。禁渔共涉及10省市8100多km江段，以及鄱阳湖、洞庭湖等主要湖泊，取得较好效果。

3. 以生物多样性保护为核心

生物多样性保护主要是物种多样性的保护，保护的重点是防止物种灭绝。导致物种灭绝的原因有内因和外因。内因为遗传变异，只是导致假灭绝，即原有的老物种虽然消失，但却经各类亚种形式转变为新物种，是生物进化论的表现。外因的作用最终会导致真灭绝，形成进化的盲支。因此当代的保护生物多样性都是针对减轻外因作用进行的，其原则应该是保护所有物种之间的相互平衡，加强各非生物因子对生态系统的支持能力，促使生态过程按照其固有的内在规律运行，即保持生态系统的自然性，减少任何人为的干预、“改善”和“建设”。同时要避免物种濒危和灭绝。

2007年2月14日，国务院批准并印发的《中国水生生物资源养护行动纲要》进一步提出了我国水生生物资源养护的奋斗目标，即到2010年，水域生态环境恶化、渔业资源衰退、濒危物种数目增加的趋势得到初步缓解，过大的捕捞能力得到压减，捕捞生产效率和经济效益有所提高；到2020年，水域生态环境逐步得到修复，渔业资源衰退和濒危物种数目增加的趋势得到基本遏制，捕捞能力和捕捞产量与渔业资源可承受能力大体相适应；到21世纪中叶，水域生态环境明显改善，水生生物资源实现良性、高效循环利用，濒危水生野生动植物和水生生物多样性得到有效保护，水生生态系统处于整体良好状态，基本实现水生生物资源丰富、水域生态环境优美。

9.3.3 水生态修复技术

受损生态系统的修复可以遵循两个模式途径：当生态系统受损是不超过负荷并是可逆的情况下，压力和干扰被移去后，修复可在自然过程发生。如对退化鱼场进行禁捕保护，几年之后鱼场即可得到恢复。另一种是生态系统的受损是超负荷的，并发生不可逆变化，只依靠自然过程并不能使生态系统得到修复，必须依靠人的帮助，必要时，还需要非常特殊的方法，至少要使受损状态得到控制。当前条件下水生态修复，主要体现为采用多种手段，特别提倡采用生态工程的手段，对水生态恶化进行治理。

生态修复效果的判定可以通过以下几方面衡量：①自维持能力，即水生态系统组成、结构和功能及其相互耦合机制的稳定性；②生态整合能力，包括理化因子的多样性、生物物种的丰富度及合理比例等；③自调节能力，即系统保持对外界缓冲、消解和转换能力；④自组织能力，即系统的自我完善、发展能力。

1. 水生物栖息地修复技术

根据水体条件不同，生物体在水中可表现为3种状态：自由态、增长增殖状态和抑制状态。当水温、水深、流速、水质等流场条件适宜时，生命体成自由态，动物表现为自由自在，植物微生物表现为大量增值。当水流条件对生命体有威胁时，动物多选择逃离，植物则表现为生长、繁殖被抑制。当水流条件对生命体极为不利时，表现为动植物体全部灭绝。因此许多研究者提出以生态学定义的功能性栖息地（functional habitats）和以水力学定义的水力栖息地（flow biotopes）基本概念，并借助建立的栖息地性能曲线，研究功能性栖息地与水流参数的关系。水生物栖息地修复技术就是根据生物体的生态水力特性，营造出特定的水流环境和水生生物所需要的环境。

根据水生生物活动的空间尺度，水生物栖息地可分为河道内栖息地和流域内栖息地。河道内栖息地的修复首先要明确修复目标的生活习性，技术手段有鱼道、浅滩—深潭结构、基质恢复、河岸覆盖物和设置乱石堆或丁坝等模拟水生生物所偏好的活动场所。流域内栖息地主要指生活在河滨的半水生动物和涉水鸟类栖息地的恢复。修复技术包括林间水库、巢形建筑物、食物斑块、湿地等。林间水库是指在森林覆盖的漫滩上修建低堤防和出流建筑物形成的浅水域。利用林间水库放水产生的洪水效应防止上层阔叶树木遭受破坏。巢形建筑物是为了恢复水边鸟类而增设的人工巢箱。食物斑块是有目的地种植目标物种所摄取的植物，改善目标物种的食物来源。湿地修复包括人造湿地和对原有湿地的复原。

2. 生物调控技术

自20世纪60年代，人们开始关注氮、磷等植物营养物质与浮游植物和初级生产力之间的定量关系。水生态学家发现摄食、竞争和捕食等生物间的相互作用对水生生物种群和群落结构具有重要的调节作用，因而提出生物调控技术（Bio _ manipulation），也称之为食物网调控技术（Food _ web manipulation）。近年来，许多学者利用不同规模的实验系统对生物调控技术进行广泛的研究，并将生物调控的概念进一步拓宽，来促进水生态系统的自我修复，使其修复过程与自然生态系统有着更大的相融性。常用的技术方法有：

（1）利用生态系统营养级链状效应修复水生生态系统。如我国武汉东湖专门养育了30种水草，让水草吸收水中过多的营养。水草增加，藻类下降，形成了此长彼消的良性循环。通过放养鲢鱼、鳙鱼，并改变鱼类的群落结构，吞食导致水质污染的蓝藻，同时组织养殖野鸭等水生动物，初步形成一个有效的立体生态修复链。

（2）选取具有某种功能的物种修复受损的生态系统。如在长江口的生态修复中，选取了双壳贝类牡蛎作为重建生态系统结构的关键物种，其出发点主要有3个方面：①水体净化功能。作为滤食性底栖动物，牡蛎能有效降低河口水体中的悬浮物、营养盐及藻类，并能在其软组织中累积大量的重金属离子。②栖息地功能。牡蛎礁是具有较高生物多样性的海洋生境，它为许多底栖动物和鱼类提供了良好的栖息与摄食场所。③能量耦合功能。牡蛎能将水体中大量颗粒物输入到沉积物表面，支持着底栖碎屑生产。又如通过投放沙蚕等物种，可以修复水生物栖息地的底质。沙蚕以动植物碎片和腐屑为饵，能利用泥沙中的蛋白质，可以有效的消耗底质中腐殖质。沙蚕自身的蠕动可以不断搅拌底质的氧化层和还原层，使低价重金属离子被氧化，溶解于海水，逐渐恢复底质的机械组成。

（3）人工增殖放流技术。人工增殖放流技术就是通过人工投放鱼苗，恢复和增加水体中水生动物种群和数量的技术。从20世纪七八十年代开始，日本、韩国、美国和我国台湾等渔业发达国家与地区陆续将人工增殖放流作为渔业资源修复和生态环境保护的重要战略，并取得显著成效。以濒危野生动物成功放归自然为标志，我国濒危水生生物拯救工作，在经历抢救性保护、人工繁育扩大种群并取得成功后已进入回归自然的新阶段。通过人工增殖放流技术，我国濒危水生生物扬子鳄人工种群已增长至1万多条。2007年，四川省与农业部举行长江珍稀特有鱼类增殖放流活动，共放流各类鱼苗鱼种80余万尾，其中国家一级保护水生野生动物达氏鲟2000尾，国家二级保护水生野生动物胭脂鱼1万尾，全省长江特有鱼类8.6万尾，其他经济鱼类71万尾。

3. 生态调度与人造洪水技术

生态调度与人造洪水技术均属于生态修复的两项重要非工程措施。生态调度的基本概念并不是指狭隘的"生态用水"这个单一的概念，而是通过改善水利工程调度来避免和挽回工程对自然环境和河滨社区的潜在危害，修复已丧失的生态功能或保持自然径流模式。水利工程调度可以分为功能调度、环境调度和生态调度，功能调度是按照发电、灌溉和防洪需求进行调度，环境调度以水质的改善为主要目标，生态调度以水利工程建设运行的生态补偿为主要目标。

目前，通过水利工程生态调度，向断流的河道和生态退化区域实施输水，补偿地下水和改善水环境已成为河流生态系统修复的基本手段。例如，随着引黄入淀工程的开展，白洋淀水位明显上涨，天鹅白鹳翩翩起舞，生态环境得到显著改善。目前，淀区水位比补水前升高了67cm，总水量达到了9670万m^3。水域面积也由补水前的60km^2扩展到100多km^2，水明显清了许多。由于水量增加，淀区生态环境得到显著改善，白洋淀湿地的生态功能也逐步恢复。绝迹多年的白天鹅、东方白鹳等在芦苇地里栖息觅食，上下翻飞。近年来，随着淀区生态环境的改善，名贵鱼类马口鱼和棒花鱼在淀区出现，淀区鸟类种类达192种，鱼类资源恢复到17科34种。

人造洪水技术是指通过模拟河道水文周期自然涨落规律，利用长时间、大规模的人造洪水来恢复河流的生态系统。洪水能冲起河床中多年沉积的泥沙，使之沉积到受侵蚀的河滩，恢复河流两侧的沙洲与沙滩，促进河流和河滩之间物质和能量的定期交换，为恢复生物的多样性提供条件。1996 年 3～4 月美国在科罗拉多河进行世界首次人造洪水试验，泄放洪水历时 11d，平均下泄流量 $2740m^3/s$。这次试验虽然没有达到预期的目标，但为利用人造洪水恢复河流的生态提供了一定的经验和科学依据。2002 年 7 月我国在黄河小浪底水库进行调水调沙试验，泄放洪水历时 8d，平均流量 $1275m^3/s$，试验的目的是利用人造洪水输沙入海，以减少下游河道的淤积，但同样可以起到恢复黄河下游河道的自然地貌和生态环境功能的作用。

4. 生态水利工程技术

生态水利工程技术最早由欧美发达国家针对河流整治带来的“平面直线化、断面规则化和河岸硬质化”问题，于 20 世纪 80 年代提出。近年来，国内外学者积极研究适用于各类水利工程规划、设计、建设和运行管理的水生态修复技术。生态水利工程技术主要针对河流生态系统的修复，而且主要是小型河流。按照技术布置的位置可分为河道修复、河岸修复、土地利用修复等。

(1) 河道修复。河道修复常采用河流治理生态工法（Ecological Working Method），也称之为多自然型河流治理法（Project for Creation of Rich in Nature）。所谓生态工法是当人们采用工程行为改造大自然时，应遵循自然法则，做到“人水和谐”，是一种“多种生物可以生存、繁殖的治理法”。该方法以“保护、创造生物良好的生存环境与自然景观”为建设前提，但不是单纯的环境生态保护，而是在恢复生物群落的同时，建设具有设定蓄泄洪水能力的河流。

(2) 河岸修复。河岸修复主要采用土壤生物工程技术。它按照生态学自生原理设计，采用有生命力植物的根、茎（枝）或整体作为结构的主体元素，通过排列插扦、种植或掩埋等手段，在河道坡岸上依据由湿生到水生植物群落的有序结构实施修复。在植物群落生长和建群过程中，逐步实现坡岸生态系统的动态稳定和自我调节。例如，深圳市西丽水库以入库受损河流生态系统为对象，在确保河岸力学稳定性的前提下，对河流护岸工程结构进行生态设计，修复创建与生态功能相适应的河岸植物群落结构，并对其恢复动态进行连续跟踪观测和评价。研究结果表明，构建后的实验河流河岸植被得到了良好的恢复。经过 2 年的演替后，与对照区相比，实验河流河岸植物群落的物种数和生物多样性有了很大的提高，其物种数新增加了 14 种，而对照区仅增加了 4 种；实验区的植被覆盖率增加到 95％以上，而对照区仅为 55％。

土壤生物工程是融现代工程学、生态学、生物学、地学、环境科学、美学等学科为一体的工程技术。但应用中应注意研究：①影响边坡稳定性的地质、地形、气候和水文条件等自然因素及适宜的坡面加固技术；②不同地区和地点边坡乔灌草种的最佳组合及可能限制或促进植物工程物种存活的生物和物理因素，以建立稳定的坡面植物群落。

(3) 土地利用修复。土地利用修复主要采用植被恢复技术。植被恢复技术主要是指在因水利工程建设活动再塑的地段，及其他废弃场地上，通过人为措施恢复原来的植物群落，或重建新的植物群落，以防止水土流失的水土保持植物工程。植被恢复技术包括多个方面，首先要注重植被恢复场所的立地条件分析评价。立地条件是指待恢复植被场所所有与植被生长发育有关的环境因子的综合，包括气候条件（太阳辐射、日照时数、无霜期、气温、降水量、蒸发量、风向和风速等），地形条件（海拔、坡向、坡度、坡位、坡型等）和地表组成物质的性质（粒级、结构、水分、养分、温度、酸碱度、毒性物质等）。立地条件的分析评价可为植物生长限制性因子的克服和制定相应的措施提供科学依据。其次是植物种选择。植物种选择是植被恢复技术的关键环节，应从生态适应性、和谐性、抗逆性和自我维持性等方面选择适合于当地生长的植物种。

9.3.4 水生态修复技术的发展趋势

从生态系统安全、亲水和景观等多视点系统地研究水生态修复技术，已经成为水利学和生态学研究者必须共同面对的重要课题。与国外相比，我国的河流生态修复常常忽视对受损河岸植被群落和河流生态系统结构、功能的修复，以及对修复过程中的生态学过程和机理研究。探索基于水利学与生态学理论的水生态修复理论与技术是今后的重要发展趋势。例如研究水文要素变化对生物资源的影响机制。在宏观上对比长时间和大空间跨度的水文要素变化和生物资源的消长规律，研究水利水电工程建设所造成的水文情势变化及泥沙冲淤变化的程度和方式及其对生物资源的影响；微观上则根据不同生物对水力学条件的趋避特点，研究水利水电工程建设所形成的水力学环境（流速、流态、坝下径流调节等）对重要生物资源的影响，探讨水利水电工程作用与重要生物资源的生态水文学机制。

流域生态修复是我国水生态修复的一个重要发展方向。流域是一个完整的水循环系统，生态修复需要水，合理的水资源配置有助于生态修复；同时不考虑生态的水工程建设和流域水资源配置，又极易导致区域生态系统恶化，造成某一地区相对干旱或少水、地下水位下降、湿地消失、湖泊萎缩、植物干枯等。因此，从流域的空间尺度开展水生态的修复，综合考虑流域水、土、生物等资源，把生态修复、水工程建设、水资源配置紧密结合起来，是我国水生态修复的发展方向。进一步地，还应该注意到生态修复在一定时间和空间上对人类心理生态、社会生态、文化生态、经济生态等更深层次上的作用和影响，需要工程技术人员和管理人员共同协作，达到水生态恢复的良好效果。

第10章 水利水电工程的生态效应及补偿途径

10.1 水利水电工程的生态效应

水利水电工程包含防洪工程、灌溉工程、输水引水工程、水力发电工程等，但最多且有代表性的是筑坝蓄水以进行防洪、灌溉和发电的工程。水利水电工程产生的生态效应主要体现在两个方面：一是对水生态系统中的环境产生影响；二是对水生态系统中的生物产生影响。这些影响既有正面影响，也有负面影响。

10.1.1 环境效应

水利水电工程建设和运行将会形成水文效应、湖沼效应和社会效应。由此产生水生物栖息地的直接改变和水文、水力学要素等方面的变化以及由上述变化所导致的对环境的间接影响等。

(1) 水文效应：在河流上筑坝截水，改变洪水状况，削减洪峰，降低下游洪水威胁，保障人民的生命财产安全；但另一方面也会改变河流的水文状况和水力学条件，从而导致河湖联通关系的变化，或导致季节性断流，或增加局部河段淤积，或使河口泥沙减少而加剧侵蚀，或咸水上溯，污染物滞流，水质也会因之而有所改变。

(2) 湖沼效应：筑坝蓄水形成人工湖泊，会发生一系列湖泊生态效应。淹没区植被和土壤的有机物会进入库水中，上游地区流失的肥料也会在库水中积聚，库水的营养物逐渐增加，水草就会大量增加，营养物就会再循环和再积聚，于是开始湖泊的富营养化过程；河流来水中含有的泥沙逐渐在水库中沉积，水库于是逐渐淤积变浅，像湖泊一样“老化”；水库的水面面积大，下垫面改变，水分蒸发增加，会对局部地区小气候有所调节。我国学者曾对辽宁石佛寺水库的温度、湿度做过定量计算，认为石佛寺水库温度影响距离为5km，平均日温度影响值为－2.0～－3.0℃，湿度变幅为10%～20%，水库水面蒸发量增加还可能增加降雨量。若增加的水汽与外来水汽加合，产生的增雨效果则更显著一些。

(3) 社会效应：水库水坝工程都会造福一方或致富一群（人）。水力发电代替火力发电，减少CO_2的排放量，降低温室效应，净化了空气。例如，三峡水利枢纽工程如与同等装机容量火电机组相比，三峡电站每年发出的电能，相当于少消耗5000万t燃煤，减排1亿t二氧化碳。灌溉改变了灌区的生态条件，大多数灌区已成为鱼米之乡，显然是对生态的改善。大多数拦河闸坝枢纽形成了新的生态与环境，成为区域性的景观工程。供水直接为人的生存服务，引水至村镇内，也为村镇内居住环境的改善起到了明显的作用。带有小型水电站的拦河坝，也可起到以电代柴和以水电代火电的作用。但其另一侧面更不容忽视。首先，大型水利工程往往会造成成千上万的人口搬迁，大都是因失去土地而必须迁居他乡的农民。这些人前往哪里，会对那里的环境造成什么样的影响，他们的生计如何，往往是一个有始无终的问题。有报道说，我国建国后兴修水利造成的移民问题真正解决好的并不很多，有很多人在迁出一段时间后，又都回迁到原籍，于是开始没有了平地就开垦坡地，没了耕地就砍伐山林的新活动方式。其结果，不仅这些人生计艰难，而且造成的水土流失等问题严重威胁水利工程的效益和安全；其次，水利水电工程改变区域的生产与生活方式，会使区域社会经济生活发生很大变化，如人口的重新迁移与聚集，城镇兴起与发展，土著居民生产生活发生变化等。尤其是水利工程因重新分配了用水权、用水方式，无论怎样平衡，都会是有的受益，有的受损，因此引发的社会矛盾问题有时还会十分激化。

10.1.2 生物效应

水利水电工程对生物的影响是使建设地及上、下游的生境发生了变化，部分影响或打破了原有的生态平衡，而逐渐产生了新的生态平衡。这种变化具有双重性，即正面影响和负面影响。水利水电工程具有保护生态的替代效应。拦河闸坝建设后会出现新的深水区和浅流区，替代了原河道的深潭和浅滩，会产生新的水生生物物种；过坝水流的掺氧净水作用也有利于鱼类等水生物的生长。例如美国科罗拉多河在修建格伦峡谷大坝后，8种本地鱼种，有3种消失，但又增加了另外两类新鱼种。

另一方面，水利水电工程无论是用于防洪、发电、供水还是灌溉都趋于使水文过程均一化，改变了自然水文情势的年内丰枯周期变化规律，这些变化无疑影响了生态过程。首先是大量水生生物依据洪水过程相应进行的繁殖、育肥、生长的规律受到破坏，失去了强烈的生命信号。例如由于河流的动荡，河水的温度和化学组成的变化，以及符合鱼类生活特性的自然生活环境和食物来源的改变，都有可能对鱼的种类、数量产生影响，某些鱼种有可能因无法适应新的环境而数目骤减。长江的四大家鱼在每年5～8月水温升高到18℃以上时，如逢长江发生洪水，家鱼便集中在重庆至江西彭泽的38处产卵场进行繁殖。产卵规模与涨水过程的流量增量和洪水持续时间有关。如遇大洪水则产卵数量很多，捞苗渔民称之为“大江”，小洪水产卵量相对较小，渔民称为“小江”。家鱼往往在涨水第一天开始产卵，如果江水不再继续上涨或涨幅很小，产卵活动即告终止。其次，某些依赖于洪水变动的岸边植物物种受到胁迫，也可能给外来生物入侵创造了机会。水库水体的水温分层现象，对于鱼类和其他水生生物都有不同程度的影响。由于三峡大坝下泄水流的水温低于建坝前的状况，这将使坝下游的“四大家鱼”的产卵期推迟20d。此外，扩大灌溉面积和输水距离，有可能使水媒性疾病传播区域扩大。

10.2　水利水电工程负面效应的补偿途径

大部分水利水电工程对生态的正面效应是主要的。当设计者对水利水电工程的负面影响不注意、不重视，没有去认真地解决，就会造成不少遗留问题。水利水电工程负面效应的补偿途径有两条：①对于已建工程，研究和开发受损水域生态修复的方法和技术；②对于新建工程，研究和开发因工程建设、运行而对水生态系统造成胁迫所应采取的补偿工程措施。对于第一条途径的生态修复的方法和技术已在第 3 章有所介绍，这里不再赘述。对于第二条途径的研究，不仅仅限于因项目建设对自然环境所产生的破坏影响进行补偿与修复，还包括以保护为主的所有缓解生态影响的措施。其补偿措施应该贯彻于建设项目的立项、规划、设计、施工和运行整个过程。

在建设项目的立项和规划阶段，停止建设项目的全部内容或部分内容，以回避对生态系统整体影响的可能性，称之为“回避”。例如，为了达到防洪的目的，不一定需要建坝，可以采用设立行洪区和滞洪区或拓宽河道等方法。即使需要建坝，在有多条支流或多个地点可以作为坝址选择时，应当逐条河流和逐个地点对建坝后的生态影响进行评价，选择影响最小的河流和河流中的某一断面筑坝。在同一河流进行梯级开发时，不能仅仅考虑水能的最大利用价值，还应考虑梯级电站之间河道潜在的自然恢复能力，在梯级电站之间留有充裕的河段使水生生物休养生息。

在建设项目的设计阶段，将受到工程影响的环境或水生生物栖息地通过工程措施进行“补偿”或将其置换到其他地方，以此来代替和补偿所受到的影响。例如，为了减轻冷水下泄，将单层进水口设计成多层进水口，使不同温层的水体混合后再泄至下游。为了补偿大坝对洄游通道的阻隔影响，应增加鱼道、鱼梯或升鱼机等附属设施。通过研究鱼类产卵场的生境条件，可将原有的鱼类产卵场置换到生境条件相似的河段。

在建设项目的施工阶段，把工程建设对生态的影响“最小化”或进行“矫正”，称为“减轻”。对因水利工程建设而遭受影响的环境进行修正、修复，从而使环境恢复的行为，称之为“修复”。我国溪落渡水电站在建设施工道路时采用隧洞、垂直挡土墙等，使地表植被的破坏程度最小化。对于库区及其建筑物造成的自然生态永久性破坏，则在其周边地区恢复自然，形成比建坝前更丰富，更高质量的生态环境。为了减轻工程施工的影响，尽可能采用先进的施工工艺。如江苏常州防洪工程浮体闸采用工厂建造，水上浮运，现场拼装和水下混凝土施工等工艺，减轻对闸址处周边生态环境的影响。

在建设项目的运行阶段，通过改善水利工程调度来避免和挽回工程对自然环境和河滨社区的潜在危害，修复已丧失的生态功能或保持自然径流模式，称之为“生态补偿”。该方式中通过确立大坝建设与水库（电站）运行的基本生态准则，包括最小下泄生态流量确定的理论与方法，建立适应河流生态恢复的生态水文调度，以及基于生态水文与工程调度相结合的新型水库调度准则等，防止河道萎缩和生态退化以及库区的淤积等。

10.3 水利水电工程生态补偿案例

针对水利工程的负面效应，我国水利工作者相继开展了水利工程的生态补偿、修复和减轻负面影响的研究与实践，取得了显著的成效。本节简要介绍几个成功案例，更详细的文字图像资料详见光盘链接10－1、10－2与10－3。

10.3.1 新疆塔里木河综合治理案例

塔里木河，维语意为脱缰的野马，是我国最长的内陆河流，也是世界著名的内陆河之一。塔里木河干流全长1321km，流域面积102万km^2，涵盖了我国最大盆地——塔里木盆地的绝大部分，是保障塔里木盆地绿洲经济、自然生态和各族人民生活的生命线，被誉为"生命之河"、"母亲之河"。塔里木河流域成为新疆产业发展战略的重要基地和我国西部开发潜力巨大、最具发展活力的地区之一。塔里木河流域历史上形成的天然绿洲，是阻挡塔克拉玛干沙漠的风沙侵袭、保护人类生存环境的天然屏障。塔里木河流域水资源开发利用和生态环境保护，不仅关系到流域自身的生存和发展、民族团结、社会安定和国防稳固的大局，也关系到西部大开发战略的顺利实施，战略地位十分重要。由于人类活动与气候变化等影响，导致干流水量不断减少，下游生态环境不断恶化，河道断流，尾闾台特玛湖干涸，地下水位大幅度下降，以胡杨林为主体的荒漠植被全面衰败，沙漠化过程加剧发展，夹持在塔克拉玛干沙漠和库鲁克沙漠间的"绿色走廊"急剧萎缩。严重影响到区域经济社会的可持续发展和人民群众的生产、生活和生存环境。

1. 塔里木河生态退化的成因

塔里木河流域是一个封闭的内陆水循环和水平衡的相对独立的水文区域。历史上塔里木河流域的九大水系均有水汇入塔里木河干流。20世纪40年代以前，车尔臣河、克里雅河、迪那河相继与干流失去地表水联系，40年代以后喀什噶尔河、开都—孔雀河、渭干河也逐渐脱离干流，目前塔里木河干流有地表水联系的只有和田河、叶尔羌河和阿克苏河三条源流。1949年以后，上游三源流流域灌溉面积由35.1万hm^2扩大到1995年的77.7万hm^2，为灌溉这些土地，修建大型干渠5985km，包括支、斗、农渠总计渠系长度达到58732km；同时还修建各种渠系建筑物84413座，年引水量达148亿m^3，占三源流多年平均年总径流量的75.5%。这就使得叶尔羌河从20世纪80年代以后再无水补给塔里木河，和田河季节断流时间更长，阿克苏河只有在洪水期有水下泄，枯水期全部通过塔里木河拦河闸引入阿拉尔灌区。塔里木河干流枯水期全部是回归水和农田排水，洪水期只能流到恰拉和大西海子水库，大西海子水库以下从1972年以后基本断流，只遗留320km的干河道，1974年，塔河尾闾台特玛湖彻底干涸，以至有人惊呼，平原水库修建之日，就是下游生态退化之时。

2. 塔里木河综合治理措施

塔里木河综合治理工程措施包括：通过压缩平原水库、建设山区控制性水库等加强水源涵养区的保护，提高流域水资源的调控能力；新增各级防渗渠道，修筑干流两岸输水堤坝，兴建护岸和控导工程，疏浚干流河道，从而确保每年有3.5亿m^3的水量注入下游河道。与此同时，对上游农业区实施限量引水，增地不增水，实施退耕还林还草、荒漠林恢复改良等工程，逐步恢复塔里木河流域绿色生态走廊。其中最引人注目的是生态应急调水措施。

生态应急调水是抓住开都河来水偏丰、博斯腾湖水量充足的有利时机，向塔河下游生态输水。输水路线是从大西海子水库西北 530 多 km 外的博斯滕湖引水到大西海子水库，再泻入塔里木河道，抵达塔河尾闾台特玛湖（见图 10－1）。

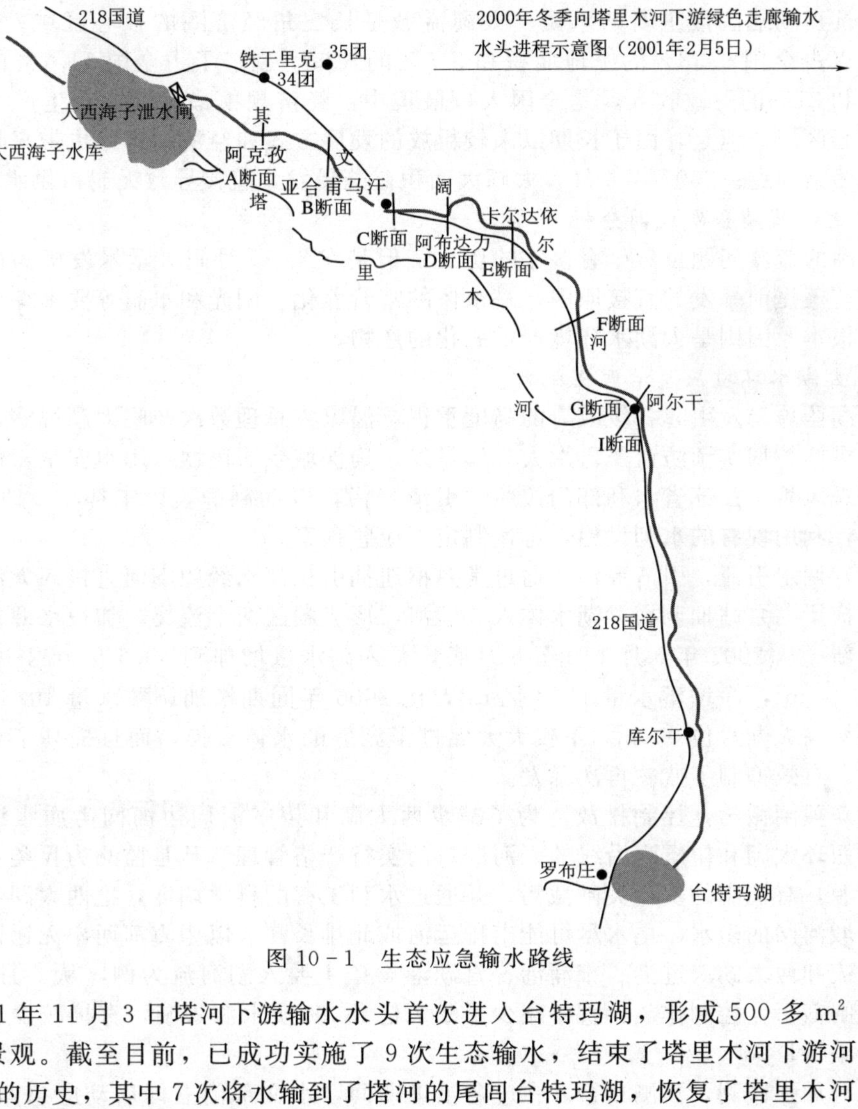

图 10－1　生态应急输水路线

2001 年 11 月 3 日塔河下游输水水头首次进入台特玛湖，形成 500 多 m^2 的小面积湖面景观。截至目前，已成功实施了 9 次生态输水，结束了塔里木河下游河道断流近 30 年的历史，其中 7 次将水输到了塔河的尾闾台特玛湖，恢复了塔里木河的全部流程并使台特玛湖形成了 200 余 km^2 的湖面。

3. 塔里木河综合治理工程成效

通过实施应急输水，塔河下游的生态面貌已经得到改善。下游天然植被恢复面积 20 多万亩，沙地面积减少 3 万多 hm^2，植被覆盖率明显提高，许多地方枯木逢春，焕发出了勃勃生机。2007年在此栖息或停留的候鸟已超过10万只，红嘴海鸥、野生鸬鹚、白鹭、大雁等数十多种水鸟开始在这里安家落户。因栖息环境恶化而离开塔里木河多年的红嘴海鸥，2007年入夏后在故乡重现身影，数万只红嘴海鸥起落时遮天蔽日，成为当地一大景观。

10.3.2　太湖护水控藻案例

太湖，是我国第三大淡水湖，面积$2400km^2$，流域面积$36895km^2$，是上海和苏锡常、杭嘉湖地区最重要的水源。太湖流域是长三角经济圈的核心区域。2006年，该流域以占全国0.38%的土地面积和3.5%的人口，创造了占全国11.7%的国内生产总值和21%的财政收入，是全国人口最集中，经济规模最大，社会生产力最为活跃的核心区域。但是，由于长期以来较粗放的发展方式和经济结构，也带来日益严重的环境污染问题。2007年5月，太湖大面积蓝藻暴发，直接导致无锡市供水危机。

1. 太湖蓝藻暴发成因分析

太湖的蓝藻问题虽然已有多年的历史，但是在4～5月间大量暴发极为少见。导致太湖蓝藻提前暴发的直接原因，是水体的富营养化、阳光和水温等要素综合作用的结果，根本原因则是太湖水环境严重恶化的产物。

2. 太湖水环境应急治理措施

太湖蓝藻暴发引起各级政府的高度重视，温家宝总理数次亲临太湖视察，要求采取有效措施，切实预防蓝藻再次大规模暴发，确保城乡居民饮水用水安全，恢复太湖原有景观风貌。江苏省水利部门按照“引清释污，以动制静，以丰补枯，改善水质”的要求，利用现有的水利设施，迅速制定了应急预案。

（1）调水引流，引清释污。通过常熟枢纽抽引长江水经望虞河直接入太湖，并由无锡市梅梁湖泵站抽调梅梁湖水体入大运河，形成湖区两个流场，加快水源地的水体交换更新。从2007年5月1日至8月底，总入湖水量增加到38.6亿m^3，总出湖水量23.4亿m^3，净增蓄水量15.2亿m^3，比2006年同期增加调蓄水量10.38亿m^3，相当于提高太湖水位0.5m，不仅大大促进了湖区的水体交换，而且提高了湖体的环境容量，有效抑制了蓝藻再次暴发。

（2）关闸截污，控制排放。为了减少西太湖和望虞河周边河网劣质水源进入太湖，对西环太湖和望虞河沿线的入河湖口门实行严格管理。凡是监测为Ⅳ类水以下的劣质水源，有控制的实行关闸截污；并通过水利工程的科学调度，把西太湖和望虞河西部区域河网的涝水、尾水尽可能南排运河或北排长江。以望虞河西岸无锡段的主要入河支流和西太湖武进港、雅浦港、直湖港3条主要入湖河流为例，从6月至8月，通过关闸截污，控制排放，直接减少了2.7亿m^3劣质水源入湖，直接减少了入望虞河的污染物量。

（3）加强监测，预测预警。在应急治理期间，水文部门立即启动应急监测预案，增加布设监测点，加密监测频次，对太湖所有水源地、调水引流沿线、环太湖重要出入口门等水域的水质水量，实行每天跟踪监测和巡查，及时掌握水情、水质和蓝藻的变化趋势，为加强水利工程的科学调度提供依据。

经过3个多月的调水引流、关闸截污、跟踪监测预警等应急治理措施，加之地方政府和环保部门强有力的污染治理工作，应急治理初步取得了的明显成效。2007年8月下旬实测的主要水质指标与5月下旬和2006年8月下旬的实测指标进行比较，水源地水质指标明显改善，充分体现了水利工程改善太湖水环境的作用。

10.3.3 长江鱼类生态补偿案例

长江是仅次于亚马逊河和尼罗河的世界第三长河流，长江上游沱沱河由南而北出唐古拉山，至切苏美曲口，平均比降大于10.8‰。上游江水出三峡后，进入中游，在宜都纳清江。自宜昌至江苏省镇江间的1561km平原河段，平均比降0.026‰。长江干流各段名称不一：源头至当曲口（藏语称河为“曲”）称沱沱河，为长江正源，长358km；当曲口至青海省玉树县境的巴塘河口，称通天河，长813km；巴塘河口至四川省宜宾岷江口，称金沙江，长2308km；宜宾岷江口至长江入海口，约2800余km，通称长江，其中宜宾至湖北省宜昌间称“川江”（奉节至宜昌间的三峡河段又有“峡江”之称），湖北省枝城至湖南省城陵矶间称荆江，江苏省扬州、镇江以下又称扬子江。

长江，曾被誉为“鱼类基因宝库”，是中国特有的千种珍稀鱼类的主要栖息地。据最新公布的调查数据显示，长江流域蕴藏有水生生物1100多种，其中鱼类370余种，在这当中包括国家一二级重点保护水生野生动物14种，其中，白鳍豚、中华鲟、白鲟、江豚和胭脂鱼等都是我国的特有种类，然而目前这些长江珍稀水生动物的种群数量正在逐步减少，其中一部分濒临灭绝的边缘。有水中大熊猫之称的白鳍豚，处于极度濒危状态；淡水鱼之王白鲟已经难觅其踪迹；闻名遐迩的长江鲥鱼更是绝迹多年；水中化石中华鲟数量急剧下降，并有继续减少的趋势，久负盛名的四大家鱼，鱼苗发生量也自2003年开始锐减。

1. 长江鱼类资源锐减成因

长江鱼类资源锐减的原因是多方面的，污水排放、大量挖砂、航运发展以及过渡捕捞是直接的危害。但不可否认，长江干流和支流上修建的众多水利枢纽也是严重影响长江鱼类资源锐减的原因之一，因为众多工程的兴建给长江鱼类生存环境带来了巨大变化。

（1）长江中很多鱼类属于洄游性鱼类，大量的水坝堵住了它们的洄游通道，洄游路线缩短。

（2）水利枢纽挡住了上游营养物质向下游的传输，减少了鱼类的食物，甚至造成食物链中断。

（3）长江四大家鱼在5～6月份汛期水位上涨时产卵，而水库一般在汛期蓄水，枯水期放水，改变了长江流态和季节变化规律，使刺激鱼类产卵的信号紊乱；同时使洲滩过早显露或推迟淹没，影响栖息地食物丰富度。

（4）大多数长江上游特有鱼类繁殖要求的最低水温在16～18℃，高水位蓄水后，大坝底层的水下泄时，水温会有所降低。最近3年中华鲟的产卵时间推迟了半个月，原因是坝下水温在中华鲟的繁殖季节发生了变化。

（5）高坝流下的水融解了空气中大量的氮气，而水体氮气过饱和对鱼类影响比较大，导致鱼类患气泡病，造成血液循环的障碍。

(6) 水库蓄水后上游的流速变缓，水变清，引起了库区鱼类种群结构的变化。

2. 生态补偿措施

针对长江干流和支流水利工程对重要生物资源的负面影响，国家有关部门和高校开展了大型水利工程对重要生物资源不利影响的补偿途径研究，采取了一系列生态补偿措施。

(1) 径流调节补偿措施。径流调节补偿包括人造洪峰、下泄水温调节与径流调节技术等。中国长江三峡工程开发总公司立项开展“大型水利工程生态调度情报研究”，对国际上有关生态调度研究的理论、应用技术、实践及其他相关研究和应用进行全面的了解，概括出国际上成熟技术和发展方向、国内研究和应用差距、三峡工程生态调度可应用的实用技术，从而指导三峡工程生态调度研究方向和目标的制定。

(2) 鱼类栖息地补偿措施。1981年元月葛洲坝水利枢纽截流后，长江中华鲟被阻隔在葛洲坝坝下江段。中科院水生所连续多年开展中华鲟产卵场的调查，调查显示葛洲坝下游的中华鲟仍能自然繁殖，并形成新的比较稳定的葛洲坝坝下产卵场。1996年湖北省政府在葛洲坝下建立了“长江宜昌中华鲟自然保护区”，保护区长80km，其中靠近葛洲坝的30km是核心。2002年以后，中科院水生所等单位对葛洲坝坝下产卵场流场又进行了更详细的量测，获得大量水文、水力测量数据，为中华鲟保护区建设提供有力的理论支撑。2005年4月，经多方论证，国家又建立了长江上游珍稀、特有鱼类国家级自然保护区。保护区具体范围由向家坝下横江口开始，向下游延伸至重庆马桑溪，包括赤水河干流、岷江下游等河段，保护区面积33000hm^2，河流类型丰富，为不同繁殖类型的鱼类提供了适宜的生活空间。

(3) 休鱼和增殖放流措施。为保护长江鱼类资源，2002年长江流域开始试行春季禁渔，实施休鱼政策。禁渔共涉及10省市8100多km江段，以及鄱阳湖、洞庭湖等主要湖泊。禁渔以葛洲坝为界，将长江分为两个江段，分时段进行禁渔。其中云南省德钦县以下至葛洲坝以上水域的禁渔时间为2月1日12：00～4月30日12：00；葛洲坝以下至长江河口水域禁渔时间为4月1日12：00～6月30日12：00。

人工增殖放流珍稀鱼类，在实践中效果也不错。从1981年起，中华鲟研究所开始向长江放流人工繁殖的中华鲟，长江水产科学研究所也从1983年起放流中华鲟。目前累计向长江放流的中华鲟已超过600万尾。有关单位对放流的中华鲟除采用传统的体外标志银牌外，还使用了国际上先进的体内PIT标志技术，以便监测中华鲟幼鲟人工增殖放流的效果。除了人工增殖放流中华鲟，一些单位还放流了胭脂鱼、草鱼、鲢鱼等经济鱼类。

10.3.4　环境友好型水利工程设计案例

京杭运河苏南段是江苏省重要的水利和通航河道。沿河自西向东，太湖湖西地区地面较高，而武澄锡虞地区地面较低，发生洪水时，太湖湖西高水沿运河东下，直逼常州、无锡、苏州三市。1999年夏，太湖流域发生特大洪水，洪水沿苏南运河进入常州境内的最大流量高达314m^3/s，使常州水位在一天内由警戒水位4.30m猛涨到最高洪水位5.48m，严重威胁常州、无锡、苏州三市的防洪安全。为此，决定在苏南运河常州段建闸以控制洪水。

1. 建闸的生态效应

在常州建闸必然会引起一系列的环境和社会效应。首先，苏南运河是江苏的黄金水道，年航运量达 4000 万 t 以上，采用传统的建闸方式需要布设船闸，增加过往船只的通航时间，提高航运成本，影响航运效益，受到交通部门的强烈抵制。其次，同时设置船闸和水闸需要占用较多的耕地面积，而且传统水闸需要较高的排架结构以安装启闭设施，与周边景观极不协调。其三，传统的水利施工方式主要是现场施工。现场施工对环境有着直接的影响，例如施工导流和围堰修筑会改变下游水文和水生生态状况；施工道路开通所导致的植被破坏、水土流失及土地碾压占用问题；现场浇注造成的施工污水的排放问题；施工噪音、物料运输和人员流动的交通噪音扰民、扬尘影响及拥挤堵塞等对周边环境的影响等。

2. 补偿措施

苏、锡、常三市的防洪问题必须解决，而工程修建所引起的环境和生态问题也必须重视，这就要求设计人员寻找一个和谐的设计方案，把工程建设对生态的影响“最小化”，采用“减轻”的设计补偿措施。经多方论证，采用环境友好型的浮体闸设计方案，底部工程采用水下施工方法。浮体闸由底部浮箱与上部闸孔组成，浮箱长 64m、宽 10m、高 3m，上置 10 孔单宽 4.5m 的闸门。非汛期置于门库，汛期需要关闸时利用浮箱门端部的脱卸式动力舱将浮箱门牵引至闸位，然后利用充水设施向浮箱内注水，使之下沉到位，从而达到节制作用。汛后则将浮箱内水排出，上浮水面后再牵引至门库（图 10-2）。

图 10-2　浮体闸放至门库时的照片

第3篇

水 利 工 程

我国降雨时空分布不均，形成了水资源分布“两个不均匀”的特点，导致洪、涝、旱等自然灾害频发。为了减少由自然灾害造成的损失，自古至今，各种形式的水利活动成为经济社会发展的重要内容。从事各种水利活动的工作叫水利事业，它包括防洪、发电、灌溉、排水、航运、供水、渔业、水环境治理等。

人们为了控制、调配、开发、管理和保护自然界的水所兴建的各种工程称为水利工程，如通过筑坝建库，把多雨季节的雨水储存在水库里，待雨水少的季节放出来；通过修建水道，把多水地区的水引到水少的地区去，实行跨流域调水；在拦蓄、引调的同时，还可利用水库蓄水后形成的水位差发电；以及利用水域航运、养鱼与旅游等综合利用。

根据兴建工程所承担的任务，水利工程一般包括防洪工程、水力发电工程、灌溉（农田水利）工程、水土保持工程、航运工程（航道整治、河流渠化、港口码头）等，还可包括城市给水、排水工程、海岸工程以及水环境（治污）工程等。当一项工程能同时承担多种任务时称其为综合利用工程。

水利工程也可按其对水的影响效果分类，如蓄水工程、排水工程、取水工程、输水工程、扬水工程、水质净化和处理工程等。本篇主要介绍防洪工程、水力发电工程、灌溉工程、水土保持工程以及水利工程建设等内容。

中华人民共和国成立后的60年内，我国的水利事业有了巨大的进展。全国共整修和兴建堤防约27万km；普遍疏浚整治了排水河道，开辟了海河和淮河的排洪通道；兴建了8.5万多座水库，水电站装机容量从1949年的16.3万kW发展到目前近2亿kW；面积万亩以上的灌区达2500多处，灌溉面积从2.4亿亩增至7亿亩以上，3.4亿亩的易涝耕地中有2/3得到了初步治理，1.1亿亩盐碱地已改良1/2以上；为城市、工业供水及农牧区人、畜饮水提供了水源；为工农业生产和人民生活提供了电能及其他综合利用效益。我国以占全球6%的水资源，保障了占全球21%人口的经济、社会发展，水利功不可没。

第 11 章 水利枢纽与水工建筑物

11.1 水利枢纽及其等别

11.1.1 水利枢纽分类

为了充分利用水资源，最大限度地满足水利事业各部门（防洪、灌溉、发电、航运及给水等）的需要，需修建不同类型和功能的水工建筑物，用以壅水、蓄水、泄水、取水、输水等。把某几个（不是全部）不同类型与功能的水工建筑物集中兴建在一起，组成一个既各自发挥作用又彼此协调的有机综合体，称这个综合体为水利枢纽。综合利用的水利枢纽通常都以某一单项目标为主，在该枢纽名称前冠以主要目标之名，如防洪枢纽、水力发电枢纽、航运枢纽等。在很多情况下水利枢纽大都是多目标的综合利用枢纽，如防洪—发电枢纽，防洪—发电—灌溉枢纽，发电—灌溉—航运枢纽等。按作用在水利枢纽上水头 H 的大小又可分为高水头（$H>70$m）、中水头（$30\text{m}<H<70\text{m}$）和低水头（$H<30$m）水利枢纽 3 类。此外，按拦河坝的型式还可分为重力坝枢纽、拱坝枢纽、土石坝枢纽及水闸枢纽等。

11.1.2 水利枢纽布置

影响水利枢纽设计与布置的因素多且复杂，包括地形、地质、水文、施工、环境、运行等。因而枢纽布置无固定的模式，必须在充分掌握基本资料的基础上，认真分析各种具体条件下多种因素的变化和相互影响，研究坝址和主要建筑物的适宜型式，从设计、施工、运行、经济等方面进行论证，综合比较，才能选出最优的方案。

坝址和坝型选择与枢纽布置密切相关，不同坝轴线适宜选用不同的坝型和枢纽布置，同一坝址也可能有不同的坝型和枢纽布置方案。例如：河谷狭窄，地质条件良好，可考虑采用拱坝。若将大坝布置成溢流坝或在坝身布置泄洪孔，水电站厂房则可能布置为坝后式、厂房顶溢流式或地下式等；河床覆盖层较深，地质条件较差，且有适宜筑坝的土石料，则可以考虑选用土石坝。这时以何种泄洪方式及何种水电站厂房型式相配合，也要根据具体条件作出相应考虑。可见，坝址和坝型选择是一项非常复杂的工作，影响因素很多。必须根据综合利用要求，结合地形、地质条件，选择不同的坝址和相应的坝轴线，作出不同坝型的各种枢纽布置方案，进行技术经济比较，然后才能择优选出坝轴线位置及相应的合理坝型和枢纽布置。在选择坝址和坝型时应考虑以下条件。

1. 地质条件

坝址地质条件是水利枢纽设计的重要依据之一，对坝型选择和枢纽布置往往起决定性的作用。因此，应该对坝址附近的地质情况勘查清楚，并作出正确的评价，以便决定取舍或定出妥善的处理措施。

坝型、坝高不同，对坝基地质条件要求也有所不同。例如，拱坝对地质要求最高，支墩坝和重力坝次之，而土石坝则要求较低；坝的高度越大对地基要求也越高。坝址最好的地质条件是强度高、透水性小、不易风化、没有构造缺陷的岩基，但理想的天然地基是很少的。一般来说，坝址在地质上总是存在这样或那样的缺陷。因此，在选择坝址时应从实际出发，针对不同情况采用不同的地基处理方案，以满足工程要求。还可以在枢纽布置和坝型选择上设法适应坝址地质条件，比如沿坝轴线分段选用不同坝型或将坝轴线转折，以适应地质条件。

选择坝址时，不仅要慎重考虑坝基地质条件，还要对库区及坝址两岸的地质情况予以足够的重视。既要使库区及坝址两岸尽量减少渗漏水量；又要使库区及坝址两岸的边坡有足够的稳定性，防止因蓄水而引起的滑坡现象。

2. 地形条件

坝址地形条件与坝型选择和枢纽布置有着密切的关系，不同坝型对地形的要求也不一样。例如拱坝要求宽高比小的狭窄河谷；土石坝则要求岸坡比较平缓的宽河谷，且两岸有适宜布置溢洪道的位置。一般来说，坝址选在河谷狭窄地段，坝轴线较短，可以减少坝体工程量，但对一个具体枢纽来说，还要考虑坝址是否便于布置泄洪、发电、通航等建筑物以及是否便于施工导流，要由枢纽总造价来衡量经济与否。因此需要全面分析，综合考虑，选择最有利的地形。对于多泥沙及有漂木要求的河道，要考虑坝址位置是否对取水防沙及漂木有利；对有通航要求的枢纽，还要注意布置通航建筑物对河流水流流态的要求，坝址位置要便于上下游引航道与通航过坝建筑物衔接；对于引水灌溉枢纽，坝址位置要尽量接近用水区，以缩短引水渠的长度，节省引水工程量。

3. 建筑材料

在坝址上下游附近地区，是否储藏着足够数量和良好质量的建筑材料，直接关系到坝址和坝型的选择。对于混凝土坝，要求坝址附近有足够做混凝土用的良好骨料；对于土石坝，附近除需要有足够的砂石料外，还应有适于做防渗体的黏性土料或其他代用材料。因此，对建筑材料的开采条件，如料场位置、材料的数量和质量、交通运输以及施工期淹没等情况均应调查清楚，认真考虑。

4. 施工条件

不同坝址和坝型的施工条件包括是否便于布置施工场地和内外交通运输，是否易于进行施工导流等。坝址附近，特别是坝轴线下游附近最好要有开阔的场地，以便于布置场内交通、附属企业、生活设施及管理机构。在对外交通方面，要尽量接近交通干线。施工导流直接影响枢纽工程的施工程序、进度、工期及投资，在其他条件相似的情况下，应选择施工导流方便的坝址。

5. 综合效益

对不同坝址与相应的坝型选择，不仅要综合考虑防洪、发电、灌溉、航运等各部门的经济效益，还要考虑库区的淹没损失和枢纽上下游的生态影响等，要做到综合效益最大，有害影响最小。

11.1.3　水利枢纽分等

一项水利工程的成败对国计民生有着直接的影响，但不同规模的工程影响程度也不同。为使工程的安全可靠性与其造价的经济合理性统一起来，水利枢纽及其组成建筑物要分等分级，即先按工程的规模、效益及其在国民经济中的重要性，将水利枢纽分等，然后对各组成建筑物按其所属枢纽等别、建筑物作用及重要性进行分级。枢纽及建筑物的等、级不同，对其规划、设计、施工、运行管理的要求也不同，等级越高，要求也越高。这种分等、分级区别对待的方法，也是国家经济政策和技术政策的一种重要体现。

根据我国有关水利水电枢纽工程等级划分设计标准，水利水电枢纽工程按其规模、效益和在国民经济中的重要性分为五等，见表 11-1 所示。表 11-1 中总库容系指校核洪水位下的水库库容，灌溉面积等则均指设计值。对于综合利用的工程，如按表 11-1 中指标分属几个不同等别时，整个枢纽的等别应以其中的最高等别为准。

表 11-1　　水利水电工程分等指标

工程等别	工程规模	分等指标						
		水库总库容（$10^8 m^3$）	防洪			灌溉面积（10^4亩）	供水对象重要性	水电站装机容量（10^4kW）
			保护城镇及工矿区的重要性	保护农田面积（10^4亩）	治涝面积（10^4亩）			
一	大（1）型	≥10	特别重要城市	≥500	≥200	≥150	特别重要	≥120
二	大（2）型	10～1.0	重要城市	500～100	200～60	150～50	重要	120～30
三	中型	1.0～0.1	中等城市	100～30	60～15	50～5	中等	30～5
四	小（1）型	0.1～0.01	一般城镇	<30	15～3	5～0.5	一般	5～1
五	小（2）型	0.01～0.001			<3	<0.5		<1

11.2　水工建筑物及其级别

11.2.1　水工建筑物分类

受到水的静力和动力作用，并与水发生相互影响的建筑物称之为水工建筑物，它是水利工程中各类建筑物的总称。通常情况下，水利工程是以集中兴建于一处的若干建筑物来体现的，但有时仅指一个单项水工建筑物，有时又指包括沿一条河流很长范围内，甚至很大面积区域内的许多水工建筑物。水工建筑物按功用可分为以下几类。

1. 挡水建筑物

拦截或约束水流，并承受一定水头作用的建筑物。如蓄水或壅水的各种拦河坝、修筑于江河两岸用以防洪的堤防、施工围堰等。

2. 泄水建筑物

排泄水库、湖泊、河渠等多余水量，以保证挡水建筑物和其他建筑物安全，或为必要时降低库水位乃至放空水库而设置的建筑物。如设于河床的溢流坝、泄水闸、泄水孔，设于河岸的溢洪道、泄水隧洞等。

3. 输（引）水建筑物

为灌溉、发电、城市或工业给水等需要，将水自水源或某处送至另一处或用户的建筑物。其中直接自水源输水的也称引水建筑物。如引水隧洞、引水涵管、渠道及其上的交叉建筑物如渡槽、倒虹吸管、输水涵洞等。

4. 取水建筑物

位于引水建筑物首部的建筑物。如取水口、进水闸、扬水站等。

5. 整治建筑物

改善河道水流条件、调整河势、稳定河槽、维护航道和保护河岸的各种建筑物，如丁坝、顺坝、潜坝、导流堤、防波堤、护岸等。

6. 专门性水工建筑物

为水利工程中某些特定的单项任务而设置的建筑物，如专用于水电站的前池、调压室、压力管道、厂房；专用于通航过坝的船闸、升船机、鱼道、筏道；专用于给水防沙的沉沙池等。

相对专门性水工建筑物而言，前面5类建筑物也可统称为一般性水工建筑物。

实际上，不少水工建筑物的功用并非单一的，如溢流坝、泄水闸都兼具挡水与泄水功能；又如作为专门性水工建筑物的河床式水电站厂房也是挡水建筑物。

水工建筑物按使用期限还可分为永久性建筑物和临时性建筑物。永久性建筑物是指工程运行期间长期使用的建筑物，根据其重要性又分为主要建筑物和次要建筑物。前者指失事后将造成下游灾害或严重影响工程效益的建筑物，如拦河坝、溢洪道、引水建筑物、水电站厂房等；后者指失事后不致造成下游灾害，对工程效益影响不大并易于修复的建筑物，如挡土墙、导流墙、工作桥及护岸等。临时性建筑物是指工程施工期间使用的建筑物，如施工围堰等。

本章主要介绍挡水建筑物和泄水建筑物的类型、功用、组成及工作原理，对于其他类型的建筑物分别在第十二、第十三、第十四各章中介绍。

11.2.2 水工建筑物的特点

水工建筑物，特别是河川水利枢纽的主要水工建筑物，往往是效益大、工程量和造价大、对国民经济的影响也大。与一般土木工程建筑物相比，水工建筑物具有下列特点。

1. 工作条件的复杂性

水工建筑物工作条件的复杂性主要是由于水的作用。水对挡水建筑物有静水压力，其值随建筑物挡水高度的加大而剧增，为此建筑物必须有足够的水平抵抗力和稳定性。此外，水面有波浪，将给建筑物附加波浪压力；水面结冰时，将附加冰压力；发生地震时，将附加水的地震激荡力；水流经建筑物时，也会产生各种动水压力，都必须计及。

建筑物上下游水头差，会导致建筑物及其地基内的渗流。渗流会引起对建筑物稳定不利的渗透压力；渗流也可能引起建筑物及地基的渗透变形破坏；过大的渗流量会造成水库的水量损失。为此建造水工建筑物要妥善解决防渗和控制渗流问题。

高速水流通过泄水建筑物时可能出现自掺气、负压、空化、空蚀和冲击波等现象；强烈的紊流脉动会引起轻型结构的振动；挟沙水流对建筑物边壁有磨蚀作用；挑射水流在空中会导致对周围建筑物有严重影响的雾化；通过建筑物的水流剩余动能对下游河床有冲刷作用，甚至影响建筑物本身的安全。为此，兴建泄水建筑物，特别是高水头泄水建筑物时，要注意解决高速水流可能带来的一系列问题，并做好消能防冲设计。

2. 设计选型的独特性

水工建筑物的型式、构造和尺寸，与建筑物所在地的地形、地质、水文等条件密切相关。例如，规模和效益大致相仿的两座坝，由于地质条件优劣的不同，两者的型式、尺寸和造价都会截然不同。由于自然条件千差万别，因而水工建筑物设计选型总是只能按各自的具体条件进行，除非规模特别小，一般不能采用定型设计，当然这不排除水工建筑物中某些结构部件的标准化。

3. 施工建造的艰巨性

在水中建造水工建筑物，比陆地上的土木工程施工困难、复杂得多。主要困难是解决施工导流问题，即必须迫使河川水流按特定通道下泄，以利截断河流，在施工时不受水流的干扰，创造最好的施工空间；要进行很深的地基开挖和复杂的地基处理，有时还须水下施工；施工进度往往要和洪水“赛跑”，在特定的时间内完成巨大的工程量，将建筑物修筑到拦洪高程。

4. 失事后果的严重性

水工建筑物如失事会产生严重后果。特别是拦河坝，如失事溃决，则会给下游带来灾难性乃至毁灭性的后果，这在国内外都不乏惨痛实例。应当指出，有些水工建筑物的失事与某些自然因素或当时人们的认识能力与技术水平限制有关，也有些是不重视勘测、试验研究或施工质量欠佳所致，后者尤应杜绝。

11.2.3　水工建筑物分级

水利工程中的永久性建筑物根据所属工程的等别及其在工程中的作用和重要性进行分级，临时性建筑物根据被保护建筑物的级别、本身规模、使用年限和重要性进行分级。

水工建筑物的级别按表 11－2 确定。在划分水工建筑物级别时，如所属水利工程同时具有几种用途，应按最高等别考虑，仅有一种用途时，则按该项用途所属等别考虑。

对于二至五等工程，在下述情况下经过论证可提高其主要建筑物级别：一是水库大坝高度超过表 11－3 中数值者提高一级，但洪水标准不予提高；二是建筑物的工程地质条件特别复杂，或采用缺少实践经验的新坝型、新结构时提高一级；三是综合利用工程，如按库容和不同用途的分等指标有两项接近同一等别的上限时，其共用的主要建筑物提高一级。对于临时性水工建筑物，如其失事后将使下游城镇、工矿区或其他国民经济部门造成严重灾害或严重影响工程施工时，视其重要性或影响程度，应提高一级或两级。对于低水头工程或失事损失不大的工程，其水工建筑物级别经论证可适当降低。

对水工建筑物分级，主要是为了对不同级别的水工建筑物采用不同的设计标准以达到既安全又经济的目的，主要体现在以下方面：

（1）抗御洪水能力。如洪水标准、坝顶安全超高等。

表11-2 水工建筑物级别的划分

工程等别	永久性建筑物级别		临时性建筑物级别
	主要建筑物	次要建筑物	
一	1	3	4
二	2	3	4
三	3	4	5
四	4	5	5
五	5	5	

表11-3 需要提高级别的坝高界限

坝的原级别		2	3	4	5
坝高（m）	土坝、堆石坝、干砌石坝	90	70	50	30
	混凝土坝、浆砌石坝	130	100	70	40

（2）强度和稳定性。如建筑物的强度、稳定可靠度、抗裂要求及限制变形要求等。

（3）建筑材料。如选用材料的品种、质量、标号及耐久性等。

（4）运行可靠性。如建筑物部分尺寸的裕度及是否设置专门设备等。

11.3 挡水建筑物

挡水建筑物包括各种坝、闸、堤、海塘和施工围堰等，其中坝又包括重力坝、拱坝、支墩坝和土石坝等，这里主要介绍混凝土重力坝、混凝土拱坝、支墩坝、碾压式土石坝和混凝土面板堆石坝等挡水建筑物的工作原理和型式。闸既是挡水建筑物又是泄水建筑物，放在泄水建筑物中介绍；堤、海塘及施工围堰等挡水建筑物的工作原理、结构型式与土石坝基本相近，不再赘述。

11.3.1 重力坝

重力坝是一种古老而迄今仍应用很广的坝型，因主要依靠自重维持稳定而得名。

重力坝依靠坝体自重在坝基面上产生摩阻力来抵抗水平水压力以达到稳定的要求，并利用坝体自重在水平截面上产生的压应力来抵消由于水压力所引起的拉应力以满足强度的要求。因此坝的剖面较大，一般做成上游坝面近于垂直的三角形剖面，如图 11－1所示。重力坝与其他坝型相比较具有以下主要特点：

（1）重力坝筑坝材料的抗冲能力强，坝体断面形态适宜在坝顶布置溢洪道和坝身设置泄水孔，一般不需要另设河岸溢洪道或泄洪隧洞。在坝址河谷狭窄而洪水流量大的情况下，重力坝可以较好地适应这种自然条件。

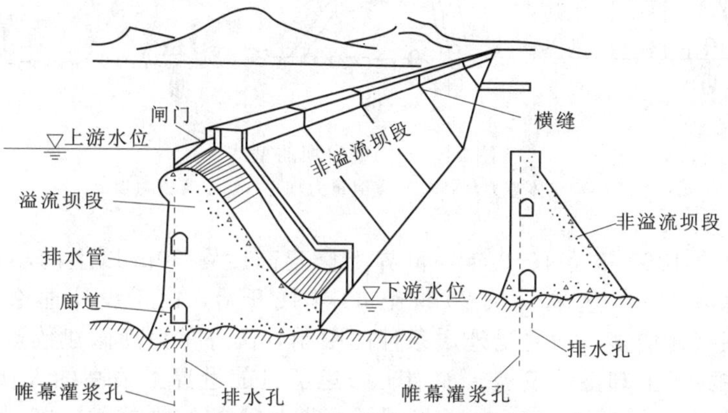

图 11－1　混凝土重力坝示意图

（2）重力坝结构简单，断面尺寸大，材料强度高、耐久性能好，抵抗水的渗透、特大洪水的漫顶、地震和战争破坏的能力都比较强，安全性较高。长江三峡工程就选择了混凝土重力坝。

（3）对地形地质条件适应性较好，几乎任何形状的河谷都可以修建重力坝。

（4）坝体与地基的接触面积大，受扬压力的影响也大。扬压力的作用会抵消部分坝体重量的有效压力，对坝的稳定和应力情况不利，故需采取各种有效的防渗排水措施，以削减扬压力，节省工程量。

（5）重力坝的剖面尺寸较大，便于机械化施工。

（6）重力坝分坝段浇筑，便于施工导流。

（7）坝体尺寸大，内部应力一般不大，因此材料的强度不能充分发挥。

（8）坝体体积大，水泥用量多，混凝土凝固时水化热高，散热条件差。所以混凝土重力坝施工期需有严格的温度控制和散热措施。

为克服实体重力坝的缺点，研究出了宽缝重力坝、空腹重力坝等多种结构型式。如图 11－2 所示。

实体重力坝是最简单的型式。其优点是设计和施工均方便，应力分布也较明确；但缺点是扬压力大和材料的强度不能充分发挥，工程量较大。宽缝重力坝与实体坝相比，具有降低扬压力、较好利用材料强度、节省工程量和便于坝内检查及维护等优点；缺点是施工较为复杂，模板用量较多。空腹重力坝不但可以进一步降低扬压力，而且可以利用坝内空腔布置水电站厂房，坝顶溢流宣泄洪水，以解决在狭窄河谷中布置发电厂房和泄水建筑物空间不足的困难；缺点是空腹附近可能存在一定的拉应力，局部需要配置较多的钢筋，应力分析及施工工艺也比较复杂。

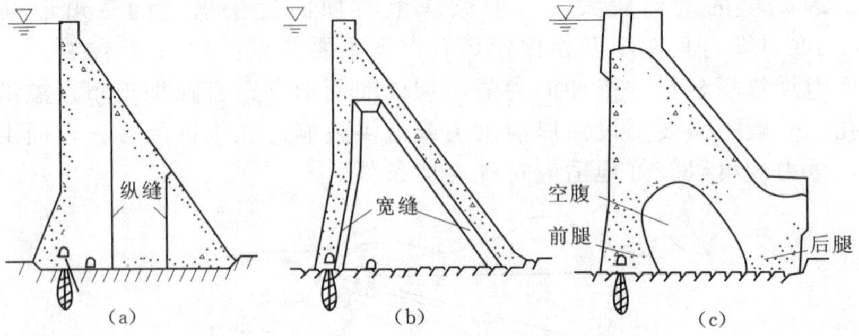

图 11-2 重力坝的型式

(a) 实体重力坝；(b) 宽缝重力坝；(c) 空腹重力坝

据统计，自 1860 年至 1959 年，世界上修建高度在 30m 以上的坝体中，重力坝始终占大坝总数的 50%左右。从 20 世纪 60 年代开始，由于设计理论和施工机械的发展，土石坝兴建增多，加之受地质条件的限制，国外重力坝修建数量的相对比例有所减少，但在技术上却继续发展。如瑞士修建了目前世界上最高的大狄克逊（Grand Dixence）重力坝，坝高达 285m，并发展了分期加高的筑坝技术。20 世纪 70 年代以来，由于碾压混凝土筑坝技术的发展，进一步降低了重力坝的造价，缩短了施工工期，从而提高重力坝在坝型选择中的竞争力，促进了重力坝的发展。

中国已建、在建的装机容量在 15MW 以上的水电站中，混凝土重力坝达 149 座，其中坝高 70m 以上的混凝土重力坝有 34 座，100m 以上的有 17 座。在装机容量大于 250MW 的已建和在建的 50 余座大型水电站中（不含抽水蓄能电站），34 座是混凝土重力坝，其中坝高在 100m 以上的有 15 座。特别值得注意的是，经过 40 多年的准备和前期工作，1994 年正式开工的举世瞩目的长江三峡工程，重力坝最大坝高 181m，坝轴线全长 2309.5m，装机容量达 18200MW，是世界上混凝土量最多的重力坝，装机容量最大的水电站。26 台 700MW 的机组于 2008 年全部投产，整个工程于 2009 年全部建成，标志着中国大坝建设技术的巨大进步，图 11-3 为长江三峡水利枢纽大坝全景。

图 11-3 长江三峡水利枢纽大坝全景

11.3.2 拱坝

拱结构与梁结构相比，其主要优点是拱结构的内力主要为压力，特别适宜发挥混凝土等抗压强度较高材料的作用。建成拱型结构的挡水建筑物，就是拱坝。

拱坝是平面上凸向上游呈拱形，拱端支承于两岸岩体上的空间整体结构。图 11-4为安徽淮河支流淠河上响洪甸拱坝全景图。它可以看成由一根根铅直悬臂梁和一层层水平拱构成，上游坝面水压力、风浪压力等荷载的大部分通过拱的作用传给两岸岩体，其余部分荷载通过悬臂梁的作用传至坝底基岩。拱和梁各承担多少荷载由拱梁交点处变位一致的条件决定。它不像重力坝那样全靠自重维持稳定，而是利用筑坝材料的强度来承担以轴向压力为主的拱内力，并由两岸拱端岩体来支承拱端推力，以维持坝体稳定。地形、地质条件较好时它是一种经济性和安全性较优越的坝型。与其他坝型比较，拱坝具有如下一些特点：

（1）利用拱结构特点，充分发挥材料强度。拱坝是一种推力结构，在外荷载作用下，只要设计得当，拱圈截面上主要承受轴向压应力，有利于充分发挥坝体混凝土或浆砌石材料的抗压强度。对适宜修建拱坝和重力坝的同一坝址，相同坝高的拱坝与重力坝相比，体积可节省 1/3～2/3。

（2）利用两岸岩体维持稳定。拱坝将外荷载的大部分通过拱作用传至两岸岩体，主要依靠两岸坝肩岩体维持稳定，坝体自重对拱坝的稳定性影响不占主导作用。因此，拱坝对坝址地形地质条件要求较高，对地基处理的要求也较为严格。

图 11-4　安徽淮河支流淠河上响洪甸拱坝全景

（3）超载能力强，安全度高。可视为拱梁系统组成的拱坝结构，当外荷载增大或某一部位因拉应力过大而发生局部开裂时，能自行调整拱梁系统的荷载分配，改变应力分布状态，不致使坝全部丧失承载能力。所以按结构特点，拱坝坝面允许局部开裂。在两岸有坚固岩体支承的条件下，拱坝的破坏主要取决于压应力是否超过筑坝材料的强度极限。在合适的地形地质条件下，拱坝具有很强的超载能力。如意大利的瓦依昂（Vajont）双曲拱坝于 1961 年建成，坝高 261.6m，是当时世界上最高的双曲拱坝，1963 年 10 月 9 日晚，由于水库左岸大面积滑坡，约 2.7 亿 m^3 的滑坡体以 28m/s 的速度滑入水库，掀起 150m 高的涌浪，涌浪漫过坝顶，致使 1925 人丧生，水库被填满，但拱坝坝体并未失事，仅在两岸坝肩附近的坝体内发生两三条裂缝，据估算，拱坝当时已承受住相当于 8 倍设计荷载的作用，可见拱坝的超载能力是较大的。

(4) 抗震性能好。由于拱坝是整体性空间结构，厚度薄，富有弹性，因而其抗震能力较强。如我国河北省邢台地区峡沟水库浆砌石拱坝，高78m，在满库情况下遭受1966年3月的强烈地震，震后检查坝体未发现裂缝和损坏。

(5) 荷载特点。拱坝坝体不设永久性伸缩缝，其周边通常固接于基岩上，因而温度变化、地基变形等对坝体应力有显著影响。此外，坝体自重和扬压力对拱坝应力的影响较小。坝体越薄，上述特点越明显。

(6) 坝身泄流布置复杂。拱坝坝体单薄，坝身开孔或坝顶溢流会削弱水平拱和顶拱作用，并使孔口应力复杂；坝身下泄水流的向心收聚易造成河床及岸坡冲刷。随着拱坝修建技术的不断提高，不仅坝顶能安全泄流，而且能开设大孔口泄洪。

由于拱坝的上述特点，拱坝的地形条件往往是决定坝体结构型式、工程布置和经济性的主要因素。所谓地形条件是针对开挖后的基岩面而言的，常用坝顶高程处的河谷宽度和坝高之比（称为宽高比 L/H）及河谷断面形状两个指标表示。

河谷的宽高比 L/H 值愈小，说明河谷愈窄深，拱作用容易发挥，可将大部分荷载通过拱作用传给两岸，坝体可设计得薄些，厚高比 T/H 可以小些。根据经验，当 $L/H<1.5$ 时，可修建薄拱坝；$L/H=1.5\sim3.0$，可修建中厚拱坝；$L/H=3.0\sim4.5$，可修建厚拱坝。L/H 更大的条件下，一般认为修建拱坝已趋于不利。但随着拱坝技术水平的不断提高，上述界限已被突破。如我国安徽陈村重力拱坝，坝高76.3m，$L/H=5.6$，$T/H=0.7$。目前河谷宽高比最大的拱坝是法国的穆瓦林·里保实验坝（高13.8m），L/H 已达12。

河谷的断面形状是影响拱坝体形及其经济性更为重要的因素。不同河谷即使具有同一宽高比，断面形状也可能相差很大。图11-5示出了宽高比相同而河谷形状呈V形和U形的两种情况，在水压荷载作用下拱梁间的荷载分配以及对拱坝体形的影响。对两岸对称的V形河谷，拱圈跨度自上而下逐渐减小，拱刚度逐渐增强，尽管水荷载自上而下逐渐加大，因拱作用得以充分发挥坝厚仍可做得薄些；对U形河谷，由于拱圈跨度自上而下几乎不变，拱刚度不增加，为抵挡随深度增加的水压力，需增加梁的刚度（亦即增加坝体厚度），故坝体需做得厚些。梯形河谷介于V形和U形两者之间。

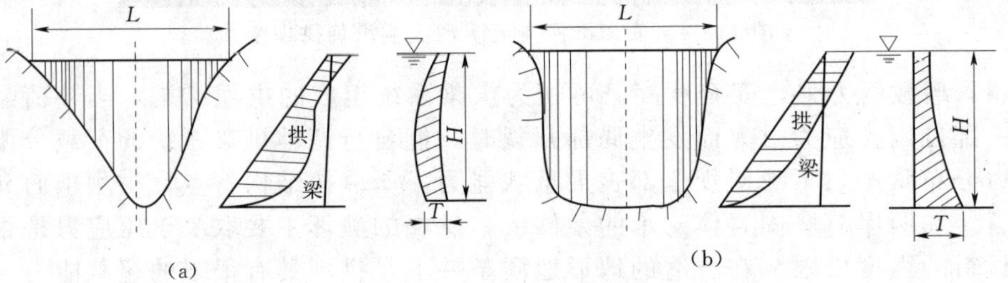

图11-5 河谷形状对荷载分配和坝体剖面的影响

(a) V形河谷；(b) U形河谷

河谷在平面上形状应呈喇叭口，以使两岸拱座下游有足够厚的岩体来维持坝体的稳定。图11-6示出了 A—A 和 B—B 两个坝址，B—B 坝址虽然河谷比较狭窄，但位于向下游扩散的喇叭口处，两岸拱座单薄，对稳定不利；而 A—A 坝址两岸拱座厚实，拱轴线与等高线接近垂直，故宜选 $A—A$ 坝址。形状复杂的河谷断面对修建拱坝是不利的。拱跨沿高程急剧变化将引起坝体应力集中，需采取适宜的工程措施来改善河谷的断面形状。

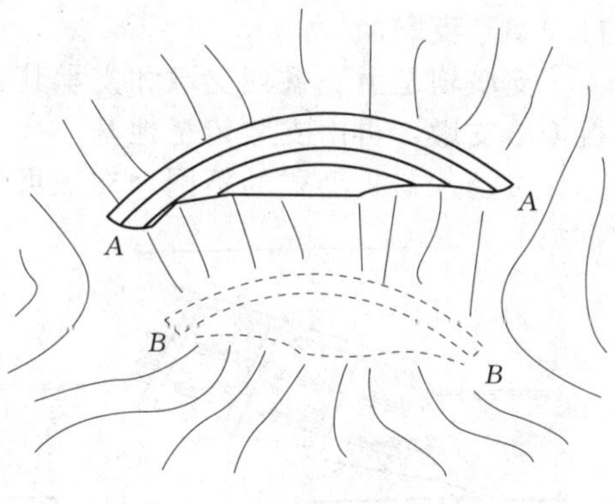

图 11-6　坝址地形比较

拱坝对地质条件的要求比其他混凝土坝更严格。较理想的地质条件是岩石均匀单一，有足够的强度，透水性小，耐久性好，两岸拱座基岩坚固完整，边坡稳定，无大的断裂构造和软弱夹层，能承受由拱端传来的巨大推力而不致产生过大的变形，尤其要避免两岸边坡存在向河床倾斜的节理裂隙或构造。

据不完全统计，至 1985 年底，中国（不包括台湾省）已建坝高 15m 以上的各种拱坝总数达 800 余座，约占全世界已建拱坝总数的 1/4 强。建成的高拱坝有高 87.5m 的响洪甸重力拱坝，高 78m 的流溪河溢流双曲拱坝，高 88m 的石门大孔口泄洪双曲拱坝，高 80m 的泉水双曲薄拱坝，高 112.5m 的凤滩空腹重力拱坝，高 149.5m 的白山三心重力拱坝，高 178m 的龙羊峡重力拱坝，高 157m 的东江双曲拱坝，高 102m 的紧水滩三心双曲拱坝，高 162m 的东风抛物线双曲拱坝，高 165m 的李家峡三心圆双曲拱坝，高 151m 的隔河岩重力拱坝，高 240m 的二滩抛物线双曲拱坝等。其中二滩拱坝的高度居世界双曲拱坝第三位，标志着我国在拱坝设计理论、计算方法、结构型式、泄洪消能、施工导流、地基处理及枢纽布置等方面都有很大进展，图 11-7 为 240m 高的二滩双曲拱坝。21 世纪在建的高拱坝有小湾（292m）、溪洛渡（273m）、拉西瓦（254m）以及锦屏一级（305m）、构皮滩（225m）等工程，反映了中国 21 世纪在高拱坝的勘测、设计、施工和科研等方面都已达到一个新的水平。

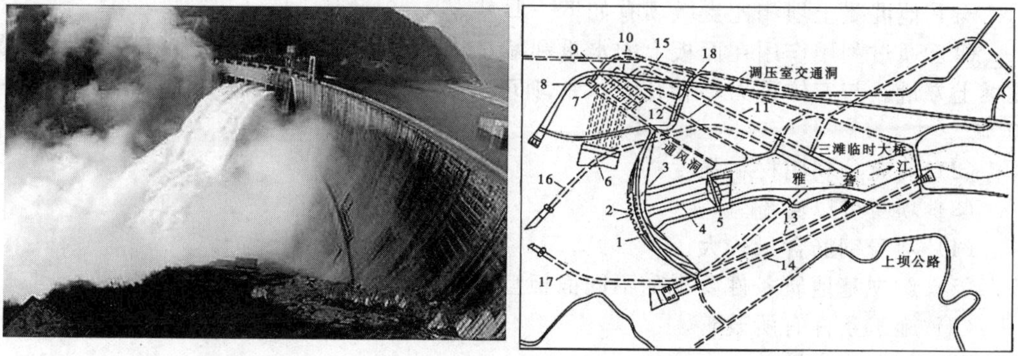

(a)　(b)

图 11-7　四川雅砻江二滩双曲拱坝

(a) 二滩拱坝全景；(b) 二滩水电站枢纽平面布置图

1—拱坝；2—表孔溢洪道；3—中孔；4—水垫塘；5—二道坝；6—电站进水口；7—厂房；8—安装间；9—主变压器室；10—尾水调压室；11—1 号尾水洞；12—2 号尾水洞；13—1 号泄洪洞；14—2 号泄洪洞；15—过木机道；16—左岸导流隧洞；17—右岸导流隧洞；18—500kV 开关站

11.3.3 支墩坝

支墩坝是由一系列支墩和支承其上的挡水盖板所组成。水压力、泥沙压力等由盖板传给支墩，再由支墩传至地基。

按挡水盖板型式的不同，支墩坝可分为平板坝、连拱坝和大头坝，见图11-8。

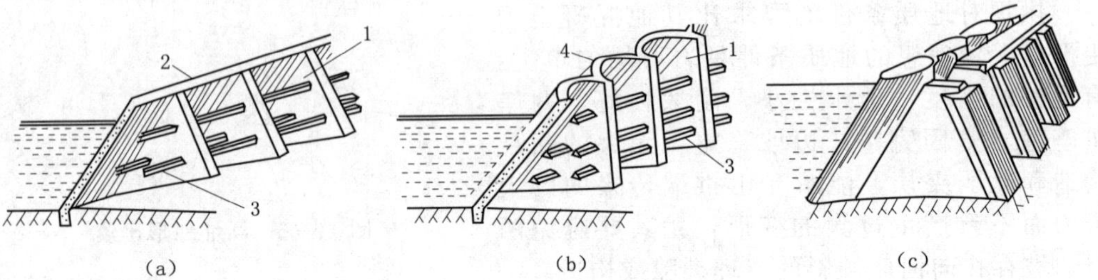

图11-8 支墩坝的类型

(a) 平板坝；(b) 连拱坝；(c) 大头坝

1—支墩；2—平面盖板；3—刚性梁；4—拱形盖板

平板坝是型式最简单的支墩坝，其盖板为一钢筋混凝土板，并常以简支的方式与支墩连接。

连拱坝由拱形的挡水面板（拱筒）承受水压力，受力条件较优，能较充分地利用建筑材料的强度。但温度变化、地基变形对支墩和拱筒的应力均有影响，因而连拱坝对地基的要求也更高。

大头坝是通过扩大支墩头部而起挡水作用的。其体积较平板坝、连拱坝大，也称为大体积支墩坝。大头坝的适用范围广泛，我国已建有单支墩和双支墩的高大头坝多座。

支墩坝的支墩型式也有多种，如单支墩、双支墩、框格式支墩和空腹支墩等。

与其他混凝土坝相比支墩坝有如下一些特点：

(1) 通过利用作用在面板上的水重和减小作用在坝底面上的扬压力，可大大节省混凝土方量。与实体重力坝相比，大头坝可节省20%～40%，连拱坝可节省30%～60%。

(2) 能充分利用材料强度。

(3) 坝身可以溢流。

(4) 坝身钢筋含量较大。

(5) 对坝基地质条件要求随不同面板型式而异。

(6) 施工条件有所改善。

(7) 侧向稳定性差。

20世纪50年代，中国修建了佛子岭、梅山、磨子潭、柘溪、桓仁等多座支墩坝。其中柘溪大头支墩坝坝高104m，梅山连拱坝坝高88.24m。目前世界上最高的大头坝是巴西、巴拉圭共建的伊泰普（Itaipu）坝，坝高196m；最高的连拱坝是加拿大丹尼尔·约翰逊（Daniel Johnson）坝，坝高214m，见图11-9。

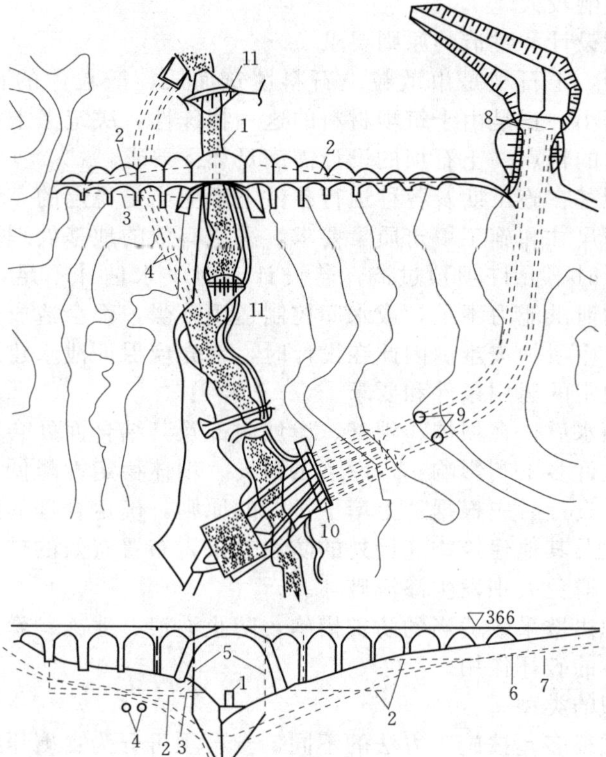

图 11-9　加拿大丹尼尔·约翰逊坝枢纽布置及下游立视图（单位：m）
1—放水孔；2—排水廊道；3—检查廊道；4—导流隧洞；5—垂线和电梯井；6—全坝线灌浆帷幕；7—帷幕下游排水孔幕；8—发电进水口；9—调压井；10—地面厂房；11—围堰

11.3.4　土石坝

土石坝是土坝、堆石坝和土石混合坝的总称，是人类最早建造的坝型，具有悠久的发展历史，在各国使用都极为普遍。由于土石坝是利用坝址附近土料、石料及砂砾料填筑而成，筑坝材料基本来源于当地，故又称为“当地材料坝”。在全球所建造的众多挡水坝中，大多为土石坝。

11.3.4.1　土石坝的特点

土石坝在实践中被广泛采用并得到不断发展，其优点主要体现在以下几方面：①筑坝材料能就地取材，材料运输成本低，还能节省大量“三材”（钢材、水泥、木材）。②适应地基变形的能力强。土石坝的散粒体材料能较好地适应地基的变形，对地基的要求在各种坝型中是最低的。③构造简单，施工技术容易掌握，便于机械化施工。④运用管理方便，工作可靠，寿命长，维修加固和扩建均较容易。

同其他坝型相比，土石坝也有其不足的一面：①施工导流不如混凝土坝方便，因而相应地增加了工程造价。②坝顶不能溢流。受散粒体强度的限制，土石坝坝身通常不允许过流，因此需在坝外单独设置泄水建筑物。③坝体填筑工程量大，土料填筑质量受气候条件的影响较大。

11.3.4.2 土石坝设计和建造的原则要求

与重力坝不同，土石坝是由散粒土石料填筑而成，散粒体的孔隙率大、黏聚力小、整体抗剪强度小。正是由于筑坝材料的这一特殊性，决定了土石坝在设计、施工和运用中有其自身的特点。土石坝的设计需满足如下要求：

（1）坝体和坝基在施工期及各种运行条件下都应当是稳定的。设计时需要拟定合理的坝体基本剖面尺寸和施工填筑质量要求，采取有效的地基处理措施等。

（2）通常设计时不允许坝顶过流。若设计时对洪水估计不足，导致坝顶高程偏低，或泄洪建筑物泄洪能力不足，或水库控制运用不当，都会造成土石坝洪水漫顶事故，严重时可能发生溃坝灾难。因此在设计时，首先应保证泄水建筑物具有足够的泄洪能力，能满足规定的运用条件和要求。

（3）土石坝挡水后，在坝体、坝基、岸坡内部及其结合面处会产生渗流。渗流对大坝的运行会造成许多不利影响：水库水量损失、坝体稳定性降低、发生渗透变形及溃坝事故。为此，设计时应根据“上堵下排”的原则，确定合理的防渗体型式，加强坝体与坝基、岸坡及其他建筑物连接处的防渗效果，布置有效的排水及反滤设施，确保工程施工质量，避免大坝发生渗流破坏。

（4）对坝顶和边坡采取适当的防护措施，防止波浪、冰冻、暴雨及气温变化等不利自然因素对坝体的破坏作用。

11.3.4.3 土石坝的类型

土石坝的型式很多，按施工方法的不同，土石坝可分为：碾压式土石坝、抛填式堆石坝、定向爆破坝、水力冲填坝和水中倒土坝，其中应用最广的是碾压式土石坝。

1. 碾压式土石坝

碾压式土石坝按坝体横断面的防渗材料及其结构，可划分为以下几种主要类型：

（1）均质坝。坝体绝大部分由一种抗渗性能较好的土料（如壤土）筑成，如图11－10（a）所示。坝体整个断面起防渗和稳定作用，不再设专门的防渗体。均质坝结构简单，施工方便，当坝址附近有合适的土料且坝高不大时可优先采用。对于抗渗性能好的土料如黏土，因其抗剪强度低，且施工碾压困难，在多雨地区受含水量影响则更难压实，因而高坝中一般不采用此种型式。

（2）分区坝。与均质坝不同，在坝体中设置专门起防渗作用的防渗体，采用透水性较大的砂石料作坝壳，防渗体多采用防渗性能好的黏性土，其位置可设在坝体中间（称为心墙坝）或稍向上游倾斜（称为斜心墙坝），如图11－10（b）、（c）、（d）所示；或将防渗体设在坝体上游面或接近上游面（称为斜墙坝），如图11－10（e）、（f）、（g）所示。

心墙坝由于心墙设在坝体中部，施工时就要求心墙与坝体大体同步上升，因而相互干扰大，影响施工进度。又由于心墙料与坝壳料的固结速度不同（砂砾石比黏土固结快），心墙内易产生“拱效应”而形成裂缝；斜墙坝的斜墙支承在坝体上游面，可滞后坝体施工，两者相互干扰小，但斜墙的抗震性能和适应不均匀沉陷的能力不如心墙。斜心墙坝可不同程度克服心墙坝和斜墙坝的缺点，故我国154m高的小浪底水利枢纽即采用斜心墙型式的土石坝。

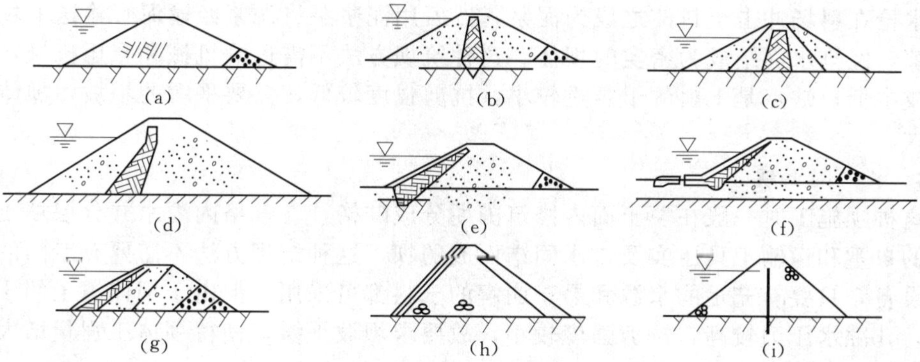

图 11-10　碾压式土石坝的类型

(a) 均质坝；(b)、(c) 土质心墙坝；(d) 土质斜心墙坝；(e)、(f)、(g) 土质斜墙坝；(h) 混凝土（或土工膜）面板坝；(i) 人工防渗材料心墙坝

(3) 人工防渗材料坝。防渗体采用混凝土、沥青混凝土、钢筋混凝土、土工膜或其他人工材料建成，其余部分用土石料填筑而成，如图 11-10 (h)、(i) 所示。

现代混凝土面板堆石坝的施工采用薄层填筑、重型振动碾压施工设备碾压，解决了坝体堆石压实难和沉降量大的问题，使该坝型具有良好的抗滑稳定性与抗渗稳定性，以及面板与堆石施工互不干扰、工程量省、施工速度快、造价低等优点，大大增强了在高坝坝型比较中的竞争力，自 20 世纪 60 年代以来有了迅速的发展，其典型结构形式见图 11-11。到 20 世纪末，世界上最高的面板堆石坝高度已达 190m，为墨西哥阿瓜密尔巴坝；中国最高的混凝土面板堆石坝是水布垭面板堆石坝，坝高 233m。

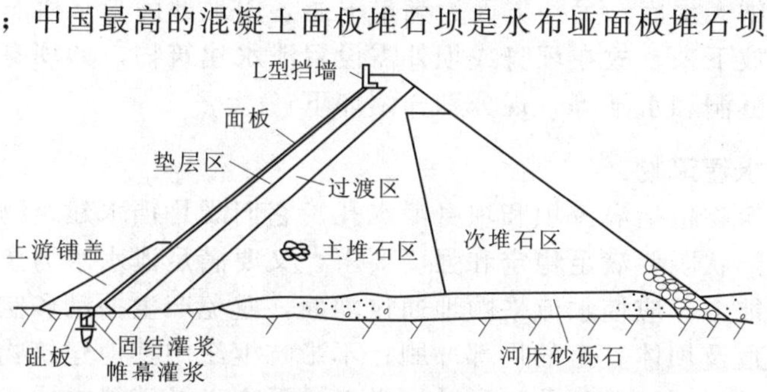

图 11-11　典型混凝土面板堆石坝结构示意图

采用复合土工膜防渗的土石坝，坝坡可以设计得较陡，使土石工程量减少，从而降低工程造价；施工方便工期短、受气候因素影响小，是一种很有发展前景的新坝型。

2. *抛填式堆石坝*

抛填式堆石坝施工时一般先建栈桥，将石块从栈桥上距填筑面 10～30m 高处抛掷下来，靠石块的自重将石料压实，同时用高压水枪冲射，把细颗粒碎石冲填到石块间孔隙中去。采用抛填式填筑成的堆石体孔隙率较大，所以在承受水压力后变形量大，石块尖角容易被压裂或剪裂，抗剪强度较低，在发生地震时沉降量更大。随着重型碾压机械的出现，目前此种坝型已很少采用。

3. *水力冲填坝*

借助水力完成土料的开采、运输和填筑全部工序而建成的坝。典型的冲填坝是用高压水枪在料场冲击土料使之成为泥浆，然后用泥浆泵将泥浆经输泥管输送上坝，分层淤填，经排水固结成为密实的坝体。这种筑坝方法不需运输机械和碾压机械，工效高，成本低；缺点是土料的干容重较小，抗剪强度较低，需要平缓的坝坡，坝体土方量较大。

4. 水中倒土坝

这种坝施工时一般在填土面内修筑围埂分成畦格，在畦格内灌水并分层填土，依靠土的自重和运输工具压实及排水固结而成的坝。这种筑坝方法不需要有专门的重型碾压设备，只要有充足的水源和易于崩解的土料都可采用。但由于坝体填土的干容重较低，孔隙水压力较高，抗剪强度较小，故要求坝坡平缓，使得坝体工程量增大。

5. 定向爆破坝

在河谷陡峻、山体厚实、岩性简单、交通运输条件极为不便的地区修筑堆石坝时，可在河谷两岸或一岸对岩体进行定向爆破，将石块抛掷到河谷坝址，堆筑起大部分坝体，然后修整坝坡，并在抛填堆石体上加高碾压堆石体，直至坝顶，最后在上游坝坡填筑反滤层、斜墙防渗体、保护层和护坡等，故得名定向爆破坝。我国广东南水堆石坝，坝高81.8m，坝顶长215m，两岸坡度45°～65°，采用定向爆破施工建成。

11.4 泄水建筑物

在河道上筑坝后，可拦截上游来水，但不可能拦挡所有来水。一方面上游来水很多，不可能全部纳入水库；另一方面为满足下游各用水部门与水生态环境的需要，需把一部分洪水泄放下来。故在坝身或坝外需设置泄水建筑物，如坝身泄水建筑物、河岸溢洪道、水工隧洞和水闸等。现分别介绍如下。

11.4.1 坝身泄水建筑物

坝身泄水建筑物包括溢流坝和坝身泄水孔。它们既是挡水建筑物，又是泄水建筑物，所以其剖面形状既要满足稳定和强度要求，又要满足泄水水力条件的要求。例如要有足够的泄流能力；应使水流平顺地通过坝面，避免产生振动和空蚀；应使下泄水流对河床不产生危及坝体安全的局部冲刷；不影响枢纽中其他建筑物的正常运行。所以泄水建筑物设计就要涉及到孔口尺寸、溢流堰形态以及消能方式等的合理选定。

1. 溢流坝

溢流坝按孔口形式的不同可分为坝顶溢流式和设有胸墙的大孔口溢流式两种，如图11-12所示。坝顶溢流式的泄流量大，当遭遇意外洪水时，超泄能力较大；有利于排除冰凌和其他漂浮物；闸门启闭操作方便，易于检修，安全可靠，所以在重力坝枢纽中得到广泛采用。

大孔口溢流式是将堰顶高程降低，利用胸墙遮挡部分孔口以减小闸门的高度，可以利用洪水预报提前放水腾出较大的防洪库容，从而提高水库调洪能力。当库水位低于胸墙时，泄流状态与坝顶溢流相同；大孔口溢流式的超泄能力不如坝顶溢流式大，也不利于排泄漂浮物。

大中型工程的溢流坝，为满足运用要求，在溢流坝顶常设有闸门、闸墩、启闭机、工作桥等结构和设备，在溢流段与非溢流段的连接处还设有边墩、导墙等。

经由溢流坝下泄的水流具有很大的动能，需进行消能设计。消能设计的原则是：尽量使下泄水流的动能消耗于水流内部紊动以及与空气的摩擦，不致冲刷河床危及坝体安全。岩基上溢流重力坝常用的消能方式有底流消能、挑流消能、面流消能和戽流消能等 4 种，设计时应根据水流条件和河床地质情况进行技术经济比较后选定。

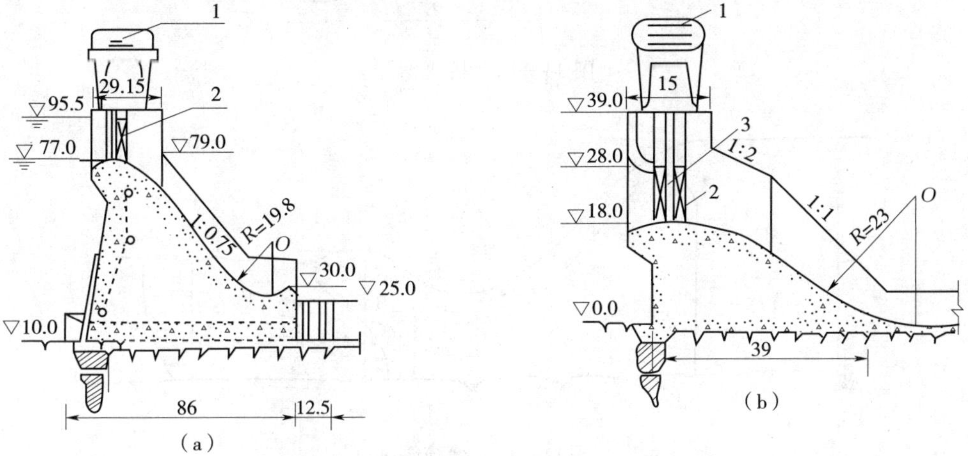

图 11-12　溢流坝泄水方式示意图（单位：m）

(a) 坝顶溢流式；(b) 大孔口溢流式

1—移动式启闭机；2—工作闸门；3—检修闸门

（1）底流消能。底流消能是在泄水重力坝的坝趾下游设置一定长度的护坦，使过坝水流在护坦上发生水跃，通过水流的旋滚、摩擦、撞击和掺气等作用消能，以减轻对下游河床和两岸的冲刷。如图 11-13 所示。

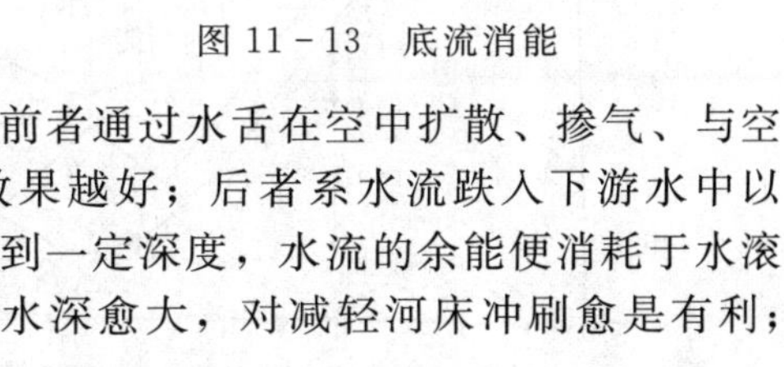

图 11-13　底流消能

（2）挑流消能。挑流消能适用于水头较高，下游有一定水垫深度，基岩条件良好的情况。如图 11-14 所示。鼻坎挑流消能包括两个过程：一是空中消能；二是水垫消能。前者通过水舌在空中扩散、掺气、与空气摩擦消能，扩散越充分，掺气越多，消能效果越好；后者系水流跌入下游水中以后，形成强烈的旋滚区，并冲刷河床，但冲刷到一定深度，水流的余能便消耗于水滚的摩擦中，冲刷就不再继续加深。因此，下游水深愈大，对减轻河床冲刷愈是有利；水头愈大射程愈远，对坝的安全愈有保证。

（3）面流消能。面流消能是利用溢流末端的鼻坎将主流挑至下游水面，在主流下面形成旋滚的水体，其流速低于表面，且旋滚水体的底部流动方向指向坝趾，并使主流沿下游水面逐步扩散，不直接冲刷河床，达到消能防冲的目的，见图 11-15。

面流消能适用于下游水深较大，水位变幅较小，有漂木、排冰等要求的情况。面流消能主要靠表层主流波浪和底部旋滚的作用，消能效率不高，下游水面波动强烈，可延绵数百米，甚至数公里，影响电站稳定运行和下游通航条件，甚至冲刷两岸。

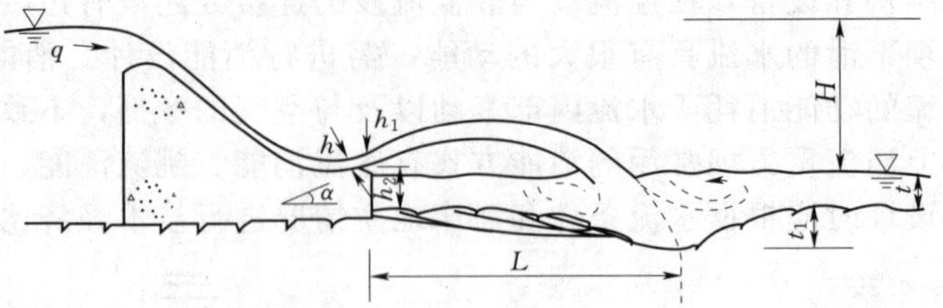

图 11-14 挑流消能

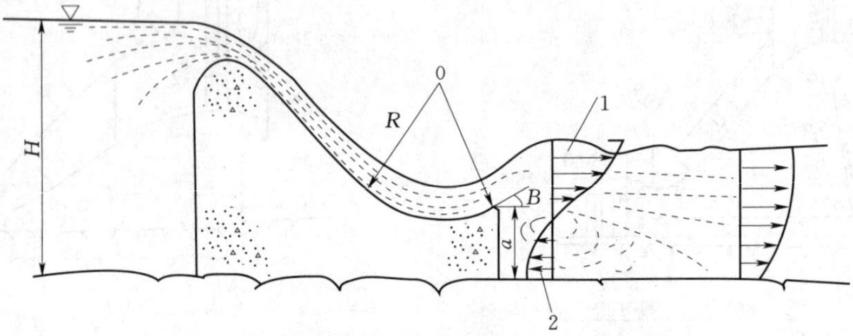

图 11-15 面流消能

（4）戽流消能。戽流消能是在溢流坝趾设置一个半径较大的反弧戽斗，促使下泄水流在戽内形成旋滚，主流挑向下游水面，形成一种“三滚一浪”的典型流态，即戽内的旋滚、戽后的底部旋滚、主流涌浪及其后的表面旋滚，利用旋滚的摩擦、混掺作用达到消能防冲的目的（见图 11-16）。

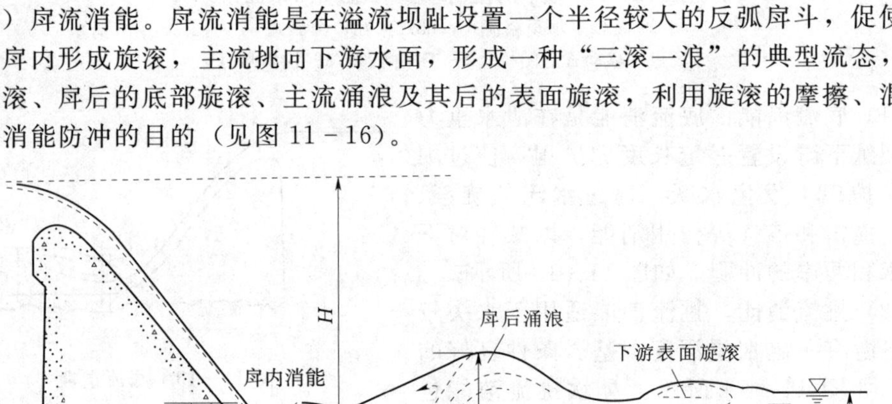

图 11-16 戽流消能

这种消能方式适用于下游尾水较深，水位变幅较小，无排冰、漂木要求，且下游河床和两岸有一定抗冲能力的情况。戽流消能的主要优点是工程量比底流消能小，冲刷坑比挑流消能浅，且不存在雾化问题。主要缺点是下游水面波动较大，易冲刷河岸，也不利于下游通航；底部旋滚可能将河床砂石带入戽内造成磨损，这些问题均须在选择方案时加以考虑或采取改善的措施。

2. 坝身泄水孔

坝身泄水孔可设在溢流坝段或非溢流坝段内，可布置成有压或无压，见图11－17。它的主要组成部分包括进口段、闸门段、孔身段、出口段和下游消能设施等。

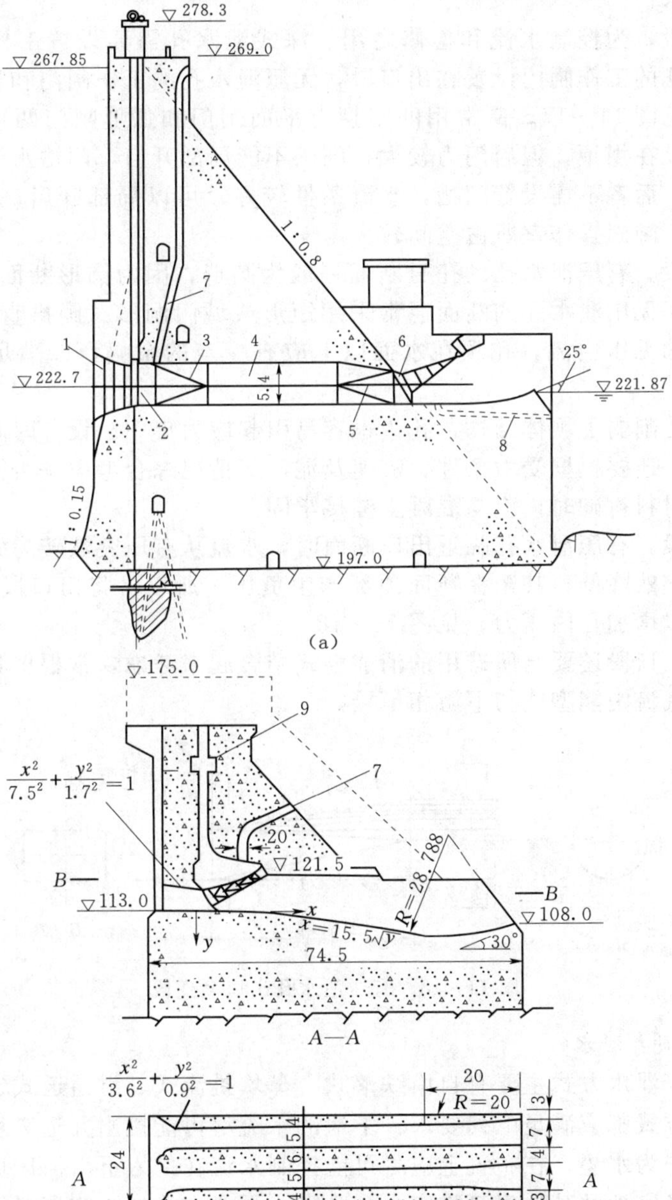

图 11－17　坝身泄水孔（单位：m）

(a) 有压泄水孔示意图；(b) 无压泄水孔示意图

1—喇叭口；2—检修闸门；3—进口渐变段；4—管身段；5—出口渐变段；6—弧形工作闸门；7—通气孔；8—排水管；9—弧形闸门启闭机廊道

（1）进口段。泄水孔的进口高程一般应根据其用途和水库的运用条件确定。有压和无压泄水孔，其进口段都是有压段。为了使水流平顺，减小水头损失、避免孔壁空蚀，进口形状应尽可能符合水流的流动轨迹。工程中常采用椭圆曲线或圆弧曲线的三向收缩矩形进水口。

（2）闸门段。为控制水流和检修之用，深式泄水孔需要设置工作闸门和检修闸门。有压泄水孔的工作闸门设置在出口段，无压泄水孔的工作闸门和检修闸门一般都设在进口段，见图11-17。最常用的门型有平面闸门和弧形闸门两种。前者布置紧凑、启闭机可设在坝顶，但启门力较大，闸门不能局部开启，门槽水流不平顺，易产生空蚀和振动。后者不需设置门槽，水流条件较好，可以局部开启，且启门力较小，但结构较复杂，闸门操作室所占空间较大。

（3）孔身段。有压泄水孔的孔身断面一般为圆形，因为圆形断面过水能力较大，受力条件较好。无压泄水孔的断面通常采用矩形或城门洞形（圆拱直墙），为了保证孔内形成稳定的无压明流，孔顶在水面以上应有一定的余幅，以满足掺气和通气的要求。

坝内泄水孔削弱了坝体结构，孔边也容易引起应力集中。设计时除在孔道周边布设钢筋加强外，还要根据受力条件、流速及泥沙等情况综合考虑是否需要衬砌。当采用钢板或其他材料衬砌时，应与混凝土锚接牢固。

（4）出口段。有压泄水孔临近出口断面时，水流从有压突然转为无压，造成出口附近孔身压力突然降低，甚至在断面顶部产生负压。所以常将出口段顶部适当下压，形成压坡段，以增加孔内压力。见图11-18。

泄水孔的出口段还要与所选用的消能型式结合起来考虑，常根据具体条件采用挑流消能型式或底流消能型式与下游相衔接。

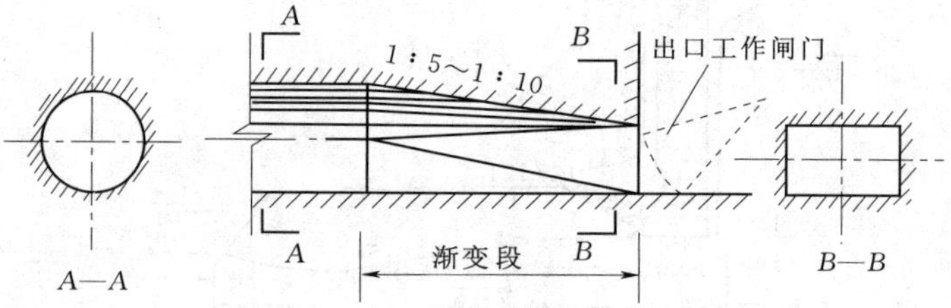

图11-18 有压泄水孔出口渐变段

3. 拱坝的坝身泄水

拱坝的坝身泄水方式主要有自由跌落式、鼻坎挑流式、滑雪道式、坝身泄水孔式等。这些泄水方式都应满足下列要求：下泄的水流尽可能挑出并远离坝体，下游宜保持足够的水深作为水垫；在布置上应尽可能控制水流在挑入下游河床后，不致危急下游两岸山体的稳定性及其他建筑物安全；为防止下泄水流向心收聚对河床的冲刷，可采取对撞消能布置方式。

（1）自由跌落式。这种泄水方式系把溢流段布置在中间的河床部分，水流从坝顶自由跌落。溢流头部形式见图11-19。该方式适用于基岩良好，泄量不大，坝体较薄的双曲拱坝或小型拱坝。

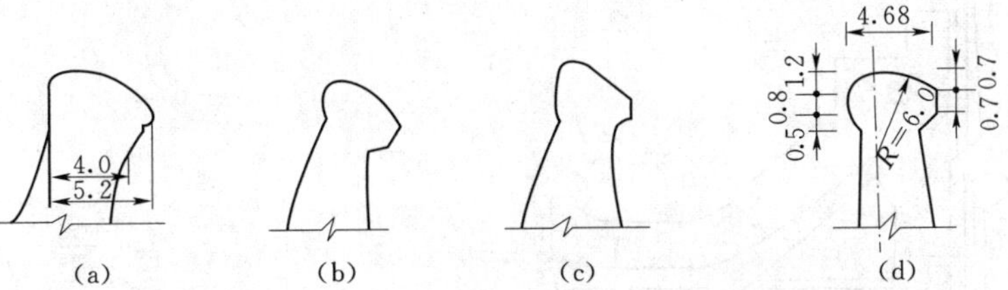

图 11-19 自由跌流式拱坝头部形式（单位：m）
(a) 日本坂本坝；(b) 法国考斯克坝；(c) 葡萄牙布桑坝；(d) 湖南半江坝

(2) 鼻坎挑流式。为使通过堰顶的水股远离坝脚，在溢流堰曲线末端用反弧段连接，使之成为鼻坎挑流，见图 11-20。

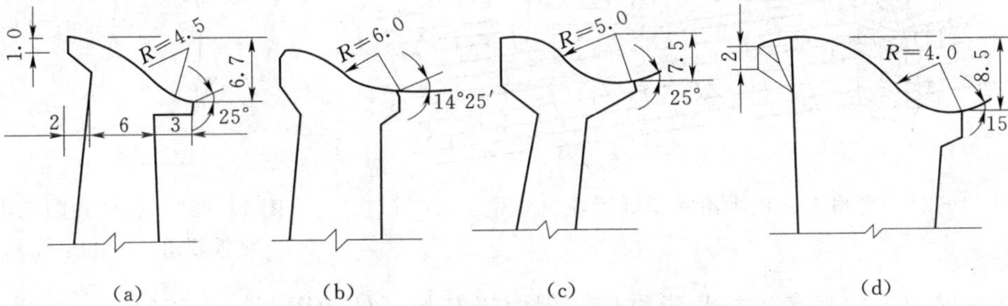

图 11-20 鼻坎挑流式泄水（单位：m）
(a) 四川长沙坝；(b) 湖南花木桥坝；(c) 广东泉水坝；(d) 贵州水车坝

(3) 滑雪道式。鉴于拱坝断面较薄，当单宽流量大时须将挑流鼻坎降低，使起始的挑流速度加大，这样可把水流送到下游较远处，由此形成滑雪道泄水方式，见图 11-21。滑雪道泄水方式由溢流坝坝顶、泄槽（即滑雪道）及挑流鼻坎所组成，各部分的形状及尺寸必须适应水流条件。泄槽底板可设置在水电站厂房的顶部或专门的支承结构上，使拱坝溢流段和水电站厂房等主要建筑物联合发挥作用，对于溢流量大而河谷狭窄的枢纽是比较有利的。滑雪道一般多采用两岸对称布置，可使两股射流对冲碰撞消能，也可布置在河床中间，适用于泄洪量大、坝体较薄的拱坝枢纽中。

(4) 坝身泄水孔式。坝身泄水孔系深式泄洪孔口，位于水面以下一定深度，设在坝体上半部的称为中孔，位于下半部的称为底孔。深孔一般是压力流，用于泄洪的深孔可辅助排沙及施工期导流之用。泄水中孔一般设在河床中间部分，以便消能和防冲，图 11-22 示出了湖南欧阳海拱坝（坝高 58m）的中孔即布置在坝高中间段。也有少数工程将泄水孔设在两岸坝段。

11.4.2 河岸溢洪道

河岸溢洪道为河川水利枢纽常用的泄水建筑物之一。建于坝外河岸，用以排泄水库不能容纳的多余来水量，保证枢纽挡水建筑物及其他有关建筑物的安全运行。

因为土石坝一般不能从坝顶过水，故河岸溢洪道广泛应用于拦河坝为土石坝的大、中、小型水利枢纽以及坝型采用薄拱坝或轻型支墩坝的水利枢纽。当泄洪水头较高或流量较大时，一般也要考虑布置坝外河岸溢洪道，或兼有坝身及坝外溢洪道，以策安全。

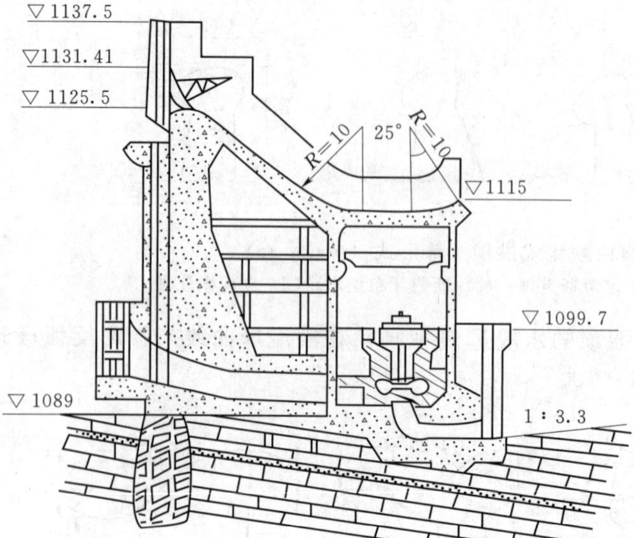

图 11-21　贵州修文拱坝滑雪道式溢流（单位：m）

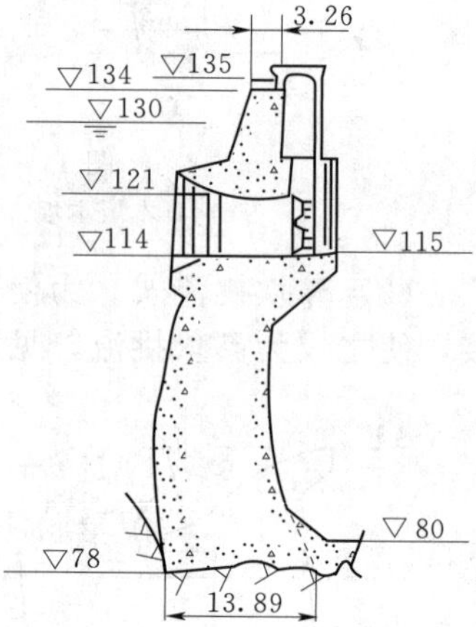

图 11-22　湖南欧阳海拱坝泄洪孔（单位：m）

有些坝型虽适宜布置坝身溢洪道，但由于其他条件的限制，仍不得不用河岸溢洪道，如：坝身适宜布置溢流段的长度难以满足泄洪要求，为布置水电站厂房于坝后，不适宜同时布置坝身溢洪；或坝外布置溢洪道技术经济条件更为有利时，这种情况的典型条件是河岸在地形上有高程恰当的适宜修建溢洪道的天然垭口，地质上又为抗冲性能好的岩基。

河岸溢洪道在布置和运用上分为正常溢洪道和非常溢洪道两大类。正常溢洪道用来宣泄设计洪水，非常溢洪道的作用是宣泄超过设计标准的洪水。

正常溢洪道的常用型式有正槽溢洪道和侧槽溢洪道，分别见图 11-23 和图 11-24。

图 11-23　正槽溢洪道结构布置图

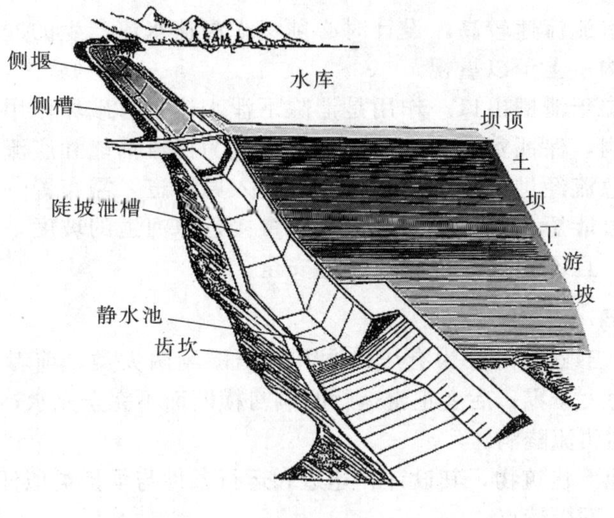

图 11-24　侧槽溢洪道结构布置图

正槽溢洪道的特点是开敞式正面进流。泄槽与溢流堰轴线正交，过堰水流与泄槽方向一致，此型式应用最广。其结构组成有进水段（引水渠）、控制段、泄槽（陡槽）、消能段、尾水渠。进水渠和尾水渠在实际工程中是否需要设置应视具体情况而定。正槽溢洪道优点在于结构简单，进流量大，泄流能力强，工作可靠，施工、管理、维修方便，因而被广泛采用。不足之处是当两岸地势较高且岸坡较陡时，开挖方量大。

侧槽溢洪道的特点是水流过堰后急转弯近 90°，再经过泄槽或斜井、或隧洞下泄。其结构组成为溢流堰、侧槽、调整段、泄槽、出口消能段、尾水渠。

溢洪道的控制段是控制溢洪道泄流能力的关键部位，其横断面多为矩形。图 11-25所示的宽顶堰和非真空实用堰是溢洪道常用的两种控制堰。溢流堰体形设计的要求是：尽量增大流量系数，在泄流时不产生空穴水流或诱发危险振动的负压等。

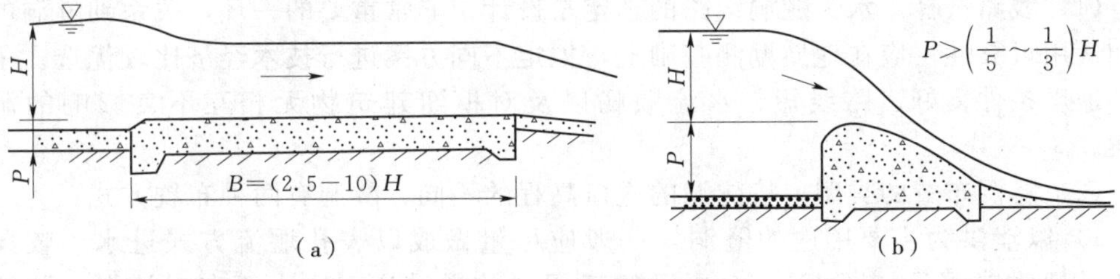

图 11-25　常用的控制堰

(a) 宽顶堰；(b) 非真空实用堰

泄槽是设在溢流堰下游的一段陡槽，它将过堰水流引向消能建筑物，是长距离的输水建筑物。为使槽内水流呈急流状态，其纵坡常为大于临界坡度的陡坡，因此又称其为陡槽。

由于泄槽内水流流速较高，设计时必须考虑高速水流产生的冲击波、脉动和空蚀现象，在布置和构造上予以重视。

出口消能段位于泄槽出口，作用是消除下泄水流具有破坏作用的动能，从而防止建筑物被水流冲刷，保证安全。常用的消能方式为挑流消能和底流消能。

流经泄槽的急流经过消能后，不能直接进入原河道，需布置一段尾水渠。尾水渠的设计要求是尽可能短、直、平顺，底坡尽量接近原河道的坡度，以使水流能平稳顺畅地归入原河道，且不影响其他建筑物的安全。

11.4.3 水工隧洞

用于泄水的水工隧洞可分为有压隧洞和无压隧洞两大类。前者正常运行时洞内满流，洞顶内水压力大于零；后者正常运行时洞身横断面不完全充水，存在与大气接触的自由水面，故亦称明流隧洞。

水工隧洞是地下建筑物，其设计、建造和运行条件与承担类似任务的建于地面的水工建筑物相比，有不少特点。

从结构、荷载方面说，岩层中开挖隧洞以后，破坏了原来的地应力平衡，引起围岩新的变形，甚至会导致岩石崩坍，故一般要对围岩进行衬砌支护。衬砌还会受其周围地下水活动所引起的外水压力作用。

从水力特性方面看，尽管有压隧洞一般视同管流，无压隧洞一般视同明渠流，有与地面建造的管道、明渠相同之处；但承受内水压力的有压隧洞如衬砌漏水，压力水渗入围岩裂隙，将形成附加的渗透压力，构成岩体失稳因素；无压隧洞内较高流速的水流引起的自掺气现象要求设置有足够供气能力的通气设备，否则封闭断面下的洞身将难以维持稳定的无压流态。

从施工建造方面看，隧洞开挖，衬砌的工作面小，洞线长，工序多，干扰大。所以，虽按方量计的工程量不一定很大，工期却往往较长，尤其是兼作导流用的隧洞，其施工进度往往控制整个工程的工期。因此，改善施工条件，加快开挖、衬砌支护进度，提高施工质量，是建造水工隧洞的重要课题。

1. 隧洞的总体布置

（1）线路选择。水工隧洞线路的选定是设计中非常重要的一环，关系到隧洞的造价和运用可靠性。应在地质勘测基础上，拟定不同方案进行技术经济比较优选。争取得到地质条件良好、路线短、水流顺畅以及对枢纽建筑物无相互不良影响的洞线方案。

（2）隧洞布置的类型。按隧洞的进口高程的不同，隧洞有两种布置方式：

1）以泄洪为主要用途的隧洞，一般应尽量做成以表孔堰流方式进水。较典型的表孔泄洪隧洞是如图 11-26 所示的正堰斜井溢洪道，它由正向溢流堰、陡坡斜井、隧洞及其出口消能设备等组成，闸门安装于堰顶，泄水时斜井及隧洞内常处于无压流态。从水流来看，类似于河岸正槽溢洪道，不过泄水陡槽以封闭式代替开敞式而已。

2）将隧洞布置成深孔型式。它由位于水下的进水口、洞身及出口消能段等组

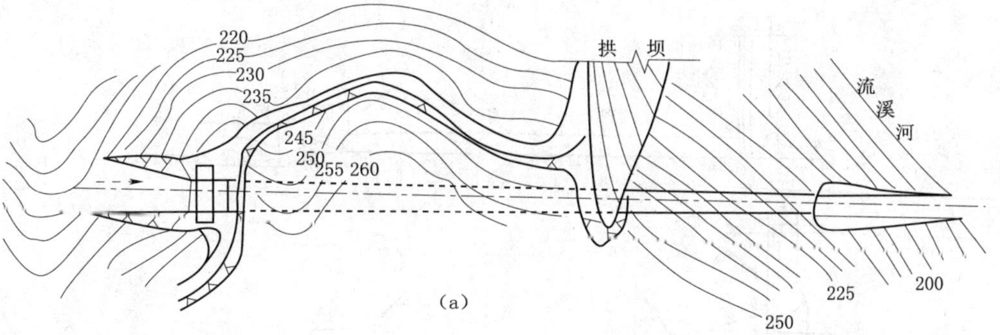

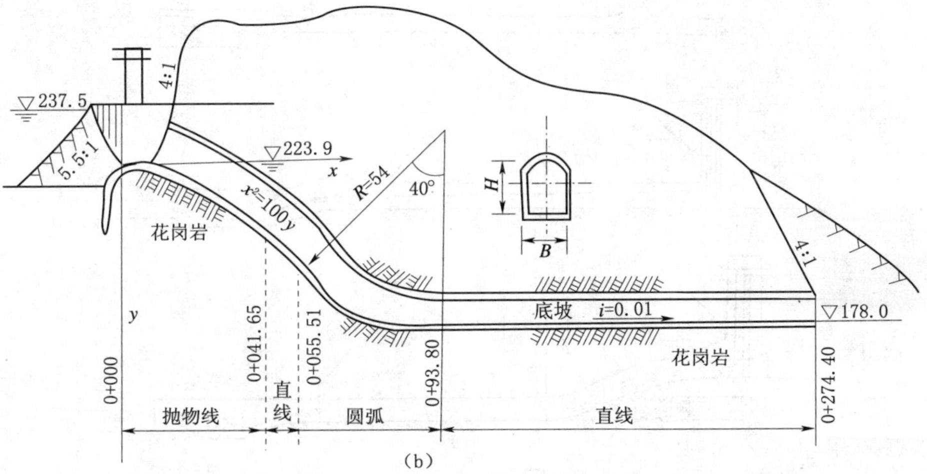

图 11－26　广东流溪河水电站泄洪隧洞（正堰斜井溢洪道，单位：m）
(a) 平面；(b) 纵剖面

成。这类隧洞虽然进口段是有压的，但洞身水流既可为有压流，也可通过工作闸门后断面扩大而为无压流。就进口位置而言还可有两种布置方式，一种是低位进水口，即进水口底部与洞身底部为同一平面［图 11－27 (a)、(c)］；另一种是较高位的进水口，即所谓龙抬头式，进口段与洞身之间以竖曲线及斜井相连［图 11－27 (b)、(d)］。

有时由于枢纽布置的考虑，洞身不得不在平面上转弯。为保持较好流态，可将工作闸门设在弯段以下，从而使弯段位于有压流段，免除明槽急流冲击波危害；而工作闸门下游为明流段，可保证出口山体的稳定性，并提高对闸门推力的支承能力。这就是前段有压流与后段无压流相结合的泄水隧洞，如图 11－27 (e) 所示。这种布置方式一般须加设一个竖井即工作闸门井，亦称中间闸室，供闸门启闭操作之用。

2. 隧洞的断面形式

隧洞的断面形式与水流条件、工程地质条件和施工条件等因素有关，一般有如下几种：

(1) 有压隧洞。有压隧洞由于内水压力较大，一般采用水流条件及受力条件都较

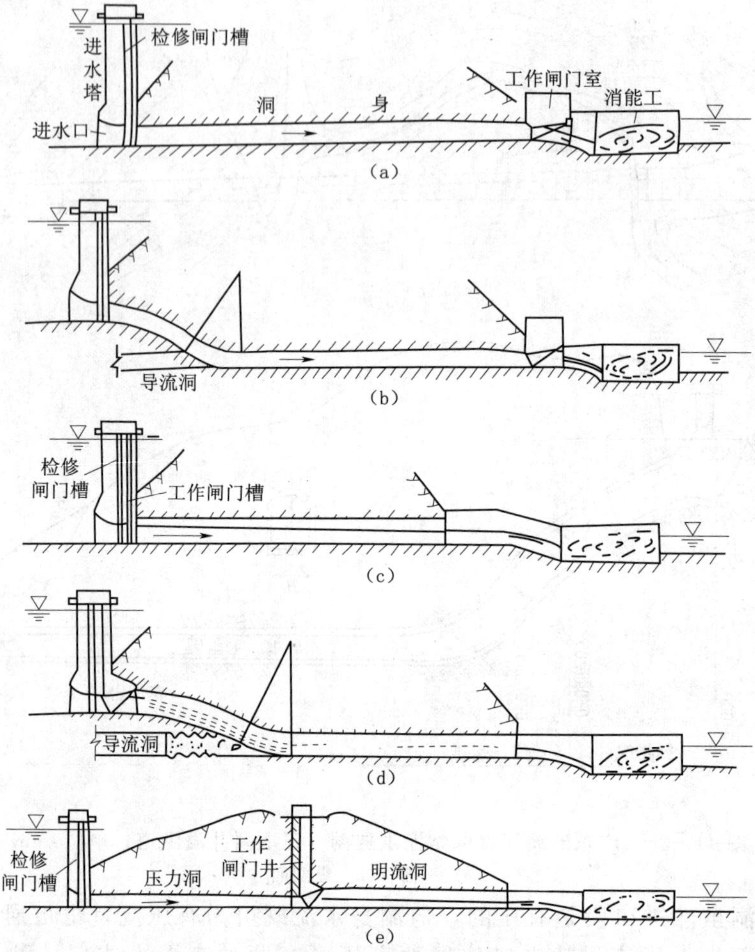

图 11-27　深孔泄水隧洞的布置类型

好的圆形断面，如图 11-28（a）、(b)、(c)、(g)、(k)、(l) 所示。

（2）无压隧洞。当围岩条件较好，洞径和内水压力不大时，为了施工方便，也可采用无压隧洞。无压隧洞多采用圆拱直墙形（城门洞形）断面，如图 11-28（d）、(i)、(j) 所示。由于顶部为圆拱形，适宜于承受垂直围岩压力，且便于开挖和衬砌。侧向围岩压力较大时，为减小或消除边墙上的侧向围岩压力，可把边墙做成向外倾斜状［图 11-28（e）］。如围岩条件较差，可做成马蹄形断面，如图 11-28（f）、(h) 所示。岩石条件差并有较大外水压时也可采用圆形断面。采用掘进机开挖施工时则必须采用圆形断面。

沿隧洞开挖洞壁的四周或一部分做成的人工护壁称为隧洞的衬砌。其作用有：阻止围岩变形发展，保证其稳定；加固围岩承受围岩压力、内水压力和其他荷载；防止渗漏；保护岩石免受水流、空气、温度、干湿变化等侵蚀破坏；平整围岩，减小表面糙率。

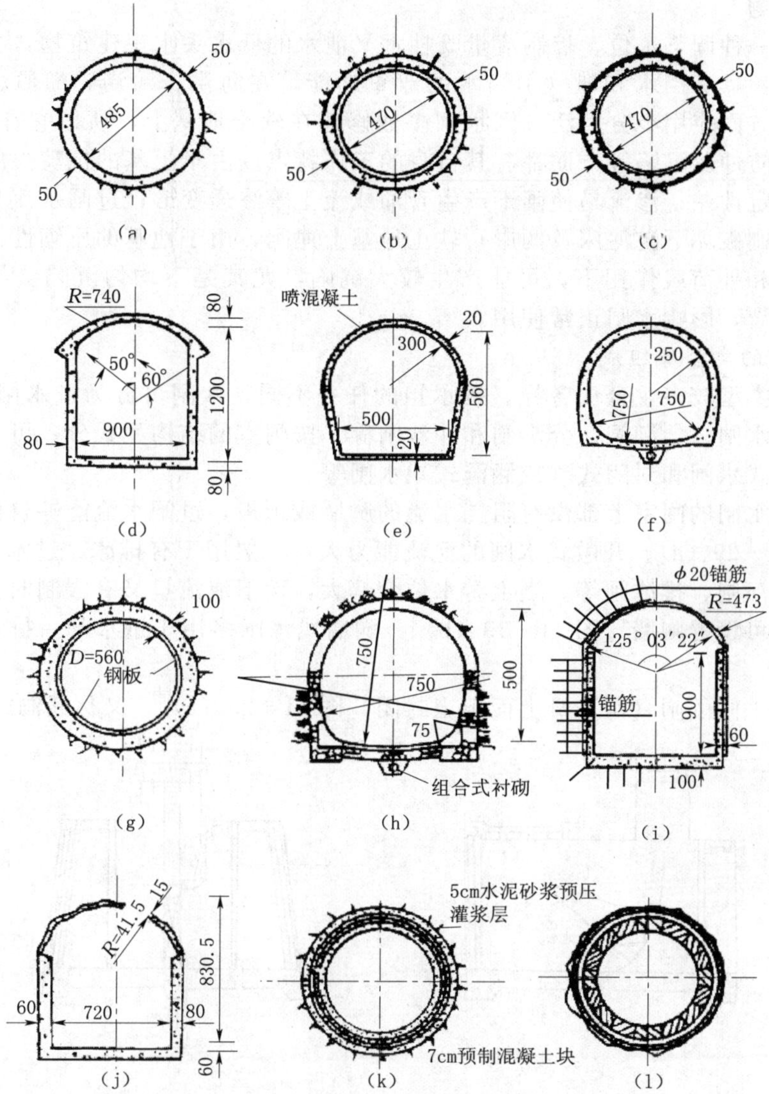

图 11-28　衬砌断面示意图

3. 隧洞的出口消能

对有压泄水隧洞，常在出口设闸门控制流量，闸前为由圆变方的渐变段，闸后出口接扩散段与消能设施。无压洞出口仅设门框，防止洞脸及其以上岩坡崩塌，并与扩散消能设施边墙相接。

泄水隧洞出口消能方式多采用挑流消能和底流消能。当隧洞出口高程高于或接近下游水位，且地形、地质条件允许时，应优先采用比较经济合理的扩散式挑流消能。当隧洞轴线与河道水流交角较小时，采用斜向挑流鼻坎，靠河床一侧鼻坎较低，使挑射主流偏向河床，以减轻对河岸的冲刷。

11.4.4　水闸

水闸是一种调节水位、控制流量既挡水又泄水的低水头水工建筑物，主要依靠闸门控制水流，具有挡水和泄（引）水的双重功能，在防洪、治涝、灌溉、供水、航运、发电等方面应用十分广泛。因水闸多数修建在软土地基上，所以它在抗滑稳定、防渗、消能防冲及沉陷等方面都有其自身的工作特点。由于土基的抗剪强度低，则水闸的抗滑稳定性差；渗流易使闸下产生管涌或流土等渗透变形；过闸水流具有较大动能，容易冲刷破坏下游河床及两岸；软土地基上建闸，由于地基的压缩性比较大，在水闸的重力和外荷载作用下，可能产生较大沉陷，尤其是不均匀沉陷会导致水闸倾斜，甚至断裂，影响水闸正常使用。

1. 水闸的类型及组成

水闸的类型较多，分法各异。按承担的任务不同，水闸可分为进水闸、拦河闸、泄水闸、排水闸、挡潮闸、分洪闸和冲沙闸等。按闸室的结构型式分，可分为开敞式水闸、胸墙式水闸和封闭式（或涵洞式）水闸等。

开敞式水闸的闸室上部没有阻挡水流的胸墙或顶板，过闸水流能够自由地通过闸室，见图 11－29（a）。开敞式水闸的泄流能力大，一般用于有排冰、过木等要求的泄洪闸，如拦河闸、排冰闸等。当上游水位变幅大，而下泄流量又有限制时，为了避免闸门过高，可设置胸墙［图 11－29（b）］。胸墙式水闸多用于进水闸、排水闸和挡潮闸等。

封闭式水闸的闸（洞）身上面填土封闭［图 11－29（c）］，又称涵洞式水闸。

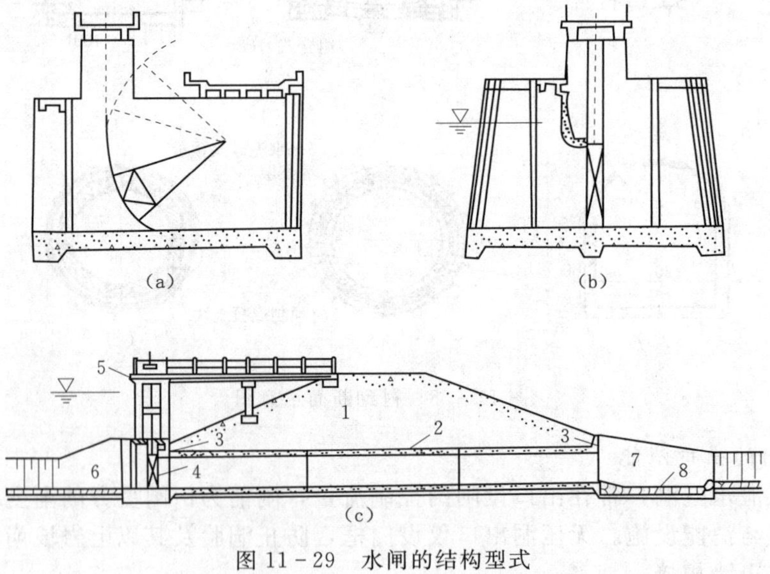

图 11－29　水闸的结构型式

（a）开敞式；（b）胸墙式；（c）涵洞式水闸

1—大堤；2—洞身；3—挡土墙；4—闸门；5—工作桥；6—上游翼墙；7—下游翼墙；8—消力池

水闸由上游连接段、闸室和下游连接段三部分组成，见图 11－30。①上游连接段的作用主要是引导水流平顺、均匀地进入闸室，避免对闸前河床及两岸产生有害冲刷，减少闸基或两岸渗流对水闸的不利影响。一般由铺盖、上游翼墙、上游护底、防冲槽或防冲齿墙及两岸护坡等部分组成。②闸室段是水闸的主体部分，起挡水和调节水流作用，包括底板、闸墩、闸门、胸墙、工作桥和交通桥等。底板是水闸闸室基础，承受闸室全部荷载并较均匀地传给地基，兼起防渗和防冲作用，同时闸室的稳定主要由底板与地基间的摩擦力来维持；闸墩的主要作用是分隔闸孔，支撑闸门，承受和传递上部结构荷载；闸门则用于控制水位和调节流量；工作桥和交通桥，用于安装启闭设备、操作闸门和联系两岸交通。③下游连接段的作用是消能、防冲及安全排出流经闸基和两岸的渗流。一般包括消力池、海漫、下游防冲槽、下游翼墙及两岸护坡等。消力池主要用来消能，兼有防冲作用；海漫的作用是继续消除水流余能、扩散水流、调整流速分布、防止河床产生冲刷破坏；下游防冲槽是用来防止下游河床冲坑继续向上游发展的防冲加固措施；下游翼墙则用来引导过闸水流均匀扩散，保护两岸免受冲刷；两岸护坡是用来保护岸坡，防止水流冲刷。

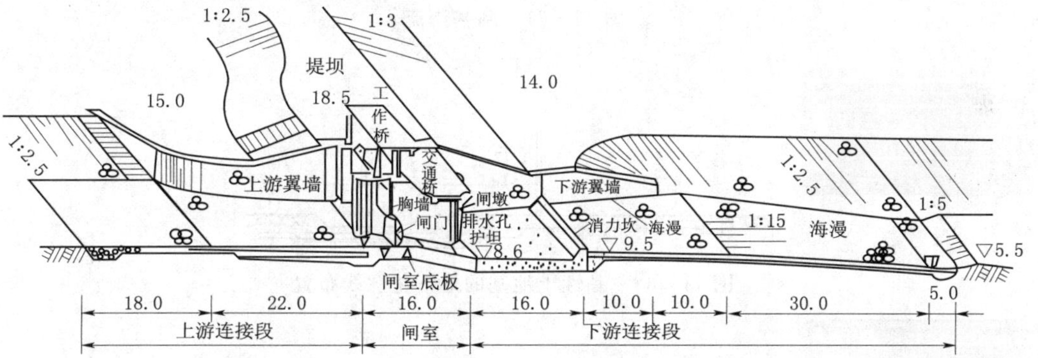

图 11-30　土基上水闸立体示意图（单位：m）

2. 水闸的闸基渗流

水闸建成挡水后，在上下游水位差的作用下，在闸基及岸坡内均产生渗流，如图 11-31 所示。其中闸基为有压渗流，岸坡绕渗为无压渗流。水闸闸基渗流在闸底板上形成的扬压力，不利于闸室稳定；岸坡绕渗对连接建筑物的侧向稳定不利；闸基渗流和岸坡绕渗还可能造成渗流出逸处的渗透变形破坏，甚至导致水闸失事；渗流还引起水量损失等。

为了保证闸室稳定，需对水闸的地下轮廓线（铺盖、板桩和闸底板等不透水部分与地基的接触线）进行布置，即根据设计要求和地基特性，确定闸基防渗体的轮廓形状及其尺寸，布置的原则是防渗与导渗相结合。地下轮廓布置与地基土质的关系较大，对于不同地基具有不同的布置特点，见图 11-32 和图 11-33。

3. 水闸的消能防冲

水闸的消能方式，一般都采用底流式水跃消能。底流式的主要消能结构是消力池，在池中利用水跃消耗能量。消力池后面紧接海漫，见图 11-34。在海漫上继续消除水流的剩余动能，使水流扩散并调整流速分布，以减少底部流速，从而保护河床免受冲刷。海漫末端需设置防冲槽或防冲齿墙，见图 11-35。

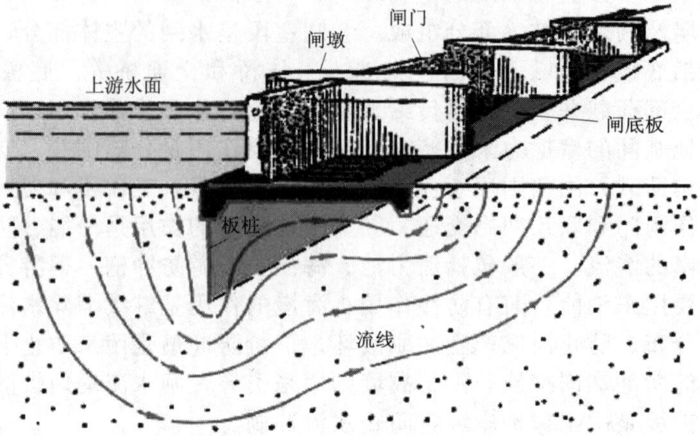

图 11-31　闸基渗流

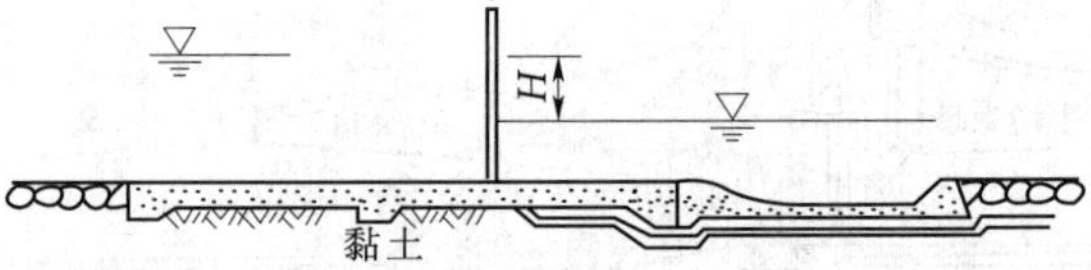

图 11-32　黏性土地基的地下轮廓线布置

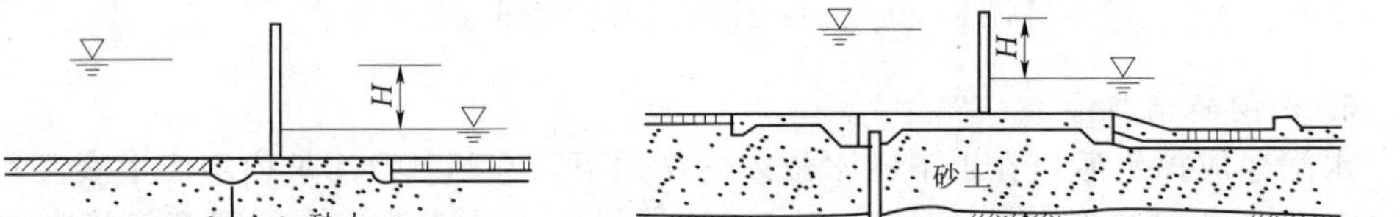

图 11-33　砂性土基的地下轮廓线布置

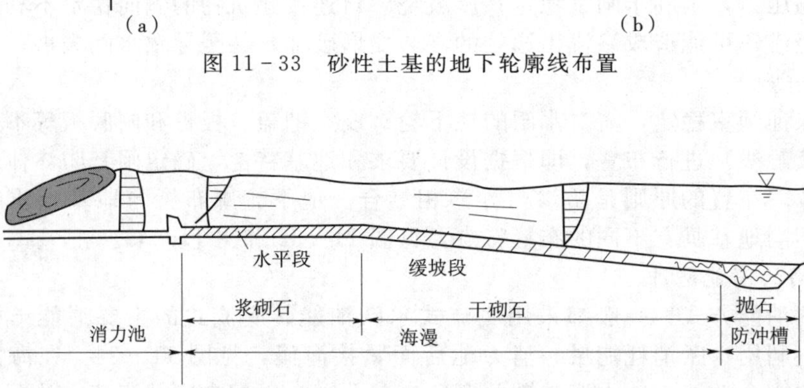

图 11-34　海漫布置及其流速分布示意图

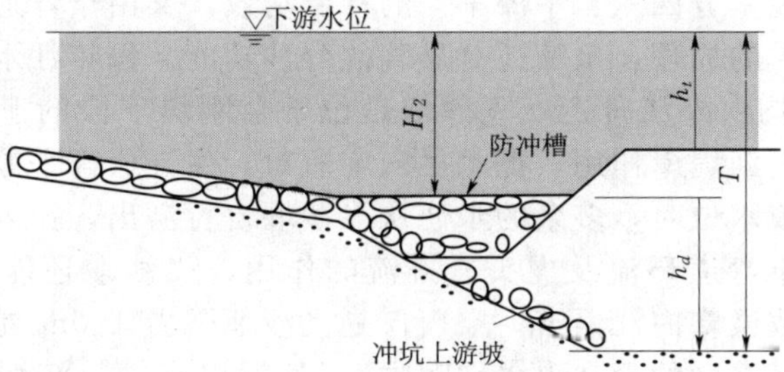

图 11－35　防冲槽示意图

4. 闸室稳定及闸基处理

闸室在自重、水压力等各种荷载的作用下，不论在运行、检修或施工期都应该是稳定的。闸室稳定性的要求主要包括以下 3 个要求：①闸室基底平均压应力不大于地基容许承载力；②闸室基底压应力的最大值与最小值之比值不大于容许的比值；③闸室抗滑稳定安全系数不小于容许的安全系数。

当水闸的天然地基不满足稳定、应力和渗流的要求，或不满足沉陷控制要求时，除了考虑改变闸室结构型式外，还要对地基进行加固处理。常采用方法有：预压加固、换土垫层、桩基础（包括端承桩和摩擦桩）、振动砂（碎石）桩和强夯法等。此外，还有沉井基础、深层搅拌桩、高压喷射灌浆等地基处理方法。

11.5　国内外典型水利枢纽工程

自古以来，历代有为的统治者都把治水修建水利工程作为安邦定国的大事。如秦昭王末年（约公元前 256～前 251 年），由秦蜀守李冰主持兴建的都江堰；公元前 486 年起建沟通海河、黄河、淮河、长江、钱塘江五大水系，全长近 1800km 的京杭大运河；再如形成于春秋中期，到战国时已具相当规模的黄河大堤等著名水利工程，都是我国古代劳动人民在长期治水实践中劳动与智慧的结晶。1949 年中华人民共和国成立以来，我国兴建了大量的各类水利工程，发挥了巨大的社会经济效益。这里仅介绍几座历史悠久、综合利用效益巨大的国内外著名水利工程。

1. 都江堰

都江堰水利工程位于四川省都江堰市城西，是岷江上的大型引水枢纽工程，也是世界上年代最久、以无坝引水为特征的大型水利工程。工程以灌溉为主，兼有防洪、水运、城市供水等多种效益。都江堰灌区是中国灌溉面积最大的灌区。

都江堰始建于秦昭王末年。宋代始称都江堰。经历代不断完善，成为由鱼嘴（分水工程）、飞沙堰（溢流排沙工程）和宝瓶口（引水工程）三大主体工程组成的无坝引水枢纽。见图 11－36。

鱼嘴位于三大工程之首，金刚堤是与鱼嘴衔接一体的分水堤，它们位于岷江江心，将岷江分为内、外两江。外江主要用于泄洪排沙，内江主要用于引水灌溉。枯水季节岷江主流直冲内江，这时内江水量约分六成，外江约分四成；洪水季节，鱼嘴前的沙洲被淹没，不再受弯道的制约，主流直奔外江，此时内外江进水比例便自动颠倒过来。这就是都江堰“分四六、平潦旱”的神奇功效。又由于弯道环流的作用和“凹岸排水，凸岸排沙”的原理，鱼嘴还有显著的分沙功能。每年江水中挟带的推移质总量的70%～80%，均由外江排走。飞沙堰是位于金刚堤下段的泄洪低坝，在正常情况下，飞沙堰发挥内江堤岸作用，把水拦入宝瓶口，保证成都平原用水；当内江引进水量超过宝瓶口警戒水位时，多余的水便从飞沙堰自行溢出，排入岷江正流，起到泄洪减灾的作用。由于弯道环流及虎头岩挑流的作用，飞沙堰还能将进入内江沙石的70%排出，使其不致淤塞内江渠道。宝瓶口是飞沙堰下游100m处人工凿开玉垒山岩体的进水口，是内江灌区的天然引水“咽喉”。长期以来，都江堰不废不衰，青春常在，得益于科学管理，“深淘滩、低作堰”就是治理三大工程的经验总结。

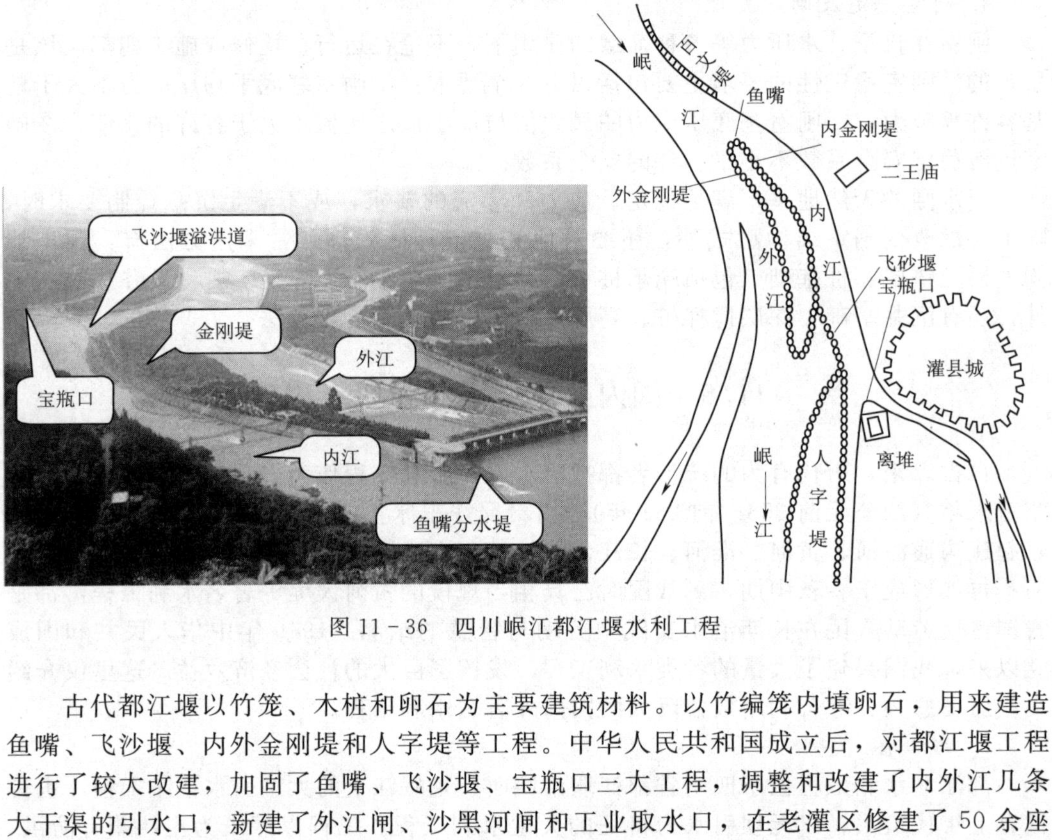

图11-36 四川岷江都江堰水利工程

古代都江堰以竹笼、木桩和卵石为主要建筑材料。以竹编笼内填卵石，用来建造鱼嘴、飞沙堰、内外金刚堤和人字堤等工程。中华人民共和国成立后，对都江堰工程进行了较大改建，加固了鱼嘴、飞沙堰、宝瓶口三大工程，调整和改建了内外江几条大干渠的引水口，新建了外江闸、沙黑河闸和工业取水口，在老灌区修建了50余座重要分水枢纽，改造了3万多条旧渠道，并在新灌区建造了黑龙滩、三岔、鲁班、继光等10座大中型水库，300余座小型水库，以及许多渠系建筑物、中小型水电站和扬水站等。都江堰灌区由1949年的288万亩发展到20世纪80年代的近1100万亩。

2. 京杭大运河

京杭大运河北起北京、南至杭州，流经北京、天津、河北、山东、江苏、浙江6省（直辖市），沟通海河、黄河、淮河、长江、钱塘江五大水系，全长近1800km，是世界上开凿最早、里程最长的运河。

京杭大运河由人工河道和部分天然河流、湖泊共同组成，全程可分为7段，即：

通惠河、北运河、南运河、鲁运河、中运河、里运河和江南运河。图 11 - 37 为京杭大运河路线图。公元前 486 年，吴王夫差首次在扬州开挖邗沟，沟通了长江和淮河，这是京杭大运河最早的一段；以后在此基础上不断向北向南发展、延长，尤其经隋朝和元朝两次大规模的扩展和整治，终于建成沟通我国南北的交通大动脉。

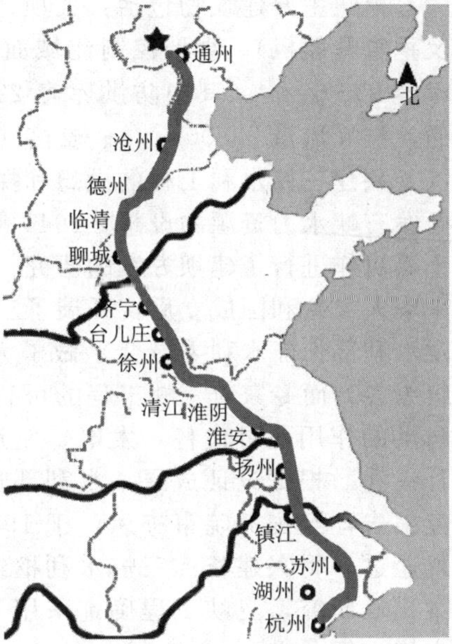

图 11 - 37　京杭大运河

京杭大运河一向为历代漕运要道，对南北经济和文化交流曾起到重大作用。自 19 世纪后，由于南北海运开辟、津浦铁路通车，加之黄河改道淤塞运河中段，因此部分河段断航，江浙一线仍畅通无阻。新中国成立后，投入巨资，对运河进行扩建和整治，既满足了航运要求，又提供了防洪、排涝、供水、沿河城镇建设及环境生态等功能，更好地发挥了运河河道的多功能作用，并为南水北调东线工程的建设奠定了基础。目前，运河的通航里程达 1442km，其中全年通航里程为 877km，主要分布在黄河以南的山东、江苏和浙江 3 省。每年仅经江苏北段运河的货物运输量就近 1 亿 t，相当于 3 条铁路的运输量。

京杭大运河是我国古代劳动人民创造的一项伟大工程，是祖先留给我们的珍贵物质财富和精神财富。其丰富的历史遗存是研究中国古代政治、经济、文化、社会等方面的珍贵资料，也是中国悠久文明的最好见证。

3. 长江三峡水利枢纽工程

长江三峡水利枢纽工程（简称三峡工程）位于湖北省宜昌市三斗坪、长江干流西陵峡中，距三峡出口南津关 38km，下游 40km 处为葛洲坝水利枢纽。工程具有防洪、发电、航运等综合效益，是当今世界最大水利工程，三峡大坝全景参见图 11 - 3，图 11 - 38 为枢纽的平面布置。

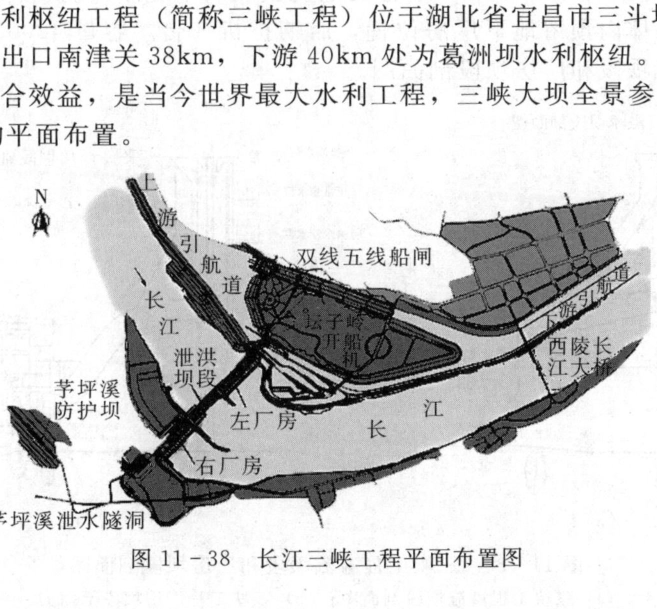

图 11 - 38　长江三峡工程平面布置图

枢纽主要建筑物包括：大坝、水电站、泄洪建筑物和通航建筑物（双线五级船闸及垂直升船机）。坝址控制流域面积100万km^2，多年平均流量14300m^3/s。水库总库容393亿m^3，其中防洪库容221亿m^3。枢纽主要建筑物设计洪水标准为千年一遇，洪峰流量98800m^3/s；校核洪水标准为万年一遇加10%，洪峰流量124300m^3/s。

兴建三峡水利工程的设想和探索由来已久。早在20世纪初，孙中山先生曾提出开发三峡水力资源的设想。1944年中国资源委员会与美国垦务局的萨凡奇、J.L.博士等协作进行了建坝方案的研究，提出了在南津关建坝的扬子江三峡计划初步报告。中华人民共和国成立后，开展了三峡工程建设的前期工作，长江流域规划办公室（即现水利部长江水利委员会）做了大量的勘测、科研和规划设计工作。1986年国务院组织各方面专家对三峡工程的可行性进行进一步的论证，认为三峡工程对长江中游防洪的作用不可代替，发电、航运效益巨大，移民及环境问题可以妥善解决，应早日兴建。根据论证成果，水利部长江水利委员会于1989年提出三峡工程可行性研究报告，经国务院审查后，于1992年4月3日在第7届全国人大第5次会议上审议通过，将兴建长江三峡水利枢纽列入国民经济和社会发展十年规划。经过多种方案比较研究，三峡工程确定采用"一级开发、一次建成、分期蓄水、连续移民"的实施方案。

三峡工程计划全部工期17年，分3个阶段完成。第一阶段（1993～1997年）为施工准备及一期工程，以实现大江截流为标志；第二阶段（1998～2003年）为二期工程，以实现水库初期蓄水、第一批机组发电和永久船闸通航为标志；第三阶段（2004～2009年）为三期工程，以实现全部机组发电和枢纽工程全部完建为标志。

三峡工程拦河大坝为混凝土重力坝，坝顶高程185.0m，最大坝高181.0m。右岸茅坪溪副坝为沥青混凝土心墙砂砾石坝，最大坝高104m。水电站总装机容量18200MW，共安装26台700MW水轮发电机组，其中左岸厂房14台，右岸厂房12台。另在右岸山体内预留地下厂房位置，后期扩机6台，容量4200MW。图11-39为三峡工程溢流坝段和厂房坝段剖面图。

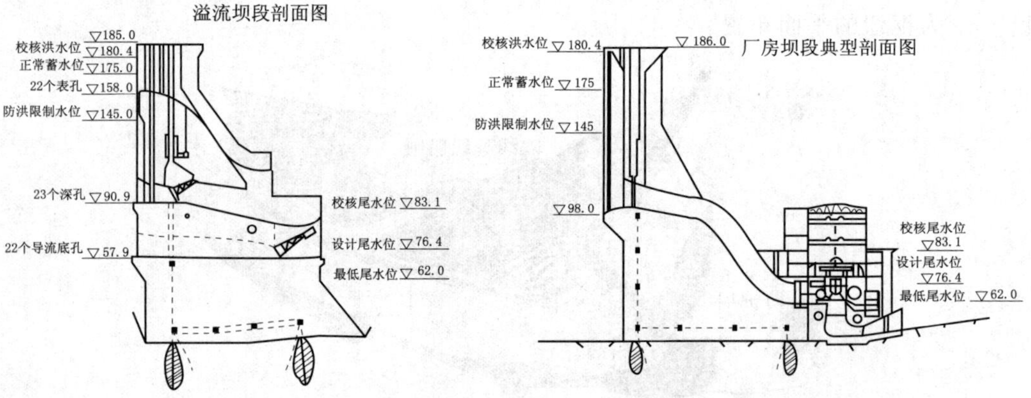

图11-39　三峡工程溢流坝段和厂房坝段剖面图

(a) 三峡工程溢流坝段剖面图；(b) 三峡工程厂房坝段剖面图

通航建筑物包括永久船闸和升船机。永久船闸为双线五级船闸（见图 11-40），可通过万吨级船队；升船机为单线一级垂直提升式，可通过 3000t 级客货轮。

图 11-40　三峡工程双线五级船闸

在工程施工中，建设者攻克了多项世界级技术难题，如：大江截流、导流明渠截流、深水围堰施工、船闸直立高边坡开挖及稳定变形控制、混凝土浇筑、特大金属结构和特大水轮发电机组安装等。作为世界最大的水利枢纽工程，三峡工程的许多设计指标都突破了世界水利工程纪录，主要有：

（1）水库总库容 393 亿 m^3，防洪库容 221.5 亿 m^3，水库调洪可消减洪峰流量达 2.7 万～3.3 万 m^3/s，是世界上防洪效益最为显著的水利工程之一。

（2）水电站总装机 18200MW，年平均发电量 846.8 亿 kW·h，是世界上最大的水电站。

（3）大坝坝轴线全长 2309.47m，泄流坝段长 483m，双线 5 级船闸＋升船机，无论单项、总体都是世界上建筑规模最大的水利工程。

（4）工程主体建筑物土石方挖填量约 1.34 亿 m^3，混凝土浇筑量 2794 万 m^3，钢筋制安 46.30 万 t，金属结构制作安装 25.65 万 t，是世界上工程量最大的水利工程。

（5）2000 年混凝土浇筑量为 548.17 万 m^3，月浇筑量最高达 55 万 m^3，创造了混凝土浇筑的世纪纪录，是世界上浇筑强度最大的水利工程。

（6）截流流量 9010 m^3/s，施工导流最大洪峰流量 79000 m^3/s，是施工期流量最大的水利工程。

（7）泄洪闸最大泄洪能力 10.25 万 m^3/s，是世界上泄洪能力最大的泄洪闸。

（8）三峡工程的双线五级船闸，总水头 113m，是世界上级数最多、总水头最高的内河船闸。

（9）升船机有效尺寸为 120m×18m×3.5m，最大升程 113m，船箱带水重量达 11800t，过船吨位 3000t，是世界上规模最大、难度最高的升船机。

（10）水库动态移民最终可达 113 万，是世界上水库移民最多、工作最艰巨的移民建设工程。

三峡工程防洪、发电和航运效益十分显著。在防洪方面，可有效控制长江上游洪水，对中下游平原区，特别是对荆江地区，可使荆江河段防洪标准由原来的十年一遇提高到百年一遇；遇千年一遇或更大洪水时，配合荆江分洪等工程，可防止荆江河段发生干堤溃决的毁灭性灾害；还可大大提高长江中下游防洪调度的机动性和可靠性，减轻中下游洪水淹没损失和对武汉市的洪水威胁；并可为洞庭湖区的根本治理创造条件。在发电方面，三峡水电站年平均发电量 846.8 亿 kW·h，主要向华东、华中和华南地区供电。在航运方面，可显著改善长江宜昌至重庆长 660km 的航道，万吨级船队可直达重庆港，航道单向年通过能力可由1000万t提高到5000万t；宜昌下游枯水季最小流量可从3000m³/s提高到5000m³/s以上，从而使长江中下游枯水季航运条件也有较大改善。除此之外，工程还具有水库养殖、旅游、供水灌溉及南水北调（中线）远期加大供水等巨大综合效益。

国外典型的水利枢纽工程包括阿斯旺坝、伊泰普水电站与胡佛坝等，见链接11-1。

第12章 防洪工程

12.1 洪水和洪水灾害

12.1.1 洪水

洪水是江（河）湖水位急剧上涨、来水峰高量大的一种自然现象。通常由暴雨、久雨不晴、风暴潮或融冰化雪等原因形成。中国大部分地区以暴雨洪水为主，在东北和西北地区，也有因融冰化雪形成洪水的。天气变化是造成暴雨进而引发洪水的直接原因。

12.1.2 洪水灾害

出现洪水是否会成灾，不仅与流域内地形、地质条件、植被情况等下垫面特征以及河道的泄流能力、已建工程的防洪能力等诸多因素有关，而且与社会经济发展也有密切的联系。如果一个地区荒无人烟，虽然洪水经常泛滥，也不会造成灾害。相反在人类大量繁衍和生产不断发展的地区，洪水泛滥就会造成严重灾害。

由于人口增长，需要大力发展农业。为了扩大耕地，就要围垦河、湖滩地与水争地，或向山丘地区发展，使得山林植被遭到破坏。城市、居民点、交通道路的形成都不断改变着下垫面的状态。这一切都使得洪水的产生和汇流条件不断发生变化，从而加重了洪水危害的程度。因此，洪水灾害是自然和社会经济因素综合作用的产物。

洪水还具有周期性和随机性。周期性的特点使得洪水发生在每年的多雨季节；随机性的特点，使得洪水每次发生的时间、地点、量级难以准确预知。

洪水对环境有较大的影响，可分为有利和不利两个方面。

洪水对环境的有利影响是河道适时行洪可以延缓某些地区植被过快地侵占河槽，抑制某些水生植物过度“有害”生长，并为鱼类提供良好的产卵场所；洪水周期性地淹没河流两岸的岸边地带和洪泛区，为陆生植物群落生长提供水源和养料；为动物群落提供良好的觅食、隐蔽和繁衍栖息场所和生活环境；洪水携带泥沙淤积在下游滩地，造就富饶的冲积平原。

洪水所造成的不利后果是对自然环境和社会环境的严重破坏。洪水淹没河滩、突破堤防、淹没农田、村庄等，毁坏社会基础设施，造成财产损失和人畜伤亡，对人群健康、文化环境造成破坏性影响，甚至干扰社会的正常运行。由于社会经济的快速发展，洪水的不利作用或危害已远远超过其有利的一面，据有关文献公布的统计资料表明：与地震、火山爆发、干旱、暴风雨等自然灾害相比，全球洪灾造成的人员死亡占上述灾害死亡人数的42%，经济损失占50%。可见洪水灾害危害的严重程度。

12.1.3 中国历史上的洪水及洪水灾害

我国幅员辽阔，江河众多，气候复杂，洪灾相当频繁。以长江和黄河两条大河为例，就可看出洪灾的频繁程度和危害性。

长江自汉代初（公元前185年）至1949年共发生大小洪灾220多次，平均每十年1次。历代水灾次数，尽管与历史记载（包括洪水碑刻，题记）的详略和对于洪灾的取舍标准有关，但仍能大致反映出长江洪灾的变化趋势。愈到近期洪灾愈多，灾情也愈严重：唐代平均18年一次，宋、元时期平均5～6年一次，明、清时期平均4年一次。

国民党政府统治时期，长江中下游几乎年年闹水灾，据统计，仅1931～1949年的18年中，荆江地区被淹5次，汉江中下游被淹11次，当时有“沙湖沔阳洲，十年九不收”的歌谣。近100多年中，洪水灾情最为惨重的有1860年、1870年、1931年、1935年、1954年、1998年等六次特大洪水。每次洪灾都造成人民生命财产的巨大损失，如解放前夕的1949年洪水，长江中下游地区受灾农田达2721万亩，受灾人口达810万人，淹死5699人。

新中国成立后，1954年长江流域出现了近百年来的一次全流域型的特大洪水。在中央关怀、全国支援、沿江各省市各级党政领导下，中下游参加抗洪防汛达1000万余人，其中长江、汉江干堤共动员了防汛人员380余万人，经过大力防守及采取有计划的扒口分洪，确保了荆江大堤、汉北大堤、武汉市、南京市等主要堤段和城市的安全。但由于当年洪水大大超过堤防防御标准，长江、汉江干堤仍溃口64处。据统计，长江中下游分洪溃口水量共计1023亿m^3，共有123个县（市）受灾，淹没农田4755万亩，受灾人口1888万人，死亡3万余人。

1998年，长江发生继1954年以来又一次全流域型大洪水，宜昌先后出现超50000m^3/s的洪峰8次。中下游干流洪峰水位之高、次数之多，高水位持续时间之长都是空前的。在党中央、国务院的坚强领导下，广大军民团结奋战，依靠多年来形成的防洪工程体系和非工程体系，依靠多年来形成的雄厚物质基础和科学技术取得了抗洪斗争的伟大胜利，减轻了洪灾损失。

黄河据历史记载，自公元前602年至1938年的2540年间，下游决口泛滥的年份有543年，达1590余次，较大的改道有26次，平均三年两决口，百年一改道。洪水波及范围西起孟津，北至天津、南抵江淮，洪泛区涉及黄淮海平原的冀、鲁、豫、皖、苏五省25万km^2，1亿多人口。由暴雨洪水和冰凌洪水造成的水灾遍及全河的上、中、下游。

1933年8月，黄河中游干支流发生洪水，陕县站洪峰流量22000m^3/s。洪水造成黄河下游南北两岸决口50余处，淹没河南、河北、山东和江苏4省30个县，死亡

1.27 万人。

1958 年 7 月，黄河中下游发生洪水，花园口站洪峰流量 22300 m^3/s。这场洪水峰高量大，来势凶猛，京广铁路中断，在河南、山东两省 200 万防汛大军防守下，确保了黄河下游的防洪安全。

1982 年 8 月，黄河三门峡至花园口区间发生洪水，花园口站洪峰流量 15300 m^3/s。下游滩区除原阳、中牟、开封 3 处部分高滩外，其余全部被淹，共淹没滩区村庄 1303 个，耕地 217.44 万亩，倒塌房屋 40.08 万间，受灾人口 93.27 万。

黄河上游地区的洪水灾害，主要发生在兰州市河段及宁蒙河段的河套平原。由于上游地区暴雨少，洪水出现频率小，洪峰流量不大，加之过去这些地区人烟稀少，经济不发达，所以洪水灾害较下游为轻。黄河中游的龙门至潼关河段，两岸为黄土高原，有滩地 100 多万亩，洪水漫滩时成灾。三门峡水库建成运用以后，渭河下游河道淤高，洪灾加重。

1981 年 8 月 13 日至 9 月 13 日，上游连降 30 多天连阴雨。经刘家峡水库调蓄后，9 月 15 日兰州中山铁桥洪峰流量为 5600m^3/s，洪水淹没农田 4 万余亩，倒塌房屋 3589 间，造成兰州市 12 万多人、数十个厂矿企业受灾。

2003 年 8 月下旬至 10 月中旬，黄河中下游遭遇了罕见的"华西秋雨"天气，渭河流域先后出现了 6 次洪峰，8 月 30 日咸阳洪峰流量 5340 m^3/s，咸阳、临潼和华县站均出现历史最高洪水位。洪水造成渭河干支流堤防决口 8 处，56.25 万人受灾，迁移人口 29.22 万人，受灾农田 137.8 万亩，倒塌房屋 18.72 万间。

12.1.4 国外洪水及其灾害

世界上其他国家的一些著名河流和我国的长江黄河一样，都是由降落到地面的雨水，除一部分下渗、蒸发外，产生的地面径流长期侵蚀地面，冲成沟壑，形成溪流，最终汇集而成的。因而在孕育两岸文明同时也经常会发生洪水。如美国的密西西比河，俄罗斯的叶尼塞河、印度的印度河、非洲的尼罗河等。这里以密西西比河为例，简要介绍 2008 年 6 月发生的大洪水。

密西西比河发源于美国北部明尼苏达州，流经 10 个州，干流全长 3734km，是美国最长的河流。流域面积 322 万 km^2，占美国本土面积的 41%，覆盖了美国东部和中部广大地区。2008 年 6 月，由于连降大雨，连日洪水令密河水位暴涨，美国中西部密西西比河沿岸地区出现洪涝灾害，艾奥瓦州锡达拉皮兹的市区洪水泛滥。17 日河水冲毁多处堤围，泥水涌入伊利诺伊州和艾奥瓦州交界的小镇格尔夫波特，积水高达 3m，全镇几乎被洪水淹没，幸无人受伤。34 号公路一片汪洋，官员关闭前往邻镇伯灵顿的一座桥梁，来

图 12-1 美国密西西比河水冲破防洪堤坝（伊利诺伊州）

往交通严重受阻。

伊利诺伊州一段防洪堤在当地时间17日早晨被洪水冲出一个大缺口（图12-1），防洪堤决口后，河水奔流而出，淹没数十平方公里肥沃农田（图12-2），一座大桥被迫关闭，大约10人受困后获救。伊利诺伊州一侧的决口让密西西比河水位突降近23cm，为伯灵顿市抗灾带来了宝贵的时间（图12-3）。

图12-2 一座农场几乎被洪水全部淹没

图12-3 美国士兵在伊利诺伊州赫尔镇附近加固堤坝

美国气象部门称，这是密西西比河流域过去15年来遭遇的最大洪灾，数百万亩农田失收或严重减产，密西西比河403km的水面被封闭，估计造成经济损失高达数十亿美元。

美国土木工程师学会副会长拉里·奥特称，……由于今年的洪水很罕见，许多人称这是500年一遇的大洪水，整个大坝系统将承受很大的压力。但是，假如联邦政府和当地官员能够将沙袋放置到位，确定大坝沿线的薄弱地点，那么这就很可能为沿河居民提供一个防洪保护。

12.2 防洪工程措施

防洪是人类与自然灾害抗争的主要任务之一，中华民族与洪水抗争有着悠久的历史。新中国成立60多年来，我国防洪事业取得了伟大的成就，各类水利工程保护了5亿多亩耕地、470多座城市、约6亿人口的防洪安全。改革开放以来，我国的大江大河治理已经修建了以长江三峡工程、黄河小浪底工程以及淮河治理、太湖治理等为代表的一批骨干防洪工程，初步形成了较为完整的防洪工程体系；水利工程抗御洪涝灾害的能力大大提高，夺取了1991年辽河、太湖大水，1994年珠江、湘江、辽河大水，1995年辽河、松花江、长江中下游大水，1996年长江大水，1998年长江、嫩江、松花江大水，1999年太湖大水等抗洪抢险的胜利。但是由于洪水发生强度及发生时间的随机性，加之全球气候变化与人类活动等复杂因素的影响，要彻底防止洪灾是不可能的。洪水灾害仍威胁着社会的稳定、国民经济的发展以及人民生命财产的安全，防洪任务仍然艰巨复杂。

防洪即缩小洪水泛滥范围，减少洪水灾害损失的具体办法和手段。为了防治洪水灾害或减少洪水灾害的损失，必须采取一些防洪措施，它包括工程措施和非工程措施。兴建防洪工程的通常做法是在河流的上中游山区、丘陵区兴建山谷水库，滞蓄洪水，防治山洪，并开展水土保持工作；在中、下游的平原地区修筑防洪堤，整治河道，以利泄洪，并利用湖泊洼地滞蓄洪水或兴建必要的分洪工程。

防洪工程措施包括：筑堤防洪、蓄洪、分洪、泄洪、滞洪、蓄洪垦植、水土保持等，分别扼要介绍如下。

12.2.1 筑堤防洪

筑堤防洪是平原地区历史最悠久的防洪措施，也是目前防洪的重要措施之一。堤防的作用主要是保护河流两岸平原洼地内的农田、村庄和城市免受洪水淹没。防洪堤一方面扩大了河道的过水断面，增加了泄洪能力，另一方面也增加了河道本身的蓄水容积。它还有约束水流，稳定河床的作用。目前全国有各类堤防（江河堤防、圩垸围堤、海堤）约27.7万km，其中大江大河及其主要支流的重点堤防约6万km。它们都是我国精华地带防洪安全的屏障，是全国防洪的重点工程。如黄河下游的堤防、长江荆江大堤、洪泽湖大堤及钱塘江海塘等，都是经过数百年甚至上千年形成的宏大工程。图12-4示出了黄河大堤、荆江大堤、天津市内海河大堤及浙江钱塘江海塘图片。

防洪堤的设计主要考虑堤线布置、堤顶高程和断面型式三个主要问题。堤线要平顺，河道两岸有足够的堤距，不缩窄河床，能使河道泄水通畅；堤顶高程取决于设计防洪水位；防洪堤的断面型式与土坝相似。由于堤线较长，一般采用均质断面。我国除建有许多江堤、河堤、湖堤防御洪水外，在沿海地带还建有漫长的海堤（或叫海塘），防御海潮和台风的袭击。

图12-4 中国几段重要的堤防

(a) 黄河大堤；(b) 荆江大堤；(c) 海河大堤；(d) 钱塘江海塘

12.2.2 蓄洪

利用山谷水库和湖泊洼地调蓄汛期洪水，防止洪水灾害的措施叫做蓄洪。在河流的上中游兴建水库，拦蓄汛期部分或全部洪水，待汛期过后，再将库内拦蓄的水量利用水利枢纽中的泄水建筑物有计划地下泄。这样一方面拦蓄了洪水，削减了洪峰，另一方面还可以利用拦截洪水形成的落差发电。此外，在灌溉、航运、养鱼等方面也有很大的效益。如长江三峡工程，控制流域面积100万km^2，是一座以防洪为主，兼顾发电、航运等多目标的综合利用工程。总库容达393亿m^3，其中防洪库容221.5亿m^3，坝身共设有23个深孔和22个表孔，最大泄洪能力为11.6万m^3/s，可使荆江河段防洪标准从十年一遇提高到百年一遇，遇千年一遇或更大洪水，配合分洪、蓄洪工程的运用，可防止荆江大堤溃决，减轻中下游洪灾损失和武汉市的洪水威胁，并为洞庭湖区的根治创造条件。

经过山谷水库调蓄以后，削减了洪峰，减少了中、下游的洪水威胁，但仍会有大量洪水需要下泄，加上中、下游大片平原地区汇集的洪水，仍会发生洪水灾害。因此在一条河流上，除了在上、中游利用山谷兴建水库蓄洪外，还需要在中、下游利用河流附近的湖泊洼地兴建平原水库调蓄洪水。

利用平原水库或湖泊洼地蓄洪是将河道中的一部分洪水引入河道附近的湖泊或洼地，临时蓄积起来，待洪峰过后再排入原河道，这种方式也叫滞洪。显然，与江河相通的天然湖泊和洼地，其蓄洪作用不是很大。为了充分发挥江河旁侧湖泊、洼地滞蓄洪水的作用，需建闸控制。在河道低水位期开闸预降湖泊、洼地的水位，然后关闸拒绝河水倒灌，直至洪峰来到时，开闸引水，削减洪峰，待洪峰过后再徐徐放出。

天然情况下，河流来水在各年间及一年内都有较大的变化，它与人们用水在时间和水量分配上往往存在着矛盾。解决这种矛盾的主要措施是兴建水库。水库在来水多时把水蓄起来，然后根据用水要求适时适量地供水，同时在汛期还可起到削减洪峰、减除灾害的作用。这种把来水按用水要求在时间和数量上重新分配的作用，叫做水库的调节作用。根据调节周期的长短，水库可分为日调节水库、年调节水库和多年调节水库。水库不仅可以使水量在季节间或年际间重新分配，满足防洪和灌溉的要求，同时还可以利用大量的蓄水和抬高了的水头来满足发电、航运以及水产等其他用水部门的需要。因此，兴建水库是综合利用水利资源的有效措施。

水库在蓄、泄水过程中，它的水位是经常变化的，有几个水位具有特殊意义：

(1) 正常高水位（亦称设计蓄水位）。正常高水位是水库在正常运用情况下允许经常保持的最高水位。亦即为保证各兴利部门枯水期正常用水，水库在丰水期需要达到的水位。它是确定水工建筑物的尺寸、投资、淹没、水电站出力等指标的最重要的数据。

(2) 设计洪水位和校核洪水位。在水库正常运用情况下，当发生设计洪水时，水库达到的最高水位称设计洪水位。当发生校核洪水时，水库达到的最高水位称校核洪水位。水工建筑物必须根据这两个水位进行设计和校核。

(3) 汛前限制水位。在汛期到来之前，预先把水库放空一部分，以便腾出库容，在洪水到来时能多蓄洪水，从而更大的削减洪峰。这个消落下来的水位称为汛前限制水位，亦称汛期限制水位或防洪限制水位。

(4) 死水位。水库在正常运用情况下允许消落的最低水位，亦即为满足淤沙或灌溉、发电、航运、供水、养鱼以及旅游等需要，水库必须保持的最低水位，称死水位。通常由发电最小水头和灌溉最低水位决定。

死水位以下的水库容积称死库容，它不起水量调节作用，但可以淤积泥沙。死水位和正常高水位之间的库容称兴利库容。设计洪水位和汛前限制水位之间的库容称设计调洪库容。校核洪水位和汛前限制水位之间的库容称校核调洪库容。正常高水位和汛前限制水位之间的库容为兴利和调洪共用，称共用库容或称重复库容。校核洪水位以下至库底的所有库容为水库的总库容。特征水位与特征库容的对应关系见图12-5。

水库对洪水的调节作用包括滞洪与蓄洪两方面。蓄洪或滞洪的水库，可以结合兴利需要，成为综合利用水库。防洪水库和综合利用水库承担的防洪任务，应根据整体防洪方案，结合水库条件，经方案比较综合研究确定。在进行水库防洪设计时，应从工程实际出发，根据其任务，拟定运用方式，通过调洪计算和技术经济比较，合理确定水库的防洪限制水位、防洪高水位及防洪库容、设计洪水位和校核洪水位等设计参数。防洪方案中有两个以上承担防洪任务的水库时，应研究各自分担的防洪任务和联合运用原则。综合利用水库承担防洪任务时，应研究防洪与兴利相结合，提高水库的综合利用效益。

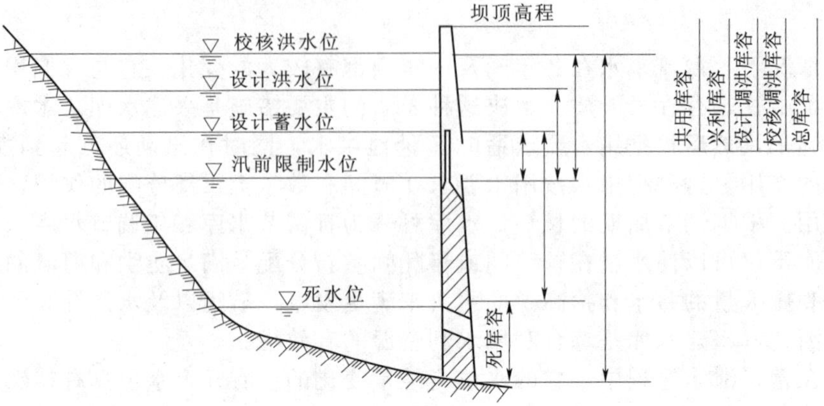

图 12-5 水库的特征水位及相应库容

12.2.3 分洪

堤防防御洪水的能力是有一定限度的，如果超过了这个限度，就要采取其他防洪措施来确保堤防的安全，分洪就是其中之一。

分洪工程是在河流的某一处或数处分泄部分洪水直接入海或入其他河流或入附近的湖泊或入预筑的分洪区，以削减通过河流的流量，减轻洪水对堤防的威胁。现分述如下。

(1) 直接分流入海。在河流的下游，入海口泄洪不畅，地形条件又允许新开河道，就可直接分流入海。如海河流域防洪规划新开 20 多条分洪道直接分流入海，独流减河是最早的一条入海分洪道，如图 12-6 所示。

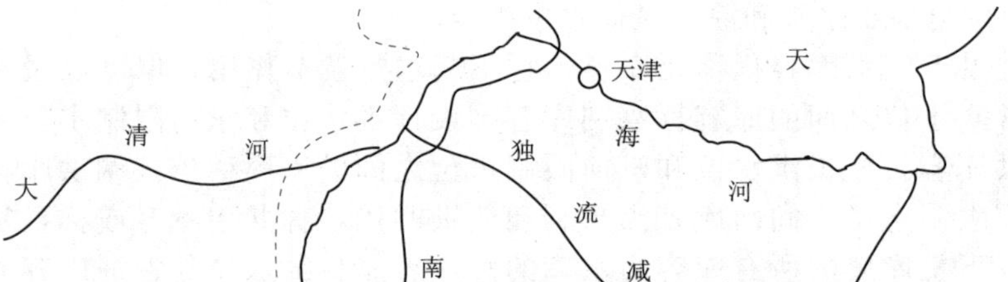

图 12-6 独流减河（分洪入海）

（2）分流入其他河道。一条河流与相邻河流发生洪水的时间经常不同，这时可将这一条河流容纳不下的部分洪水分入相邻的河流。例如苏北的淮沭新河，就是准备当淮河再遭遇 1931 年型洪水时，分淮河洪水 3000m^3/s 通过新沂河入海，如图 12－7 所示。

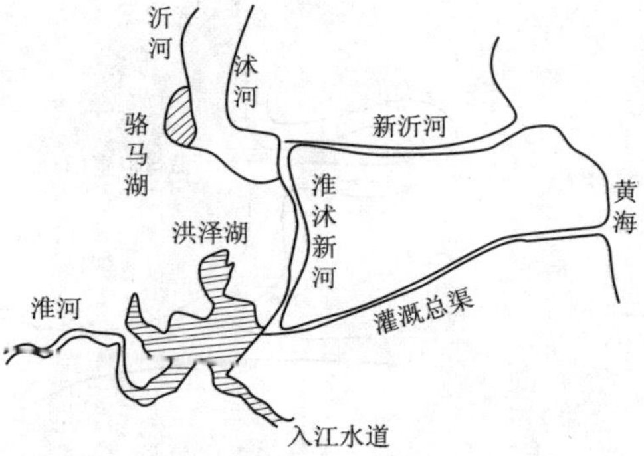

图 12－7　淮沭新河（分淮入沂）

（3）分入泛洪区并绕泄至下游。当河段狭窄不能容纳下泄洪水，而由防洪堤所保护的范围又十分重要时，如有合适的地形，可分洪入泛洪区并绕泄至下游，如长江上的荆江分洪工程（见图 12－8）和汉水的杜家台分洪工程。

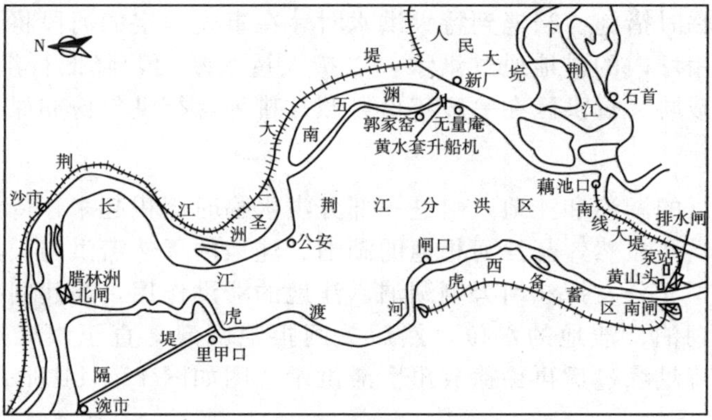

图 12－8　荆江分洪工程

12.2.4　泄洪

扩大河道过水能力，使洪水能畅通下泄所采取的措施，叫做泄洪。这些措施包括加高培厚防洪堤（增加河道泄洪能力）、整治河道、扩大行洪区等。整治河道包括拓宽和浚深河槽（图 12－9）、裁弯取直（图 12－10）、消除阻碍水流的障碍物等，使洪水河床平顺通畅，从而加大泄洪能力。疏浚是用人力、机械和爆破来进行作业，整治则要修建整治建筑物来影响水流流态。两者常互相配合使用。

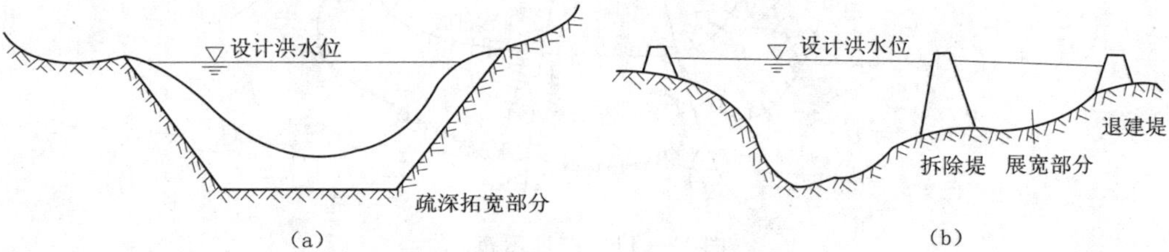

图 12－9　疏浚展宽河道
（a）疏浚拓宽河道横断面；（b）展宽河道横断面

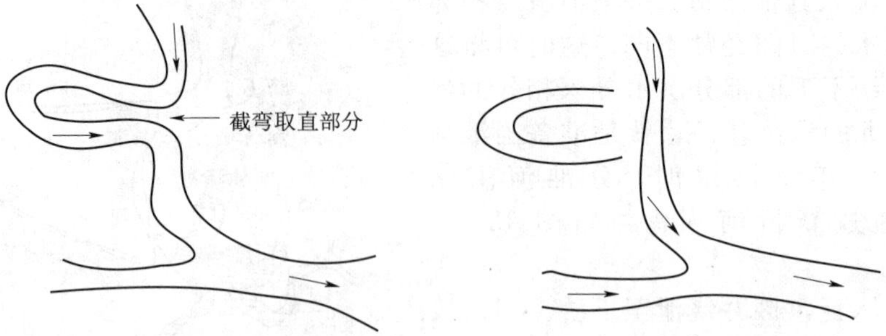

图 12-10 截弯取直
(a) 截弯前；(b) 截弯后

有些河流为了宣泄特大洪水，除对中、下游阻水河段采取整治措施外，有的还采取开辟行洪区的临时措施。当遇到特大洪水时，在事先预定的河段将干堤间阻水的圩堤临时拆除，利用圩内的耕地通过洪水，以扩大过水断面，降低行洪区上游的水位，从而减轻洪水的威胁。行洪区在一般年份可照常耕种，行洪年份亦保冬麦。

12.2.5 滞洪

利用河道附近的湖泊和洼地，引进一部分洪水临时蓄积起来，待洪峰过后再排入原河道，叫做滞洪。显然，与江河相通的湖泊、洼地的天然滞洪与天然蓄洪一样，效果不是很大。为了充分发挥江河旁侧湖泊、洼地的滞洪作用，需建闸控制。在河道低水位期开闸预降湖泊、洼地的水位，然后关闸拒绝倒灌，直至洪峰来到时，开闸引水，削减洪峰，待洪峰过后再徐徐放出。滞洪示意图如图 12-11 所示。

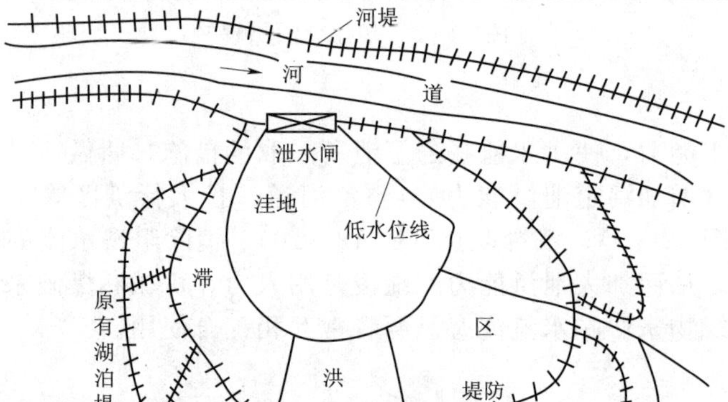

图 12-11 滞洪示意图

利用湖泊、洼地滞洪和前述利用湖泊、洼地蓄洪及分洪颇有异同之处。其相同点是三者都能削减洪峰，减轻下游洪水威胁；不同点是，蓄洪是河道穿过湖泊、洼地，在出口处建闸，在汛期可同时兼施蓄泄；滞洪是利用河道旁侧的湖泊、洼地，进出口合建一个闸，在汛期不能同时兼施蓄泄，只有先滞蓄后排泄；分洪是利用河道旁侧的湖泊、洼地，在进口处建一个闸，在出口处另建一个闸，可以同时滞蓄和排泄，见图12-12。

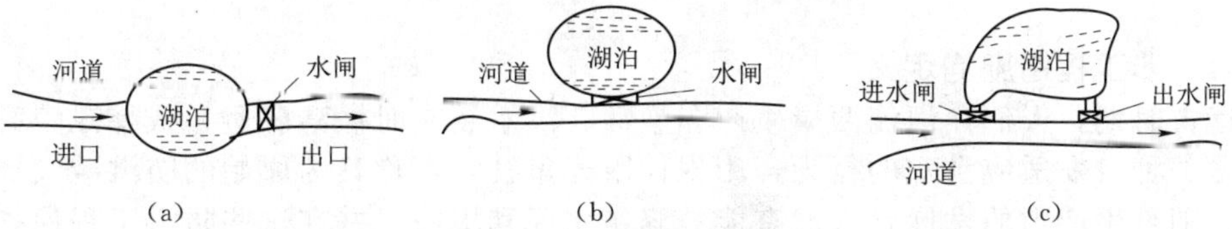

图 12-12 蓄洪、滞洪、分洪原理比较示意图

(a) 蓄洪；(b) 滞洪；(c) 分洪

一般地讲，蓄洪是蓄而为用，滞洪是滞而不用，故水库的防洪库容在正常高水位以上的部分也叫做滞洪库容。

利用山谷水库蓄洪和利用湖泊洼地蓄洪既有共同之处，也有不同之处。其共同之处是：大调大蓄，有效地削减了洪峰，同时能彻底拦截泥沙，使除害与兴利相结合。不同之处是：大、中型山谷水库具有综合效益大的优点，但也有工程量大、投资高、淹没广、移民多、技术复杂和工期长等缺点；中、小型平原水库具有工程简易，收效快等优点，但也具有湖泊四周堤线长、防汛负担重等缺点。因此在选择是用山谷水库蓄洪还是用平原水库蓄洪时应因地制宜，统筹考虑，相互补充。

12.2.6 蓄洪垦殖

在分洪、滞洪、蓄洪湖泊的滩地上，围筑小圩进行垦殖，小水年份的汛期，利用围垦后所剩余的湖泊容积分洪或滞洪；大水年份的汛期，破开小圩放弃垦殖的秋熟，利用湖泊全部的容积（包括围垦的小圩区）分洪或滞洪，汛后再播种冬麦。这种小水年份垦殖，大水年份废田还湖（洼），水利与农业相结合的措施叫做蓄洪垦殖。这种措施在长江、淮河等河流的中、下游得到极其广泛的采用，对于增加农业生产和防治血吸虫病起着很大的作用。

12.2.7 水土保持

水土保持是一种针对高原及山丘区水土流失现象而采取的根本性治山治水措施，它对减少洪灾很有帮助。河道演变逐渐向恶化方向发展，其主要原因是受流域内上游地区水土流失的影响。为此，要与当地农田基本建设相结合，综合治理并合理开发水、土资源；广泛利用荒山、荒坡、荒滩植树种草，封山育林，甚至退田还林；改进农牧生产技术，合理放牧、修筑梯田、采用免耕或少耕技术；大量修建谷坊、塘坝、小型水库等工程。这些措施有利于尽量截留雨水，减少山洪，增加枯水径流，保持地面土壤防止冲刷，减少下游河床淤积，这不但对防洪有利，还能增加山区灌溉水源，改善下游通航条件等。

水土保持在防洪上的作用体现在：

（1）就地蓄水减少地面径流，改变径流年内分配。

（2）增加地面糙率，增加流程。

（3）减少河流挟带的泥沙，减少泥沙在河道、湖泊、水库里的淤积。

（4）保护地面表层的肥沃土壤不被雨水冲走，有利于农、林业的种植。

12.3 防洪非工程措施

12.3.1 非工程措施的定义

远古时期，人们在河流两岸生产和生活，洪水袭来时撤离躲避，或择丘陵高地而居，是一种自发适应洪水的行为，用现代眼光审视，可称其为原始的防洪减灾非工程措施。随着生产力的发展，人们有能力修筑水库和堤防，并在这些防洪工程保护下不断向洪泛平原的高风险地区扩张。

在漫长的历史时期里，防洪工程一直是防御洪水最主要的措施。20世纪中叶以来，人们发现：随着人口迅速增长和社会财富不断积累，尤其是对洪泛平原过度和无序开发，即使已修建了大量防洪工程，但洪灾损失仍有增无减；在经济发达国家，条件较好的防洪工程多已建成，由于社会和生态环境保护等方面的原因，继续修建防洪工程遇到了越来越大的阻力和困难，而经济欠发达国家则因防洪工程投资巨大和防洪工程效益费用比日趋下降等因素，也深感修建大型防洪工程十分困难；各地超标准洪水频繁发生，迫切需要提高防洪标准，然而防洪工程的防洪标准毕竟是有限的，人们不可能完全希冀于防洪工程措施解决洪水灾害问题。基于上述事实，人们开始反思人与洪水的关系，希望找到适应当代和未来人水关系的防洪减灾策略。正是在这样的背景下，现代意义下的防洪减灾非工程措施被提出来并受到了广泛的认同。

防洪减灾非工程措施是在防洪工程措施不足以解决洪水灾害的背景下提出的，因此在一定意义上它可以被视为防洪工程措施的一种补充。但是，从防洪减灾的策略思想考察可见，它是一类独立的防洪减灾策略思想，体现了人类尊重洪水规律，主动协调人与洪水关系的自然观和社会发展观。倘若把防洪工程措施的防洪策略思想理解为使洪水“远离”人类，即将洪水阻挡于人类生活和生产区域之外，则防洪减灾非工程措施的策略思想可以理解为使人类“远离”洪水，即人类通过调整自身行为尽可能避让洪水的袭击，以达到防止和减轻洪水灾害的目的。通俗地说，防洪减灾工程措施着眼于“管水”，而防洪减灾非工程措施着眼于“管人”。可见，防洪工程措施和防洪非工程措施分别从不同的角度处理人与洪水的关系，体现了两种不同的防洪策略思想，都是不可缺少的，它们的正确结合才能最有效的达到防洪减灾的目的。

因此，防洪减灾非工程措施可以定义为：通过法令、政策、行政管理、经济手段和直接利用蓄泄洪水以外的其他技术手段（如合理调度）等，以减少洪水损失的措施。

12.3.2 非工程措施的内容

非工程防洪措施既不能减少来水量，也不能增加出路，而是更多地利用自然和社会条件去适应洪水特性，减少损失，主要是加强管理，制定政策。其内容主要包括以下几个方面。

1. 对洪泛区进行科学的规划与管理

造成洪泛平原洪水风险增大的主要原因，是人们对洪泛平原长期无序和过度的开发，是人水争地矛盾在洪泛平原长期发展和扩大化的结果。基于这样的认识，把加强洪泛平原管理作为减轻洪水风险的措施被提了出来。洪泛平原管理的基本思想，就是通过规范人们在洪泛平原的开发行为，协调人与洪水的关系，实现洪泛平原自然属性和社会属性的统一，达到减轻洪涝灾害、促进洪泛平原经济、社会与环境协调发展的目的。因此，根据自然地理条件，对行洪区或低洼易淹地区的生态、土地、生产、产业结构、人民生活居住条件等进行全面规划，合理布置，适度开发，并从法令条例或经济手段上给予及时指导和限制，减轻洪泛后果。显然，对洪泛区进行科学的规划与管理是一种防洪减灾非工程措施。

2. 建立洪水预报与警报系统

洪水到来之前，利用水文气象遥测系统，将所收集到的数据，进行综合处理，准确作出洪峰流量、洪水总量、洪水位、流速、洪水到达时间等洪水特征值的预报，绘制洪水风险图，及时对洪泛区发出警报，并组织人员、财物的疏散撤离，作好抗洪抢险准备，以避免或减少重大的洪灾损失。

洪水风险图是一种标明不同重现期洪水在泛滥时最大淹没范围的专用地图。图中标有地形等高线、微地貌、行政区划、重要设施、淹没范围边界线等，详细的洪水风险图中还应标识淹没范围内各处的淹没深度、淹没历时、居民疏散道路等。通常，一个地区的洪水风险图是一本洪水风险图册，图册中附有淹没区内的社会经济资料、以前受淹时的典型相片或情景描述、防汛指挥系统的组织机构，以及编图的依据和精度等。编制洪水风险图的目的是：提示居民识别自己所处地点遭受洪水淹没的风险程度，增强公众防洪意识；为制定洪泛平原土地利用和经济社会发展规划提供洪水风险方面的依据；提高易淹地区（高风险区）的财产和经济社会活动对洪水破坏的适应能力，是推行洪水保险的基本依据。因此，编制洪水风险图是防洪减灾的一种非工程措施。

洪水风险图最初是由美国于20世纪60年代推行洪水保险计划而发展起来的。1978年日本绘制了东京都的洪水风险图，是东亚地区较早的洪水风险图。1988年联合国亚洲及太平洋地区经济社会发展理事会在曼谷举行“根据洪水风险分析及洪水风险图改进防洪系统专家会议”，随后洪水风险图在亚太地区逐渐推广。中国于1990年绘制了海河流域永定河、子牙河洪水风险图。目前浙江等省已绘制了全省洪水风险图。

3. 通过救灾、恢复以及洪水保险来分担洪水损失

依靠社会筹措资金、国家拨款或国际援助，对洪泛区灾后进行及时救济。洪泛区内的单位和个人，参加洪水保险，通过平时保险金的积累，补偿洪水灾害所造成的损失，使灾后迅速恢复生产，重建家园，从而避免因洪灾而引起的经济波动和社会不安。

4. 专门制订防洪减灾的政策与法规

防洪减灾政策与法规是政府为防洪减灾目的而制定的有约束力的经济与社会活动行为规范。政策与法规既是管理者意志的体现，也是实现科学管理的保证。政府利用防洪减灾政策与法规鼓励符合防洪减灾要求的经济社会活动，约束和制裁不利于防洪减灾要求的经济社会行为，保证防洪减灾目标的实现。

防洪减灾政策与法规贯穿防洪减灾全过程，涉及防洪减灾的所有方面，是一个完整的、与其他法律和政策充分匹配的政策法规体系，为防洪减灾提供全面的政策与法

律支撑。我国已制定了《中华人民共和国水法》、《中华人民共和国防洪法》等专门法律，在防洪减灾中发挥了重要作用。

非工程防洪措施与工程防洪措施的区别，就在于它虽不能控制洪水，改变洪水的天然特性，但它可以通过对洪泛区的合理开发及科学管理，适应洪泛区的自然特性，从而达到减少洪水灾害损失的同一目的。任何一种防洪工程措施，其防御洪水的能力总是有限的，对可能出现的特大洪水，在采用工程防洪措施的同时，结合非工程防洪措施是十分必要的，经济上也是合算的，两者联合运用，可使洪灾损失减至最低限度。

12.3.3 非工程措施防洪实例

工程防洪措施起直接减灾作用，它着眼于洪水本身，能直接调控洪水，改变洪水的自然特性（如延时削峰、调整洪量等），因而主要属于工程技术方面的问题；非工程防洪措施不直接控制洪水，它主要着眼于洪泛区的合理安全使用，以及在洪灾发生时尽量减轻其损失，因而具有间接防洪减灾的性质，主要属于规划管理方面的问题。如1998年长江第六次洪峰与清江洪峰相遇，若不采取措施，洪水将直接威胁清江入长江以下河段和武汉市的安全。研究决定利用隔河岩水库蓄水错峰25小时，保证了武汉市的安全。其社会经济效益十分巨大。图12-13为1998年隔河岩水库错峰调度时的照片。

图12-13 湖北清江隔河岩水库调度蓄水后的照片

综上所述，工程防洪措施和非工程防洪措施是江河防洪减灾系统的两个部分，两者的功能各不相同，相互不能替代。在我国未来的防洪减灾工作中，在重视工程防洪建设的同时，要大力增加非工程防洪建设的投入与实施力度，逐步将过去的以工程防洪措施为主、非工程防洪措施为辅的防洪建设思想，转变到工程防洪建设与非工程防洪建设同举并重、科学配置和联合运作上来。只有把这两种措施有机地结合起来，取长补短，相得益彰，才能形成完整的江河防洪减灾系统。

12.4 防 洪 规 划

在一个流域或一个地区，为了防止洪水灾害，需要合理运用各种防洪措施，兴建一些防洪工程。究竟采取何种措施，兴建多大的工程，必须首先搞好防洪规划。

12.4.1 防洪规划所需的基本资料

防洪规划是江河、湖泊治理和防洪工程设施建设的基本依据。与其他规划一样，必须从实际出发，进行调查研究，掌握第一手资料。它包括如下几个方面：

（1）历史上曾发生过的大洪水、特大洪水及洪水灾害情况（如发生时间、地点、大小和发展趋势等）。

（2）自然地理、水文地质条件（如地形、地势、地面植被、水土流失等情况）。

（3）水文、气象条件及河流特征（如降雨、径流、水位、流量等，特别是河道干支流的洪水特性和含沙情况，河道各段泄水能力和防洪堤情况。湖泊、洼地的分布及其容积以及河流的入海条件等）。

（4）社会的政治、经济状况，各部门和当地群众的要求。

（5）已有的水利工程措施等。

上述基本资料的大部分可通过水文勘测工作获得。

12.4.2 防洪规划的原则

防洪工程的总体规划，应遵循下列原则：

全面规划、合理布局原则。为防止洪水成灾，保护人民生命财产，在规划上、中、下游河流的防洪工程时，要统筹兼顾、预防为主、综合治理、局部利益服从全局利益，全面考虑防洪、排涝、灌溉、发电、航运等综合利用的效益。

近期和远期相结合原则。由于防洪工程的建设费用比较大，所以要对近期工程作出分期建设的安排并为远期发展留有余地。这样，既能节省初期投资，又能及早地发挥工程设施的作用。

蓄泄兼顾、因地制宜原则。对原有防洪工程进行改建和扩建，从实际出发，充分利用和发挥原有工程的效能，合理安排洪水出路，分洪、蓄洪、排洪相结合，有计划、有步骤地加以改造，使其逐步达到完善和合理化。

区别对待设计洪水和超标准洪水原则。对设计洪水要有正常设施，对超标准洪水则主要采取临时紧急措施，必要时得采取“丢卒保车”的战略。

工程措施与非工程措施相结合的原则。

12.4.3 规划内容及防洪标准

防洪规划的内容包括：

（1）调查研究流域保护区域的基本概况，包括自然地理条件、水文气象和洪水特征、社会经济状况和今后发展趋向。历史洪灾成因及灾情、现有防洪设施、河道安全泄量与抗御洪水的能力，各部门对防洪的要求等。

（2）拟定防洪标准，包括拟定河段的设计洪水和设计水位。根据各河段不同防护对象的重要性，洪灾破坏的直接、间接损失，结合防洪措施的具体条件，进行技术经济分析。

（3）研究防洪措施，本着除害与兴利相结合，上中下游兼顾，干支流全面规划，统筹考虑。一条河流或一个区域的防洪任务通常由多种防洪工程联合承担，包括工程措施和非工程措施，以构成完整的防洪减灾体系。

防洪标准是指某一地区或河段在某一时段内确定的所要防御洪水的重现期大小。一般以河道某一控制断面的设计洪水（包括洪峰流量、一定时段的洪水总量、洪水过程线或洪水位）来表示。设计洪水可以是实测洪水中选用的典型洪水，或是历史调查洪水，或是通过频率分析选用某一重现期洪水，或是最大可能洪水（特别重要的防洪对象）。

防洪标准的选择与保护区域防洪工程投资和未来安全程度及防洪效益有关，防洪效益可表示为：

防洪效益＝多年平均减免的洪灾损失－（工程措施造价＋运行管理费用）

分析结果表明防御5～20年一遇洪水的效益最高。

特别指出防洪标准并非固定不变，它随国民经济发展而提高，随保护对象不同而变化。具体确定时，需根据本地区国民经济发展情况、淹没后的经济损失、灾后恢复的难易程度以及防洪措施的费用，对不同的保护对象应定出不同的防洪标准。一条河流的防洪规划，在地区上应采取普遍防洪（标准低些）与重点防洪（标准高些）相结合，在时间上应随国民经济的发展逐步提高防洪标准。根据《防洪标准》GB50201—94的规定，不同等级的城市防洪标准如表12-1所示。

表12-1 城市等级和防洪标准

等级	重要性	非农业人口（万人）	防洪标准［重现期（年）］
Ⅰ	特别重要的城市	≥150	≥200
Ⅱ	重要的城市	50～150	100～200
Ⅲ	中等城市	20～50	50～100
Ⅳ	一般城镇	≤20	20～50

12.5 江河防汛与堤防抢险

防洪减灾除了采用前面已阐明的工程措施和非工程措施外，还必须搞好防汛工作。所谓“汛”就是由降雨（或融雪、冰凌）所引起的洪水上涨，它对已建工程具有破坏作用。所以，在洪水涨落期间，需要组织广大群众，筹集防汛器材，对堤防、闸、坝、铁路、桥梁等进行防守和险情抢修，通常称之为“防汛工作”。防汛要本着“以防为主，防重于抢”的原则，把各项防汛工作做好，主要是汛前检查、报汛、组织抢险队伍、物料准备和技术准备。

12.5.1 汛期

各河流形成洪水的条件不同，各河流的汛期亦不同。我国各地河流的汛期主要有桃汛、伏汛、秋汛，对于北方河流还有凌汛。其中伏汛时期的洪水往往最大，又称为“大汛”。汛期的起讫时间和长短，亦随河流不同而异。黄河四汛俱全，清明至其后20d为桃汛；立秋前20d至立秋为伏汛；立秋至霜降为秋汛；黄河凌汛一般在3月。长江下游大汛一般出现在6月、7月；淮河下游大汛一般出现在7月、8月。

沿海各河口除受上游来水易发生洪灾外，还受潮汛影响。在农历初一至初三和十八日左右为大汛。在洪水期间，每逢大潮汛对河口防洪堤及海堤（海塘）威胁较大，如再遇台风、暴雨、高潮同时袭击，不仅水位增高，而且堤身容易遭受风浪破坏，甚至决口成灾。

12.5.2 防汛特征水位

虽在汛期，亦非任何情况下防汛大军都要上堤，这与该地区水利工程的防洪能力和防汛的特征水位有关。防汛的特征水位有：

（1）设防（防汛）水位。即开始组织群众防汛的水位。在此水位以下，不需进行防汛，一旦到达该水位，就要组织群众进行巡逻检查，筹备器材，迎接洪水的到来。

（2）警戒水位。当水位达到设防水位后继续上升到某一水位时，防洪堤随时可能出险，防汛大军必须迅速开赴防汛前线，严加防守，准备抢险，这一水位称为警戒水位。

（3）保证水位（设计水位）。与水库设计洪水位一样，它是指当发生设计频率的洪水时所能到达的最高水位，在该水位作用下必须保证防洪堤不溃决。

设防水位与警戒水位是根据地区的重要性、洪水特性、堤的标准及坚实程度决定的。后者略低于保证水位。

12.5.3 防汛组织

防汛工作须有严密的组织机构来领导和指挥，才能防患于未然，做到临危不乱。在每年伏汛之前，应当预先作好计划，如劳动力组织、物资器材计划、交通及工程规划、临时措施、技术传授和抢护规划等，要做到思想、组织、物质、技术四落实。各防汛单位还要抓紧做好汛前的检查工作，并向群众大力宣传，反对麻痹思想。

水文测站在汛期应向各有关防汛机构及时提供水文资料，报送本测站的流量、水位等水文情况及其变化趋势（亦称报汛）。报汛时段的长短，随水情及其变化趋势决定，可每隔 24h、12h、8h、6h、2h 和 1h 报一次水情。各流域和省、地区的水情预报单位收到水文站报汛后，即进行洪水分析，推算某地某时未来的洪水情况，并将推算结果报告有关单位，称为洪水预报，它可以为防洪工作提供可靠的科学数据。

12.5.4 险情及抢险措施

在汛期，由于长期高水位的作用，堤坝、涵洞和泵站等部位往往会发生渗透变形，当洪水位继续上涨将出现险情，这时必须迅速采取有效措施，防止险情的扩大。堤防常见险情有：渗水、管涌、流土、漏洞、裂缝、滑坡、跌窝、堤岸崩塌、漫溢等。

（1）渗水、管涌、流土。因为土体都具有一定的透水性，堤防挡水后，由于临水面和背水面的水位差，而发生渗流现象，如果渗流出逸点的渗透坡降大于允许坡降，则可能产生管涌或流土等渗透破坏。险情发展严重时，可能造成堤基或堤身的涌水通道，导致建筑物沉陷、倾倒、堤防溃决。

（2）漏洞。即贯通于堤身或地基内孔洞的流水通道。一般分清水漏洞和浑水漏洞，前者险情较小，但时间长了可能转化为浑水漏洞。漏洞水流常为压力管流，流速大，冲刷力强，险情发展快，抢护不及时将导致堤防塌陷、溃决，是堤防严重险情之一。发生原因有：①堤身碾压不实；②堤防加高培厚时，新填土与旧堤的土体结合部有缝隙或松土层；③堤身有裂缝；④有隐患（洞穴、暗沟、暗缝、腐树根等）；⑤渗漏险情的发展等。

（3）裂缝。堤身裂缝分为顺堤裂缝、横堤裂缝和纵横交错裂缝，也可分为表层裂缝和深层裂缝。裂缝还可能贯穿堤身。裂缝的存在和发展，可导致漏洞、滑坡等险情。出现裂缝的原因是：①地基不均匀沉陷；②堤身沉陷不均；③干裂；④冻裂；⑤强烈震动等。

（4）滑坡。堤坡（有时会连同地基）部分土体失稳滑落，同时出现趾部隆起外移的现象。按滑动性质可分为剪切破坏、塑性破坏和液化破坏。剪切破坏最为常见，险象为圆弧滑动或局部挫落。滑坡险情可发生于临河坡，也可发生于背河坡，使堤身破坏或失事。滑坡原因有：①堤坡太陡；②地基内有软弱夹层；③高水位持续时间长，堤身浸润线升高，土体抗剪力减弱；④渗压力及土荷重增大，土坡失稳；⑤河水位骤降，堤身入渗水反向河槽逸出，导致土坡失稳等。

（5）跌窝。浸水后堤身或附近地面局部塌陷形成的坑洼。跌窝使堤防受损，渗径缩短，可导致管涌、漏洞、堤顶塌陷等险情。发生原因有：堤身质量差，有暗沟、洞穴、腐树等隐患及堤内埋设的水管断裂、漏水，土壤被蚀等。

（6）堤岸崩塌。堤身、河岸在风浪或水流作用下分离破坏、倒塌、使堤岸崩失，直至堤防断面减小，危及堤防安全。发生原因：①风浪撞击；②近岸水流冲刷剧烈；③河势变化使主流顶冲堤、岸；④河水位骤降时，堤岸内出现的渗水压力所致。

（7）漫溢。洪水漫溢堤顶的现象。堤防为土体结构，抗冲性能差，一旦溢流，冲塌很快，抢护不及，易造成漫决。

对于不同的险情可采取相应的抢险措施。对于渗水、管涌、流土、漏洞等险情，其出险原因大致相同，险象都是渗水透过堤身或地基流出。抢护原则都是前截（堵）渗，后导渗，减小渗压和出逸流速，抑制土、沙被带走，只允许清水流出。具体抢护方法：对于渗水，可在水中倒黏性土修筑前戗，减小渗水，见图 12－14（a）；或在堤内坡面开沟导渗，让渗水集中在沟内流走，见图 12－14（b）；若堤身单薄不宜开沟导渗，可在堤内坡加筑砂性土后戗。使已经流到堤里的水流出，而不带走土粒，见图 12－14（c）；对于管涌、流土：若涌水口较少，可在渗水出口处修做反滤围井见图 12－14（d）；若涌水口多，可修做透水压渗平台，防止土粒流失险情扩大；或在涌水

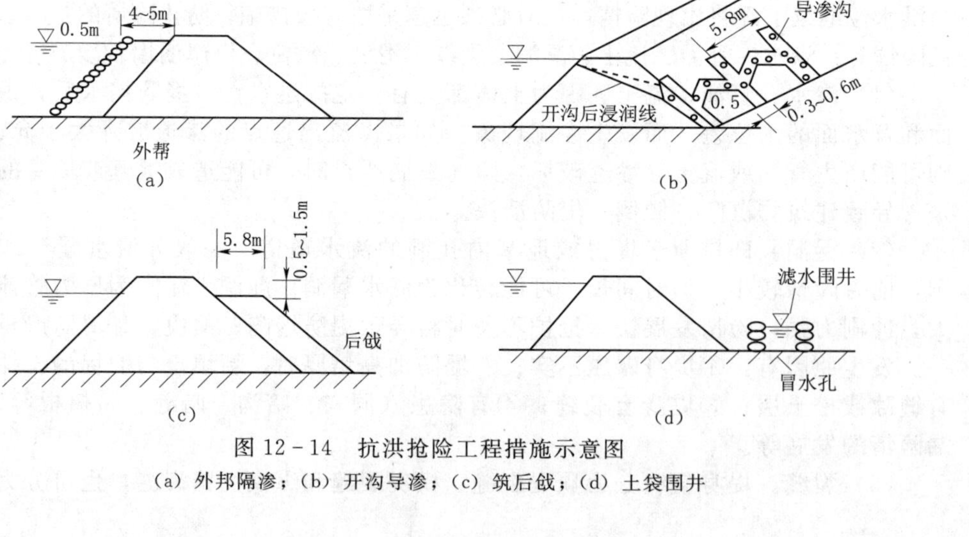

图 12－14 抗洪抢险工程措施示意图

（a）外邦隔渗；（b）开沟导渗；（c）筑后戗；（d）土袋围井

口处修筑月堤，充水减小上下游水头差，见图 12－15。对于漏洞，则应先查明进水口，把洞口堵住，再压土袋做成外帮高出水面。若迎水坡无明显洞口，亦可用黏土顺堤坡抛填，背河做反滤围井，井内填砂石，以阻止砂粒带出。如果堤上漏洞较多，可在堤内修筑月堤，使漏洞进出口水位差减小，防止漏洞扩大。

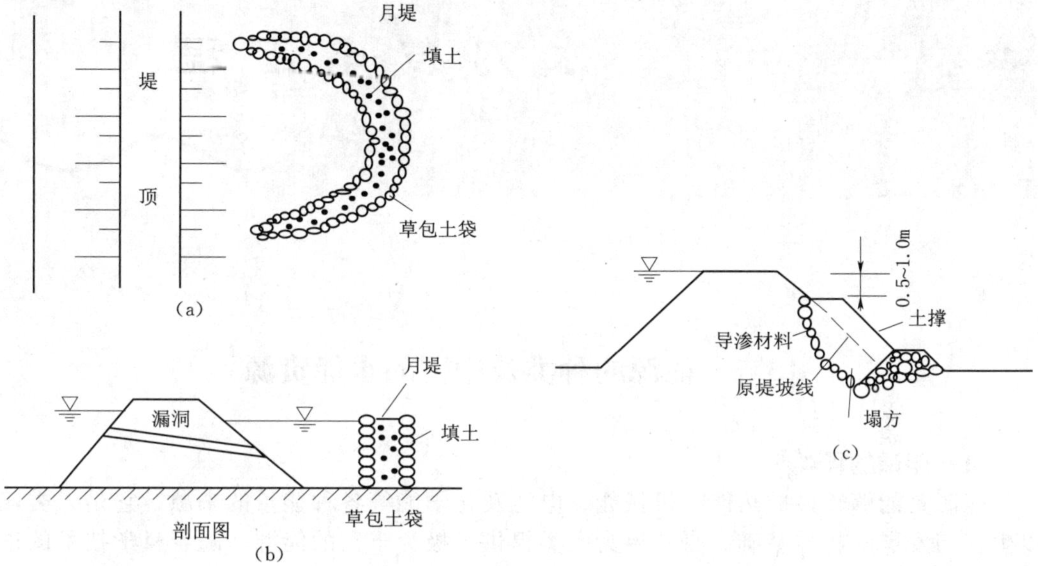

图 12－15　月堤土撑抢险示意图

(a) 平面图；(b) 筑月堤；(c) 筑土撑

12.5.5　'98 中国抗洪

1998 年我国气候异常，长江、松花江、珠江、闽江等主要江河发生了大洪水。长江洪水仅次于 1954 年，为 20 世纪第二位全流域型大洪水；松花江洪水为 20 世纪第一位大洪水；珠江流域的西江洪水为 20 世纪第二位大洪水；闽江洪水为 20 世纪最大洪水。在党中央和国务院的正确领导下，依靠建国以来建设的防洪工程体系和改革开放以来形成的物质基础，抵御了一次又一次洪水的袭击，保住了长江、松花江等大江大河干堤，保住了重要城市和主要交通干线，保住了人民群众的生命财产安全，最大限度地减轻了洪涝灾害造成的损失，取得了抗洪抢险救灾的全面胜利。详见光盘链接 12－1。

第13章 水力发电工程

13.1 能源的种类及中国的水能资源

13.1.1 能源的种类

能源是能够转换成热能、机械能、电能及化学能等各种能量的来源，它是人类赖以生存与发展的物质基础。自然界为人类提供了极为丰富的能源。随着科学技术的进步，人类开发和利用能源的深度和广度不断扩大，尤其是在开拓和利用新能源方面，将会有越来越多的新的突破。

自然界的能源种类繁多，为便于了解各种能源的特点，可以从不同角度对能源进行分类。根据能源的初始来源，可概括为4类。

1. 与太阳有关的能源类

太阳能除可直接利用它的光和热外，它还是地球上多种能源的主要源泉。目前，人类所需能量的绝大部分都直接或间接地来自太阳。各种植物通过光合作用把太阳能转变成化学能在植物体内贮存下来。这部分能量为人类和动物界的生存提供了能源。煤炭、石油、天然气、油页岩等化石燃料也是由古代埋在地下的动植物经过漫长的地质年代形成的。它们实质上是由古代生物固定下来的太阳能。此外，水能、风能、波浪能、海流能等也都是由太阳能转换来的。从数量上看，太阳能非常巨大。理论计算表明，太阳每秒钟辐射到地球上的能量相当于500多万t煤燃烧时放出的热量；一年就有相当于170万亿t煤的热量，现在全世界一年消耗的能量还不及它的万分之一。但是，到达地球表面的太阳能只有千分之一二被植物吸收，并转变成化学能贮存起来，其余绝大部分都转换成热，散发到宇宙空间去了。

2. 与地球内部热能有关的能源类

地球是一个大热库，从地面向下，随着深度的增加，温度也不断增高。从地下喷出地面的温泉和火山爆发喷出的岩浆就是地热的表现。地球上的地热资源贮量也很大，按目前钻井技术可钻到地下10km的深度，估计地热能资源总量相当于世界年能源消费量的400多万倍。

3. 与原子核反应有关的能源类

这是某些物质在发生原子核反应时释放的能量。原子核反应主要有裂变反应和聚变反应。目前在世界各地运行的440多座核电站就是使用铀原子核裂变时放出的热量。使用氘、氚、锂等轻核聚变时放出能量的核电站正在研究之中。世界上已探明的铀储量约490万t，钍储量约275万t。这些裂变燃料足够人类使用到迎接聚变能的到来。聚变燃料主要是氘和锂，海水中氘的含量为0.03g/L，据估计地球上的海水量约为138×10^8亿m^3，所以世界上氘的储量约40万亿t；地球上的锂储量虽比氘少得多，也有2000多亿t，用它来制造氚，足够人类过渡到氘、氚聚变的年代。这些聚变燃料所释放的能量比全世界现有能源总量放出的能量大千万倍。按目前世界能源消费的水平，地球上可供原子核聚变的氘和氚，能供人类使用上千亿年。因此，只要解决核聚变技术，人类就将从根本上解决能源问题。实现可控制的核聚变，以获得取之不尽、用之不竭的聚变能，这正是当前核科学家们孜孜以求的。

4. 与地球—月球—太阳相互联系有关的能源类

地球、月亮、太阳之间有规律的运动，造成相对位置周期性的变化，它们之间产生的引力使海水涨落而形成潮汐能。与上述三类能源相比，潮汐能的数量很小，全世界的潮汐能折合成煤约为每年30亿t，而实际可用的只是浅海区那一部分，每年约为6000万t煤。

以上四大类能源都是自然界中现成存在的、未经加工和转换。

按能源形态、特性或转换和利用的层次进行分类，世界能源委员会将能源分类为固体燃料、液体燃料、气体燃料、水能、核能、电能、太阳能、生物质能、风能、海洋能和地热能等。

从人类认识能源的历史可将能源划分为常规能源和新能源。常规能源包括煤、石油、天然气，新能源包括流动的空气、水等。从对环境的影响来分，能源可分为清洁能源和非清洁能源，前者也称为“绿色环保”能源。还可分为来自太阳的能源、来自地球内部的能源和来自地球以外天体的潮汐能；可再生能源和不可再生能源；一次能源和二次能源。

一次能源。从自然界取得、未经任何改变或转换的能源，如原油、原煤、天然气、生物质能、水能、核燃料，以及太阳能、地热能、潮汐能等。

二次能源。一次能源经过加工或转换得到的能源，如煤气、焦炭、汽油、煤油、电力、热水氢能等。

常规能源。在现有经济和技术条件下，已经大规模生产和广泛使用的能源，如煤炭、石油、天然气、水能和核裂变能等。常规能源是相对于新能源而言的，新能源指在新技术基础上系统开发利用的能源，如太阳能、海洋能、地热能、生物质能等。新能源大部分是天然和可再生的，是未来世界持久能源系统的基础。

商品能源。作为商品在流通环节大量消耗的能源，目前主要有煤炭、石油、天然气、水电和核电5种。

非商品能源。就地利用的薪柴、农业废弃物等能源，通常是可再生的。

环境能源。储存在地球环境中的能流、太阳能、地球内的放射性源，以及太阳星系的运行，是世界上所有环境能源的初始能源。

水能属于太阳能资源，在水循环过程中，海水吸收太阳能，受热蒸发为水蒸气，上升到高空，具有了势能，水汽输送到陆地上空，形成降水，水往低处流，流动过程中，势能逐渐转化为动能，可以用于发电。所以，归根到底，水能来自太阳辐射能。

人类利用能源的前景是十分广阔的，当前世界上出现的所谓能源危机，仅仅是对几种常用的能源资源，由于可开采量逐渐减少而言的。

13.1.2 中国的水能资源

全世界江河的水能资源蕴藏量总计为 50.5 亿 kW，相当于年发电 44.28×10^4 亿 kW·h。技术可开发的水能资源装机容量 22.6 亿 kW，相当于年发电量 9.8×10^4 亿 kW·h。1980 年，全世界水电装机容量已达到 4.6 亿 kW，发电量为 1.75×10^4 亿 kW·h，占可开发量的 18%。

根据最新水能资源普查结果：中国江河水能理论蕴藏量 6.94 亿 kW，年发电 5.92×10^4 亿 kW·h，理论蕴藏量居世界第一位；中国水能资源的技术可开发装机容量 4.02 亿 kW，年发电 1.92×10^4 亿 kW·h，也名列世界第一位。据统计，1990 年世界一些国家可开发水能资源量见表 13-1。其中，第二位是前苏联，第三是巴西，第四是美国，第五是加拿大，第六是印度。

水电能源是一种可再生、清洁廉价、便于调峰、能修复环境生态、兼有一次与二次能源双重功能、具有防洪供水航运旅游等综合效益，能极大地促进地区社会经济可持续发展的电能资源。

水电能源是随自然界的水文循环而重复再生的，可周而复始供人类持续利用。人们用“江水滚滚向东流，流的都是煤和（石）油”、“取之不尽，用之不竭”来生动描述水电能源的可再生性。

水电能源在生产运行中，不消耗燃料，不排泄有害物质，其管理运行费与发电成本费以及对环境的影响远比燃煤电站低得多，是成本低廉的绿色能源。

表 13-1　1990 年一些国家可开发水能资源量

编号	地区	技术可开发装机容量（万 kW）	所占比例（%）	年发电量（亿 kW·h）	所占比例（%）
	全世界	226110.7	100	98024.2	100
1	中国	37853*	16.7	19233	19.6
2	前苏联	26900	11.9	14200	14.5
3	巴西	21300	9.4	11949	12.2
4	美国	19430	8.6	7015	7.2
5	加拿大	15290	6.8	5352	5.5
6	印度	8400	3.7	4500	4.6

* 为 1980 年的普查数据。

水电能源调节性能好、启动快，在电网运行中起调峰作用，快捷而有效，可确保供电安全，在非常情况和事故情况下减少电网的供电损失。

水电能源与矿物能源同属于资源性一次能源，转换为电能后称为二次能源。水电能开发是一次能源开发和二次能源生产同时完成的能源，兼有一次能源建设与二次能源建设的双重功能；它不需要一次能源矿产开采、运输、储存过程的费用，降低了能源成本。

水电开发修建水库，改变了局部地区的生态环境，一方面需要淹没部分农田土地，城镇古迹，造成移民搬迁，另一方面，它可修复该地区的小气候，形成新的水域生态环境，有利于生物生存，有利于人类进行防洪、灌溉、旅游和发展航运。因此，权衡生态环境得失，水电开发利大于弊。在水电工程建设过程中，应科学规划设计，精心施工管理，把对生态环境的不利影响减少到最低程度。

事实证明，一个水电工程的开发，必然使该地区的社会经济发展，人口增长，并形成一个新的城市和经济强势区。因此，水电开发规划和地区可持续发展规划结合进行，是水电能源特性的要求。

水电能开发是流域水资源综合利用的重要组成部分，对江河流域综合开发治理具有极大的促进作用。现在世界各国都采取优先开发水电的政策，使得许多国家的电力工业中水电开发占据很大的比重，不少国家的水能资源已开发过半或开发殆尽。只有在水能资源开发得差不多了，水电比重才会下降。

据不完全统计，1990年，一些国家水电发电量占可开发电量的利用率：美国为55%、法国为74%、瑞士为72%、日本为66%、加拿大为50%、巴拉圭为61%、埃及为54%、巴西为17.3%、印度为11%，同期中国为6.6%。

我国水电开发先后采取“因地制宜地发展火电和水电，逐步把重点放在水电上”和“优先发展水电”的方针。至2000年底，全国水电发电量的开发利用率达到21.0%，在水电能资源开发方面，还存在巨大的潜力和空间。

1949年我国水电装机容量为16.3万kW，发展到2000年，全国水电装机容量达7935万kW，占可开发水电容量的21.0%，占电力工业总装机容量的24.8%。到2009年，全国电力装机总量为8.74亿kW，其中水电装机容量为1.97亿kW，占22.5%，全国发电总量为36506亿kW·h，其中水电发电量为5545亿kW·h，占15.2%。

中国可开发水能资源的地域分布不均，其中西南地区可开发装机容量占全国总量的61.4%，为23234.33万kW；中南地区占17.8%，为6743.49万kW；西北地区占11.2%，为4193.77万kW。因此，我国水电开发的重点在西南，中南和西北地区。

从1991年起，中国开始执行十二大水电能源基地建设计划，计划总装机容量为2.1亿kW，占水电可开发装机容量的55.6%；年发电量1万亿kW·h，占可发电量的52.1%。其中包括已经建成发电的长江三峡水电站，装机容量1820万kW。十二大水电能源基地建设的完成，将从根本改变我国的水电能源开发利用状况。

在水能资源中，除河川水能资源外，海洋中还蕴藏着巨大的潮汐、波浪、盐差和温差能量。据估计，世界海洋的潮汐能，约有10亿kW，大部分分布在潮差大的浅海和狭窄的海湾，如英吉利海峡约有8000万kW，马六甲海峡约有5500万kW，黄海有5500万kW等。

中国的海洋，潮汐能蕴藏量约有 2179 万 kW，波浪能蕴藏量约有 1285 万 kW，潮流能蕴藏量约有 1394 万 kW，盐差能蕴藏量约有 1.25 亿 kW，温差能蕴藏量约有 13.21 亿 kW，总计约 14.95 亿 kW，超过陆地河川水能理论蕴藏量 1 倍多，具有广阔诱人的开发利用前景。

13.2 水能利用原理及水电站开发方式

13.2.1 水能利用原理

地球的表面约有 3/4 为水域所覆盖。大量的水从水面蒸发，又以降水形式落在地表的不同海拔高程处。这种自然界重复再生、循环不息的水体，从山区和高原汇成河川，奔腾而下，携带着可供利用的能量。

在天然状态下，这种能量损耗在克服水流外部与内部的种种摩擦力，如水流与河床的相互作用、输移泥沙、冲刷河槽以及水流内部不规则运动分子间的相互作用上。

天然流动的单位重量水体在地球引力作用下，具有位置势能（Z）、压力能（$P/\rho g$）和动能（$\alpha v^2/2g$）。假设在某河流的上下游方向，任取两个断面（图 13-1），两断面相距不远，中间没有支流汇入，在 t 时间内通过断面 1—1 的水量为 W m^3；通过断面 2—2 的水量也为 $W m^3$，（不考虑入渗量），水量 W 通过 1—1 断面和 2—2 断面时，具有的能量分别用 E_1、E_2 表示。即

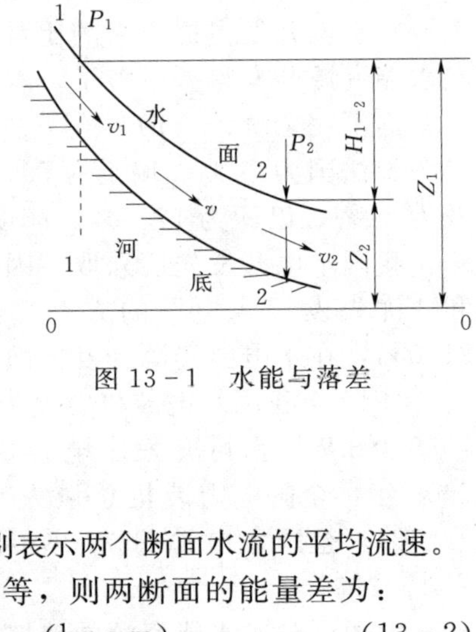

图 13-1 水能与落差

$$E_1=(Z_1+\frac{p_1}{\gamma}+\frac{\alpha_1 v_1^2}{2g})W\rho g$$
$$E_2=(Z_2+\frac{p_2}{\gamma}+\frac{\alpha_2 v_2^2}{2g})W\rho g \qquad (13-1)$$

式中：Z_1、Z_2 分别表示两个断面的水面高程；v_1、v_2 分别表示两个断面水流的平均流速。

两断面变化不大故假设两断面的压力能与动能相等，则两断面的能量差为：

$$E=E_1-E_2=(Z_1-Z_2)W\rho g \quad (\text{kg}\cdot\text{m}) \qquad (13-2)$$

一般情况下，水流的能量是沿程分散的，较难充分地加以利用，为充分利用水能为工农业生产提供电力，就需要针对各地不同的具体情况，采取适当的工程措施，将分散的水能集中起来，形成水头（如筑坝蓄水等）。

令 $Z_1-Z_2=H$，单位时间内所做的功称为功率，在水电站中习惯上将功率称为出力，用 N 表示，则有

$$N=E/t=HW\rho g/t \quad (\text{kg}\cdot\text{m/s}) \qquad (13-3)$$
$$W/t=Q \quad (\text{m}^3/\text{s})$$
$$N=1000QH/102=9.81QH \quad (\text{kW}) \qquad (13-4)$$

式中：Q 为流量；1000 为 ρ、g 的乘积，1000kg/m³；102 为单位换算数，1kW=102kg·m/s。

实际上，水电站实际可能发出的出力比水流出力要小，这是因为水轮机在变水能为机械能、发电机在变机械能为电能过程中以及水轮机与发电机的传动过程中，都有

能量损失，同时水流上游进口到下游出口也有各种水头损失（局部、沿程），因此水电站的实际出力应乘以一个小于1.0的系数η，称该系数为水轮发电机组的效率，即

实际出力为

$$N = 9.81\eta QH \tag{13-5}$$

相应的发电能量为

$$E = Nt = 9.81\eta QH \frac{t}{3600} = 0.002725\eta QHt\ (\text{kW} \cdot \text{h})$$

对于小型水电站$\eta = 0.65 \sim 0.80$；对于大中型水电站$\eta = 0.8 \sim 0.88$；

由上式可见，水电站出力的大小主要取决于两个要素：水头H和流量Q。

由水能资源开发原理可知：水电站的出力与水头和流量有关，而一条河流的水位（或流量）在一年里不断变化，那么它的水力资源如何计算呢？为使世界各国以及每个国家不同河流所蕴藏的水力资源具有可比性，国际动力委员会规定，在水力资源蕴藏量计算时：①不考虑水头损失及机械效率；②不考虑技术经济条件；③以多年平均流量计。具体做法是把河流从河源到河口分为若干段，分段处定在河流坡度发生变化或支流汇入处，分别计算各段的水力资源蕴藏量，然后进行叠加。

$$N = 9.81 \sum_{i=1}^{m} Q_i H_i \tag{13-6}$$

式中：m为河流分段总数。

13.2.2　水电站的开发方式

水力发电是利用天然水能（水能资源）生产电能。水电站的功能是将分散的天然河川水能集中起来，并引取集中了水能的水流去驱动水轮发电机组，在机组转动的过程中，将水能转变为电能。根据集中落差的方式不同，水电站的开发方式有如下几种。

1. 抬水式（亦称坝式）开发

在河床上建造拦河大坝，抬高上游水位，使原河段中分散的落差在坝址处集中起来，形成水电站水头，在坝的上游形成水库。集中水头的大小取决于坝址处地形、地质条件；库区的地形地质及淹没、浸没条件；国民经济发展的需要及开发时筑坝技术水平等，综合各方面的情况，因地制宜加以决定，低的一二十米，高者一二百米。见图13-2。

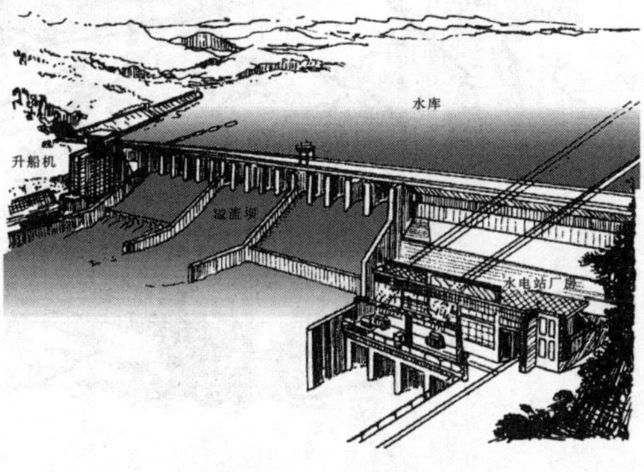

图13-2　坝后式开发示意图

2. 引水式开发

在河流的中上游，河床坡度较陡，有时还可能有瀑布急滩或大河弯，或者是两个相邻的河流水位相差很多，在这种情况下可采用引水式开发。根据引水的工作情况不同又可分为无压引水和有压引水，分别见图13-3、图13-4和图13-5。

3. 混合式开发

介于抬水式和引水式之间。即既利用坝抬高水位，又利用引水道集中水头，水电站所利用的水头由两种工程措施共同取得的开发方式称为混合式开发，见图13-6。

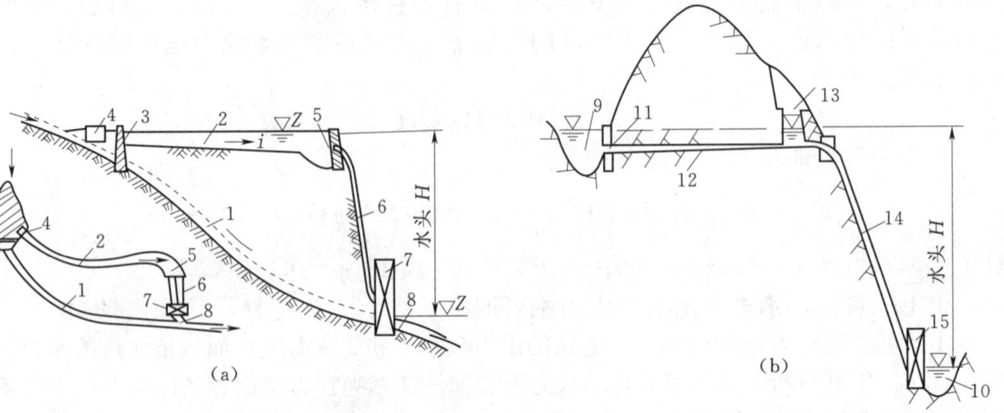

图 13-3　无压及有压引水式开发示意图

(a) 无压引水式开发；(b) 有压引水式开发

1—原河道；2—引水渠道；3—壅水建筑物；4—进水闸；5—压力前池；6—压力管道；7—厂房；8—尾水渠；9—发电引水源；10—发电尾水；11—有压引水进口；12—压力隧洞；13—调压井；14—压力管道；15—厂房

图 13-4　无压引水式开发效果图

1—坝；2—溢流坝；3—进水闸；4—引水渠道；5—压力前池；6—高压管道；7—厂房；8—开关站；9—泄水道；10—尾水渠

4. 梯级开发

由以上所述可知，水能开发受地形、地质、淹没损失、施工导流、施工技术、工程投资等因素的限制，往往不宜集中水头修建一级水库来开发水能。一般把河流分成几级，分段利用水头，建设梯级水电站。图 13-7 为金沙江干流梯级电站布置纵剖面图，干流上、中、下三段共规划 20 个梯级，总装机容量 7274 万 kW。

图 13-5　有压引水式开发效果图

1—水库；2—闸门室；3—坝；4—溢流坝；5—调压室；6—有压隧洞；7—高压管道；8—厂房；9—尾水渠；10—开关站

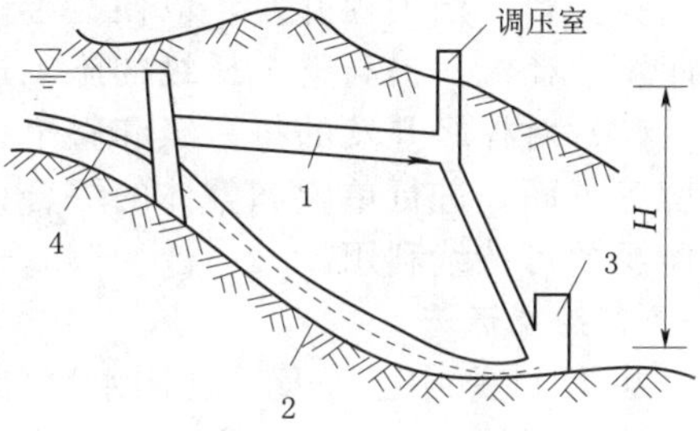

图 13-6　混合式开发示意图

1—引水道；2—原河道；3—厂房；4—水库

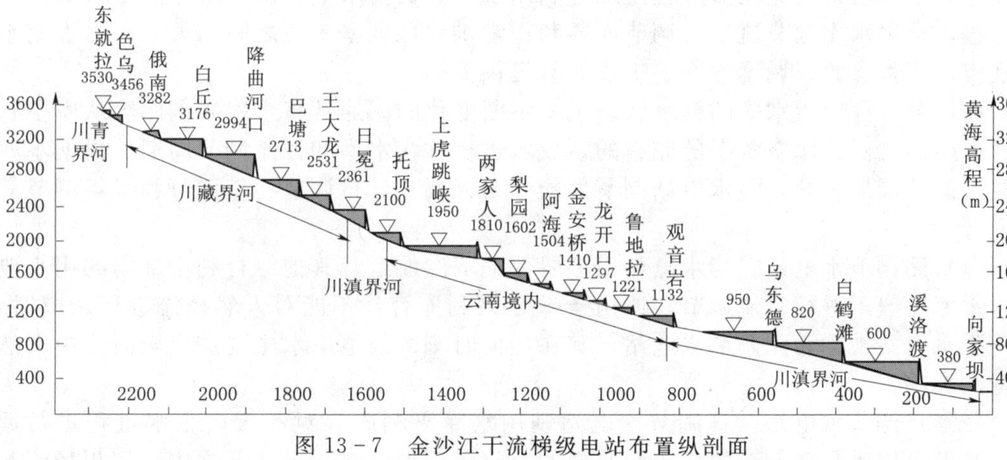

图 13-7　金沙江干流梯级电站布置纵剖面

我国的长江上中游、黄河上中游、大渡河、乌江、红水河、以礼河、龙溪河等所有大、中、小河流的水电开发规划，都采用或初步拟定了水电梯级开发方案，以便在可行性研究阶段，进一步考虑负荷、防洪、供水、航运等技术经济和生态环境的要求，确定水电开发的初步设计方案。

水电梯级开发，需要确定开发次序、逐步投入大量的建设资金，获得取之不尽的水电能源和经济效益，但同时也会因为局部改变了河流及其两岸的生态环境，形成水库淤积、库岸滑塌、诱发地震、影响鱼类种群等负面影响而付出代价。目前水库设计的一般标准是抵御100～10000年一遇的洪水，寿命是100～500年，从长远和突发灾害考虑，还存在梯级溃坝灾害的安全对策问题。

水电梯级开发需要从可持续发展的原则出发，使用系统工程方法权衡利弊，选择最佳开发方案。一般还应注意以下几点：

（1）尽可能充分开发利用水能资源。尽量减少开发的级数，梯级水库上一级水电站的尾水位，与下一级水库的正常水位衔接，或有一定的重叠，以利用下一级水库消落时，所空出的一段水头。

（2）对于梯级的最上一级"龙头水库"，最好采用筑坝式或混合式开发，并且最好选择为第一期工程开发，以便改善下游各级水库的施工导流条件和运行状况，利用水库调节径流，提高整个梯级的施工进度、发电能力和综合效益。

（3）对梯级开发的每一级和整个梯级从技术、经济、施工条件、淹没损失、生态环境等方面，进行单独和整体的综合评价，选择最佳开发运行方案。实现梯级开发水电能源的可持续利用。

5. 径流调节

在第11章中已提及，利用水库储存洪水，一方面防止洪水造成的灾害，另一方面充分利用储存的洪水来发电、灌溉、航运、养鱼等综合利用，可谓是一举几得。然而水电站生产电能的过程与天然径流的变化过程关系密切。为使水电站提供的电力较好地满足人们的用电需要，就必须利用水库对天然径流进行调节。对水库而言，径流调节通常指利用水库的蓄泄功能有计划地对河川径流进行控制和分配。水库径流调节的任务，是在已知河流径流过程及综合利用水资源的要求下，研究水库的水量供需平衡过程，求出水库调节流量、调节库容和正常供水保证率三者之间的关系，为确定水库规模、工程参数、调度方案、工程效益提供依据。

在调节过程中，水库的蓄水状态也是不断变化的。通常将水库兴利库容从库空状态经过库满又回到库空状态的完整的蓄放水过程称为水库的径流调节周期。根据水库的径流调节周期长短，将水电站调节性能分为无调节、日调节、年调节和多年调节等类型。

（1）无调节水电站。当水电站由于要保证下游航运及其他综合利用部门的用水要求，水库一般不进行径流调节，或由于缺乏兴利库容，不能对天然径流进行调节时，这一类水电站被称为无调节水电站，其在任何时刻的发电用水主要决定于河流中天然流量的大小。

（2）日调节水电站。日调节水电站利用水库兴利库容对一天内来水过程进行调节，其发电用水是随负荷的变化而改变的。除汛期外，在一天24h之内，河川径流基本上是均匀的，而用水则是变化的，因此，当用水小于来水时，水库可将多余水量蓄存起来，供来水不足时使用。

应该注意，在洪水期，由于天然来水甚丰，水电站往往是以全部可用容量投入运行，整天都处于满负荷工作状态，不进行日调节。而在枯水期，当水电站水库具有枯水日来水量的20%～25%的兴利库容时，一般即可进行日调节。

（3）年调节水电站。一般说来，一年之内河川径流的变化甚大，丰水期和枯水期的来水量相差悬殊。径流年调节的任务是按照用水部门的年内需水过程，将一年中丰水期多余水量蓄存起来，用以提高缺水时期的供水量及发电量，调节周期在一年以内。当水库在丰水期已将兴利库容蓄满而来水仍大于用水时，将会发生弃水（由泄洪设施排往下游），出现弃水期，通常称这种仅能存蓄丰水期部分多余水量的径流调节为季调节（或不完全年调节），而对能将年内全部来水量按用水要求重新分配而不发生弃水的径流调节，则称为完全年调节。显然，完全与不完全调节的概念是相对的，例如对同一水库而言，可能在一般年份能进行完全年调节，但遇丰水年则很可能发生弃水，只能进行不完全年调节。

（4）多年调节水电站。径流多年调节的任务是利用水库兴利库容将丰水年多余水量蓄存起来，用以提高枯水年份的供水量及发电量。这时，水库兴利库容可能要经过若干丰水年才能蓄满，然后将所蓄水量在若干个枯水年份里用完，其调节周期要超过一年。多年调节水库一般可同时进行年调节和日调节。

此外，通常把具有一定的兴利库容，有能力调节天然径流量的水电站，称为蓄水式电站。而把无调节和仅能进行日调节的水电站（其日电能受控于天然径流），称为径流式电站。

13.2.3 水力发电工程的多目标运用

为实现多种目标而兴建的多种水工建筑物的综合体称为综合利用水利枢纽，建成后能满足国民经济不同部门的需要。这里所指的多种目标通常包括防洪、发电、灌溉、航运、供水、养殖、旅游及改善环境等。以某一单项目标为主而兴建的水利枢纽，虽然同时兼有其他综合利用的效益，则常冠以主要目标之名，例如防洪枢纽、水力发电枢纽、航运枢纽、取水枢纽等。

通常情况下，在某一河段上兴建的水利枢纽，不仅仅是为了单一目标，而是要兼顾到多种目标，并尽可能使综合效益最大化。因此在兴建综合利用水利枢纽时，除了考虑某一河段的水能蕴藏量以及该河段地质、地形、水文等条件外，还要考虑各种功能建筑物综合利用之间的关系。如：

（1）取得水流落差和造成淹没的关系。要取得水流落差（也称水头），一般都需修建拦河大坝，坝修得越高，水库库容越大，发电水头也越高，发电效益也越明显。另一方面，水库建成后，可能又形成了一个新的灌溉系统，灌溉面积增加，为农业增产创造了条件。但修建大坝的投资增加，大坝建成后造成的淹没也越大。因此需要对坝高进行全面的综合分析。

（2）防洪与发电的关系。对防洪和发电综合利用的水库，库容的大小要兼顾防洪和发电两个方面。在一定的淹没条件下，下游对防洪要求愈高，防洪库容就愈大，发电库容就愈小，正常的发电水位就愈低。因此，应对具体工程作具体分析，科学地处理防洪与发电的关系。

在水电站及水库工程的规划设计中，对于汛后入库来水量仍大于兴利设计用水量的情形，可采取防洪库容与兴利库容完全结合或部分结合的方式。在此情况下，随着正常蓄水位的提高，可直接增加水库调蓄库容，同时有利于在汛期内拦蓄洪水量，减少下泄洪峰流量，提高下游地区的防洪标准。但是，也应考虑到随着水库正常蓄水位的提高，可能对水库上游周边地区的防洪产生不利影响。

(3) 发电与航运、灌溉和用水的关系。水库蓄水除用于防洪和发电外，发电后尾水可用于灌溉、航运、工业及民用供水等综合利用，但在时间上会出现矛盾，如发电用水高峰与下游灌溉用水的时间往往不符，对年调节水库，水电站常担任峰荷或腰荷，而灌溉季节则集中在每年的某些月份，等等。因此必须合理地实行水库调度，兼顾发电与灌溉、供水等用水的需要。

(4) 水电站的投资与修建速度问题。水电站的装机容量是根据河流的水能蕴藏量决定的。因此设计必须一次完成，但在建设中往往采用分期装机，“以电养电”的办法，所以工期较长，大型水电站建设周期常需3～5年，有的竟达10年以上。但从水电与火电建设投资和速度的对比分析，尤其从国民经济全局以及对生态环境的影响等因素分析，就越能显示出水电开发的优越性。

(5) 正常蓄水位的确定。随着正常蓄水位的增高，水库的大坝高度 $H_{坝}$ 一般会随之增加，进而水利枢纽的投资和年运行费也是递增的。在水利枢纽的建设总投资中，有很大部分是大坝的投资 $K_{坝}$，它与坝高 $H_{坝}$ 的关系一般为 $K_{坝}=aH_{坝}^{b}$ 其中 a、b 为系数，$b\geqslant 2$。因此随着正常蓄水位的增高，水利枢纽尤其拦河大坝的投资和年运行费是迅速递增的。

随着正常蓄水位的增高，水库淹没范围必然会随之增大，相应的水库淹没损失必然相应增加，这不仅是一个经济问题，同时也是影响广大群众生产和生活的社会问题，并且往往涉及生态环境保护问题。要尽量避免淹没大片农田，以免对农业生产造成很大影响；要尽量避免重要城镇和较大城市的淹没。对待历史文物古迹的淹没，要考虑其文化价值及其重要性，必须对重点保护对象采取迁移或防护措施。对待矿藏和铁路的淹没问题，一般应考虑不淹没开采价值大、质量好、储量大的矿藏；铁路工程投资大，应尽量避免淹没，但也可采取改线措施。总之，水库淹没是一个重大问题，必须慎重处理。

随着正常蓄水位的增高，受坝址地质及库区岩性的制约因素愈多。要注意坝基岩石强度问题、坝肩稳定和渗漏问题、水库建成后泥沙淤积问题以及蓄水是否会发生外漏等问题。

综上所述，在选择正常蓄水位时，既要看到正常蓄水位的抬高对综合利用各种效益的有利影响，也要看到它将受到投资、水库淹没、工程地质等问题的制约；既要看到抬高正常蓄水位对下游地区防洪的有利影响，也要看到水库形成后对上游地区防洪的不利影响；既要看到它对下游地区灌溉的效益，也要看到库区耕地的淹没与浸没问题；既要看到它对上下游航运的效益，也要看到河流筑坝后船筏过坝的不方便。在一般情况下，随着正常蓄水位的不断抬高，各种效益的增加是逐渐减慢的，而水工建筑物的工程量和投资的增加却是加快的。因此，在方案比较中可以选出一个技术上可行的、经济上合理的正常蓄水位方案。这里应强调的是，在选择正常蓄水位时，必须贯彻有关的方针政策，深入调查研究国民经济和社会发展的实际需求以及水库淹没损失等重大问题，反复进行技术经济比较，及时与有关部门协商讨论，解决好选择水库正常蓄水位这个重要问题。

13.2.4 潮汐能发电

由于引潮力的作用，使海水不断地涨潮、落潮。涨潮时，大量海水汹涌而来，具有很大的动能；同时，水位逐渐升高，动能转化为势能。落潮时，海水奔腾而归，水位陆续下降，势能又转化为动能。海水在运动时所具有的动能和势能统称为潮汐能。

我国大陆海岸线长，岛屿众多，北起鸭绿江口，南到北仑河口，长达 18000 多 km，加上 5000 多个岛屿的海岸线 14000 多 km，海岸线共长 32000 多 km，因此潮汐能资源是很丰富的。据不完全统计，全国潮汐能蕴藏量为 1.1 亿 kW，年发电量可达 2750 亿 kW·h，其中可供开发的约 3850 万 kW，年发电量 870 亿 kW·h，大约相当于 40 多个新安江水电站。目前我国潮汐电站总装机容量已有 1 万多 kW。

潮汐发电与水力发电的原理相似，它是利用潮水涨、落产生的水位差所具有势能来发电的，也就是把海水涨、落潮的能量变为机械能，再把机械能转变为电能（发电）的过程。具体地说，潮汐发电就是在海湾或有潮汐的河口建一拦水堤坝，将海湾或河口与海洋隔开构成水库，再在坝内或厂房安装水轮发电机组，然后利用潮汐涨落时海水位的升降，使海水通过涡轮机发电，见图 13-8。

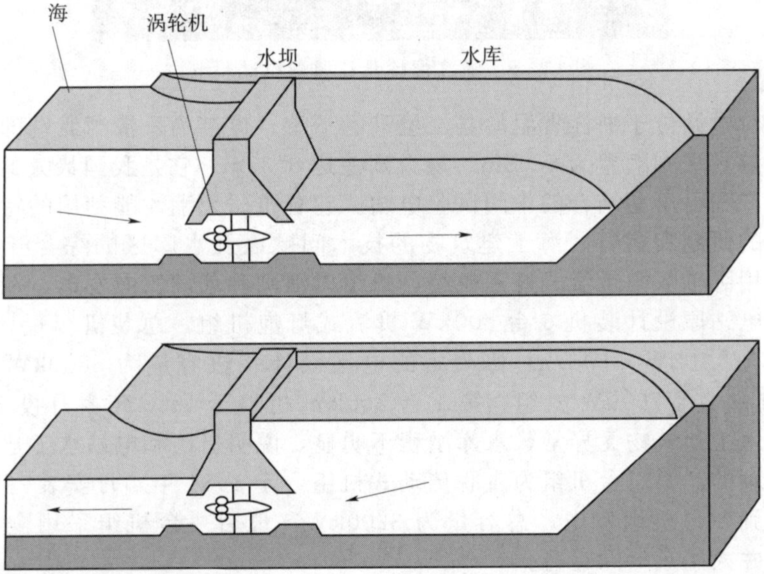

图 13-8 潮汐发电原理示意图

由于潮水的流动与河水的流动不同，它是不断变换方向的，因此就使得潮汐发电出现了不同的型式，主要有如下三种：

第一种是单库单向电站。即只用一个水库，仅在涨潮（或落潮）时发电，我国浙江省温岭县沙山潮汐电站就是这种类型。

第二种是单库双向电站。用一个水库，但是涨潮与落潮时均可发电，只是在平潮时不能发电，广东省东莞县的镇口潮汐电站及浙江省温岭县江厦潮汐电站，就是这种型式。

第三种是双库双向电站。它是用二个相邻的水库，使一个水库在涨潮时进水，另一个水库在落潮时放水，这样前一个水库的水位总比后一个水库的水位高，故前者称为上水库，后者称为下水库。水轮发电机组放在两水库之间的隔坝内，两水库始终保持着水位差，故可以全天发电。但这种方式经济上不合算，未见实际应用。

潮汐发电的优点是成本低，每度电的成本约为火电站的1/8。

中国沿海已建成9座小型潮汐电站，其中1980年建成的江厦潮汐电站是我国第一座双向潮汐电站，是当时世界第二大潮汐发电站，见图13-9。其总机容量为3200kW，年发电量为1070万kW·h。

图13-9 浙江温岭县江厦潮汐试验电站

江厦潮汐电站位于浙江省温岭县江厦港的下游。该港为乐清湾北端的一个封闭式半日浅海潮港，平均潮差为5.08m，最大潮差达8.39m。它是我国最大的一座单库双向开发、生产和科研相结合的中间试验电站。它着重研究潮汐能利用的特性、双向贯流发电机组的研制和运行、海工建筑物的技术问题以及水库区的综合开发利用等问题。电站采用卧轴双向贯流式灯泡机组，机组以涨潮和落潮双向发电、双向泄水四种工况运行。电站原设计装机6台500kW贯流式灯泡机组，总装机容量3000kW，发电量1070×10^4（kW·h）/a。修改后的电站设计装机容量为3800kW，安装2台500kW机组和4台700kW机组。第1台500kW机组于1980年5月投入运行以来，运行正常，水工建筑物无异常，水库淤积不明显，说明机组和电站水工建筑物的设计和布置是合理的。第二台机组为直联传动式机组，于1984年4月安装完毕。到1985年底，已达到5台机组发电，总容量为3200kW。最后一台机组采用全贯流式水轮机。该电站并入华东电网运行。

由于涨潮、落潮的不连续性，造成发电也不连续。但它是海洋能利用中发展最早、规模最大、技术较成熟的一种。现代海洋能源开发主要就是指利用海洋能发电。利用海洋能发电的方式很多，其中包括波力发电、潮汐发电、潮流发电、海水温差发电和海水含盐浓度差发电等，而国内外已开发利用海洋能发电主要是潮汐发电。由于潮汐发电的开发成本较高和技术上的原因，所以发展不快。

13.3 电能负荷与电力系统

13.3.1 电能负荷

电厂生产的电能是很难贮存的，一般是需要多少就发多少，因此电厂的出力是由电力用户消耗的电量（负荷）来决定的。

用户对电力的需要是随时间变化的，而且用户的性质不同，用电的时间也不同。

反映负荷随时间变化的曲线称为负荷图，见图 13-10。表示 1d 内各个时间负荷变化的曲线为日负荷图。表示 1 月或 1 年内负荷随时间变化的曲线，称为月负荷或年负荷图。

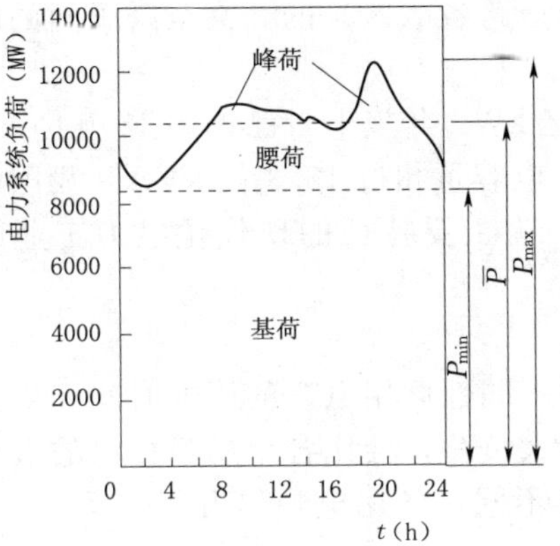

（a）

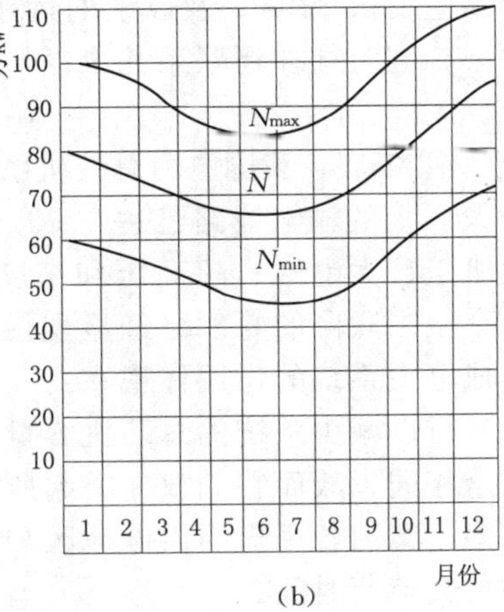

（b）

图 13-10　负荷图

（a）日负荷图；（b）年负荷图

在日负荷图上，负荷曲线以下包含的面积表示电厂 1d 的发电量，也是电力用户 1d 内的用电量。以 W 表示日发电量，则 1d 的平均负荷 $\overline{N}$ 为

$$\overline{N} = W/24\ (\text{kW}) \qquad (13-7)$$

日负荷图可划分为三部分：基荷、腰荷、峰荷。基荷是负荷图中最低负荷以下的部分，它不随时间变化；腰荷是图中最低负荷与平均负荷之间的部分；峰荷是图中平均负荷至最高负荷的部分。

这样划分的目的是因为负荷变化情况要求电力系统具有相应的特性，以便根据系统内电厂出力大小及适应负荷变化的能力分配负荷，从而取得较好的经济效益。

电力用户可分为三类：

（1）用电量不变的用户。在 1 年中，用户用电量几乎不变，大多数工矿企业属于这一类。这类用户的负荷仅在停工时才发生变化。但由于各工厂的生产情况不同，1d 内的负荷会有变化。

（2）季节性用户。这些用户在 1 年中仅在某些季节才用电，如电力排灌站和某些农副业加工厂等。

（3）用电量随时变化的用户。这类用户主要是照明用电户，在 1 年中随不同的季节和昼夜的历时而变化。

13.3.2　电力系统

为了满足用户对电能的需要，一个或几个地区的水电厂、火电厂和核电厂等常联合运行。这些电厂和变电站以及用户组成一个发、供、用电整体，称为电力系统或电网。如华东电网，广东电网等。

电网按其供电范围的大小和电压等级的高低可分为地方电网、区域电网以及超高压远距离输电网络三种类型。地方电网是指电压不超过35kV，输电距离在几十公里以内的小型电网。区域电网则把范围较广地区的发电厂联系在一起，输电线路较长，用户类型也较多，电压等级为110～220kV，基本上各省（区）都有。超高压远距离输电网络主要由330kV及以上的远距离输电线路组成，它将远区发电厂的功率送往负荷中心，同时往往还联系几个区域电网以形成跨省（区）的、甚至跨国间的联合电力系统。

至2008年底，我国电力总装机已达7.92亿kW，年发电量已达3.43万亿kW·h，220kV及以上的输电线路已达32.8万km，变电容量超过12.3亿kVA。我国已经跨入“大机组、大电网、超高压和高度自动化”为主要特征的现代化电力工业的新阶段，一个全国联网的轮廓已经显现。

组成电力系统的作用体现在：

（1）可以减少系统的总装机容量。因各种不同性质用电户的用电时间和最大负荷均不完全相同，故而它们放在一起所组成的最大负荷，会比各个用户相加的最大负荷要小得多。又因各用户因供电地区和地理位置不同，各用电户错开了1天、1月或1年内的最大负荷时间。

（2）可以统一调度且充分利用能源。组成电力系统后，可以根据系统内各类发电厂的特点，统一调配、扬长避短。在洪水期，水电厂可多发电，火电厂可少发电，以节约燃料。在枯水期，水电厂发电量减少，火电厂就可以补其不足。就是各个水电厂之间或火电厂之间也可根据各电厂的特点，进行统一调度，相互调剂，增加系统的总出力和总发电量，改善系统的运行情况。

（3）提高供电可靠性。在电力系统内，因某些电厂事故停机或机组维修的情况下，系统内的其他电厂可以多发电来补充其不足，从而提高供电的可靠性。

13.3.3　电力系统的容量

一般情况下，电力系统的总装机容量包括工作容量、备用容量和重复容量等。

（1）工作容量。为满足系统最大负荷要求而设置的、有保证的容量。

（2）备用容量。为防止电厂意外事故和用户负荷的额外要求而设置的容量。它包括负荷备用、事故备用和检修备用。负荷备用容量一般为电力系统工作容量的2%～5%；事故备用容量一般采用系统容量的5%～10%，并且不应小于系统中最大一台机组的容量。

工作容量和备用容量都是电力系统必须的装机容量，缺少这部分装机容量，就会妨碍正常供电，因此称为必需容量。

（3）重复容量。为了充分利用水力资源，节约其他能源，电力系统中的水电厂的装机往往大于根据保证率情况提出的装机容量。超过的这一部分容量就叫做重复容量。重复容量只在丰水期才能生产出一部分季节性电能，减少该时期火电厂的发电量和煤耗。经验证明，能够在1年中工作2000～2500h以上的重复容量，在经济上才是合理的。

13.3.4　水电站在电力系统中的作用

现代电力系统往往由各种不同类型的电站（包括水电站、火电站、核电站及抽水蓄能电站等）协同向广大电力用户联合供电，使各类电站相互取长补短，改善各电站的工作条件，提高供电可靠性，节省电力系统投资与运行费用。

水电厂在电力系统的主要作用有：

(1) 提供电能。向电力系统提供电能是水电厂的主要任务。

(2) 调峰。电力系统负荷是根据用户不断改变的用电需求而不断变化的。用电负荷升高时，这就要求电力系统发电厂发出较多的电量与负荷相平衡。反之，用电负荷的降低，又要求电力系统发电厂发出较少的电量。由于用电负荷的变化十分频繁，火电厂和核电厂机组启、停的时间较长，一般需要几个小时甚至更长，不适宜担任调峰等任务。而水电厂水轮发电机组能够在几分钟内迅速启、停，所以当电力系统负荷突然变化时，多由水电厂担负调峰任务。

(3) 调频。由于水轮发电机组增减负荷操作较汽轮发电机组容易，当电力系统负荷的不断变化引起电网的频率发生较大的波动时，为保证电网频率的稳定（我国为50Hz)，经常由水电厂通过增减负荷来满足电力系统的调频要求。

(4) 调相。水轮发电机组的运行方式转换迅速、灵活，在电力系统需要无功功率时，可以快速由发电转为调相运行方式，向系统输送无功功率。

(5) 作为事故备用。由于水轮发电机组具有迅速起动投入并网发电的特点，当电力系统突然发生事故时，急需补充电量，常把水电厂的机组作为事故备用机组。

(6) 蓄能作用。由于抽水蓄能水电厂具有在用电低谷时抽水蓄能备用的功能，可以把用电低谷时电网多余的电能以水势能的形式储存起来，在用电高峰时由抽水蓄能电厂发电满足负荷需要。

13.3.5　抽水蓄能电站

利用电力系统低谷负荷时的剩余电力抽水到高处蓄存，在高峰负荷时放水发电的水电站称为抽水蓄能电站，它在电力系统中主要起调峰填谷作用。

在电力系统日负荷图（图13-10）的负荷低谷时，抽水蓄能电站吸收电力系统的有功功率抽水，这时它是用户。在负荷高峰时，它向电力系统送电，这时它成为电源。常规水电机组和燃气机组也是调峰性能较好的电源，但都没有填谷作用。抽水蓄能电站抽水是把电能转换为水能的过程；发电则是把水能转换为电能的过程。在每一次抽水——发电的能量转换循环中，都有能量损失，使发电量小于抽水的耗电量，二者之比是抽水蓄能电站循环效率，或称抽水蓄能电站的综合效率，其值一般为0.7～0.75。

电力系统的负荷是随时不断变化的，特别在负荷高峰出现时，负荷变率更大。装机容量在3000万kW以上的大电网，晚间高峰时负荷变率可达10万kW/min左右，而火电机组（除燃气轮机外）很难适应负荷的这种急剧变化，如凝气式火电机组很难在一分钟内增加其额定出力的3%。抽水蓄能电站由于运行灵活，对负荷的急剧变化能做出快速反应，所以能很好跟踪系统负荷的变化，从而可顶替燃气轮机的工作，节约燃油消耗，减少运行维修费用。

抽水蓄能电站由于启动迅速、运行灵活，当系统有多余电能时抽水耗电，当系统电能不足时放水发电，能有效调节系统的供需平衡，是系统最有效的调节电源。大容量的核电机组，最适宜以额定出力稳定运行，因而核电站必须与抽水蓄能电站配合运行，才能保证系统的供需平衡。未来的再生能源，如太阳能、风能、潮汐能，都是受天然条件制约的间歇性能源，仅靠这些电源，无法满足用户的需求，也不能有效利用这些能源。开发太阳能、风能、潮汐能，从目前技术水平而言，有必要配套兴建抽水蓄能电站，将抽水蓄能电站作为它们的调节电源，可有效地解决这些间歇性能源在运行过程中电能的余缺矛盾。在以火电、核电为主的电力系统中，修建适当比例的抽水蓄能电站是经济的。

抽水蓄能电站按开发方式可分为纯抽水蓄能电站、混合式抽水蓄能电站和调水式抽水蓄能电站。

纯抽水蓄能电站原理见图 13－11（a）。其上库可以没有天然径流来源，其发电量全部来自抽水蓄存的水能。发电的水量等于抽水蓄存的水量，重复循环使用。仅需补充少量蒸发和渗漏损失的水量。补充水量既可来自上水库的天然径流，也可来自下水库的天然径流。

混合式抽水蓄能电站原理见图 13－11（b）。厂内既设有抽水蓄能机组，也设有常规水轮发电机组。上水库有天然径流来源，既可利用天然径流发电，也可从下水库抽水蓄能发电。其上库一般建于河流，下水库按抽水蓄能需要的容积觅址另建。

调水式抽水蓄能电站是水泵站与水电站的某种组合，其原理见图 13－11（c）。上水库建于分水岭高程较高的地方。在分水岭某一侧拦截河流建下水库，并设水泵站抽水到上水库，在分水岭另一侧的河流设常规水电站从上水库引水发电，尾水流入水面高程最低的河流。这种抽水蓄能电站的特点是：①下水库有天然径流来源，上水库没有径流来源；②调峰发电量往往大于填谷的耗电量。

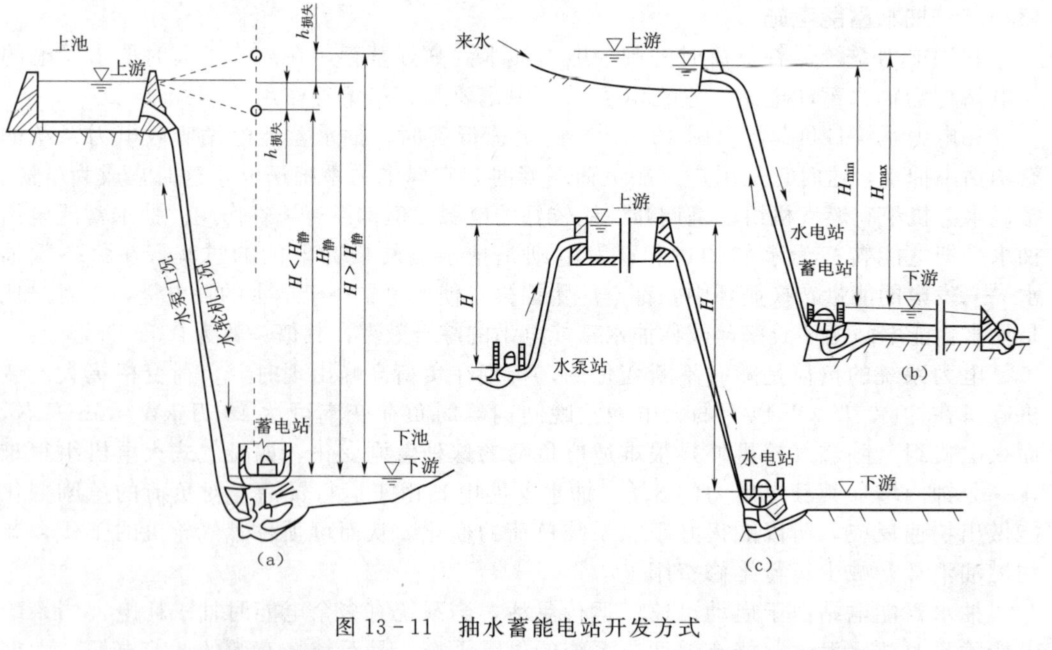

图 13－11　抽水蓄能电站开发方式

（a）纯抽水蓄能电站；（b）混合式抽水蓄能电站；（c）调水式抽水蓄能电站

水能的蓄水式开发是指在天然河道上筑坝形成水库以调节径流，用调节的流量发电。蓄水方式除河道上的天然来水这种蓄水方式外，还有一种抽水蓄水方式，也称抽水蓄能式。

纯抽水蓄能电站的上水库一般为人工围成或利用天然高山湖泊形成。下水库一般可在河流上筑坝形成。选择站址除离负荷中心近外，还要求上下库之间距离近和上下库之间的天然落差大。

抽水蓄能电站发展最快的是美国和日本，美国近年来建造抽水蓄能电站已多于常规水电站。美国的巴斯康蒂抽水蓄能电站装机2100MW，曾是世界上最大的抽水蓄能电站。日本近期正在建设两座装机分别为2170MW和2700MW更大的电站。

我国已建成的抽水蓄能电站有：北京十三陵、河北潘家口、广东从化和西藏羊卓雍湖、浙江天荒坪（1800MW）等。1989年正式开工建设、2000年全面建成的广东抽水蓄能电站，总装机2400MW（8×300MW），成为世界上最大的抽水蓄能电站。

13.3.6 农村小水电

1. 农村小水电的概念

所谓“农村小水电”，是指分布在江河上游中小支流上的广大农村地区，由地方、集体或个人集资兴办与经营管理的2.5万kW及其以下的小型水电站和配套地方供电电网系统。由于一个国家的不同时期以及不同国家的国情、水电开发历史、科学技术水平和地域经济要求等条件的差异，各个国家对小水电装机容量的规定不尽相同。例如：美国的小水电规定为15000kW及以下，日本、挪威规定为10000kW及以下，土耳其规定为5000kW及以下。其他各国一般把装机容量5000kW以下的水电站定义为小水电站。

在20世纪70年代，我国水电部和国家计委规定，我国的水电站划分为五等：装机容量大于25万kW为大型水电站，大于75万kW为特大型水电站；25万～2.5万kW为中型水电站；小于2.5万kW为小型水电站；2.5万～0.05万kW为小（1）型水电站，小于0.05万kW为小（2）型水电站。在1980年，我国将1.2万kW以下的水电站统计为小型水电站。到2000年，按国家计委规定，小水电的装机容量范围统计扩大至2.5万kW。

实际上，人类开发利用水电资源是从小水电开始的，在开发利用江河干支流的大中型水电站的同时，小水电的开发利用，是一个不可忽视的部分。小水电资源的总量较大，而且所在地区大多是天然林保护区、退耕还林还草区、重要的生态保护区和主要的水土流失区，结合农村电气化和小水电代柴工程的实施，开发小水电，有利于控制水土流失、美化环境和保护生态环境。

2. 我国小水电资源的分布

中国农村小水电资源十分丰富，据初步调查，农村小水电资源总蕴藏量约为1.3亿kW，可开发利用量8700万kW，占全国水能资源总蕴藏量6.94亿kW和可开发利用量4.02亿kW的18.7%和21.6%，居世界第一。

中国可开发小水电资源分布在全国2300多个县的1600多个县中。其中1104个县的小水电资源量超过1万kW；471个县为1万～3万kW；499个县为3万～10万

kW；134个县超过10万kW。

具体来说，在可开发小水电资源量8700万kW中，西南部的广西、重庆、四川、贵州、云南、西藏等6省（区、市）和湖北恩施州、湖南湘西州是我国小水电资源蕴藏量最丰富的地区，可开发资源量约4474万kW，占51.4%。

西北部的内蒙古、陕西、甘肃、宁夏、青海、新疆等6省（区），小水电可开发资源量有1354万kW，占15.6%。

中部地区的湖南、湖北山区，小水电可开发资源量有1437万kW，占16.5%。

东部地区的浙江、福建、广东山区，小水电可开发资源量有1435万kW，占16.5%。

3. 农村小水电特点

农村小水电资源大多分布在人烟稀少，用电负荷分散，大电网难以覆盖，也不适宜大电网长距离输送供电的山区，所以它既是农村能源的重要组成部分，也是大电网的有力补充。由于小水电站规模较小，位置分散，工程比较简单，因此具有因地制宜，就地取材，经济实用的特点。与大中型电站及其电网相比，农村小水电还具有如下一些特点：

（1）农村小水电工程建设规模小、投资少、工期短、见效快，没有大量的水库移民和淹没损失。

（2）由于农村小水电系统服务于本地区，分散开发、就地成网、就近供电、发供电成本相对较低，同时它又是大电网的有益补充，具有不可替代的作用。

（3）农村小水电资源分散在广大的农村地区，适合于农村和农民组织开发，吸收农村剩余劳动力就业，有利于促进较落后地区的经济发展。也适合地方、集体、企业、个人以至外资等各种投资开发。

（4）小水电资源是清洁可再生能源，不排放温室气体和有害气体，符合水资源可持续利用的原则，有利于人口、资源、环境的协调发展。

因此，世界各国，特别是发展中国家，对农村小水电资源的利用，给予了特别的重视，并获得迅速的发展。

4. 中国农村小水电的发展

1949年全国500kW以下的小水电站只有33座，装机容量3634kW（不包括台湾省）。其中，1912年建成从昆明滇池出口螳螂川引水发电的石龙坝水电站（见图13－12），装机容量2×240kW，是中国的第一座水电站。后经逐步改建，1958年扩建为2×3000kW的小水电站。

图13－12 1912年建成的中国第一座水电站——云南石龙坝水电站

在20世纪50年代，由于建国初期工业基础薄弱，小水电多数采用简易的木制或铁制水轮机，配以由电动机改装成的发电机，通过400V低压线路，向附近的农村提供照明。全国小水电站装机容量15万kW。

经过几十年的建设，到21世纪初，我国农村小水电系统获得迅速的发展，至2003年，全国已有1500多个县开发了农村小水电，建成农村水电站达4.8万余座。总装机容量达到3080万kW，年发电量1100亿kW·h，占到全国水电总装机容量和年发电量的40%左右。并建成110kV小水电供电区输电线路7420km，35kV线路67478km，10kV以上输电线路共68.5万km，低压线路149.3万km；以及110kV变电站155座，35kV变电站3027座，3～10kV配电变压器45万台，在地方电网内担负着重要作用。

中国不仅小水电资源总量居世界之首，而且在开发小水电，建设有中国特色的农村电气化县，消除贫困，保护环境，实现可持续发展方面，得到了国际社会的广泛赞扬。世界上许多国家，特别是发展中国家都积极推广中国发展小水电的经验。有60多个国家130多个政府机构和联合国工业发展组织参加的国际小水电网总部，设在我国杭州。2000年12月，联合国工业发展组织又在我国杭州设立了国际小水电中心。

5. *世界小水电的发展*

世界上水力发电也是从小水电站开始的。欧美国家在19世纪就开始小水电站的建设。1878年法国建成世界上第一座水电站。美国最早的水电站于1882年开始发电，装机容量25kW。20世纪30年代，由于大中型水电站和电力事业的发展，许多国家出现关闭小水电站或缩减小水电站数量和装机容量的现象。美国从1930～1970年关闭了3000座小水电站。法国从1963～1975年小水电站的发电量减少了78%。前苏联在1960年以后，小水电站的座数和装机容量都在下降。

1970年以后，世界各国的小水电有不同程度的发展。由于世界性石油价格上涨，出现能源危机，许多西方国家对小水电重新关注。美国对已关闭的3000座小水电站进行了调查和登记，并对近5万座未设水电站的大坝进行了研究。这些坝如全部建设水电站，总装机容量可达1亿kW，其中1600万kW属于小水电站。1977年法国有978座容量小于1万kW的小水电站，总装机容量49万kW，年发电量18亿kW·h。瑞典有小水电站1050座，装机1350台，容量55万kW，年发电量20亿kW·h。日本有小水电站1350座，装机容量700万kW，占全国电力总装机容量的6%。

目前，世界上小水电的发展趋势是：对过去认为开发不经济的坝址重新估价，增加水能效益。研究恢复条件较好、已关闭的小水电站。广泛利用现有的水库、大坝和供水、输水系统，改造现有水电站，修建小型水电站，使其充分发挥效益。统一设备标准，实现小水电站的自动化。

13.4 水电站建筑物

典型的水电站建筑物一般包括挡水建筑物、泄水建筑物、进水建筑物、引水及尾水建筑物、平水建筑物、发电、变电和配电建筑物（主厂房、副厂房、变压器场及开关站）。水电站的进水建筑物为不同类型的进水口，压力钢管是典型的引水建筑物，调压井是常用的平水建筑物，发电、变电和配电建筑物统称为厂房枢纽。水电站的附属建筑物主要包括过船、过木、过鱼、拦沙、冲沙等建筑物。

13.4.1 进水建筑物

进水建筑物的功能是把河流中或水库中的水，通过进水口引入厂房。对进水建筑物的基本要求是：在任何工作水位下均能保证发电所需的水量；水流平顺，水头损失小；防止泥沙、漂浮物进入输水道和能控制流量。

根据进水口布置的部位可分为坝式进水口、岸式进水口和前池式进水口等。

1. 坝式进水口

一般设在坝体上游侧，它的特点是布置紧凑，引水段短，引水顺畅，运行管理方便，造价较低，是混凝土坝布置中最常见的一种。见图13-13。

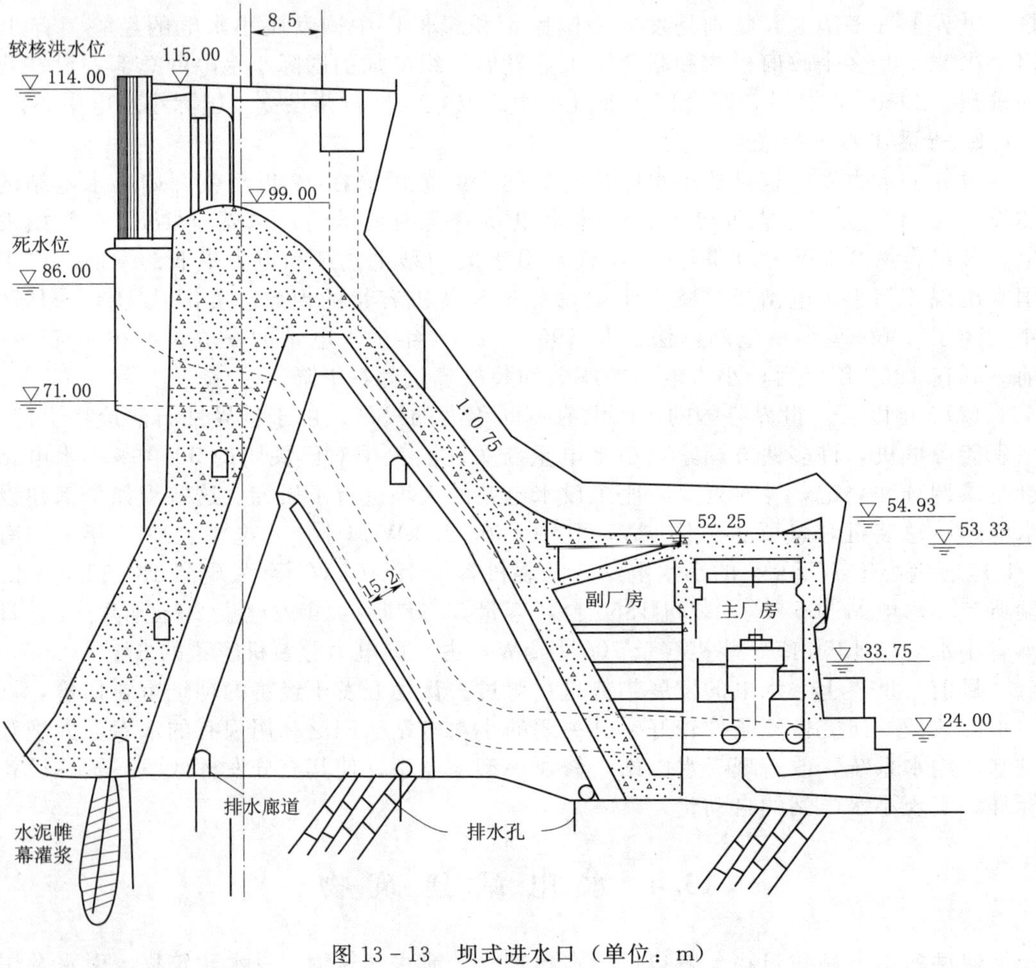

图13-13 坝式进水口（单位：m）

2. 岸式进水口

进水口布置在库岸，其孔口应保证有足够的深度：以防止引水隧洞或压力引水管吸入空气。进水口前缘设有拦污栅，常见的进水建筑有竖井式、塔式和斜坡式等，见图13-14。

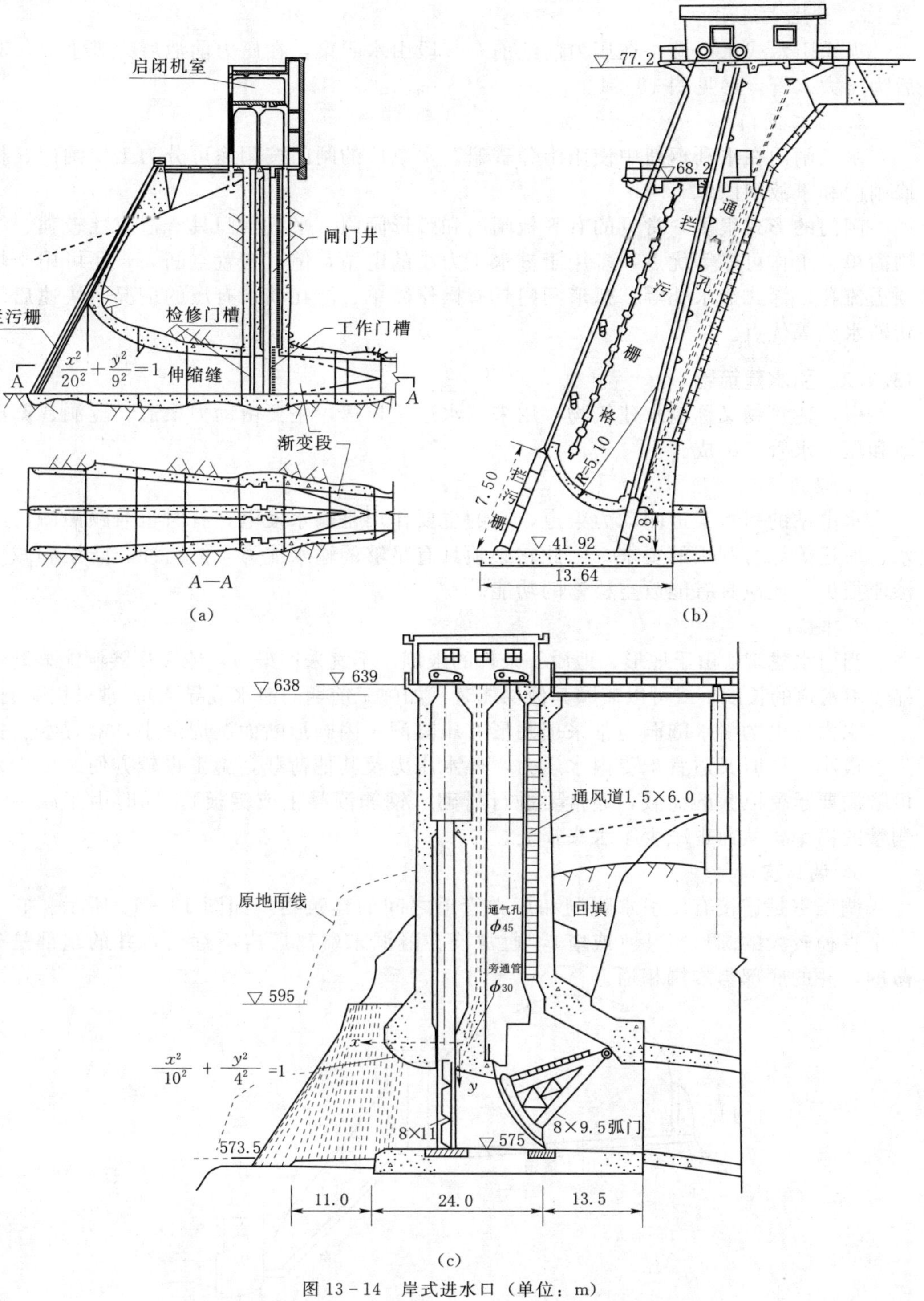

(c)

图 13-14　岸式进水口（单位：m）

(a) 竖井式进水口；(b) 斜坡式进水口；(c) 封闭式塔式进水口

3. 前池式进水口

渠道引水式水电站，在压力前池前有一段引水明渠，在压力前池后为进水口，其后为压力水管，参见图 13-4。

4. 水工闸门

水工闸门在水利枢纽中使用十分普遍。水电厂的闸门按用途可分为工作闸门、检修闸门和事故闸门。

闸门的形式很多，常见的有平板闸门和弧形闸门。平板闸门具有适应性较强、结构简单、工作可靠等优点，多用于进水压力小的电站，但其布置空间大，还可用于坝顶溢流孔、深式泄水孔等。弧形闸门具有操作简单、能在动水有压的情况下快速启闭切断水流等优点。

13.4.2　引水建筑物

引水建筑物又称输水建筑物，用来把水送至厂房，主要由动力渠道、隧洞、调压室和压力水管等组成。

1. 动力渠道

水电站的引水渠道叫动力渠道，它的主要作用是输水发电，有时也兼顾灌溉、给水、航运等综合利用的要求。因此它必须具有足够的输水能力，能防冲、防淤和减少渗流损失，还应具有能放空检修的功能。

2. 隧洞

当引水建筑物由于地形、地质等条件的限制，不宜采用渠道，或采用隧洞能显著地缩短引水道的长度，或可以兼顾其他功能时（如施工前期的泄水或导流），常采用隧洞。

水力发电的引水隧洞通常采用圆形有压隧洞。因圆形断面湿周最小，沿程水头损失也最小，同时又适宜承受内水压力、外水压力及其他荷载，施工也较方便。由于发电隧洞要承受巨大的荷载，通常要进行衬砌（钢筋混凝土或钢板），同时由于减少了洞壁的糙率，从而也减少了水头损失。

3. 调压室

调压室是连接有压引水隧洞和压力管道之间的建筑物，如图 13-15 所示。它是一个直径较大的圆形竖井（或塔），通常设在隧洞末端离厂房不远处，井的顶部是开敞的，井的底部与隧洞相通。

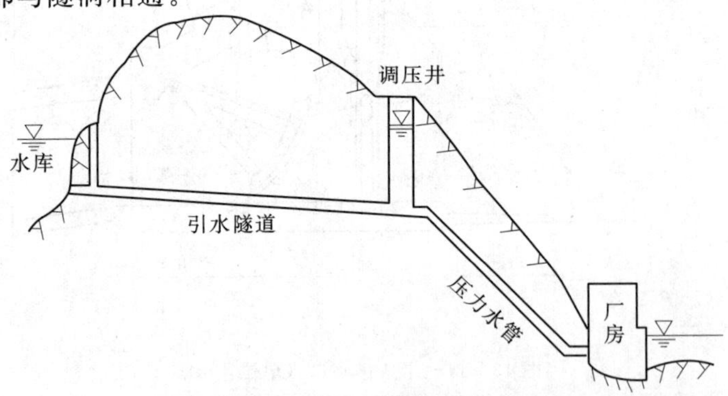

图 13-15　调压室布置图

调压室的主要作用是减小水流惯性力和缩短压力管道。当水电站的负荷突然发生变化时，通过调压室能均匀及时地作出相应的水量调节；当突然切断水流时，亦可借助调压室缓冲水流，减少水锤压力，防止水锤向压力隧洞扩散。

调压室的一部分或全部设置在地面以上的称为调压塔；调压室大部分埋设在地面之下，则称调压井。一般大中型水电站大都采用调压井。

4. 压力水管

压力水管是指从压力前池、调压室或直接从水库将水流引入水轮机的水管。它的特点是坡陡，内水压力大，而且要承受水锤的动水压力，因此压力水管必须安全可靠。

压力水管的布置有三种基本类型，即坝内埋管、地下埋管和地面明管。

根据电站的实际情况，压力水管的供水方式可分为单元供水、联合供水和分组供水，如图 13－16 所示。

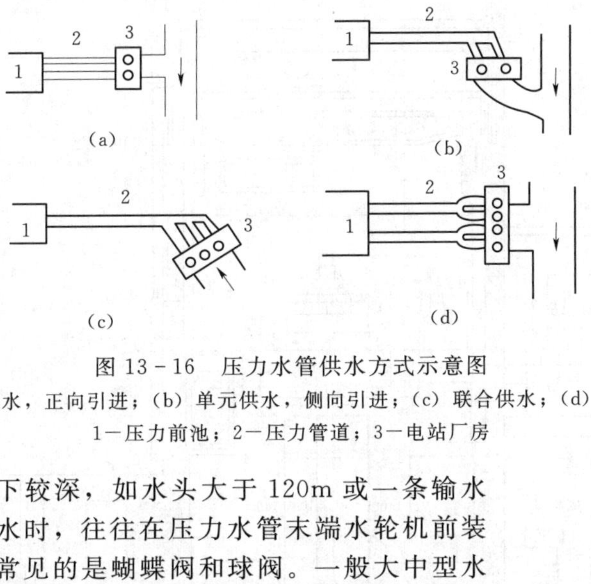

图 13－16　压力水管供水方式示意图

(a) 单元进水，正向引进；(b) 单元供水，侧向引进；(c) 联合供水；(d) 分组供水
1—压力前池；2—压力管道；3—电站厂房

当进水口在水下较深，如水头大于 120m 或一条输水管向几台水轮机供水时，往往在压力水管末端水轮机前装设主阀。主阀中最常见的是蝴蝶阀和球阀。一般大中型水电厂多采用蝴蝶阀，如图 13－17 所示。蝴蝶阀结构简单，重量轻，占空间小，能快速启闭，但有时漏水量较大。

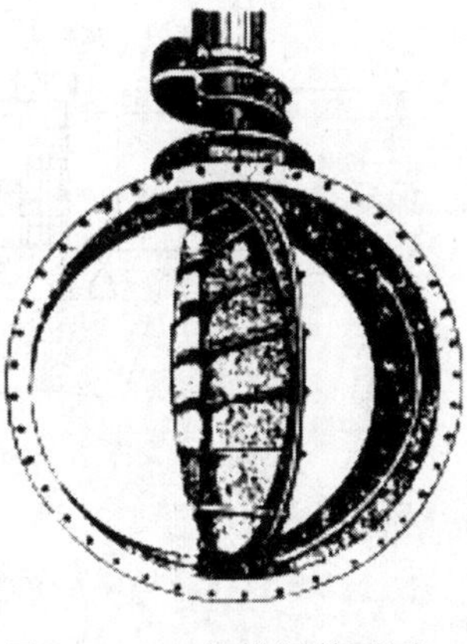

图 13－17　蝴蝶阀外形图

13.4.3　水电站厂房枢纽

水电站厂房枢纽是将水能转换为电能的生产场所，它是水（水工）、机（机械）、电（电气）的综合体。要求通过一系列的工程措施，合理、经济地布置各种主、辅设备，并能便于施工、安装和检修，以及给运行人员创造良好的工作条件。

水电站的厂房枢纽一般可分为两大部分：厂房和变电站。

厂房又可分为主厂房和副厂房；变电站可分为主变场和开关站（又称室外高压配

电开关站)。现简要介绍如下。

1. 主厂房

主厂房内装置有水轮机、发电机和机械电气控制设备。主厂房在高度上常分为数层：发电机层，水轮机层和蝶阀层。人们习惯把发电机层及以上部分称为上部结构，发电机层以下部分称为下部结构，如图 13-18 所示。

上部结构一般与工业厂房相似，安装着水轮发电机、励磁装置、调速器及油压装置，控制和管理用的有关仪表及吊车等设备，并安排了安装和检修用的装配场。装配场常布置在主厂房进口的一端，以便大机件直接运入。

下部结构内主要安装进水管、蝴蝶阀、蜗壳、水轮机、尾水管及尾水闸门、集水井及泵房和其他有关附属设备。下部结构是用混凝土浇筑成整体的块体结构，其混凝土用量占厂房混凝土总量的 90%左右。

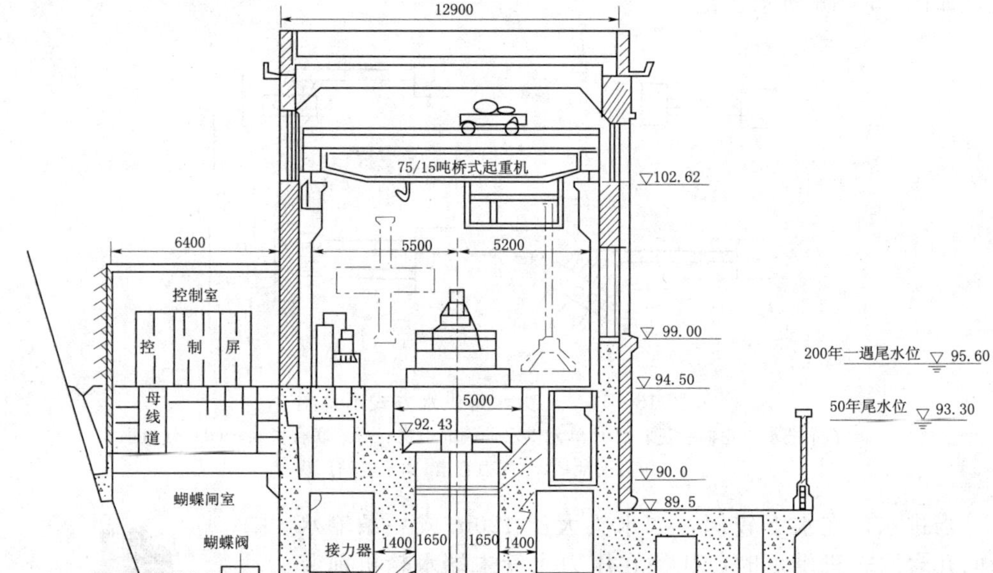

图 13-18 主厂房横剖面图 (单位：mm)

水流从压力水管进入蜗壳后均匀地流入导水机构，然后进入转轮。因其外形像蜗牛壳，故称为蜗壳。根据制造材料的不同，蜗壳可分混凝土蜗壳和金属蜗壳，如图 13-19 所示。前者多用于水头在 40m 以下的水电站，后者用于水头高于 40m 以上的水电站。

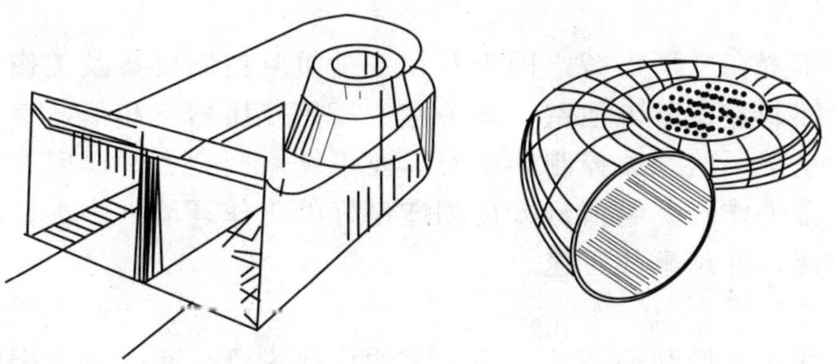

图 13-19　蜗壳进水室

(a) 混凝土蜗壳；(b) 金属蜗壳

蜗壳的内周有若干个固定导叶，承受水轮机座环传下来的重量，并起着引导水流的作用。固定导叶与水轮机之间有活动导叶，起着调节流量和进一步导水的作用。活动导叶由调速器通过接力器来操作，可以随着负荷的变化而迅速调整导叶之间的开度。

反击式水轮机的出口都设有尾水管，其作用是把水轮机用过的水排到尾水渠中，以充分利用剩余的能量，一般可回收 5%～10%的能量。尾水管的型式有直锥形和弯肘形，前者多用于小型水电站，后者则用于大中型水电站，如图 13-20 和 13-21 所示。

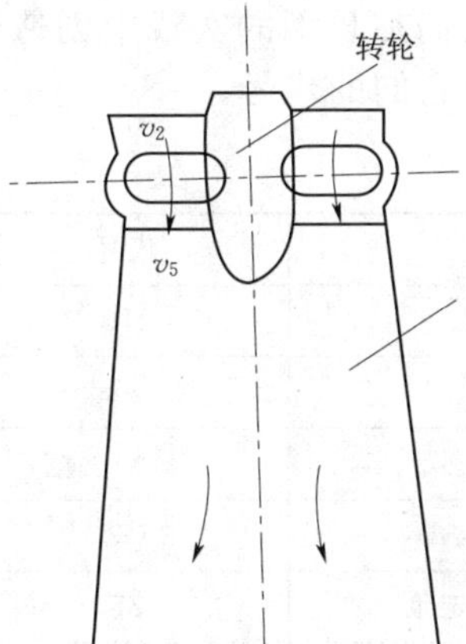

图 13-20　直锥形尾水管

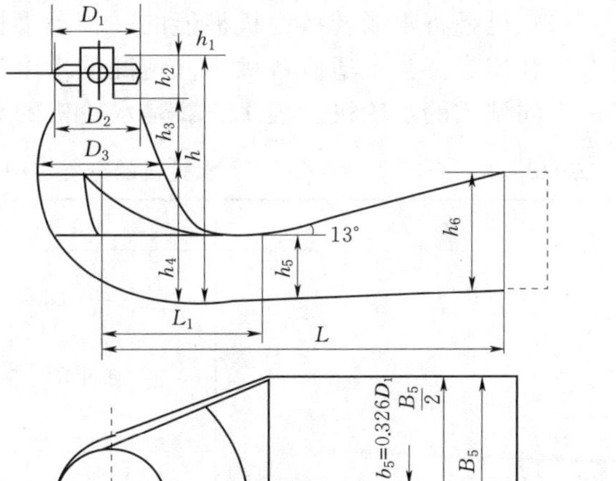

图 13-21　弯肘形尾水管

在主厂房的各层中，以发电机层和水轮机层最为重要，绝大部分主、辅设备均布置在这两层中。发电机层应宽敞、明亮且通风良好。水轮机层的安装高程是水电站厂房的控制标高，它与采用的下游尾水位关系很密切，当水轮机安装高程确定后，即可按此高程依次定出其他部位的高程，因此对厂房影响很大。

2. 副厂房

副厂房是指布置在主厂房旁，用于布置各种机电控制设备及工作生活用房的部分厂房。包括中央控制室、蓄电池室、开关室，厂用变压器室和值班室等。

中央控制室是全厂监视、控制的中心，要求宽敞明亮、干燥安静、温度适宜，以利于各种仪表正常工作，并给值班人员创造良好的工作环境。中央控制室应靠近主厂房，以使联系方便，处理事故迅速。

3. 变电站

变电站分主变压器场和开关站。为了节约出线投资，减少电能损耗，主变场应尽量靠近机组出线端，以使引出线最短。室外高压开关站往往占地面积较大，不易在主厂房附近找到理想的地方，所以主变场和开关站常分开布置。开关站一般为露天式，要求出线最短，便于运输、检修及巡视，并符合防火保安要求，还应注意布置在泄洪时水雾不会影响到的地方。

13.5 水电站主要动力设备

水电站主要动力设备包括水轮机、水轮发电机和发电厂主要电气设备等。

13.5.1 水轮机

水轮机是将水能转换为机械能的一种动力设备，其出力的大小主要取决于水电站的水头和流量。为了适应各种不同情况的水电站之需要，人们在长期的实践中创造了各种不同型式的水轮机。表 13-2 是水轮机的分类、型式及它们的代号。

表 13-2 水轮机的分类、型式及代号

分类	名称		代号
反击式水轮机	混流式		HL
	转叶式	轴流式	ZZ
		斜流式	XL
		贯流式	GZ
	定浆式	轴流定浆	ZD
		贯流定浆	GD
冲击式水轮机	水斗式		CJ
	斜击式		XJ
	双击式		SJ
可逆式水轮机	混流可逆式		HLN
	斜流可逆式		XLN

1. 反击式水轮机

反击式水轮机利用水流的势能和动能，以势能为主。根据水流质点在转轮内的流向，反击式水轮机可分为以下4类：

(1) 混流式水轮机，如图13-22所示。水流流经转轮时，幅向流进，轴向流出，然后经尾水管排入下游。混流式水轮机适用范围较广，水头为20～500m，容量从几十千瓦到几十万千瓦。混流式机组效率也较高，我国许多水电站都采用该类型的水轮机。

(2) 轴流式水轮机，如图13-23所示。轴流式水轮机中的水流流径转轮时是轴向流入又轴向流出。它又可分为定桨式和转桨式两种。定桨式水轮机的叶片固定在轮毂上，不能随工作情况的变化而改变叶片的角度，故效率较低，但结构简单。转桨式水轮机的叶片可随工作情况的变化而改变叶片的角度，以适应水流条件，故效率较高，但结构复杂，造价较高。

(3) 斜流式水轮机，如图13-24所示。斜流式水轮机是一种新型水轮机，它的转轮轮叶轴线与机组轴线成一角度（45°～60°）布置。它可以适应较大的负荷变化，性能稳定，高效率范围宽，在80～120m水头范围内效率最高，且抗气蚀性能好。

(4) 贯流式水轮机，如图13-25所示。贯流式水轮机是横向轴流式水轮机，也分定桨式和转桨式两种。它与轴流式水轮机不同之处是没有蜗壳，而引水管、导水机构、转轮和锥形泄水管布置在一条直线上，整个外形呈圆筒状，水流从入口到出口是直线流动，故效率较高。由于该机型是横轴装置，厂房高度可降低，土建工程量省，但发电机在水下运行，止水密封要求高，通风散热条件差，结构也较复杂。

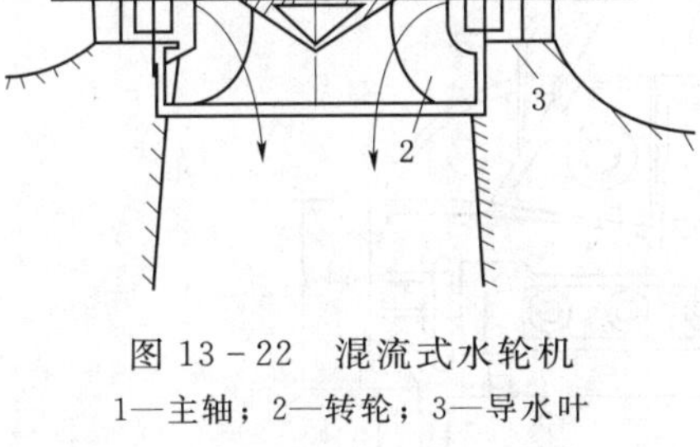

图13-22 混流式水轮机

1—主轴；2—转轮；3—导水叶

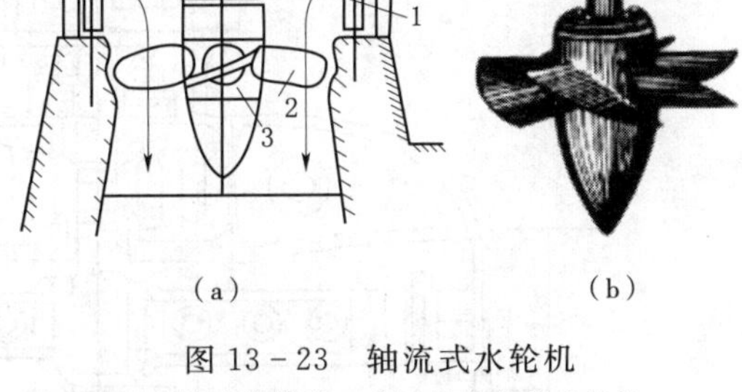

(a) (b)

图13-23 轴流式水轮机

(a) 轴流转桨式；(b) 轴流定桨式转轮

1—导水叶；2—轮叶；3—轮毂

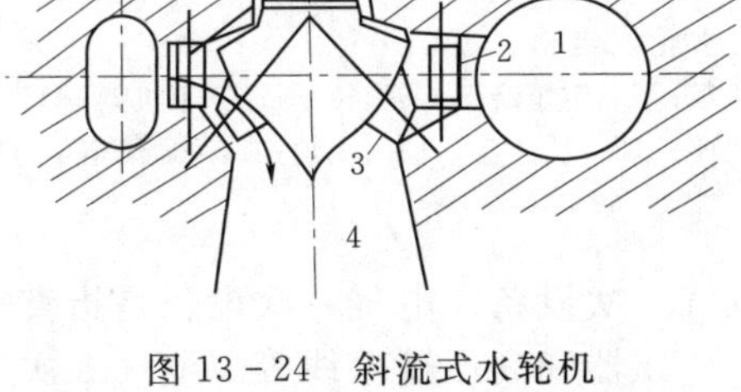

图13-24 斜流式水轮机

1—蜗壳；2—导叶；3—转轮叶片；4—尾水管

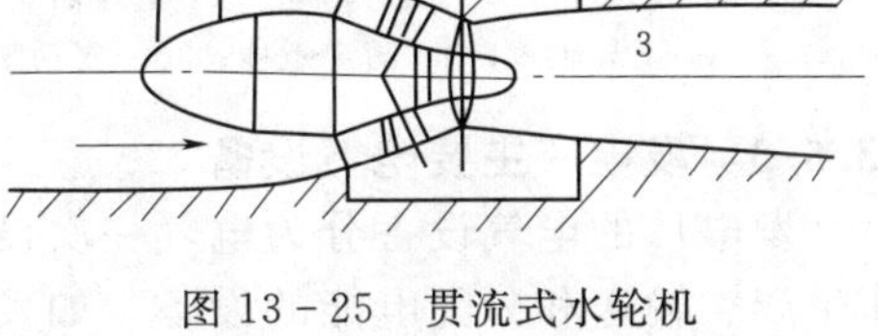

图13-25 贯流式水轮机

1—导叶；2—转轮叶片；3—尾水管

2. 冲击式水轮机

冲击式水轮机利用的是水流的动能。它的工作原理是利用喷嘴将高压水流喷射在水轮机工作轮上，驱使工作轮旋转，从而将水流的动能转换为机械能。冲击式水轮机的转轮是在大气压力下工作的，在某一时刻水流只冲击转轮的部分斗叶，如图 13-26 所示。

冲击式水轮机适用于高水头、小流量的情况，因而在引水式和混合式水电站中采用。它的工作水头在 100～250m 之间，最高可达 1760m。

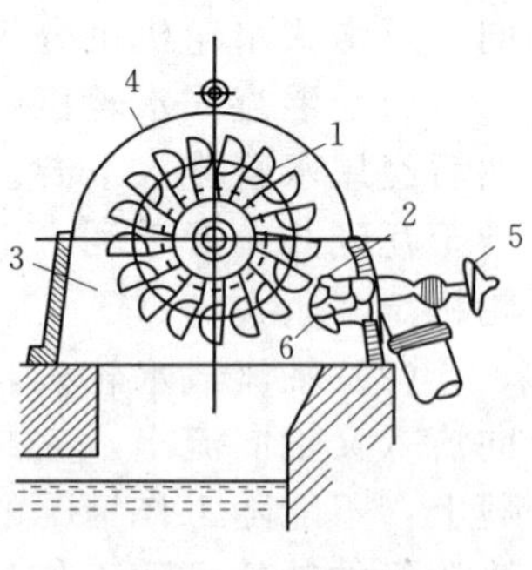

图 13-26　水斗式水轮机

1—轮叶；2—喷嘴；3—转轮室；4—机壳；5—手轮；6—针阀

3. 可逆式水轮机

多用于抽水蓄能电站。

13.5.2　水轮发电机

水轮发电机是水电站的主要设备之一，它把水轮机（输入）的机械能转化为电能，当水轮机和发电机联合运转时，它们合成为一台水轮发电机组。

水轮发电机按轴的装置方式可分为卧式和立式两种。卧式水轮发电机常用于中小型水电站及贯流式机组；立式水轮发电机多用于大中型水电站。立式水轮发电机按推力轴承的位置不同又可分为悬吊型和伞型两种，图 13-27，图 13-28。立式水轮发电机一般由转子、定子、轴承、机架、励磁机、永磁机、制动闸、空气冷却器等部件组成。

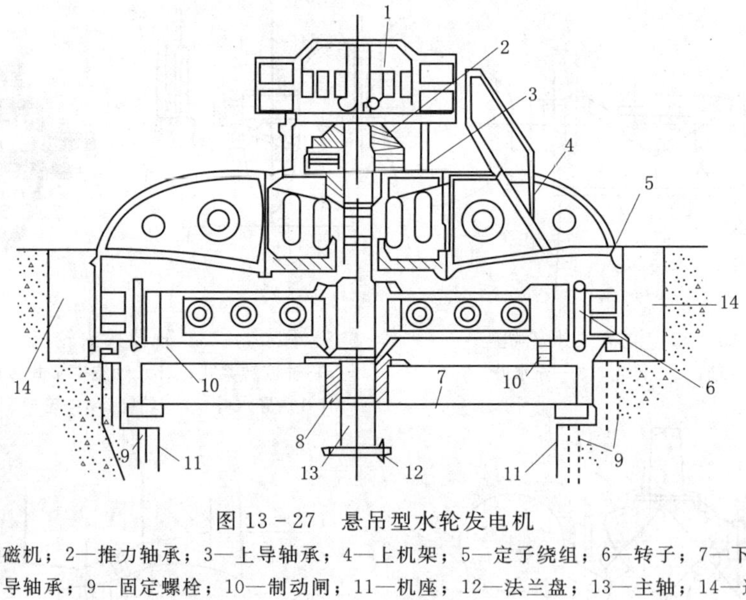

图 13-27　悬吊型水轮发电机

1—励磁机；2—推力轴承；3—上导轴承；4—上机架；5—定子绕组；6—转子；7—下机架；8—下导轴承；9—固定螺栓；10—制动闸；11—机座；12—法兰盘；13—主轴；14—通风道

13.5.3　发电厂主要电气设备

发电厂的电气设备分为电气一次设备和电气二次设备。电气一次设备是指直接用作生产、输送和分配电能的设备，如发电机、变压器和高压输电线等。电气二次设备是指对电气一次设备的工作进行监视、测量、操作和控制的设备，如测量仪表、继电

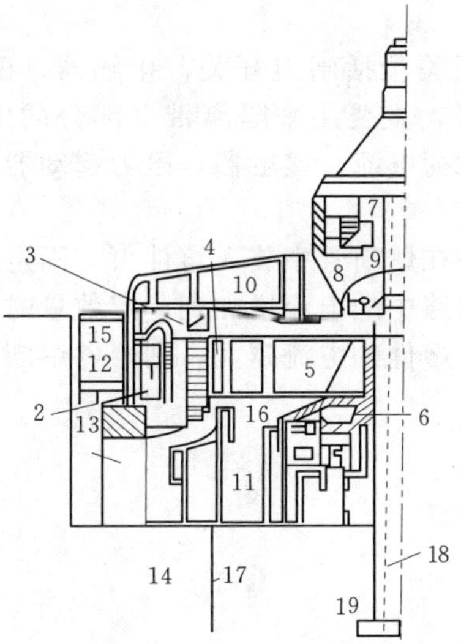

图13-28　伞型发电机

1—定子；2—定子铁芯；3—定子绕组；4—转子磁极；5—转子；6—推力轴承；7—励磁机；8—副励磁机；9—接触环；10—上机架；11—下机架；12—空气冷却器；13—定子基础板；14—下机架基础；15—引出体；16—制动器；17—机座；18—主轴；19—法兰盘

保护、自动装置、操作和控制信号设备等。

由电气一次设备连接组成的电路，称为一次系统，又称为电气主接线或主系统。由电气二次设备构成的电路称为二次系统。

1. 电力变压器

电力变压器能将发电机电压升高，然后通过高压输电线路向远处供电，以减少线路电能损耗和电压降，减小输电导线的截面积。

电力变压器有单相的或三相的。三相变压器因其体积小，价格便宜，安装费用和占地面积小等特点，在电力系统中被广泛采用。

2. 开关设备

开关设备是用来接通和断开电路的电气设备。无论正常运行时、线路故障时或设备检修时都要频繁操作开关设备。

(1) 断路器。它是最主要的高压（1kV以上）开关设备，既能接通或切断负荷电流，又能迅速切断短路电流。高压电路切断时将发生电弧现象，可能烧坏设备，造成短路，甚至引起电力系统的严重事故。因此要求断路器能迅速、可靠地熄灭电弧。根据采用的灭弧介质不同，断路器可分为油断路器、空气断路器及六氟化硫断路器。

(2) 隔离开关。它是一种触头开合非常明显直观、没有灭弧装置的开关设备，主要用来隔离电压，以保证高压装置检修工作的安全，并在断路器跳闸后回路无电流的情况下，用来进行切换操作。由于它没有灭弧装置，因而不能用来接通或断开负荷电流，否则会在隔离开关的触头间形成很强的电弧，不仅可能损坏隔离开关及其附近的设备，还可能造成相间断路。为此只有在所在回路的断路器跳闸后，才能进行隔离开关的操作。

(3) 低压开关。低压开关包括闸刀开关，接触器，磁力起动器和自动空气开关等。闸刀开关设有灭弧装置，主要用来隔离带电部分的电压，以保证检修工作的安全，也允许接通或切断小负荷电流。接触器、磁力起动器、自动空气开关都带有灭弧罩，能使电弧熄灭。

(4) 熔断器。熔断器是在熔断管中装入熔件再与固定触头、支持绝缘件等组合而成。它串联在电路中，当电路中的电流增加到一定数量时，熔件的温度达到熔点而熔断，从而使电路断开。通过熔件的电流越大，则熔件熔断也越快，电路断开的时间也就越短。

第 14 章 灌溉排水和水土保持

14.1 农业生产与灌溉排水

我国陆地面积约 960 万 km^2，大部分地区受季风影响，形成东南多雨，西北干旱，夏秋多雨，冬春干旱的特点，降水量时空分布很不均匀，水旱灾害频繁。我国是一个农业大国，又是一个人口大国，人均耕地面积仅占世界平均水平的 1/3，农产品供求之间的矛盾，特别是粮食安全供应问题突出。粮食安全是国家经济安全的重要保障。没有现代灌溉排水工程支撑，就没有农业生产的发展和国家经济的稳定与安全。

14.1.1 农作物生长对水的需求

水是农作物生长的基本条件之一，它直接影响农作物的生长发育和产量形成。水是农作物的重要组成部分，一般农作物植株中的水量占植株总重量的 65%～80%，蔬菜类作物高达 90%～95%以上，正是这些水分充满了植株细胞，使植株挺立，叶面伸展，保证农作物生理活动的正常进行；水是农作物光合作用的原料，农作物利用太阳辐射的光和热作为动力，将外界吸收进来的二氧化碳和水制造成有机物和氧气，没有水就没有农作物的光合作用；水是农作物体内输送养分的工具，土壤中的无机盐类等营养物质只有以水溶液状态才能被农作物根系吸收，送往植株的各个部分；水对农田土壤的通气状况、温热状况和养分状况都有直接影响，通过调节、控制土壤水分可以达到控制土壤环境，满足作物生长对土壤环境的要求。农作物生长离不开水，但农作物对水的需求并不是越多越好。农田和土壤水分过多，会造成土壤中氧气缺乏，影响农作物根系呼吸的正常进行，导致产量下降，严重时造成绝产。农田水分超过土壤持水能力，过多的水分在重力作用下很容易排出农田，除浪费水资源外，还会造成农田养分和有机质的流失，造成面源污染和生态环境的退化。

在天然条件下，农作物需水要求和农田水分状况通常是不相适应的。农田水分不足，不能满足农作物正常生长要求的现象通常称为“干旱”；农田水分过多，如果是由于降水过多，使田面积水并危害作物正常生长的现象称为“涝灾”；如果是由于地下水位过高或土壤上层滞水危害作物正常生长的现象称为“渍害”。修建灌溉排水工程是保障农作物正常生长并获得稳产高产的基础措施。

14.1.2 灌溉排水工程的功能

灌溉排水工程是水利工程类别之一，其主要任务是通过各种工程技术措施，控制和调节农田水分状况，改变地区水利条件，以促进农业生产的发展。灌溉工程的作用在于通过蓄水、引水、配水等措施，改变地面水资源的时空分布，开发利用土壤水和地下水，解决供需水量之间的矛盾，适时适量地满足农业用水要求；排水工程的作用是排除多余的地面径流和过多的土壤水分，控制地下水位，防治盐碱化，与灌溉措施密切配合，为农业生产创造良好的土壤环境和农村生态环境。

灌溉排水工程是发展农业生产的基础保障。受大陆性季风气候影响，我国降水时空分布不均，一半以上国土面积属于干旱或半干旱地区，没有灌溉就没有农业。南方地区虽然降雨量充沛，但季节性干旱与集中降水造成的涝渍灾害仍对农业生产构成威胁。我国水资源短缺与利用率低并存，灌溉水利用系数只有45%。实践证明，以灌溉排水工程作为保障，才能有效降低自然灾害的风险，促进农业生产稳定发展。灌溉排水工程是国家粮食安全的基础设施。联合国粮农组织2005年报告指出，在世界范围内，灌溉农业占耕地面积的比例不到20%，但提供了全世界40%的粮食供应和发展中国家接近60%的谷物产量。我国耕地资源匮乏，粮食安全是国家发展的主要问题之一，灌溉排水工程在增加粮食产量、保障国家粮食安全方面发挥着关键作用。灌溉排水工程建设还能有效保护和改善农村生态环境。通过工程建设，山、水、田、林、路综合整治，荒山变绿洲，旱地变粮仓，能有效改善农村人居环境，构建生态优美、环境友好的新农村。

14.1.3 我国灌溉排水事业的发展成就

我国灌溉排水历史悠久。几千年来，中国人民修建了无数的灌溉排水工程，为治理水旱灾害，为中华民族的生存和发展写下了光辉灿烂的历史篇章。例如始建于公元前256年的都江堰，使成都平原从此“水旱从人，不知饥馑”，成为“天府之国”，这个伟大的灌溉工程两千多年来长盛不衰经过历代修缮，至今仍发挥巨大效益。始建于公元前127年的黄河河套灌区，担负移民屯田的战略任务，至清代相继建成八大干渠，灌溉面积达到100万亩。目前设计灌溉面积1100万亩，是我国特大型灌区之一。

新中国成立以后，灌溉排水工程建设取得了巨大的成就。到2006年底，全国农田灌溉面积为6256万hm^2，为1949年的4倍，全国大中小型灌区约1000万处，其中灌区规模大于2万hm^2的大型灌区402处，灌溉面积占全国灌溉面积的29.2%，灌区规模在666.7～20000hm^2的中型灌区5300多处，灌溉面积占全国灌溉面积的15.5%。全国8.5万座水库中，绝大部分承担着向农业灌溉供水的任务；全国提水灌溉泵站50.2万座，动力设备保有量达2200万kW；灌溉排水工程各项主要指标的发展见表14-1。灌溉排水事业的快速发展，使我国能以占世界9%的耕地养活世界22%的人口，农业抗御自然灾害的能力大幅提高，农村生态环境得到了保护和改善。

表 14-1　中国灌溉排水工程主要指标

项　目	单　位	1949 年	1999 年	2006 年
堤　防	万 km		25	28.1
水　库	座		84837	85849
库　容	亿 m^3		4583	5842
水　闸	座		31697	41209
灌溉面积	万 hm^2	0.16	5595	6256
灌　区	处		5579	5894
机电排灌面积	万 hm^2	25.2	1233	3756
改良盐碱地	万 hm^2		561	
治理水土流失	万 km^2		78	97.5

14.1.4　我国灌溉排水的问题与任务

农业生产需要适宜的水、土、光、热条件。根据各地不同的自然特点和农业对灌溉排水不同的要求，可以把全国分成三类地带，不同地带灌溉排水面临的问题和任务差异较大。

1. *常年灌溉带*

常年灌溉带为多年平均降水量少于 400mm 的区域，包括我国西北内陆和黄河中上游的部分地区，约占全国国土面积的 42.6%。该地区远离海洋，雨量稀少，其中西北内陆地区一般年降水量不足 200mm，而年蒸发量高达 2000～3000mm，是我国最干旱的地区。兴建灌溉工程（尤其是节水灌溉工程）是常年灌溉带发展农业的必要条件。同时这一地区盐碱地多，排水工程是改变盐碱地和控制地下水位，防止次生盐碱化的重要措施。

2. *不稳定灌溉带*

不稳定灌溉带为多年平均降水量大于 400mm，小于 1000mm 的区域，主要包括黄淮海地区和东北地区，约占全国国土面积的 20.5%。该地区由于受季风的强烈影响，降水的时空变化剧烈，农作物对灌溉排水的要求很不稳定。其中黄淮海地区水资源十分紧张，且常发生数年连旱或连涝，平原地区多碟形洼地，排水不畅，涝渍和盐碱灾害严重。不稳定灌溉带必须旱涝兼治，灌溉排水并重，在大力发展农业节水灌溉的基础上，稳定农业用水量。

3. *补充灌溉地带*

补充灌溉地带为多年平均降水量大于 1000mm 的区域，主要包括长江中下游地区、珠闽江地区及部分西南地区，约占全国国土面积的 35.9%，该地区是我国水稻的主要产区，年降水量虽然丰沛，但年间和季节间分布不均，需要进行补充灌溉。该地区涝渍灾害比较普遍，农业对排水要求较高，应发展节水灌溉和控制排水措施，洪、涝、旱、渍综合治理。

随着国民经济的发展和社会水资源需求的加大，当前我国农田灌溉排水还面临以下主要问题和任务：

(1) 灌溉水资源短缺，工农业争水的矛盾日益严重，大力发展节水灌溉，高效利用水资源势在必行。

(2) 现有灌溉工程设施老化失修，有效灌溉面积缩小，效益衰减等情况尚未得到彻底改善，尤其是分布于全国各地的8万多个中小型灌区，续建配套、维修改造任务艰巨。

(3) 全国低洼易涝耕地面积大，治理标准偏低。北方主要分布在黄淮海平原、松辽平原和三江平原等地区，通常表现为涝、渍、盐碱共生，排水应与控制盐碱化相结合。南方平原区、山丘区谷地冲田，汛期降雨量多，土壤黏重，地下水位高，必须实施涝渍联治。

(4) 农田面源污染、农村河塘水系污染现象严重。沟渠淤塞退化，灌区水面率降低，生态环境恶化比较普遍，农业水资源利用与环境保护相协调的良性循环有待建立。

(5) 农村水管理体制改革缓慢，和国家经济发展的需求不相适应。管理水平有待进一步提高，水费政策、灌区水管理模式需要进一步改革。

14.2 灌溉制度和灌溉用水量

目前，我国农业用水量占全国总用水量的70%左右，其中绝大部分用于农田灌溉。灌溉工程是我国水利工程的重要组成部分。研究分析灌溉制度及灌溉用水量是灌溉工程规划、设计和管理的重要前提。

14.2.1 基本概念

1. 作物需水量

农田水分主要消耗于植株蒸腾、株间蒸发和土壤深层渗漏。植株蒸腾是指作物根系从土壤中吸入体内的水分通过叶片气孔蒸散到大气中的现象。试验表明，植株蒸腾要消耗大量水分，作物根系吸入体内的水分有99%以上消耗于蒸腾，只有不足1%的水量留在植物体内，成为植物组织的组成部分。棵间蒸发是指植株间土壤或水面的水分蒸发，植株蒸腾和棵间蒸发互为消长。植株蒸腾和棵间蒸发合称为腾发，二者消耗的水量合称为腾发量，通常又把腾发量称为作物需水量。腾发量的大小及其变化规律，主要取决于气象条件、作物特性、土壤性质和农业技术措施等。

由于土壤毛管力的作用而保持在土壤毛管空隙中的水分称为毛管水，依其补给的情况不同，又可分为悬着毛管水和上升毛管水。悬着毛管水是指不受地下水补给时，上层土壤由于毛细管作用所能保持的地面渗入的水分（来自降雨或灌溉）。悬着毛管水达到最大值时的土壤含水量叫做田间持水量。旱田中由于降雨量或灌溉水量太多，使土壤水分超过了田间持水量，向根系吸水层以下的土层产生渗漏的现象称为深层渗漏，深层渗漏一般是无益的，且会造成水分和养分的流失。田间渗漏是指水稻田的渗漏。渗漏量的大小与土壤性质、水文地质条件等因素有关，它和腾发量的性质完全不同，一般都是将腾发量和渗漏量分别进行计算。对水稻田来说，也有将稻田的渗漏量计入需水量之内，通常称之为“田间耗水量”，以使其与需水量概念有所区别。

2. 灌溉制度和灌溉用水量

作物的灌溉制度是为作物抗旱、高产稳产及节约用水而制定的适时适量的灌水方案，它是指旱作物播种前或水稻插秧前，以及作物生育期内的灌水次数、每次灌水的灌水日期、灌水定额及灌溉定额。灌水定额是指单位灌溉面积上的一次灌水量，各次灌水定额之和称灌溉定额。灌水定额和灌溉定额常以 m^3/亩或 mm 表示，它们是灌区规划及管理的依据。

在灌溉工程的规划设计中，要进行来水量、用水量的配合，以确定灌溉工程的类型、规模及其灌溉面积，还要确定渠道及渠系建筑物的尺寸；在灌溉工程的管理运行中，也需要进行来水量、用水量的配合，以便制定水库的控制运用计划、灌区用水计划等。这就要求在制定灌溉制度的基础上计算出灌溉用水量。灌溉用水量就是指灌溉土地需要从水源取用的水量，它需要根据灌溉面积、作物种植情况、土壤、水文地质和气象条件等因素综合确定，其大小直接影响着灌溉工程的规模。

3. 灌溉设计标准和设计典型年

灌溉设计标准是指灌区水源对于灌溉用水的保证程度。我国表示灌溉设计标准的指标有两种，分别是灌溉设计保证率和抗旱天数，在实际工作中，多采用灌溉设计保证率。灌溉设计保证率是指灌区用水量在多年内能够得到充分满足的几率，一般以正常供水的年数占总年数的百分数表示，例如灌溉设计保证率 $P=80\%$ 表示灌溉设施在长期运用过程中，平均每 100 年内可保证有 80 年能正常供水。抗旱天数是指在连续无降雨情况下，灌溉工程能满足作物需水要求的天数，它反映了灌溉设施的抗旱能力。

农作物消耗的水量主要来自于降雨、地下水补给和灌溉，对于一个灌区来说，地下水的补给量是比较稳定的，但降雨量在年际之间的变化却很大，因此，各年的灌溉用水量就有很大的差异。在规划设计灌溉工程时，在灌溉设计标准确定以后，就要根据这个标准选择一个具体的水文年份作为规划设计的依据，这个具体的水文年份称为设计典型年。根据设计典型年的气象资料计算出来的灌溉制度称为设计典型年的灌溉制度，简称设计灌溉制度，相应的灌溉用水量称为设计灌溉用水量。

14.2.2　确定灌溉制度的方法

作物的灌溉制度随作物的种类、品种、灌区的自然社会经济条件及农业技术措施的不同而异，在确定作物的灌溉制度时，必须对当地、当年的具体实际情况进行分析研究。在对灌区进行规划、设计或管理时，常用以下三种方法来确定灌溉制度。

1. 总结当地先进的灌溉经验，结合当地水资源条件确定灌溉制度

多年来进行灌溉的生产实践经验是制定灌溉制度的重要依据。根据设计要求的干旱年份，研究在这些年份内当地的灌溉经验，调查分析灌区范围内不同作物的灌水时间、灌水次数、灌水定额及灌溉定额。根据调查到的资料，拟定出符合当地水资源条件的、不同干旱年不同作物的灌溉制度。部分地区灌溉制度调查成果如表 14－2 (a)、(b)。

表 14-2 (a)　　湖北省水稻泡田定额及生育期灌溉定额调查成果

项目	早稻	中稻	一季晚稻	双季晚稻	备注
泡田定额（m^3/亩）	70～80	80～100	70～80	30～60	中等干旱年
灌溉定额（m^3/亩）	200～250	250～350	350～500	240～300	
总灌溉定额（m^3/亩）	270～330	330～450	420～580	270～360	

表 14-2 (b)　　我国北方地区几种主要旱作物灌溉制度调查成果

作物	灌水次数	灌水定额（m^3/亩）	灌溉定额（m^3/亩）	备注
小麦	3～6	40～80	200～300	干旱年
棉花	2～4	30～40	80～150	
玉米	3～4	40～60	150～250	

2. 根据灌溉试验资料确定灌溉制度

为了实施科学灌溉，我国各地设置了许多灌溉试验站，试验项目一般包括作物需水量、灌溉制度、灌水技术、地下水补给量等。灌溉试验站积累的试验资料是制定灌溉制度的主要依据，但在选用这些试验资料时，必须注意原试验条件与需要确定灌溉制度地区条件的相似性，在认真分析研究对比基础上确定灌溉制度，不能一律照搬。

3. 用水量平衡原理分析确定灌溉制度

这种方法根据农田水量随时间变化的平衡方程计算分析灌溉制度，有明确的理论依据，但必须根据当地具体条件，参考丰产灌溉经验和灌溉试验成果，才能使确定的灌溉制度更切合实际。

14.2.3　不同作物的灌溉制度

14.2.3.1　水稻灌溉制度

水稻灌溉分泡田期和插秧以后生育期灌溉两个不同阶段，水稻总灌溉定额为泡田定额与各生育期灌水定额之和。

1. 泡田定额的确定

泡田定额由三部分组成：一是使一定土层达到饱和时所需水量；二是建立插秧时田面水层深度；三是泡田期的稻田渗漏量和田面蒸发量。通常情况下，泡田定额可参考土壤、地势、地下水埋深和耕犁深度相类似田块的实测资料确定。泡田期需水量大，灌水时间集中，通常是灌区需水最紧迫的时期之一。

2. 生育期灌溉制度的确定

首先要按照当地灌溉试验资料，合理定出水稻不同生育阶段适宜淹灌水层深度，然后根据生育期任何一个时段的农田来水与耗水情况，用水量平衡方法确定该时段的灌溉制度，即使得在该时段内，水稻田面水层始终处于适宜的上限和下限之间（可参考表 14-3）。以某时段的水稻灌溉为例，如果时段初农田水分处于适宜水层上限（h_{max}），经过一个时段的消耗，田面水层降到适宜水层下限（h_{min}），此时如果没有降雨，则需要进行灌溉，灌水定额即为适宜水层上、下限之差（$h_{max}-h_{min}$）；如果该时段内有降雨，则雨后田面水层会有所回升，如果降雨很大，超过了适宜水层上限或超过了降雨后允许的最大蓄水深度（H_p），多余的水量要及时排除，直至排到田面水层为 h_{max}（或 H_p）；如果降雨量不大，则当雨后田面水层降至适宜水层下限 h_{min} 时再考虑灌溉。

表 14－3　水稻各生育阶段适宜淹灌水层深度及允许最大蓄水深度

作物	返青（cm）	分蘖前（cm）	分蘖末（cm）	拔节孕穗（cm）	抽穗开花（cm）	乳熟（cm）	黄熟（cm）
早稻	5～30～50	20～50～70	20～50～80	30～60～90	10～30～80	10～30～60	10～20
中稻	10～30～50	20～50～70	30～60～90	30～60～120	10～30～100	10～20～60	落干
双季晚稻	20～40～70	10～30～70	10～30～80	20～50～90	10～30～50	10～20～60	落干

14.2.3.2　旱作物灌溉制度

旱作物主要依靠其根系从土壤中吸收水分，满足其正常生长发育需要，因此，通常以作物主要根系吸水层作为灌溉时的计划湿润层，并使土壤计划湿润层内的含水率经常保持在一定的适宜范围以内（见表 14－4），通过灌溉，使计划湿润层土壤含水量介于作物允许的最小储水量和最大储水量之间。当某时段内降雨很小或没有降雨，土壤计划湿润层内的储水量降低到接近作物允许的土壤最小储水量时，即需进行灌溉，以补充土层中消耗掉的水分，使计划湿润层的储水量达到或接近最大储水量。

表 14－4　作物不同生育阶段土壤计划湿润层深度和适宜含水率

冬小麦			棉花		
生育阶段	计划湿润层深度（cm）	适宜含水率（占田间持水量百分率）（%）	生育阶段	计划湿润层深度（cm）	适宜含水率（占田间持水量百分率）（%）
幼苗期	30～40	45～60	幼苗期	30～40	55～70
返青期	40～50	45～60	现蕾期	40～60	60～70
拔节期	50～60	45～60	花铃期	60～80	70～80
抽穗期	60～80	60～75	吐絮期	60～80	50～70
灌浆期	60～100	60～75			
成熟期	60～100	60～75			

14.2.4　典型年灌溉用水量计算

1. 用灌水定额和灌溉面积直接计算

对于任何一种作物，在典型年内的灌溉面积、灌溉制度确定后，便可用作物灌溉面积和次灌水定额的乘积推算出各次灌水的净灌溉用水量。全灌区任何一个时段内的净灌溉用水量，是该时段内各种作物净灌溉用水量之和。在灌溉水由水源经各级渠道输送到田间的过程中，由于渠道渗漏等水量损失，故要求水源供给的灌溉水量（称毛灌溉用水量）为净灌溉用水量与损失水量之和，这样才能满足田间得到净灌溉用水量的要求。通常用净灌溉用水量与毛灌溉用水量的比值 $\eta_{水}$ 作为衡量灌溉水量损失情况的指标，称灌溉水利用系数。已知净灌溉用水量之后，根据灌溉水利用系数可计算毛灌溉用水量。

灌溉水利用系数的大小与各级渠道的长度、流量、沿渠土壤、水文地质条件、渠道工程状况和灌溉管理水平等有关，可实测决定，也可参考已建成灌区的实测资料进行估算。我国的灌溉水利用系数通常为0.4～0.5，和国外发达国家相比还存在较大差距，利用现代科学技术，加快灌区节水改造，是我国灌溉工程建设和管理的紧迫任务之一。

2. 用综合灌水定额计算

某年的灌溉用水量还可以用综合灌水定额求得。任何时段内全灌区的综合净灌水定额是时段内各种作物净灌水定额的面积加权平均值。计入水量损失，则可求得全灌区各时段毛灌溉用水量。

通过综合灌水定额推算灌溉用水量有以下作用：一是综合灌水定额可作为衡量全灌区灌溉用水是否适当的一项重要指标，即用所确定的灌溉定额与自然条件及作物种植比例类似的灌区进行对比，便于发现该值是否偏大或偏小，从而进行调整；二是可以推算灌溉地区局部范围内，在作物种植结构和自然条件类似情况下的灌溉用水量；三是在作物种植面积的比例已按规划确定后，可利用它再根据水源条件推求可能发展的灌溉面积。

14.3 渠系引水及输水

灌溉系统是灌溉工程系统的简称，它是指从水源取水并将其输送、分配到田间以满足作物需水量的整体灌溉设施。灌溉系统包括渠首工程、输配水工程和田间工程三个部分。渠首工程可分为自流和提水两类，输配水工程和田间工程主要由灌溉渠道系统和相应的渠系建筑物组成。

14.3.1 渠首工程

灌溉渠道从水源（河流、水库等）取水的地点称为渠首。不同的灌溉系统对水源、水位和流量的要求不同，渠首的取水方式就不同。渠首工程主要可分为无坝引水、有坝引水、抽水取水、水库取水等四种型式，见图14-1。

1. 无坝引水

灌区附近河流水位、流量均能满足灌溉要求时，即可选择适宜的位置作为取水口修建进水闸引水自流灌溉，形成无坝引水，见图14-1中的A点和图14-2。无坝引水渠首的位置一般应选在河流的凹岸，这是因为河流的主流总是靠近凹岸，同时还可以利用弯道的横向环流作用，防止泥沙淤积渠口以及防止底沙进入渠道。一般使渠首位于凹岸中点偏下游处，当无法把渠首布置在凹岸而必须放在凸岸时，可以把渠首放在凸岸中点偏上游处。无坝引水渠首一般由进水闸、冲沙闸和导流堤三部分组成。进水闸控制入渠流量，冲沙闸冲走淤积在进水闸前的泥沙，而导流堤一般修建在中小河流中，平时发挥导流引水和防沙作用，枯水期可以截断水流，保证引水。

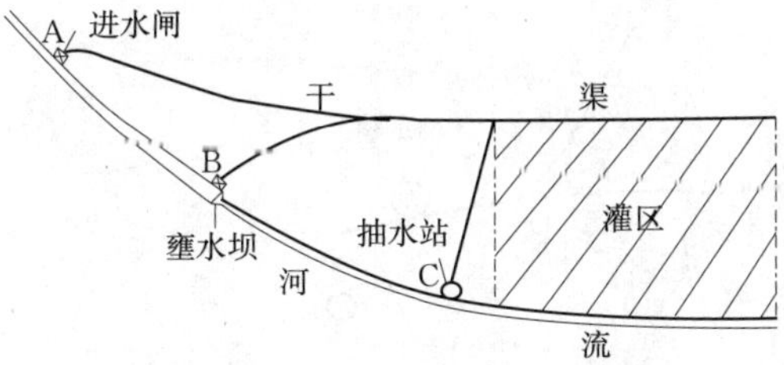

图 14-1 灌溉取水方式示意图

A—无坝引水灌溉；B—有坝引水灌溉；C—提水灌溉

［引自：刘肇祎，朱树人，袁宏源．中国水利百科全书（第2版）．灌溉与排水分册［M］．北京：中国水利水电出版社，2004.］

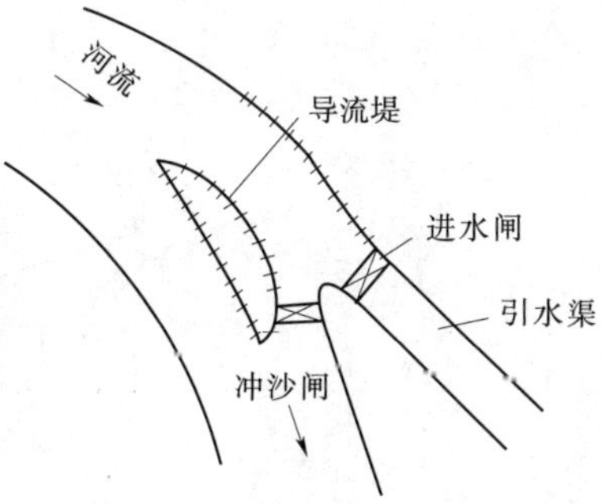

图 14-2 无坝引水枢纽示意图

2. 有坝引水

当河流水源虽较丰富，但水位较低时，可在河道上修建壅水建筑物（坝或闸），抬高水位，自流引水灌溉，形成有坝引水方式，见图 14-1 中的 B 点和图 14-3。有坝引水枢纽主要有拦河坝（闸）、进水闸、冲沙闸及防洪堤等建筑物组成。

3. 抽水取水

河流水源比较丰富，但灌区位置较高，修建其他自流引水工程困难或不经济时，可就近采取抽水取水方式，如图 14-1 中的 C 点。抽水取水枢纽主要由前池、泵站和出水池等建筑物组成。

4. 水库取水

河流的流量、水位均不能满足灌溉要求时，必须在河流的适当地点修建水库进行径流调节，以解决来水和用水之间的矛盾，并综合利用河流水源。水库枢纽主要由大坝、溢洪道和进水闸等建筑物组成。

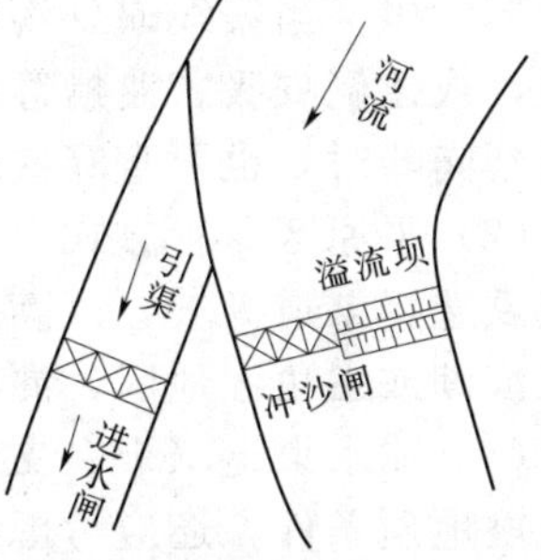

图 14-3 有坝引水枢纽示意图

上述几种取水方式，除单独使用外，有时还能综合使用多种取水方式，引取多种水源，形成蓄、引、提相结合的灌溉系统。即使采取单一的水库取水方式，也可以对水库泄入原河道的发电尾水，在下游适当地点修建闸、涵自流引水入渠或修建壅水坝将水位抬高后引入渠道，以充分利用水库水量及水库与壅水坝间的区间径流，见图 14-4。

14.3.2 灌溉渠道系统

14.3.2.1 灌溉渠系

1. 灌溉渠系的组成

根据灌区的地形条件、控制灌溉面积及渠道设计流量的大小，灌溉渠道一般分为干渠、支渠、斗渠、农渠四级。地形复杂的大型灌区，还可增设总干渠、分干渠、分支渠等多级渠道，较小的灌区也可以少于四级。干、支渠主要起输水作用，斗、农渠主要起配水作用。农渠是最末一级的固定渠道。农渠以下的毛渠、灌水沟、畦等均属

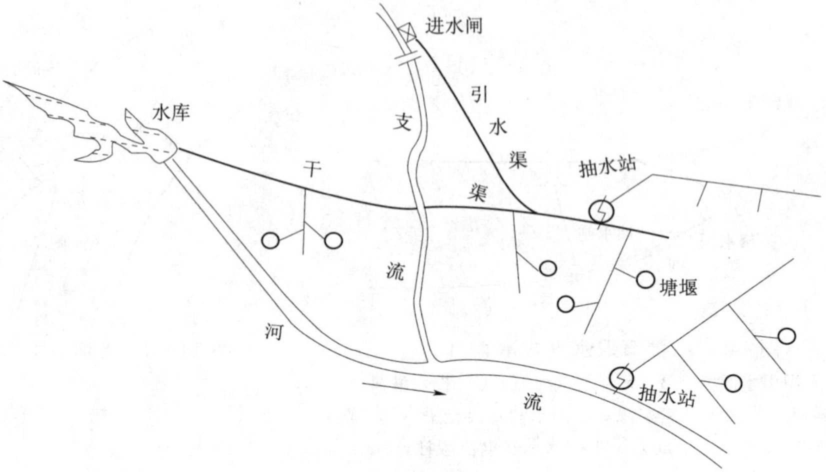

图 14-4 蓄引提结合灌溉系统示意图

于田间工程，主要发挥调节农田水分状况的作用。

2. 灌溉渠系布置形式

(1) 山丘区布置方式。山丘区地形复杂，沟谷与岗岭交错，渠道的布置会遇到各种地形障碍。当渠线遇到沟谷时，常采用直穿或绕行的方式。直穿需建填方渠道、渠下涵，或建倒虹吸、渡槽等建筑物穿越沟谷，绕行则是让渠道沿等高线绕过沟谷。渠线遇到岗岭时，也可直穿或绕行。直穿岗岭也可采用暗渠或隧洞。

(2) 平原区布置方式。平原区地势平坦，可使骨干渠道布置得比较顺直和规整，应慎重选择渠道纵坡，以满足水位控制条件。在以除涝和控制地下水位为主要目标的沿江滨湖或三角洲地区，灌溉渠系的布置应在排水系统布置的基础上进行。

(3) 输水渠道（干、支渠）布置形式。干、支渠布置形式主要取决于地形、地貌及土壤地质条件，还应考虑灌溉土地的分布状况。常见的布置形式有两种：①干渠沿等高线布置，支渠从干渠一侧分出，垂直于等高线布置；②干渠垂直于等高线布置，支渠向两侧分出。

(4) 配水渠道（斗、农渠）布置形式。上述的布置形式对斗、农渠也基本适用，在规划布置斗、农渠时，应当注意更密切地与灌区土地利用规划及行政区划的结合。各斗、农渠的控制面积尽可能大体接近，渠线顺直，田块方整，灌排分开，并与农村道路、防护林网的布置结合，便于机耕作业、田间运输与管理养护。

14.3.2.2 渠系建筑物

灌溉渠系上的建筑物的作用主要是输送、控制、分配和量测水量等，按其作用的不同，一般可以分为以下几种。

1. 配水建筑物

主要包括分水闸和节制闸。分水闸建造在向下级渠道分水的地方，对下级渠道来说就是进水建筑物，在斗、农渠上习惯称为斗门、农门。分水闸的作用是控制向下级渠道分配的水量。节制闸垂直渠道中心线布置，其作用是根据需要抬高上游渠道的水位或阻止渠水继续流向下游。

2. 交叉建筑物

渠道跨越山岗、河沟、道路时，需要修建交叉建筑物，常见的交叉建筑物有隧洞、渡槽、倒虹吸、涵洞、桥梁等。

(1) 隧洞。当渠道遇到山岗时，或因石质坚硬，或工程量过大而不能采用深切方渠道，如采用绕道的方法线路过长，水头损失过大时，就可以选择山岗单薄的地方穿洞而过。

(2) 渡槽。渠道穿过河沟、道路时，如果渠底高于河沟最高洪水位或渠底到路面的净空大于行驶车辆要求的安全高度时，可架设渡槽。如果采取高填方渠道穿过洼地工程太大时也可以采用渡槽。

(3) 倒虹吸。渠道穿过河沟、道路时，如果渠道水位高出路面或河沟底部高程，但其高度不能满足交通和排洪需要时，就要用压力水管代替渠道，从河沟、道路下面通过，压力管道的轴线向下弯曲，形似倒虹，故名倒虹吸。

(4) 涵洞。渠道与道路相交，渠道水位低于路面而且流量较小时，常在路面下埋设平直的管道，叫做涵洞。如果渠道流量较大而且水面较宽时，则道路要采用桥梁跨越。当渠道与河沟相交，河沟洪水位低于渠底而且排水流量不大时，亦可在填方渠道下面埋设排洪涵洞，其工程造价可能比用渡槽跨越河沟要经济得多。

3. 衔接建筑物

当渠道通过坡度较大的地段时，为了保持渠道设计比降，防止渠道冲刷，就要把渠道分成上、下两段，中间用衔接建筑物联结，这种建筑物常见的有跌水和陡坡。一般当渠道通过跌差较小的陡坎时，可采用跌水；跌差较大、地形变化均匀时，多采用陡坡。

4. 泄水建筑物

为了防止由于沿渠坡地径流汇入渠道或因下级渠道事故停水而使渠道水位过高，威胁渠道安全运行，必须在重要建筑物和大填方段的上游以及大量山洪入渠处的下游修建泄水建筑物——泄水闸。当渠道水位超过一定高度时，使之自动溢出或打开闸门泄放出去，以确保渠道的安全。

5. 量水建筑物

为了测量渠道流量，利用位置适当，符合水力计算要求的闸、涵、跌水、渡槽等渠系建筑物量水是灌区最普遍使用的方法。当渠系建筑物不能满足量水的需要，或为取得特定渠段的流量资料，可以用特设的量水设备量水，如量水堰、量水槽以及适用于流量变幅较大时的槽堰组合形式的量水设备等。

14.3.3　田间工程

田间工程通常是指末级固定渠道（农渠）控制范围内的临时性或永久性灌排设施、土地平整、田间道路及防风林带等的总称。健全田间工程对提高灌排质量，减少田间水量损失，充分发挥灌排工程效益，改善生态环境，加快农业现代化进程，具有十分重要的意义。

1. 条田规划

旱作物灌区内末级固定渠道（一般为农渠）和末级固定排水沟（一般为农沟）之

间的矩形田块叫做条田。条田是进行机械耕作、布置田间渠系和组织农田灌水的基本单元。条田的适宜尺寸要满足排水、机耕以及田间管理和灌水等方面的要求。条田宽度主要取决于田间排水要求，一般可采用100～200m；条田长度主要根据机械耕作、田间管理和灌水要求确定，以400～800m为宜。

2. 格田规划

格田是指水稻种植区内用田埂包围的格状水平田块，每块格田都是进行耕作、灌水和田间管理的独立单元。每块格田应有独立的进、出水口，能按作物生长要求控制水层深度，灌排自如。在平原地区，农渠和农沟之间的距离通常就是格田的长度，沟、渠相间布置时，格田长度一般为60～120m；沟、渠相邻布置时，格田长度一般为120～240m。格田宽度则按田间管理要求而定，一般为20～30m。在丘陵地区的坡地上，格田的长边沿等高线方向布置，以减少土地平整工作量，其长度应根据机耕要求确定；格田的宽度随地形坡度而定，坡度越大，格田应越窄。

3. 田间渠系布置

田间渠系是指旱作条田内部临时性的灌溉渠道系统，包括毛渠、输水垄沟和灌水沟、畦等。田间渠系担负着向田间输水和灌水的任务，把从农渠引入的灌溉水输送到田块的各个部分，经由灌水沟（畦）均匀地湿润土壤。

14.4 节 水 灌 溉

我国水资源总量平均每年为28100亿m^3，按2006年人口及耕地计算，每年人均水资源约为2160 m^3，亩均水资源约1500m^3，分别相当于世界平均值的1/4和1/2左右。我国水资源及降水时空分布的高度不均匀性更加剧了缺水的严重程度，在北方（西北、华北、东北）地区，人口约占全国的45%，耕地约占全国的60%，而水资源仅占全国的18%，该地区已濒临全世界严重缺水的界限。20世纪90年代以来，我国因干旱受灾的耕地面积平均每年约0.27亿hm^2，正常年份，全国灌区每年缺水约300亿m^3。干旱缺水已成为制约我国国民经济发展、社会进步、环境改善和人民生活质量提高的关键因素之一。随着工业和城镇的发展以及人民生活水平的提高，农田灌溉用水量的比重还将下降，灌溉用水的紧缺程度将日益加重，自然与社会条件决定了我国必须走节水灌溉的道路，这对于缓解我国日益突出的水资源供需矛盾具有十分重要的战略意义。

14.4.1 节水灌溉的涵义

节水灌溉是根据作物需水规律及当地供水条件，为了有效地利用降水和灌溉水，获取农业最佳经济效益、社会效益和生态环境效益而采取的多种措施的总称。节水是相对的概念，不同的水源条件、自然条件和社会经济发展水平，对节水灌溉有不同的要求。不同地区、不同的历史发展阶段，有不同的节水标准。由于灌溉是补充天然降水的不足，从而满足作物生长要求，节省灌溉用水，首先要提高天然降水的利用率，因此，把“节水灌溉”仅仅理解为节约灌溉用水是不全面的，应当在考虑灌溉的同时，还要把各种可以用于农业生产的水源都充分合理地利用起来，并采用各种节水措施提高水的有效利用率。节水灌溉不仅包括灌溉过程中的节水措施，还包括与灌溉密切相关、提高农业用水效率的其他措施，如雨水蓄集、土壤保墒、渠井结合、渠系水优化调配、农业节水措施、用水管理措施等。

灌溉水从水源到形成作物产量要经过以下 4 个环节：①通过渠道或管道将水从水源输送到田间；②将引至田间的灌溉水尽可能均匀地分配到指定的面积上转化为土壤水；③作物吸收利用土壤水，维持它的生理活动；④通过作物复杂的生理过程，形成经济产量。前两个环节主要决定于工程技术条件和管理水平，由于自然、管理和工程技术等原因，我国的灌溉用水有一部分甚至一半以上的水在沿途损失了。例如，渠系输水过程中的渗漏、蒸发和弃水损失，引入田间的灌溉水在转化为土壤水的过程中的深层渗漏和地面径流等损失。由水源引水到田间灌水这两个环节，都不与农作物吸收和消耗水分的过程直接发生关系。但是，在这两个环节中的节水潜力比较大，措施比较明确，是当前节水灌溉的重要方面。

在后两个环节中进行节水，一是靠减少作物棵间蒸发，二是靠减少作物蒸腾量。作物全生育期棵间蒸发量约占作物总需水量的 40%～60%，这部分水量对改善作物生长环境有一定作用，不完全属于浪费水量。从现有试验资料看，适当减少棵间蒸发量并不一定会影响作物产量，如覆盖保墒和局部灌溉技术均可大幅度减少棵间蒸发量，但对产量不产生影响。近年来的许多节水灌溉或非充分灌溉试验研究表明，在一定的条件下，适当减少作物植株蒸腾量，也不会导致减产。

综上所述，节水灌溉应从整个灌溉过程上着手，凡能减少灌溉水损失、提高灌溉水使用效率的措施、技术和方法均属于节水灌溉范畴。

14.4.2　节水灌溉技术体系

广义的节水灌溉技术内容十分广泛，包括工程、农业、管理 、政策法规等多方面地措施，如各种水源开发与优化利用措施，农业耕作栽培节水技术措施以及节水灌溉措施等。因此，节水灌溉技术措施是一个综合的体系，该体系主要包括以下内容：

(1) 水资源合理开发利用。如：引水、蓄水、提水以及大、中、小型蓄水工程的互补与联合运用；井渠结合地区地表水、地下水的互补与联合运用；灌溉回归水利用，劣质水利用，雨水集流，蓄水灌溉等。

(2) 输水过程的节水。如：渠道防渗、新型渠道结构、管道输水等。

(3) 田间灌溉节水。如：旱作物先进的地面灌溉技术；膜上灌、膜下灌、抗旱点浇、喷灌、微灌等，水稻田间节水灌溉模式等。

(4) 合理、先进的灌溉制度与水量调配。如：降低棵间蒸发、避免奢侈蒸腾量、提高降水利用率的节水高产灌溉制度，不同水源条件下的作物优化灌溉制度；土壤墒情与渠系水量的量测与监控、预报及其自动化；渠系水量的优化调配等。

(5) 节水高产农业技术。如：耕作保墒、覆盖保墒、化学制剂保墒以及品种与种植结构的优化配置等。

这些类别的技术措施，有的是工程技术措施，也有的是用水管理技术措施，还有与灌溉相配合的农业技术措施。一般情况下，若单独采用某一项或者某一类措施，节水效果差，效果也难于巩固，对于不同的区域、不同的自然、社会经济以及农业水利发展条件，不同缺水的程度及成因，应根据其主要问题，因地制宜地确定节水的主攻方向，综合采用以上各类措施。此外，推进合理的灌溉节水政策和灌溉管理体制，加强灌区水质监测、维护灌区良好的水土生态环境也是节水灌溉中的重要任务。

14.4.3　节水灌溉工程措施

14.4.3.1　渠道防渗

加强渠道和建筑物的养护、维修，是减少渠道水量损失不可忽视的方面，但最根本和有效的措施则是渠道防渗，根据国内外实践经验，采取防渗措施后，可使渠道渗漏损失量减少一半以上。此外，小型渠道和井灌渠道可用管道代替，以减少输水损失，提高水的利用率。

1. *防渗衬砌材料*

渠道防渗衬砌材料型式多样，总体上分为硬质材料防渗和软质材料防渗两种类型。硬质材料防渗包括砌石防渗、砖砌防渗、混凝土衬砌防渗等型式；软质材料防渗包括土料防渗、沥青材料防渗和塑膜防渗等型式。硬质材料防渗渠的优点是耐冲刷，强度高，其中砌石护坡具有就地取材，施工简单，抗磨、耐久等；缺点是砌石勾缝护面防渗效果较差，对地基的要求较高。软质材料防渗的优点是具有适应渠床变形，能就地取材，施工简单，造价较低等，缺点是抗冲能力较弱，土料防渗层易受冻融等影响。近20年来，经过室内外试验，已成功地研究并推广了薄膜等新型防渗材料和新的复合材料防渗结构形式，取得了明显的经济和社会效益。

2. *防渗渠道断面形式*

大中型渠道防渗改造中，弧形坡角梯形断面或弧形渠底梯形断面被越来越多地推广应用。这类渠道与梯形渠道相比，流速均匀，断面近似水力最优断面，水流条件好，输沙能力强，同时由于采用弧形角或弧形底，改善了渠道的应力分布，增强了渠道的抗冻胀能力。这类渠道尤其适用于膜料复合防渗渠，大大增加了边坡的稳定性。中、小型渠道常采用U形断面型式。U形渠道近似水力最优断面，湿周面积小，防渗效果好，用料省。另外，根据地形、土质、施工条件等因素，抛物线形断面、多边形复式断面、弧底多边形断面也在渠系防渗改造中得到推广应用。

14.4.3.2　节水灌溉方法

1. *喷灌*

喷灌是利用自然水头落差或机械加压把灌溉水通过管道系统输送到田间，利用喷洒器（喷头）将水喷射到空中，并使水分散成细小水滴后均匀地洒落在田间的一种灌溉方法。同传统的地面灌溉方法相比，它具有适应性强、节水、灌水均匀、易于实现灌溉自动化等优点。喷灌适宜于各种作物，不要求地面平整，可用于地形复杂、土壤透水性大等进行地面灌溉有困难的地方，可比地面灌溉省水30%～50%。

喷灌系统一般由水源、水泵、动力设备、管网、喷头及田间工程组成。喷灌工程按其主要组成部分是否移动和移动的程度可分为固定式、移动式和半固定式3类。

2. *微灌*

微灌是根据作物需水要求，通过低压管道系统与安装在末级管道上的灌水器，将作物生长所需的水分和养分以较小的流量均匀、准确地直接输送到作物根部附近的土壤表面或土层中的灌水方法，包括滴灌、微喷灌和涌泉灌等。微灌属于局部湿润灌溉，即只湿润作物附近的一部分面积，具有节能、灌水均匀、适应性强、操作方便等优点。

微灌系统通常由水源工程、首部枢纽、输配水管网和灌水器四部分组成。微灌工程常按选用灌水器的不同进行分类，可分为滴灌、微喷灌、渗灌、涌灌与雾灌等。

3. 低压管道灌溉

低压管道灌溉是利用低压输水管道代替土渠将水直接送到田间沟畦灌溉作物，以减少水在输送过程中的渗漏和蒸发损失的技术措施。低压管道输水灌溉具有省水、节能、少占耕地、管理方便、省工省时等优点。由于低压管道输水灌溉技术的一次性投资较低，要求设备简单，管理也很方便，农民易于掌握，特别适应于我国农村当前的经济状况和土地经营管理模式，是一项很有发展前途的节水灌溉技术。

低压管道灌溉系统由水源与取水工程部分、输水配水管网系统和田间灌水系统三部分组成。在面积较大的灌区，管网可由干管、分干管、支管、分支管等多级管道组成。管道灌溉工程通常按固定方式可分为固定式、半固定式、移动式和管渠结合式四大类。

4. 节水型地面灌溉

地面灌溉，如沟灌、畦灌等至今仍是我国广泛使用的灌水方法。传统的地面灌溉定额大、渗漏多，比其他方法费水，但在改进以后可节省很多水量。例如，平整土地，长畦改短畦，大畦改小畦，利用地膜输水灌溉如膜上灌、膜下灌等，均有显著的节水效果。

田间灌溉水有效利用程度与田间工程、土地平整以及所采用的灌水方法和技术有密切关系。例如，根据陕西省洛惠渠管理处的统计，实行小畦灌溉比大水漫灌可降低灌溉定额 17%～35%；又据文献报道，在半干旱地区用塑料软管代替水沟进行长畦分段灌溉，比一般长畦灌溉可省水 40%～60%，微灌时水的利用率更高，一般要比地面灌溉省水 30%～50%，也比喷灌省水 15%～25%。

14.4.4　节水灌溉管理措施

节水灌溉管理措施包括农田蓄水保墒技术、各种节水灌溉制度、节水管理及其补偿政策等。由于农作物的需水规律不同，各自的节水技术措施也不完全相同。对于节水灌溉制度而言，就是根据作物的需水规律把有限的灌溉水量在灌区及作物生育期内进行最优分配，达到节水、增产和高效的目的，主要包括非充分灌溉、抗旱灌溉、低定额灌溉以及调亏灌溉等。

1. 节水灌溉制度

以往人们常对农作物充分供水来获取高产，结果水分的利用率不高。在水资源紧缺的条件下，不应盲目追求单位面积最高产量，而应以提高灌溉水的总体经济效益为目标，针对不同气候条件和不同作物，在与施肥和其他田间管理措施相配合的情况下，限制灌溉水量，浇好关键水，达到区域经济效益高，甚至减水不减产的结果。例如北方冬小麦是用水最多的大田作物，以往丰产田常要灌水5～6次甚至7～8次，灌溉定额400m^3/亩以上，采用灌关键水的节水灌溉制度，一般年份的只要浇3次就能达到高产的要求。

2. 水稻节水灌溉

我国各地推广的水稻“薄、浅、湿、晒”，“薄、露”，“浅、湿”，“控制湿润”等节水灌溉技术与传统的水稻淹灌不同，在水稻生育期的大部分时间田面不建立水层，而只维持土壤一定的含水量。因此，可以大量减少渗漏和蒸发损失，起到节水作用。实践证明，采用这些技术，不仅能大量节水，而且还可以获得较高的产量。

3. 制定节水的政策、法规

例如确定合理水价，通过价格杠杆调节供水需求，促使人们珍惜水、节约用水；完善节水管理规章制度，把节水管理责任落实到每个农户；制定鼓励和奖励政策，使为节水付出的代价得到合理补偿；积极推行农民用水户协会参与管理等。

4. 健全节水技术推广服务网络

加大节水灌溉技术推广力度，通过举办不同层次的节水技术培训班，普及节水科技知识，加强节水宣传，使节水观念深入人心，成为人们的共识和自觉行动。特别要重视对农民的培训教育，农民是直接用水者，应通过各种形式让农民参与灌溉用水管理，使其在节水灌溉工作中发挥更大的作用。

14.5 排水标准和灌区排水

农作物对农田水分的要求除了适时提供需水量外，还需要排除多余的地面径流和控制地下水位。为了给农作物创造良好的农田水分或土壤条件，除了要有完善的灌溉系统以外，还必须有完善的排水系统。田间排水的任务是除涝、防渍、防止土壤盐渍化、改良盐碱土以及为适时耕作创造条件。在规划设计排水系统时，需要有一个统一的计算标准，即排水标准，它是反映排水工程能力的技术指标。排水流量是确定各级排水沟道断面尺寸和沟道上各类建筑物规模、尺寸的重要依据，也是分析已有排水工程排水能力的重要依据。

14.5.1 除涝、治盐、降渍与排水

旱作农田淹水时间过长，土壤长期缺氧造成作物在无氧条件下呼吸，从而危害作物正常生长甚至造成作物死亡所形成的灾害称为涝害。在降雨量较大的地区，农田排水工程必须满足除涝方面的要求，要能及时排除由于暴雨产生的田面积水，减少淹水时间和淹水深度，以保证作物正常生长。试验证明，农作物的受淹时间和淹水深度有一定的限度，如果超出允许的淹水时间和淹水深度，将影响作物的正常生长，轻者招致减产，重者甚至死亡。

农田渍害主要是指由于地下水位过高，持续时间过长，造成土壤内排水不良，作物因根系呼吸受阻而窒息或因还原作用产生的有毒物质危害作物生长所形成的灾害。农田渍害的成因有人为因素和自然因素，其中自然因素包括气象、地形地貌、土壤和水文地质等。这些影响因素造成的渍害也可以归结为来水失控和排水不畅两个方面，

所以，对渍害的防治，应采取以水利工程为基础，实行水利、土壤和农业相结合的综合治理思路。

在我国一些地区，由于特殊的自然条件以及人为因素（如不合理的灌溉方法），致使土壤或农田水分过多从而造成了土壤盐碱化或次生盐碱化。例如，土壤质地粘重、地下水位高，加上气温低、土壤冻结深度大、冻结期长，形成永久性冻土隔水层，妨碍土壤表层水下渗，使得当地降水形成的涝水或外侵洪水不能及时排除，发生上层滞水，这就是东北部分地区土壤盐碱化和沼泽化的重要原因。

为了保证农作物的正常生长，必须使农田土壤具有适宜的含水率。我国幅员辽阔，各地自然条件和气候特征相差较大，造成各地农田水分过多的具体原因各有不同。对农田水分过多造成的灾害，要分析其成灾原因，采取适当的技术措施加以治理。这些基本措施主要包括：①建立完善的排水系统，排除多余的地面水和土壤水，把地下水位控制在一定的埋深范围内；②采用必要的防洪、挡潮、截渗措施，防止外区域地面径流和地下径流入侵；③进行科学合理的灌溉，避免深层渗漏造成地下水位上升；④注意土壤改良，改变土壤结构，增加透水性，减小土壤的滞水性。其中关键是建立完善的排水系统。

14.5.2　排水标准

排水标准是指根据作物生长要求和承受涝、渍、盐害的能力，综合考虑农田排水工程的技术经济条件而制定的反映农田排水工程能力的技术指标。农田排水包括除涝、排渍、防止土壤盐渍化、改良盐渍土和为适时耕作、农业机械化创造条件等综合任务，为体现各方面的任务，农田排水标准分别表达为除涝标准、排渍标准、防盐标准及适宜农业耕作标准等。

1. 除涝标准

除涝标准指农田排水系统应达到的除涝技术指标，常以排除某一频率暴雨径流，使作物不受涝为标准。该标准包括了暴雨重现期、暴雨历时、暴雨大小和作物容许淹没深度、淹水历时等指标。中国除涝标准一般为 5～10 年一遇 1～3d 暴雨，在 1～5d 内排至作物耐淹水深。作物耐淹水深由汛期有代表性的作物耐淹能力确定。经济发达地区的暴雨重现期较长，容许作物耐淹水深较小，如珠江三角洲地区除涝标准是 10 年一遇 1d 暴雨 2d 排至作物耐淹水深；流域面积较大或农田渍涝容积较大时，暴雨历时较长，排水历时也较长，如鄱阳湖地区除涝标准为 5～10 年一遇 3d 暴雨 3～5d 排至作物耐淹水深等。

表 14-5　各种作物不同生育期的耐涝能力

作　物	生育阶段	允许淹水历时（d）	允许最大淹水深度（cm）
水稻	分蘖	2～3	6～10
	拔节	5～7	15～20
	孕穗、乳熟	8～10	20～30
	抽穗、开花	3～4	25～30

续表

作物	生育阶段	允许淹水历时（d）	允许最大淹水深度（cm）
玉米	抽雄	1～1.5	8～12
	孕穗、灌浆	2	8～12
	成熟	2～3	10～15
高粱	孕穗	6～7	10～15
	灌浆	8～10	15～20
	乳熟	15～20	15～20
小麦	拔节、成熟	1～2	5～10
棉花	开花、结铃	1～2	5～10
大豆	开花	2～3	7～10

提高除涝标准可降低作物受涝损失，但会增加排涝工程投资，加快下游径流汇集，一个地区适宜的除涝标准最好通过经济比较确定。各省（自治区、直辖市）都有自己的除涝标准或类比分析的除涝标准，用以进行除涝排水规划设计。从经济水平看，一般地区以5～10年一遇重现期暴雨为宜，经济发达地区、城郊蔬菜基地、高价值作物可采用更高的除涝标准。

2. 排渍标准

排渍标准是农田排水系统应达到的降低地下水位、调控农田土壤水分状况的技术指标。根据作物的耐渍能力，排渍标准应以保证耕作土壤层适宜的通气孔隙率或适宜的土壤含水率为标准；实际上常表达为经常维持旱作物适宜的地下水位，或在雨后及时回落到作物耐渍要求的地下水水位；水稻田则要求保持适宜的渗漏强度和在晒田期将水位降到地面以下。几种主要作物的排渍标准见表14-6。

表14-6 几种主要作物的排渍标准

作物	生长阶段	地下水适宜埋深（m）	地下水水位回落时间（d）
棉花	花铃期及以后	0.9～1.2	3～5
小麦	拔节期及以后	0.8～1.0	3～6
水稻	晒田期	0.4～0.6	3～5

3. 防盐标准

防盐标准是田间排水系统应达到的防止土壤盐渍化和改良盐碱地的技术指标。根据农作物的耐盐能力，应以降低土壤含盐总量和控制含盐种类为标准。由于土壤中盐分运移、积盐和脱盐与地下水位关系密切，生产中常根据地下水埋藏深度来判断是否会发生土壤盐碱化。在一定的自然条件和农业技术措施条件下，为了保证土壤不产生盐碱化和作物不受盐害所要求保持的地下水最小埋藏深度叫做地下水临界深度。其大小与土壤质地、地下水矿化度（单位体积的地下水中可溶性盐类的质量）、气象条件、灌排条件和农业技术措施有关。在实际生产中，以控制农田地下水位不高于地下水临界深度为防盐标准。各地条件不同，地下水临界深度也不同，一般应根据实地调查和观测的试验资料确定。北方地区采用的地下水临界深度如表 14－7 所示。

表 14－7　北方地区采用的地下水临界深度

地下水矿化度（g/L）	砂壤土（m）	壤土（m）	黏土（m）
＜2	1.8～2.1	1.5～1.7	1.0～1.2
2～5	2.1～2.3	1.7～1.9	1.1～1.3
5～10	2.3～2.6	1.8～2.0	1.2～1.4
＞10	2.6～2.8	2.0～2.2	1.3～1.5

4. 适宜农业耕作标准

为了适于农业耕作，需要使农田土壤保持在一定的含水率以下，一般根系吸水层内土壤含水量在田间持水量的 60%～70%时较为适宜。对于机械耕作，田间土壤含水量要求更低一些。基于土壤含水量与地下水位的密切关系，在生产中常以地下水埋深为标准。例如中国东北黑钙土耕地上使用重型机械要求的最小地下水埋深一般为 0.9～1.0m，轮式拖拉机则要求为 0.5～0.6m。

以上是农田排水基本标准，在实际规划设计中，要对上述标准分别进行校核，取其最不利的组合作为农田排水标准；必要时还要进行技术经济比较，论证农田排水标准的合理性。

14.5.3　排水流量计算

排水流量是确定各级排水沟道断面和沟道上建筑物规模以及分析现有排水设施排水能力的主要依据。设计排水流量分设计排涝流量和设计排渍流量 2 种，前者用以确定排水沟道的断面尺寸，后者作为满足控制地下水位要求的地下排水流量，又称日常排水流量，以此确定排水沟的沟底高程和排渍水位。

在排水系统的规划设计中，常用排水模数衡量某一地区排水能力的高低，并用以推算某一面积上的排水流量。所谓排水模数是指在单位时间内从单位面积上排走的地表或地下径流量，又叫排水率，其单位是（m^3/s）/km^2。排水模数包括排除地面涝水的排涝模数和排除地下水的排渍模数。排水沟某断面的设计排水流量等于该断面所控制的排水面积与该面积内设计排水模数的乘积。

1. 排涝模数的确定

影响排涝模数的因素主要有设计暴雨、排涝面积的大小和形状、地面坡度、植被情况和作物组成、土壤性质、地下水埋深、排水沟网分布、河湖调蓄能力等。由于影响因素很多，排涝模数难以精确分析，应根据当地或邻近地区的实际观测资料选定。在无实测资料时，一般采用经验公式法和平均排除法来确定排涝模数。

经验公式法是根据本地区或条件类似的邻近地区的实测暴雨径流资料，分析得出的排涝模数经验公式。适用于排水沟调蓄能力较差的地区。

平均排除法是指以排水面积上的设计径流深在规定的排水时间内平均排除的要求计算排涝模数的方法，适用于有一定调蓄能力的水网圩区、抽水排水地区以及坡水区中控制面积较小的排水沟。

2. 排渍模数的确定

当地下水位达到一定的控制深度时，单位面积上的排渍流量称为设计地下水排水模数或排渍模数。排渍模数受到许多因素的影响，如降雨、灌溉、蒸发、土壤、水文地质、作物种类、排水沟道的密度和深度等，用公式计算较麻烦，又不易得到正确的结果，在实践中往往参考从实际中调查得到的数据确定。表 14-8 所列的数据是根据某些地区资料综合分析得出的设计排渍模数，可供参考。一般在降雨持续时间长、土壤透水性强和排水沟密度较大的地区，设计排渍模数具有较大的数值。

表 14-8 各种土质设计排渍模数

土 质	设计排渍模数 [$(m^3/s)/km^2$]	备 注
轻砂壤土	0.03～0.04	本表是非毛管空隙<10%，地下水下降速度小于 10cm/d 情况下的数字
中壤	0.02～0.03	
重壤黏土	0.01～0.02	

在盐碱土改良地区，由于冲洗而产生的设计排渍模数常大于表 14-8 中所列的数值，可根据冲洗要求具体分析确定；而对于有次生盐碱化威胁的地区，当地下水位控制在临界深度时，其地下水的排渍模数一般较小，应根据实际测验或调查资料确定，无资料时，可根据具体情况在 0.002～0.007 $(m^3/s)/km^2$ 范围内选定。

14.5.4 排水区规划

农田排水规划就是按照排水标准的要求，因地制宜地制定规划原则，确定排水区规划标准和主要措施，合理布局排水工程，排除地面多余的水，降低地下水位，调节土壤水分，达到消除或减轻涝、渍等自然灾害，以适应农业稳产高产和土壤改良的要求。

14.5.4.1 排水方式

按其空间位置可以把排水工程分为水平排水和垂直排水两大类，其中水平排水又包括明沟排水和暗管排水两种，垂直排水也称竖井排水。

明沟排水就是在地面上挖沟，形成一个完整的地面排水系统，把地上、地下和土壤中多余的水排走。由于明沟便于开挖，有利于排除地面水，对于降低地下水位和调节土壤水分也有一定的作用，因而被广泛应用，是目前主要的排水形式。明沟排水的缺点是占地多，土方及建筑物工程量大，不利于机耕和交通，易于坍塌、积淤、维修费工。

暗管排水是在地面以下一定深度内铺设管道，形成一个暗管排水系统，其主要作用是排除土壤中多余的水分，降低地下水位，调节土壤水、肥、气、热状况，为作物生长创造良好的环境条件。与明沟比较，暗管排水不占地，土方工程量小，有利于田间机耕作业和交通运输；与竖井排水相比，暗管排水能有效地解决水平不透水隔层的排水困难。暗管排水的主要缺点是一次性基建投资费用较高，存在管道淤积问题，淤积后清淤困难。

竖井排水利用打井抽水的方法抽排地表以下第一层潜水，是控制地下水位、防止土壤盐渍化的有效措施。在砂土、砂壤土地区，明沟往往因坍陷淤积保持不住足够的深度，满足不了除涝治碱的要求，竖井排水能够克服这一缺点。如地下水水质良好，还可结合灌溉，以灌代排。竖井排水需要动力，投资较大。

14.5.4.2　农田排水系统的组成

农田排水系统是指吸引、汇集农田中多余的地面水和土壤水，并输送到容泄区的工程设施。农田排水系统一般由汇集水量的田间排水沟（暗管）网、以输水为主要任务的排水沟道系统及其建筑物、接纳排水量的容泄区等几个部分组成。整个排水系统的构成和布局如图 14－5 所示。农田过多的地面水、土壤水和控制深度以内的地下水，首先汇集到田间排水沟（管）网，再经由各级输水沟道排入容泄区。

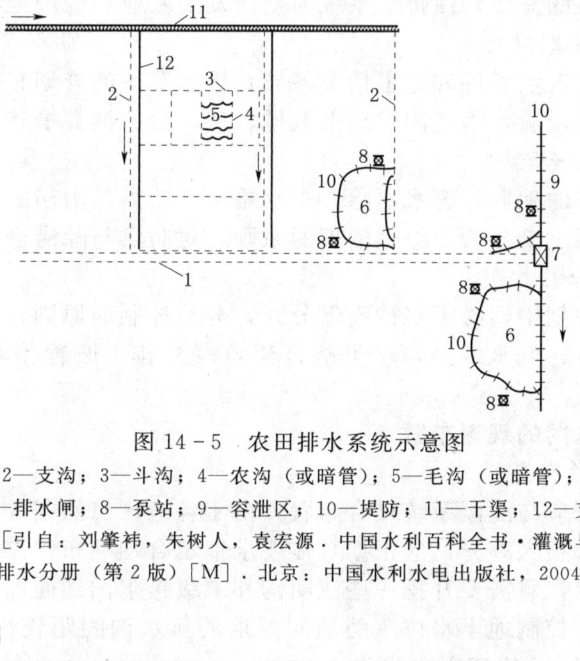

图 14－5　农田排水系统示意图

1—干沟；2—支沟；3—斗沟；4—农沟（或暗管）；5—毛沟（或暗管）；6—滞蓄区；7—排水闸；8—泵站；9—容泄区；10—堤防；11—干渠；12—支渠

［引自：刘肇祎，朱树人，袁宏源．中国水利百科全书·灌溉与排水分册（第 2 版）［M］．北京：中国水利水电出版社，2004.］

1. 田间排水网

一般是指排水系统中末级固定沟（农沟）及其以下的毛沟、墒沟、暗管、鼠道等，它起着汇集农田地面径流、降低地下水位和调节土壤水分的作用。

2. 输水沟道

主要是指干、支、斗、农各级沟道，和灌溉系统的干、支、斗、农渠相对应，其作用是把田间排水网汇集起来的水输送到容泄区去。对于有盐碱或盐碱威胁的地区，输水沟道还担负着降低地下水位的作用，因此应有必要的深度。

3. 各类建筑物

主要是指各级沟道上的桥、涵、闸、抽水站以及上级沟道汇入下级沟道的衔接工程等，其作用是保证排水和交通畅通，并调解控制排水区内的水量与地下水位。

4. 容泄区

容泄区是指位于排水区域以外，容纳排水系统排出水量的区域。常为紧邻排水区的江河、湖泊或海洋，邻近的废河床、沼泽、低洼荒地也可作为排水容泄区。容泄区是相对于特定的排水区而言的，除海洋容泄区外，其他容泄区一般还须向更大的容泄区排水。容泄区应与排水网相协调，能容纳排水沟泄入的全部来水，保证排水沟有良好的出流条件。

14.5.4.3　规划布置基本原则

排水系统规划是农田基本建设规划的组成部分，应当遵循以下基本原则。

1. 全面规划，统筹兼顾

排水系统规划应与当地的土地利用规划、灌溉渠系规划以及道路、林带、行政区划等相协调，达到多方兼顾、减少占地、减少交叉建筑物、节省投资的目的。要处理好灌与排、蓄与泄、上下游、左右岸的关系，既要与当前的农业状况相结合，又要充分考虑农业长远发展的需要，使排水系统为全面发展农业和区域经济建设服务。

2. 因地制宜，区别对待

我国地域辽阔，自然条件和灾害情况各异，排水系统的规划布置必须从当地实际情况出发，抓住主要矛盾，因地制宜地采取排、截、滞、抽等措施。

3. 洪涝分治，综合治理

在洪涝矛盾并存的地区，客水不除，本水难治，治洪是治涝的前提。因此，在这样的地区，必须按照洪涝分治、综合治理的原则，对防洪与除涝进行全面规划。

4. 高低分开，分片控制

在排涝系统的规划中，必须坚持高低分开，分片控制的原则，使高低地各成排水体系，做到高水高排、低水低排，尽可能自流抢峰外排，改善排水条件，提高排水效率。

14.5.4.4　田间排水网的规划布置

1. 明沟排水网的布置

田间排水网系统应与灌溉系统结合布置，由于各地区自然条件不同，田间排水系统的组成和任务也有很大差异，应根据具体要求拟定合理的布置方案。如：在土壤透水性较好的旱作地区，只需要开挖一些浅明沟和末级排水沟连通即可；在土质比较黏重的易旱易涝地区，控制地下水位（防渍）要求的排水沟间距较小，除排水农沟外，在农田中还要有1级～2级田间排水沟。

2. 暗管排水网的布置

暗管排水工程一般由吸水管、集水管（沟）、检查井和集水井等几部分组成，当地势低洼不能自流排水时，还应设置抽排泵站。常见的暗管管材有瓦管、水泥管、水泥土管以及塑料管等。小面积暗管区常用人力施工，大面积时宜选用适当型号的开沟铺管机或其他机具施工。

吸水管埋深，在渍害区为0.8～1.5m，可视作物根深而定；在盐渍化区为1.5～2.5m，应视临界深度而定。其一般间距，南方一般为10～30m，北方为50～150m。汇集多条吸水管来水的集水管（沟），通常宜与吸水管正交，以确保通畅，且宜按汇流量渐增而适当分段变径。观察吸水管出流情况和进行暗管清淤操作的检查井多设在吸水管与集水管相交处，要求井内的吸水管底高于集水管顶 10cm 左右，井底低于集水管底 30cm 以上。抽排泵站宜与集水井（池）结合，用限定水位法进行抽排的自动控制。

14.5.4.5 排水沟道系统的规划布置

排水沟道系统随着地形、气象等自然条件的不同，所担负的任务也不同。按其所担负的任务可将排水沟道系统分为两类。

1. 纯排水工程系统

在地面坡度较大的平原坡地，如有丰富的灌溉水源能够满足灌溉的需要，又有通畅的排水出路，排水系统的主要任务就是排除当地的暴雨径流和控制地下水位。这种排水沟道可以采用较大的比降和较小的断面，且排水系统和灌溉系统完全分开。如果容泄区水位较低，不会影响干沟排水时，不需要设闸控制；如果汛期容泄区水位高涨，会影响干沟排水时，就要在干沟出口处建防洪闸，并设置抽水站，提水外排。

2. 综合利用的排水工程系统

在地势平缓的平原地区，常因灌溉水源不能满足要求，排水系统不仅担负排涝任务，而且还要蓄水、引水，以补充灌溉水源；在地势低洼而多雨的地区，还时常利用排水河沟滞蓄降雨径流，以减少排涝流量和排涝站的装机容量，平时还要维持一定水深，用以通航、养殖，改善地区交通条件，发展副业生产。为了满足综合利用的要求，排水沟道就要具有足够的滞蓄容积；具有能够满足控制地下水位和通航、养殖要求的沟深；只能使用很小的比降甚至采用平底沟道；常按地形高差分片设闸控制，片内各级河沟呈一网状水库。有些地区把这种综合利用的排水工程系统称为河网化工程系统，深沟、平底或接近平底是其主要特征。

14.5.4.6 容泄区规划

排水容泄区应有足够的容量或调蓄能力，能够接纳全部排出的水量，且在排水系统排水过程中，不造成排水沟壅水，也不会导致容泄区或其下游的洪涝灾害、环境污染和生态破坏。容泄区的规划一般涉及排水系统排水口位置的选择和容泄区的整治两方面。

1. 排水口位置的选择

排水口的位置主要根据排水区内部地形和容泄区水文条件来决定，即排水口应选在排水区的最低处或其附近，以便涝水易于集中；同时还要使排水口靠近容泄区水位较低、河床稳定的地方，争取自排。由于平时和汛期排水区的内、外水位差呈现出各种情况，所以排水口的位置可以选择多处，排水口也可以有多个，以便于排泄和工程经济合理为准。另外，在确定排水口位置时，还应考虑排水口是否会发生泥沙淤积，阻碍排水；排水口基础是否适于建闸建站；抽排时排水口附近能否设置调蓄池等。

2. 容泄区整治

整治容泄区的主要目的是降低容泄区的水位，改善排水区的排水条件。主要措施包括疏浚河道、退堤扩宽、裁弯取直、治理湖泊以及修建减流和分流河道等。

总之，在规划容泄区时，要综合考虑上下游、左右岸的洪、涝、盐、渍灾害和生态环境状况，进行统一规划，不可顾此失彼。在排水水质不符合排放标准时，还要在污水源头进行处理，实行达标排放。

14.6 水 土 保 持

水土保持是全人类关注的重要环境问题，是引起生态环境恶化的最直接的原因。我国是世界上水土流失最严重的国家之一，全国几乎每个省都有不同程度的水土流失，严重的水土流失制约着我国经济社会的可持续发展。新中国成立以来，特别是20世纪90年代以来，国家高度重视水土保持生态环境建设，截至2007年，全国水土流失综合治理面积达到99.9万km^2，其中小流域治理面积38.7万km^2，大大改善了水土流失区生产和生活条件，取得了显著的经济效益和社会效益。但是，我国水土流失面广量大，水土保持事业面临的建设和管理任务仍十分繁重。

14.6.1 水土保持及其重要性

水土流失是指在水力、重力、风力等外营力作用下，水土资源和土地生产力遭受的破坏和损失，包括土地表层侵蚀及水的损失，又称水土损失。土壤表层侵蚀是指在水力、风力、冻融、重力以及其他外营力的作用下，土壤、土壤母质及岩屑、松软岩层被破坏、剥蚀、搬运和沉积的全部过程。水土流失的形式除雨滴溅蚀、片蚀、细沟侵蚀、沟道侵蚀等典型的土壤侵蚀形式外，还包括河岸侵蚀、山洪侵蚀、泥石流侵蚀及滑坡等侵蚀形式。

水土保持即防治水土流失，其目的是保护、改良与合理利用水土资源，维护和提高土地生产力，以利于充分发挥水土资源的生态效益、经济效益和社会效益，建立良好的生态环境。水土保持的对象不只是土地资源，还包括水资源。保持的内涵不只是保护，而且包括改良与合理利用。不能把水土保持理解为土壤保持、土壤保护，更不能将其等同于土壤侵蚀控制，水土保持是自然资源保育的主体。

水土保持不仅可以保水保土，从而拦洪蓄水达到防洪减灾的目的，而且是国土整治、江河治理的根本，也是国民经济和社会发展的基础，这是我们必须长期坚持的一项基本国策。水土保持关系着中华民族的生存、发展和未来，是一项艰巨的、长期的、伟大的事业，我们必须从战略的高度进一步认识水土保持的重要性，开创水土保持工作的新局面，促进我国生态环境在21世纪的可持续发展。

14.6.2 我国水土流失的特点

1. 分布范围广，面积大

根据2002年公布的全国第二次遥感调查结果，我国土壤侵蚀面积356万km^2，占国土面积的37.1%，其中水力侵蚀面积165万km^2，风力侵蚀面积191万km^2，水蚀风蚀交错区面积26万km^2。西部地区土壤侵蚀最严重，分布面积最大，中部次之，东部流失相对较轻。水蚀面积包括东部10省（直辖市）9万km^2，中部10省49万km^2，西部12省（自治区、直辖市）107万km^2。

2. 侵蚀形式多样，类型复杂

水力侵蚀、风力侵蚀、冻融侵蚀及滑坡、泥石流等重力侵蚀特点各异，相互交错，成因复杂。西北黄土高原区、东北黑土漫岗区、南方红壤丘陵区、北方土石山区、南方石质山区以水力侵蚀为主，伴随有大量的重力侵蚀；青藏高原以冻融侵蚀为主；西部干旱地区、风沙区和草原区风蚀非常严重；西北半干旱农牧交错带则是风蚀水蚀共同作用区。

3. 土壤流失量巨大

据统计，中国每年流失的土壤总量达 50 亿 t。长江流域年土壤流失总量 24 亿 t，其中上游地区达 15.6 亿 t；黄河流域的黄土高原区每年进入黄河的泥沙多达 16 亿 t。

14.6.3　水土保持措施

水土保持应遵守“水—土—植物—大气”相互作用规律，坚持可持续发展的原则，使生态、社会和经济三者的效益达到统一。

14.6.3.1　农业措施

水土保持农业措施是农地第一线的水土保持方法，其功能在于加强土壤抗蚀条件，促进土壤水分渗入土壤，为作物蓄水。大多数水土保持农业措施仅是在作业方式上调整，不需增加劳力或费用。有的虽要花些费用，但在功效上不但保持了水土，改良了土壤，而且有增产省工等多方面效益。

1. 水土保持耕作措施

水土保持耕作措施是指以保土、保水、保肥为主要目的提高农业生产的耕作措施。从广义上讲，整个农业技术改良措施特别是旱地农业技术措施均属此类；从狭义上讲，水土保持耕作措施是专门用来防治水土流失的独特的耕作措施，即习惯上的水土保持耕作法。狭义范畴仅指水土流失地区，而广义范畴则包括了整个农业区特别是旱作农业区。水土保持耕作措施可分为如下几类：

（1）以改变微地形为主的水土保持耕作法，如等高耕作、沟垄耕作、坑田耕作等。

（2）以增加地面覆盖为主的覆盖耕作法，如秸秆覆盖、青草覆盖、地膜覆盖、砂田覆盖、留茬覆盖等。

（3）以改变土壤物理性状为主的水土保持耕作法，如少耕法、免耕法等。

2. 水土保持栽培技术措施

水土保持栽培技术措施具有因地制宜，能充分有效地利用当地自然条件的特点。在不同的环境条件下，实行不同的栽培技术措施，可以综合发挥多种作物的优势，扬长避短，相互促进，减少水土流失，培肥地力，取得稳产高产。水土保持栽培技术的种类主要有轮作技术措施，间作、套种和混播技术措施，等高带状间作技术措施及等高带状间作轮作技术措施等。

3. 农林复合经营

农林复合经营是指在同一土地管理单元上，人为地将栽培植物（如农作物、药用植物等）与树木或其他多年生植物、动物，在空间上按一定的时序安排在一起进行管理的土地利用和技术系统的综合。我国主要有林（果）农复合经营、林牧（渔）复合经营、林（果）农牧（渔）复合经营及特种农林复合经营几种农林复合经营类型。

14.6.3.2　植物措施

水土保持植物措施建设是涉及自然、经济和社会多方面的复杂的系统工程，它根据生态学、林学及生态控制论原理，针对水土流失地区的特点，设计、建造植物措施防护体系，其目的在于保护、改善与持续利用自然资源和环境。通过水土保持植物措施建设，可减轻自然灾害，实现农业高产稳产，使水利设施长期发挥功效等，能在一定的范围内使土地生态经济系统保持相对稳定的平衡和持续发展。

1. 营造水土保持林

营造水土保持林是防止水土流失的根本措施，也是恢复和改善生态环境，调节地表径流，改良和固持土壤的根本措施。由于地貌条件的多样性以及气候、环境条件的多变性，在各种地貌部位上水土流失的特性差异较大，要求配置在各种地貌部位上的水土保持林也各不相同，有其各自独特的作用。常见的水土保持林有坡面水土保持林、沟道防护林、防风固沙林以及水库和河岸防护林等。

2. 水土保持种草

草类是建设和改善生态环境的重要组成部分，由于其在人类生活中的多种功能，曾被西方国家誉为“绿色黄金”。开发草地不仅可以为畜牧业的发展提供雄厚的饲料饲草基础，同时它对于治理国土，防风固沙，减少水土流失，改土肥田，蓄水保墒，美化环境，净化空气等具有不可替代的作用。

3. 水土保持生态修复

生态修复是指利用大自然的自我修复能力，在适当的人工措施辅助下，恢复生态系统原有的生态功能。水土保持生态修复是指在特定的水土流失地区，通过解除生态系统所承受的超负荷压力，依靠生态系统本身的自我组织和自我调控能力以及外界人工调控能力，使部分或完全受损的生态系统恢复到相对健康的状态。根据生态修复的对象不同，水土保持生态修复可划分为退化坡面生态系统的生态修复、退化河流生态系统的生态修复、退化水库生态系统的生态修复以及退化矿区生态系统的生态修复等几个类型。

14.6.3.3 工程措施

水土保持工程措施是小流域综合治理措施体系的主要组成部分，它与水土保持的其他措施同等重要，不能互相代替。水土保持工程研究的对象是坡面及沟道中的水土流失机理，即在水力、风力、重力等外营力作用下，水土资源的损失破坏过程及工程防治措施。

1. 梯田工程

梯田是山区、丘陵区常见的一种基本农田，它是由于地块顺坡按等高线排列呈阶梯状而得名。梯田可以改变地形坡度，拦蓄雨水，增加土壤水分，防治水土流失，达到保水、保土、保肥的目的。如同改进农业耕作技术结合，能大幅度提高产量，从而为贫困山区退耕陡坡，种草种树，促进农林牧副业全面发展创造前提条件。

2. 淤地坝

淤地坝是指在沟道内为了拦泥、淤地所建的坝，坝内所淤成的土地称为坝地。淤地坝是在我国古代筑坝淤田经验的基础上逐步发展起来的。实践证明，淤地坝是我国黄河中游水土流失地区沟道治理的一项行之有效的水土保持工程措施，各种筑坝淤地技术的发展，也为淤地坝的建设和应用提供了良好的条件。

3. 拦沙坝

拦沙坝是以拦蓄山洪及泥石流沟道（荒溪）中固体物质为主要目的，防治泥沙灾害的挡拦建筑物，是沟道治理的主要工程措施。在水土流失地区沟道内修筑拦沙坝，可以拦蓄泥沙，免除泥沙对下游的危害，便于下游河道的整治；此外，拦沙坝还可以大大减小水流的侵蚀能力以及促使滑坡稳定等。

4. 谷坊

谷坊是在山区沟道内为防止沟床冲刷及泥沙灾害而修筑的横向挡拦建筑物，又名防冲坝、沙土坝、闸山沟等。谷坊可以防止沟床下切、沟岸扩张及滑坡；还可以减小山洪流速，减轻山洪及泥石流的灾害；此外，谷坊还可使沟道逐渐淤平，形成坝阶地，为发展农林业生产创造条件。

5. 沟头防护工程

沟头位于侵蚀沟的最上端，是坡面径流容易集中的地方。一般侵蚀沟有一个以上的沟头，其中距沟口最远的沟头为主沟头。沟头侵蚀对工农业生产危害很大，它不但毁坏农田、切断交通，还造成了土壤的大量流失。根据沟头防护工程的作用，可以将其分为蓄水式沟头防护工程和排水式沟头防护工程两类。

6. 坡面固定工程

坡面固定工程是指为了防止坡面岩体的运动，保证坡面稳定而布设的工程措施，包括挡墙、抗滑桩、削坡和反压填土、排水工程、护坡工程、滑动带加固工程以及落石防护工程等。此外，护岸工程、拦沙坝、淤地坝也能起到固定坡面的作用，如在滑坡区的下游沟道修建拦沙坝可以压埋坡脚。

7. 蓄水排水工程

主要有坡面蓄水沟、坡面截流沟、鱼鳞坑、蓄水池、水窖等，通过拦蓄、导引坡面和地表径流，控制水土流失。水源缺少的地区，拦蓄的水量还可用作灌溉和生活用水。

8. 护岸和治滩工程

各种类型的河段，在自然情况或受人工控制的条件下，由于水流与河床的相互作用，常造成河岸崩塌而改变河势，危及农田及城镇村庄的安全，破坏水利工程的正常运用，给国民经济带来不利影响。修筑护岸与治滩工程的目的，就是为了抵抗水流的冲刷，变水害为水利，为农业生产服务。

14.6.3.4 小流域综合治理

流域是指某一封闭的地形单元，该单元内有溪流或河川排泄某一断面以上全部面积的径流。小流域是指面积为 5 ～30km^2，一般不超过 100 km^{2}的流域。小流域综合治理是指在一个流域系统环境内，在全面规划的基础上，从坡面到沟道，从上游到下游，合理地安排农、林、牧各业用地，因地制宜、因害设防地布设综合措施。通过各项措施（农业措施、植物措施、工程措施）的最佳配置模式，既在总体上，又在某些配置上能最大限度地控制水土流失，从而在流域内形成有效的水土流失综合防护体系，达到保护、改良和合理利用流域内的水土资源，充分发挥综合治理的生态效益、经济效益和社会效益的目的。

第15章 水利工程建设

15.1 水利工程建设的程序

15.1.1 水利工程建设的设计阶段划分

工程建设程序是指从设想、规划、设计、施工到竣工验收、投入生产运行整个建设过程中，各项工作必须遵循的先后次序。水利工程建设由于工作内容不同，其程序从开始到终结可分为不同的阶段。一般而言，可分为规划、设计、实施、运营四个阶段。世界银行贷款项目生命周期包括项目选定、项目准备、项目评估、项目谈判、项目执行、项目总结评价六个阶段。西方某些国家将投资项目分为投资前期、投资时期、投资回收期。我国水利行业和电力行业的设计阶段的划分略有不同，但主要内容均包含其中。如水利水电工程（水利行业）设计阶段一般分为项目建议书、可行性研究报告、初步设计、招标设计和施工图设计等五个阶段；水电工程（电力行业）设计阶段划分为预可行性研究报告、项目建议书、可行性研究报告、招标设计、施工详图设计等阶段。以下内容以水电工程为例介绍各设计阶段的主要内容。

15.1.2 各设计阶段的主要内容

1. 预可行性研究的主要内容

水电工程预可行性研究报告的编制，应在江河流域综合利用规划或河流（河段）水电规划以及电网电源规划（以下统称规划）的基础上进行，贯彻国家有关方针、政策、法令，还应符合有关技术规程、规范的要求。

水电工程预可行性研究报告的主要内容与项目建议书阶段基本相同（见后），但各项工作的深度不同，随着工作深度的增加要求更高，更具体。

水电工程预可行性研究报告的编制按概述、建设必要性及工程开发任务、水文、工程地质、工程规模、水库淹没、环境影响、枢纽工程、机电及金属结构、施工、投资估算及资金筹措设想和经济初步评价的顺序依次编排。

2. 项目建议书的主要内容

项目建议书是在预可行性研究之后的阶段性设计工作，在江河流域综合利用规划之后，或河流（河段）水电规划以及电网电源规划基础上进行的设计阶段。编制项目建议书需结合资源情况、建设布局等条件要求，经过调查、预测和分析，向国家计划部门或行业主管部门提出投资建设项目建议。项目建议书是基本建设程序中的一个重要环节，是国家选择项目的依据，项目建议书经批准后，将作为项目列入国家中、长期经济发展计划，是开展可行性研究工作的依据。对拟建项目的社会经济条件进行调查和开展必要的水文、地质勘测工作，主要任务是论证拟建工程在国民经济发展中的必要性、技术可行性、经济合理性。

项目建议书的编制，按总则，项目建设的必要性和任务，建设条件，建设规模，主要建筑物布置，工程施工，淹没、占地处理，环境影响，水土保持，工程管理，投资估算及资金筹措，经济评价和结论与建议的顺序依次编排。主要研究内容包括：河流概况及水文气象等基本资料的分析；工程地质与建筑材料的评价；工程规模、综合利用及环境影响的论证；初步选择坝址、坝型与枢纽建筑物的布置方案；简述土地征用、移民专项设施内容，初拟主体工程的施工方法，进行施工总体布置、估算工程总投资，工程效益的分析和经济评价等。项目建议书阶段的成果，作为国家和有关部门做出投资决策及筹措资金的基本依据。

3. 可行性研究（含原有的初步设计阶段）的主要内容

项目建议书经批准后，应紧接着进行可行性研究。可行性研究阶段的主要设计内容包括：对水文、气象、工程地质以及天然建筑材料等基本资料作进一步分析与评价；论证该工程及主要建筑物的等级；进行水文水利计算，确定水库的各种特征水位及流量，选择电站的装机容量和主要机电设备；论证并选定坝址、坝轴线、坝型、枢纽总体布置及其他主要建筑物的结构型式和轮廓尺寸；选择施工导流方案，进行施工方法、施工进度和总体布置的设计，提出主要建筑材料、施工机械设备、劳动力、供水、供电的数量和供应计划；进行环境影响评价，提出水库移民安置规划，进行水土保持、水资源评价等专项工作。提出工程总概算；进行经济技术分析，阐明工程效益。最后要提交可行性研究的设计文件，包括文字说明和设计图纸及有关附件。并以《水利水电工程初步设计报告编制规程》（DL5021－93）为准编制可行性研究报告。

编制可行性研究报告时，应对工程项目的建设条件进行调查和必要的勘测，在可靠资料的基础上，进行方案比较，从技术、经济、社会、环境、土地征用及移民等方面进行全面分析论证，提出可行性评价。可行性研究报告阶段尚应进行环境影响评价、水土保持、水资源评价等专项审查。可行性研究报告经批准后是确定建设项目、编制初步设计文件的依据。

可行性研究报告的主要内容与项目建议书阶段、预可行性研究报告基本相同，但各项工作的深度不同，要求也更高、更具体，这里不再列出。

可行性研究报告的编制按综合说明、水文、工程地质、工程任务和规模、工程选址、工程总布置及主要建筑物、机电及金属结构、工程管理、施工组织设计、水库淹没处理及工程永久占地、环境影响评价、工程投资估算和经济评价的顺序依次编排。

4. 招标设计的主要内容

招标设计工作应结合《水电工程招标设计报告编制规程》（DL/T5212－2005），

在此基础上编制招标文件。招标文件分三类：主体工程招标文件、永久设备招标文件和业主委托的其他工程的招标文件。

招标设计是在批准的可行性研究报告的基础上，将确定的工程设计方案进一步具体化，详细定出总体布置和各建筑物的轮廓尺寸、材料类型、工艺要求和技术要求等。其设计深度要求做到可以根据招标设计图较准确地计算出各种建筑材料的规格、品种和数量，混凝土浇筑、土石方填筑和各类开挖、回填的工程量，各类机械、电气和永久设备的安装工程量等。根据招标设计图所确定的各类工程量和技术要求以及施工进度计划，监理工程师可以进行施工规划并编制出工程概算，作为编制标底的依据。编标单位则可以据此编制招标文件，包括合同的一般条款、特殊条款、技术规程和各项工程的工程量表，满足以固定单价合同形式进行招标的需要。施工招标单位，也可据此编制施工方案并进行投标报价。

5. 施工详图设计阶段

施工详图设计是在初步设计和投标设计的基础上，针对各项工程具体施工要求，绘制施工详图。施工详图设计的主要任务是：进行建筑物的结构和细部构造设计；进一步研究和确定地基处理方案；确定施工总体布置和施工方法，编制施工进度计划和施工预算等；提出整个工程分项分部的施工、制造、安装详图；提出工艺技术要求等。施工详图是工程施工的依据。

在上述各阶段的设计中，必须有和各设计阶段精度相适应的勘测调查资料。这些资料包括：

（1）社会经济资料。包括：枢纽建成后库区的淹没范围及移民、房屋拆迁等；枢纽上下游的工业、农业、交通运输等方面的社会经济情况；供电对象的分布及用电要求；灌区分布及用水要求；通航、过木、过鱼等方面的要求；施工过程中的交通运输、劳动力、施工机械、动力等方面的供应情况。

（2）勘测资料。包括：水库和坝区地形图、水库范围内的河道纵断面图、拟建的建筑物地段的横断面图等；河道的水位、流量、洪水、泥沙等水文资料；库区及坝区的气温、降雨、蒸发、风向、风速等气象资料；岩层分布、地质构造、岩石及土壤性质、地震、天然建筑材料等的工程地质资料；地基透水层与不透水层的分布情况、地下水情况、地基渗透系数等水文地质资料。

需要指出，工程地质条件直接影响到水利枢纽和水工建筑物的安全，对整个枢纽造价和施工期限有决定性的影响。但是地质构造中的一些复杂问题，常由于勘探工作不足，而没有彻底查清，造成隐患。有些工程在地基开挖以后才发现地质情况复杂，需要进行的地基处理工作十分困难和昂贵，以至把工期一再延长；有的甚至被迫停工或放弃原定坝址，造成严重的经济损失。有些工程由于未发现库区的严重漏水问题，致使建成后影响水库蓄水。也有些工程由于库区或坝址的地质问题而失事，产生严重的后果。这些教训应引起对工程地质问题的足够重视。水文资料同样是十分重要的，如果缺乏可靠的水文资料或对资料缺乏正确的分析，就有可能导致对水利资源的开发在经济上不够合理。更严重的是有可能把坝的高度或泄洪能力设计得偏小，以致在运行期间洪水漫过坝顶，造成严重失事。对于多沙河流，如果对泥沙问题估计不足，就有可能在坝建成后不久便把水库淤满，使水库失去应有的作用。因此，枢纽设计必须十分重视各项基本资料。

科学试验往往是大中型水利枢纽设计的重要组成部分。枢纽中有许多重大技术问题常需通过现场或室内实验提出论证，才能得到解决。比如对枢纽布置方案、坝下消能方案以及施工导流方法等往往要进行水工水力学模型试验；多沙河流上的库区淤积和河床演变也要借助实验来分析研究；建筑物地基的岩体或土壤的物理力学性质，如抗剪强度、渗透特性、弹性模量、岩体弹性抗力、地应力、岸坡稳定性等要由现场勘探和室内试验配合提供设计数据；大坝和水电站厂房等主要建筑物的结构强度和稳定性有时也需要由静态和动态结构模型试验来加以分析论证。

15.1.3 水利水电工程概算

水利水电工程概算由工程部分、移民和环境部分构成。其中工程部分包括建筑工程、机电设备及安装工程、金属结构设备及安装工程、施工临时工程、独立费用；移民和环境部分包括水库移民征地补偿、水土保持工程、环境保护工程。其划分的各级项目执行《水利工程建设征地移民补偿投资概（估）算编制规定》、《水利工程环境保护设计概（估）算编制规定》、《水土保持工程概（估）算编制规定》。

工程概算文件由概算正件和概算附件两部分组成。概算正件和概算附件均应单独成册并随初步设计文件报审。

概算正件包括编制说明和工程部分概算表两部分。其中编制说明包括工程概况、投资主要指标、编制原则和依据、概算编制中其他应说明的问题、主要技术经济指标表、工程概算总表；工程部分的概算表又包括各类概算表及其附表；概算附件主要包括人工预算单价计算表，主要材料预算价格计算表，施工用电、水、风价格计算书，沙石料、混凝土材料单价计算书，建筑工程、安装工程单价表，价差预备费计算表等计算表或计算书。

工程总投资又分静态总投资和总投资。静态总投资为建筑工程、机电设备及安装工程、金属结构设备及安装工程、施工临时工程、独立费用投资及基本预备费之和。总投资为建筑工程、机电设备及安装工程、金属结构设备及安装工程、施工临时工程、独立费用、基本预备费、价差预备费、建设期融资利息之和，即静态总投资、价差预备费、建设期融资利息之和。

15.2 水利水电工程施工组织设计

水利水电工程施工组织设计一般包括：施工条件及其分析，施工导流，料场的选择与开采，主体工程施工，施工交通运输，施工工厂设施，施工总布置，施工总进度，主要材料、设备供应分析等。

15.2.1 施工条件及其分析

施工条件包括工程条件、自然条件、物质资源供应条件以及社会经济条件等。如：工程所在地对外交通条件，上下游可以利用的场地面积和利用条件；选定方案枢纽建筑物的组成、型式、主要尺寸和工程量，工程的施工特点以及与其他有关单位的施工协调；施工期间通航、过木、供水、环保及其他特殊要求；主要建筑材料及工程施工中所用大宗材料的来源和供应条件；当地水源、电源的情况；一般洪枯水季节的时段、各种频率的流量及洪峰流量、水位与流量关系、冬季冰凌情况及开河特性、洪水特征、施工区支沟各种频率洪水、泥石流以及上下游水利水电工程对本工程施工的影响；地形、地质条件以及气温、水温、地温、降水、冰冻层、冰情和雾的特性；承包市场的情况；国家、地方或部门对本工程施工准备、工期要求等。

施工条件分析需在简要阐明上述条件的基础上，着重分析它们对工程施工可能带来的影响和后果。

15.2.2 施工导流

施工导流设计应在综合分析导流条件的基础上，确定导流标准，划分导流时段，明确施工分期，选择导流方案、导流方式和导流建筑物，进行导流建筑物的设计，提出导流建筑物的施工安排，拟定截流、度汛、拦洪、排冰、通航、过木、下闸封堵、供水、蓄水、发电等计划。

15.2.3 料场的选择与开采

在料场选择时，根据详查要求分析混凝土骨料（天然和人工料）、石料、土料等各料场的分布、储量、质量、开采运输及加工条件、开采获得率和开挖弃渣利用率及其主要技术参数，进行混凝土和填筑料的设计和试验研究，通过技术经济比较选定料场。在料场开采时，经方案比较，提出选定料场的料物开采、运输、堆存、设备选择、加工工艺、废料处理、环境保护等设计；说明掺和料的料源选择，并附试验成果，提出选定的运输、储存和加工系统。

15.2.4 主体工程施工

主体工程，包括挡水、泄水、引水、发电、通航等主要建筑物，应根据各自的施工条件，对施工程序、施工方法、施工强度、施工布置、施工进度和施工机械等问题，进行分析比较和选择。必要时，对其中的关键技术问题，如特殊的基础处理、大体积混凝土温度控制、坝体临时度汛、拦洪及特殊爆破、喷锚等问题，作出专门的设计和论证。

对于有机电设备和金属结构安装任务的工程项目，应对主要机电设备和金属结构，如水轮发电机组、升压输变电设备、闸门、启闭设备等的加工、制作、运输、拼装、吊装以及土建工程与安装工程的施工顺序等问题，作出相应的设计和论证。

15.2.5 施工交通运输

施工交通运输分对外交通运输和场内交通运输。

对外交通运输：原有对外水陆交通情况，包括线路状况、运输能力、近期拟建的交通设施、计划运营时间和水陆联运条件等资料；本工程对外运输总量、逐年运输量、平均昼夜运输强度以及重大部件的运输要求；选定方案的线路标准（包括新建或改建），说明转运站、桥涵、隧洞、渡口、码头、仓库和装卸设施的规划布置以及重大部件的运输措施，水陆联运及与国家干线的连接方案以及对外交通工程的施工进度安排；施工期间过坝交通运输方案。

场内交通运输：场内主要交通干线的运输量和运输强度；场内交通主要线路的规

划、布置和标准；场内交通运输线路、工程设施和工程量。

15.2.6 施工工厂设施

施工工厂设施，如混凝土骨料开采加工系统、土石料场和土石料加工系统、混凝土拌和及制冷系统、机械修配系统、汽车修配厂、钢筋加工厂、预制构件厂、风、水、电、通信、照明系统等，均应根据施工的任务和要求，分别确定各自位置、规模、设备容量、生产工艺、工艺设备、平面布置、占地面积、建筑面积和土建安装工程量，提出土建安装进度和分期投产的计划。人型临建工程，如施工栈桥、过河桥梁、缆机平台等，要作出专门设计，确定其工程量和施工进度安排。

15.2.7 施工总布置

施工总布置的主要任务是根据施工场区的地形地貌、枢纽主要建筑物的施工方案、各项临建设施的布置要求，对施工场地进行分期、分区和分标规划，确定分期分区布置方案和各承包单位的场地范围，对土石方的开挖、堆料、弃料和填筑进行综合平衡，提出各类、房屋分区布置一览表，估计用地和施工征地面积，提出用地计划，研究施工期间的环境保护和植被恢复的可能性。

15.2.8 施工总进度

施工总进度的安排必须符合国家对工程投产所提出的要求。为了合理安排施工进度，必须仔细分析工程规模、导流程序、对外交通、资源供应、临建准备等各项控制因素，拟定整个工程，包括准备工程、主体工程和结束工作在内的施工总进度，确定项目的起讫日期和相互之间的衔接关系；对导流截流、拦洪度汛、封孔蓄水、供水发电等控制环节，工程应达到的形象面貌，需作出专门的论证；对土石方、混凝土等主要工种的施工强度，对劳动力、主要建筑材料、主要机械设备的需用量，要进行综合平衡；要分析施工工期和工程费用的关系，提出合理工期的推荐意见。

15.2.9 主要材料、设备供应

根据施工总进度的安排和定额资料的分析，对主要建筑材料（如钢材、钢筋、木材、水泥、粉煤灰、油料、炸药等）和主要施工机械设备，列出总需要量和分年需要量计划。

根据上述各项的综合分析，进行施工组织设计、安排施工进度表、编制施工组织设计文件、施工详图等，作为施工的依据。

15.3 水利工程施工导截流工程

在河流上修建水工建筑物，除应保证建筑物本身应在“干地”条件下施工外，还应考虑原有河道施工期间的通航、筏运、渔业、灌溉以及水电站运行等水资源综合利用要求。施工导流就是研究水利水电工程在施工过程中，将原河道水流通过适当方式导向下游，并尽可能减小施工对原有功能的影响。因此从广义上讲，施工导流工程包括“导、截、拦、蓄、排”等。即在河道上修筑围堰，截断河道水流迫使河水改道从

导流建筑物或预留通道宣泄至下游，这就是通常所说的导、截流。由于导流建筑物的过流能力通常会小于原河道过流能力，因而修筑围堰会使上游水位壅高而产生拦蓄作用。此外为保证建筑物的干地施工，应及时排除基坑积水。由此可以看出，施工导截流工程影响因素复杂，应根据具体工程的实际情况作具体的分析。具体地说施工导截流工程应完成好如下几项主要任务：认真分析研究水文、地形、地质、水文地质、枢纽布置及施工条件等基本资料，在保证上述要求的前提下，选定导流标准，划分导流时段，确定导流设计流量；选择导流方案及导流建筑物的型式；确定导流建筑物的布置、构造及尺寸；拟定导流建筑物的修建、拆除、封堵的施工方法以及截断河床水流、拦洪度汛和基坑排水等措施。

正确合理的施工导流，可以加快施工进度，降低工程造价，否则会使工程施工遇到意外的障碍，拖延工期，增加投资，甚至会引起工程失事。水利工程施工导截流涉及的内容较多，本节主要介绍施工导截流标准、导截流方式的一些基本概念，最后以长江三峡工程的大江截流与明渠截流为例，简要说明导截流的几个重点内容。

15.3.1　施工导截流的设计标准

1. 导流设计标准

在建筑物的全部施工过程中，导流不仅贯彻于始终，而且是整个水流控制问题的核心。所以在进行施工导流设计时，应根据工程的基本资料，拟定可能选用的导流方式，确定导流设计标准、划分导流时段，确定设计施工流量，着手导流方案布置，进行导流的水力计算，确定导流拦水和泄水建筑物的位置和尺寸，通过技术经济比较，选定技术上可靠，经济上合理的导流方案。

导流设计流量的大小，取决于导流设计的洪水频率标准，通常也简称为导流设计标准。我国所采用的导流标准，是根据现行《水利水电工程施工组织设计规范》SDJ338－89（试行），按导流建筑物的保护对象、失事后果、使用年限和工程规模等指标，将导流建筑物划分为Ⅲ～Ⅴ级，再根据导流建筑物的级别和类型，在规定幅度内选定相应的洪水标准。

2. 截流设计标准

在施工过程中，为保证各个施工项目的顺利进行，根据水文、地质、建筑物类型、布置以及施工能力等，合理选择和确定截流日期和截流设计流量是极为重要的。截流日期的选择应该是既要把握截流时机，选择在最枯流量时段进行，又要为后续的基坑工作和主要建筑物施工留有余地，不致影响整个工程的施工进度。

截流日期多选在枯水期初，流量已有明显下降的时候，而不一定选在流量最小的时刻。为了估计在此时段内可能发生的水情，作好截流的准备，须选择合理的截流设计流量。

15.3.2　施工导截流方式

15.3.2.1　施工导流及导流方式

在河流上修建水利水电工程时，为了使水工建筑物能在干地上进行施工，需要用围堰围护基坑，并将河水引向预定的泄水通道往下游宣泄（导流）。

水利水电工程施工中经常采用的围堰，按其所使用的材料，可以分为：土石围堰（图15-1）；草土围堰；钢板桩格型围堰和混凝土围堰等，除土石围堰以外的各类围堰见光盘链接15-1。

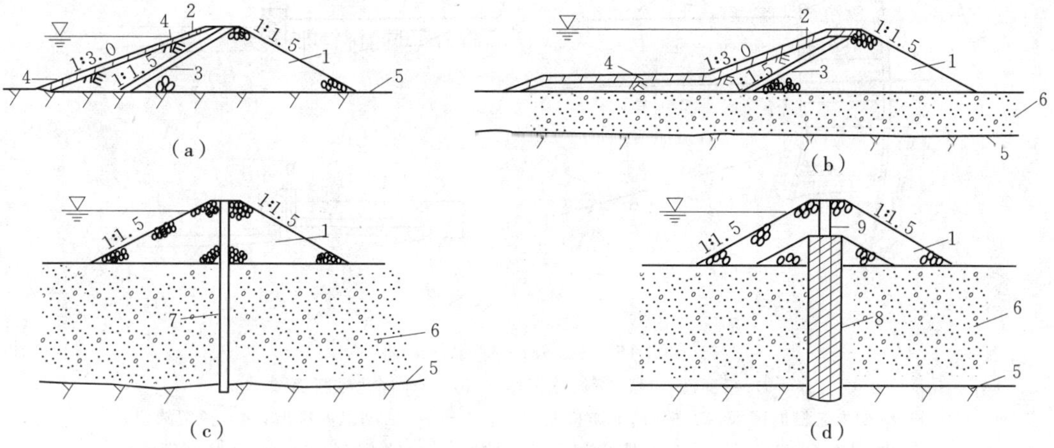

图15-1　土石围堰

(a) 斜墙式；(b) 斜墙带水平铺盖式；(c) 垂直防渗墙式；(d) 灌浆帷幕式

1—堆石体；2—黏土斜墙；3—反滤层；4—护面；5—隔水层；6—覆盖层；7—垂直防渗墙；8—灌浆帷幕；9—黏土心墙

按围堰与水流方向的相对位置，可以分为横向围堰和纵向围堰。

按导流期间基坑淹没条件，可以分为过水围堰和不过水围堰。过水围堰除需要满足一般围堰的基本要求外，还要满足堰顶过水的专门要求。

选择围堰型式时，必须根据当时当地具体条件，通过技术经济比较加以选定。

导流的基本方法，大体上可分为两类：一类是分段围堰法导流，水流通过被束窄的河床、坝体底孔、缺口或明槽等往下游宣泄；另一类是全段围堰法导流，水流通过河床外的临时或永久的隧洞、明渠或河床内的涵管等往下游宣泄。

1. *分段围堰法导流*

分段围堰法亦称分期围堰法，就是用围堰将水工建筑物分段分期围护起来进行施工的方法。所谓分段，就是在空间上用围堰将建筑物分成若干施工段进行施工。所谓分期，就是在时间上将导流分为若干时期。图15-2所示为两段两期导流的例子。首先在右岸进行第一期工程的施工，河水由左岸的束窄河床宣泄。一般情况下，在修建第一期工程时，为使水电站、船闸早日投入运行，满足初期发电和施工通航的要求，应优先考虑先建造水电站、船闸，并在建筑物内预留底孔或缺口。到第二期工程施工时，河水即经由这些底孔或缺口等下泄。对于临时底孔，在工程接近完工或需要蓄水时要加以封堵。

2. *全段围堰法导流*

全段围堰法导流，就是在河床主体工程的上下游各建一道拦河围堰，使河水经河床以外的临时泄水道或永久泄水建筑物下泄。主体工程建成或接近建成时，再将临时泄水道封堵。

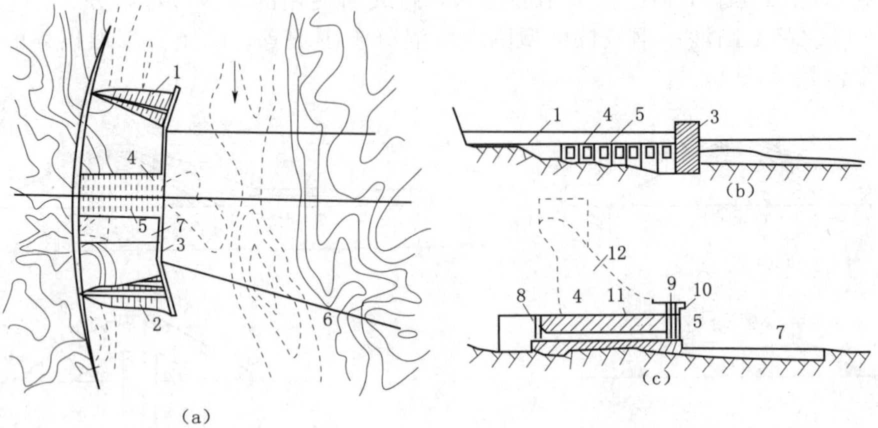

图 15-2　分段围堰法导流

(a) 平面图；(b) 下游立视图；(c) 导流底孔纵断面图

1—一期上游横向围堰；2—一期下游横向围堰；3—一、二期纵向围堰；4—预留缺口；5—导流底孔；6—二期上下游围堰轴线；7—护坦；8—封堵闸门槽；9—工作闸门槽；10—事故闸门槽；11—已浇筑混凝土坝体；12—未浇筑混凝土坝体

全段围堰法导流的泄水道类型有隧洞导流（见图 15-3）、明渠导流和涵管导流等。

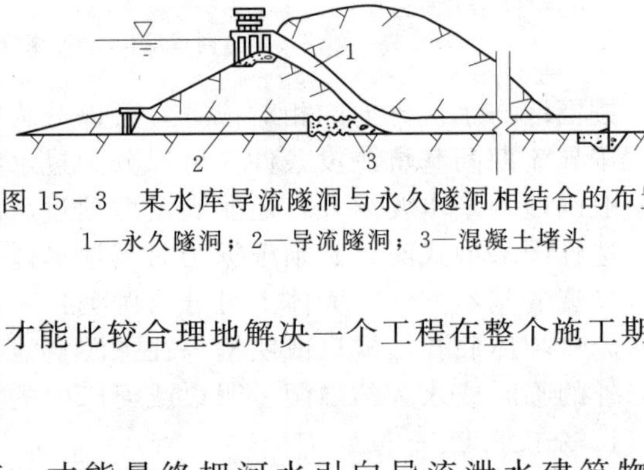

图 15-3　某水库导流隧洞与永久隧洞相结合的布置

1—永久隧洞；2—导流隧洞；3—混凝土堵头

以上按分段围堰法和全段围堰法分别介绍了施工导流的几种基本方法。在实际工作中，由于枢纽布置和建筑物型式的不同以及施工条件的影响，必须灵活应用，进行恰当的组合，才能比较合理地解决一个工程在整个施工期间的施工导流问题。

15.3.2.2　截流及其方式

在施工导流中，截断原河床水流，才能最终把河水引向导流泄水建筑物下泄，在河床中全面开展主体建筑物的施工。截流实际上是在河床中修筑横向围堰工作的一部分（见图15-4）。在大江大河中截流是一项难度比较大的工作。一般说来截流施工的过程为：先在河床的一侧或两侧向河床中填筑截流戗堤，这种向水中筑堤的工作叫做进占。戗堤填筑到一定程度，把河床束窄，形成了流速较大的龙口。封堵龙口的工作称为合龙。在合龙开始以前，为了防止龙口河床或戗堤端部被冲毁，须采取防冲措施对龙口加固。合龙以后，龙口部位的戗堤虽已高出水面，但其本身依然漏水，因此须在其迎水面设置防渗设施。在戗堤全线上设置防渗设施的工作叫闭气。所以，整个截流过程包括戗堤的进占、龙口范围的加固、合龙和闭气等工作。截流以后，再在这个基础上，对戗堤进行加高培厚，修成围堰。

截流在施工导流中占有重要的地位，如果截流不能按时完成，就会延误整个河床部分建筑物的开工日期；如果截流失败，失去了以水文年计算的良好截流时机，则可能拖延工期达一年。所以在施工导流中，常把截流看作一个关键性问题，它是影响施工进度的控制性项目。

长江葛洲坝工程于 1981 年 1 月仅用 35.6h 时间，在 $4720m^3/s$ 流量下胜利截流，为在大江大河上进行截流积累了丰富的经验，标志着我国截流工程跨入了一个新的水平。

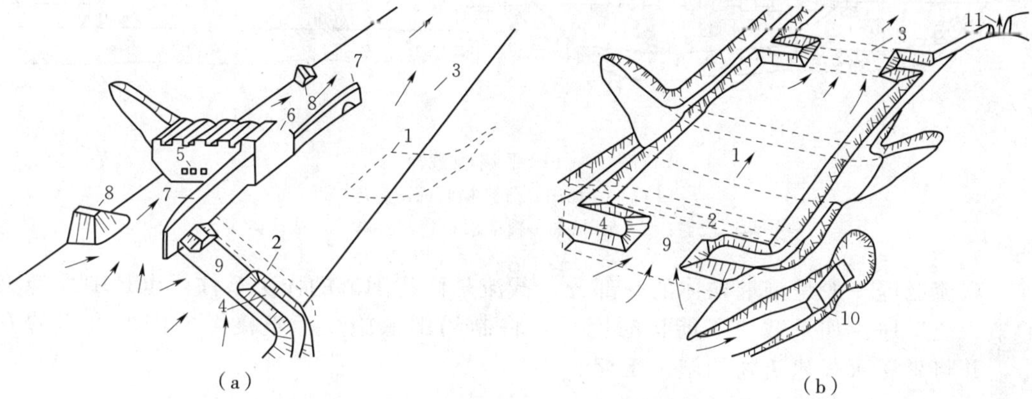

图 15-4　截流布置示意图

(a) 采用分段围堰底孔导流时的布置；(b) 采用全段围堰隧洞导流时的布置

1—大坝基坑；2—上游围堰；3—下游围堰；4—戗堤；5—底孔；6—已浇混凝土坝体；7—二期纵向围堰；8—一期围堰的残留部分；9—龙口；10—导流隧洞进口；11—导流隧洞出口

截流方式可归纳为戗堤截流和无戗堤截流两大类：戗堤截流是向河床抛填石渣及块石或混凝土块体修筑截流戗堤，将河床过水断面逐渐缩小至全部断流；无戗堤截流包括定向爆破法截流、浮运格箱沉放法截流、水力冲填法截流、下闸法截流等。我国大中型水利水电工程常用戗堤法截流。戗堤法截流分为立堵和平堵两种方式，见图 15-5，图 15-6。

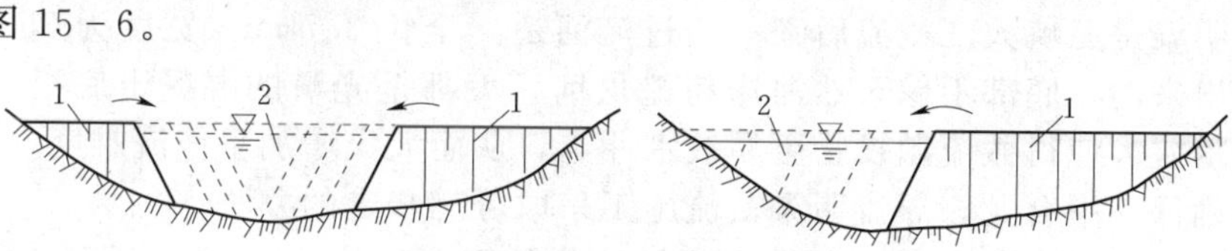

图 15-5　立堵法截流

(a) 双向进占；(b) 单向进占

1—截流戗堤；2—龙口

立堵法截流是将截流材料，从龙口一端向另一端或从两端向中间抛投进占，逐渐束窄龙口，直至全部拦断。

平堵法截流事先要在龙口架设浮桥或栈桥，用自卸汽车沿龙口全线从浮桥或栈桥上均匀地逐层抛填截流材料，直至戗堤高出水面为止。

截流设计时，应根据施工条件，充分研究两种方法对截流工作的影响，通过试验研究和分析比较来选定。有的工程亦有先用立堵法进占，而后在小范围龙口内用平堵法截流，这称为立平堵法。严格说来平堵法都先以立堵进占开始，而后平堵，类似立平堵法，不过立平堵法的龙口较窄。

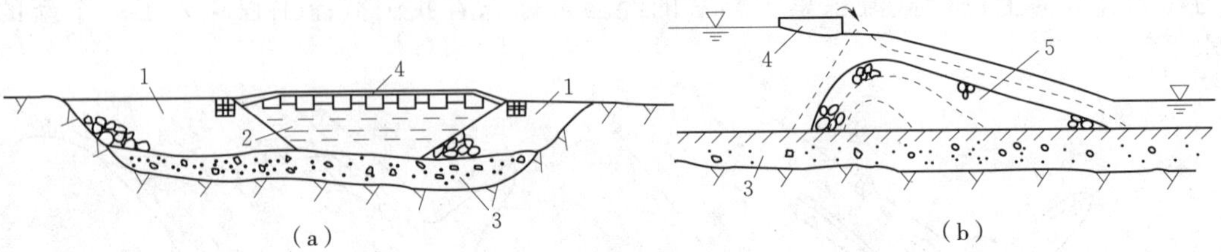

图 15-6 平堵法截流

(a) 立面图；(b) 横断面图

1—截流戗堤；2—龙口；3—覆盖层；4—浮桥；5—截流体

截流戗堤一般是围堰堰体的一部分，截流是修建围堰的先决条件，也是围堰施工的第一道工序。如果截流不能按时完成，将制约围堰施工。直接影响围堰度汛的安全，并将延误永久建筑物的施工工期。

15.3.3 三峡导截流工程

三峡工程截流包括大江截流和导流明渠截流两次。分别在 1997 年 11 月 8 日（大江截流）和 2002 年 11 月 6 日（导流明渠截流）取得成功，标志中国大江大河截流技术已跻身世界领先地位。其中导流明渠截流，是世界上综合施工难度最大的一次截流，采用了“双戗双向（下游单向）立堵截流”的施工方法。这里的“戗”是指截流围堰戗堤。导流明渠采取双戗截流，是指有上、下游两道围堰同时截流；“立堵”是利用自卸车辆不断向河中抛投石块形成堤头，逐步缩窄河宽、直至龙口断流完成合龙；“双向”是指河道两岸同时抛投，最后两道围堰合拢；“单向”则是指从此岸向彼岸一个方向，一道围堰向前抛投。

导流明渠是三峡大江截流后唯一的过流河道，全长 3.7km，宽度为 350m，因是人工开挖出来的，底部不像天然河床粗糙坎坷，大都是光滑的混凝土底板。河道窄、流速高、落差大使得截流抛投物更易被水冲走，从而大大增加了截流难度。为降低截流难度，确保一举合龙，导流明渠截流施工采取分三步走的办法。

首先解决明渠底部光滑、抛投物不易站住的问题。从 2002 年 9 月下旬开始，导流明渠截流施工启动，截流施工单位在导流明渠底部抛投了 1300 多个钢架石笼和合金网石兜，在截流围堰附近形成了一道拦石坎，使导流明渠底部变得粗糙坎坷，为截流时减少抛投物流失奠定了基础。

第二阶段是截流围堰戗堤进占。按照截流方案，填筑截流围堰的正式进占在 2002 年 11 月 1 日开始，施工单位从 2002 年 10 月中旬起，开始进行截流围堰的抛投填筑。到 2002 年 10 月 25 日为止，上、下游两道截流围堰戗堤已达 180 多 m 长，分别形成 150m 和 140m 宽的龙口。

按照截流设计，导流明渠截流流量为 1.03 万 m^3/s，落差 4.11m，上游龙口最大平均流速为 5.14m/s，下游龙口最大平均流速为 4.01m/s。图 15-7～图 15-9 为三峡工程导流明渠围堰施工时照片。

图 15-7 三峡工程三期上游碾压混凝土围堰施工现场

图 15-8 三峡工程导流明渠上游围堰火热的施工现场

图 15-9 近 200 台套设备在三峡工程导流明渠上游围堰开始戗堤进占

15.4 水利工程项目管理

15.4.1 水利工程项目管理的概念

项目与项目管理的概念和相关知识，是 20 世纪 80 年代初为适应我国建设领域的改革需要，随着对外开放和交流而从外部引进的。经过 20 多年的探索、总结、发展，水利工程建设领域逐步形成了以项目法人责任制、招标投标制、建设监理制为核心的建设管理体系，即以项目法人为核心的招标发包体系，以设计、施工、材料设备供应为核心的投标承包体系，以监理单位为核心的技术咨询服务体系，构筑了当前工程项目建设管理的基本格局。其目的在于促进参与工程建设的项目法人、承包商、监理单位三元主体，应用项目管理科学的、系统的方法，确保工程质量，提高投资效益，减轻风险，最优实现项目目标。

1. 项目

所谓项目就是在一定的约束条件下，具有特定目标的一次性事业（或活动）。它具有三个特征：

（1）目标性。项目的目标分为成果性目标和约束性目标二类。前者是指活动的最终结果，如水利工程项目的库容、发电量、防洪能力、供水能力等；后者是指活动过程中的控制目标，包括费用目标、质量目标、时间目标等，后者为前者的基础。

（2）一次性或单件性。该特征是指项目活动从内容、过程到资源投入都是独一无二的，其结果也是唯一的。项目的这个特征可用以区别于其他诸如车间流水生产线等大批量的人类生产活动。此项特征作为项目最重要的特征，其目的在于要重视项目过程各阶段的目标设计与控制。

（3）系统性。项目的系统性表现在以下几个方面：①结构系统。任何一个项目都可以进行结构分解，例如水利水电工程可以逐级分解为许多单位工程、分部工程、分项工程、单元工程，直至每道工序；②目标系统。约束性目标可随结构分解而分解；项目的成果性目标间也相互关联、相互制约构成目标系统；③组织系统。项目一般由多个单位（组织）参与，每一个单位的人员都通过“组织”的手段进行分工和管理；④过程系统。任何一个项目，从其产生到终结，都有其特定的过程。项目的过程由若干个连续的阶段组成，每一个阶段的结束即意味着下一个阶段的开始，或者说上一阶段是下一阶段的前提。

在人类的各项活动中，符合上述内涵和特征的“活动”是很多的。从不同的角度可以分为许多种类。

从项目成果的内容可分为：开发项目、科研项目、规划项目、建设工程项目、社会项目（如希望工程、申办奥运、社会调查、运动会、培训）等。

从项目所处的阶段可分为：筹建项目，规划、勘察、设计项目，施工项目，评价项目等。

从项目的效益类型可分为：生产经营性项目、有偿服务性项目、社会效益性项目。

从项目实施的内容可分为：土建项目、金属结构安装项目、技术咨询服务项目等。

从专业（行业）性质可分为：水利、电力、市政、交通、供水、人力资源开发、环境保护等项目。

从不同角度看，对工程建设项目还可分为新建、扩建、重建、迁建、恢复或维修等项目；按规模又可分为大型、中型、小型等项目。

对项目进行分类的目的，在于通过具体界定活动的内容及其目标，从而为规划、设计、施工、运行等过程实施管理奠定基础。

2. 项目管理

项目管理是指在项目生命周期内所进行的有效的规划、组织、协调、控制等系统的管理活动，其目的是在一定的约束条件下（如动用时间、质量要求、投资总额等）最优地实现项目目标。

项目管理的特征与项目的性质密切相关，主要有以下特性：

（1）目标明确。项目管理的最终目的，就是高效率地实现预定的项目目标。项目目标是项目管理的出发点和归宿。它既是项目管理的中心，也是检验项目管理成败的标准。

(2) 计划管理。项目管理应围绕其基本目标，针对每一项活动的期限、资源投入、质量水平做出详细规定，并在实施中加以控制、执行。

(3) 系统管理。项目管理是一种系统管理方法，这是由项目的系统性所决定的。项目是一个复杂的开放系统，对项目进行管理，必须从系统的角度出发，统筹协调项目实施的全过程、全部目标和项目有关各方的活动。

(4) 动态管理。由于项目人员和资源组织的临时性、项目内容的复杂性和项目影响因素的多变性，项目的执行计划应根据变化了的情况及时作出调整，围绕项目目标实施动态管理。

在项目管理发展的过程中，项目管理的内容也一直处于不断的更新和丰富中，其内涵也在不断地拓宽，并从管理的技能和手段上升为一门学科——项目管理学。从现代的观点来看，项目管理的内容涉及：项目范围管理；项目时间管理；项目费用管理；项目质量管理；项目人力资源管理；项目沟通管理；项目风险管理；项目采购管理等。

15.4.2 工程项目建设管理

15.4.2.1 项目法人责任制

法人是具有民事权利能力和民事行为能力，依法独立享有民事权利和承担民事义务的组织。法人是由法律创设的民事主体，是组织在法律上的人格化。实行项目法人责任制是适应发展社会主义市场经济，转换项目建设与经营体制，提高投资效益，实现我国建设管理模式与国际接轨，在项目建设与经营全过程中运用现代企业制度进行管理的一项具有战略意义的重大改革措施。

根据水利行业特点和建设项目不同的社会效益、经济效益和市场需求等情况，将建设项目划分为生产经营性、有偿服务性和社会公益性三类项目。新开工的生产经营性项目原则上都要实行项目法人责任制，其他类型项目应积极创造条件，实行项目法人责任制。

1. 项目法人及组成

投资各方在酝酿建设项目的同时，即可组建并确立项目法人，做到先有法人，后有项目。

国有单一投资主体投资建设的项目，应设立国有独资公司；两个及两个以上投资主体合资建设的项目，要组建规范的有限责任公司或股份有限公司。具体办法按《中华人民共和国公司法》、国家体改委颁发的《有限责任公司规范意见》、《股份有限公司规范意见》和国家计委颁发的《关于实行建设项目项目法人责任制的暂行规定》等有关规定执行，以明晰产权，分清责任，行使权力。

独资公司、有限责任公司、股份有限公司或其他项目建设组织即为项目法人。

2. 项目法人的主要管理职责

项目法人对项目的立项、筹资、建设和生产经营、还本付息以及资产的保值增值的全过程负责，并承担投资风险。

(1) 负责筹集建设资金，落实所需外部配套条件，做好各项前期工作。

(2) 按照国家有关规定，审查或审定工程设计、概算、集资计划和用款计划。

(3) 负责组织工程设计、监理、设备采购和施工的招标工作，审定招标方案。要对投标单位的资质进行全面审查，综合评选，择优选择中标单位。

(4) 审定项目年度投资和建设计划；审定项目财务预算、决算；按合同规定审定归还贷款和其他债务的数额，审定利润分配方案。

(5) 按国家有关规定，审定项目（法人）机构编制、劳动用工及职工工资福利方案等，自主决定人事聘任。

(6) 建立建设情况报告制度，定期向水利建设主管部门报送项目建设情况。

(7) 项目投产前，要组织运行管理班子，培训管理人员，做好各项目生产准备工作。

(8) 项目按批准的设计文件内容建成后，要及时组织验收和办理竣工决算。

3. 项目法人的设立

新上项目在项目建议书被批准后，应及时组建项目法人筹备组，具体负责项目法人的筹建工作，项目法人筹备组应主要由项目的投资方派代表组成。

有关单位在申报项目可行性研究报告时，须同时提出项目法人的组建方案。否则，其项目可行性研究报告不予审批。

项目可行性研究报告经批准后，正式设立项目法人。并按有关规定确保资本金按时到位，同时及时办理公司设立登记。

国家重点建设项目的公司章程须报国家计委备案。其他项目的公司章程按项目隶属关系分别报有关部门、地方计委备案。

15.4.2.2 招标投标制

招标投标是最富有竞争性的一种采购方式，能为采购者带来经济、质量、货物或服务。我国推行工程建设招标投标制，是为了适应社会主义市场经济的需要，促使建筑市场各主体之间进行公平交易、平等竞争，以确保建设项日质量、建设工期和建设投资计划。

1. 招标的范围和方式

(1) 招标的范围。

《中华人民共和国招标投标法》规定，在中国境内进行下列工程建设项目包括项目的勘测、设计、施工、监理以及与工程建设有关的重要设备、材料等的采购，必须进行招标：

1) 大型基础设施、公用事业等关系社会公共利益、公众安全的项目。

2) 全部或者部分使用国有资金投资或者国家融资的项目。

3) 使用国际组织或者外国政府贷款、援助资金的项目。

根据《水利工程建设项目招标投标管理规定》的要求，符合下列具体范围和规模标准的水利工程必须招标：

1) 关系社会公共利益、公共安全等防洪、排涝、灌溉、水力发电、引（供）水、滩涂治理、水土保持、水资源保护等水利工程建设项目。

2) 使用国有资金投资或者国家融资的水利工程建设项目。

3) 使用国际组织或者外国政府贷款、援助资金的水利工程建设项目。

4) 施工单项合同估算价在200万元人民币以上的。

5）重要设备、材料等货物的采购，单项合同估算价在100万元人民币以上的。

6）勘察设计、监理等服务的采购，单项合同估算价在50万元人民币以上的。

7）项目总投资额在3000万元人民币以上，但分标单项合同估算价低于第4）、5）、6）项规定的标准。

（2）招标的方式。

《招标投标法》中规定招标的方式分为公开招标和邀请招标两种。

公开招标是指招标人通过有关公开报刊、信息网络或者其他媒介发布招标公告，以邀请不特定的法人或者其他组织投标。

邀请招标是指招标人以投标邀请书的方式，邀请具备承担招标项目的能力、资信良好的特定的法人或者其他组织投标。

涉及国家安全、国家秘密、抢险救灾或者属于利用扶贫资金实行以工代、需要使用农民工等特殊情况，不适宜进行招标的项目，按照国家有关规定可以不进行招标。

2. 建设工程项目招标投标的程序

建设工程项目招标投标的程序一般包括以下几个步骤：

（1）招标准备阶段：①招标人申请批准招标；发布招标公告；②发售资质预审文件；对投标人资质预审；③编制招标文件；④向通过资质预审的投标人发投标邀请书。

（2）招标阶段：①发售招标文件；②招标文件的修改、澄清、质疑；③现场考察、标前会议；④递交和接收投标书。

（3）决标阶段：①开标；②评标；③授标，商签施工合同。

3. 其他有关规定

（1）招标代理机构。

招标人有权自行选择代理机构，委托其办理招标事宜。

招标代理机构是依法设立、从事招标代理业务并提供相关服务的社会中介组织。招标代理机构应当具备下列条件：①有从事招标代理业务的营业场所和相应资金；②有能够编制招标文件和组织评标的相应专业力量；③有依法可以组建评标委员会的技术、经济方面的专家库。

（2）建设项目施工招标的条件。

根据水利部《水利工程建设项目招标投标管理规定》，建设项目施工招标应具备下列条件：①初步设计已经批准；②建设资金来源已落实，年度投资计划已经安排；③监理单位已确定；④具有能满足招标要求的设计文件，已与设计单位签订适应施工进度要求的图纸交付合同或协议；⑤有关建设项目永久征地、临时征地和移民搬迁的实施、安置工作已经落实或已有明确安排。

15.4.2.3 建设监理制

建设监理是自20世纪80年代以来，随着对外开放和建设领域体制改革，从西方发达国家引进的一种新的建设项目管理模式，在建设单位和施工单位之间引入公正的、独立的第三方——监理单位，对工程建设的质量、工期和费用实施有效控制。20多年来的实践表明，建设监理的实施和建设监理制的建立对规范我国建筑市场，提高工程质量和项目投资效益，具有重大的意义。水利部颁布的《水利工程建设监理规定》中明确确定，在我国境内的大中型水利工程建设项目，必须实施建设监理。

1. 建设监理的概念和特性

建设监理是指监理单位受项目法人委托，依据国家有关工程建设的法律、法规和批准的项目建设文件、工程建设合同以及工程建设监理合同，对工程建设实施的管理。

建设监理的特性主要有：服务性、公正性、独立性和科学性。

2. 建设监理的任务

建设监理的任务归纳起来主要有投资控制、质量控制、进度控制、合同管理、信息管理、组织协调6个方面，即“三控制二管理一协调”。其中三大目标控制是核心，合同管理为依据，信息管理为基础，组织协调为手段，六个方面有机配合，并贯穿于项目全过程，使项目目标最优实现。

3. 建设监理的内容

建设监理贯穿工程建设项目全过程，主要分如下几个阶段：

（1）建设前期阶段。项目的可行性研究或参与可行性研究报告的评估。

（2）设计阶段。提出设计要求，组织评选设计方案；协助选择勘察、设计单位，商签勘察、设计合同并组织实施；审查设计和概（预）算。

（3）施工招标阶段。①协助项目法人组织招标工作：提出分标意见和招标申请书；选定编标单位，组织编写招标文件和标底；发布招标、通告招标通知书，投标邀请书；审查投标资格；组织投标单位进行现场勘察，澄清问题；投标书；组织评标意见。②协助项目法人与中标单位签订工程承包合同。

（4）施工阶段。①协助项目法人编写开工报告；②审查承包商选择的分包单位；③组织设计交底和图纸会审，审查变更初步设计原则的设计变更；④审查承包商提出的施工技术措施、施工进度计划和资金、物资、设备计划等；⑤督促承包商执行工程承包合同，按国家和水利水电行业技术标准和批准的设计文件施工；⑥监督工程质量（包括材料、设备构件等的质量），检查安全防护设施，定期向项目法人汇报；⑦核实完成的工程量，签发工程付款凭证，审查工程结算；⑧整理合同文件和技术档案资料；⑨协调项目法人和承包商的关系，处理违约事件；⑩协助项目法人进行工程各阶段及竣工验收的初验，提出竣工验收报告。

总之，水利工程建设监理的主要内容是进行工程建设合同管理，按照合同控制工程建设的投资、工期和质量，并协调有关各方的工作关系。

4. 建设监理的措施和依据

建设监理的措施是为实现目标控制而采取的，主要包括组织措施、技术措施、合同措施和经济措施四个方面。

实施监理主要依据，包括国家和建设管理部门制定颁发的法律、法规、规章和有关政策；技术规范、技术标准（主要包括国家有关部门颁发的设计规范、技术标准、质量标准、施工规范、施工操作规程等）；政府建设主管部门批准的建设文件、设计文件；项目法人与施工承包商依法订立的工程承包合同，与材料、设备供货单位签订的有关购货合同，与社会监理单位签订的建设监理合同以及项目法人与其他有关单位签订的合同。

15.4.3 工程（运行）管理

如前所述，水利建设项目分为三类：一是社会公益性项目，包括防洪、防潮、治涝等工程，投资以国家（包括中央和地方）为主，主要使用财政拨款（包括国家预算内投资、水利建设基金、国家农发基金、以工代赈等无偿使用资金），对有条件的经济发达地区亦可使用贷款进行建设。对此类项目，要明确具体的政府机构或社会公益机构作为责任主体，对项目建设的全过程负责并承担风险。二是有偿服务性项目，包括灌溉、水运等工程，投资以地方政府和受益部门、集体及农户为主，主要使用部门拨款、拨改贷、贴息贷款和农业开发基金，大型重点工程也可争取利用外资。三是生产经营性项目，包括城市、乡镇供水和以发电为主的水电站工程，按社会主义市场经济的要求，以受益地区或部门为投资主体，资金用贷款、发行债券或自筹解决。这一类项目必须实行项目法人责任制和资本金制度，资本金率按国家有关规定执行。

相应地，水管单位的性质也分为公益性、准公益性和经营性三类，其性质界定主要依据水利工程建成后的效益情况。若水管单位的效益主要是社会效益和环境效益，则属于公益性的；若水管单位的效益以经济效益为主，则属于经营性的；而以社会效益为主，同时可以获得一定的经济效益，但是其运行成本只能部分获得补偿的水管单位，属于准公益性的。

水管单位可以根据其职能进行细分。向工业及城市生活用水为主或带有水电装机的水库，效益普遍较好，可以作为经营性的单位，其资产可以界定为经营性资产，这部分水利资产最具吸引力。向农业供水的水库、灌区、受益范围明确的排灌站有经营的性质，但其服务价格由于受到服务对象的限制，通常将其称为有偿服务型单位，这类单位视经营情况效益有所差别，但是大部分由于水价偏低而难于维持，迫切需要通过产权改革来强化经营管理。以防洪为主的水库，受益范围不明显的大型排灌站、闸坝、堤防等以公益型职能为主，没有其他条件的，难于靠自身经营维持良性循环，其产权安排以公有产权为好。

水利公益性资产主要是依靠政府资金投入形成的，主要产生社会效益，本身并不给投资者带来直接经济效益，其运行维护的费用也主要依靠政府建立相应的补偿机制提供。非政府资金一般不会也不愿意投入其中。这部分资产的所有权基本上是国家的，它的产权改革不会涉及所有权，基本上应是在承包经营范围内的选择。

水利经营性资产是讲求回报的，自身产生经济效益，以自身产生的经济效益来维持和发展。由于自身产生经济效益，在项目合适的情形下，非政府资金可以也愿意投资，它的产权改革可以涉及到所有权的改变、流动和重组。因此，这一部分资产的产权改革可以选择的形式包括得就更为广泛了，可以视具体情况在国有独资、股份制、股份合作制、租赁、承包经营、破产、拍卖等形式之间选择。

部分水利资产兼具公益性和经营性，应将公益性和经营性资产进行合理的界定和细分，依细分后的资产特性来进行选择。公益性部分仍属国家所有，并建立相应的补偿机制；经营性部分则可以采取灵活多样的产权组织形式。公益性和经营性难以准确界定和细分的，原则上视同于公益性资产。

15.5 征 地 移 民

15.5.1 征地移民的概念、征地范围及实物指标

移民按其主观意愿可分为自愿移民和非自愿移民。自愿移民是指人们因自身原因被生存、发展的条件所致，自发地、自觉自愿地采取迁移的行为。如美国历史上的淘金者、石油开发者和我国20世纪80年代沿海特区引发的南下潮等。非自愿移民是指由于各种不可抗拒的外力因素（如战争、自然灾害）或由于兴建工程项目或为了生态保护而导致的人口被迫迁移。非自愿移民又分为难民和工程移民两类。难民是因战争、自然灾害或政治、文化、社会等原因产生的人口迁移。近几年，还出现了许多为了生态保护而迁移的生态移民。

因工程建设引起的征地移民按工程建设的类别不同，可分水利水电工程移民、交通工程移民、城建移民及其他工程移民。这里所指“征地移民”是指为了水利水电工程建设征用土地需要而必须搬迁、补偿和安置的农村、城镇居民，属非自愿移民，统称“水利水电工程建设征地移民”，简称“征地移民”。这类征地移民因蓄水发电、灌溉、防洪等开发利用水资源所兴建水库、水电站等水利水电工程，丧失了原有土地资源，原有社会、经济、环境、生产体制可能解体，需要国家或地方政府负责，按照专门的法律法规，对其进行安置以恢复受影响居民原有的生产生活水平。

15.5.1.1 各类水利水电工程征地范围确定的原则和基本方法

水利水电工程建设征地范围，根据水利水电工程建设征地移民设计规范（SL 290—2003），分枢纽工程水库区、枢纽工程坝区和其他水利工程用地范围。

枢纽工程水库区征地范围包括水库淹没区和因水库蓄水而引起的影响区两部分。水库淹没区包括正常蓄水位以下的经常淹没区和正常蓄水位以上受水库洪水回水和风浪、船行波、冰塞壅水等淹没的临时淹没区。水库蓄水引起的影响区包括浸没、坍岸、滑坡等地质灾害，以及其他受水库蓄水影响的地区。

枢纽工程坝区范围包括修筑拦河坝等水工建筑物的施工建筑区和枢纽运行管理区，以及对外交通设施、储运库等。其中按占地的用途，可分为枢纽建筑物、料场、堆（弃）渣场、作业场（含辅助企业）、道路、其他设施以及工程建设管理区与枢纽永久管理区等所占用的土地。

其他水利工程用地范围，包括工程用地、运行管理用地和施工临时用地。按照工程总布置图、施工总布置图确定堤防、人工河道、渠道（含渡槽）、灌排泵站、输水管道、蓄、滞洪区安全建设、水闸及上游壅水淹没区等工程项目的工程永久用地和施工临时用地的范围，以及施工分期分区的用地范围。

对于受水闸壅水引起的淹没损失及大型渠系上的水塘、小型水库，其范围可参照水库淹没设计洪水标准确定，必要时需考虑回水淹没及泥沙淤积。对堤围内的渍水淹没而设置的预排调蓄区，可按有关排涝标准确定其范围。修建其他水利工程可能引起的浸没、坍岸、滑坡，应按地质资料确定其范围。

15.5.1.2 不同水库淹没处理对象的设计洪水标准

现行淹没处理范围的设计洪水标准，是以一定频率即重现期洪水及其沿库长度的洪水回水位而定。在选定的回水位以内，要作征地、移民等的处理，其费用列入工程建设投资概算内。出现超标准洪水造成的损失，一般按自然灾害处理。

15.5.1.3 各类水利水电工程占地实物指标调查的主要项目和方法

实物指标是指水利水电工程建设中水库淹没、征地拆迁影响的人口、房屋、土地、工业企业、交通设施、电力设施、通信设施、水利设施、文物、矿产资源和其他地面附着物等。

水库淹没损失调查的范围，应包括水库淹没区和影响区。淹没实物指标调查的主要项目可分为土地、房屋、人口、工业企业和专业项目五个分类。

1. 土地

土地调查分类参照国家土地管理部门的土地分类标准，结合水库征地移民设计的具体情况，将土地分为12类，在不同地区调查单位可根据工程建设区的具体情况在此基础上适当增减分类。

2. 房屋

房屋按产权、用途和建筑结构进行分类。调查内容包括房屋建筑面积和房屋的内外装饰。

在房屋调查时，还应对不同结构、用途的房屋内外装饰作调查，同类房屋装修可分不同档次，具体的分类由调查单位结合各工程的具体情况确定。

3. 人口

人口应按农村的农业人口、非农业人口和集镇、城镇的农业人口、非农业人口分别计列，其中应包括有户籍人口和无户籍的超计划出生人口、户口临时转出的定向招收毕业后回原籍的学生和义务兵、中小学生、劳改劳教人员等。其有住房产权的长住无户籍人口、无户籍的合同工，另行统计。计量标准为户、人。

4. 工业企业

受水库淹没影响的工业企业如属于符合国家规定的大中型工业企业，应列入“工业企业迁建”项目，按不同属性、类型、行业，逐个进行调查登记。核定企业现有生产规模、固定资产和职工、家属人数等实物指标的数量与质量。小型工业企业，归属该企业所在地进行调查，列入集镇或城镇或农村“工商企业”项目内。

5. 专业项目

专业项目调查包括交通运输设施调查、输变电设施调查、电信设施调查、广播电视设施调查、管道设施调查、水利水电设施调查、国有农（林、牧、渔）场调查、矿产资源调查、文物古迹调查、水文站调查、测量标志调查、军事设施调查12类。

专业项目的调查按有关专业的相应规定分类和计量。

15.5.2 移民安置

中国政府历来十分重视水库移民问题，根据社会和国民经济发展的需要，在不同的发展阶段，制定了符合实际的方针政策，用于指导移民工作。

1. 法律法规

由于水库移民安置涉及国民经济许多部门和社会发展的各方面，内容广泛且复杂，因此涉及的法规也很多。从中国的情况看，与移民安置有关的法规，目前可以分为四大类：一是基本的或通用的法规；二是专用的或行业的；三是专项法规；四是地方法规。

基本的和通用的法规主要有13个，其中《中华人民共和国宪法》(以下简称《宪法》)是根本大法，每一个公民都必须遵守。

水利水电行业专用法规，最重要的是1991年2月国务院颁布的《大中型水利水电工程建设征地补偿和移民安置条例》(以下简称《条例》)，它是依据《土地法》，水利水电行业根据本行业的特点，在总结历史上移民安置经验的基础上制定的，共27个条款，分总则、征地补偿、移民安置、罚则和附则五章。《条例》中关于水库淹没土地上附着物，如房屋、森林、坟、厕所、水井、牲畜圈等，因各地区差别很大，国家难于制定一个统一的赔偿标准。因此，其规定标准由国务院授权给地方政府制定，所以专用法规有中央的，也有与之配套的地方法规。《条例》是在计划经济体制下出台的，当前我国已实行社会主义市场经济，《条例》有些规定和标准与当前实际执行情况有较大差距，现正准备进一步修改、补充、完善，进而向制定《水库移民法》方向努力。

在水利水电行业专用法规还有水利部和原电力工业部颁发的一些规程规范，如《水利水电工程建设征地移民设计规范》(2003年)等，当前正在编制《水利水电工程建设征地移民实物指标调查规范》等，这些规程规范颁布后，水库移民的前期工作和实施工作可以进一步完善和规范化。

专项法规主要是1993年6月国务院颁布的《长江三峡工程建设移民条例》，其基本原则与上面所述法规是一致的。

地方法规主要是各级地方政府根据当地的实际情况而制定的一系列与水库移民问题有关的法规。

2. 移民政策

中国水库移民的政策，总的目标是根据中国的国情，在修建大坝时尽可能避免或减少移民。在不可避免搬迁移民时，本着对移民负责到底的精神，做到一切从移民的根本利益出发，以科学的态度按经济规律办事。正确处理大坝建设与移民安置的关系，正确处理国家、集体和移民三者的利益关系，依法进行搬迁、安置移民；坚持开发性移民方针，扶持移民发展生产，使移民生产和生活达到或超过原有水平。通过有效安置移民，实现水资源的可持续开发利用与人口、资源、环境的协调发展。中国的水库移民政策主要分为搬迁安置政策和后期扶持政策两大部分：

水库移民的搬迁安置包括政府负责、社会动员、经济补偿、协调发展、优惠照顾、多方支援等各项政策。

后期扶持政策既体现了中国政府对移民负责到底的精神，也体现了移民分享工程效益的原则。国家在大坝建设过程中对水库移民实施安置后，再实行后期扶持政策，所需资金从各级政府财政拨款、库区维护基金、库区建设基金、后期扶持基金等四个方面解决。

目前，水利部正在组织进行调查研究，制定增加后期扶持投资的新政策。新政策出台后，对加速水库移民发展经济、提高水库移民的生活水平将会起到极大的推动作用。

3. 移民安置规划设计

移民安置规划包括农村移民安置规划、城镇和集镇迁建规划。农村移民安置规划设计应包括确定移民安置人口规模、移民安置区环境容量调查分析、编制移民安置方案、移民生产安置规划设计、居民点布设和基础设施规划设计、移民安置投资概（估）算等内容。城镇和集镇迁建规划包括确定迁移人口和用地规模、新址选择、总体规划、详细规划或总体布局［含复建投资概（估）算和主要材料计算］。

移民安置要与库区建设、资源开发、经济发展、环境保护和治理相结合，促进库区经济发展。

4. 安置区移民安置环境容量

环境容量是指一个区域在一定的生产力、一定的生活水平和环境质量下所能承受的人口数量。将环境容量的思路应用到移民安置规划与设计之中，由此产生了“移民环境容量”这一理念。简言之，移民环境容量，是指某一规划的安置区域，在既定的生产技术条件下，在实现人与环境可持续发展的基础上并使人们达到一定物质生活水准时，除现有的人口外还可以供养的，亦即还可以从区外迁入的人口数量。它与经济活动和自然环境相关，经济活动是环境的动力，环境是经济活动的自然条件，经济越发达，一般移民环境容量越大。移民环境容量不是无限的，经济发展和环境质量是互相促进和互相制约的。人口作为资源是环境变动的动力，又是社会经济和消费的主体，人口超过适度，会造成对环境的冲击，因而也限制经济的发展，使生态向恶性循环演变。

环境质量是移民环境容量的前提，保持环境质量的办法就是要保护生态环境向良性循环演变，使再生资源能够永续利用。一般来说，一个区域的资源越丰富，环境质量越好，生产技术越先进，经济越发达，其移民环境容量就越大。

移民环境容量一般分为两部分，即现实环境容量和潜在环境容量。现实环境容量是考虑移民安置的基本依据，如可垦的后备土地资源。另一种是靠有一定投入，开发资源的内涵潜力以扩大环境容量，叫潜在容量。农业系统的潜在容量有两方面内容：一是增加投入、提高单产，如坡改梯、旱改水、精耕细作等都可增加产量产值；二是改善系统结构，提高系统效率，如调整种植结构，发展多种经营，对产品加工，开展社会化服务等，都可扩大移民环境容量。

移民环境容量分析应和生产安置规划结合进行，主要是对农村移民安置起制约和指导作用。不论从总体来说还是从局部单元来说，移民安置规划都要受环境容量的制约，脱离具体规划，移民环境容量分析也就没有可靠的基础和根据。移民环境容量分析应渗透到移民安置规划中进行。农村移民安置出路主要是大农业，同时也要兴办加工业和其他二、三产业，这些二、三产业大部分是以大农业为基础的。

要准确地分析计算出移民环境容量，需要通过一系列的指标体系来确定安置工作要达到的目标，以及在实现这些目标的前提下合理而可能的移民人数。

5. 专业项目的复建

专业项目恢复改建，包括受淹没影响的铁路、公路、航运、电力、电信、广播电视、水利水电设施、军事、水文站、测量永久标志、农、林、牧、渔场、文物古迹、风景名胜区、自然保护区等。

各专业项目的恢复改建，应按原规模、原标准（等级）、恢复原功能的原则，进行规划设计，所需投资列入水利水电工程补偿投资。因扩大规模、提高标准（等级）或改变功能需要增加的投资，不列入水利水电工程补偿投资。

15.5.3 征地移民补偿

1. 征地移民补偿应遵循的原则

(1) 水库征地移民补偿。应以调查的淹没影响实物指标为依据，结合移民安置规划设计，按照国家有关法律和国务院颁布的《大中型水利水电工程建设征地补偿和移民安置条例》的规定进行。

(2) 水库农村移民安置、集镇迁建、城镇迁建、工业企业迁建和专业项目恢复改建以及防护工程。按照原规模、原标准、恢复原功能所需的投资，列入水库征地移民补偿。凡结合迁建或防护需要提高标准、扩大规模增加的投资，不列入水库征地移民补偿投资。不需要或难以恢复或改建的淹没对象，可给予合理的补偿。

(3) 有关部门利用水库水域发展兴利事业所需投资，应按“谁投资、谁受益”的原则，由有关部门自行承担。

(4) 分年投资。应根据库区分期分年移民工程的进度计划确定。

(5) 水库征地移民补偿投资概（估）算。应按枢纽工程概（估）算编制相同年份的政策规定和价格水平计算。

枢纽工程的坝区及其他水利工程，还应根据工程的用地性质，如涉及临时占地的，需增列临时用地补偿费、青苗补偿费和耕地复垦费。耕地复垦费应按其规划设计的工程量计算。

2. 征地移民补偿的基本计算方法

实现水库移民设置，需要资金投入，主要考虑两个方面：一是水库淹没实物按国家或地方有关政策和法规的规定，确定补偿标准，通过计算而得的补偿；二是移民迁移、安置所必要的附加资金。这两部分总称水库淹没处理补偿，是工程建设总投资的重要组成部分。包括农村移民安置补偿费、集镇迁建补偿费、城镇迁建补偿费、工业企业迁建补偿费、专业项目恢复改建补偿费、防护工程费、库底清理费以及勘测设计科研费、实施管理费、技术培训费等其他费用、预备费、建设期贷款利息、有关税费等。

在可行性研究报告阶段，以征地移民实物指标为基础，结合移民安置初步规划方案，编制补偿投资估算，列出静态投资和总投资。

在初步设计阶段，按照各条的规定分项编制补偿投资概算，列出静态投资和总投资。总投资为静态投资、价差预备费、建设期还贷利息之和。

在技施设计阶段，根据初步设计阶段审定的投资和本阶段的各项设计成果，分项核定补偿投资概算。

15.5.4 长江三峡工程的开发性移民

三峡工程是一项世界上“前无古人”的巨型的社会工程。要建成这样宏伟的工程，必须有科学的规划，必须编制既有明确目标又能逐步实现的安置建设蓝图。然后，按规划“蓝图”，通过库区人民的共同努力和各方面的支援，有计划有步骤地分期分批实施，使移民得到妥善安置，搬迁后的各项基础设施和公共事业得到改善，生活水平逐步提高，并为库区步入经济社会良性发展和移民致富创造条件。

根据长江水利委员会1991～1992年淹没实物指标调查，全库区规划建房人口110.56万人，规划基础设施规模人口120.88万人；计划1997年前迁移11.56万人（建房人口10.53万人）；1998～2003年迁移53.21万人（建房人口45.44万人），2004～2006年迁移34.98万人（建房人口33.47万人），2007～2009年迁移21.13万人（建房人口21.12万人）。规划复建房屋面积3687.8万m^2；计划1997年迁建521.13万m^2，1998～2003年迁建1554.94万m^2，2004～2006年迁建1006.92万m^2，2007～2009年迁建604.81万m^2。具体实施时按下列规划执行：

1. *农村移民安置规划*

全库区规划农村移民生产安置人口40.5万人，在库区淹没涉及县内安置32.2万人，出县外迁安置8.3万人；规划搬迁建房总人口44万人（湖北省6.5万人，重庆市37.5万人），县内搬迁建房32.2万人（湖北省4万人，重庆市28.2万人）。

1999年5月，国务院召开三峡工程移民工作会议，鼓励和引导更多的农村移民外迁安置，对农村移民安置规划进行了调整和完善。全库区农村移民外迁安置人数由原来规划的8.3万人，增加到12.5万人。湖北省2.5万人，全部在本省非库区县安置。重庆市10万人，其中巫山1.7万人，奉节1.7万人，云阳3.6万人，开县1.1万人，忠县1.9万人；在本市非库区县安置2万人，投亲靠友自主分散安置1万人，出市外迁安置7万人：外迁四川省9000人，江苏、浙江、山东、湖北、广东省各7000人，上海市、福建省各5500人，安徽、江西、湖南省各5000人。

2. *城镇迁建规划*

规划迁建的城镇有：湖北省的秭归、巴东、兴山等3座县城；重庆市的万州、涪陵两座城市，巫山、奉节、云阳、开县、忠县、丰都、长寿等7座县城及116个迁建集镇，包括27个建制镇、82个乡集镇、7个一般场镇。规划建房人口71.8万人，规划基础设施规模人口82万人，规划迁建用地规模5774.28hm^2。

3. *工矿企业迁建规划*

按编制的时间、深度及内容不同，分为淹没处理规划、搬迁结合技改规划和结构调整规划。

（1）淹没处理规划主要内容包括淹没企业的实物资产及价值评估、补偿投资核算、迁建规模及占地面积、迁建地址、移民补偿资金分年投资数量等。

（2）企业搬迁结合技改规划是淹没企业迁建的实施规划，重点调整淹没企业的产品结构、产业结构和组织结构，由国家经贸委和三建委移民开发局组织库区两省、市有关部门编制，并委托中国国际工程咨询公司进行评估。1994年底完成了135m水位线下淹没企业搬迁结合技改规划，1997年对其进行了修订，形成了搬迁结合技改三年规划。

(3) 结构调整规划是根据1999年国务院三峡工程移民工作会议"两个调整完善"精神，对淹没处理规划和搬迁结合技改规划做了再一次修订和完善。通过实施兼并、破产、关闭等措施，加大淹没企业组织结构、所有制结构、产业结构和产品结构的调整力度。结构调整规划涉及库区1629家淹没企业，拟保留发展617家，合并重组为406家新企业，破产关闭1012家淹没企业，调整压缩比为75.1%。其中，湖北库区结构调整规划涉及232家淹没企业，拟保留发展22家，合并重组为17家新企业，破产关闭210家淹没企业，调整压缩比92.7%；重庆库区结构调整规划涉及1397家淹没企业，拟保留发展595家，合并重组为389家新企业，破产关闭802家淹没企业，调整压缩比为72.2%。

4. 专业项目复建规划

(1) 公路复建。规划复建公路总长度819.97km（湖北229.18km，重庆590.79km），其中，二级公路19.92km，三级公路283.47km，四级公路516.58km，大型桥梁198座，汽车轮渡14处。

(2) 港口码头。规划复建城市港口2座，即万州港和涪陵港；县城港口8座，即秭归港、巴东港、巫山港、云阳港、忠县港、丰都港、长寿港；集镇码头81座；停靠点97处。

(3) 电力设施。规划新建水电站53座，装机容量375.7MW；复建输电线路3836.6km，其中湖北省909.65km，重庆市2926.95km。

(4) 邮电通信。规划复建主要线路有：农话中继线1304.85km，农村用户线1282.71km；沪一汉一成通信线205km；长航通信干线621km，分支线142.1km。

(5) 广播电视。规划复建县广播站、电视台20个，乡、镇广播站、电视台111个，微波站5座；复建广播线路4191.03km，乡、镇至村广播线2886.23km。

(6) 天然气管道。规划复建重庆库区输气管道47.32km，储配气站2座，过江管道0.7km。

5. 防护工程规划

规划的防护工程有巴东县平阳坝防护工程、兴山县过阳坪防护工程、开县15片防护工程等，防护土地总面积26.7k㎡，防护区人口4万人。

6. 环境保护规划

规划主要指标为：到2010年末农业人口人均拥有稳产高产基本农田0.053～0.067 hm^2（0.8～1亩），经果林0.02～0.033 hm^2（0.3～0.5亩），林草覆盖率达到45%以上，土壤侵蚀量减少70%以上，水土流失得到有效控制；移民安置区"三废"污染和噪声污染问题基本得到控制，环境质量达到国家规定的标准；人群健康得到有效保障；生态环境显著改善。

7. 库区崩滑体处理规划

经调查，受三峡工程蓄水影响前缘高程175m以下的崩滑体共计有1302处，其中干流654处，支流648处。规划处理意见为不处理的501处，监测297处，搬迁处理466处，工程处理34处，专项处理4处；2003年前拟处理的220处，其中工程治理21处。

2001年10月，国土资源部编制了《三峡库区地质灾害防治总体规划》。根据规划需治理项为：①崩滑体2490处，其中工程治理并监测预警的615处，搬迁避让并监测预警的553处，只进行监测预报的644处，不需防治的578处。②塌岸防护139km，其中2003年以前重点完成的塌岸调查评价任务为184km，塌岸工程防护为79km。③监测预警776处，其中专业监测72处，群测群防704处。④高切坡防护规划1428处，深基础处理初步规划以奉节、巫山、巴东等新县城城区为主。

8. 文物保护规划

三峡水库淹没区涉及迁建区文物保护项目共1087处（湖北省335处，重庆市752处）。其中，地面文物项目364处（湖北118处，重庆市246处），列入搬迁保护的135项（湖北省42项，重庆93项）；地下文物项目723处（湖北省217处，重庆506处）。

第 4 篇

水利经济与水利管理

水利作为国民经济的基础产业和基础设施，对国民经济和社会的发展具有重要的基础性保障作用。新中国成立以来，我国兴建了大量的水利工程，成就显著，作用巨大。但是，在计划经济体制下，突出强调了水利的社会公益性，忽略了水利作为国民经济有机组成部分的经济特性，导致水利行业多注重投入，少讲究产出，行业管理水平不高，效益低下。我国市场经济体制的逐步建立和完善，促进了国民经济持续、快速发展。然而，若对水资源的稀缺性和水环境承载能力的有限性重视不够，将使水利成为制约国民经济发展的瓶颈产业。在我国市场经济不断发育和完善的大环境下，与国民经济其他产业一样，水利发展必须逐步步入改革管理模式、创新管理手段、提高经营管理水平、讲究经济效益的轨道。

当代中国正经历着经济社会的大转型。在此背景下，我国面临着全新的水问题及严峻的水危机态势。我国治水经历着前所未有的大转型，其核心是治理模式的转型。传统的治水模式主要依靠指令配置、自上而下的命令控制模式。面对新的水问题，这种模式远不能适应新的水管理需求，存在严重的“体制失灵”，由此导致水的开发利用在很多情况下缺少制度约束，导致诸如上下游水冲突、水超采、水浪费、水污染和低效利用等结果。水治理模式的转型，要从过度依赖工程建设和扩大供给为主转向制度建设和激励节水为主，从单一的硬件建设为主转向软件建设和硬件建设协调发展，从工程投资优先转向制度建设公共服务和社会管理。❶

本篇由水利与可持续发展、水利经济、水利管理三个篇章组成。其中，第 16 章“水利与可持续发展”阐述了经济社会的可持续发展的内涵、要求与战略；水利可持续发展的内涵、实现途径及其对经济社会可持续发展的支撑作用；水利现代化的要求、评价指标和新世纪水利现代化新成就。第 17 章“水利经济”简略阐述了水利经济的定义、内容和特性；水利工程效益的特点和分类；水利建设项目可行性评价和后评价的理论、方法和指标；水利经济中值得研究的一些理论问题（水利产业与国民经济的关系、水权与水权

---

❶ 引自参考文献［46］。

制度、水利投入产出关系等）。第 18 章“水利管理”则从水行政管理与依法治水在我国的理论和实践发展；水利工程管理、水资源管理与水务一体化管理及其相互关系；水资源需求变化的驱动因素、水资源需求管理的目标和实现途径；节水型社会建设的现实诉求、政策环境、技术手段和良好社会风气的建设等四个方面进行了论述和介绍。

第16章 水利与可持续发展

16.1 水资源的可持续利用

在人与其周围一切的关系中，人与自然的关系是最基本的关系。因为人类最基本的实践活动是生产，而“一切生产都是对自然的占有”。

人与自然的关系是人类生存与发展的基础关系。人与自然共处在地球生物圈之中，人类的繁衍与社会的发展离不开自然，必须依托自然、利用自然，同时又必须改造自然，让自然造福人类、服务人类。人与自然的关系既表现在人类对自然的影响与作用，包括从自然界索取资源与空间，享受生态系统提供的服务功能，向环境排放废弃物等，又表现在自然对人类的影响与反作用，包括资源、环境对人类生存发展的制约，自然灾害、环境污染与生态退化对人类的负面影响等。不难发现，人与自然的关系始终是矛盾的，在自然为人类提供温暖的家园的同时，人类又受到自然的制约，有时甚至是无情的打击。一部人类社会的发展史，就是人类社会同自然相互作用、共同发展和不断进化的历史，亦是一部人与自然关系的演变史。

人类社会发展至今，可持续发展已成为共识（见链接16-1）。水利作为国民经济的基础设施与基础产业，提出了以水资源的可持续利用支撑经济、社会可持续发展的使命。

16.1.1 可持续发展的内涵

可持续发展包括以下三方面的内容。

1. 生态可持续

可持续发展建立在资源的可持续利用和良好的生态环境基础上，保护生命支撑系统的完整性，保护生物多样性，保护自然资源，保证以可持续的方式使用可再生资源，使人类的发展保持在地球承载力之内，预防和控制环境破坏和污染，积极治理和恢复已遭破坏和污染的环境。

2. 经济可持续

可持续发展鼓励经济增长，但要实现经济增长的模式由粗放型向集约型转变，优化配置，节约资源，降低消耗，减少废物，提高效率，增加收益，尽可能循环利用资源，使经济发展、社会发展与环境相协调，不能以环境污染、生态系统蜕化为代价来取得经济的增长。

3. 社会可持续

可持续发展以改善和提高人类的生活质量为目的，积极促进社会公正、安全、文明、健康发展。它强调要控制人口增长，提高人口质量；合理调节社会分配关系，消除两极分化、失业和不平等现象；大力发展教育、文化和卫生事业，提高人民的科学文化水平和健康水平；建立健全的社会保障体系，保持社会的稳定。

综上所述，可持续发展是一种特别从环境和自然资源角度提出的关于人类长期发展的战略和模式，它的核心内容可进一步表达为“以新的生产方式不断提高人群生活质量和生态系统承载力，既满足当代人需求，又不损害子孙后代满足其需求能力，既满足一个地区或一个国家的人群需求，又不损害别的地区或别的国家的人群满足其需求能力的发展。”

16.1.2　水利与可持续发展

水是生命之源，一切生命活动都离不开水。水是经济社会发展不可替代的基础性的自然资源和战略性的经济资源，在经济社会发展中占有极端重要的地位。“水，特别是淡水资源是可持续发展的各个方面，包括消除饥饿和贫困、减少与水有关的灾害、健康、农业和农村发展、水电开发、食品安全、性别平等，以及实现环境保护和可持续性发展的命脉。”[1]

受地形和季风气候的影响，中国降雨的时空分布很不均匀，水旱灾害频繁发生，决定了水利在中国自古以来就占有特别重要的地位，除水害，兴水利，历来是兴国安邦的大事。中国古代的水利以防洪、农业灌溉和漕运为主要内容，历史上出现的一些“盛世”局面，无不得利于统治者对水利的重视，得利于水利建设及其成就。进入现代社会，水利的内容越来越丰富，与经济社会的快速发展建立起越来越紧密的关系。1949 年新中国成立以来，特别是改革开放以来，中国经济社会的快速发展同样得利于水利所取得的辉煌成就。中国的水利事业以占全世界 6.5%的水资源量、不仅解决了占全世界 21%人口的温饱问题，而且担负着保障饮水安全、保障社会安全、保障经济安全、保障食物安全以及维护生态与环境安全等五方面的任务，总之，担负着保障经济社会健康发展的任务。

当前，中国正处于前所未有的社会变革和飞速发展的过程中，加之全球气候变化与人类活动的影响，造成人口与资源的矛盾空前尖锐，产生了严重的生态破坏和环境污染问题，使得中国的水问题日趋突出，水利面临着严峻的形势与挑战。

洪涝灾害的威胁依然长期存在。目前多数江河防洪工程体系标准不高，除局部重点地区以外，绝大部分河段的防洪标准均低于 50 年一遇，而发达国家的防洪保护区一般均达到 100～200 年一遇的防洪标准。防洪非工程措施严重滞后，由于经济密度的增加及洪泛区缺乏有效的综合管理等原因，洪水造成的损失也在同步增加。

---

[1] 2006 年 3 月，墨西哥城，第四届世界水论坛部长宣言。

水资源短缺日趋突出。目前，中国人均水资源量为2140 m³，仅为世界平均水平的28%，亩均水资源量为1440 m³，约为世界平均水平的50%。预计到2030年中国人口达到高峰时，人口总规模将达到15亿～16亿，人均水资源量将低于联合国可持续发展委员会审议的人均水资源量2000 m³的标准，并有10个省（市、区）人均低于1000 m³的最低限，更有黄、淮、海流域的人均水资源量仅为460 m³，属严重缺水地区。随着城市化进程的加速，城市缺水日趋严重。全国669座城市中有400多座供水不足，110座严重缺水，年缺水量约60亿m³；按现状测算，全国灌溉用水年均缺水量更达300亿m³左右，干旱缺水成为中国尤其是北方地区经济社会发展的重要制约因素。

水体污染危害严重。从1980～2006年，中国废污水排放量从315亿t增加到731亿t，污染河长（指水质为Ⅳ类及以下）比例从21.8%增加到41.7%，污染湖泊所占比例已达50.3%。北方河流有水皆污，南方河流由于污染守着河流无水喝的情形频频发生。近海海域局部污染加重，地下水污染问题日益突出。资源型缺水与水质型缺水并存，已经危及人民群众的身体健康和生产生活，近些年来水污染事故频繁发生，表明水环境危机已经敲响了警钟。

水生态迅速恶化。中国西北、华北和中部广大地区因水资源短缺造成水生态失衡，引发江河断流、湖泊萎缩、湿地干涸、地面沉降、海水入侵、森林草原退化、土地荒漠化等一系列生态问题。水资源的过度开发利用，使众多珍稀水生生物数量锐减。水体污染超过了水系生态自我修复的临界点，不仅引发了大量水生物种的消失，而且导致富营养化，使水质不断恶化。城镇水系的生态一旦步入恶性循环之后，要恢复昔日水生态的代价就十分昂贵。

中国目前所面临的水问题将成为制约经济社会发展的最大资源瓶颈之一，如何保障水安全，特别是水资源、水环境和水生态安全，以水资源的可持续利用支撑经济社会的可持续发展，已经成为21世纪中国最重要、最急需解决的问题之一。

16.1.3 水资源可持续利用的内涵

随着可持续发展思想的形成到可持续发展战略的提出，再到可持续发展行动纲领的实施，对可再生自然资源相应提出了可持续利用的问题。对与人类关系密切且不可替代的水资源的可持续利用，也随着“水多、水少、水脏、水浑”等水问题的日益突显而被提上日程。水资源可持续利用是完全不同于以前的、为保障人类生存环境和经济社会可持续发展的水资源开发利用方式。这种开发利用方式必须注意近期效益与远景效益的兼顾，从而使水资源的开发利用在时间尺度上是可持续的；必须注意有利于相关区域发展的平衡性，从而在区域尺度上是可持续的；必须有助于促进经济、社会发展与环境、生态保护的协调性，从而在发展目标间是可持续的；必须有助于促进总收益分配的社会公平性，从而在不同人群间是可持续的。为了达到上述目的，在水资源开发、利用的过程中，更要重视水资源的节约、保护、配置与管理，着力做好以下8方面的工作。

1. 以人为本，保障饮用水安全

水是人类赖以生存的基础性的自然资源，也是日常生活必不可少和不可替代的生活资料，优先保障人民群众的饮水安全，是新时期水利工作的重中之重。当前，中国饮用水安全存在水量与水质两方面的问题，尤以水质问题更为严重。针对城乡饮水中存在的资源型缺水、工程型缺水和水质型缺水的现状，在农村因地制宜采取打井、引水、集雨等工程措施以及配套的非工程措施；在城市科学制定并实施与水资源条件相适应的发展规划，合理配置多种水源，加强水源地的保护，全面建设节水型城市，保障城乡饮用水安全。

2. 人水和谐，保障防洪安全

针对现状总体防洪能力偏低、防洪工程体系尚不完善、防洪非工程措施严重滞后等防洪减灾的薄弱环节，要以人水和谐的理论，实现从控制洪水向管理洪水转变，建立完善的综合防洪减灾体系，全面提高抗御洪涝灾害的能力，为建设一个经济发展、生活富裕、生态良好的和谐社会提供防洪安全保障。

3. 优化配置，保障供水安全

据估计，综合考虑各种因素，中国供水能力总规模上限约为7000亿m^3，较现状新增约1000亿～1500亿m^3。另据预测，至2030年前后中国的需水总量将进入“零增长”时期，在充分考虑节水型社会建设效果后，所能达到的可能最低需水量约为6500亿～7000亿m^3。可见，综合运用行政、经济、工程、技术、管理等手段，对水资源的天然分布状况和经济社会的用水情况进行双向调节，大力开展节水型社会建设，从而使有限的水资源最大限度地提高其承载能力、利用效率和综合效益，成为实现水资源可持续利用目标的必由之路。

4. 节水灌溉，保障粮食安全

目前，中国的灌溉面积约占耕地总面积的48%，但生产了占全国75%以上的粮食，80%以上的棉花、经济作物和90%的蔬菜。灌溉对农业生产和粮食安全有着举足轻重的作用。鉴于人口增长使粮食需求呈刚性增长，在2030年前后人口高峰达到15亿～16亿时，按人均粮食400kg计算，届时全国粮食年需求总量将达到6亿～6.4亿t，与现状年产量5亿t相比，需增加产量1亿～1.4亿t；而耕地面积减少对增产粮食又构成刚性约束，要求在耕地与灌溉用水都是“零增长”的条件下保障粮食安全，唯一的办法就是通过节水灌溉不断提高灌溉水利用率与水分生产率，从而才能增加灌溉面积，提高粮食单产，实现粮食供需平衡。

5. 治污减排，保障水环境安全

当前中国的水污染已经发展到非常严重的地步，并呈现出从单一污染向复合型污染转变、从工业污染为主向生活污染为主转变、地表水进入富营养化阶段以及流域性水污染问题严重等发展趋势，水污染事故高发，水污染导致水资源短缺进一步加剧，并引发一系列水生态和水灾害问题。据研究，1998年因水污染造成的工业、农业、市政和人身健康方面的损失达2482亿元，与当年特大洪水造成的损失2551亿元大致相当。如果在正常水文年景，水污染损失可能会超过水旱灾害损失的总和。治污与减排双管齐下，保障水环境安全已成为建设和谐社会最紧迫和最严峻的任务。

6. 保护修复，保障水生态安全

由于人类活动的影响，客观上干扰了河流与湖泊等水体的水循环过程，各种各样的水生态问题频发，如水生物种消失、下游河湖干涸、湿地退化、湖泊富营养化、地下水位下降、河口区咸水入侵等。水生态退化导致水资源调节能力下降，进一步加剧了水资源短缺和洪涝灾害，导致水质净化和污染物降解能力下降，进一步加剧了水环境问题，与其他水问题一起制约了我国的可持续发展。通过保护与修复，使水生态系统有足够的水量和良好的水质、保持良好的连通性和完整性，具有丰富、多样的水生生物、能够维持健全的服务功能，满足人们的基本需要，已成为新时期水利的重要特征。

7. 综合防治，保障水土资源安全

水土流失通常指地表植被遭破坏后，地表土壤在水力作用下加速侵蚀的现象。中国是世界上水土流失最严重的国家之一，据普查表明，由于水力侵蚀导致的水土流失面积达161.22万km^2，每年流失土壤达50亿t。水土流失的主要危害有破坏土地资源，降低耕地生产力和土地承载力；淤积河道湖库，降低水利工程的效益；加剧洪涝灾害，增加生产、生活成本；恶化生态环境，威胁人民生命财产安全。由于水土流失严重的区域基本上也是老少边穷地区，水土流失与贫困互为因果、相互影响是这些地区普遍的、共性的问题。因此，按照“预防为主，保护优先，防治并重，治管结合”的工作方针，综合防治水土流失，保障水土资源安全是区域和谐发展的重要内容。

8. 突破瓶颈，保障电力安全

随着经济社会持续快速发展和人民生活水平的不断提高，电力需求呈持续增长的态势，电力装机容量的发展规划一再被突破。据最新规划，到2010年全国水电装机容量将达19万MW❶，占全国电力装机总容量84万MW的22.6%，水电开发程度(占技术可开发量54.16万MW的比例）仅为35%，水电作为当前唯一具备大规模集中开发条件的可再生清洁能源任重道远。开发水电离不开建坝，修坝建库在带来巨大效益的同时，也要产生对生态环境的不利影响，突破生态约束瓶颈，已成为有序开发水电资源，保障电力安全的重要内容。

16.1.4 实现水资源可持续利用的途径

科学发展观为治水思路的转变奠定了理论基础，从工程水利、传统水利向资源水利、现代水利转变，实现水资源的可持续利用是水利贯彻落实科学发展观的具体体现。

资源水利是从工程水利、传统水利发展而来的现代治水思路。它以人与自然和谐相处为核心理论，以保障供水安全、防洪安全、粮食安全、经济安全、生态环境安全为基本目标，以水资源合理开发、综合治理、优化配置、高效利用、有效保护、科学管理为基本途径，坚持全面规划、统筹兼顾、标本兼治、综合治理，深化水利改革，提高对涉水事务的社会管理水平和公共服务水平，全面建设节水型社会，不断提高水资源利用效率和效益，以水资源可持续利用来保障经济社会和生态环境可持续发展。

实现水资源可持续利用要以新的治水理念对治水思路实行战略性的转变。

在科学发展观的指引下，经过实践与创新，形成了对水利的新认识与治水的新理念，可简要归纳为6点，见表16-1。

---

❶ 据最新资料，到2009年底，水电装机容量已达20万MW。

表 16-1 对水利的新认识和治水的新理念

序号	新认识	新理念
1	水是基础性的自然资源，是生态环境的控制性要素	治水中要坚持人与自然的协调与和谐，实现水资源的可持续利用
2	水是稀缺资源、战略资源，一个地区、一个流域客观上存在着水资源与水环境的承载能力	要注重水资源的节约、保护与优化配置，提高水资源与水环境的承载能力，努力建设节水型社会，统筹解决各种水问题
3	水是战略性的经济资源，是商品，水利是关系国计民生的重要公益事业	要逐步建立水权制度和水市场，建立与市场经济体制相适应的水利投融资体制和管理机制，促进水资源优化配置
4	水以流域为单元，上下游、左右岸、干支流之间的开发利用相互影响；在一个区域内，地表水和地下水相互转化，水量和水质相互依存	要坚持推进、建立流域、区域水资源统一管理、统一规划、统一调度
5	水问题具有社会广泛性和普遍性，获得洁净和卫生的饮用水是人的基本权利	要增加全社会对水的忧患意识，保证利益相关者广泛参与水的管理，把解决饮用水作为大事来抓
6	法制建设是治水的有力保障，科技进步对治水有巨大推动	要坚持以法治水，以水利信息化带动和促进水利现代化

依据新的治水理念，治水思路要从以下8个方面实行战略性转变❶：

(1) 在防洪减灾方面，要从以建设防洪工程体系为主转变为在防洪工程体系的基础上，建成全面的防洪减灾工作体系，达到人与洪水协调共处。

(2) 在农业用水方面，要从传统的粗放型灌溉农业和旱地雨养农业转变为节水高效的现代灌溉农业和现代旱地农业。

(3) 在城市和工业用水方面，要从不重视节水、治污和不注意开发非传统水资源转变为节流优先、治污为本、多渠道开源的城市水资源可持续利用战略。

(4) 在防污减灾方面，要从以末端治理为主转变为以源头控制为主，加强点源、面源和内源污染的综合治理，把保障饮用水安全作为水污染防治的重点。

(5) 在生态环境方面，要从不重视生态环境用水转变为在保证生态环境用水的前提下合理规划和保障社会经济用水。

(6) 在水资源供需管理方面，要从过去的以需定供转变为以需水管理为基础，在提高用水效率的基础上保证供水。

(7) 在解决北方水资源短缺方面，要从以超采地下水和利用未经处理的污水来维持经济增长转变为在大力节水治污和合理利用当地水资源的基础上，有步骤地推进南水北调，保障社会经济的可持续增长。

(8) 在西部大开发方面，要从缺乏生态环境意识的低水平开发利用水资源转变为

❶ 引自参考文献［47］

在保护和改善生态环境的前提下，全面合理地开发利用当地水资源，为经济发展创造条件。

概括地说，持续不断地提高用水效率和效益，是从数量上保障水资源可持续利用和经济社会可持续发展的必由之路；切实加大水污染防治和水生态环境保护力度，是从质量上保障水资源可持续利用的关键。

16.2 水利现代化[1]

16.2.1 现代化的内涵及评价指标

一般而言，现代化指18世纪工业革命以来人类社会所发生的深刻变化，它包括从传统经济向现代经济、传统社会向现代社会、传统政治向现代政治、传统文明向现代文明的转变过程及其变化；它既发生在先进国家的社会变迁里，也存在于后进国家追赶先进水平的过程中。经典现代化（第一次现代化）指从农业社会向工业社会的转变过程及其深刻变化，第二次现代化指从工业社会向知识社会的转变过程和变化。

现代化不仅是一个历史发展过程，同时也是一个发展目标。伴随着现代化的进程表现为生产力水平的不断提高，社会文明和福利程度的不断提升，经济社会结构和生产关系随着生产力的发展不断调整和完善，体现出经济社会发展的富裕度、安全度、舒适度和文明度的高度结合。

为了对本国的现代化水平有一个定量的评价，到上世纪80年代已有10多个国家提出现代化的标准。在各国对现代化指标的研究中，以80年代美国社会学家英格尔斯通过对6种不同类型发达国家的调查，围绕经济和社会发展提出的实现现代化的10项指标最具代表性，这10项指标是：人均国内生产总值，非农产值占GDP比重，服务业产值占GDP比重，城市人口占总人口比重，非农劳动力占总劳动力的比重，适龄青年中大学生的比重，人口自然增长率，平均预期寿命，每千人口医生人数与成人识字率。

中国的水利现代化是适应国家现代化建设而提出的，既是中国推进现代化进程的重要组成部分，也是中国当前发展阶段的必然结果。水利现代化要以科学发展观为指导，用现代的治水理念、先进的科学技术、完善的基础设施、科学的管理制度武装和改造传统水利，有效解决洪涝灾害、干旱缺水、水环境污染和水土流失等四大问题，通过水资源的合理开发、高效利用、综合治理、优化配置、全面节约、有效保护和科学管理，以水资源的可持续利用保障经济社会的可持续发展，支持和保障国家现代化目标的实现。

在发达国家，水利现代化的进程大致可划分为以单目标开发为主的水利建设时期、以多目标开发为主的大规模水利建设时期、以现代水管理为中心的综合治理时期以及人与水协调的可持续发展时期等4个阶段，并具有治水理念的现代化、工程设施与装备的现代化、水科学技术的现代化和水管理的现代化与信息化等主要特点。

---

[1] 本节内容主要取材于参考文献［49］的研究成果。

16.2.2 水利现代化的国际比较

下面就发达国家水利现代化的若干指标与中国水利发展现状水平作比较，以便直观地了解中国与发达国家在水利现代化方面的差距，为研究中国水利现代化提供参考。

1. 水资源调控水平

中国至2004年，水库总库容为5542亿m^3，占年径流量24130亿m^3的比值为23%。

美国至上世纪80年代，水库库容量约1万亿m^3，占年径流量2.97万亿m^3的34%。

2. 用水效率

(1) 综合用水效率（单位GDP用水量）。2004年中国用水量为5548亿m^3，万元人民币GDP用水量399 m^3。

1995年，美国用水量为5540亿m^3，万美元GDP用水量760 m^3；日本用水量为436亿m^3，万美元GDP用水量178 m^3。

(2) 工业用水效率。2004年，中国万元人民币工业增加值用水量196 m^3。

1995年，美国万美元工业增加值用水量230 m^3，日本万美元工业增加值用水量74 m^3。

(3) 农业灌溉用水效率。2004年，中国亩均灌溉用水量为450 m^3/亩，粮食水分生产率约1.1kg/m^3，灌溉水利用系数0.43。

1995年，美国亩均灌溉用水量为527 m^3/亩，发达国家平均灌溉水利用系数达0.8以上。

3. 防洪减灾能力和水平

中国防洪标准偏低，主要河流仅达到20～50年一遇防洪标准，非工程防洪措施薄弱；上世纪90年代10年的洪涝灾害直接损失为GDP值的2.4%。

美国，一般工程防洪标准为百年一遇，并强调非工程防洪措施；20世纪80年代以来，大多数年份洪水灾害损失控制在GDP值的0.15%以下，1993年洪水灾害损失为GDP值的0.32%。

4. 环境生态保障水平

2004年，中国受污染河道长度占统计河道总长度的比值为40.6%，比2003年增加了3%，在评价的50个湖泊中，劣于Ⅲ类水的湖泊有23个。

在上世纪70年代这10年中，美国受污染河道长度占统计河道总长度的比值从29.3%降至10%以下；上世纪90年代中期，美国污水处理率为71%。

5. 水利现代化技术水平

水利科技总体水平在国际上位于较先进水平，在坝工建设、河道治理等方面处于国际先进水平。

与发达国家的突出差距是，总体技术装备比较落后，整体采用和吸收新技术的水平较低。

6. 水利管理现代化水平

经过多年实践，中国的水管理机制积累了宝贵的实践经验。

与发达国家的主要差距是：水法规体系尚未完善，距离真正的依法治水、依法管水尚有一段距离；尚未建立适应社会主义市场经济的水管理体制，包括政府水管理部门间的协调、水利发展机制的建立，流域管理体制的完善、用户参与等；水利信息化水平以及人员素质和工作效率的差距较大。

16.2.3　水利现代化评价指标体系

为了实现与中国国家现代化相适应的水利现代化，需要从中国全面建设小康社会和基本实现现代化的目标出发，科学地制定水利现代化的评价指标体系，指导全国与各地的水利现代化建设。

根据《中国水利现代化研究报告》提出的水利现代化评价体系，包括定性评价、定量评价和综合评价三部分，其思路框架如图 16－1 所示。

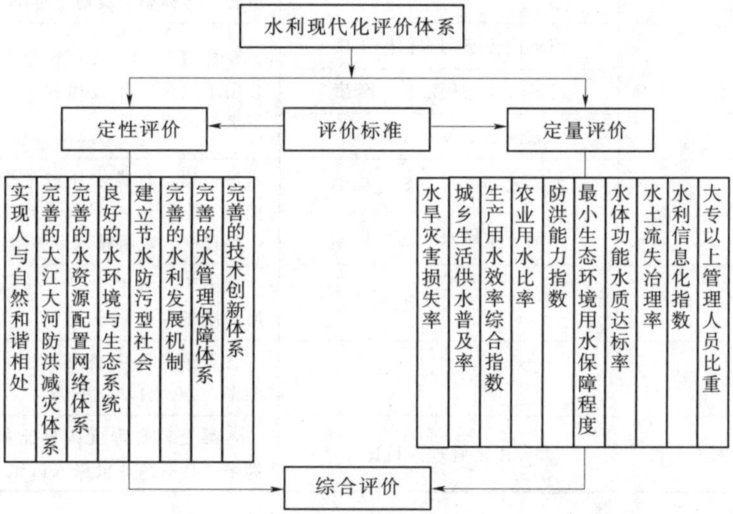

图 16－1　中国水利现代化评价思路框图

这个评价体系既能反映水利现代化与国家现代化的相互关系，也能反映水利现代化自身的特点；注重社会、经济、生态环境效益的兼顾；体现出富裕度、安全度、舒适度和文明度的结合；并具有科学性、代表性、可比性和可操作性。

水利现代化的 10 项定量评价指标主要反映水利和经济社会发展的协调程度以及水利自身发展的水平和程度，其中一部分指标由几项分解指标组成，并可以有若干参考指标，详见表 16－2 所示。

表 16－2　　中国水利现代化定量评价指标体系框架

一级指标	一级指标分解	其他辅助及参考指标
水旱灾害损失率	洪涝灾害损失率	水旱灾害受灾、成灾面积比例，农田旱涝保收面积比例，用水保障程度，径流调节指数等
	旱灾损失率	

续表

一级指标	一级指标分解	其他辅助及参考指标
城乡生活供水普及率	城镇自来水供水普及率	城市自来水普及率，城镇自来水普及率，农村自来水、集中供水普及率，各类供水的水质达标率等
	农村集中供水普及率	
生产用水效率综合指数	农业生产用水效率指数	用水弹性系数，农田灌溉水利用系数，单方水粮食产量，农业用水产出率，城市供水管网利用系数，人均用水量，人均生活用水量等
	非农业生产用水效率指数	
农业用水比率	农业用水比率	种植业、养殖业、牧业用水比例等
防洪能力指数	高标准防洪保护区所占比例	防洪排涝标准，高标准保护区比例，城市防洪达标率，堤防达标率，海堤达标率等
最小生态环境用水保障程度	河道内生态用水保障程度	森林覆盖率，林草覆盖率，生态用水占总用水比例，单位面积生态用水比例，地下水控制程度等
	河道外生态用水保障程度	
	超采区地下水超采率	
水体功能水质达标率	地表水功能区水质达标率	污径比，各类水质占地表水评价河长比例，工业废污水排放达标率，城市污水集中处理率，农村排水设施覆盖率等
	地下水域水质达标率	
水土流失治理率	水土流失治理率	水土流失面积比，水土流失治愈率，入河泥沙减少比率等
水利信息化指数	水利信息化指数	各类信息网覆盖率，水利设施自动化控制率，办公自动化率等
大专以上管理人员比重	大专以上管理人员比重	各类受教育程度人员比例，专业技术培训率，具有执业资格人员比例等

经统计有关资料测算与预测，各个时间节点中国水利现代化定量评价指标的值及其参照值见表16－3所示，其中现状值的第1项“水旱灾害损失率”为1990～2000年的平均值，其余为2000年的值，参照值是2050年应达到的水平。

表16－3　　中国水利现代化的定量评价指标及其参照值

一级指标	现状值	2010年	2020年	参照值	国际对比（20世纪90年代发达国家水平）
水旱灾害损失率	3.3%	2.5%	2.0%	1%以下	小于0.5%（美国，日本）
城乡生活供水普及率	56%	65%	75%	90%以上	100%（美国，1975年至今）
生产用水效率综合指数	16%	35%	60%	90%以上	发达国家万元GDP用水量一般在50m^{3}以下，我国2000年为610m^3，参照值为100m^3
农业用水比率	68.6%	65%	60%	55%以下	美国、日本分别为42%、50%
防洪能力指数	21%	40%	60%	70%以上	80%以上（日本，荷兰）

续表

一级指标	现状值	2010年	2020年	参照值	国际对比（20世纪90年代发达国家水平）
最小生态环境用水保障程度	50%	65%	75%	90%以上	90%以上（美国）
水体功能水质达标率	52.8%	65%	75%	90%以上	90%（美国，1990年）
水土流失治理率	27.7%	35%	50%	90%以上	100%（日本，1999年）
水利信息化指数	30%	60%	80%	95%以上	95%以上（日本，美国）
大专以上管理人员比重	30%	60%	80%	95%以上	98%以上（日本，美国）

注　评价计算方法：对于正向指标，以（现状值÷参照值）作为该指标的实现程度；对于逆向指标，以（参照值÷现状值）作为该指标的实现程度。综合实现程度为各单项评价指标实现程度之和除以指标总个数。

根据以上定性和定量评价的结果，到2020年，中国水利现代化的综合实现程度可达到60%以上。这与发达国家相比较，20世纪90年代发达国家水利现代化水平为170%以上，中国水利现代化之路任重而道远。

16.2.4　新世纪水利现代化的新成就

进入21世纪以来，在科学发展观的指引下，中国的水利事业进入了一个新的发展阶段，在建设现代水利、可持续发展水利方面，取得了一系列令人瞩目的成绩。

在防洪减灾方面，在建设有质量有保证的防洪工程体系、主要江河防洪标准一般应达到50年一遇的同时，大力加强防洪非工程体系的建设。江河的各类分蓄行洪区是防洪减灾工作体系的重要组成部分。为了用法律保证蓄滞洪区的正常运用，国务院于2000年5月发布《蓄滞洪区运用补偿暂行办法》，对因运用蓄滞洪区造成的损失，明确规定了补偿的原则、对象、范围、标准与程序，并列出了长江、黄河、海河、淮河的共97个国家蓄滞洪区名单。2003年，淮河发生了新中国成立以来仅次于1954年的流域性大洪水，通过科学、合理地运用蓄滞洪区，“拦、分、蓄、滞、排”超额洪水，从“控制洪水”转变到“洪水管理”，取得了当年淮河防汛的全面胜利。

在农业用水方面，至2009年，中国农田有效灌溉面积已从1949年的2.4亿亩扩大到8.77亿亩，占世界总数的1/5。占全国耕地48%的灌溉面积，生产了占全国总产量75%的粮食和约90%的棉花、蔬菜等经济作物，为保障国家粮食安全起到了至关重要的作用。改革开放以来，农田节水灌溉的面积不断增加，1995年时为2亿亩，到2006年增加到3.36亿亩，到2009年又增加到3.67亿亩，农田灌溉水利用系数从30年前的0.35提高到2009年的0.48，计划到2020年，在农田有效灌溉面积达到9.5亿亩时，农田灌溉水利用系数再提高到0.55，努力实现在农业用水总量不增加的前提下，保障粮食安全。

在城市水资源利用方面，通过节水型社会建设，水资源利用的效率和效益大大提高。1990年，中国万元工业生产增加值用水量为729.1m^3，到2005年下降到

167.1m^3，2006年、2007年又进一步下降到154m^3、142m^3。但是，与国外先进水平相比，仍然偏高。2005年中国的万元工业生产增加值用水量约为世界平均水平的2倍，美国的1.5倍，日本的14倍。北京市是资源型缺水特别严重的城市，通过建立节水法规体系，全面实行社会单位用水定额管理，调整产业结构，拓展非常规水源，推进再生水、雨水的循环利用等一系列举措，全市用水量持续下降。从2001年到2008年，全市总用水量由38.9亿m^{3}减少到35.1亿m^3（其中用再生水6亿m^3），新水用量减少了9.8亿m^3。万元GDP耗水从137m^{3}减少到33.5m^3，是全国平均的1/7。从2001年到2008年，全市工业生产总值由1063亿元增加到2693亿元，用水量从9.2亿m^{3}下降到5.3亿m^3（其中用再生水1.2亿m^3），全市规模工业用水重复利用率达到93%。

在生态用水方面，通过湿地保护与恢复、水工程生态调度等一系列措施，一些遭到严重破坏的水生态开始得到恢复。黄河下游自1972年首次断流后，1972年至1998年27年中，有21年断流（利津断面），累计断流1050天。1991年至1999年连续9年断流，1997年断流时间长达226天，断流河道长达704km。从1999年起，对流域各省（区）的水资源实行统一分配、调度后，自2000年起，黄河下游不再断流。1998长江特大洪水后，在长江中游干流区和湖区实现平垸行洪、退田还湖，共移民242万人，增加水面面积2900km^2、蓄洪容积130亿m^3。自2000年起，8次向塔里木河下游应急输水，结束了塔河下游300多公里河道近30年的断流历史，挽救了濒临消亡的沙漠植被，尾闾台特玛湖重现水面，为进一步实施塔里木河综合治理规划赢得了时间。

在解决北方水资源短缺方面，南水北调东线工程于2002年12月开工建设，第一期工程2013年通水；中线工程于2003年12月开工建设，第一期工程2014年通水。它是缓解中国北方水资源严重短缺局面的重大战略性基础设施，也是当今世界上规模最大的调水工程。根据南水北调总体规划，在沿线城市、海河流域、黄淮海地区水资源规划及节水、治污挖潜的基础上，考虑生态环境用水，确定调水总量448亿m^3，并规定调水需遵循先节水后调水，先治污后通水、先环保后用水的原则，使南水北调成为一项生态工程。工程的实施，对于优化中国水资源配置，加快工业化、城市化进程，促进农村改革发展，改善生态环境和城市人民生活，建设资源节约型、环境友好型社会，实现经济社会全面、协调、可持续发展，具有十分重要的意义。

第17章 水利经济

水利经济是国民经济的有机组成部分，是伴随着改革开放国策的实施而发展的，也是水利行业从社会公益性事业向国民经济基础产业和基础设施转变的重要标志。本章对水利经济的内容与特性、水利工程效益、水利建设项目评价、水利经济的理论问题等方面，进行简要论述。

17.1 水利经济的内容与特性

17.1.1 水利经济的定义

水利经济是以水为载体，从事治理和利用水资源的经济活动的总和。由于水利最终产品的多样性，定义水利经济不能像一般行业经济一样，以最终产品确定行业的范围和行业经济的定义，但水利多种多样的最终产品却有一个共性，就是都以水作为基本的生产要素或劳动对象。因此，从水利的产业特点出发，可以分别从广义和狭义两个角度，给出水利经济更全面的定义。

广义的水利经济，是指以水为载体，从事水资源开发、利用、保护、节约、管理和治理水患等经济活动及在活动过程中产生的经济关系的总称。广义的水利经济不仅包括水利行业的水资源开发利用和治理水患的经济活动和经济关系，也包括水利行业以外的其他部门和行业从事的与水有关的经济活动和经济关系；不仅包括水利产品的供求关系，也包括治理水患的经济效果；不仅包括水利行业本身的投入产出关系，也包括水利的社会效益等。

狭义的水利经济，是指由水利产品的生产、交换、分配、消费和服务诸方面经济活动及其产生的经济关系的总称，是国民经济的重要组成部分。狭义的水利经济是将水利放在国民经济体系中，强调由水利产品本身的供求关系所导致的各种经济关系，尤其是水利的投入产出关系。

17.1.2 水利经济的内容

水利经济活动在宏观上涉及水利与国民经济和社会发展的关系，包括经济发展和社会发展两个范畴；在微观上涉及水利工程的投入产出关系和水利工程建设和管理中的各种经济问题。根据水利经济的广义定义，水利经济的内容主要可分为以下3类。

17.1.2.1 以水为治理对象的生产经营活动

我国的水旱灾害大致可分为两类，一类是水满为患的洪涝灾害，另一类是干旱缺水成灾的旱灾，且经常出现旱涝交替的情况。这两类与水有关的灾害对我国经济持续发展造成了严重影响。特定的水情，使兴修水利成为我国历代安邦治国的重要任务。

以水为治理对象的活动，主要包括防洪、治涝及水土保持工程的建设、运行、管理和工程投入产出关系等。以水为治理对象的活动，虽然不能直接产生社会财富，但却能通过提高防御洪水灾害的能力、提高低洼多雨地区的排涝能力、控制和治理水土流失面积，从而减少洪涝灾害的发生几率，降低洪涝灾害的损失程度，减少水土流失面积和缓解水土流失程度，最终实现避免或减少灾害损失的目的，为国民经济的发展提供安全保障。

17.1.2.2 以水为利用对象的生产经营活动

水是人类生存、经济发展和社会进步的重要物质基础，随着人类对水的认识和控制能力的不断提高，对水的利用范围也在不断扩大。目前对水的利用包括以水作为消耗性的基本生产资料、以水作为非消耗性的生产资料以及以水作为载体和媒介等的水利生产和经营活动。按照水利最终产品的形式具体可分为以下几方面的内容。

1. 农业灌溉

我国是一个人口大国，也是一个农业大国，农业生产对经济发展和社会稳定具有至关重要的作用。兴修农田水利工程，发展农业灌溉，增强农业生产基础，是我国水利发展长期坚持不懈的方针。建国以来我国农田灌溉面积不断扩大，对农业的稳产、高产起到了重要的保障作用，是我国粮食安全的重要基础。随着农业灌溉事业的发展，林地、果园、牧草灌溉也取得了重大进展，为农业经济的发展和农民增收创造了有利条件。

2. 工业和城镇供水

工业和城镇供水是我国水利产业的重要组成部分，且由于其产出效率相对较高，已成为水利经济重要的增长点。随着我国经济的发展、社会的进步和人民物质文化生活水平的提高，工业和城镇供水占总供水的比例将逐步提高、其在水利产业中的地位将越来越重要。

3. 环境生态用水

环境生态用水是我国社会和经济的不断发展诱导用水结构变化的结果。在新的用水分类中，生产用水、生活用水和环境生态用水取代了工业、农业、生活用水的传统分类，环境生态用水是保障人民生活与健康质量的不断提高、维护国家生态安全、水生态安全、环境安全和社会可持续发展的必备用水。

4. 水力发电

经济的发展、社会的进步、人民生活水平的提高都需要电力的保障。根据最新统计资料显示，我国蕴藏着丰富的水力资源，理论蕴藏量为6.96亿kW，其中技术可开发量为5.42亿kW，经济可开发量为4.02亿kW。水力资源是可再生的资源，水力发电产生的电能被称为清洁能源。水力发电具有运行成本低、对环境影响小的特点，因此自新中国成立以来我国水电建设得到了较快的发展，有力地促进了电力工业的发展，并为保障经济的发展做出了重要的贡献。

5. 水利旅游

水利工程所形成的宽阔水面和山水风光，是优质的旅游资源。发展水利旅游，不仅可以增加水管单位的经营收入，还有利于盘活水利资产。蓬勃发展的旅游业已被列为国家支柱产业之一，具有良好的发展前景。我国水利工程众多，水利旅游资源丰富，水利旅游潜力巨大，市场前景广阔。

6. 其他

除以上生产经营活动外，以水为利用对象的生产经营活动还包括水产养殖，滩涂开发、水利岸线资源开发等。随着科技的进步，人类对水资源的利用将越来越广泛和深入。

以上各项水利生产经营活动中，农业灌溉、工业和城镇供水、环境生态用水属于以水为消耗性基本生产资料的生产经营活动，水力发电属于以水为非消耗性生产资料的生产经营活动，水利旅游、水产养殖、滩涂开发及水利岸线资源开发等属于以水为载体和媒介的生产经营活动。

17.1.2.3 水利工程建设和运营管理中的经济问题

水利工程建设和运营管理中的经济问题，也就是水利工程的投入、产出及其相互关系的问题，主要体现在以下几个方面。

1. 水利建设项目的投资费用分析

包括水利投资占国民经济的合理比例，水利建设资金筹措方法和筹资途径，不同类型水利建设项目的合理资金结构，综合利用水利工程投资费用分摊等。

2. 水利工程效益分析

包括防洪、治涝、灌溉、工业及生活供水、水力发电、内河航运、水土保持、水产养殖、水利旅游、水环境保护等各种水利功能的直接效益、间接效益和综合效益的调查、分析和计算。

3. 水利建设项目的可行性评价和后评价

包括对拟建水利项目进行可行性评价，为项目决策提供依据；对水利建设项目方案进行比选，保证建设项目的技术先进性和经济合理性；对已建成的水利项目进行后评价，以便总结经验和教训，为项目的后续运营和其他工程建设提供经验借鉴。

4. 水利产品成本分析和价格测算

包括供水成本、供电成本和水价、电价以及防洪保护费等各项水利产品的成本、价格和服务费标准的测算，为制定价格和收费标准提供科学依据。

5. 水利经济政策的研究

包括水利产业政策、水利投资政策、水价政策、电价政策、水环境保护经济政策、节水经济政策等的研究，为水利建设和运行管理奠定理论基础和政策依据。

通过对水利经济内容的分析，有利于提高人们对水利经济的认识，有利于处理好水利部门内部的各个方面，以及水利部门与国民经济其他部门的经济关系，提高水利经济效益，促进和谐社会和节水型社会的建设和发展。

17.1.3 水利产品及其特性

17.1.3.1 水利产品的分类

水利产品不仅仅是狭义的商品水和商品电。考察水利产品，可以从产品有形和无形进行分类，还可以从产品的社会属性进行分类。

1. 有形产品与无形产品

水利具有多种功能，各功能的效益特点不同，因此水利行业的产品与一般国民经济行业的产品不同，既有有形产品，也有无形产品，由此所形成的经济系统比国民经济其他部门的经济系统更为复杂。

水利的有形产品是指具有实物形态的水利产品，例如水利供水提供的水量、水力发电产出的电能、水产养殖生产的鱼、虾等。

水利的无形产品是指不具有实物形态，但却客观存在且能为增进社会福利作出贡献的水利产品，例如防洪治涝所减少的社会损失，环境生态用水带来的优美环境以及水利旅游带给人们的精神愉悦和享受等。

2. 公共产品与私人产品

公共产品具有两个本质特征，一是非排他性，二是非竞争性。从水利产品的社会属性来看，水资源分布广泛且控制困难，大部分水利工程公益性明显，社会效益巨大，具有一定的效益外部性和自然垄断性。以上属性决定了大多数水利产品具有非排他性或非竞争性，或者同时兼有这两个特性。根据水利产品的社会属性，可将水利产品划分为公共产品、准公共产品和私人产品。

水利公共产品是指同时具有非排他性和非竞争性两大特征的水利产品。主要包括防洪、排涝；大型灌溉服务；水土保持和水环境改善；以及水利制度产品。制度在现代经济学中一般被认为是一种公共产品，因为制度具有公共产品的两个本质特征。水利制度产品包括各项水利法律、法规、政策等。

水利准公共产品是指兼有部分公共产品特征与私人产品特征，介于公共产品和私人产品之间的产品。水利准公共产品主要包括：水利供水，水利航运，水力发电等。水利供水主要包括城乡生活供水、工业供水、中小型农业灌溉用水等供水项目。城乡生活供水由于具有自然垄断性，政府一直对城乡供水产品及服务的价格进行较强的干预，使水利供水不能像私人产品一样按成本定价或通过市场竞争形成价格，效益外部性较为显著，具有一定的公共产品非竞争性特性；但另一方面，城乡生活供水项目又具有一定的排他性，供水单位可以将不缴纳水费的用户排除在供水范围以外。这些特点决定了城乡生活供水是兼具公共产品和私人产品部分特征的准公共产品。工业供水是将水作为工业生产的一种基本投入物，虽然其经营性的特点比城乡生活供水更为明显，但也与城乡生活供水一样，工业供水具有自然垄断的特点，导致政府对其产品和服务价格进行管制，使工业供水难以完全按市场机制和价值规律运行，因而工业供水也具有一定的公共产品的特点，属于准公共产品。农业灌溉用水虽然与工业用水一样，水作为必不可少的生产资料投入生产经营中，但农业灌溉由于受宏观经济政策和农业生产水平的限制，水价严重偏离供水成本，供水生产经营条件较差，供、用水计量设施缺乏，加上国家实行扶农助农政策，使农业灌溉用水经营性特征不明显，而公益性特征却异常显著，从而成为典型的政策性准公共产品。水利航运项目具有一定的排他性，其航运收益可以通过收取过闸费等通航费用来获得。同时，由于该项目的竞争性不强，价格受政府管制，且随着铁路和公路的不断发展和完善，水利航运衰减严重。因此，根据其经济属性和现实状况，水利航运可视为一种准公共产品。水力发电的特点与水利供水基本类似。

水利私人产品是指不具有公共产品的特征，消费者通过支付一定的费用取得产品所有权，并排斥他人消费的水利产品。私人产品具有明显的排他性和竞争性特点。由于私人产品产权能够有效界定，投资者能够得到充分补偿，其经营应通过完全的市场竞争行为来完成。市场竞争是私人产品的最优供给模式。水利的私人产品主要是水衍生产品，即以水为载体生产或提供的各种产品。具体包括各种水产品以及水利旅游等。鳖、虾、鱼、蟹等各种水产品具有明显的排他性和竞争性，是完全的私人产品，其需求和价格取决于该水产品效用的高低与消费者的偏好程度，通过市场调节能够实现对该类产品的有效供给。水为旅游发展提供了丰富多彩的资源条件，以水为载体而开展的旅游活动，如游泳、钓鱼、划船、漂流、品茗等，一般按照“谁投资，谁受益，谁管理”的规则运行，具有显著的私人产品的特征。

17.1.3.2 水利产品的特性

根据以上对水利产品分类的讨论，可以发现水利产品不仅种类繁多，而且大多数产品具有一定的公共产品的属性。水利产品的特性如下。

1. 基础性

水利是国民经济和社会发展的重要基础。水利产品的开发和利用是人类赖以生存和发展的前提，一切经济活动特别是工农业生产活动都离不开水。在我国现有条件下，仅靠水资源的自然分布状态来满足人类生存和发展的需求是远远不够的。人类要生存、求发展就必须兴建水利工程、对水资源进行开发和利用，提供国民经济发展和人们生活所需要的各种水利产品。经济的发展、社会的安定与人民财产的安全还要求防治水患，通过兴建防洪治涝工程和水土保持工程，为经济系统和社会系统提供安全保障服务。

2. 公益性

水利的兴利除害功能面向全社会，水利服务于国民经济的各个领域和社会的每一个成员，是进行各种经济活动不可缺少的条件。水利产品具有社会功能的综合性和服务对象的多样性，受益范围广泛，经济效益往往难以准确计算，而社会效益又很明显，且社会效益远远大于其本身所产生的直接经济效益。

3. 竞争有限性

水利产品不能形成全国统一的、开放的、竞争的市场体系。这是因为水资源的垄断性、区域性和随机性制约着水利工程建设、水利生产经营活动的自由选择性，从而制约着水利生产经营的资源配置和结构调整；并且由于自然条件和社会条件不同，各地水产品的成本和价格差别较大，加上水利产品和服务一般具有社会公益性，国家政策规定水利产品和服务是低价、保本或微利的，因此水利产品和服务的价格不能完全由市场机制形成。此外，水利具有自然垄断的产业特点，使水商品的自由流通受到很大限制。

17.2 水利工程效益

水利工程效益是水利工程建设给社会带来的各种贡献和影响的总称。通常以有、无工程对比所增加的利益或减少的损失来衡量，是进行水利项目评价的重要基础。

17.2.1　水利效益的特点

与其他工程效益相比，水利工程效益与水文气象条件密切相关。

由于每年的水文气象情况不同，水的时空分布以及水量丰枯的随机性，导致了水利工程效益具有很明显的随机性。

水利效益的随机性主要表现为当工程实际运行年份与工程设计典型年水文频率相同或接近时，工程效益就大，反之，效益就小。例如防洪工程，若遇大洪水年份，工程可通过控制和调节洪水，削减洪峰和延长洪水下泄时间，起到避免或减轻洪水灾害的作用，相反，如当年未发生洪水或仅有小洪水，防洪工程作用就小，甚至不能发挥作用，防洪效益自然也小；同样，治涝工程在严重涝渍年份，通过工程排涝缩短涝水滞留时间，从而避免或降低涝渍灾害造成的损失，此时治涝效益很大，而在不发生涝渍灾害的年份，治涝效益就很小甚至为零；灌溉工程在干旱缺水年份，由于天然降雨不能满足农作物生长的需求，工程能够充分发挥灌溉作用，灌溉效益就很明显；相反逢多雨年份时，天然降水量基本可以满足农业生产的需求，需灌溉补充的水量少，工程效益就小。

17.2.2　水利效益的分类

水利工程效益按分类角度的不同，可以归纳为多种分类方式。

17.2.2.1　按水利工程功能分类

1. *防洪效益*

防洪效益指由于修建防洪工程而减少洪灾几率或降低洪灾损失程度所产生的效能和利益，通常以有防洪措施条件下比无防洪措施条件下所减免的洪灾损失和可增加的土地开发利用价值来表示。

防洪效益表现在三个方面：①社会方面。在保障社会安定和促进社会发展中所起的作用；②经济方面。保护国民经济各部门和地区的经济发展，减免国民经济损失；③生态环境方面。维护和改善生态环境方面所起的作用和可获得的效益。防洪效益还具有社会公益性、潜在性、不确定性和可变性等特点。

2. *治涝效益*

治涝效益指修建治涝工程后避免或降低涝渍灾害所带来的效能和利益。治涝工程与防洪工程均属除害性质，与发电、灌溉等兴利工程不一样，其效益一般表现为灾害损失的减免，通常采用工程修建前后对比计算治涝工程减少的多年平均涝灾损失，并以此作为治涝工程效益。

治涝工程效益与涝区的自然条件、生产条件关系较大。生产条件较好的地区，农作物产量高、产值大，受涝损失和治涝工程效益也大；反之，农业基础差的地区，农业产值低，治涝工程兴建后，如果农业生产等其他条件不能及时跟上，治涝工程效益就难以发挥。

3. *灌溉效益*

灌溉效益指兴建灌溉工程后使农作物产量增加或质量提高所带来的效能和利益。从影响程度来看，灌溉工程的效益可分为直接效益和间接效益两部分，其中直接效益主要反应在未灌溉土地经过灌溉以后，或现有灌溉工程经过改建后，农作物产量和质量的提高上；间接效益是指兴建灌溉工程以后，为水产、植树造林、航运、水力发电等创造了有利条件所获得的效益。

由于各地的气候、土壤、作物品种和农业技术措施等条件不同，灌溉效益的地区差别很大，认真分析灌溉工程发挥作用的基础和条件是灌溉效益计算的前提。

4. 城市供水效益

城市供水效益指建设城市供水工程产生的效能与可获得的利益。城市供水通常包括居民生活、工业生产和公共事业等方面供水，有时也包括一部分近郊区用水，但不包括近郊农村自备井。水利建设项目对城市供水分为两类：一类为城市供水水源工程，即水利工程只为城市水厂提供水源；另一类为完整的城市供水工程，即水利工程承担水源、水厂和管网等全部建设，直接供水至用户。如果是前者，水利建设项目的城市供水效益要以相应供水规模所需水源建设费用，占水源、水厂、管网等建设总费用的比例来分摊其全部效益；如果是后者，则无需分摊，全部供水效益均为水利建设项目所有。

5. 水力发电效益

水力发电效益是指水电建设项目向电网或用户提供容量和电量所获得的效能和利益。水力发电站的容量和电量，应根据电力系统电力电量平衡分析合理确定。表示水电容量效益的主要特征指标是装机容量，它由重复容量和必需容量两部分组成。重复容量没有容量效益；必需容量包括工作容量和备用容量，是反映水电站容量效益的实物指标。反映水电站电量效益的特征指标是多年平均发电量。

水力发电效益除考虑电站本身的容量和电量效益外，一般还需考虑补偿效益。水电补偿效益包括：①水文补偿效益。同一供电系统的水电站联合运用，由于各水电站遭遇不同的丰、枯水文特性，可获得水文补偿效益，增加供电系统的电量和有效容量。②反调节效益。当承担调峰任务的梯级电站的下级电站按照航运要求进行反调节，使调峰电站原承担的航运基荷可用于承担调峰任务而增加的容量效益。③梯级补偿效益。当上游电站有较大的调节库容，梯级电站联合调度时，增加下游各梯级电站的保证出力和年发电量的效益。④库容补偿效益。调节性能较好的水电站与调节性能较差的水电站进行补偿调节所增加的系统容量和电量的效益。

6. 航运效益

航运效益指水利建设项目提供或改善通航条件所获得的效能和利益。主要包括两个方面：一是扩大航道通过能力、增加客货运量所带来的效益；二是在河道原有通过能力范围内，由于航道条件改善，使航运成本降低和航道维护费减少所带来的效益。

水利项目航运效益具有以下几方面的特点：①既有正效益（有利影响），又有负效益（不利影响），相对来说，航运负效益要比水利其他功能的负效益多；②效益发挥较慢，达到设计效益需要的时间较长，一般需要经过 15～25 年甚至更长时间；③社会效益和间接效益大，自身的财务收益小；④航运效益的发挥涉及航道、船舶、港口三个部分，水利工程改善航道的效益主要是通过船舶运输来实现，因此水利工程航运效益一般与相应的船舶、港口码头合并计算。

7. 水土保持效益

水土保持效益是指在水土流失地区通过保护、改善和合理利用水土资源及其他再生资源，所获得的生态效益、经济效益和社会效益的总称。水土保持效益分析是江河治理宏观决策以及水土保持规划方案评估的重要科学依据。

水土保持效益的计算主要包括以下四个方面：一是保持水土，减少水、肥、土的流失，从而增加当地农业、林业、牧业等的各项收益的效益；二是减轻泥沙对河道、水库和其他水利工程的危害的效益；三是减轻山洪、泥石流灾害的效益；四是保护和改善生态环境的效益等。

17.2.2.2 按对国民经济产生影响的途径分类

从对国民经济产生影响的途径来看，水利工程效益主要可分为两类，一类是增加国民经济产值的水利效益；另一类是减少国民经济损失的水利效益。

1. 增加国民经济产值的水利效益

增加国民经济产值的水利效益就是指水利建设项目建成运行后，能够生产出直接的、可计量的产品，创造新的国民经济价值，其产生的经济效益可以在国民经济统计中直接体现出来。从其经济活动的形式与内涵来看，包括水利的有偿服务型产业部门和生产经营型产业部门。

水利的有偿服务型部门主要指受产业政策影响的基础产业部门（如农业灌溉）；水利的生产经营型部门主要是指具备企业性质，有持续固定的产品产出，可以参与市场竞争的生产部门（如水力发电、城镇供水等）。这两类部门的资金投入运行后，在生产活动中，表现为物——货币——物的产品交换形式，它们有直接可计量的产品。对于水利的生产经营型部门，其生产经营活动主要是开发利用水资源，创造新的价值，从而增加国民经济产值。因此，这些部门的发展水平如何，在水利经济中的比例关系是否协调，是决定水利经济能否持续发展的关键所在。

2. 减少国民经济损失的水利效益

减少国民经济损失的水利效益是指水利建设项目建成运行后，产生的经济效益虽然不能直接计入国民经济产值，但可以通过无形的“资金转嫁”方式，使人类已创造的价值免遭损失，为人类提供创造新价值的条件。从其经济活动的形式与内涵来看，主要包括水利的社会公益型产业部门。

水利的社会公益型产业部门包括防洪、治涝等，水土保持也具有较强的社会公益特点。我国防洪、治涝、水土保持等水利工程已形成较完善的工程体系，这类工程作为国民经济的基础设施，为保证国民经济正常运行和国家及人民群众生命财产安全，起到了巨大作用。在国民经济生产过程中，社会公益型产业部门的建设资金，无形地转移到其他部门的产值中去，通过其他物质生产部门计入国民经济生产总值。这部分资金在其经济活动中，虽然不创造新的价值，也没有直接转移对象，但缺少这些基础设施，国民经济生产就会失去稳定的环境，造成自然灾害的可能性和因灾损失程度就会加大，因而国民经济其他物质生产部门创造的价值就会减少。

17.2.2.3 按水利效益与水利生产经营活动的密切关系分类

1. 直接水利效益

直接水利效益是指水利建设项目为指定目标所直接提供的产品或服务的价值，它是与间接效益相对应的概念。直接效益是项目效益的主要组成部分，通常采用项目产出物（物质产品或服务）用影子价格计算的经济效益，一般表现为增加该产出物数量满足国内需求的效益；替代其他相同或类似企业的产出物，使被替代企业减产以减少国家有用资源耗费（或损失）的效益；增加出口（或减少进口）所增收（或节支）的国家外汇的效益等。

水利建设项目国民经济评价各功能的直接效益各不相同，一般把与水利项目功能直接相关的产出物增加价值或减少损失价值作为直接效益，如水力发电工程按电站提供的有效电量与影子电价的乘积作为直接效益，防洪工程把减免洪水淹没区内与洪水直接接触所造成的经济损失和开发增加的土地开发利用价值称为直接效益。水利建设项目财务评价中直接效益表现为生产经营的产品销售（营业）收入，包括出项目提供的水利产品（如供水、供电）和服务所获得的财务收入。

2. 间接水利效益

水利建设项目除直接效益外，对社会产生的其他效益称为间接水利效益，又称外部效益。水利项目的效益不仅体现在它的直接产物中，还会在国民经济相邻部门及社会中反映出来，所以又可理解为它是由项目引起而在项目直接效益中未得到反映的那部分效益。如防洪工程建成后，除可减少直接损失外，还可以减少淹没区内因洪水淹没造成企业停产、减产及交通受阻中断，致使其他地区因原材料供应不足而造成的经济损失等。

间接效益有多种不同的表现形式，除经济效益外，还可体现为社会效益、生态环境效益等。它一般只在项目国民经济评价和社会评价中考虑，并要防止外部效益扩大化，通常只计算与项目一次相关比较明显、能用货币计量的外部效益。所考虑的外部效益应同时符合以下两个条件：一是项目将对与其并无直接关联的其他项目或消费者产生影响（效益）；二是这种影响（效益）在项目的财务报表（如财务现金流量表）中并没有得到反映，或者没有将其价值量化。

由于水利产品和水利效益的多样性，使水利工程效益计算方法也呈现多样性的特点。水利效益计算方法见链接 17－1。

17.3　水利建设项目评价

水利项目评价包括项目论证阶段的可行性评价、项目建设阶段的竣工评价以及项目运营一段时间后的后评价。不同管理阶段的项目评价的目的见链接 17－2[1]。可行性评价与后评价的内容与方法如下。

17.3.1　水利建设项目可行性评价

17.3.1.1　评价内容

不同类型的项目对评价内容的要求有所不同。一般而言，水利项目可行性评价内容包括以下几个方面。

1. 建设必要性评价

从整个国民经济和社会发展的宏观角度评估项目建设的必要性。主要是分析项目

[1] 来源于山东省水利勘测设计院 2007 年 10 月编制的《南水北调东线第一期工程南四湖—东平湖段输水与航运结合工程可行性研究报告》

是否符合国家产业政策、投资方向、行业规划和地区规划的要求。

2. 建设条件评价

如资源是否落实？工程地质、水文地质、气象等自然条件是否清楚？对工程建设的影响如何？相应的工程技术如何？原材料、动力、水源等的供应是否可靠？是否取得相关协议和意向性文件？项目选址方案是否合理？是否符合国土规划、城市规划、土地管理、文物保护要求？工程方案是否最优？对生态环境有无影响？

3. 技术评价

主要从项目实施的技术角度，对设计技术方案进行比选和评价。

4. 财务和国民经济评价

进行财务和国民经济分析，以解决项目建设的合理性问题。

5. 组织可行性评价

制定合理的项目实施进度计划、设计合理的组织机构、选择经验丰富的管理人员、建立良好的协作关系、制定合适的培训计划等，保证项目顺利执行。

6. 社会可行性评价

主要分析项目对社会的影响，包括政治体制、方针政策、经济结构、社会稳定性等。

7. 项目风险分析

主要对项目的市场风险、技术风险、财务风险、组织风险、法律风险、经济及社会风险等风险因素进行评价，制定规避风险的对策，为项目全过程的风险管理提供依据。

17.3.1.2　评价方法和指标

水利项目可行性评价坚持多方案比选优化与各项指标选取留有余地的原则，采用定性分析与定量分析相结合的方法，基于对成本的估算和效益的预测，计算得出项目评价指标和评价结论。从而使可行性研究具有在相对不确定的条件下，得出项目是否在技术经济上可行的相对确定的结论的特点。

可行性评价的基本方法是有无工程对比法，即通过对有无工程情况下投资、成本和增量收益的对比，确定项目的增量现金流量，并计算项目的评价指标。

项目可行性评价指标一般包括国民经济评价指标和财务评价指标。

1. 国民经济评价指标

国民经济评价是从国民经济整体角度评价建设项目的经济合理性，又称为宏观经济效果分析。它是以资源合理配置和国民经济最高增长为目标，采用影子价格[1]、社会折现率[2]等经济参数，分析计算项目对国民经济的净贡献，考察判别项目经济合理

[1] 指社会处于某种最优状态下，能够反映社会劳动消耗、资源稀缺程度和最终产品需求状况的价格。影子价格只有在完善的市场条件下才会出现，对国民经济评价时一般通过对现行市场价格的调整，求得影子价格的近似值。

[2] 是社会对资金时间价值的估算，是国家规定的、根据资金的供需状况和机会成本用以调控投资项目经济可行性的参数，是从整个国民经济角度所要求的占用社会资金所应获得的最低收益水平。2006年国家发展与改革委员会、建设部发布的《建设项目经济评价方法与参数（第三版）》中将社会折现率规定为8%，供各类建设项目评价时统一采用。

性。对水利项目而言，国民经济评价是项目决策的主要依据。

国民经济评价指标主要有经济内部收益率（EIRR）、经济净现值（ENPV）、经济效益费用比（EBCR）、投资回收年限等。

国民经济评价指标的含义见链接 17-3。

2. 财务评价指标

财务评价是从项目核算单位角度评价项目的财务可行性，它是在国家现行财税制度和市场价格体系的条件下，计算项日范围内的效益和费用，分析项目的盈利能力和清偿能力，以考察项目在财务上的可行性，是水利经营型项目决策的重要依据。

财务评价指标主要有财务内部收益率（FIRR）、财务净现值（FNPV）等动态指标；辅助指标有投资利润率、投资利税率、资本金利润率、资产负债率等静态指标以及其他一些价值指标或实物指标。

财务评价指标的含义见链接 17-4。

水利建设项目可行性评价案例见链接 17-5。

17.3.2 水利建设项目后评价

17.3.2.1 评价内容

水利是国民经济的基础产业，具有投资大、建设周期长的特点，对社会和环境的影响巨大。根据水利项目的特点，1996 年 7 月水利部制定了《大型水利工程项目后评价实施暂行办法》，对水利建设项目后评价的内容规定如下。

1. 经济评价

应以《建设项目经济评价方法与参数》（第三版）（以下简称《方法与参数》）和《水利建设项目经济评价规范》（以下简称《规范》）为依据，对综合利用水利工程除分析计算工程总体的经济效果外，还应分析计算各组成部门的经济效果。因此应该进行投资和年运行费分摊计算。在分摊前，应把重估投资和重估年运行费换算为影子投资和影子年运行费，效益也应按影子价格进行调整，所有费用和效益均应采用相同的价格水平年。

2. 财务评价

也应以《方法与参数》和《规范》为依据，对投资、年运行费和财务效益均采用历年实际收支数字列表计算，但应考虑物价变动的影响并进行调整，调整计算时，要注意采用与国民经济评价相同的价格水平年。

3. 工程评价

包括对工程规划设计、竣工验收、试验研究、工程监理和历年运行管理状况和水平进行全面评价。首先要弄清工程立项、决策和方案选定的来龙去脉、施工监理和验收过程、工程设计目标实现程度、优缺点和存在的问题以及决算投资是否超过预算等。水利项目后评价中的工程评价要重视安全和质量问题，如遇到设计标准偏低、工程质量差、存在严重隐患等重大问题，应作为重要专题上报上级主管部门，以便及时采取补救措施，消除隐患。对工程规划设计不当应采取变更补救措施的，也应提出对策和建议。由于工程评价牵涉很多水工结构和工程地质问题，因此应请水工和地质专家参加。

4. 环境评价

应以水利部、能源部颁布的《水利水电工程环境影响评价规范》(SDJ302—88)为依据，并按照工程项目的具体情况，有重点地确定评价范围和评价内容。对具有水库的水利工程，其环境影响评价范围一般包括库区、库区周围及水库影响下游河段，但以库区及库区周围为重点。对跨流域调水工程、分(滞)洪工程、排灌工程等，也应根据工程特性确定评价范围。环境影响评价的内容主要有：①对局部地区气候的影响；②对水文、水温、水质和泥沙的影响；③对环境地质和土壤环境的影响；④对陆生生物和水生生物的影响；⑤对人群健康的影响；⑥对景观、文物和重要设施的影响等。

5. 经营管理评价

应以《水库工程管理通则》、《关于加强水利管理工作的十条意见》、《水利工程水费核订、计收和管理办法》和工程所在省、市、自治区政府颁发的有关文件为依据。评价内容主要有：工程管理评价，即对工程的维修养护、保持良好运行状态进行评价；用水管理评价，对历年工农业供水状况进行分析，是否满足了有关方面的用水要求，如何进一步改进、提高效益；调度管理评价，对历年的防洪、兴利调度方案和效果方面进行综合评价，包括是否按调度规程或调度图进行操作，是否达到了预期的防洪兴利效益；经营管理评价，对管理单位的水、电费计价标准、收取情况和开展综合经营状况进行评价，并核查财务收支情况是否达到了良性循环，并提出改进对策；组织管理评价，对管理单位的组织机构、人员编制、职工精神文明建设等方面进行评价，如有机构臃肿、人浮于事或领导不力等状况，应提出改进意见。

6. 社会评价

既包括对推动地区经济发展、提高人民生活水平、促进卫生事业发展、增加就业等方面的正面影响和群众满意程度进行评价，也包括对项目产生的负效益作出评价并提出解决对策。

7. 移民评价

大型水库工程往往有大量移民搬迁，是后评价工作的重点。应进行调研工作，包括移民区分布、移民数量、淹没、浸没耕地、林木、果园、牧场面积、城镇情况、交通、邮电、厂矿、水利工程设施、移民经费使用和补偿情况、移民安置区情况、移民生产、生活情况、移民生活水平变化、移民群众的意见和遗留问题等。特别要摸清生活水平下降、生活困难移民的具体情况。研究提出帮助移民提高经济收入、实现生产水平恢复、生活水平提高目标的措施和建议。

17.3.2.2 评价方法和指标

项目后评价的基本方法是对比分析法，即把建成后取得的实际效果、经济效益和社会效益、环境保护等情况与前期工作中预测的情况进行对比，评价项目建设目标的实现程度；或者将项目建成前后的情况进行对比，评价水利建设项目的实际投资效果，从中发现问题、总结经验教训。

逻辑框架法经过多年的发展，已成为国外后评价的主要方法，其基本思路是将项目评价中紧密相关、必须同步考虑的动态因素组合起来，通过分析它们之间的关系，从设计策划到目的目标等方面来评价一项活动或工作。这种方法能明确地阐述项目设计者的意图，分析各评价层次间的因果关系，并能适用于不同层次的管理需要，因而在国外后评价领域得到较为广泛的应用。

除上述方法外，水利项目后评价还可采用模糊层次分析法、风险决策分析法、经验判断法等。

水利建设项目后评价指标因采用不同的方法而不同，采用对比分析法时，评价指标可参考项目可行性评价的指标。

17.4 水利经济的理论问题

17.4.1 水利产业与国民经济的关系

随着我国经济持续发展，社会不断进步，水利在国民经济中的地位显得越来越重要。工农业生产和人民生活时刻都离不开水，国土资源整治开发，国民经济整体布局和结构调整，生产力合理配置，所有这些经济活动中水利都是必须考虑的重要因素。水既不可缺少，又不可替代，几乎对所有产业都具有重要的制约作用。“水利是国民经济的命脉”是对水利产业在国民经济中具有举足轻重作用的最好诠释。

1. 水利产业对国民经济的作用

水利产业对国民经济具有基础性制约作用。首先，水是生命之源，是人们生活不可或缺的生活资源；其次，一切经济活动都离不开水，特别在工农业生产活动中，水是作为重要的生产资料投入使用的；最后，水利是国民经济的基础设施，是支撑国民经济各部门发展和运行的结构要素。

水利产业对国民经济具有全局性制约作用。一个国家的国民经济发展的总体水平，在很大程度上受到该国基础产业水平的制约和影响。综观各国经济的发展，经济发达的国家，大都是水利产业比较发达的国家，而水利产业落后的国家，没有一个是经济发达的国家。

水利产业对国民经济发展具有先导性制约作用。水利部门的发展，不仅制约着其他产业部门发展的现状，而且制约其他产业部门发展的未来。作为国民经济发展的重要物质基础，水利产业发展的滞后将严重影响国民经济和社会发展，加快水利产业发展步伐，实现水利与国民经济协调发展，是我国当前的重要任务之一。

2. 水利产业的公益性特点及其对社会稳定和发展的作用

水利的基础产业和基础设施地位决定了它在保障社会安全和促进社会发展方面具有不可替代的作用，而这种重要作用又使水利产业具有公益性强的特点，表现为水利产业的效益外部性明显，社会效益和生态环境效益巨大。

防洪工程是水利产业具有公益性的典型代表。防洪工程抗御洪水灾害，除直接减免淹没经济损失外，还可以保障国民经济稳定发展、保护人民生命安全，维护社会安定团结和人民安居乐业，有利于文化、教育、科学、卫生等事业的发展；其他如治涝、灌溉工程促进了农、林、牧、副、渔的全面发展，丰富了市场农产品的供应，繁荣了市场经济，提高了人民的生活水平，解决了人民温饱问题，这是社会安定的基本保证；水利航运的发展促进了城乡物资交流；水电工程的建设，促进了经济的发展，活跃了文化生活，改变了城乡面貌；供水工程为城乡经济发展提供了基础条件，为城乡人民提供了饮用水源，改善了人民的健康状况和生活质量。

另外，几乎所有的水利工程都能够在改善水质、改良土壤、美化环境、调节和改善地区小气候、降低灾害发生频率等方面或多或少地发挥作用，这些都为人们提供了稳定的生产和生活环境，对社会稳定和发展具有重要的作用。

17.4.2 水权与水权制度

我国水资源短缺的根本原因，一方面是社会经济的发展导致对水资源的需求日益增加，另一方面是水权不明晰、水价过低，造成我国水资源极度浪费和水污染加重。

水权不是人与水资源之间的关系，而是由于水资源的存在及其使用所引起人们之间在水资源领域相互认可的行为关系。水权是在水资源领域界定人们如何受益及如何受损，因而必须向谁提供补偿以修正人们对水资源所采取的行动。水权的确定要依赖法律法规、合同条款和其他社会规范，在此基础上形成一定的水权制度。

水权的内涵，包括水资源的所有权、使用权、处置权、收益权、经营权和排污权等。

水资源所有权是水资源最根本、最全面、最直接的权利，是对水资源占有、使用、收益和处置的权力，水资源所有权是其他权利的起点和基础。我国水资源所有权归国家所有。

水资源使用权是在法律、合同规定范围内对水资源的使用、处置和收益的权利。水资源使用权是受让人通过权利转让和特许方式从水资源所有者处获得的，水资源使用权是受限制的权利，其范围的大小根据法律、合同的规定发生变化。

水资源处置权按不同主体可分为国家处置权、用水户处置权和经营者处置权。从水资源所有者（国家）的角度来说，是指在一级市场对水资源的初始配置、二级市场对水资源的拍卖和其他一些公益性质的利用；从水资源使用权受让人的角度来说，分为对水资源事实上的处置和法律上的处置；对水资源经营者来说，是指对水资源的加工、运输、排污和治污等。

水资源收益权与处置权相对应，有国家对水资源处置而获取的收益、用水户对水资源处置而获取的收益和经营者对水资源的处置而获取的收益等不同水资源收益权形式。

水资源必须经过一定的工程措施、加工处理和去污处理，才能够在某一地点为满足某种用途而被利用。经营权是国家作为所有者赋给水务机构的一种特许权利。水经营机构享有收回成本并获取部分利润的权利。

排污是用水的必然结果，用水户购买了排污权就拥有了环境水权，排污权与环境水权是一致的。目前，我国用水户排污权有两种获取渠道，一种是针对向城市集中排污处排污的用水户需缴纳排污处理费，另一种是排污超标的用水户需缴纳超标排污费。

水权具有可分割性，一则水权存在事实上的分割，因为监督成本太高，或者说排他的成本过高，国家作为所有者不可能对其拥有的每一种权利进行监督；二则水权可以通过法律形式进行分割，不同权利根据其性质由不同主体（个人、集体、或国家）

拥有，从而可以进行专业化的管理，提高水权的利用效率，同时也方便了水权的交易。

水权的可分割性决定了水资源所有权和水资源使用权可以分离，也决定了水资源所有权和水资源经营权可以分离，还决定了不同功能的水权可以由不同的主体拥有。

水权制度是一系列用来确定每个人相对于水资源使用的地位、经济和社会关系的制度，是以水权为中心，用来约束、鼓励、规范人们产权行为的系列制度。世界各国的水权制度体系有以下几种。

1. 滨岸权水权体系

滨岸权是指合理使用与滨岸土地相连的水体但又不影响其他滨岸土地所有者合理用水的权利。滨岸权本身并不要求对水资源的有效利用，而且该制度限制了非毗邻水源土地的用水要求。近年来，一些国家废止了滨岸权或对滨岸权做出了限制性的规定。

2. 优先占用水权体系

优先占用权与土地所有权相分离，以占有并对水资源进行有益使用（beneficial use）和河流中有水可用为标准，谁先开渠引水，谁就拥有使用水的优先权（first in times is first in right），并且不用即作废（use it or lose it），用水者必须就水量的使用、用水季节和用水目的等方面向水行政管理部门登记并以此作为水权纠纷裁定的基础。

3. 公共水权体系

该水权体系的特点是水资源国家所有，所有权和使用权是通过实际水资源的使用而分离的，水资源的开发和利用必须服从国家的经济计划和发展规划。完全中央集权的水权管理体系理论上能实现水资源最优配置，但实际执行中要付出巨大的管理成本，因而水资源往往被置于公共领域。

4. 水市场——可交易的水权体系

可交易的水权制度建立的前提条件是水权能够在合法的、规范的法律框架下建立，并且在公共注册部门进行注册，该体制下用水户拥有的水权是一项财产权利。从世界范围来看，由于经济的发展、城市化的进程和人口的压力，水资源成为一种稀缺的资源。为了促进水资源的高效利用，许多国家和地区引入了可交易的水权体系。

在现代化建设与水资源稀缺矛盾日益加剧的今天，要使水资源合理有效利用，需要建立和完善水权分配机制，在水市场中利用水权分配机制优化配置水资源，用利益关系调整刺激节水制度的建设。

1993年，我国颁布实施了《取水许可制度实施办法》，初步规范了取水人的权利和义务。进入21世纪以来，为适应形势要求，我国全面推动了水权制度的建设，开始以流域为单元，明确水资源可利用量，并以此作为水权配置的控制性指标，约束经济社会用水总量，解决水资源过度开发和不合理用水带来的水生态环境问题；开始注重全面规范涉水权利，以加强对开发利用水资源的各种权利的保障和规范；开始探索水权的流转问题，发挥市场机制在促进水资源合理配置方面的作用。近年来，按照这一思路开展水权制度建设，取得了重要的成果。

目前，我国水权制度建设的目标、内容基本明确，一些在水权制度体系中起支架作用的重要制度如水量分配制度、取水权配置制度、取水权转让制度、用水总量控制制度等已经建立或者正在建立，相关的实践探索也在不断地深入。

17.4.3 水资源价值与水价

1. 水资源价值的含义

水资源价值是指水资源使用者为了获得水资源使用权需要支付给水资源所有者（包括国家或集体）一定的货币额，它体现了水资源所有者与使用者之间的经济关系，是水资源有偿使用的具体表现，是水资源使用者对水资源所有者因水资源资产付出的一种补偿，是维系水资源持续供给的最基本的前提。真正的水资源价值，是为了使用水资源本身而进行支付的，不管这种水资源处于自然状态还是已经凝聚了人类的劳动，它的产生与水资源的日益稀缺有着密切关系，但最根本的原因是所有权的实现。在研究水资源价值时，可以将水资源分为资源型水资源和工程型水资源两大类，资源型水资源价值主要包含资源地租和前期劳动投入的费用；工程型水资源的价值包括了相应的资源型水资源的价值量和工程开发增加的价值量。综合国内外对自然资源价值和天然水资源价值的研究，对水资源价值的认识虽然存在一定的分歧，但是就水资源价值的内涵来说，主要体现在三个方面，即稀缺性、资源产权和劳动价值。

2. 水价

水价是考虑在市场经济条件下，把水作为一种商品而制定的买卖关系中的度量衡，是从经营者手中购买单位体积的水资源应付出的货币额。它是节约用水的重要经济杠杆。2003年国家计划与发展委员会（后改名为国家发展和改革委员会）、水利部联合发布了《水利工程供水价格管理办法》，该管理办法规范了水利工程水价形成的机制以及核价的原则和方法，明确了水利工程供水价格要按照补偿成本、合理收益、优质优价、公平负担的原则制定，并根据供水成本、费用以及市场供求的变化情况适时调整；要求实行超定额累进加价、丰枯季节水价和季节浮动水价制度；逐步推广基本水价和计量水价相结合的两部制水价制度。

水价一般在供水成本测算的基础上实行政府定价或政府指导价，供水部门无权定价。水价管理实行分级审批制度。水价高低受供水工程自然条件、国家水价政策、供水区水资源条件和经济发展水平的影响，不同地区水价可相差很大。一般根据不同的供水对象、不同的供水环节、计收水费方式以及水价制定原则等要素制定不同的水价。水价一般包括供水成本和费用、供水企业合理利润和按规定缴纳的税金三个部分，其中水资源价值一般以水资源费的形式纳入供水成本核算。考虑到我国农业属弱势产业，为减轻农民负担，农业水价不计利润和税金，执行成本水价或补贴水价。

3. 水资源价值与水价的关系

水价理论研究成果表明，水资源价值是水价的重要组成部分，水价则是水资源价值实现的表现形式。合理的水价应包括水资源本身的价值、供水生产成本、正常利润和税金。假设除水资源价值以外其他因素保持不变，并且水市场发育充分，水资源价值与水资源需求量呈正相关，当水资源需求越大时，水资源短缺情况越严重，水资源价值就越高，这时，适当地调高水价，就可以使水资源供需矛盾得到一定程度的缓解；反之，当水资源需求量小于供给量时，水资源价值就降低，此时可以降低水价刺激需求，使水资源供需趋于平衡。

因此，在水资源越来越稀缺的今天，应该利用价格杠杆作用，将水资源价值合理地引入到水价定价体系中，加强水资源价格在水资源供需中的调控作用，建立科学合理的水价标准，这将对大幅度地提高水资源的使用效益，合理地分配水资源，缓解水危机，促进社会经济稳步持续的发展具有深远的理论和现实意义。

17.4.4 水利投入产出关系

水利作为国民经济基础产业，与其他产业一样，必须进行投入产出分析和核算。但由于水利产业的公益性特点，其投入产出关系更为复杂。

17.4.4.1 水利投入产出特点分析

根据对水利项目特点的考察及水利基础产业地位的认识，分析水利投入产出特点如下。

1. 水利投入的集中性

水利工程的建设，尤其是大型水利工程的建设，往往需要在短时间内集中大量的资金，这种几亿、几十亿甚至几百亿的资金投入，必须有顺畅的投资渠道和强有力的集权财政作后盾。我国在计划经济时期，由于中央财政高度集权，水利投入由国家财政包揽，很好地满足了水利投入集中性的要求，促进了水利事业的发展。但实施改革开放政策以后，随着投融资体制改革的深入，水利投入的集中性特点使水利投融资机制的改革面临着前所未有的挑战。

2. 水利投入的长效性

水利工程建成后，只要运用得当，管理科学，往往能在几十年内持续不断地发挥效益。我国的都江堰水利枢纽工程经过两千多年的变迁，至今仍在为工、农业生产和国民经济发展提供水源保障，充分体现了水利投入的长效性。

3. 水利单位产出投资的递增性

水利工程是人类利用水资源的一种人为措施，其建设受经济水平、自然条件和人文社会因素的限制。按照经济学原理，水资源的开发利用往往是优等条件首先开发，劣等条件则靠后开发，从而导致水利边际费用不断增加，水利单位产出投资呈现递增性。

4. 水利产出的滞后性、随机性和复杂性

水利产出即水利效益具有明显的滞后性的特点，一般来说水利投资往往不能立竿见影收到成效。由于水利工程一般建设周期较长，只有当投资累计到一定规模，工程建设达到某一个或几个功能的设计标准时，才能产生部分效益。这个滞后时间往往需要几年甚至更长。

水利效益的随机性是指有些水利工程的效益与水文气象条件有关。例如防洪治涝工程，若遇大洪水和严重涝渍年份，工程对控制调节洪水和排除渍涝作用巨大，工程效益就大；相反，如当年未发生洪水或仅有小洪水，其作用就小，甚至不能发挥作用。又如灌溉工程，逢多雨年份，天然降水量基本可满足农业生产的需求，需灌溉补充的水量少，工程效益就小；但若逢干旱年份，天然降水量不能满足农业生产需求，需要利用灌溉设施补充较多水量，其效益就大。

水利产出的复杂性不仅指各种水利效益的计算方法多样，没有统一、简便的计算方法，而且还指水利产出具有明显的效益外部性特点。水利工程产生的效益包括直接效益和间接效益，无论是直接效益还是间接效益，均又可分为可计量的经济效益和不可计量的社会效益。目前对间接效益和社会效益都还没有科学、公认的计算方法，也就是说缺乏使水利外部效益内部化的科学途径。

17.4.4.2 水利投资问题分析及改革方向

随着由社会公益事业向国民经济基础产业的转变，水利投资机制也发生了重大的变化。水利行业经过不断的探索，已逐步建立起适应社会主义市场经济要求的投融资体制，这种体制的特征是以国家投入为主导、实行多元化主体、多层次配合、多渠道筹集资金的投融资体制。但是，由于水利建设项目的公益性特点，使水利投资在新的市场经济形势下面临着许多问题，具体分析如下：

(1) 水利投资机制不完善。国家投入不足，缺乏稳定的投入保障机制，缺乏市场机制，社会资金参与投资的规模和份额较小。

(2) 水利投资供需缺口巨大，水利投入严重不足。

(3) 水利投资结构不合理。主要表现为政企投资结构失衡，水利产业内部投资结构失衡，区域投资结构失衡。

(4) 水利投资回收补偿机制不健全。以供水为代表的水利产品实行政府定价，水价一旦低于成本，导致水利投资无法回收，使水利自我积累和自我发展的能力较弱。

(5) 水利投资市场主体尚未真正形成。水利投资市场至今没有形成社会积极广泛参与的局面，政府仍是最重要的投资主体，财政资金仍然是水利投资最可靠的来源。

针对以上问题，深化我国水利投资改革迫在眉睫。新时期我国水利投资改革的总体思路及基本原则是从可持续发展角度出发，遵循价值规律，加强水利投资市场体系建设，发挥市场供求的作用，在坚持以政府投资为主导的前提下，多渠道、多层次筹集水利资金，科学合理地形成水利投资的规模和结构，逐步改善我国水利基础设施，促进我国水资源的保护与利用以及国民经济的可持续发展。

第 18 章

水利管理

“水利”是一个内涵丰富的概念，其英文表达一般使用“Hydraulic Engineering”或“Water Conservancy”。随着对水资源认识的深入，“水利”也经常使用“Water Resources”表达。由此可见，水利管理包括了水资源管理、水利工程管理以及为防止水灾害所进行的管理等三方面的内容。实际上，它的外延还要广泛。与水利管理相类似的概念是水管理，国内学者认为，水管理包括水资源管理、水环境管理和水服务管制三方面内容。随着社会经济的发展以及人口的膨胀，水资源的稀缺性越发突显，涉水事物越发复杂，水利管理的内容也越发丰富，外延越发广泛。当前，我国的水利管理包括水资源、水环境、水利工程、水服务在内的以所有与水相关的事务、人员、机构等为对象的管理活动。

18.1 水行政管理与依法治水

水管理是指人类社会及其政府对适应、利用、开发、保护水资源与防治水害活动的动态管理以及对水资源的权属管理，包括政府与水、社会与水、政府与人以及人与人之间的水事关系。概括地说，水管理包含四方面的内容，即：①水资源管理，包括水资源的配置、开发及使用；②水环境管理，包括水环境的保护和对污染、破坏、滥用等水破坏行为的监管、惩戒；③水工程管理，包括水利工程的建设、维护和使用的管理；④水服务管理，包括水的供给和排放服务的管理。水管理的目的是为了优化水资源的配置，提高水资源的使用效率和效益，保护水环境的安全、健康，维护公共利益。其常采用的手段有两类：一是行政手段，即直接的政府管制；二是经济手段，包括使用价格杠杆、收取各类税费等。

水资源是一种公共资源，水资源的开发、利用等涉及到公共利益，由于水资源的种种特性，使得政府成为水利管理的主体，在其行政组织体系中，形成了一个专门的、系统的水行政管理体系，行政管理以其特有的优势在水利管理中发挥着重要的作用。因此，也有人将水利管理称为水利行政管理。

18.1.1 行政管理在水管理中的地位和作用

行政管理在水管理中的地位和作用，主要表现在如下几个方面。

1. 行政管理保证了水管理的有效性

行政管理是行政机关以国家公权力为后盾对各种公共事务进行的管理，因此管理的力度强，处理复杂和重大问题的能力大。由于我国水资源的特点导致了水管理问题异常的复杂和重要。首先，从宏观管理角度，我国的水资源时间、空间分布不均衡，需要对不同地区、不同时间的水资源，进行合理地调配。水资源的配置不仅涉及不同地区的利益分配，还需要与国家产业政策相协调，这些都需要有国家公权力的保障；其次，从中观管理角度，江河、湖泊中的水往往流经或横跨多个地区，对水权在不同地区的归属划分，需要有国家公权力的介入；第三，从微观管理角度，对于污染、破坏、滥用水资源、妨碍水安全等违法行为，需要有以国家公权力为后盾的权力部门进行监督、惩戒。总之，行政管理为水管理的有效性提供了保障。

2. 行政管理保证了水管理的高效性

行政管理以科学有效的行政组织为依托，有着系统的组织结构和职能体系，这种结构和体系从中央延伸至地方，各级之间权责明确，各个职能部门之间分工、归属清楚，整个系统政令通达，形成了一个高效的管理体系。水管理由于涉及到对水资源、水环境、水利工程、水服务多个方面、不同内容的管理，且对于流经、跨越多个地区的水域，还需要不同地区在管理上相互协调、配合。因此，需要建立权责明确、职能清晰的水行政管理组织体系来进行管理，以保证水管理的高效性。

3. 行政管理保证了水管理的公平性

水资源是一种公共资源，它的配置及使用应体现公共利益，实现公平、公正、公开。行政管理的本质特征是政府代表公众利益对社会公共事务进行管理。因此，实行水行政管理，可以有效避免因私人利益的介入而导致的分配不均，实现水管理的公平、公正、公开。

4. 行政管理保证了水管理的合法性

行政管理保证水管理的合法性表现在三个方面：第一，行政组织本身是合法性组织，各国政府均是依法设置、依法组建、依法变更、依法废止。由行政组织实施水管理，首先在管理主体上就实现了合法性；第二，行政组织的行为追求合法性。依法行政是每一个行政组织活动的根本原则，行政管理必须依照宪法和法律，在其授权的范围内进行，不能越权。由行政组织实施水管理，在管理的行为和过程上保证了合法性；第三，行政组织有权依据宪法和法律发布相关的规章、准则。这些规章、准则具有一定的法律效力，可以更加具体地规范其管理对象的行为。因此，由行政组织实施水管理，可以通过制定行政法规，细化管理内容，从而使管理更具合法性。

18.1.2 我国水行政管理体系及机构

我国由于水旱灾害频繁，各朝历代都把水利作为治国安邦的大事。历代政府多设置水官和管理机构，承担国家的水行政管理事务。中华人民共和国成立后设立了水利部，负责全国水行政管理。长期以来，我国各级的水行政管理体制尽管明确国家水利部及各省（市）水利厅（局）、各县（市）水利局为水行政主管部门，但城建部门负责城市供水及管理，电力部门承担水电运行及管理，环保部门负责水环境的监测和保护，卫生部门担负饮用水水源地水质监测等，导致我国水资源管理实际上长期存在“多龙管水”的状况。

随着我国经济体制改革的不断深入，我国政府部门机构改革也取得了较为显著的成效。在明晰不同政府机构职能、协调各机构之间的关系、提高政府部门办事效率的改革思想指导下，我国水利部门作为水行政主管部门的地位得到进一步确认，开始了水务一体化改革艰难而又极其重要的历程。水务一体化突出水利部门对水资源开发、利用、保护实施全面统一管理的权威地位，同时建设部门、卫生部门、环保部门等则在水行政主管部门的统一管理框架下，分别对城市供水、饮用水卫生、水环境保护等实施行业指导。

18.1.2.1 水利部组织机构及其水行政管理职能

《中华人民共和国水法》规定，水资源属于国家所有，国务院代表国家行使对水资源的所有权。水利部是主管水行政的国务院组成部门，是水利行政管理的最高国家机关。

我国水利部成立于1949年10月，随后经历了一系列的改革、变更。1998年，根据第九届全国人大一次会议批准的国务院机构改革方案和《国务院关于机构设置的通知》(国发［1998］5号)，水利部重新单独设置。2008年第十一届全国人民代表大会第一次会议讨论通过大部制改革方案，水利部在随后的国务院机构改革中继续保留单独设置，这对实现我国水管理的高效性具有重要意义。

1. 水利部组织机构

根据第十一届全国人民代表大会第一次会议批准的国务院机构改革方案和《国务院关于机构设置的通知》(国发［2008］11号)，设立水利部作为国家最高水利行政主管机构，共设12个司、局机构，另设机关党委和离退休干部司。其中办公厅负责文电、会务、机要、档案等机关日常运转工作；承担信息、保密、信访、政务公开、新闻发布工作。其余11个司局直接从事对全国的各项水利事务的规划、监督、建设、发展、立法等管理工作。这些司局包括规划计划司、政策法规司、水资源司（全国节约用水办公室)、财务司、人事司、国际合作与科技司、建设与管理司、水土保持司、农村水利司、安全监督司、国家防汛抗旱总指挥部办公室。

2. 水利部主要职能

(1) 负责保障水资源的合理开发和利用，拟订水利战略规划和政策，起草有关法律法规草案，制定部门规章，组织编制国家确定的重要江河湖泊的流域综合规划、防洪规划等重大水利规划。按规定制定水利工程建设有关制度并组织实施；负责提出水利固定资产投资规模和方向、国家财政性资金安排的意见；按国务院规定权限，审批、核准国家规划内和年度计划规模内固定资产投资项目；提出中央水利建设投资安排建议并组织落实。

(2) 负责生活、生产经营和生态环境用水的统筹兼顾和保障，实施水资源的统一监督管理。拟订全国和跨省、自治区、直辖市水中长期供求规划、水量分配方案并监督实施，组织开展水资源调查评价工作，按规定开展水能资源调查工作，负责重要流域、区域以及重大调水工程的水资源调度，组织实施取水许可、水资源有偿使用制度和水资源论证、防洪论证制度。指导水利行业供水和乡镇供水工作。

(3) 负责水资源保护工作，组织编制水资源保护规划，组织拟订重要江河湖泊的水功能区划并监督实施，核定水域纳污能力，提出限制排污总量建议，指导饮用水水源保护工作。指导地下水开发利用和城市规划区地下水资源管理和保护工作。

(4) 负责防治水旱灾害，承担国家防汛抗旱总指挥部的具体工作。组织、协调、监督、指挥全国防汛抗旱工作，对重要的江河湖泊和重要的水工程实施防汛抗旱调度和应急水量调度，编制国家防汛抗旱应急预案并组织实施。指导水利突发公共事件的应急管理工作。

(5) 负责节约用水工作，拟订节约用水政策，编制节约用水规划，制定有关标准，指导和推动节水型社会建设工作。

(6) 指导水文工作，负责水文水资源监测、国家水文站网建设和管理，对江河湖库和地下水的水量、水质实施监测，发布水文水资源信息、情报预报和国家水资源公报。

(7) 指导水利设施、水域及其岸线的管理与保护，指导大江、大河、大湖及河口、海岸滩涂的治理和开发，指导水利工程建设与运行管理，组织实施具有控制性的或跨省、自治区、直辖市及跨流域的重要水利工程建设与运行管理，承担水利工程移民管理工作。

(8) 负责防治水土流失，拟订水土保持规划并监督实施，组织实施水土流失的综合防治、监测预报并定期公告，负责有关重大建设项目水土保持方案的审批、监督实施及水土保持设施的验收工作，指导国家重点水土保持建设项目的实施。

(9) 指导农村水利工作，组织协调农口水利基本建设，指导农村饮水安全、节水灌溉等工程建设与管理工作，协调牧区水利工作，指导农村水利社会化服务体系建设。按规定指导农村水能资源开发工作。指导水电农村电气化和小水电代燃料工作。

(10) 负责重大涉水违法事件的查处，协调和仲裁跨省、自治区、直辖市水事纠纷，指导水政监察和水行政执法。依法负责水利行业安全生产工作，组织、指导水库、水电站大坝的安全监督，指导水利建设市场的监督管理。组织实施水利工程建设的监督。

(11) 开展水利科技和外事工作。组织开展水利行业质量监督工作，拟订水利行业的技术标堆、规程规范并监督实施。承担水利统计工作，办理国际河流有关的涉外事务。

(12) 承办国务院交办的其他事项。

18.1.2.2 全国水行政管理体系

由于我国幅员辽阔，水系较多，水资源地区分布严重不均。为了提高水资源配置效率和管理水平，我国水管理长期实行流域管理与行政区域管理相结合的模式，导致我国水管理体系在水利部以下形成两个水行政管理体系。两个体系相互配合，相互补充，构成了我国的水利行政管理体系的总体框架。

1. 以行政区划为基础的水管理体系

与水利部相对应，在全国各省、自治区、直辖市的行政组织机构内，设有相应的水利厅（局），在各市、县、区、旗等下一级行政区划内设有水利局（所）。这些地方性水行政管理机关，业务上逐级接受上一层水行政主管部门的领导，行政组织机构则纳入当地政府部门的管理范畴，主要职责是处理好相应的行政区划内的各项水管理事务，如：供水、排水、污水等方面的管理，农田灌溉、水政监察、防汛抗旱等方面的组织管理工作。

2. 根据流域管理需要形成的管理体系

我国水利部直接下属七个流域管理机构，分别处理流域内的各项水管理事务。主要包括：整个流域水资源的统管、流域内各项水利工程的监督管理、指导流域内河流、湖泊及河口、海岸滩涂的治理和开发、负责流域内的防汛抗旱调度等工作。

七大流域管理机构分别为：

（1）长江水利委员会，负责长江流域和澜沧江以西（含澜沧江）区域内的水行政主管工作。

（2）黄河水利委员会，负责在黄河流域和新疆、青海、甘肃、内蒙古内陆河区域内行使水行政主管职责。

（3）淮河水利委员会，负责在淮河流域和山东半岛区域内行使水行政主管职责。

（4）海河水利委员会，负责在海河流域、滦河流域和鲁北地区区域内行使所在流域的水行政主管职责。

（5）珠江水利委员会，负责在珠江流域、韩江流域、澜沧江以东国际河流（不含澜沧江）、粤桂沿海诸河和海南省区域内行使水行政主管职责。

（6）松辽水利委员会，负责在松花江、辽河流域和东北地区国际界河（湖）及独流入海的河流区域内行使水行政主管职责。

（7）太湖流域管理局，负责在太湖流域、钱塘江流域和浙江、福建（韩江流域除外）两省区域内行使水行政主管职责。

各流域管理机构根据管理内容的不同，可分设不同的职能部门，并根据管理的层次需要设置了相关的事业单位。如淮河水利委员会在其机关内设有13个处室，包括：规划计划处、水政水资源处（水政监察总队）、财务经济处、人事劳动教育处、建设与管理处（水利部水利工程建设质量与安全监督总站淮河流域分站）、水土保持处、防汛抗旱办公室、中国农林水利工会淮河委员会（与直属机关党委合署办公）等。在机关外另设一个单列机构——淮河流域水资源保护局。同时淮河水利委员会管辖8个事业单位，包括：淮河水利委员会沂沭泗水利管理局、水文局、淮河流域水土保持监测中心站、水利水电工程技术研究中心等。有的流域水利委员会根据流域所经地区，以事业单位的形式，下设流域内地区水利分管机构。如黄河水利委员会下设山东黄河河务局、河南黄河河务局、黄河中上游管理局、黑河流域管理局、黄河小北干流山西河务局和黄河小北干流陕西河务局。

18.1.3 我国水法规体系及其发展

水法规体系是由调整水事活动中社会经济关系的各项法律、法规和规章构成的有机整体。它既是水利法制体系建设（水行政立法、水行政执法、水行政司法、水行政保障）的主要内容之一，也是国家整个法律体系的一个重要组成部分，是国家制定并以强制力保障实施的规范性文件系统。

我国自1988年颁布实施《水法》以来，随着水利事业的不断发展，水利管理内容的不断丰富，水法规体系的建设取得了重大进展。至2005年底，已出台4部法律，20件行政法规、91件部规章和400余件地方性法规，逐渐形成了一套符合我国国情、具有我国特色、比较完整、初步配套的水法规体系，基本保障了我国水利事业的发展和水利管理的有法可依。

我国的水法规体系从纵向上划分，可分为：全国人大或全国人大常委会制定的水法律；国务院制定的水行政法规；水利部制定的规章；省、自治区、直辖市制定的地方性水法规和规章四个等级。从横向上划分，可分为：水资源的开发利用；水资源、水域和水工程保护；水资源配置和节约使用；防汛与防洪；水工程经营管理；水土保持；涉水活动监督检查等方面。

我国已颁布的水法律共4部，分别是：《中华人民共和国水法》、《中华人民共和国水土保持法》、《中华人民共和国水污染防治法》和《中华人民共和国防洪法》。其中，为了适应新世纪水利发展的需要，保护、管理好水资源，满足国民经济建设和人民生活的需要，2002年全国人大常委会通过了对水法的修订。已颁布的水行政法规有20件，主要包括：《中华人民共和国水文条例》（国务院令第496号）、《大中型水利水电工程建设征地补偿和移民安置条例》、《国务院办公厅转发水利部等部门关于加强蓄滞洪区建设与管理若干意见的通知》、《取水许可和水资源费征收管理条例》等。已颁布的部门规章、规范性文件，包括《取水许可管理办法》（水利部第34号令）、关于印发《水利部直属单位基础设施建设项目验收管理办法》的通知（水建管［2008］38号）、关于印发《水利部新产品鉴定管理办法》的通知（水综合［2008］24号）等。

我国目前的水法律、法规已初步形成体系且基本配套，但从水利事业发展的要求来看，仍然需要不断地改进、完善，表现在：

（1）水法修订后，一些原有的法规应进行相应修订，并按照下级法服从上级法的原则修订原法规中与水法相矛盾和不一致的地方，以利于新水法的贯彻实施，提高水法规体系的法律效率。

（2）基本水法律、重要法规明确规定需要配套而尚未完善的，需抓紧出台和完善配套。比如，修订《取水许可制度实施办法》，出台《水资源费征收管理办法》、《中华人民共和国防洪法实施细则》、《防汛条例实施细则》等。

（3）按新世纪、新时期、新形势、新水利的要求，某些法规尚需修订完善。比如1988年水法出台前制定的《河道堤防工程管理通则》、《水闸工程管理通则》、《水库工程管理通则》、《灌区管理办法》、《水利水电工程管理条例》等5件规章的修订。

18.2 水利工程管理、水资源管理与水务一体化管理

水利工程管理和水资源管理一直是我国水利管理的重要内容。由于水资源特性的客观要求以及社会经济发展的实际需要，水管理的范畴进一步拓宽，实行水务一体化管理越发成为现代水利管理的发展趋势。

18.2.1 水利工程管理的对象、内容和作用

水利工程管理有广义和狭义两种理解。广义的水利工程管理是指对各项水利工程的建设、使用及维护进行的监督、指挥、运行等一系列活动，它的基本任务是使水资源发挥最大的工程效益。狭义的水利工程管理是指对水利工程的检查观测、养护修理、防汛抢险等技术管理工作。水利工程管理的基本任务是保障水利工程的安全。

18.2.1.1 水利工程管理的对象

新中国成立以来，建成了一大批水利基础设施，初步形成了防洪、排涝、灌溉、供水、发电等工程体系，在抗御水旱灾害，保障工农业生产和人民生命财产安全等方面发挥了举足轻重的作用，形成数千亿元固定资产；而且由于各地经济发展的需要，水电站、堤防、水库等各类水利工程仍然在不断地建设和发展。这些已经投入使用或尚在建设中的各类水利工程，构成了水利工程管理的对象。

18.2.1.2 水利工程管理的内容

水利工程管理按照性质不同可分为水利工程建设管理、水利工程维护管理、水利工程运营管理三大类。不同性质的水利工程管理，其管理的内容各有不同。

1. *水利工程建设管理*

水利工程建设管理是指水利工程从立项审批、施工准备、施工监理到竣工验收和评价的全过程管理。其管理内容涉及面宽，管理事务庞杂。20世纪90年代以来，我国水利工程建设推行项目法人制、工程施工招投标制和工程建设监理制等制度，不仅极大地提高了水利工程建设管理的水平和效率，也简化和规范了水利工程建设管理的内容。目前，我国水利工程建设管理的内容包括工程建设管理法规、规章和制度的建立；可行性研究报告的审查；招投标文件的编制；建设资金筹集方案的审查；施工单位遴选；施工监理单位遴选；竣工验收和评价的审查等。

2. *水利工程维护管理*

水利工程的维护管理是指水利工程竣工并投入使用后，为了维护水利工程的安全和完整，保障水利工程在寿命期限内能够按设计标准充分地发挥效益，而对水利工程进行的维修和养护。水利工程维护管理的内容包括：大坝、堤防、水库、水闸及其他建筑物的检查、观测、维护、修理和除险加固等。水利工程的维护管理是一项面广量大、耗时费力的工作，需要大量的维修养护人员。2000年9月，水利部发布了《关于开展水利工程管理单位体制改革工作有关问题的通知》（水建管［2000］401号），确定了以工程定性、人员定岗、管养分离为核心的水利工程管理单位的改革目标。2002年9月，国务院办公厅转发了国务院体改办关于《水利工程管理体制改革实施意见》的通知（国办发［2002］45号），对水利工程管理单位的类别和性质、定岗标准和管养分离的操作原则进行了规定。将水利工程管理单位根据承担的任务和收益状况，划分为纯公益性、准公益性和经营性水管单位三大类，分别定性为事业单位或企业。对事业性质的水管单位严格实行定编定岗。管养分离不仅能够有效地解决水利工程管理单位机构臃肿、人员涣散的痼疾，而且有利于提高水利工程维护的专业化水平，强化水利工程管理单位的经营管理职能，从而提高水利工程的管理效率和管理水平。

3. 水利工程的运营管理

水利工程的运营是实现工程设计目标的重要环节。水利工程的运营管理就是指水利工程根据设计目标，制定运营调度方案，并按照调度方案和现实条件进行经营或运用的过程。我国水利工程管理单位体制改革的实施，水利工程管理实现了由原来的“管养一体”向“管养分离”的转变，使水利工程管理单位的工作重点转移到了工程本身的经营和运行调度上。我国水利工程的运营管理包括组织机构及人事管理、工程经营目标的确定、运营调度方案的制定、业务岗位管理、成本核算和管理、价格及收费标准的测算、资产经营管理以及水管单位财务管理等。

18.2.1.3 水利工程管理的作用

水利工程管理在工程的建设、维护和运营中发挥着巨大的作用。一方面，良好的工程管理确保了水利工程的安全、降低了水利工程的事故隐患。水利工程在兴利除害方面发挥了巨大的作用，但一旦发生事故，特别是发生如大坝垮塌、堤防决堤等重大险情，不仅将使水利工程本身遭到损毁、造成重大损失，还将给下游地区人民的生命财产安全和社会经济成果造成毁灭性的灾害。良好的工程管理，可以及时发现和消除工程存在的安全隐患，将事故的可能性降到最低。另一方面，良好的工程管理，可以更好地发挥工程效益，实现工程的经济、高效、长久运行。水利工程效益的发挥，除了需要良好的工程物质基础，还需要有效的运行管理保障，通过健全的管理组织、制定运营管理调度方案和各种激励制度，实现科学管理和高效运行，使水利工程的效益得以更好发挥。

传统的水利工程管理存在体制不顺、机制不活、经费短缺、机构臃肿、管理粗放等问题，大量水利工程老化失修、积病成险、效益衰减，不仅影响自身效益的发挥，也给国民经济的稳定增长和人民生命财产的安全带来极大隐患。我国水利工程管理单位的体制改革，明晰了工程性质，界定了管理职责，明确了资金来源，对提高水利工程管理水平、促进水利工程管理作用的发挥具有重要的意义。

18.2.2 水资源管理的内涵及意义

18.2.2.1 水资源管理的内涵

水资源管理是指对水资源开发、利用、节约和保护的组织、协调、监督和调度工作。水资源管理主要有以下几个方面的管理内容。

1. 权属管理

它是水资源管理的核心，包括对水资源的所有权、开发权、使用权和经营权的管理。《中华人民共和国水法》规定，我国水资源属国家所有，农业集体经济组织所有的水塘、水库中的水，属于集体所有。因此，我国水资源管理实践中，主要针对除所有权以外的其他权属的管理进行探索。由于水资源分布广泛而且具有属地管理优势，我国水资源的权属管理长期实行分级管理模式。1998年国务院机构改革方案中已经明确规定，水利部是国务院的水行政主管部门，负责全国水资源的统一管理和保护，统筹城乡水资源规划和利用，负责实施取水许可制度，归口管理全国节约用水等工作。在水法颁布后，全国各省、自治区、直辖市也相继明确了水利部门为各级地方政府的水行政主管部门。

2. 政策管理

这一管理是对水资源开发的原则、规模、程序和时机；对水资源的综合利用、水资源的保护、水体污染的防治；对计划用水、节约用水和水资源费的征收、取水许可的管理等制定出一整套相应的方针、政策、法律和规章等，并贯彻实施和监督管理。

3. 监护管理

监护管理是通过监测、预测、纠偏、治理等手段，鼓励合理利用水资源，压缩和停止不合理用水，避免环境的恶化，保持水资源的永续利用。

18.2.2.2　水资源管理的意义

水资源是一种典型的公共资源。所谓公共资源是指具有非排除性但在消费上具有竞争性的资源。非排除性是指无法或很难通过技术手段将资源的受益者排除在外，或者排除的成本很高；竞争性是指一个消费者的使用将减少其他人对该资源的可利用量，即消耗性。水资源同时具备这两种属性。首先，水资源的消费往往具有共同消费的特点（如水利灌溉、养殖、水利旅游等），其效用在不同消费者之间不能分割。其次，在一定区域、一定时间内，水资源的总量是一定的，无论是哪一方的消费，都会使其他人的可用量减少，即具有消费的竞争性特点。

亚里士多德曾经说过："凡是属于最多数人的公共事务常常是最少受人照顾的事物，人们关怀着自己的所有，而忽视公共的事物；对于公共的一切，他至多只留心到其中对他个人多少有些相关的事物。"公共资源的特性造成了"公共地悲剧"。公共地悲剧是描述这样一种情况：由于公共资源的非排除性和竞争性，使得在资源的开发利用中，人们只注重短期利益而不考虑长期利益，在资源的利用者没有进行产权界定、没有建立限制进入的有效制度的情况下，"免费搭车"的出现就不可避免，从而出现过度开发和利用资源，不顾对其他人的不利影响以及缺乏资金投入去维持和改善公共资源状况的后果。水资源作为公共资源，存在"公共地悲剧"的危险。由于缺乏产权的界定（《水法》只规定了水资源的所有权，没有对开发权、使用权和经营权进行界定），水资源的使用往往不加限制，成为一种共享性的资源，使用者先来先用、多取多得。正是由于水资源总量在一定时空内的既定性，使得使用者因为竞争而加大对水资源的开采，开采量的增加，加剧了水资源的稀缺性，而稀缺性的加剧使得水资源的边际收益也越来越高，进而进一步刺激水资源的开采。利益的短视性，使长远规划成为空想，短期效益的追求必将造成水资源使用的过量，从而加速资源衰竭，造成水资源危机。

为解决因为水资源的特性而形成的"公共地悲剧"，必须进行水资源的管理。水资源管理的有效性在于：首先，它对水资源的所有权、开发权等各项权属进行了限定，并通过以国家公权力为后盾的行政机构对水资源统一管理。这就有效地保证了进入限制，避免水资源的滥用。其次，水资源管理机构通过行政手段、法律手段、价格机制等各种方法对水资源的配置、开发、使用等各方面进行监管，对用水的相关原则、程序、时间、费用等进行了严格的限定，从而有效制约了水资源使用者对水资源的竞争性消费，实现了水资源的合理配置以及对水资源的节约与高效利用。

18.2.3　水务一体化管理的理论基础和现实意义

"水务"可以理解为涉水事务，水务一体化就是对所有涉水事务进行统一管理，即对一切水资源开发、利用、治理、配置、节约与保护，实行全方位、全领域、全过程的统一管理。水务一体化管理的核心是水行政主管部门代表国家对水资源所有权进行统一管理。其目的是实现水资源的优化配置和可持续利用，即取得水资源本身的供需平衡、水资源技术经济的社会综合平衡和水资源开发利用经济与生态环境效益的综合平衡。水务一体化管理是一种基于水资源合理开发利用和保护的管理行为，是由工程水利向资源水利、自然资源管理向经济资源和战略资源管理转变的内在要求。

18.2.3.1 水务一体化管理的理论基础

水务一体化管理是水资源特性的客观要求。首先，水资源具有数量有限性、效用不可分割性等自然属性。有限的水资源包括降水、地表水、地下水三种形式，三者之间相互转化，三水开发利用以及与其他水源的合理配置是一个不可分割的整体，这种特性决定了对水资源必须统一管理；其次，水资源具有流域性，通常以流域为单元，而每一个流域都涉及上下游、干支流、左右岸之间的利益，只有按流域进行统一的规划和管理，才能实现整个流域的经济和社会均衡、协调发展；再次，水资源具有功能性，它具有供水、灌溉、水运、城镇建设、生态环境等多种功能，这些功能只有相互协调，才能使水资源发挥最大效益。水务一体化管理的必要性还可从如下几个方面加以考察：

(1) 水务一体化管理是优化水资源产权配置的必然选择。由于水资源时空分布不均匀，使得水资源的产权市场具有特殊性，这种特殊性表现在当水权在部门间或地区间进行非均衡的配置而产生短缺时，难以通过价格机制进行调节。因此，为了实现水资源的效用最大化，就必须建立可以实现水资源的优化配置和可持续利用的准水市场，由政府对水资源进行宏观调控，实现水资源的优化配置。

(2) 水务一体化管理是建设环保型、节水型社会的需要。建设环保型、节水型社会必须与水资源的开发利用协同考虑。对污水、废水进行处理和利用，是环保型、节水型社会建设的重要环节。将污水、废水处理后形成的达到一定标准的中水，用于城市绿化和环卫用水等，实现变废为宝，循环利用，需要对水的排放、处理、水管网设置、取用水设施建设等统筹规划，从而对水务一体化管理提出要求。

(3) 水务一体化管理有助于制定统一高效的水资源管理战略。水务一体化可进行水的综合规划，使水源工程、供水系统、污水处理等不同环节联动调价成为现实，使水资源真正意义的综合统一管理和优化配置成为可能。

(4) 水务一体化管理是现代化城市发展的必然选择。国际上普遍认为，现代化城市要建立统一管理的道路网、电力网、水网和信息网四大网络，而水网是至关重要的一环。实行水务统一管理，有利于保证城市供水，统筹协调城市各地区和各部门的用水要求，实行计划用水，加强节约用水，并根据不同用途，合理利用经处理的污水，提高资源利用效率，有效处理好水资源的社会和经济属性与城市发展的关系。

18.2.3.2 水务一体化管理的目标、内容与现实意义

实施水务一体化管理体制的目标是进一步加强城乡水资源统一管理；建立政企分开、政事分开的水务统一管理体制；建立投资主体多元化、产业发展市场化、行政监管法制化的水务运行机制；建立发挥体制优势，强化行业管理的水务政策法规体系。

水务一体化管理的主要内容有：突出水务的社会管理和公共服务职能，实现城乡水资源评价、规划、开发、利用、配置、保护的统一管理；取水、供水、用水、排水、污水处理、再生水回用的统一管理；水量、水质、水域和水能的统一管理；法规、政策、制度、标准、定额的统一管理。

水务一体化管理就是要建立一个以充分发挥水资源效能为价值导向和制度创新的水务管理机制。实行水务一体化管理后，水务工作的内容、区域、服务对象等都与原来的水利工作以及原来意义上的水资源管理有明显不同。一是管理区域和范围由单纯的农村水利扩大到包括城市和农村在内的全社会水务；二是服务对象由单纯为农业、农村服务扩大到为农业、农村、城市、工业及全社会服务；三是工作内容由原来的以农业灌溉为主转变为供水、排水、污水处理回用、水的合理调配、城乡用水矛盾的协调等内容丰富的现代水务，但绝不是农村水利与城市水利的简单叠加；四是管理层次由原来简单的功能分割管理上升为根据城市规划和城市功能布局，实行城市与农村、地表水与地下水、水量与水质的统一规划和统一调度，在区域或流域基础上整体配置资源，统筹解决城市防洪、供水水源和城市水环境景观问题。从防洪安全、水资源供需和水生态环境的相互关系看，三者均具有按流域统一管理的客观需求，具有水务一体化管理的现实基础。

水务一体化管理要求完善水资源管理的各项制度，把片面的分割管理变成全面的、系统的统一管理，注重培养和提高管理者的专业技能和管理技能。在我国有限的水资源条件下，实施水务一体化管理，能够最大限度地发挥水资源的效能，最大限度地开发利用水资源的潜能，并促进水资源潜在的效能转变成现实的生产力，使其为人类所用，为人类造福。

18.2.3.3 水务一体化管理的实践

全国第一家水务局是1993年组建的深圳市水务局。作为全市水行政工作的主管部门，主要职能是负责全市水资源的开发利用和保护、防洪排涝、供水、节水、排水、水土保持、水污染防治、污水回用、中水利用、海水利用等，并负责全市水务企业的行业管理。

此后，我国水务一体化改革蓬勃发展，各省、自治区、直辖市及所属地（市）、县（市）水利管理部门积极探索一体化管理的新思路和新途径，为提高水资源利用效率和管理水平奠定了良好的基础。截至2004年3月，中国已成立各级水务局及由水利系统实施水务统一管理的单位共计1239个，占全国县级以上行政区总数的52%。其中有各级水务局947个，包括省级（副省级）水务局8个，即北京、上海、海南、大连、哈尔滨、武汉、深圳、西安等8市（省）水务局。

18.3 水资源需求管理

为了满足人类社会对水的需求，水资源开发利用一般都会从保证供水开始，即通过打井、开渠、筑堰、修建水库以至跨流域调水等各种工程措施，开发、利用地表和地下水资源，要多少水就供多少水，供需关系为“以需定供”。随着人口的增加和经济的发展，各类用水迅猛增长，而供水的发展常落后于需水的要求，供需关系出现紧张局面，于是不得不对用水加以限制，供多少水就用多少水，供需关系为“以供定需”。为此，人们就开始考虑如何对需水要求进行分析，在有限的供水能力条件下使水发挥更大的效益，水资源需求管理也就应运而生。

18.3.1 水资源需求的分类与特征

将水资源的需求加以分类，有利于分类实施需水管理。按需水主体分类，需水分为生产、生活和生态环境三大类。生产需水指有经济产出的各类生产活动所需的水量，包括第一产业（种植业、林牧渔业）、第二产业（工业、建筑业）及第三产业（商业、饮食业、服务业）的需水量；生活需水包括城镇居民生活需水和农村居民生活需水；生态环境需水分为维持生态环境功能和生态环境建设两类，并按河道内与河道外需水加以划分。

按水资源需求层次，可分为基本需求、生态需求和经济需求。基本需求是指人类为满足生存的需要而必须的水量，这部分需求作为人权的范畴，必须无条件予以优先满足。生态环境需求是指为维持生态系统和水环境而必须的水资源量，是一种非排他性的公共需求，应由政府负责提供。经济需求是指工、农业需水等生产性的多样化用水，具有竞争性、排他性、收益关联性等私有物品特征，可以通过配置初始水权、市场机制转让水权等形式，实现优化配置。

此外，水资源需求还可按需求水平年划分为现状、近期、远期三种；按需求实现程度划分为潜在、有效和已实现三种等。

经济、社会长期发展的实践表明，水资源需求有如下特征。

（1）阶段性。水资源需求变化的阶段特征与社会、经济发展的阶段特征紧密联系，可粗略地划分为不稳定增长、快速增长、缓慢增长、零增长或负增长等5个阶段。

（2）有限性。一个国家或地区，在某一阶段，由于水资源天然禀赋、经济发展水平、技术力量等的限制，能够开发利用的水资源总是有一定限度的。水资源需求的上限不能超过水资源可利用量（在经济合理、技术可行、满足河道内生态环境用水并顾及下游用水的前提下，通过各种工程措施可以控制利用的一次性最大水量）。

（3）区域性。对于不同的国家和地区，由于水资源天然禀赋、人口、经济、产业结构和生态环境等不同，水资源的需求也不同。如根据我国各地的气候特点和农作物对灌溉的需求差异，可按多年平均年降水量将全国分成常年灌溉带、不稳定灌溉带和水稻灌溉带。

（4）层次性。从需求层次来看，水资源需求包括基本需求、生态环境需求和经济发展需求三种。在不同区域的不同阶段，针对不同的目标，三种需求具有不同的优先顺序，但很多时候应当三者兼顾。

（5）可控性。水资源需求受诸多驱动因素的影响，有驱使水资源需求增加的正向驱动因素，如人口增长、城镇化进程、经济发展和生态环境保护建设等；也有驱使水资源需求减少的反向驱动因素，如产业结构调整、水价、工程节水、水资源管理效率等。根据具体情况，综合运用经济、市场、政策等手段，通过对各种驱动因素的管理，可实现对水资源需求进行调控。

18.3.2 水资源需求变化的驱动因素

水资源需求变化的主要驱动因素包括人口、经济发展、土地利用、产业结构、生态环境保护与建设、水市场条件、国家政策法规和水资源天然禀赋等。下面根据历年用水量的统计数据摘要予以分析。

1. 经济发展

我国正处在工业化和城镇化加速阶段，经济发展是驱动水资源需求向增长方向变化的重要因素。如图 18-1 所示是 1980～2007 年我国人均 GDP 的总用水量变化图。

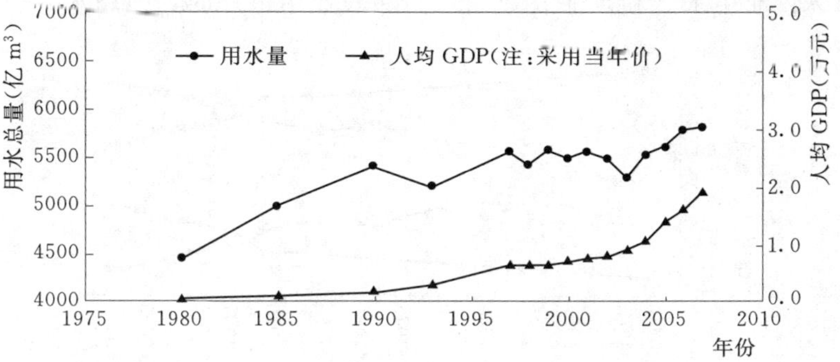

图 18-1 1980～2007 年我国人均 GDP 与用水量的关系

事实上，随着生产力的发展和科技水平的提高，农业社会向工业社会的转变，经济结构中二、三产业比重的提升，以及文明水平的提高，环保意识的增强，循环经济的发展，许多发达国家的用水总量已从快速增长转变为微增长，零增长以至负增长。

如图 18-2 所示是北京市年用水量与 GDP 变化图，从上世纪 90 年代中期以来，北京市在经济快速增长的同时，总用水量反而大幅减少。可见，认为随着经济发展，用水量必然不断增加，其实是有关水资源需求的认识上的误区。

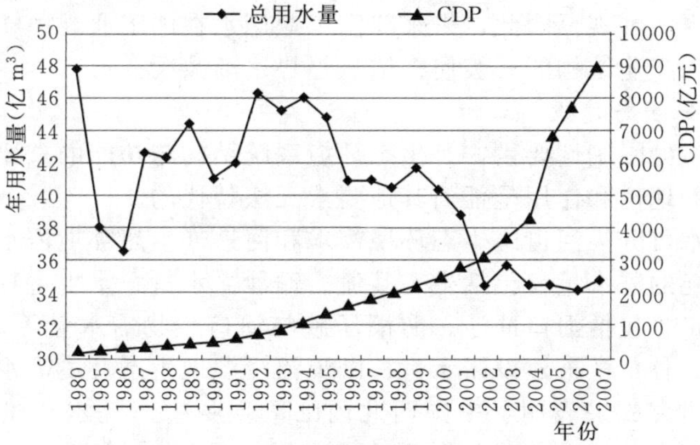

图 18-2 北京市年用水量与 GDP 变化图

(数据摘自北京市水资源公报和北京市统计年鉴)

2. 产业结构

在三种产业中，第一产业用水系数最大，第二产业次之，再次是第三产业。其中工业内部，基础工业最大，轻工业次之，高科技工业再次之。换言之，要实现相同的 GDP 目标，如果第一产业比重大，水资源需求量就大；如果第三产业比重大，水资源需求量就小。可见，产业结构升级的过程，也是水资源需求强度下降的过程。例如2000年我国第一、二、三产业比例为16∶51∶33，生产用水量为5196亿m^3。假设以同样的生产效率，但按1980年第一、二、三产业结构30∶49∶20生产，结果实现同样的GDP，需要的水量为8630亿m^3，比2000年实际用水量多了66%。如图18-3所示反映了1949～2007年我国用水结构随产业结构变化的历程，其中农业用水为农业灌溉和林牧渔用水之和，非农业用水为除农业用水外的其他用水。

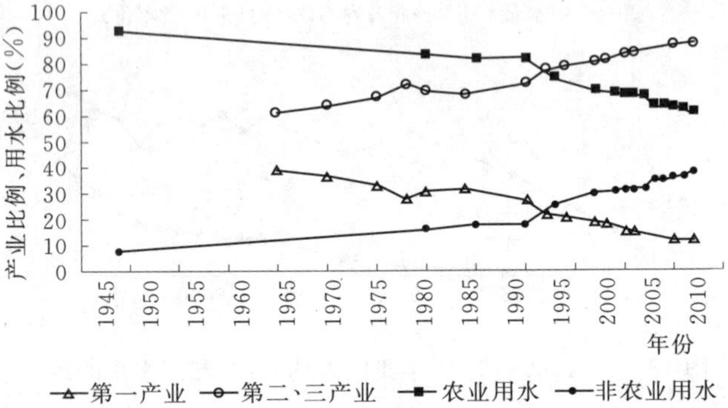

图18-3　产业结构与用水结构变化的关系

三类产业内部不同行业的耗水差异也非常大，其发展规模不同是造成本产业水资源需求变化的主要因素。如在第二产业中，火（核）电是用水最高的行业。2000年，我国火（核）电工业占工业增加值的比重为2.9%，工业用水总量为1160亿m^3。假设其他条件均不变，火电工业比重为1980年时的4.2%，则实现同样的工业增加值，需要1318亿m^3水量，即增加13.7%的水量。若再考虑其他高用水工业的结构调整，工业节水效果将更加可观。因此，未来我国工业用水在因工业规模膨胀而驱动需水增加的同时，也将因产业结构的升级使得增长趋势逐渐减缓。

3. 生态环境保护与建设

水是生态环境的限制性要素，是生态环境系统结构与功能的重要组成部分，其在生态环境系统中的地位和作用是任何其他要素无法替代的。

生态环境需水可分为河道内生态环境需水和河道外生态环境需水。前者又可分为维持河道一定功能的需水量（包括生态基流、输沙需水量、水生生物需水量等）与河口生态环境需水量（包括河口冲沙、防潮压咸与河口生物需水量等）；后者包括城镇生态环境需水量、林草植被建设需水量、湖泊沼泽湿地生态环境需水量、地下水回灌补水量等。有关研究成果表明，中国西北内陆区现状生态耗水总量约为466亿m^3，约占总耗水量的52%；黄淮海地区的适宜生态需水量为1116亿m^3，最小生态需水量为558亿m^3，分别约占该区域水资源总量的61%和30.5%。

生态环境的不断恶化及其严重危害性，使人们逐渐认识到人与自然和谐相处、维持江河健康生命的重要性、必要性和紧迫性，保障最基本的生态环境用水被放在突出位置，受到高度重视，并采取了一系列重大举措，取得了显著的生态环境效益。进入21世纪以来实施的塔里木河下游生态应急输水、黑河下游集中输水、引江济太、黄河水量统一调度、扎龙湿地补水、引岳济淀、南四湖生态补水等调节生态环境用水举措均取得了显著的效果。

在21世纪实现生态环境需水和人类需水的协调配置是人类追求的目标，未来生态环境需水必将有较大增长，因此，生态环境保护也是驱动需水增长的重要因素之一。

4. 水资源的政策法规

水资源管理的政策法规主要包括水价制度、节水激励机制、取水许可制度、水资源项目论证制度等。

水资源作为一种自然资源，同样受到经济规律的制约，合理的水价对抑制用水需求具有重要的作用。从实施效果来看，在目前采用的定额水价、统一水价、累退水价和累进水价等几种主要的水价结构中，累进水价结构对促进节水具有明显的效果。合理的水价还能通过调节供、用水矛盾，促进产业结构的调整，从而提高用水效益。

在有关法律中对节水作出具体规定，也对减少水资源需求有着重要的驱动作用。在我国，节水政策法规体系的形成和节水管理机构的健全，有力地推动了城市节水工作的开展，并取得了显著成绩。1991～2000年，全国城市工业用水重复利用率由42%提高到63%，10年累计工业重复利用水量达到了444亿m^3，累计节约水量达259亿m^3。

实行取水许可和排污许可制度是加强水资源管理，促进节约用水与水资源合理开发利用保护的重要举措。依据《中华人民共和国水法》的规定，国家对水资源实行取水许可制度。1993年8月，国务院发布了《取水许可制度实施办法》，并于1993年9月1日起施行。接着，水利部于1994年6月发布了《取水许可申请审批程序规定》，于1996年7月发布了《取水许可监督管理办法》。2006年2月，国务院发布了《取水许可和水资源费征收管理条例》(国务院第460号令)。较为完善的取水许可制度的建立，有力地调节了水资源的需求，提高了水资源利用的效率与效益。

除了以上4点之外，人口、土地利用、水市场条件和水资源天然禀赋均对水资源需求有着重要影响。人作为生命体维持其生存需要消耗一定量的水，同时人口增长引起物质需求的增加间接地驱动生产需水的增加，因此在很大程度上，人口增长是水资源需求增长的原始驱动力。表18-1是我国从1949～2007年的人口、总用水量变化表。59年间，我国人口增加了1.4倍多，用水量增加了4.6倍多。

表18-1 我国人口与总用水量变化统计表

年份	总用水量 ($\times 10^8 m^3$)	总人口 ($\times 10^8$人)	年份	总用水量 ($\times 10^8 m^3$)	总人口 ($\times 10^8$人)
1949	1031	5.4	1990	5411	11.4
1957	2048	6.5	1993	5198	11.7
1965	2744	7.3	1997	5566	12.2
1980	4436	9.8	1998	5435	12.5
1985	4984	10.6	1999	5591	12.7

续表

年份	总用水量（$10^8 m^3$）	总人口（10^8人）	年份	总用水量（$10^8 m^3$）	总人口（10^8人）
2000	5498	12.8	2004	5548	13.0
2001	5567	12.8	2005	5633	13.0
2002	5497	12.8	2006	5795	13.1
2003	5320	12.9	2007	5819	13.2

18.3.3 水资源需求管理的目标

水资源需求管理是以实现水资源环境和人类经济社会的可持续发展为目标，在水资源承载力的约束条件下，综合运用制度、技术、经济、法律等有效措施，引导用水户优化用水方式，规范用水户的用水行为，降低用水定额，提高终端用户用水效率，优化资源配置，改善和保护环境，实现水资源服务成本最小化所进行的系统性的用水管理活动。

水资源需求管理的基本目标是从根本上改变单纯注重依靠供应方增加水资源供应来满足需求增长的传统思维模式，建立把需求方节约的水资源作为供应方一种可替代水资源的新概念，能够以最经济的方式和最好的社会效益达到同等水资源服务的目的，从而使现行的管理职能更符合市场经济体制的要求。与传统的水资源供给管理相比，水资源需求管理是管理方式的一种演进和变革，其主要特点如下：

1. *以统筹兼顾为根本方法*

统筹兼顾供需双方，统筹兼顾“节流”和“开源”，将供需双方同时纳入水资源的统一管理规划之中，以“节流”为主，“开源”为辅。相比于之前的以工程技术手段“开源”为主的供给管理，该管理将提高用水效率所减少的水量消耗和改变用水方式所降低的水资源需求视为一种资源，参与资源规划与配置，强化用水管理，提倡以“节流”为主，“开源”为辅。另外，还统筹兼顾区域内外社会经济系统，统筹兼顾流域上下游对水的需求，以期达到水资源的高效利用。

2. *注重以用水定额管理为基础的精细化管理*

改变以前的粗放式管理模式，以确定科学、合理的用水定额为基础，“精耕细作”，实现高效用水。

3. *以可持续利用为最高准则*

水资源需求管理就是水资源高效利用的管理，它通过对需求产生到需求满足的全过程管理来实现对资源的有效控制，并以追求水资源的代际均衡和永续利用为控制原则，达到可持续的供需平衡。

18.3.4 水资源需求管理的实施途径

18.3.4.1 建立水资源需求管理的制度环境

在水资源需求管理中，构建相适应的制度环境至关重要。水资源需求管理制度环境包括正式制度和非正式制度两大部分。

正式制度是人们针对特定的目的而有意识地创造的一系列法律法规、政策规定。法律规范是管理涉水事务的一种强制性手段。依法管理水资源，是维护水资源开发利用秩序，提高水资源配置效率和利用效率，保障水资源可持续利用，保护自然和生态系统平衡的重要前提。

除了法律规范，其他制度安排也十分重要。其他制度安排的内容非常广泛，主要包括水资源产权制度、水资源管理组织制度、水利经营制度等。产权制度是人类社会最基本的制度安排，是为了解决人类社会中对稀缺资源争夺的冲突所确立的竞争规则。与其他制度安排相比，由于水资源产权制度属于经济诱导性制度，更符合市场经济下资源配置原则，因此在水资源需求管理中应得到充分的重视。水资源产权制度的核心是水权交易制度，因而，水权交易制度应该作为水资源需求管理制度的主要内容。水资源管理组织作为法律规范和政策推行的组织机构和载体，也要随着水资源短缺的情况进行适当的调整，应明确界定流域管理组织和区域管理组织的职责范围和权利界限，以保证水资源需求管理目标的实现。

非正式制度主要是指在人类开发利用水资源正式制度基础上形成的价值观念、意识形态和道德规范等，它们影响着正式制度的安排及实施。比如加强水资源危机和水环境安全的教育、培养公民的节水意识都对提高水资源需求管理水平具有重要的作用。

18.3.4.2 制定用水定额

用水定额是指在单位时间内，城市或农村各用水单位或个人从事某项活动被规定并应遵守的用水数量的标准。用水定额管理是水资源需求管理的主要内容，是实现水资源“精细化”管理的基础。用水定额可分为工业用水定额、农业用水定额、居民生活用水定额、生态用水定额等。用水定额可为制定供水规划提供可靠依据，为实现用水的科学管理提供基础，并为改革水费征收制度奠定基础。制定用水定额的原则如下：

1. 分类、分行业的原则

不同的需水主体，特别是工业企业各行业的产品对水的需求程度有很大的差别，在水的用量上也有很大不同。因此，在分析用水定额时，应按不同的类型、不同的行业来制定，以使制定的用水定额切合实际，便于实施。

2. 先进、合理的原则

用水定额的高低不仅关系到需水管理，而且代表了某一时期各地区、各行业的合理用水水平，因此要求用水定额必须具有先进性和合理性。

3. 经济、可行的原则

用水定额定得低，意味着取用新水量减少，节水量增加。但是，确定用水定额的高低必须以经济、可行为前提。用水定额的可行性水平应该是在正常条件下，使少数用水单位经过挖潜改造能低于用水定额，大多数用水单位经过努力可以达到用水定额，少数用水单位经过努力虽然达不到用水定额，但可以接近定额要求。

4. 统一领导、分级管理的原则

用水定额的制定，应在国家的统一领导和分级分部门管理的原则下进行。中央有关部门定期制定全国统一的通用性定额，各地区各部门使用的定额，要在中央的统一规划下，分别由相应主管部门做好用水定额的制定或修订工作。

5. 相对稳定、不断完善的原则

由于用水定额是按一定时期的技术水平和条件并考虑到今后节水技术的发展而制定的，所以用水定额本身应保持在一段时间内的相对稳定。随着科学技术的发展，无论是用水设备、工艺流程，还是管理手段，都会有较大的提高。因此，对原有定额的补充、修订工作也是必要和经常的，使用水定额保持“与时俱进”。

18.3.4.3 健全水价调控机制

价格是调整水资源供需平衡的重要经济杠杆，是引导用户合理用水和节约用水最为重要的经济手段。通过制定合理的水价制度，一方面可以刺激和鼓励用户主动改变消费行为和用水方式，实现错峰、让峰和移峰填谷，减少水量消耗和需求；另一方面，适当的水价制度也可以鼓励供水公司积极开展水资源需求管理，真正担负起实施水资源需求管理的主体作用。因此水价是实施水资源需求管理影响面最广，同时也是比较有效的经济手段。

经过多年的努力，我国水价改革已经取得了一些可喜的成绩，但仍然存在一些问题，需进一步深化改革。第一，价格形成机制的改革成效有待提高，目前还存在重调（价）轻改（革）甚至以调代改的现象。第二，水价总体上仍然偏低，工程供水价格低于供水成本。第三，水价体系不合理。一方面，原水与成品水差价不合理；另一方面，季节差价不明显。第四，计量收费方式没有得到普及。截止到2004年6月，全国只有14个省的50多个城市对居民用水实施了阶梯式水价，两部制水价只在极少数灌区农业供水中试行。

加快水价改革，构建多类型水价体系，促进节约用水和水资源可持续利用，更好地实现水资源需求管理已经成为一项紧迫的任务。有利于促进节水的水价模式主要有以下几种。

1. 实行高峰负荷定价

高峰季节供水的边际成本较高，负荷高峰的额外供水费用（主要是折旧等固定成本）应集中在高峰用水期的三四个月内，这样就形成了季节差价。在高峰时段提高水价，而在低谷时段降低水价，通过价格杠杆可以引导转移需求的用户转移需求，使需求曲线平稳。

2. 实行论质水价

不同质量的商品有不同的价格，对一般的商品而言，这是人人皆知的规律。水作为一种商品，也应按质论价，实行优质优价、劣质低价。现实存在着原水、上水（即自来水）、中水（经处理过的废水）和下水（即污水），它们各有用途，并存在一定的替代性。如果不同水质的水价构成合理，拉开档次，市场条件成熟，目前以用上水为主的情况必然会有所改变，水资源供求矛盾也会缓解。

3. 实行阶梯式计量水价

阶梯式计量水价是根据某一标准，如在城镇按家庭人口、在农村按耕地面积、在工业企业按万元产值等核定基本用水量，在基本用水量内实行基本水价，当实际用水超过定额后，对超过定额用水部分加价，并使水价随着用水量的变化而分级加价。

4. 实行两部制水价

两部制水价，即把水价分为容量水价和计量水价两部分。其中，容量水价是指用水户无论用水与否都要交纳的水费，以保障供水工程所需人工费用和维修养护费用，实现供水生产的连续性。计量水价是指按实际用水水量计算的水费，能够有效传达用水多少与水费多少的信息，有利于促进用水户节约用水。

18.3.4.4 调整产业结构

加快调整产业结构、产品结构和能源消费结构，是建立节水型行业、节水型社会的重要途径，也是实行水资源需求管理的主要内容之一。国家在制定《产业结构调整指导目录》时，要充分考虑水的消耗及约束，鼓励发展高新技术产业，优先发展对经济增长有重大带动作用的低耗水产业，不断提高高新技术产业在国民经济中的比重。鼓励运用高新技术和先进适用技术改造和提升传统产业，促进产业结构优化和升级。

农业结构调整的主导思想就是遵循"适应性生产"的原则，即农业经济发展与农业经济结构必须适应水资源条件，在水资源承载力范围之内组织生产活动。

干旱地区的生态条件十分脆弱，特别需要以需求管理的理论为指导制定发展规划。我国干旱地区植被的生长主要依靠地下水，而地下水的补充过程十分缓慢，不适宜发展大规模的种植农业。一旦大规模地发展种植农业，必将造成地下水位急剧下降；而开荒种植，破坏植被与戈壁的表层结构，造成的后果将十分严重且不可逆转。

半干旱地区应根据当地的水资源条件、农产品供求情况等，通过合理规划和布局，统筹安排、适水生产，及时调整和优化种植结构，实现农业结构型节水和水资源优化配置。

18.3.4.5 开发、推广节水技术

研发适合我国国情的节水技术、设备并示范推广，为水资源需求管理提供优良的硬件保障。具体包括：

1. 农业节水技术

主要包括农业用水优化配置技术、农业高效输配水技术、田间灌水技术、生物节水与农艺节水技术、降水和回归水利用技术、非常规水利用技术、养殖节水技术、村镇节水技术等。

2. 工业节水技术

主要包括工业用水重复利用技术、循环用水系统、串联用水系统和回用水系统的研发制造、蒸汽冷凝水回收再利用技术、工业给水和废水处理节水技术、工业用水计量管理技术等。

3. 城市生活节水技术

主要包括节水型器具的研发制造、城市再生水利用技术、城区雨水、海水、苦咸水利用技术、城市供水管网的检漏和防渗技术、市政环境节水技术、城市节水信息技术等。

18.4 节水型社会建设

节水型社会是一种社会形态，是指水资源集约高效利用、社会经济快速发展、人

与自然和谐相处的社会。节水型社会建设有四大支撑体系：即与水资源优化配置相适应的节水防污工程与技术体系；与水资源与水环境承载力相协调的经济结构体系；以水权管理为核心的水资源与水环境管理体系以及与水资源价值相匹配的社会意识和文化体系。节水型社会建设的本质在于通过改革完善水资源管理体制，形成以经济手段为主、行政手段和法律手段综合利用的节水机制，建立自律式发展模式，引导人们正确、合理地消费水资源，不断提高水资源的利用效率和效益。

18.4.1 水资源危机与建设节水型社会的紧迫性

水是人类最宝贵的资源之一。水，孕育了人类的文明，美化了人类的家园，人类的生产、生活等一切活动都离不开水。然而，我国水资源短缺、水污染严重，水资源问题已成为制约我国社会经济发展的重要因素，水资源危机已成为引起世界各国广泛关注的重要课题。

18.4.1.1 我国的水资源形势及水资源危机

我国淡水资源总量为28000亿m^3，占全球水资源的6%，仅次于巴西、俄罗斯、美国、印度尼西亚和加拿大，居世界第六位，但人均水资源占有量只有2200m^3左右，仅为世界平均水平的1/4，在世界上排名121位，是全球13个人均水资源最贫乏的国家之一。

1. 水资源天然情况不容乐观

我国水资源在时间和空间分布上都很不均衡。时间分布不均衡表现在：大部分地区降水主要发生在4～7月份，每年汛期4个月的降水量占全年总降水量的60%～80%，致使天然降雨大约有2/3是不可利用的洪水径流量。空间分布的不均衡表现在：我国水资源南丰北枯，水资源空间分布与土地资源分布不匹配。以黄河、淮河、海河三流域为例，土地面积占全国的13.4%，耕地面积占39%，人口占35%，GDP占32%，而水资源量仅占7.7%，人均约500m^3，耕地亩均少于400m^3，是我国水资源最紧缺的地区。

2. 水资源短缺状况日趋严重

受人均水资源量少和水资源时空分布严重不均的双重影响，导致我国水资源短缺十分严重。据统计，20世纪末，全国600多座城市中，已有400多座城市缺水，其中严重缺水的城市达110个。全国每年城市缺水总量为300亿～400亿m^3，一般年份农业受旱面积达1亿～3亿亩，

由于水资源短缺，我国部分流域水资源开发利用程度过高。根据《2006年中国水资源公报》，淮河的开发利用率为54%，黄河为60.9%，海河高达74.9%。城市地下水普遍存在超采问题，部分城市因地下水超采造成地下水位下降，有的城市形成了几百平方公里的大漏斗，使海水倒灌数十公里。黄河在20世纪90年代连续九年断流，其中1997年断流226天。洞庭湖湖面1949年为4350km^2，如今面积只有2961km^2，50年间减掉了1/3多。根据卫星拍摄的照片，我国数百个湖泊正在干涸，一些地方性的河流也在消失。

3. 水环境污染严重

我国水污染物排放总量居高不下，年废水排放量达500多亿t，导致水污染相当

严重。2006年国家环境监测网实际监测的745个地表水监测断面中有28%的断面为最劣等水质，全国近一半的城市市区地下水污染严重。更为严重的是水污染事故频繁发生，2005年全国共发生环境污染事故1406起，其中水污染事故693起，占全部环境污染事故的49.2%。

受经济总量的扩张和传统经济增长方式的双重影响，我国用水需求不断增加，而水资源的先天不足加上人为污染造成的可用水资源供给量减少，从而导致水资源的供需矛盾日益尖锐。与此同时，我国在水资源紧缺的情况下，却同时出现了水资源浪费严重的局面，水资源开发利用方式粗放、水的重复利用率低、人们节水意识淡薄，所有这些都进一步加剧了用水的紧张状况，导致水危机频现。

18.4.1.2 建设节水型社会的紧迫性

我国是一个水资源紧缺的国家，提倡节约用水、建设节水型社会是适应我国水资源状况和社会经济发展要求的必然选择；与此同时，我国水资源浪费现象十分严重，工业用水重复利用率仅为60%左右，与发达国家75%～85%的水平有较大差距，仅相当于发达国家20世纪80年代初的水平；农业灌溉水利用率约为0.45，而世界上农业节水先进的国家则达到0.7～0.8；万元GDP用水量是世界平均水平的4倍。因此，节约用水，建设节水型社会是当前十分紧迫的任务。

水的短缺增加了人与自然间巨额的生态资源赤字，水的区域性、不可替代性和稀缺性决定了应对水危机的长期性和艰巨性，也使水危机日益成为我国全面建设小康社会的重要制约因素之一。节水一方面可以缓解用水的紧张局面，另一方面还可以减少废污水的排放，因而具有提高水资源产出效率和增加水资源可利用量的双重效果。

建设节水型社会是解决我国当前面临的水资源短缺、水环境污染和水生态退化等水问题的根本途径，具有迫切而重要的现实意义。

18.4.2 节水型社会建设的政策环境

1. 节水型社会的起源与发展

节约用水（简称节水）较早出现在1961年中央批转农业部和水利电力部《关于加强水利管理工作的十条意见》中。1983年全国召开第一次城市节约用水工作会议。1988年颁布的《水法》第七条规定：国家实行计划用水，厉行节约用水。

节水型社会早在1986年《关于听取农村水利工作座谈会汇报的会议纪要》（国办发（1986）50号）中就已提出。会议纪要强调促使全社会重视节水，建立节水型社会。2000年的《中共中央关于制定国民经济和社会发展第十个五年计划的建议》中明确提出大力推行节约用水措施，发展节水型农业、工业和服务业，建立节水型社会。2002年的《水法》明确规定："国家厉行节约用水，大力推行节水措施，发展节水型工业、农业和服务业，建立节水型社会"。至此，我国掀起了节水型社会建设的高潮，并在全国范围内取得了显著的进展。

2. 节水型社会建设的相关法律规章和政策文件

（1）节水法律。这主要包括：《中华人民共和国水法》、《中华人民共和国水污染防治法》等。

（2）节水行政法规、法规性文件。这主要包括：《全国城市供水条例》（国务院令第

158 号)、《国务院办公厅关于推进水价改革促进节约用水保护水资源的通知》(国办发［2004］36 号)、《国务院关于加强城市供水节水和水污染防治工作的通知》(国发［2000］36 号)、《城市供水价格管理办法》(国家计委、建设部、计价格［1998］1810 号)等。

(3) 节水部门规章、规范性文件。这主要包括:《水量分配暂行办法》(水利部令第 32 号)、《北京市节约用水办法》(北京市人民政府令第 155 号)、《节水型社会建设评价指标体系(试行)》(办资源［2005］179 号)、《关于加强节水型社会建设试点工作的通知》(水资源［2003］634 号)、《开展节水型社会建设试点工作指导意见》(水资源［2002］558 号)、《城市节约用水管理规定》(1998 年 11 月 30 日经国务院批准)、《中国节水技术政策大纲》(1988 年 12 月 20 日国家发展改革委员会、科技部、水利部、建设部、农业部联合发布)、国务院关于印发《水利产业政策》的通知(国发［1997］35 号)等。

18.4.3　节水型社会建设的技术手段

经过近年来的探索,我国节水型社会建设在理论和实践方面都取得了一定进展,用水效率和效益明显提高,污染的扩散和生态的退化得到了有效的遏制。我国在节水型社会建设中采取的基本手段有以下几种。

1. 积极推进经济结构的升级与优化整合

通过推进产业结构调整、升级,发展高经济效益、高水资源利用率和低污染的新型工业化经济,淘汰高污染、高能耗、水资源利用率低的企业,实现节水、减排。例如天津通过多种措施深化节水型的产业体系建设,包括:降低高耗水的第一、二产业比重,提高第三产业比重;实施耗水工业布局的战略东移,加大海水替代力度,优化产业空间布局;关停耗水量大、污染重的企业 206 家、对 128 家重污染企业实施了搬迁治理,对 748 家国有大中型企业进行了嫁接改造。

2. 开发、推广节水技术和非常规水资源利用技术

节水型社会建设非常重视节水技术和非常规水资源利用技术的创新与推广,具体包括生产和生活节水工程、非常规水资源综合利用工程以及高效新技术产品的推广等方面。例如:郑州市在节水技术上采取的田间微灌技术、生物节水与农艺节水技术、降水和回归水利用技术和养殖业节水技术等;在非常规水资源利用方面采取促进废污水就地处理和就地回收利用技术、雨水的直接利用技术以及硬化地面的雨水收集和利用技术等。

3. 采用水权、水价等经济手段激励节水与水资源的保护

当前,我国节水型社会建设试点主要采取以下两大经济激励措施:①积极建立、完善合理的水价形成机制。价格是市场经济的晴雨表,通过实行超定额用水累进加价制度,充分发挥水价的经济杠杆作用。②建立水权分配和流转机制。建立合理的水权制度,在初始水权分配的基础上,使得节水户能够将节约的水转让给其他用户并获得收益,通过这种利益的驱动促进水资源从低效益的用途向高效益的用途转移。例如张掖灌区建立了水票制度,农民分配到水权后便可持证到水务部门购买水票,用水先交水票后浇水,用不完的水票,可以通过市场进行交易或者以 120%的价格卖给水管部

门，水票作为水量、水价和水权交易的载体，使得农民珍爱水权，并采取切实可行的方法进行节水，提高了水资源利用的经济效益，减少了水事纠纷。

4. 采取总量控制与定额管理相结合的管理方式

总量控制与定额管理相结合是节水型社会建设的重点环节，也是节水型社会建设试点的主要措施。主要包括：在开展水资源综合规划编制的基础上，积极探索取水和排污总量控制和初始水权分配的具体方法。在当前用水效率评估的基础上，因地制宜地发布用水定额，实施用水定额管理。

18.4.4 良好的社会风气对建设节水型社会的作用

水是一种宝贵的经济资源和重要的战略资源，尤其在当前，随着我国人口的不断增长，生态环境的不断恶化，水资源更显得弥足珍贵。但是，我国公民的节水意识仍然不强，特别是在一些水资源较富裕的地区，公民的节水意识淡薄，没有良好的用水习惯，水资源浪费的现象比比皆是。此外，由于缺乏对水资源再生条件和水污染后果的正确认识，人们往往不注重对水资源的保护，大量生活污水被直接排入水体中，导致了水体的污染和可利用水源的减少，加剧了国内的水资源危机。

节水型社会的建设是一项任重而道远的工程，它不仅需要政府和企业的参与，更需要每一个公民的积极响应。只有将节水观念深入人心，使每一个公民都形成节水意识、养成节水习惯，在社会上建立良好的节水风气，节水型社会建设才能真正地落到实处。良好的社会风气对建设节水型社会的作用主要有以下几个方面。

1. 良好的社会风气是有效实施节水政策的前提

节水政策的实施需要有节水型的社会环境，良好的社会风气有助于社会环境的改善，从而有助于各项节水政策的有效实施。我国的水资源地区分布极不平衡，这造成了不同地区公民的节水意识也参差不齐。在干旱缺水地区，节水、惜水的风气往往较浓，各项节水政策可以得以有效地实施；但在一些水资源较丰富的地区，由于水危机意识的缺乏，水资源浪费的情况非常严重，居民用水的跑、冒、滴、漏现象比较普遍，公用水龙头经常日夜不停地流水、水管破裂往往无人过问……这些不良的社会风气，使得各项节水政策的落实也大打折扣，节水只能成为一种口号。因此，必须在全社会加强节水教育，让整个社会都形成良好的节水之风，以保证各项节水政策得以有效地实施。

2. 良好的社会风气是科学落实节水政策和措施的基础

当前，全国各地都广泛采取了各项措施，积极落实节水政策。以北京市为例，作为全国节水型城市，北京市采取了“节水从社会单位入手、党政机关带头；用经济杠杆调节用水、遏制浪费的陋习；签约挂表调整结构、管住用水大户；大力推广使用中水；雨水利用”等办法，广大北京市民对此积极响应，节水效果明显。科学的措施能够得以正确地落实，并发挥理想的作用，往往需要措施的执行者和接受者统一认识、相互配合。建立惜水、爱水、节水的良好风气，有助于全社会在节水问题上形成共同的理念，在各项措施的实施中步调一致，从而有助于各项节水措施科学、正确地落实。

3. 良好的社会风气有利于促进水资源的优化配置

水资源的稀缺性，不仅要求在水的使用上要高效、节约，而且要求在水资源的分配上要注意优化。我国的南水北调工程就是一项优化水资源配置的大型工程。但是，优化水资源的配置仅靠一些大工程是远远不够的，它还需要整个社会的参与和配合。如在南水北调过程中，若南方富水地区缺乏惜水意识，不注重对水的保护，水体污染严重，将导致大量水资源调运到北方后当地城市无法接受使用。因此，在做好各项水利工程的同时，必须努力倡导良好的社会风气，通过改善社会环境提高水源质量，进而促进和保证水资源优化配置的有效进行。

4. 良好的社会风气有助于人水和谐理念的实施

实现人水和谐是构建环境友好型社会的一个重要内容。所谓人水和谐是指人类合理的取水、用水、治水；人类不破坏水、尊重水在自然界的运作规律，利用水为人类造福并避免水对人类造成伤害。人水和谐理念的关键在于人类对水的认识，避免把水看成人类的奴隶，随意的采水、用水甚至污染水；而应把水看作人类的朋友，爱惜水、节约水、尊重水。树立良好的社会风气，有助于将正确的用水意识在社会中普及，通过这种正确意识的普及，改变人们的行为，加速人水和谐理念的实施。

第5篇

水利科技与水文化

古代中国，人们在防治水灾害，利用水资源方面已经取得了一系列令人瞩目的成就，其中包含了许多我们熟知的水利科技成就。当代中国，水利事业的蓬勃发展对水利科技提出了巨大的需求，促进了水利科技的持续进步；水利科技的持续进步也有力地支撑了水利事业的发展。在建设现代水利、可持续发展水利的过程中，水利科技将发挥越来越重要的作用。

文化，作为人类在社会实践过程中所获得的物质、精神的生产能力和创造的物质、精神财富的总和，它的发展离不开人类的实践活动。水利，作为中国经济、社会发展的基础产业和基础设施，它的发展也为水文化增添了许多物质与精神两方面的财富，从文化的角度来了解水利，会对水利认识得更深刻。

本篇分为水利科技及其人才培养与水文化两章。前者在介绍水利科技的学科组成及其内涵的基础上，着重介绍了部分学科的学科前沿及最新科技成果，指出了水利科技的特点与发展趋势，并对水利科技人才培养的概况作了介绍。后者在阐述文化、水文化概念的基础上，对不同层次的水文化内含作了较为全面、系统的介绍，并论述了水文化与水利的关系，为“水利人”提供了一盘“水文化”大餐。

第19章

水利科技及其人才培养

19.1 水利科技的学科范畴

19.1.1 水利科技的学科体系

水利是国民经济的基础产业与基础设施，它以自然界的水为对象，采取各种工程措施和非工程措施对地表水和地下水进行控制、调节、治导、开发、管理和保护，以减轻和免除水旱灾害，并利用水资源，满足人们生产和生活需要。水利科学则是在探索自然界水的特性、存在方式和运动规律的基础上，研究水的控制、开发、利用、管理和保护的知识体系。它是一门涉及自然科学、技术科学和社会科学的综合学科，是以认识自然、改造自然、为人类生存和发展服务为目的的应用技术科学。

人类的知识按其所研究的对象、内容、方法等的不同分为不同的学科。按照我国国务院学位委员会公布的授予博士、硕士、学士学位的学科目录，共分为 12 个学科门类：哲学、经济学、法学、教育学、文学、历史学、理学、工学、农学、医学、军事学与管理学。每个学科门类可以分为若干个一级学科，每个一级学科又可以分为若干个二级学科（专业）。目前，各个学科门类所包含的一级、二级学科见链接 19－1。

水利科技的学科体系可以分为水利主干学科、水利基础学科、水利相关学科以及水利交叉学科四类，它们所包含的一级、二级学科主要见表 19－1 所示的学科。

表 19－1　　水利科技的学科组成

水利科技的学科分类	一级学科	二级学科
水利主干学科	水利工程	水文学及水资源
		水力学及河流动力学
		水工结构工程
		水利水电工程
		港口、海岸及近海工程
	农业工程	农业水土工程
	土木工程	岩土工程

续表

水利科技的学科分类	一级学科	二级学科
水利基础学科	地理学	自然地理学
	力学	一般力学 固体力学 流体力学 工程力学
	材料科学与工程	材料学
	地质资源与地质工程	地质工程
水利相关学科	大气科学	气象学
	动力工程及工程热物理	液体机械及工程
	土木工程	结构工程 市政工程
	测绘科学与技术	大地测量学与测量工程 地图制图学与地理信息工程
	林学	水土保持与荒漠化防治
水利交叉学科	计算机科学与技术	计算机应用技术
	环境科学与工程	环境科学 环境工程
	生物学	生态学
	理论经济学	人口、资源与环境经济学
	应用经济学	产业经济学
	法学	环境与资源保护法学
	社会学	社会学
	管理科学与工程	（无二级学科）

注　数理化等公共、基础学科未列入本表中。

19.1.2　水利科技的学科内涵

部分水利学科的学科内涵简述如下。

1. 水文学

水文学是关于地球上水的起源、分布、循环、运动等变化规律和运用这些规律为人类战胜洪水和干旱、充分合理开发、利用水资源的学科。水文学作为地球科学的一部分，可分为陆地水文学与海洋水文学两大部分，前者又按研究对象分为河流水文学、湖泊水文学、冰川水文学、地下水水文学、区域水文学等。其中河流水文学研究河流的自然地理特征、河流的补给、径流的形成和变化规律、河流的水温和冰情、河流泥沙运动和河床演变、河水的化学成分、河流与环境的关系等。作为水利科技的一部分，应用水文学运用水文学及有关学科的理论和方法，研究解决各种实际水文问题的途径和方法，并按服务对象建立了工程水文学、农业水文学、森林水文学、城市水文学等分支学科，其中工程水文学发展最为迅速，它包括水文计算、水利计算、水文预报等组成部分。水文计算和水利计算为各类防洪工程、灌溉工程、水力发电、航运工程、道路和桥涵工程、军事工程等的规划、设计提供水文依据。水文预报为工程的施工和运行及国民经济各部分提供洪水、枯水、冰情等各种水文要素的预报。随着科技的迅速发展，又出现了遥感水文学、同位素水文学、随机水文学等。水文学通常主要指陆地水文学和应用水文学。

2. 水资源学

水资源学是关于水资源的形成、演化、运动的机理，对水资源进行合理配置、综合开发、高效利用和有效保护，为社会和经济的可持续发展提供水的保证，处理好水资源和社会经济发展及环境、生态系统间的关系，以及对水资源实行科学管理和保护的学科，是指导水资源评价、规划、管理与水资源问题决策、水环境保护等各项业务工作的理论基础。其目标是探求水资源在地球自然资源体系中的位置、作用以及和其他自然资源间的相互关系；揭示水资源形成和演化机理及其在地球空间和时间上的变化规律，探索在经济和社会发展中水资源供求关系及其解决的科学途径；研究在人类各项经济活动特别是人类开发利用水资源过程中引起的环境变化，以及这种变化对水资源自然规律的影响；探求在变化的环境中如何保持对水资源的可持续开发利用的科学途径等。

3. 水力学

水力学是研究液体（主要是水）的平衡和运动规律，并探讨应用这些规律以解决工程技术中实际问题的学科，包括水静力学和水动力学两部分内容。水静力学主要研究液体在静止（或相对静止）状态下对于接触面上的压力和物体在液体中的浮沉问题及其稳定性，以解决蓄水容器、输水管渠、挡水建筑物、沉浮水中的构筑物的静力荷载计算问题。水动力学主要研究液体流动和作用力的关系，探讨管流、明渠流、堰流、孔口流、射流、多孔介质渗流等的流动规律，以及流速、流量、水深、压力等要素的计算，以解决防洪除涝、灌溉排水、水力发电、河道整治、道路桥涵等工程中的水流问题。根据各类工程技术实际问题的特点，现代水力学在发展中形成了各具特色的分支，如管道水力学、明渠水力学、河流动力学、海岸动力学、环境水力学、水力机械水力学、地下水水力学等。观测试验与理论分析是水力学研究的主要方法。前者通过大量对原型流动观测或专门的实验来获得其规律，或根据相似原理由模型水流来模拟实际水流以获得原型流动的规律，进而总结出一些经验关系式；理论分析是根据液体物性和机械运动的普遍原理，建立经过简化后的表述水流运动基本规律的一维方程，从而可以对各种实际水流在具体的条件下获得所需要的各个水力要素间的定量关系。随着电子计算机的发展，采用数值模拟的方法得出理论方程的数值解答已成为研究水力学问题的重要手段，并形成了计算水力学这一分支学科。

4. 流体力学

流体力学是研究流体（气体和液体）在各种力作用下平衡和机械运动规律及其应用的学科，包括流体静力学与流体动力学两部分内容。流体力学在土木、水利、机械、交通、航空、石油、环境等工程领域，以至天文学、地学、医学、生物学与日常生活的各方面有着广泛的应用，相应地产生了水动力学、空气动力学、渗流力学、爆炸力学、电磁流体力学、环境流体力学、生物流变学等一系列分支学科。流体力学对流体运动规律的研究是在现场观测与室内试验的基础上，对实际流体建立力学模型，根据质量守恒、动量守恒、能量守恒等基本规律，用数学分析的方法建立流体运动基本方程组，进而结合实际流体的具体条件得出其解答，分析其物理含义与流动机理。与水力学的研究偏经验、偏实用相比，流体力学的研究重数学、重理论，但是随着数值分析方法与技术的发展，两者的差别已逐步缩小而趋向融合。

5. 河流动力学

河流动力学是研究河道水流、泥沙运动和河床演变的力学规律及其应用的学科。主要内容包括：河道水流的内部运动特征及运动要素的时空分布；河流泥沙的冲刷、搬运和堆积机理及其计算方法；天然河流的河床演变规律及人类活动引起的河床冲淤变化过程等。河流动力学应用水力学、水文学等学科的原理和方法来分析和解决问题，对于水利工程建设有着重要的作用。

6. 海岸动力学

海岸动力学是研究海岸带波浪、潮汐、海流、冰凌等海岸动力因素变动的基本规律及其与岸滩、海岸工程建筑物相互作用的学科。主要内容包括：波浪、潮汐及海流运动的基本规律；河口潮汐运动，河口盐水楔异重流运动特性；近海热排水及其他污染物质的扩散混合过程及其防治；河口、海岸泥沙的运动机理，河口、海岸岸滩演变规律，港口航道淤积及对工程设施的影响等。海岸动力学采用理论分析、室内物理模型试验和数值模拟、现场观测相结合的研究方法，是海岸工程和海岸带资源综合开发利用的理论基础。

7. 固体力学

固体力学是研究由可变形固体组成的工程结构或其构件在荷载、变温等外界因素作用下所产生的应力、应变、位移及其强度、刚度和稳定性的学科，为工程结构或其构件的设计、制造（施工）、运行提供它们在外界因素作用下的响应，从而使其满足经济与安全的要求。

固体力学的研究对象按照构件的形状可分为杆件、板壳、实体与薄壁杆件四类，按照构件的材料性质可分为弹性、塑性、徐变等，从而形成了材料力学、结构力学、弹性力学、塑性力学、徐变力学等分支学科。此外，由于新材料的发展，产生了断裂力学、复合材料力学；由于动力荷载的作用，产生了结构动力学；由于结构试验与数值计算方法的进展，产生了实验固体力学与计算固体力学。

材料力学主要研究工程材料的力学性质与破坏规律以及杆状构件在拉伸、压缩、扭转、弯曲等基本变形或组合变形状态下的应力、应变及其强度、刚度和稳定性，为设计杆状构件选择材料、确定尺寸提供依据，以解决安全可靠与经济合理的矛盾。

结构力学主要研究由杆件组成的各类杆系工程结构（如桁架、刚架、拱、连续梁等）在外界因素作用下受力和传力的规律，计算各杆件的内力和位移及其强度、刚度和稳定性，为设计杆系结构提供依据。主要内容有：结构计算简图的选取、结构的几何组成分析、结构的内力分析与位移计算、结构的动力分析、结构的稳定分析、结构的塑性极限分析与结构优化设计等。

弹性力学主要研究理想弹性体在外界因素作用下所产生的应力、应变和位移。理想弹性体是实际工程材料的一种简化，即所研究的物体是连续的、均匀的、各向同性的和完全弹性的，并且应变和位移是微小的。按照所研究物体的形状和该物体所受到的外力特点，弹性力学所研究的问题可分为平面问题、轴对称问题、空间问题以及板壳问题等。除了板壳问题，弹性力学求解问题严格依据三大基本规律来建立问题的控制方程，即几何上的变形连续性规律、物理上的应力一应变关系规律以及力学上的平衡（或运动）规律，结合问题的初始条件与边界条件，即可求得所研究问题的解答。在板壳问题中，还必须补充关于变形的假定才能将问题加以简化来求出解答。弹性力学由于研究对象的广泛性和研究方法的严密性，不仅在各个工程领域有着广泛的应用，而且成为塑性力学、徐变力学、断裂力学和其他固体力学分支的重要基础。

计算固体力学是根据固体力学的理论，利用现代电子计算机和各种数值方法，解决各个工程领域中固体力学实际问题的一门新兴的固体力学分支学科，也是计算力学的重要组成部分。电子计算机的诞生及其性能不断提高是计算固体力学发展的基础，适宜于在电子计算机上运算的各种数值分析方法的产生与改进是计算固体力学发展的关键。在 20 世纪 50 年代末发展起来的有限元法，把一个连续体近似地用有限个在结点处相连接的单元组成的离散结构来代替，从而把连续体的分析转化为单元分析加上对这些单元组合的分析问题；借助固体力学中的变分原理，把解微分（积分）方程的问题，转化为解代数方程组的问题。有限元法既有坚实的理论基础，又便于处理具有复杂本构关系❶与边界条件的问题，还能编制大型有限元通用程序在电子计算机上实现大规模的数值运算。有限元法已在各个工程领域得到了广泛应用，成为复杂结构分析计算的最主要的方法。此外，还有有限差分法、边界元法、加权余量法、无网格法等均得到了发展与应用。

8. *岩土工程*

岩土工程是土木工程的一个重要分支，也是水利工程的重要组成部分。它以土力学、岩石力学为基础理论，结合工程地质学等相关学科的知识，解决与处理各类工程中涉及岩石或土的工程勘测、设计、治理、监测与检测等技术问题。岩土工程把岩石和土作为一种特殊的工程材料，既是结构体承受荷载，又是介质体和地质体传递荷载，并作为上部结构的地基。岩土工程的主要研究内容有：岩石和土的工程特性，如变形特性、动静强度特性、渗透特性等；岩土的本构模型；地下空间开发利用的有关问题与地下工程的设计方法与施工技术；边坡与基坑工程围护体系的稳定和变形；地基与基础工程的有关问题，如地基模型、地基处理、复合地基、基础与上部结构的共同作用等；岩土工程测试技术；岩土工程的安全评价与可靠度分析；等等。

土力学将土当作一种工程材料，研究其物理力学性质及在外界因素作用下的应力、变形和稳定性，以解决土木、水利、交通、国防等工程建设中与土有关的工程实际问题。主要内容有：土的理化性质与工程特性；建筑物地基与土坡的变形与稳定；

---

❶ 本构关系（constitutive relation），反映物质宏观性质的物性模型。如理想弹性体的本构关系为胡克定律，它反映物体受力与变形之间的正比关系。把本构关系写成具体的数学表达式就是本构方程。

土中结构物与挡土结构上的土压力以及这些结构物的变形与稳定；土料的压实与土基的加固；土工现场测试与室内试验技术；土体的分析理论与数值计算方法，等等。

岩石力学将岩石当作一种工程材料，研究其物理力学性质及在外界因素作用下的应力、变形和稳定性，以解决土木、水利、采矿、交通、国防等工程建设中的岩石工程问题。主要内容有：岩石的应力及其变形、强度、渗流和动力特性；岩石地基的变形、稳定及处理；岩石边坡或基坑的变形、稳定及加固；地下洞室围岩的变形、稳定及加固；作为建筑材料的加工与应用；岩石工程现场测试与室内试验技术；岩体的分析理论与数值计算方法等。

9. 水工结构工程

水工结构工程是研究各类水工建筑物的结构选型、力学分析、设计理论、建造技术和工程管理的学科，是水利工程的五个二级学科之一。

与房屋建筑工程、道路工程、桥梁工程等相比，由于水工建筑物的工作条件（水文、水力、地质条件）的复杂性，结构型式（三维实体、板与壳、上部结构与地基的共同作用）的特殊性，施工的复杂性与难度，以及对生态、环境与社会、经济影响的重大性，在相关科学、技术进展的基础上，通过生产实践的不断总结，逐步形成了水工结构学的专门学科。

水工结构学主要研究水工建筑物的工作条件、工作原理以及各种水工建筑物的功能、类型、型式、特点、构造、设计原理和设计方法等。常用的研究方法有：

（1）理论分析。根据物体平衡和运动的基本规律，对水流现象和结构体系建立相应的基本方程（组），对实际水流和结构体系寻求其精确解或近似解，从而可以对水工结构的受力状态和安全性作出判断，为水工结构的选型、优化设计等提供依据。

（2）模型试验。包括各种水工模型试验和各种结构模型试验。前者根据水力相似原理，对水工建筑物模型观测水流运动规律，为工程设计和运行提供科学依据；后者包括水工结构的静力模型试验、动力模型试验、地质力学模型试验、破坏模型试验等，分别研究水工结构物及其地基在静力、动力等外因作用下的力学性态、破坏机理及安全度，此即水流和水工结构物的物理模型试验。随着计算机科学技术与力学中数值分析方法的发展，通过建立水流和水工结构物的数学模型并用计算机进行数值求解得到快速发展与大量应用，此即水流和水工结构物的数值模型试验。

（3）原型观测。在水工建筑物内部埋设观测仪表、外部进行精密测量，获得建筑物在施工和运行过程中的有关量值，用以检查建筑物的工作状况以及理论分析和模型试验成果的正确性，并可为改进理论分析与模型试验提供依据。

（4）经验总结。水工结构物的工作条件比较复杂，通过对已建工程的总结，可获得十分宝贵的经验教训，丰富水工结构学的内容。

水工结构学的内容除了与一般工程结构学相同的方面，如工程材料、结构分析方法、结构设计方法（优化设计、可靠度设计）等以外，还有一些特有的方面，如大体积混凝土的温度应力与温度控制、结构与水流的耦合作用分析、水工结构物的安全监控与评价等。

19.2　当代中国水利科技前沿❶

中国规模宏大的水利事业推动着水利科技的发展，并取得了巨大的成就。特别是长江三峡和黄河小浪底等大型水利工程的成功建设，标志着中国已经完全掌握了在各种复杂的环境下建设大型水利水电工程的先进技术。但是，在人口—资源—环境的可持续发展研究领域，特别是在水资源的可持续利用，水域生态系统修复和水污染防治，洪涝灾害的预测、预报和预警，以及洪水管理等许多科学领域，与国际先进水平还存在着不同程度的差距，中国的水利科学研究还需要进一步加强。下面对部分水利学科简述其科技前沿。

19.2.1　水文学及水资源

1. 水文水资源的重要性

水文学和水资源学是水资源可持续利用的科学基础。

当人类进入到 21 世纪发展时期，在诸多全球和地区问题挑战的背景下，水文水资源的重要性已具有了更丰富的内涵，主要表现在以下 4 个方面：

（1）随着社会财富的积累，人类活动对水域环境过度和无序的干扰，以及气候变化等因素影响的加剧，使洪涝灾害的孕灾环境从未像今天这样严峻，洪涝灾害对社会稳定、经济发展和环境改善的破坏作用从未像今天这样强烈。有足够预见期和精度的水文预测、预报和预警已成为当今社会发展不可或缺的重要保障。

（2）由于水资源短缺的严峻形势，以及由于水资源短缺所引起的粮食安全、生态安全、环境恶化和对人类健康的威胁等问题，如今已经成为严重的全球性问题，在水资源严重短缺地区此类问题的形势更加严峻。水文循环是水资源再生的唯一机制，水文和水资源信息是进行水资源规划、配置、管理的最基本依据。因此，资源开发利用、生态环境保护以及人类健康等对水文水资源信息的认识（关于水文水资源规律性及其特点的认识）从未像今天这样重要和迫切。

（3）水文水资源为水库、水电站、桥梁、航运、铁路与公路等一切与水有关的建设提供设计依据。随着社会进步，对水利工程建设、运行及管理的要求已不仅局限于安全与经济原则，同样强调其可能产生的环境影响，甚至还要考虑到其人文与社会价值。

（4）由于水既是一种不可替代的自然资源，又是一种重要的环境要素，因此水在全面建设小康社会和保障国家可持续发展中有着至关重要的作用。国家在制定发展战略和宏观规划时，都从未像今天这样需要水文水资源信息和水文水资源知识的支持。社会进步与发展在向水文水资源提出许多新问题的同时，也更突出了水文水资源的重要性，并赋予其重大的使命。

水文水资源科技工作要围绕和回答国家可持续发展所面临的水问题展开，具体的研究需求主要包括以下 6 个方面：

---

❶　本节内容选自参考文献［62］。

（1）为防洪减灾提供水文水资源的信息和知识支撑。在理论层面上应加强特大洪水形成规律的研究；在技术层面上要加强水文信息采集、传输、预报、调度、决策现代化的研究；在减灾措施上要加强非工程措施的水文学依据（如洪水风险管理等）的研究。

（2）为水资源可持续利用提供科学基础。在理论层面上，要加强水资源形成、演化机理研究和全球变化条件下对水资源影响的研究。尤其是侧重研究气候持续干旱和大规模的抗旱活动条件下，水资源衰减和流域水循环演变发生明显变化的规律；在应用层面上，要加强水资源系统、经济社会系统、生态环境系统在其运动发展过程中相互依存与相互制约定量关系的研究、以及水资源评价与规划、水资源承载能力评价、水资源开发利用与保护的科学基础研究。

（3）为生态安全和环境保护提供水文水资源的知识服务。在理论层面上，要揭示水对于生态安全的控制机理和水作为环境要素的基础作用；在应用层面上，要研究不同自然地理条件下生态需水量的计算方法，制定描述河流健康状态的评价体系；制定人类—生态—环境系统中水的分配策略。

（4）为大江大河治理提供水文学依据。在理论层面上，要揭示各河流发育演变的地学基础，把江河治理置于河流地学背景下，而不仅仅是置于经济与工程背景下进行规划，并充分考虑河流的资源与环境功能。水文应作为一种重要的地学因素在江河治理中予以考虑。

（5）面对人类活动对生态环境与水体的剧烈干扰，在流域规划、工程设计中，要加强人类活动对水文水资源条件的影响研究，加强新的水文水资源分析计算途径与方法的研究。

（6）为建设节水防污型社会提供水文水资源的科技支撑。为提高经济、生活、生态用水的协调和保障程度，重点开展流域水资源承载能力和合理调控研究，开发先进的节水灌溉技术，采用多样化水资源战略，加强农业水资源高效利用、提高工业用水重复利用率、洪水资源利用、雨水资源利用、人工增雨、污水再生利用、海水利用等关键技术研究。

2. 水文学研究前沿

当前，人与水的关系发展到了实现人水关系协调发展的新阶段，这个阶段赋予水文学新的特色：

（1）人类对水资源的需求愈来愈迫切，水文学的研究领域正向着为水资源开发利用提供依据方向发展。

（2）大规模的人类活动对水文循环，进而对地球环境正在产生多方面的影响。研究和评价这种影响，指导人们在水资源开发时注意保护人类生存环境，也是水文科学发展中的新课题。

（3）现代科学技术，如核技术、遥感技术、计算技术、随机过程的理论与方法、系统分析的理论与方法等，正在渗入水文学的各个领域，使传统水文学方法出现突破性的进展。

（4）水文学的研究领域和研究尺度不断扩大，水文学和地球科学中其他学科间的空隙逐渐得到填补，交叉学科正在蓬勃兴起。

当前水文学研究的发展趋势和研究前沿是：在水资源研究需求的推动下，把研究水文循环全过程问题提到议事日程，就是说水文学不仅要研究水文现象的陆面过程，还要对陆面—大气界面上的水分和能量的交换问题，陆面地表水、土壤水和地下水量的交换问题，陆地水与海洋水的交换问题，海面和大气界面上的水分和能量交换问题，水在大气中的运动和转化问题等都要进行研究。水文学不能仅像过去一样只侧重研究水在运动、转化中的物理过程，还要研究自然界的水作为溶剂和载体在水文循环中对水中各种化学成分的输移、合成、分解、储散的化学过程。除此之外，由于地表生物圈中动、植物及其他形态的生物在生长、繁殖、死亡过程中与水的相互作用，以及动、植物群在陆面和大气间水分及能量交换中的影响，这就需要特别加强水在水文循环和运动中生物过程的研究。

3. 水资源研究前沿

21 世纪全球水资源面临的压力和挑战突出表现在：水资源需求量不断增加、可利用水源污染严重、水供给和处理成本越来越昂贵、生态环境的脆弱性等等。为了缓解水资源面临的压力，适应现代水利发展的要求，传统水管理观念和方法必须要转变和创新，以确保人类系统、社会经济系统和生态环境系统可持续发展。

当前水资源研究的前沿问题是以水资源的可持续利用支撑国民经济和社会的可持续发展为目标，研究水资源形成、可再生性维持机理及时空变化规律，探讨水资源可持续利用的方式和对策。人类活动是引起流域水资源变化最活跃的因素，跟踪历史变化的轨迹，揭示现实变化的情景和成因，预测未来变化的趋势，是对水资源系统实施适度调控的科学基础。为了实现水资源有效的开发利用、经济高速增长与良好生态环境的协调发展，需要重点研究水与生态系统相互作用的模式、机理、过程与效应问题，在流域尺度上解决水资源—生态系统—社会经济复合大系统相互作用的定量描述和多维调控，为应用层面上合理确定生态需水量以及合理调控经济用水与生活、生态用水比例提供科技支撑。为了缓解水资源紧缺，洪水资源安全利用、污水资源化利用、以及海水淡化等新型水资源的开发利用，将导致水资源开源方面的转移式发展，从而从根本上开辟解决水资源问题的新途径。要重视水权、水价、水市场的理论研究，促进水资源的合理配置和高效利用。建立水资源的实时监控系统，实现水资源的合理配置和综合管理。

19.2.2　水生态与水环境

水及其相关生态系统科学的前沿研究可以划分为应用基础、应用技术与方法以及可持续发展相关理论三个方面。

1. 应用基础方面

包括全球气候与生态系统变化、污染物在不同水环境中的迁移转化规律、水体富营养化、生物多样性与水利工程长期生态学效应、河道生态需水量及关键生物生态水力学、河流生态系统健康与水利水电规划的生态环境影响评价、高新技术应用及流域水环境模拟，等等。下面择其一二予以进一步说明。

（1）水利工程长期生态学效应。生态效应的逐渐显现使水利工程的长期生态环境影响受到广泛的高度重视。研究的前沿重点包括：①径流变化对水生生态系统及生物多样性的影响；②大坝拦截与调蓄对下游洪泛区生态系统及渔业生态系统的影响；③拦河筑坝导致生态系统扩大的次生环境效应；④流域梯级开发的累积效应；⑤减免水利工程对生态系统影响的措施；⑥失衡生态系统的修复与重建、水利工程对局地生态系统及其功能的长期影响等。以上这些评价所涉及的难点是生态评估的基本方法。

(2) 河流生态系统健康与水利水电规划的生态环境影响评价。河流作为一种重要的生态系统，其生态系统的健康越来越受到国际上的广泛重视。目前研究前沿包括河道萎缩形成和演变机理、河流生态健康评价指标体系、河流生态健康评价的尺度效应等方面。

水利水电规划环境影响评价与河流生态系统健康评价密切相关。未来我国水电工程规划的生态环境影响评价迫切需从末端单项评价转向源头评价、从微观发展为微观与宏观相结合、从局部发展到局部与整体相结合、从单个要素发展到系统的综合性评价。为此，河流生态系统健康理论、区域开发与规划的生态评价指标体系、区域生态补偿理论、生态服务功能评价方法、自然资源价值核算理论与方法，生态影响评价方法、累积生态影响评价方法以及水资源开发生态环境风险评价方法等成为水利水电规划环境影响评价理论中需重点研究的内容。

(3) 高新技术应用及流域水环境模拟。GIS、RS、DEM 等高新技术的持续迅猛发展，使高新技术应用成为长盛不衰的前沿研究内容。目前相关的热点研究包括信息管理与决策支持系统、数字仿真与可视化、遥感生态监测、虚拟数值模拟等方面。另外，从流域整体出发，动态仿真模拟流域生态系统内各种物理、生物、化学过程及其相互作用成为水环境数值模拟研究的趋势。高新技术的发展，为这种系统的、综合的仿真模拟研究奠定了基础。目前，面污染源过程，生命物质的生长死亡过程，水、沙、污染物及生物的相互作用，以及地表生态系统与地下生态系统的互动关系等的数学描述是开展流域水环境系统仿真模拟研究的技术关键。

2. 应用技术与方法方面

这包括水污染治理技术、失衡生态系统的修复技术以及生态水利工程学的探索等。

(1) 水污染治理技术。前沿研究的内容包括低污染负荷废水脱氮除磷技术、藻毒素物质的分子调控降解技术、非点源污染控制技术、重点污染行业难降解有机工业废水污染防治高新技术、危险废物处理处置集成技术、特种废物以及污废水回收利用技术等方面。此外，受污染地下水的治理与恢复技术、受污染水域的自然和人工修复方法也一直是国际前沿的研究课题。

(2) 失衡生态系统的修复技术。目前的研究前沿包括健康河流（水域）的指示指标体系、水土资源合理利用、特殊气候条件下的生态修复技术（如生物种类、耐寒性、工艺结构、去除效率等）、富营养化水体的生态修复技术、湿地生态修复、物种引入的生态效应、修复工程的维护管理等。

(3) 生态水利工程学的探索。传统的水利工程学是以建设工程设施来改造河流和控制水流为手段，达到开发利用水资源的目的。学科的基础是水文学和工程力学等。传统的水利工程理论忽略了河流处于一个完整的生态系统之中的事实，孤立地处理水资源中的水量、水质、水能等水文系统中的问题，忽略了河流生态系统中的动物、植物、微生物与河流生态系统之间的关系。其结果是在给人类带来巨大经济社会利益的同时对于河流生态系统造成不同程度的胁迫。对此反思的结论应该是：水利工程不能仅满足于经济社会需求，而且还应该兼顾生态系统的健康和可持续需求。传统的水利工程学需要吸收生态学的原理和方法，改善水利工程的规划和设计方法。对于已建工程，研究和开发受损水域生态修复的方法和技术。对于新建工程，研究和开发对于因工程建设造成对于河流生态系统胁迫所应采取的补偿工程措施、生物措施和管理措施。

3. 可持续发展的相关理论方面

这包括流域尺度的可持续发展、水生态环境承载力、水生态环境价值与流域的可持续管理等。

（1）人类社会可持续发展的前提，是经济的外在环境控制在最大发展负荷的承受极限之内，这一极限就是生态环境承载力。对流域水系统而言，水生态及环境承载力可以认为是人类经济活动作用于流域的一个界面，体现了经济活动与水生态系统的相互作用关系，如水资源开发利用活动、水污染排放等与自然水系统的相互影响，而生态环境的承载状况可以反映流域经济与环境协调发展的程度。

科学评价流域的水生态环境承载力，是合理制定水资源开发、利用、保护规划，实现资源环境安全利用的前提和基础。目前，水环境各单要素承载的研究已经取得了一定的进展，主要是从不同学科的角度认识问题的某些方面。

实际上，在水生态环境及经济两大系统中，水既作为资源，又作为环境污染受纳体，既提供生物栖息场所，又服务于社会文化及自然景观等，其功能多种多样，不同功能之间相互影响，难以分割。因此，承载力的研究逐渐走向对生态环境承载的整合研究，将水生态环境视为多要素的复合系统，在各单要素承载研究的基础上，逐渐从系统的层面整体研究水生态环境的复合承载力。

在方法研究方面，定量评价水生态及环境承载力是目前研究的一个重点。定量化研究的切入点基本上是通过建立表征水生态及环境承载状态的指标体系，发展定量评价水生态及环境系统承载状态的方法和模式，依据其承载力是否超过承受极限，判断流域环境与经济是否协调发展，指导控制和调控环境承载的行动方向。

模型方法上，水环境容量的计算模型相对成熟。在此基础上，将水资源量、质统一，并结合生态学，发展以水文物质循环为框架的水环境承载状态分析模型，将各分支学科的模型方法有效地集成，是生态环境承载力模型方法研究的最新趋势。

（2）描述并分析水生态系统与经济系统的关系，使得生态及环境价值化研究成为当前水环境经济领域的前沿课题。现代水利建设及水生态与水环境保护需要从价值观的角度，计量水生态及环境的功能价值及保护效益，进而实际指导保护和管理的决策。

在价值化定量研究方面，水环境污染的经济损失计量取得了一定进展。从研究成果来看，在目前所有的计量研究中，尚未考虑水污染对水生态及水文影响等的间接损失及长期影响，已计量的价值也受到资料等限制不能完全反映实际的情况。因此，水环境价值及污染损失的计量研究是今后值得深入系统研究的重要方向。

19.2.3 农业节水与农田排水

1. 农业节水

随着全球性水资源供需矛盾的日益加剧，世界各国，特别是发达国家都把发展节水高效农业作为农业可持续发展的重要措施。

目前，国际上现代节水高效农业的应用基础研究、关键技术研究和产品研发领域的发展态势为：

(1) 农业节水研究开始由实验统计向具有较严谨理论体系和定量方法的科学转变，农田生态系统中水分迁移模拟与区域作物需水的定量计算模型得到较快的发展。

(2) 水分胁迫对作物的后效性影响及其提高水分生产效率的机理已成为当前研究的热点，作物高效用水生理调控与非充分灌溉理论研究不断深入，利用作物生理特性改进水分利用效率（WUE）的研究将会更加引人关注。

(3) 作物WUE基因工程改良的研究正在世界范围内引起广泛重视，作物抗旱节水相关性状的基因定位、分子标记、基因克隆和转基因研究十分活跃，通过基因工程改良培育高WUE型和抗旱节水型作物新品种将成为农业节水中的一个新的亮点。

(4) 农业节水新技术与产品研发速度较快，一批低成本、高效率的新型农业节水设备与制剂正在走向市场并被大面积应用。

(5) 灌区水转化与农业水资源持续高效利用研究得到了广泛重视，农业水资源系统承载力模型、分布式灌区水转化模型、农业与生态用水的科学配置及节水高效和对环境友好的农业用水模式等研究将会更加活跃。

(6) 非常规水将是农业用水中“开源”的主要对象，非常规水资源化及其高效安全利用技术研究十分活跃。

(7) 高新技术在农业节水现代化管理中的应用日益广泛，3S技术的应用将全面提升农业节水管理的现代化水平，数字渠道、数字灌区的发展将大大促进精准灌溉和农业水资源精准调度的实践。

2. 农田排水

农田排水是通过排除农业土地上的过量水分和盐分，调控地下水位，达到改善土壤水分条件，防止涝渍灾害和土壤盐碱化，提高农作物产量和改造中低产田的一种有效措施。农田排水技术领域中的前沿研究内容有以下几方面。

(1) 合理协调防洪与排涝的关系。水库、堤防标准的提高可能导致被保护的两岸地区排水困难，大多数情况下无法自排，增大了除涝的困难。洪涝灾害大多数是同步发生，机械排涝能力的提高，又可能使河道的行洪负担加重，甚至酿成威胁全局的洪水灾害。因此，如何对流域的排涝系统进行统一的规划，合理协调防洪与排涝的关系，解决蓄洪与垦殖的矛盾，提高低洼涝渍地区的除涝排水能力，仍是当前的迫切要求和值得解决的问题。

(2) 涝渍盐碱综合防御工程技术体系研究。加强涝渍盐碱综合防御组合排水工程技术模式、组合排水设计技术、动态排水控制指标、组合排水工程运行管理的研究和推广应用，提高对涝渍盐碱灾害的防御能力。

（3）工程措施与非工程措施相结合。为了维持农业的持续发展，一方面要求提高农村防洪排涝标准，另一方面要求改善传统的治理技术与管理模式，将工程措施与非工程措施、防灾减灾措施紧密结合起来。

（4）基于信息技术的决策支持系统的建立。建立基于 GIS 技术、满足涝渍防御管理需求的决策支持系统。

（5）盐碱地的排水标准与动态控制监测技术。

（6）农田排水水环境影响控制技术及示范管理。

（7）农田排水工程技术的规范化和定型化。

19.2.4　工程水力学

我国大规模的水利事业在高水头大流量泄洪消能、通航船闸水力学、长距离调水工程水力控制、环境和生态水动力学、水信息学等各个方面给工程水力学提出了一系列学科前沿问题，下面就泄洪消能和水信息学两方面做进一步说明。

1. 高水头大流量泄洪消能

世纪之交，我国陆续开工建设和投入运行了一批 200m 级～300m 级的高坝，其泄洪消能问题的特点是：

（1）水头高、流速大。这些工程的泄洪水头一般为坝高的 0.5～0.8 倍，流速一般达到 30～50m/s，因此高速水流问题十分突出，最早遇到的高速水流问题是空化引起的空蚀破坏。

（2）流量大。我国高坝多数设计泄量超过 $10000m^3/s$，如二滩、小湾、构皮滩均超过 $20000m^3/s$，糯扎渡达到了 $35000m^3/s$，向家坝和溪洛渡约 $50000m^3/s$，三峡通过坝身泄水建筑物的泄量接近 $88000m^3/s$。

（3）河谷狭窄导致泄水建筑物单宽流量大。早些年建设的工程中一般单宽流量最大为 $100～150m^3/(s \cdot m)$，随着消能技术的进展，近些年已突破 $200m^3/(s \cdot m)$，少数已接近 $300m^3/(s \cdot m)$。

（4）泄洪功率巨大。由前述三个特点导致泄洪功率巨大，可达数千万千瓦至上亿千瓦，如溪洛渡总下泄功率达 1 亿 kW。如此巨大的能量需要安全泄放和消能，使泄洪消能任务相当繁重，给消能防冲设计和两岸的保护带来极大的困难，成为筑坝关键技术中的难题之一。

（5）坝区地形地质条件复杂。高水头大流量泄流水力学问题的研究重点突出表现在泄水建筑物布置、泄流方式、新型消能工与消能防冲；泄水建筑物的高速水流问题（脉动与振动、空化气蚀、掺气减蚀、水流雾化、气水两相流及抗冲耐磨措施等方面）；泄洪建筑物的泄洪安全评价问题。下面介绍泄洪消能方式的科技前沿。

传统的消能方式分为挑流、底流、面流三种，从总结过去的实践经验看，绝大部分工程还是以挑流消能工为主，但由于地形和地质条件的限制或者是水流条件的限制，传统的挑流消能方式难以满足工程要求，因此发展了一些新型消能工，如窄缝式消能工，宽尾墩式联合消能工，拱坝挑流＋水垫塘联合消能工，洞内消能等。

（1）窄缝式消能工。传统的挑流消能是以水流横向扩散、减小其入水单宽流量，从而达到减小对下游河床冲刷的目的。但在峡谷地区修建高坝大流量泄洪工程时，消能工布置和消能方式常受到限制，往往溢流前沿长度不能满足传统挑流消能布置要求。此时可在泄洪洞或溢洪道出口采用窄缝式挑坎，使射流高程和纵向扩散得到加强，消能作用也增强。

研究成果表明，利用泄水建筑物末端边墙急剧收缩，使出射水舌的流线方向沿高程变化，出射角可以在$-10°\sim+45°$左右，进而使水舌在横向和纵向充分扩散。如果窄缝式挑坎消能工参数选择合理，尽管其出坎单宽流量可达$600m^3/(s\cdot m)$，但下游冲刷比等宽式挑坎消能工的冲刷深度浅。

目前窄缝收缩式消能工已成为一项成熟的技术在我国狭窄河谷的水电站泄洪消能设计中得到了广泛的应用，如东江、龙羊峡、东风、李家峡、水布垭等，都发挥了很好的作用。

(2) 宽尾墩式联合消能工。宽尾墩+戽式消力池联合消能，使出闸水流在横向收缩、纵向扩散，变二维水流为三维水流，改变了溢流坝面的水流结构，大大提高了消能率，同时使消力池长度缩短了约1/3，这是对高水头、大单宽流量、低弗氏数的泄洪消能问题研究的一个重大革新。宽尾墩+戽式消力池联合消能在安康水电站获得了成功的应用，并获得了国家发明三等奖。

宽尾墩联合消能在国内其他工程的设计中迅速得到了推广，如五强溪溢流表孔左6孔采用宽尾墩+底孔挑流+消力池、右3孔采用宽尾墩+消力池消能，岩滩水电站的7表孔采用宽尾墩+戽式消力池联合消能工消能。目前采用表孔宽尾墩式联合消能工的最高坝为隔河岩，坝高151m，岩滩水电站表孔堰顶单宽流量最大，达到了$308m^3/(s\cdot m)$。

(3) 拱坝挑流+水垫塘联合消能工。水垫塘消能是高拱坝建设中采用的主要消能方式之一，在拱坝下游通过结合预挖或建造一座二道坝壅高坝下水位，形成水垫供坝顶跌流水舌在水垫中淹没扩散消能。当坝身过流量比较大、需要同时布置表孔与中孔时，就产生了表孔和中孔水舌碰撞与水垫塘配合使用的一种新型的泄洪消能型式，尤其适用峡谷区通过坝身宣泄大流量的高混凝土坝工程。

自二滩高拱坝消能设计首次采用了坝身表中孔挑流对撞+水垫塘、配合泄洪洞的这种联合消能方式后，小湾、溪洛渡、拉西瓦、构皮滩、锦屏等一批300m级的高拱坝均采用这种消能方式，已成为我国高拱坝泄洪消能的一大特点。

(4) 洞内消能。我国小浪底导流洞改建成为有压洞多级孔板消能，是一种新型消能工，在国内外水利水电工程史上尚属首例。共建设了三条孔板泄洪洞，单洞直径14.5m，其中1号洞最大泄量$1700m^3/s$，2号、3号洞最大泄量$1654m^3/s$，每条泄洪洞设置了三道孔板环，基于水流经孔板收缩后突然扩大的消能机理，利用孔板消能降低了水流出闸室的水头和流速，以期达到消能的效果。通过模型试验和原型观测，为小浪底孔板洞设计提供了科学依据。建成后，对1号孔板泄洪洞先后进行了2次原型观测，观测成果表明，孔板洞具有比较高的消能率。

2. 水信息学

水信息学是水与信息技术相结合的学科，是以信息技术作为支撑平台，综合社会、环境、经济等各方面的因素，对水体中的一切人类活动所造成的后果进行分析判断的一门综合学科。水信息学主要研究内容有以下几方面。

（1）数据采集与处理。水力学研究中，量测数据的采集与处理是最基本的工作。水信息学的出现，水力学专家可以通过与感觉相似的感知手段在计算机上与多彩的、动态的、生动的自然界接触。近几年来，各水力学试验室都先后采用了这种先进的手段，对量测资料进行处理。

（2）数学模型。水信息学应用的一种主要的形式是数值模拟，这也是由计算水力学改为水信息学的主要原因。在水信息学中，数学模拟的范围很广，它可以用于分析、预报、优化、决策、控制等方面。按模型的空间维数，它可以有零维、一维、二维、三维模型；按应用领域可分为水文模型、水力学模型、环境模型、生态模型、经济模型、资源模型、控制模型等多种，在水信息学中就是利用这些手段对不同的问题开展研究。

（3）优化技术。优化技术是运筹学中的一个部分，在水信息学研究领域内，优化技术应用的重要之处，在于将水体与环境的相互影响中所引入的非物理或非数学的约束条件，如法律条款、社会效益、环境效益、景观效益等体现在目标函数中，得到所需要解答问题的答案。

（4）可视化技术。可视化是一门多学科交叉和整合的新技术。其实质上就是用图形与图像来表征数据，它是用来展示大量数据最为有效的手段。可视化环境可用于大型水利水电工程的空间查询和系统分析。

（5）人工智能。人工智能是当前科技发展中的一门前沿学科，它将人类智能在机器上进行模拟。人工智能在其他领域里早已有应用，但在水力学研究中尚处起步阶段。例如，洪水预报与防洪决策系统、快速水力学数值模拟、水质控制及水量调度，等等。

（6）3S技术。人类信息资源的80%与空间位置有关，水信息更是与空间位置有密切联系。因此，3S技术在水利行业中有着广泛的应用前途。当然，在3S技术应用方面，还需要有数学模型、模式识别、决策支持系统等其他信息技术的支撑。

水信息学在水利事业中的一个重要应用是建立水利信息化综合体系，其体系结构由水利信息化保障环境、水利信息基础设施和水利业务应用系统三个层次组成，如图19-1所示。

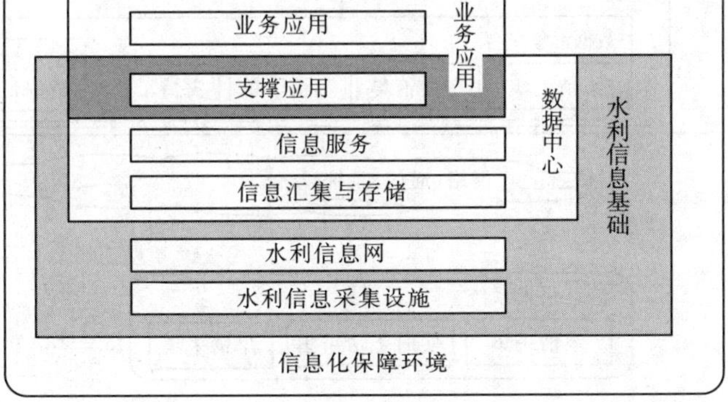

图19-1　水利信息化体系结构图

信息化保障环境由水利信息化标准体系、政策法规、组织制度、技术队伍、建设及运行管理、安全体系、资金保障等要素构成，是水利信息化的保障。

水利信息基础设施由水利信息采集设施、水利信息网络、水利数据平台组成，是水利信息化的应用（或技术）基础。

水利业务应用系统由支撑应用系统、各业务处理系统构成，是水利信息化的具体应用。

水利专项业务应用系统主要有：防汛抗旱指挥系统、水利行政资源管理系统、水利工程管理信息系统、水质监测和评价信息系统、水土保持监测与管理信息系统、水资源管理决策支持系统、农村水电及电气化管理信息系统、水利规划计划信息系统、水利信息公众服务系统、水利数字化图书馆等十大应用系统。

国家防汛抗旱指挥系统以信息采集为基础，以网络（通信）为依托，以水利数据中心为核心，以满足国家防汛抗旱指挥需求为主线，在水利信息化综合体系框架内，形成标准开放、资源共享的国家防汛抗旱指挥系统总体架构，提高防汛抗旱业务的效率和效能。国家防汛抗旱指挥系统体系结构如图 19-2 所示。

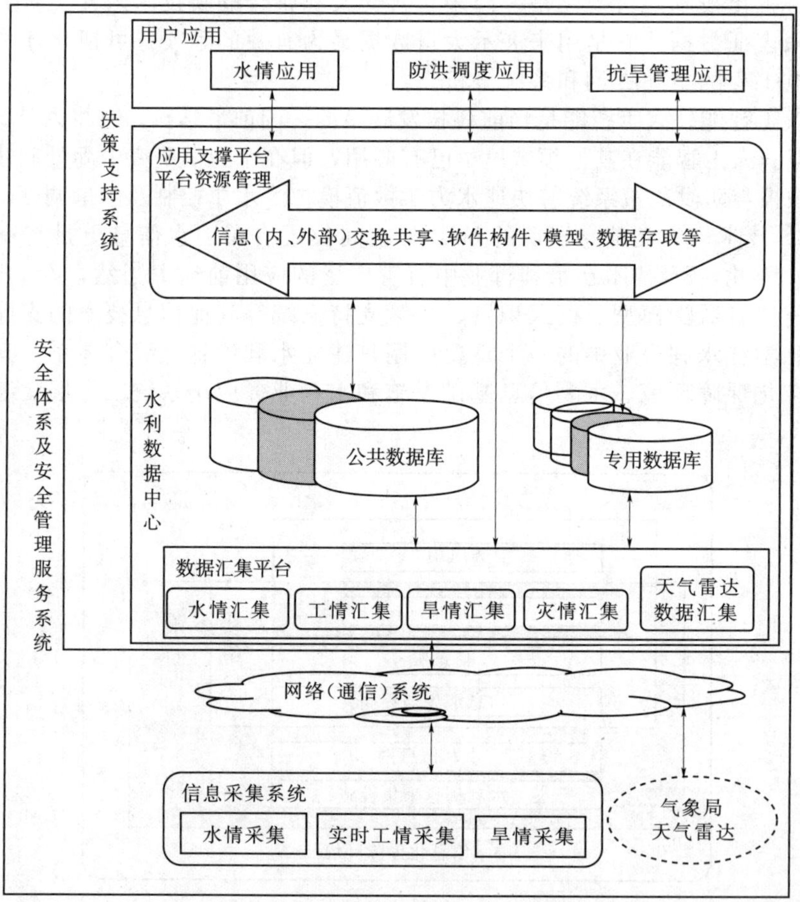

图 19-2 防汛抗旱指挥系统体系结构示意图

国家防汛抗旱指挥系统由信息采集系统、网络（通信）系统、数据汇集平台、数据库、应用支撑平台、用户应用系统和安全体系及安全管理服务系统等组成。各个部分间由标准化的协议与接口结合为一个有机的整体。

根据国家防汛抗旱指挥系统的建设目标，系统建设最终将形成水情应用、防洪调度应用、抗旱管理应用三大业务应用系统。

水情应用系统建设内容包括：开发满足大江大河防洪调度决策需要及预报精度要求的洪水预报系统；开发适合中央、7 个流域机构以及省（自治区、直辖市）水情分析需要的水情会商系统；完善开发气象产品应用和热带气旋的信息服务系统。

防洪调度应用系统建设内容包括：在对各流域现有预报调度模型整合的基础上进行突破、提高，建设覆盖中央、7 个流域机构的重点地区重要防洪河段的具有防洪形势分析，调度方案生成、仿真、可视化显示（包括电子沙盘演示）、多方案比较，调度方案管理、调度成果管理、系统管理等功能的防洪调度系统；建设中央、7 个流域机构和省（自治区、直辖市）的防汛信息服务系统、防汛业务管理系统和防汛会商支持系统。

抗旱管理应用系统建设内容包括：在中央建立旱情分析系统，实现基本数据处理、数据管理及维护、干旱指数计算、旱情预测、统计分析、信息服务和业务管理等功能；基于旱情数据库建设实现旱情信息的统计、分析和查询等功能；在重点旱区建设旱情采集系统，规范旱情信息的采集、传输和处理，提高抗旱管理水平。

19.2.5　水工结构

水工结构是研究水工建筑物结构型式、强度和稳定性以及安全评价的一门综合性工程学科，它所依据的基础理论是固体力学、土力学和岩石力学，并与水力学及建筑材料学密切相关。由于水工建筑物种类繁多，各有特色，因而水工结构涉及的内容也极为广泛。下面简述水工大体积混凝土结构的几个研究前沿问题。

1. *大体积混凝土结构应力与开裂的分析方法*

混凝土作为一种人工合成的多相介质材料，其力学行为受到许多复杂因素的影响，例如在硬化后其中仍留有自由水和孔隙，并可能形成许多微观裂缝，随着荷载的增加，混凝土中的裂缝可能不断扩展、增加；混凝土的变形是与时间有关的，如收缩和徐变。因此混凝土材料的应力应变关系是非线性的，混凝土的本构方程仍是一个需要深入研究的问题。在固体力学中所提出的所有本构关系，从线弹性理论、非线性弹性理论和弹塑性理论，直至近年来发展的内时理论、断裂力学和损伤力学理论等，都在混凝土力学模型的发展及其本构关系的描述中具有重要的地位。

（1）线弹性理论模型。线弹性材料本构关系服从广义虎克定律，即应力应变在加卸载时呈线性关系，卸载后材料无残余应变。当混凝土材料的应力水平较低时，按该模型计算应力应变关系基本符合实际情况。

（2）非线性弹性模型。一般非线性弹性本构关系中应力和应变不再保持正比，但在满足一定要求的条件下仍有一一对应关系。卸载后没有残余变形，应力状态唯一取决于应变状态，而与加载历史无关。该模型可以较好地描述混凝土在单调加载条件下的应力应变关系，具有概念简单、形式简明，计算选用参数源自试验结果，计算精确度较高等优点，因而在工程分析和设计中应用广泛。

（3）弹塑性模型。弹塑性本构模型与线弹性模型的不同之处在于它可以反映材料的不可恢复变形——塑性变形。基于一些基本假定，按照塑性理论的一般方法进行数学推导可得到混凝土弹塑性本构关系，所需参数一般由混凝土试验数据加以标定。这类模型能适用于卸载、再加载和非比例加载等各种情况，在某些应力范围内计算结果与试验结果符合较好。在本构关系的基础上，已经发展成系统的理论体系，有成熟的分析方法，在工程设计中发挥了很大的作用。

（4）断裂力学模型。断裂力学的研究对象是含有裂缝缺陷的固体材料，对其进行断裂分析，研究其断裂条件与裂缝扩展规律。由于混凝土材料的抗拉强度较低，在一般荷载条件下易产生裂缝，而混凝土材料内的裂纹往往交错复杂，且裂缝扩展受到骨料的阻挡会出现扩展方向的改变，使混凝土断裂现象较一般均质固体材料更为复杂。研究表明，混凝土材料的断裂韧度具有尺寸效应，当混凝土结构尺寸较小时，线弹性断裂力学不再适用，许多学者又提出了针对准脆性材料开裂分析的非线性断裂力学。

（5）损伤力学模型。混凝土材料在制造与施工过程中不可避免地会在表面或内部产生微小的缺陷。在外部荷载作用下，这些缺陷会不断扩展和合并，形成宏观裂纹。裂纹继续扩展，最终可能导致构件或结构的断裂破坏。这些导致材料和结构力学性能劣化的微观结构的变化称为损伤。在结构分析中对损伤最通常的处理方法是视其为等价应变软化，认为混凝土应力应变曲线的下降反映了裂缝逐渐扩展、卸载时弹性弱化等特点。损伤力学通过引进损伤变量来表征材料内部缺陷，一般被作为一种“弱化因素”而结合到弹性、塑性和粘塑性力学模型中，因而既可考虑混凝土材料在未受力时的初始裂缝的存在，也可反映加载过程中的损伤积累。损伤理论运用于分析混凝土中裂缝的形成与扩展，取得了显著成效。

由于混凝土的力学性能和破坏机理非常复杂，在对实际混凝土结构进行分析时，应充分考虑其结构特征与受力特点，根据其可能发生的应力应变状态，从上述模型中合理地选用一种或几种本构关系进行模拟计算。因此，一个完善和合理的混凝土本构模型往往是上述基本力学模型中的两种甚至多种本构关系的综合。

非线性断裂力学模型放弃了经典断裂力学中的某些基本概念，而引入断裂过程中材料的应变软化关系和某些关于应变集中的假定来模拟混凝土裂缝的扩展过程，其中最典型的两个模型为虚拟裂缝模型和钝断裂带模型。这两个非线性断裂力学模型的提出，对混凝土断裂力学的发展起到了重要的促进作用，并在一定程度上克服了混凝土开裂分析中网格敏感性和尺寸效应的两个难题。

2. 大体积混凝土结构的温度应力及其控制

对于混凝土坝、船闸、泄洪建筑物、电站厂房等大体积混凝土结构来说，裂缝是最常见的问题。裂缝按其深度的不同，一般可分为贯穿裂缝、深层裂缝及表面裂缝三类。所有裂缝对水工混凝土结构都有危害性，防止裂缝发生是混凝土结构设计、科研、施工各个环节中的一项重要任务。

大体积混凝土的裂缝主要来自于温度应力。混凝土浇筑后，由于水泥在凝结过程中，要散发大量水化热，使内部温度急剧上升，此时混凝土弹性模量小、徐变度大，升温引起的压应力不大；在后期混凝土逐步冷却、温度降低时，弹性模量比较大、徐变小，在一定约束条件下会产生较大的拉应力。另外，大体积混凝土常年暴露于大气中，有些部位与水接触，一年四季气温和水位的变化都会在混凝土结构中产生较大的拉应力。混凝土材料的抗裂能力低，抗拉强度一般仅为抗压强度的 1/10。当温度变化引起的拉应力超过混凝土的抗拉强度时，即可产生裂缝。在大体积混凝土结构内一旦出现大的裂缝，要通过修补以恢复结构的整体性实际上是很困难的。防止裂缝发生的最常用、最重要的手段是对温度的控制。

温度控制主要是控制三个温差，即基础温差、内外温差、上下层温差。由于这三个温差都与混凝土内部的最高温度有关，因此，直接控制对象即是混凝土的最高温度。除采取骨料冷却等措施降低混凝土的入仓温度、通水冷却、仓面保温、洒水养护等传统措施外，我国的工程技术人员又开发了仓面喷雾防止高温倒灌等温控措施。实践表明，大部分裂缝都与内外温差有关。减小内外温差，防止表面裂缝的有效手段即是表面保温，除施工期的临时保温外，部分大坝已采取外贴保温板（如聚乙烯苯板等）、喷涂泡沫保温材料等，进行长期或永久性保温。通过适当的表面保护，防止裂缝发生是完全可能的。

为了确定温控标准，以便采取相应的温控措施，必须对大体积混凝土结构的温度场和温度应力进行仿真分析。

受各种因素影响，大体积混凝土结构的温度场和温度应力的变化和分布极其复杂。首先是材料性质复杂，混凝土浇筑后随龄期由软到硬的硬化过程，在凝结过程中发热，具有徐变特性且徐变与龄期有关；其次是温控措施及各种施工因素都会影响到温度场、应力场，如降低入仓温度的各项措施，混凝土的浇筑过程、暴露时间，表面养护措施如保温、洒水，水管冷却措施等；另外环境的变化如气温变化、天气的变化，刮风下雨等都会影响到混凝土的温度，进而影响温度应力。

大体积混凝土的温度场和应力场的分析一般通过仿真计算的方法进行。“仿真计算”系指用数值算法（通常为有限元法）模拟混凝土坝分块分层的浇筑过程及竣工后几十乃至数百年的运行过程，计算坝内温度场、应力场的时空分布与变化。由于在计算中要考虑到环境要素（气温、水温、水位、风速、云量、日照）、施工进度（各块各层的浇筑日期、浇筑层厚）、温控措施（混凝土浇筑温度、水管冷却、表面保温、层面洒水、喷雾、养护）、坝体结构（分缝分块、孔洞）、材料特性（材料分区、各种热学参数与力学参数）等影响温度场与应力场的所有因素，还要模拟自混凝土浇筑到后期长期运行的整个过程。因此除了模拟方法和计算过程复杂以外还存在如下困难：①计算量巨大，计算时间很长；②需要占用大量的计算机存储空间；③输入数据量大，关系复杂，搜集原始数据、确定计算参数、检查输入错误困难；④计算结果数据量大，分析、评价、输出费时费力等。

我国在仿真计算的理论、方法、软件及应用等方面均处于世界领先地位。但是，混凝土坝的实际温度场、应力场的时空变化极其复杂，目前的仿真分析应当说还局限于假定条件之下的预测分析，难以反映实际施工时的真实状况。实际上，设计阶段满足抗裂要求，施工中或建成后出现严重裂缝的混凝土并不少见。因此，进一步研究和改进计算方法，开发能对实际施工过程进行跟踪、反馈与实时仿真分析的软件系统，根据实时仿真分析结果及时调整施工措施，确保工程质量，是温度应力与温度控制领域今后研究的课题。

3. 高混凝土坝地震响应的分析研究

我国西部多高山峡谷，居民稀少，易于修建200～300m量级的高坝大库，尤其是混凝土高拱坝和面板堆石坝。西部恰恰也是我国强震高发地区，这就不可避免地使高坝工程建设必然遇到一个挑战性的课题——抗震安全问题。对于高坝地震响应研究和安全评价的手段有原型观测（包括震害调查和现场足尺试验）、模型试验（包括振动台试验和离心模型试验）和动力法分析三种。坝体结构与地基动力相互作用问题包含两个方面的内容，即地基的模拟和地震荷载的输入机制。长期以来，大坝动力法的地震反应分析一直沿用人工截断无质量地基边界均匀输入模型，其存在两个问题：其一，人工截断边界必然带来对地震能量的虚假反射，即不能反映坝体振动能量向无限域地基的散佚，使计算所得的坝体动力反应被人为夸大；其二，没有考虑地震波传播所造成的坝基河谷各点地震动的差异，而这种差异可能会对建在宽河谷高拱坝的动力响应带来不容忽视的影响。为了克服上述两个方面的欠缺，近年来国内外学者做了大量的研究探讨工作，已相继提出了多种模拟计算方法，如局部透射边界，无限元法，边界元法等。

对于大坝地震动水压力的研究，Westergaard在1933年首先研究了具有垂直坝面重力坝的地震动水压力问题，并提出著名的“附加质量”概念，至今仍被工程界所接受和采纳。对Westergaard工作争论的焦点有两个：一个是库水可压缩性的影响；另一个是淤砂和地基与库水的动力相互作用。大量的研究结果表明：库水的可压缩性、坝体特性、淤砂层和地基的特性以及坝体—库水—淤砂层一地基的相互作用等因素都会对坝面动水压力产生影响，但影响的程度和作用的大小会有所不同，其中库水的可压缩性（包括坝体与库水的相互作用）、淤砂层和地基的特性（包括库水与淤砂层和地基的相互作用）可能是对库水动水压力计算产生影响的两个关键因素。

在强震作用下，坝体混凝土材料很可能会受到损伤，甚至开裂；坝体的结构缝，由于强度较弱可能在地震过程中张开、滑动，尤其对于拱坝的横缝张开、错动将导致坝体应力的重新分配，从而显示强烈的非线性反应特征。高拱坝横缝张合效应非线性问题研究中，对拱坝横缝的模拟主要有两大类方法：一类是采取接缝单元的方法；另一类是采用动接触模型。目前所提出的模拟横缝的计算方法已不少，但各有所长，也各有不足之处，仍需进一步研究开发精度更高、稳定性更好的模型和算法。

就高混凝土坝地震响应分析和安全性评价的整体而言，应包括三个方面的研究：第一，正确、合理的选定坝址相关的地震动参数，这方面的研究将直接关系到抗震分析作用荷载的大小，是安全评价的前提，因此是地震响应分析重要的前沿研究课题；第二，坝体，包括坝肩和坝基整个系统，在地震荷载作用下的动力响应分析；第三，坝体材料对动力响应的抵抗能力，也就是混凝土材料的动力性能研究，这关系到安全评价中到底应选择材料具有多大的抗力，因此这方面的研究也是前提性的。

（1）坝址地震动的研究。地震动输入决定着结构承受动荷载的大小，是动力响应分析的依据条件，直接关系到对结构动力反应分析结果的合理性评价。目前对这个问题的处理仍停留在采用峰值加速度以及对结构反应影响不很显著的个别高频峰值作为主要设计地震动参数进行反应分析的水平，应当说这样的处理方式是不尽合理的。

（2）混凝土材料动力特性的研究。混凝土材料动力特性作为计算的基本参数，对动力分析结果必然会产生一定的影响，但是，目前国内外对混凝土材料动力特性的研究还是比较初步的。目前工程设计中采用的方法，即单纯用一个“动静比”来反映混凝土的动力特性是不够的，因此对于混凝土材料的动力特性今后还需要进行更多的深入研究工作。

（3）高坝随机地震动反应分析。地震动的随机性很强，无论是发生的地点、时间，还是发生的强度、传播的途径等都具有很大的不确定性，也就是说其显示的特点是地震动过程的随机性。因此，用概率的方法研究地震作用的随机性是一条必然的发展途径。

（4）坝体和坝肩的动力耦合分析。坝体和坝肩（基）原本是一个有机的整体，而目前在工程设计研究中是将两者人为地分开，各自依据不同的准则，独立地进行安全评价。今后的研究发展方向，应当是将二者真正地有机结合起来，作为一个完整的系统，采用连续介质与非连续介质结合的分析方法，考虑两者之间的相互耦合作用，在统一的准则、标准下对系统进行安全性评价，这是高坝动力响应分析今后面临的又一个需要突破的研究课题。

4. 水工结构的科学计算

科学计算已渗透到科学研究和工程实践的各个领域，并发挥着越来越重要的作用。

水工结构领域的计算分析方法，从所解决问题的性质可分为连续方法和不连续方法两大类。连续性方法将所要分析的对象看作连续的、完整的结构，不考虑结构内部的节理、裂隙等不连续构造和结构的破坏，代表的方法即是有限元法。有限元法已成为应用最广泛、最有力的数值分析方法。

水工结构工程中所遇到的问题极其复杂，有大量的非连续问题，如含有大量断层、节理、裂隙的基础及洞室的稳定问题，混凝土结构内的裂缝产生、扩展及局部破坏问题等，需要作为不连续体进行分析。当利用基于连续力学的有限元法分析该类问题时，可利用考虑单元各向异性的分布裂缝模型、损伤模型等将不连续面近似为等价连续体考虑，也可利用接触单元、节理单元等离散裂隙模型。利用有限元法模拟分析不连续问题时，所能考虑的不连续构造的数量是有限的。对于复杂的多裂隙问题，尤其是结构破坏后块体的运动等问题，有限元法具有局限性。基于不连续力学的分析方法有刚体弹簧模型、离散元方法、不连续变形分析等。

水工结构领域的计算分析所使用的软件分为两大类：一类为通用的商业软件，如ABAQUS、ADINA、ANSYS等；另一类为专业软件，多为各高校、科研单位为了某些特殊的用途开发的。

以上各软件都是以有限元法作为基本方法，多用于连续结构的分析。分析不连续问题较为成熟的商业软件主要有UDEC（Universal Distinct Element Code）和FLAC（Fast Lagrangian Analysis of Continua），主要用于岩石力学领域。

我国的科研工作者通过长期的研究积累，开发了大量的计算分析软件，几乎每个高校、科研单位都有自主开发的软件，这些软件在我国的水利水电工程建设中发挥了巨大的作用。我国自主开发的软件多为专业软件，主要适用于水工结构领域的某个特殊问题，如混凝土结构施工仿真，裂隙渗流分析，温度场、应力场仿真，大坝及坝肩稳定分析，拱坝优化等。

结构计算分析领域需要在如下两个方面进行研究开发：

（1）大规模高性能的科学计算。高性能计算分为并行计算和网格计算（也称共享计算）高性能计算机往往是由众多的CPU群组成的多CPU系统，要驾驭如此众多的CPU，使之充分发挥作用，进行大规模高性能计算，则需要开发与之配套的并行计算软件。网格计算（分布式计算）是以大规模计算和数据处理的通用基础支撑结构为基础，将网络上的各种高性能计算机、服务器、PC、信息系统、海量数据存储和处理系统、应用模拟系统、虚拟现实系统、仪器设备和信息获取设备（如传感器）集成在一起，为各种应用开发提供底层技术支撑，将Internet变为一个功能强大、无处不在的计算设施。把需要进行大量计算的工程数据分割成小块，由网络上多台计算机分别计算，在上传运算结果后再统一合并得出数据结论。通过水工结构领域的并行计算、共享计算等高性能科学计算，有望解决目前计算手段不能解决的各种难题。

（2）对水工结构领域的一些难点开展研究。针对复杂岩石基础与边坡的渗流、静动力稳定，大型地下洞室的稳定，混凝土坝的施工仿真问题，结合高性能计算分析，开发出具有我国自主知识产权、能够解决我国江河治理、南水北调及水电开发中所提出的各种复杂问题的软件系统。

19.2.6　岩土工程

岩土工程是由土力学、岩石力学和工程地质以及相应的工程和环境学科所组成的，服务于不同的工程门类，对于国民经济、社会发展及生态环境有着直接和重要的影响。

1. 高土石坝工程

各类土石坝由于其地基适应性好，便于使用当地材料筑坝，造价较低，施工机具简单等优点而被较多采用。

土石坝就其防渗结构来讲，可以分为土质防渗体与其他材料（混凝土、沥青、土工合成材料等）防渗体两种。近年来，作为土石坝的重要分支，混凝土面板堆石坝得到了快速发展，成为近代坝工的发展新趋势。随着巨型碾压机械的应用和地基处理技术的发展，可以大大减少地基与坝体的变形，大坝设计也不仅满足于稳定的要求，对于变形控制的要求也更严格。

（1）土的本构关系与土石坝工程之间存在着十分密切的关系。土的本构关系模型的提出、检验、应用带动了土力学学科中土的室内试验、模型试验、现场监测等技术发展和水平的提高；各种线性、非线性，弹性、弹塑性，流变、连续、非连续等数学模型被提出；渗流固结、极限平衡分析和动力反应分析等数值计算的技术和方法也得到了空前的发展，土的本构模型与数值计算成为20世纪岩土力学学科园地中最为绚丽的花圃。

经典土力学在分析土体变形时通常将土体视为弹性体，采用基于广义胡克定律的线弹性模型。在进行土的非线性分析时最方便和最先使用的模型就是各种非线性弹性模型。在非线性弹性模型中最具代表性的当属Duncan－Chang双曲线模型。

土塑性理论最早始于库仑（Coulomb）及以后的莫尔（Mohr）提出的Mohr－Coulomb屈服与强度准则；罗斯柯（Roscoe）等人提出了土的临界状态概念，并建立了剑桥模型（Cam－clay模型），开创了建立土体弹塑性理论及实用模型的新阶段，标志着土塑性力学进入了新的发展阶段。以后相继建立了粘塑性模型、内蕴时间模型、损伤模型及结构性模型。

目前在我国土石坝数值计算中经常使用的本构模型是Duncan－Chang模型；而沈珠江双屈服面模型、南水模型、殷宗泽的剪胀模型、清华弹塑性模型、清华解耦KG模型、广义塑性势模型也有所应用。

（2）土石坝的数值计算。高土石坝由于工程浩大，影响深远，对其进行各种数值计算是必须的。其中包括：稳定分析、渗流计算、应力变形计算（包括应力应变与渗流固结耦合的有效应力分析）、动力反应分析等。我国的土石坝数值计算几乎与世界同步。

随着高土石坝规模和坝型的发展，我国的土石坝计算的内容有很大的进展。

三峡二期围堰的数值分析工作从1984～2000年，一直跟踪着设计工作的进程而不断地发展和深入。在二期围堰数值分析的初始阶段，研究采用了8种模型计算，由于对工程的理解、计算模型的概化、材料本构模型的选择、施工过程的仿真程序、边界条件的模拟、后处理技术等方面的不同，各家的计算成果可谓是“五花八门”，验证结果表明邓肯模型、南水模型、河海模型的结果较为接近。经过相互比较、交流，对一些理论问题的认识逐渐趋于一致，计算成果也逐渐具有可比性，从而为在工程设计中的应用创造了条件。

土石坝坝体材料主要是人工填筑的重塑土，相对来讲较容易为理论模型和数值计算所模拟。但是大尺度的堆石料的试验模拟；坝体在不同工况下复杂应力路径的模拟；土石料饱和与非饱和的模拟等仍然是试验、理论和数值模拟的难题。

（3）渗流理论与渗流控制。渗流问题涉及水量的渗漏损失、渗透变形及渗流引发的工程事故等。许多病险水库的大坝和江河堤防的失事常常是由渗流引起的。

由于渗流的微分方程在复杂边界条件下很难得到其解析解，所以人们力图用数值算法解决它。由于有限元法适用于所有可按变分形式计算的场问题，这就为将有限元法从结构计算应用于渗流计算提供了理论基础。

在土坝、堤防以及边坡等的渗流分析中，均存在渗流自由面即浸润线的问题。

非饱和土中有两相（一般为水和空气）流体，当高饱和度时，空气处于封闭状态，主要是水的渗流；关键问题是渗透系数与土的饱和度有关。

相对于土中的渗流，作为裂隙介质的岩体中的渗流研究发展较迟。在岩体渗流模型方面，目前大多数还是采用非均质各向异性的等效连续介质模型。

岩体地下水数值模拟方面，裂隙介质渗流中的离散模型、连续性模型、混合模型和耦合模型等都在数值计算模拟中得到应用。重点问题是排水孔在岩体渗流场数值模拟中的处理方法。另外基于岩体中渗流场与应力场耦合的计算也有所研究。

土的渗透变形包括了流土和管涌，流土的判断准则较为简单和清楚，管涌的发生与土的级配密切相关。目前，用数值计算准确地模拟堤坝及其地基的渗透破坏的全过程还有些困难。

渗流控制的目的是为了使堤坝或者水工建筑物地基不致被渗流破坏，或者为了减少漏水量。具体任务有降低下游剩余水头或者降低浸润线；控制水力坡降或流速；控制渗流量，减少漏水量。渗流控制的基本方法是防渗与排渗。

土工试验是人们认识土的特性和提示其工程问题的重要手段，土力学理论主要是基于试验观测和对试验结果的分析之上建立的。试验又是岩土理论、岩土数值计算与工程设计之间的纽带，即通过试验确定参数。试验也是检验理论和数值计算的重要依据和手段，模型试验更是解决问题的直接手段。

随着土的本构关系模型理论研究和工程应用的进展，三轴试验成为越来越重要的试验手段。同时为了揭示土在复杂应力路径下的性状和验证所提出的本构关系模型，各种真三轴试验、方向剪切仪试验和空心圆柱扭剪试验迅速普及和发展。由于堆石料的尺寸很大，当前一个重要的趋势就是试验的大型化。粗粒土动力特性的研究进展，很大程度上取决于测试技术的提高，虽然近年来有了很大进展，但“尺寸效应”问题同样是今后需要研究解决的一个难点问题。

2. 地下工程

水电站的引水隧洞、调压井和地下厂房都是规模巨大的地下工程。这些地下工程除了需要妥善解决洞室围岩稳定问题外，还面临高地应力、活动断层、外水压力、突水以及泥石流等一系列重大挑战。

在岩石力学中，从单一的固体力学向多场耦合、多相耦合研究发展。例如在裂隙岩体中建立水—岩—热耦合的非线性动力模型对于水利水电工程、地热利用、核废料处理等领域有着重要的意义。

由于岩体破坏失稳与结构面的发育程度、组合特征有着密切的关系，而它们又是天然地质历史的产物，表现出极为复杂的随机性和模糊性。各种不确定性的理论和方法受到人们的重视。

数值计算大大加强和拓宽了人们解决岩体工程问题的能力，从而成为岩体工程中的一个重要的分支。数值计算深入岩体工程的各种领域，其中包括：渗流计算、应力变形计算、极限平衡的数值计算、动力反应分析、不同岩土之间及其与结构物之间的共同作用计算，等等。在计算方法上又可以分为确定性方法计算与不确定性方法计算（随机有限元、神经网络、专家系统），正分析与反分析，连续介质单元法与离散介质单元法。

岩体试验研究方法包括现场与室内试验两种。它与数值计算方法相辅相成，互相验证。目前对于大型地下工程的设计已不限于用常规的单轴压缩试验确定岩石参数，大型的三轴刚性伺服实验机应用于岩石材料在全应力路径下的参数测定。电镜扫描、CT技术应用于岩体材料的微观与细观的结构观测研究。

3. 环境岩土工程

环境岩土工程学是岩土工程学与环境科学相互整合的一门科学，举凡与环境有关的岩土工程问题，都是环境岩土工程学所讨论的范畴，其目的在于使工程建设和自然环境得到平衡，以达到可持续发展。

环境岩土工程的研究方向主要有旧有废弃物处理场与人类生活发展的污染控制，新建废弃物处理场规划与防护设计，这包括污染程度的评估、环境易损性评估、污染物迁移预测、地下水资源的利用、污染土修复与废弃物处理场的规划等。研究的课题主要有以下几个方面：

(1) 污染程度与环境易损性评估。

(2) 污染物迁移预测。

(3) 地下水综合管理。

(4) 污染土修复。

(5) 废弃物处理场的规划。

19.3　当代中国水利科技成果

本节选择当代中国水利的若干重大科技成果作一简要介绍，其中“中国可持续发展水资源战略研究”成果介绍如下，其余成果介绍见光盘链接 19-2。这些成果不仅标志着我国在水利水电工程技术领域已经达到了世界先进水平，而且反映出我国在治水理念上的转变，以理性的精神实现人类活动的自律，为实现人与自然的和谐相处提供全新的理论策略和技术。

中国可持续发展水资源战略研究是中国工程院在世纪之交组织了覆盖多学科的 43 位两院院士和近 300 位院外专家开展的重大咨询项目，经过了一年多的紧张工作，提出了 8 个专题报告，并形成了综合报告，取得了一批重大的研究成果。温家宝总理评价“研究报告深刻分析了我国水资源面临的严峻形势，提出了以水资源的可持续利用支持社会经济可持续发展的总体战略和政策建议，突出强调解决我国水的问题，核心是提高用水效率，建设节水型社会，并概括了节流优先、治污为本、多渠道开源的指导原则。”并认为这系列成果“内容丰富，观点鲜明，立意高远，对各级政府决策具有重要的参考价值。”研究成果的主要内容包括：

(1) 分析了我国水资源状况和面临的问题。研究报告从水资源总量和人均水资源量、水资源的时间、空间分布均极不均衡，江河高泥沙含量是我国水资源的一个突出问题以及气候变化对我国水资源的影响等各个方面分析了我国水资源的自然状况，指出当前面临的主要问题有：防洪安全仍缺乏保障、水资源紧缺与用水浪费并存、水土资源过度开发造成生态环境破坏，水质污染迅速发展，已到极为严重的程度。以水资源紧张、水污染严重和洪涝灾害为特征的水危机已成为我国可持续发展的重要制约因素。

(2) 提出了“以水资源的可持续利用支持我国社会经济的可持续发展”为我国水资源的总体战略。为此要从 8 个方面实行战略性的转变：

1) 人与洪水协调共处的防洪减灾战略。在防洪减灾方面，要从无序、无节制地与洪水争斗转变为有序、可持续地与洪水协调共处。为此，要从建设防洪工程体系为主的战略转变为在防洪工程体系的基础上，建成全面的防洪减灾工作体系，达到人与洪水协调共处。

防洪减灾工作体系的主要内容包括：根据江河的总体治理目标，建设有质量保证的防洪工程体系；江河的各类分蓄行洪区是防洪减灾工作体系的必要组成部分；城乡建设规划要充分考虑到各种可能的防洪风险；在全国建立防洪保险、救灾及灾后重建的机制；建立现代化的防洪减灾信息技术体系和防汛抢险的专业队伍。

2）以建立节水高效的现代灌溉农业和现代旱地农业为目标的农业用水战略。研究预测，在我国人口达到16亿时（2030年）人均粮食需求量为450kg，粮食总需求量为7000亿kg左右。为此，到2030年的奋斗目标是：耕地面积稳定在18亿～18.5亿亩，复种指数达到1.65，粮食播种面积单产达350kg/亩；农田灌溉面积扩大到9亿亩，农业灌溉水利用系数达到0.65；在全面节水的基础上，农田灌溉需水量和农业总需水量基本维持在目前用水量的水平，分别为4000亿m^3和4200亿m^3左右。

3）节流优先、治污为本、多渠道开源的城市水资源可持续利用战略。研究预计21世纪中叶以前，我国城市化水平将可能达到60%，城市人口将增加到9.6亿左右，水资源的供需矛盾将进一步加剧，水质保护的难度也将进一步加大。为此，需进一步明确节流和治污的必要性。"节流优先"不仅是我国应采取的基本国策，也是为了降低供水投资、减少污染排放、提高资源利用效率的最合理选择。强调"治污为本"是保护供水水质、改善水环境的必然要求，也是实现城市水资源与水环境协调发展的根本出路。由于缺水城市的缺水原因各不相同，解决缺水的途径也不相同，因此，在加强节水治污的同时，开展利用处理后的污水以及雨水、海水和微咸水等非传统的水资源亦不容忽视。

4）以源头控制为主的综合防污减灾战略。在防污减灾方面，应从以末端治理为主转变为以源头控制为主的综合治理战略。长期以来采用的以末端治理、达标排放为主的工业污染控制战略，已被国内外经验证明是耗资大、效果差、不符合可持续发展的战略。应大力推行以清洁生产为代表的污染预防战略，在工业生产过程中应提高资源利用率，削减污染排放量，在获得环境效益的同时还可获得经济效益。我国的面源污染也越来越严重，水体的内污染源也成为二次污染源，会对生态和人体健康造成长期危害，因此要加强点源、面源和内源污染的综合治理。水污染防治的最终目的是确保人民的身体健康，因此，应把安全饮用水的保障作为水污染防治的重点。

5）保证生态环境用水的水资源配置战略。生态环境是关系到人类生存发展的基本自然条件。在水资源配置中，要从不重视生态环境用水转变为在保证生态环境用水的前提下合理规划和保障社会经济用水。生态环境建设主要包括两类内容：一类是以封育保护和植树种草为主要手段的植被建设；另一类是以农田水利和坡沟工程为主要手段的工程建设。它们对水资源保护利用起到了有利的作用，同时也要消耗一定的水量。计算生态环境用水，应以生态环境现状作为评价生态用水的起点，而不是以天然生态环境为尺度进行评价。研究估计，全国生态环境用水的总量约800亿～1000亿m^3，主要在黄淮海流域和内陆河流域。

6）以需水管理为基础的水资源供需平衡战略。要从过去的以需定供转变为在加强需水管理、提高用水效率的基础上保证供水。研究预测，我国的用水高峰将在2030年左右出现，其中农业用水总量仍为4200亿m^3左右，工业用水总量从现在的1100多亿m^3增至2000亿m^3，城乡生活用水从现在的500多亿m^3增至1100亿m^3左右，估计全国用水总量有可能达到 7000 亿～8000 亿 m^3，较现在增加 1300 亿～2300 亿 m^3。研究认为，扣除生态环境用水后，全国实际可能合理利用的水资源量约为 8000 亿～9500 亿 m^3。因此，必须严格控制人口的继续增长，同时加强需水管理，做到在人口达到零增长后，需水也逐步达到零增长。

7）解决北方水资源短缺的南水北调战略。对北方地区，要从以超采地下水和利用未经处理的污水来维持经济增长转变为在大力节水治污和合理利用当地水资源的基础上，有步骤地推进南水北调，保证社会、经济的可持续增长。研究认为，黄淮海流域特别是黄河下游的黄淮海平原地区是我国最缺水的地区，预测到 2030 年，在采取多种措施后，黄淮海平原地区缺水量仍将达到 150 亿～300 亿 m^3。考虑到生态环境的用水，通过南水北调增补的水量应在 300 亿 m^3 以上。研究认为，现提出的南水北调东、中、西三条线路都是可以成立的，也存在一些难点和问题，需要抓紧进行工作。

8）与生态环境建设相协调的西部地区水资源开发利用战略。研究认为，西部地区是我国长江、黄河、珠江等主要江河的发源地，是全国生态环境保护和建设的重点。在西部地区大开发中，要从缺乏生态环境意识的低水平开发利用水资源转变为在保护和改善生态环境的前提下，全面合理地开发利用当地水资源，为经济发展创造条件。

（3）提出了为实现上述战略建议所必须的改革措施，即水资源管理体制、水资源投资机制和水价政策的改革。

本项目的“研究成果和重要观点，很多已经在国家制定‘十五’计划和重大经济决策中得到应用”。

19.4　水利科技特点与发展趋势

19.4.1　水利科技特点

根据水利的内涵及其在经济、社会发展中的地位、作用，水利科技具有下列特点。

1. 水利科技内涵的广泛性

水利科技既涉及探讨人与自然复杂关系的人文社会科学层面，又包含了江河湖泊的规划、开发、治理与保护及水利工程的勘测、设计、施工、运行与管理等所需要的各种基础科学、应用科学与应用技术体系。水利科技融合了自然科学、工程科学、环境科学、管理科学、经济学与社会学等众多学科的内容。

2. 水利科技效益的公益性、全局性和长远性

水利科技服务于国家的发展目标与行业的发展规划，而江河流域治理方略的科学决策、重大水利工程体系的合理布局与运用等，往往影响到广阔的区域与大量的人口，涉及国计民生中利害关系的调整、公共安全的保障、人与自然的和谐。正确的决策，往往会带来整体与长远的巨大效益；而决策的失误，也可能造成长期难以挽回的恶果，甚至陷入恶性的循环。

3. 水利科技特点的区域性和流域性

人类的治水活动既要适应经济社会的发展规律，又要符合自然界的演变规律。对于不同特性的河流，治水的措施不能千篇一律；同一条河流的不同河段，治水的重点不会完全相同；即使同一条河流或同一个区域，在经济社会发展的不同阶段，治水的目标、要求、投入能力与管理水平也处于动态的变化之中。因而，水利科技必须依据流域、区域的特点来发展，切忌不同条件的照搬照抄。

4. 水利科技的自主创新性

发达国家最近的治水理念，是在他们已经达到了经济高度发展，水资源得到充分利用和环境治理得到重视的条件下提出来的，我国与发达国家有着较大的差距。我国目前尚处于工业化时期，经济起点低，发展不平衡，人口与粮食需求极大，城市化进程异常迅猛，这些都使得我国水利科技遇到了比发达国家更为复杂、更为艰巨的新问题。因此，我国水利科技的发展，既要与时俱进，从发达国家的治水经历中吸取有益的经验，少走国外已经走过的弯路；也要坚持从基本国情出发，坚定地走自主创新之路。

5. 水利管理科学的重要性

水的有效分配和利用，需要一个健全的管理体系，这需要国家为之付出很高的管理成本，市场经济改革进一步提高了这一成本。由于维持行政分配体系所需的管理成本严重不足，导致水的开发利用在很多情况下缺少制度约束，产生上、下游水冲突、水超采、水污染、水浪费和低效利用等结果，这些后果的累积和叠加就是所谓的“水危机”。因此，克服“水危机”的根本出路在于水治理模式的转型，即从过度依赖工程建设和扩大供给为主转向制度建设和激励节水为主，从以“控制”为核心的传统治理模式，转向以“良治”为目标的现代治理模式。例如防洪减灾从“控制洪水”向“洪水管理”的转变，水资源管理中的“供水管理”向“需水管理”“综合管理”的转变，等等。这就给水利科技提出了更为复杂的任务。

19.4.2 水利科技的发展趋势

纵观水利科技近几十年的研究历史与当前的热点动态，水利科技的发展趋势可概括为以下几个方面。

1. 理论上多学科交叉

科学技术的迅速发展，尤其是高新技术的发展与可持续发展理论的提出，大大加强了水利学科与其他学科在理论上的交叉、融合发展，产生了许多新的学科分支，如遥感水文学、同位素水文学、随机水文学、计算水力学、水信息学等。生态水文学、生态水力学、生态水工学等新理论也逐渐得到了完善，并开始在区域水环境规划及治理、河湖等水体修复、大型水利工程建设等实践中开始得到应用。

2. 方法上多对象、多要素系统分析

在水文循环方面，传统的水文学研究只考虑水量的自然变化，现代水文循环需要考虑地球生物圈、全球变化以及人类活动等方面的影响。由于水的流动与循环，水生态系统和水环境系统在不同时空尺度下进行能量、物质及生物体的循环交换并交互影响，现代水生态和水环境科学研究必须从系统的角度和时空的多尺度出发，从以单要素、小区域分析为主进入多种要素整合分析，全球、流域及区域的系统研究。在防洪减灾方面，从以往的以工程防洪为主，转向工程与非工程措施有机的结合，并与经济、社会因素相结合进行洪水风险分析。

3. *层次上向宏观与微观两极发展*

一方面，将水、土资源结合，从更宏观的角度研究人类所处的生态系统成为水生态与水环境学科未来的发展趋势；另一方面，水生态系统与水环境内在物理、化学、生物基本过程及其相互作用的微观机理研究也将得到加强。在农业节水方面，要用微观尺度的SPAC（土壤—植物—大气系统）水分传输原理解决流域尺度水转化过程的描述，有关农田表面的空间变异性、尺度转换、各部分介质的非线性相互作用等是进一步研究的重点。在大坝破坏分析方面，不仅要进行大坝－水体－地基（围岩）整个结构体系的分析，也要进行细观层次混凝土材料裂纹的产生、扩展机理的分析，等等。

4. *技术上多种技术有机集成与高新技术应用*

水生态与水环境研究逐渐发展成将各专业技术有机集成，形成水生态与水环境综合分析技术系统，在技术应用中突出水生态、水环境与区域及流域经济活动的关系描述。在水力学与河流动力学的研究中，将数值模拟与物理模拟结合起来的“合交模型”，解决了不同尺度研究的衔接，提高了研究的精度。GIS、RS、DME等高新技术的发展，在水文、水环境、防洪减灾等领域中不断得到应用，极大程度地提高了信息丰富度和分析效率，提高了研究成果的决策支持能力。

5. *研究基础越来越依赖于长期连续观测资料的积累与分析*

客观上，水文循环、生态系统的演变以及人类活动对它们的影响往往是一个长期的渐变过程，揭示人类所面临的一系列水问题所产生的根源与发展规律，需要以长期连续的物理、生物、化学以及经济、社会等方面观测资料为基础。主观上，依照前面各点发展趋势开展研究的一个共同特点是：对各种第一性观测资料要求更加全面、更加综合、更长系列、更高精度，才可能使得科学研究顺利开展，并取得有价值的成果。总之，从实践—理论—实践，如此不断的螺旋式上升的研究路线，不但不能被高新技术的发展所取代，反而应得到进一步的加强。

19.4.3 水利科技组织与国际交流

见链接19－3。

19.5 水利科技人才的培养

经过多年的发展，中国水利科技人才的培养已形成了具有一定规模的、按各自专业业务范围和培养目标实施的水利高等教育、水利职业教育、水利职工教育的水利教育体系。水利高等教育分高职高专、本科、研究生（硕士、博士）3个层次，另外还有博士后科研工作流动站，担负培养高级水利专门人才和有关科学研究的任务。水利职业教育是由水利（水电）中等职业学校、水利职工中等专业学校和水利技工学校实施的，培养具有初中毕业文化程度的学生和职工成为在水利事业第一线工作的具有较高综合职业能力的劳动者和中级专门人才。水利职工教育是以水利在职、从业人员为主要对象，以提高政治、文化素质和业务技术水平、实际工作能力为目的，有组织、有计划地进行的教育培训活动；分学历教育和非学历教育两大类；非学历教育包括干部培训、岗位培训、继续教育、工人技术等级教育等各类短期教育培训活动。下面进一步介绍本科以上的水利高等教育。

中国水利高等教育始于1904年（光绪二十九年）的大学堂分科大学，工科设置了“水力学”、“水利工学”、“水力机”、“河海工”、“测量”、“施工法”等课程，农科设置了“排水及开垦法”等课程，但尚未设置水利类专业。水利学科的专业高等教育始于1915年在南京建立的河海工程专门学校。

19.5.1 水利学科专业发展的历史沿革

1. 水利学科专业的创建（1915～1952年）

河海工程专门学校是在1915年由时任北洋政府实业总长兼全国水利局总裁的我国近代著名实业家、教育家张謇创议兴办的。创办之初，聘黄炎培为筹备主任，任命留美归国的许肇南为校长。我国著名水利科学家、留学德国后归国的李仪祉从1915～1923年、1926～1927年在“河海”先任教授，后兼任教务部主任。1924年，东南大学工科并入，更名为河海工科大学，第一任校长为茅以升。1927年，“河海”被编入第四中山大学工学院土木系，1928年后即为中央大学土木系。在1915～1927年独立办学的12年中，“河海”共毕业学生十届，总计232人，转入中央大学的学生共五届，总计90人。“河海”毕业生在我国近代水利事业中发挥了重要的作用，其中代表人物有汪胡桢、须恺、黄文熙、许心武等。中国共产党的重要领导人张闻天从1917～1919年在“河海”求学，并在“五四”运动后，从“河海”走上革命道路。

20世纪30～40年代，水利学科专业高等教育发展迟缓。至1949年中华人民共和国成立前夕，全国只有21所高校设有水利系科或土木系水利组，年招生仅500多人，在校生1321人。据不完全统计，其中较早开设本科专业教育的水利工程学系（组）有以下几所学校。

清华大学：1929年清华大学工学院土木工程系设立水利卫生组，1938年发展为独立的水利组；1951年设立水利工程系和水力发电工程系，施嘉炀和张光斗分别担任系主任；1952年院系调整时成立水利工程系，张任担任系主任；1988年更名为水利水电工程系。

天津大学：1933年北洋大学筹建水利工程学系，在土木工程学系内分出水利卫生工程组；1937年学校西迁，成立西北工学院，1938年设立水利工程系，李书田兼系主任；1946年恢复北洋大学，水利工程系成为工学院的8个系之一；1951年北洋大学与河北工学院合并，更名为天津大学，并组建了新的水利工程系。

河海大学：在老“河海”并入中央大学的五届学生毕业后，于1937年12月在重庆中央大学恢复设立水利工程系，新中国诞生后即成为南京大学水利系，1952年成为华东水利学院主要组成之一，1985年华东水利学院更名为河海大学。

武汉大学：1928年成立武汉大学工学院土木系水利组，1951年武汉大学工学院成立水利工程系，1952年成立武汉大学水利学院，1954年成为武汉水利学院主要组成之一，1993 年武汉水利学院更名为武汉水利电力大学，2000 年与武汉大学等校合并，设立武汉大学水利水电学院。

西北农林科技大学：李仪祉于 1932 年创办陕西水利专修班，1934 年并入西北农林专科学校，1939 年改为西北农学院农业水利系，沙玉清任系主任，后又几经变化，2000 年 7 月成立西北农林科技大学水利与建筑工程学院。

四川大学：1944 年四川大学工学院建立土木水利系，1954 年院系调整时成为成都工学院水利工程系的主要组成之一。1978 年成都工学院更名为成都科技大学，1985 年建立水电学院，1998 年成为四川大学水利水电工程学院。

河北农业大学：创建于 1902 年，建校初名为直隶农务学堂。1946 年创建水利工程系，1949 年更名为农田水利工程系，1955 年并入武汉水利学院，1958 年恢复农田水利工程系。

在创建时期，以老“河海”为例，水利学科专业高等教育的特点如下：

(1) 注重德、智、体全面发展。“河海”建校之初就确定了三条教育方针：注重学生道德思想，以养成高尚之人格；注重学生身体之健康，以养成勤勉耐劳之习惯；教授河海工程必需之学理技术，注重自学辅导、实地练习，以养成切实应用之知识。

对于学生，则强调两点：必自问志愿，实有从事河海工程事业之决心然后来学；必自审体格，足胜从事河海工程事业之劳苦然后来学。

“河海”学生绝大多数是来自冀、鲁、苏、浙四省的公费生，出身较贫寒，生活较朴实，勤奋好学，与劳苦大众具有天然的亲切情感。教师多为青年知识分子，大都怀有救国救民的崇高理想和爱国热忱。在“五四”运动和“五卅”运动中，“河海”师生成为南京学界反帝爱国斗争中的旗帜和先锋，“河海”曾被称为“红帽子大学”。

(2) 课程设置较全面、科学。河海工程正科四学年的课目表见链接 19－4。这份课目表具有如下特点：

国文分布在 4 学期内，达 6 学分；英文强调作文与工业应用文；数理化等基础课较全面；物理、化学、材料力学、工程材料、测量、水力学等均单独设立实验课；设有课程设计课；专业课覆盖面较广；设有经济、管理课程；体育课时较多。

(3) 注重实验、实习与生产实践。“河海”创办之初就提出如下教学要求和方法，使学生具备切实应用之知识：聘请富有工程经验而热心教学者为师；注重教学方法，使学生能活用理论，而不专致力于记诵；广储仪器设备，以供学生实验；组织参观工程以激感发，派遣实习以增阅历。

根据上述要求，“河海”设有物理、化学、材料、水力学等实验室、测量仪器室、地质矿物标本室等，李仪祉先生还亲自监制了一批水工、交通建筑物与施工机械的模型，设立了模型陈列室。除了课堂教学，学校还很注重组织学生外出参观实习，并选派教师带领高年级学生支援抗灾抢险和水利工程建设。特别值得指出的是，学校于 1921 年起增设“水工研究”一课（4 学分），由学生自行阅读和调研，收集资料，在教师的指导下，撰写毕业论文。为此，学校还增设了“研究部”，可以说是开创了研究式教学之先河。

其他学校的水利系（科）也十分重视实验。1934 年春，清华大学土木系建成了包括水力实验室在内的四个实验室，水力实验室有 $800m^2$ 的实验大厅，厅内除一般教学试验设备外，还有水轮机试验台及水槽一座；北洋大学早在1925年就设有水力机室，1935年设水力学及水力机实验室。值得一提的是水利建教合作的开展。“河海”建校之初，即根据水利工作的紧迫需要，举办特科，定向招生，代培水利人才，可谓“建教合作”之肇始。

2. 水利学科专业的发展（1952～1998年）

1949年中华人民共和国成立前夕，只有21所高等学校设有水利学科专业，年招生仅500余人，在校生1321人，不仅招生规模小，而且经费拮据，设备简陋，办学条件很差。

由于建国初大规模水利建设的需要，在1951～1952年院、系调整中，水利学科专业有了较大发展，先后将武汉大学水利系、南昌大学水利系、广西大学土木系水利组合并，成立武汉大学水利学院；将南京大学水利系、交通大学水利系、同济大学土木系水利组、浙江大学土木系水利组及华东水利专科学校水利专修科合并，成立华东水利学院（即现今的河海大学），这是新中国成立后组建的第一所水利学科专门的高等学校。以后，随着水利建设对人才需求的增长，又先后成立了一批独立设置的水利高等学校，如1954年成立的武汉水利学院，1958年成立的北京水利水电学院（现华北水利水电学院）；一批高等学校新设水利系或专业，扩大办学规模，如1955年大连工学院设立水利工程系，1958年浙江大学重建河川专业，1958年内蒙古农牧学院（现内蒙古农业大学）设立农水专业，1959年广西大学设立水建专业，1978年创办葛洲坝水电工程学院（现三峡大学）等。60年代初期，少数条件较好的学校开始培养研究生，并接受外国留学生。

十年“文革”动乱期间，我国教育事业受到了严重破坏，水利高等教育同样出现了停滞和倒退，其间的1966～1970年的5年中，水利高等教育完全停止了招生，70年代初开始招收工农兵学员，学制2～3年，人数依然很少。至1978年，全国共有26所高校设有水利学科专业，从1950～1978年累计培养水利学科专业本科毕业生近4万名。

80年代，经过拨乱反正，水利高等教育得到恢复与一定的发展。从90年代初开始，随着水利基础设施和基础产业地位的逐步确定，国家加大了对水利的投入，水利高等教育得到了较快的发展。至1999年，全国有61所高等学校设有水利学科专业，其中独立设置的以水利为特色的高校8所（含大专）。1978～1999年累计培养水利学科专业本科毕业生近8万名。

由于建国初期实施计划经济的体制，本科教育按行业、岗位甚至按产品设置专业，致使专业越分越细，造成专业口径过窄，名称也不统一，到1980年全国高校本科专业总数达1039种，水利类专业也有十来种。国家根据高等教育发展状况，为适应由计划经济向市场经济的转变，促进高等教育改革，于1987年、1993年及1998年对本科专业目录进行了三次大的修订。调整后的水利学科专业现有水文水资源工程、水利水电工程、港口、航道与海岸工程3个，此外，农业水土工程专业转入农业工程类专业，水动专业并入能源动力类的热能与动力工程专业，水利学科专业目录的变化情况见表19-2所示。

表 19-2　水利学科专业目录的变化情况

时　间	专　业　名　称
1980 年（15 个）	陆地水文、水利水电工程建筑、水利水电工程施工、农田水利工程、水工建筑力学、河流泥沙工程、水利工程自动化、工程地质及水文地质、港口及航道工程、军港建筑工程、海洋工程水文、机电排灌工程、水利工程管理、水资源开发利用、水电站动力设备
1987 年（7 个）	陆地水文、水利水电工程建筑、水利水电工程施工、水利水电动力工程、农田水利工程、河流泥沙与治河工程、水资源规划及利用
1993 年（5 个）	水文与水资源利用、水利水电建筑工程、水利水电动力工程、港口航道及治河工程、海岸与海洋工程
1998 年（3 个）	水文水资源工程、水利水电工程、港口、航道与海岸工程

在规模扩大与专业调整的同时，教育思想、教育观念有了新的转变，由比较狭窄的对口专业教育逐步转变为适应社会发展需求的全面素质教育，通过调整知识结构，拓宽专业口径，扩大服务面向，增强适应能力，提高了教育质量和办学效益。

3. 水利学科专业的新发展（1998 年～今）

1998 年以后，水利高等教育迎来了一个新的发展时期，其历史背景有以下两点：

一是从 1999 年开始的全国范围的大扩招，高等教育规模迅速扩大，开始从精英教育走向大众化教育。

二是从 1998 年洪水以后，中央提出了水利工作的新方针与水利发展的新思路，进一步明确了水利作为国民经济基础设施和基础产业的地位，水资源可持续利用以及人与自然和谐相处的观念已逐步为社会所接受，水利、水电、水运事业迎来了又一个大发展的时期。与此相适应，水利学科专业的设置数、招生人数也有了大幅度的增加。据统计，从 1999～2003 年水利学科 3 个专业的专业点，由 51 个增加到 84 个，增加 65%。在招生人数方面，据水利类专业 2005 年招生中的 26 个专业点统计，1998 年招生人数为 607 人，2005 年增至 1799 人，将近增加了 2 倍。

为适应水利发展的新形势，水利高等教育开始了新的一轮教育教学改革，以适应社会经济的发展对人才的新需求，适应治水思路从传统水利向现代水利和可持续发展水利的转变。

水利学科专业改革与发展的目标是：建立能主动适应国民经济与社会发展需要的、符合水利科学发展趋势的水利人才培养体系。主要包括：科学合理的专业设置、层次结构与区域布局；以学校自主办学为基础的政府指导、社会参与的开放式办学体制；基础扎实、知识面宽、实践能力强、综合素质高的人才培养规格以及多种类型、富有特色的人才培养模式；不断完善与提高的人才培养保障体系以及规范的人才培养监督评估体系。

19.5.2　水利学科专业的专业介绍

根据教育部 1998 年颁布的“普通高等学校本科专业目录和专业介绍”，水利学科 3 个本科专业的专业介绍以及农业工程学科的农业水土工程专业介绍见链接19-5。

从2003年起，在教育部的统一组织下，各学科专业纷纷开展了专业规范的制定工作，正式颁布后将成为规范各专业办学的指导性文件。

19.5.3 水利学科的研究生教育

1. 我国研究生教育发展概况

研究生教育是近代高等教育发展和分化的产物，形成于19世纪的欧美国家。中华人民共和国成立前，中国的研究生教育的规模十分有限，1947年全国在校研究生数量仅400余人。中华人民共和国成立后，至1966年，在校研究生数量曾达4500人，但学位制度和研究生教育制度一直未能正式确立。1976年拨乱反正后，1978年开始恢复招收研究生，中国研究生教育走上了正常的、快速发展的轨道。1980年2月公布了《中华人民共和国学位条例》，12月国务院设立学位委员会，并成立了办公室作为其办事机构。1981年11月，国务院批准我国首批博士学位授予单位151个，学科、专业点812个，指导教师1155人；硕士学位授予单位358个，学科、专业点3185个。至2005年，我国已有博士学位授予单位341个，一级学科、专业点974个，二级学科、专业点1707个；硕士学位授予单位775个，学科、专业点12590个；2009年研究生招生人数达47.5万人，其中博士生6万人，硕士生41.5万人。

按照《中华人民共和国学位条例》的规定，我国实施学士、硕士、博士三级学位制度，以及学术性学位与专业学位两种学位类型。对学术性博士学位的学术水平要求是：①在本门学科上掌握坚实宽广的基础理论和系统深入的专门知识；②具有独立从事科学研究工作的能力；③在科学或专门技术上做出创造性的成果。对学术性硕士学位的学术水平要求是：①在本门学科上掌握坚实的基础理论和系统的专门知识；②具有从事科学研究工作或独立担负专门技术工作的能力。

专业学位是相对于学术性学位而言的学位类型，其目的是培养具有扎实理论基础，并适应特定行业或职业实际工作需要的应用型高层次专门人才。专业学位教育的突出特点是学术性和职业性紧密结合，获得专业学位的人主要从事具有明显职业背景的工作，如工程师、医师、律师、会计师等。我国自1991年开始实行专业学位教育制度以来，已设立19种专业学位（工商管理硕士、公共管理硕士、工程硕士、法律硕士、临床医学硕士、博士、口腔医学硕士、博士、教育硕士、博士、会计硕士……），至2008年累计招生86.5万人，其中70%以上是在职攻读学位。为了适应我国经济、社会发展对研究生教育结构转变的需要，从2009年起，大部分专业学位面向应届毕业生招收专业学位研究生，实行全日制培养。水利工程专业学位属于工程硕士学位范畴。

2. 水利学科研究生教育的发展

在1981年公布的第一批博、硕士学位授权点中，具有水利学科博士学位授权点的高校与学科专业有：

清华大学：水力学及河流动力学，水工结构工程；

华东水利学院（现河海大学）：工程水文及水资源，水力学及河流动力学，水工结构工程，海岸工程学；

武汉水利学院（现武汉大学）：工程水文及水资源，水力学及河流动力学，水工结构工程，农田水利工程；

大连工学院（现大连理工大学）：水工结构工程；

成都工学院（现四川大学）：水力学及河流动力学；

陕西机械学院（现西安理工大学）：工程水文及水资源；

经过近 30 年的发展，尤其是从 1996 年开始的以重点学科建设为主要内容的国家“211 工程”建设，许多高校水利学科综合实力大大加强，研究水平明显提高，培养博、硕研究生的能力也有了极大的提升，水利学科博、硕士学位授权点大幅增加。至 2006 年，具有水利学科博士学位授权点的高校与专业见表 19－3。

表 19－3　至 2006 年具有水利学科博士学位授权点的高校与专业

博士学位授权点名称		学校（科研院所）名称
水利工程一级学科（包括全部二级学科）		清华大学、河海大学 武汉大学、天津大学 大连理工大学、西安理工大学 四川大学、郑州大学 中国水利水电科学研究院 南京水利科学研究院
水利工程（二级学科）	水文学及水资源	吉林大学、南京大学、中国地质大学 中国农业大学
	水力学及河流动力学	太原理工大学
	水工结构工程	浙江大学
	水利水电工程	华中科技大学、西北农林科技大学 新疆农业大学
	港口、海岸及近海工程	青岛海洋大学、浙江大学

在 2010 年招生的水利学科硕士学位授权点已达 171 个，其中水文及水资源 49 个，水力学及河流动力学 28 个，水工结构工程 30 个，水利水电工程 37 个，港口、海岸及近海工程 27 个。此外还有农业工程学科的农业水土工程硕士学位授权点 34 个。

3. 重点学科建设

国家重点学科是国家根据发展战略与重大需求，从博士学位授权点中择优确定并重点建设的培养创新人才、开展科学研究的重要基地，在高等教育学科体系中居于骨干和引领地位。重点学科建设对于带动我国高等教育整体水平的全面提高，提升人才培养质量、科技创新水平和社会服务能力；满足经济建设和社会发展对高层次创新人才的需求，为建设创新型国家提供高层次人才和智力支撑；提高国家创新能力，建设创新型国家具有重要意义。我国于 1986～1987 年、2001～2002 年、2006 年共组织了三次全国重点学科的评选工作。在第一次评选中，水利学科共有 5 个学校的 5 个二级学科被评为国家重点学科，它们是清华大学水工结构工程，河海大学陆地水文，武汉水利电力学院农田水利工程，成都工学院水力学与河流动力学，大连工学院海岸与近海工程。经过 2006 年的第三次评选，目前水利重点学科的名单见表 19－4。

表 19-4 目前水利重点学科的名单

类别	学科名称	学校名称
一级学科	水利工程	清华大学、河海大学 武汉大学、天津大学 大连理工大学 西安理工大学
二级学科	水力学及河流动力学 水利水电工程 农业水土工程	四川大学 华中科技大学 西北农林科技大学

为了促进国家重点学科的建设，在第三次评选中还产生了一些国家重点（培育）学科，其中涉及水利的国家重点（培育）学科见表 19-5。

表 19-5 涉及水利的国家重点（培育）学科

类别	学科名称	学校名称
二级学科	水文学及水资源 水利水电工程 港口、海岸及近海工程 农业水土工程	南京大学、四川大学 新疆农业大学 中国海洋大学 内蒙古农业大学

经过 20 多年的建设，尤其经过国家“211 工程”和“985 工程”建设，这些国家重点学科的教学、科研条件得到明显改善，学术水平、培养高层次人才和承担国家重大任务的能力得到显著提高，已成为水利高等教育重要的、具有骨干和示范作用的教学、科研基地。

第 20 章 水文化

20.1 水文化概述

20.1.1 文化的含义及其不同层次

据不完全统计，学术界关于“文化”的定义有200多个。我们暂不作复杂深奥的概念辨析，先从实例入手理解文化。众所周知，吃饭、穿衣是人类最基本的生活需要，但人们在吃饭穿衣上并不满足于果腹遮体，还有很多“非实用”的追求——饮食包含复杂的类别、流派，丰富的历史、技巧、风味、礼仪；服饰之中也含有许许多多的款式、花样、工艺、讲究，因此而产生了饮食文化、服饰文化。再如，卢沟桥的水利、交通功能是实在可见的，但是桥上还雕刻了那么多精美的石狮子，中国人民还要记住它是抗日战争爆发地，这些都是它的实用功能之外的文化含量。如果缺少了这些，卢沟桥作为历史文化遗产的价值就要大为减少。从这些例子可以体会到，文化就是人在实用需求之外的“有意味的追求”，或曰“人生的花样”。它由人创造出来，又像血液一样遍布于人类社会之中，影响到每一个人。对于人类社会来说，文化价值有时会比实用价值延续更长久，例如长城，起初是为实用目的而建造的，随着时代的发展，其防御功能逐渐淡化，而文化价值却越来越突出，主要表现在历史、美学、艺术等方面的重要意义。

“文化”有广、狭两种含义。《辞海》（1999年版）把广义文化定义为：“人类在社会实践过程中所获得的物质、精神的生产能力和创造的物质、精神财富的总和”。它大致相当于通常所说的社会文明。《辞海》对狭义文化的解释是：“精神生产能力和产品，包括一切社会意识：自然科学、技术科学、社会意识形态。”《大英百科全书》解释文化为：“人类知识、信仰与行为的系统形态，其范围包括语文、意识形态、信仰、习俗、禁忌、规范、制度、工具、技术、艺术品、礼仪、仪式及其相关成分。”这也是对文化的狭义理解。狭义的文化专指精神文化。

文化是如何产生的？概括而言，是人类在克服对立面的过程中创造出来的。英国哲学家罗素说：“人类自古以来就有三个敌人，其一是自然（Nature），其二是他人

(Other People)，其三是自我 (Ego)。”[1]人类在发展过程中，为了克服与自然的对立，创造了物质文化，如为了避风雨，要建造房屋。为了克服与他人的对立，追求社会的和谐相处，创造了行为文化或日制度文化，如为了解决人与人之间的冲突而制定法律，为了避免公共交通的混乱而制定交通法规。为了克服与自我的对立，实现内心的平衡，创造了精神文化，包括科学、哲学、文学、艺术、宗教等。文化学家据此划分了文化的三个层次：外层直观的部分是物质文化层，中间“心”、“物”结合的部分的是行为（制度）文化层，最内在的是属于“心”的精神文化层。从文化变迁来看，物质层面的文化变化较快，行为（制度）层面的文化要相对缓慢一些，精神文化是文化中最核心的内容，变化最为缓慢。

20.1.2 水文化的内容

水文化是文化的一个子系统。简而言之，水文化指的是人水关系（治水、用水、管水、亲水、护水等活动）中所体现出来的文化现象和文化规律，是以水为轴心而形成的文化集合体。广义的水文化是人们在水事活动中创造的物质文化、制度（行为）文化和精神文化的总和；狭义的水文化主要指精神领域的水文化，即由人们在水事活动中的感受、思考而形成的社会意识。本书取广义水文化视野。

水文化是中华传统文化的重要组成部分。水是生命之源，同时也是人类文明的孕育者，世界著名的几大文明都是发源在河流的周围。自然形态的水本身不能产生文化，但是水作为一种媒介、载体，与人类的物质活动和精神活动相结合，就会产生文化。水文化是反映水事活动的社会意识。人是水文化的主体，水事活动是水文化产生的源泉。自从人类社会形成以后，水与文化便须臾不可分离。在人类文明史上，早期的文明没有机械、石油、煤炭、电力，甚至没有钢铁，但不能没有水。在人水关系中产生的水文化，其历史与人类社会的历史一样久远，而且永不停息地发展。

与社会的很多分支文化（行业文化）相比，水文化大多具有“母体文化”性质。水与社会民生密切相关，水文化也因此渗透在许多分支文化之中，并对其产生重要影响，如畜牧文化、渔业文化、农耕文化、饮食文化、茶文化、酒文化、花卉文化、旅游文化等，都引起了文化界和社会大众的重视，这些分支文化都是在水文化基础上衍生出来的。

“水文化”与“水利文化”是有着密切联系的两个概念，但不能等同。“水文化”是社会性的文化，涉及人类社会的各个方面，与各行各业都有密切联系；“水利文化”属于行业文化，具有鲜明的行业内容和特色。前者的外延比后者要宽广。以除害兴利为主要内容的“水利文化”对社会的进步和经济发展影响深远，在“水文化”中居于主体地位。以下有关章节论述的水工程的文化内涵、水环境的文化价值，以及治水文化、管水文化等，属于“水文化”和“水利文化”共有的内容。

20.1.3 水文化的研究视角

对一个事物的认识和研究，可以有多种视角，每个视角都有其独特价值。水本身兼具实用价值、科学研究价值和文化价值。从科技视角认识水，注重的是事物的是非

---

[1] 转引自李亦园《文化与修养》，广西师范大学出版社，2004年版，第22页。

（正确还是错误），由此而产生了关于水的科学知识和技术理论。从实用（经济、法律等）视角认识水，注重的是事物的功利（有好处还是有害处），由此而产生了关于水经济、水法规的知识、理论。文化视角是从“人生花样”的角度认识水，注重的是事物的“意味”，由此而产生了关于水的历史考察、哲学思考、文艺感受、美学体验等。这三种视角不是截然分开的，常常会有联系、交叉、渗透。在中国历史上，很多水利著作、论述，其实用价值、科学价值和文化意义常常是结为一体的，如《管子》中对水的社会作用的论述，特别是关于水与治国关系的思考，军事家们以水喻兵的理论，既有实用价值，也具有深刻的思想文化意义；郦道元《水经注》对河流状况的记载，是水利史的宝贵资料，也是水文化的珍贵遗产。有的水文化遗产偏重于精神意义，如古代思想家因水而生的哲学感悟闪耀着精神的智慧，文学家、艺术家从水中获得灵感，并对水进行审美意义上的描写，给后人留下了丰富的精神食粮。

实用、科技、文化三种视角，既有区别，也会有融合，这在水利事业中体现得尤其明显。古今中外重要的水工具、著名的水工程，都运用了先进的科学技术，也凝聚了丰厚的文化内涵。当今社会，水利工程的建设，不仅要注重科技含量、科技手段和经济效益，还需要从文化角度综合考虑与历史文化的衔接，与人文环境的融合，以及对美学品位的追求等，从而提高水利工程的整体价值，这是新时代水利工作者应有的文化眼界。

水文化并非都具备立竿见影的实用价值，其社会作用是潜移默化的，文化的独特性也正体现在这里。文化，是一个民族的灵魂，一个行业的精神旗帜。水孕育了人类文明，治水催生了华夏民族。从历史和现实的角度来看，水利是一个有丰厚文化内涵的行业，也是一项具有久远文化意义的事业。因此，在重视水利的科技发展、经济效益的同时，也要认识水文化所具有的不可替代的独特价值。

20.1.4　水文化的历史

水文化的历史与人类社会的历史一样久远，但是，中国古代没有以“水文化”命名的专门著作。中国水文化的精神财富，如群星闪耀于浩瀚的天空一样，存在于悠久的历史与丰富的实践之中，有的体现在水工具、水工程等物质产品上，有的涵化在制度、伦理、民俗风情之中，有的则存在于文学典籍和文艺作品里。先贤们对水所作的文化探究，使物质的水成为具有文化意义的灵性之物，他们的智慧凝结成为水文化的精神财富。对水不同角度的认识，会产生不同的水文化内容。如《水经》、《水经注》从科学角度记载河流状况，《史记·河渠书》、《汉书.沟洫志》对重要水利人物、重大水利事件的记录，从管子到孙中山、毛泽东等政治家们关于水与国计民生关系的深刻论述，《论语》、《孟子》、《荀子》等著作中对水进行的哲理思考，军事家们从水中悟出用兵之道，文学艺术家从水中获得灵感，对水进行审美意义上的描写，都为人们留下了琳琅满目的精神食粮。还有，中国地域辽阔，不同流域、不同地域的水文化，既有民族共性，也有地方的个性特色。这些丰富的文化遗产是中华水文化的宝贵财富，需要后人认真整理、学习，从中继承有益的文化营养，使之在新时代实现创造性转化。

建国60多年来的水利事业，始终体现着水文化的精神，也为中华水文化传统增添了新的时代内容。如，全国一盘棋、全流域协调一致的治水策略；在长期实践中形成的“献身、负责、求实”的水利精神；有“万众一心、众志成城，不怕困难、顽强拼搏，坚韧不拔、敢于胜利”的伟大抗洪精神；有汇聚“顾全大局的爱国精神，舍己为公的奉献精神，万众一心的协作精神，艰苦创业的拼搏精神”的三峡移民精神，都大大丰富和发展了中华水文化的内涵，并汇入新时代的中华民族精神之中。

20.2 水文化的表层——物象文化

水文化中的物象文化，也称为物态水文化，指的是以直观形态存在的水体以及与水事活动有关的实物形象所体现的文化内容。这类物象主要包括水工具、水工程、水景观和水环境。它们都是人在克服与自然的矛盾的过程中创造出来的，是融入了人类体力和脑力劳动的物质形态。

20.2.1 水工具的文化内涵

此处取“工具”的狭义概念，主要指用于生产劳动过程中的物质性器具，不包括生活用具，也不包括语言、计算方法、技术模型等抽象意义的工具。

人们在与水打交道时，特别是在治水、管水、用水等劳动过程中，除了使用普通工具（一般劳动使用的工具，如挖掘、起重的器械、设备等）之外，还创造和发明了许多用于水事活动的工具。从形态上看，工具是物质的，但是每一种水工具的创造和使用，都凝结了人类的知识、能力和智慧，正如马克思所指出的，会制造和使用工具是人与动物的重要区别之一，生产工具是“已经在生产中实现了的科学力量”，是“物化的知识力量”[1]，或者说是人的本质力量的物化。水工具中包含着许多文化内涵，标志着人类文化的演进，体现了人水关系中人的能动性和创造性，因此成为水文化的重要载体之一。

水工具种类很多，其中用于治水活动的工具数量最多，形态最丰富，而且随着现代科技的发展也越来越精密，技术性能越来越强。下面选取古代常见的三类工具，择其主要者略作阐述。

1. 汲水工具

运用一定的机械手段，使水实现由低向高的空间移动。

桔槔：俗称“吊杆”，利用杠杆原理从低处取水送向高处。据刘仙洲《中国古代农业机械发展史》一书推断，这种灌溉机械可能创始于商代的成汤时期，距今已有约3700多年的历史了。春秋时代已比较普遍使用，主要用于灌溉。

《庄子·天地篇》说到一个故事：子贡（孔子的弟子）南游，见一位种园人，沿一条通到井里的隧道，抱瓮汲水浇园，费力多而工效低。便问他为何不使用一种机械呢，这种机械“凿木为机，后重前轻，挈水若抽，数如泆汤，其名为槔。……有械于此，一日浸百畦，用力甚寡而见功多”。这位种园人回答：“我老师告诉我，使用机械的人一定会有‘机心’（投机取巧之心），‘机心’破坏了人心的纯洁和安宁，使‘道’

[1] 《马克思恩格斯全集》第46卷（下），第119～200页。

无所寄托。我不是不知道（这种东西），是羞于用它。”

故事反映了当时的社会现实状况。可以看出，桔槔在当时是新的汲水工具，减轻了劳动强度，提高了生产效率，一般人都会乐于采用。但在信奉“无为”、“非智巧”的道家人看来，省力气的劳动会对人心的纯洁产生负面影响，因而不应当提倡。对待桔槔的不同态度，实际上反映的是深层次的哲学问题：技术发展对社会的价值是正面的还是负面的？如何看待技术的社会作用？这种文化意识上的争论直到今天依然存在。

辘轳：桔槔提水虽较省力，但仅适用于浅井或水面开阔的沟渠。辘轳的发明，克服了桔槔的局限。它运用定滑轮原理，将单向用力方式变为循环往复的用力方式，可从深井中提水，既方便又省力。宋代《物原》一书中有“史佚始作辘轳”的记载。史佚是周代史官，如果记载属实，可知我国早在距今3000多年前的周代就发明了辘轳。到春秋时期，辘轳已经流行，主要用于提水，也用于深井中提物。20世纪70年代，湖北大冶铜绿山发掘出春秋战国时期古矿井中的两具木辘轳，可作佐证。北魏贾思勰的《齐民要术》记载了当时辘轳在农田灌溉中的广泛运用。辘轳在长时间的运用过程中，虽经改进，但大体保持了原形，说明中华民族先人设计的辘轳，结构非常合理。直到今天，在北方的平原、山区，辘轳仍然是深井汲水的主要工具。在传统农村题材的文艺作品中，辘轳常常成为代表性景物之一。

辘轳等水工具的创造，对推进我国及世界农业生产的发展起到了重要的作用。直到今天，俄罗斯人还把辘轳称为“中国辘轳”。

水车：是运用轮轴原理提水的机械，小型的用手摇，大型的用脚踏，还有用畜力、风力作动力的。我国后汉及三国时都有关于水车的记载，水车又叫“翻车”、“龙骨水车”。到唐代，水车开始推广应用。在明代宋应星《天工开物》一书中，水车已经有很多类型。元明清时期的史籍中，还有官员在北方推广水车的记载：造不起水车的贫困人家，官府先提供木材，从秋后收成中扣除成本。水车的结构比辘轳、桔槔复杂，生产效率更高。在传统农业社会中，水车是典型的文化景观，历代作家留下了很多描写水车和车水劳动的篇章。苏轼有一首诗《无锡道中赋水车》，把水车描写成像首尾相连的鸟，脱皮剩骨的蛇，它引水灌溉稻田，使农夫在天旱时节依然具有丰收的信心，从中可以看出水工具的社会文化价值。元代著名农学家王祯《农书》的农器图谱中，有“翻车”（水车）图，将此诗与图画相配，诗画一体，意境完美。

2. 水力工具

水力工具就是利用水能作动力替代人力、畜力进行工作的器具，具有代表性的是水碓、水磨（碾）、水排、水纺车。

水碓：是用水力带动机械装置，使石碓（或大木碓）上下运动，把粮食皮壳去掉或将粮食舂碎。我国西汉桓谭的著作中就已提到了水碓，称其“投水而舂”，“其利百倍”。《世说新语》记载：西晋时，“司徒王戎既贵且富，区宅、僮牧、膏田、水碓之属，洛下无比。”[1]可见在当时，水碓这种新型水工具与良田、宅院一样，象征着财富和地位，在社会上为人注目。

---

[1] 《世说新语·俭啬》。

水磨（碾）：是水碓的发展和改进，把水碓的上下运动变为圆周运动，主要用于加工粮食、油料、茶叶。我国利用水力推磨（碾）的记载相当早。《南史·祖冲之传》等史籍中都记载了水磨（碾）在当时普遍应用的情景。到了唐代，水碓、水磨（碾）应用更为广泛，还推广到了我国西藏地区。据《旧唐书·吐蕃传》记载，文成公主入藏时，命工匠教藏民在小河上安装水磨，松赞干布并向唐朝政府请派工人到西藏以推广水磨（碾）。直到20世纪上半叶，在我国南方地区，较大的水磨房还是财富和社会地位的标志，成为许多文学作品描写的内容。

水排：是以水力代替人力拉风箱鼓风，主要用于锻冶。在《天工开物》、《梦溪笔谈》等古代科技著作中，都有使用水排的记载。

水纺车：是以水力带动纺车工作。与上述几种工具一样，都是利用水力代替人力（畜力）。

借助这些工具，利用水力为人服务，不仅是经济的方式，也是文明、清洁的方式，增加了劳动的文化意味，因而受到人民群众的喜爱。即使到了内燃机、电动机已相当普遍的当今时代，在我国水资源丰富地区，这类水工具仍在发挥作用，标志着利用绿色能源的传统在不断延续。

3. 渡水工具

水是人类生活的必需品，但也会给人类的交通带来阻隔，为水所阻而不能到达彼岸历来被描绘成憾事。为了克服这种阻隔，人类发明了渡水工具，主要是筏和船。

筏：是一种简单的渡水工具，通常就地取材，把竹子、木头（有时也用扎成捆的芦苇）编成排，平置于水面而不沉，供人乘坐。佛教故事有“一苇渡江”的传说。在现实中，“一苇”是无法渡水的，但众多的苇（竹、木）编排起来就能渡水而行。孔子说过，如果“道不行”，他就要“乘桴浮于海”。[1]“桴”即小型的筏。看来，在孔子生活的时代，“筏”已相当普遍，距今已有约2500多年的历史。筏吃水面大，浮力强，水上行驶比较平稳，又具有取材方便、制作简便的优点，故历来是南方的重要渡水工具。即使在如今，古朴原始的竹筏漂流依然是江南水乡独具特色的旅游活动。

在中国西北的黄河中上游地区，有一种特殊的羊皮筏，由十几个充满气的山羊皮并排捆扎在细木架上制成。《水经注》中就已有羊皮筏的记载，可见其历史久远。西北黄土高原，竹木稀少而羊皮易得，羊皮筏的发明有其文化基础。羊皮筏面积通常没有竹（木）筏大，但因其中空，排水量增加，因而具有较大的承载量，其原理与“腰舟”相同。所谓“腰舟”，就是干了的葫芦，密封，内空，重量又小，系在腰间可以使人不沉，类似于今天的救生圈。羊皮筏是腰舟的“集合”，浮力比腰舟大为增加，可供多人乘渡。

船是筏的进一步发展。船比筏更安全，更舒适，功能更齐全，文化意味更浓厚。中国古人历来偏爱“一叶扁舟”的自由自在，历代文人的咏叹不胜枚举。古代离开土地、靠水吃水的人们，船就是他们流动的家园。在普通人的眼中，船是流动的建筑，流动的风景。船的功能也越来越复杂：利用风力，成为帆船；增强审美功能，成为楼船；增强战争功能，成为战船；增强娱乐功能，成为龙舟……特别是，现代高科技的

[1] 《论语·公冶长》。

发展大大推动了船的发展：吨位越来越大，航程越来越远，速度越来越快，形式越来越多样，不仅航行于水上，还能潜行于水下。船本身的文化含量也大大增加，既是渡水的工具，又是游动的风景。无论中国还是外国，船总是水乡最具代表性的景物。舟行水上非常具有文化意味。著名哲学家何兆武回忆七十多年前，他从家乡岳阳乘船到长沙读书。坐火车要两个小时，坐船却要五天，从功利的角度讲，坐火车显然具有优越性。可是从另一个角度看，船行沿途风景如画，是毕生难忘的幸福。

即使是在陆路、铁路、航空大为发展的今天，水路旅游依然受到人们的喜爱，无论是在呈线性的江、河之上，还是在呈点、面式的湖、海之中，船行于水中的那份诗意韵味，是乘飞机、汽车、火车难以具备的。现在，几乎每个有水资源的旅游区，都会开发一些水上旅游项目，乘游船几成通例。渡水工具在新时代大大延伸了它的功能。

20.2.2　水工程的文化底蕴

水工程都是追求兴水之利的，通常称为水利工程。历史上任何一项水工程都是政治、经济和社会发展到一定阶段的产物，都在一定程度上满足了当时生产发展和人民生活的需求，也体现了工程组织者和参与者的知识、观念、思想、智慧。这些著名的水工程因此而成为水文化的重要载体，其形象、文化内涵具有无形的人文功能，对人的意识、感情产生影响，在精神文明建设中发挥积极的促进作用。以下选取历史上有代表性的水工程，对其文化底蕴略做阐述。

1. 京杭大运河

作为古代沟通我国南北的交通大动脉，京杭大运河在中国历史上对经济发展、国家统一，都起过巨大的作用。从文化角度看，京杭大运河的开凿和通航，大大促进了南北文化的交流，增强了民族文化的融合。也带动了运河文化的发展，一座座城市在运河沿岸兴起、发展，形成了沿河城市带，一处处古迹及艺术珍品至今仍栩栩生辉，无数文人墨客为大运河留下了传世杰作。如果说万里长城是凝固的历史，那么京杭大运河就是流淌着的文化长卷。

自然的河流是人类文明的摇篮，人工的运河则是人类文明的进步。从古至今，世界各国人民开拓了规模不等、难以统计的运河。随着历史的发展、时间的推移，人们越来越深刻地感受和认识到运河的文化意义。2007年9月，在扬州举办的世界运河名城市长论坛上，有专家将京杭大运河与沿河城市的关系作了富有诗意和情感的表达：“运河养育了沿河的城市。运河对于它身边的这些城市来说，不是生母便是乳娘。”并且概括了沿运河城市在文化上的共性：第一，尊重历史、饮水思源的感恩情结；第二，善于沟通、包容开放的宽广胸怀；第三，永不停歇、不断更新的创造力；第四，天人合一，人与自然互动感应、友好相处的和谐。[1]京杭大运河不仅带来了经济效益，还给人们留下了深邃的文化智慧和思想启迪。

2. 都江堰

都江堰水利工程修建于公元前256年，它使岷江造福于人类，造就了富庶的天府

[1] 胡敏、姜垠《“运河之于城市，不是生母便是乳娘”》，《扬州日报》2007年9月27日。

之国——成都平原，至今仍发挥着滋润大地、惠泽苍生的作用。它既是水利工程的典范，也闪烁着传统文化的光芒，启迪我们推进水利事业可持续发展。

都江堰在文化上的突出特点是实现了工程与周围环境相协调，恰当地做到了顺应自然与利用自然的统一，体现了“道法自然”的传统哲学思想，集中表现在工程的选址和营建上。都江堰选址在岷江上游和中游的交汇处，恰好是岷江上游“自然之区”和岷江中游“人文之区”的联结点。都江堰渠首枢纽布置在岷江出山口处，这里群山环抱，大江中行，形成了环状的地势和环流的水势，又因730米的海拔高程，使这里对处于海拔500～450米的成都平原和川中丘陵区具有居高临下的建瓴之势，为修建无坝引水、自流灌溉的水利工程提供了得天独厚的自然条件。渠首三大主体工程的设置巧妙地运用了地形、地势，河流弯道和水流势态，利用“凹岸取水”、“凸岸排沙”的原理，以“鱼嘴”分流分沙，筑“飞沙堰”泄洪排沙，凿“宝瓶口”限洪引水，三大工程相辅相成，浑然一体，协调运行，达到引水灌溉、分洪减灾、排沙防淤的神奇功效。灌区内各级渠道的分布，也都采用渠首枢纽的模式，形成了一个庞大的系统工程，把岷江的水资源有效地分配到灌区各地，进而达到全灌区均衡受益的目的。联合国世界遗产委员会于2000年将都江堰列入世界文化遗产名录，并对都江堰作出这样的评价：“全世界至今为止，年代最久、唯一留存、以无坝引水为特征的宏大水利工程。2200多年来，至今仍发挥巨大效益。李冰治水，功在当代，利在千秋，不愧为文明世界的伟大杰作，造福人民的伟大水利工程。”

李冰等水利先贤们巧妙利用自然条件，建造了都江堰这一举世闻名的水利工程，除水患，兴水利，不仅成为水利工程的典范，也是优秀水文化的突出体现。都江堰作为世界文化遗产，给后人留下了丰厚的精神财富。❶

3. 秦“郑国渠”

郑国渠与都江堰、广西灵渠并称为秦代三大水利工程。《史记．河渠书》和《汉书．洫沟志》都记载了“郑国渠”的修建过程。战国后期，秦国在西部崛起，成为东部诸侯国的最大威胁。其东近邻国韩国为阻止其军事东扩，派遣一位名叫郑国的水工去游说秦王，劝其在瓠口（今陕西泾阳附近）凿山修渠，引泾水灌溉农田。此项工程长300余里，耗资耗力都很巨大。韩国本想以此作为“疲秦之计”，以牵制其东征。工程历10年而未完工，秦国不久发觉了这项计划的“间谍”性质，要把郑国处死。郑国申辩说：“我起初是作为间谍来的，但这项工程的完工，将给秦国带来巨大的利益。”并说，“我虽可为韩国延续数年之命，但却可为秦国建立万世之功。”秦王最终同意由他继续主持引泾工程。工程完成后，浇灌了秦国四万余顷农田，关中遂成良田沃野。秦国力更为强盛，终于统一了天下。这项引泾水利工程被称为“郑国渠”。

经历漫长的时代变迁，郑国渠在后代已湮废。1929年，著名水利家李仪祉主持在郑国渠遗址附近修建了泾惠渠，继续引泾水造福关中人民。现在，郑国渠遗迹及泾惠渠已列入国家重点保护文物单位。修建郑国渠的史实，具有耐人寻味的文化意义，它除了显示水在农业生产、社会发展中的重要作用之外，还蕴涵着一个道理：水利工

❶ 参见李宗新、靳怀堾、尉天骄主编《中华水文化概论》（黄河水利出版社，2008年）第四章第二节的有关内容。

程的长期效益有时可以超越短暂的政治恩怨。郑国渠的修建，起初是出于政治斗争的需要，但实际上，“疲秦之计”后来却成为强秦之策，政治目的与社会效果之间出现了明显的悖论。其中的文化内涵并不难理解——政治恩怨是短暂的、变化的，而水利工程的效益是长期的、稳定的；政治斗争大都服务于极少数统治者，而水利事业却是有益于广大社会民众的。

4. 坎儿井

坎儿井是干旱、半干旱地区人民创造的一种独特的水利工程形式。新疆内陆地区严重缺水，大量的雪山融水是宝贵的水资源，但融化的雪水在长距离的自流过程中容易蒸发、渗漏。人民群众运用智慧，创造了坎儿井这种特殊的水利工程。其主要组成一般包括竖井、暗渠、明渠三部分。竖井用以开挖暗渠、维护管理；暗渠用以截取地下水，送入明渠；明渠则自流输水灌溉农田。这种自流引水、减少蒸发的水利设施，对于干旱少雨地区的农业生产有着极为重要的价值。在我国，坎儿井主要分布于新疆，并传到了伊朗、哈萨克斯坦等中亚国家。目前新疆最古老的坎儿井距今已有400多年的历史，[1]总长度约5000公里，被誉为“地下万里长城”。

坎儿井是世界水利史上的一大奇观，与万里长城、京杭大运河一起并称为中国古代三项伟大工程。从文化角度看，坎儿井体现了中华民族文化的融合。一般认为，坎儿井起源于我国关中地区的“井渠法”，又融入了新疆人民群众的智慧。林则徐贬谪新疆期间，大力推进坎儿井的开掘和改进，对新疆水利事业产生了巨大影响，给人民群众带来福祉，新疆人民群众称坎儿井为“林公井”。此外，水使戈壁成了富庶的绿洲，坎儿井也因此而成为财富的标记。旧时代新疆财主计算财产，往往不举田亩之数而举坎儿井之数，拥有数百乃至数千坎儿井者，足以表示其富有程度。这种有意味的历史文化现象，表明水在当时当地社会生活中的重要价值。

5. 红旗渠

位于河南省林州市（原林县）。该市处于河南、山西、河北三省交界的太行山区，土薄石厚，历史上严重干旱缺水。“水缺贵如油，十年九不收”是旧林县的真实写照。新中国成立后，全县人民以“重新安排林县河山”的决心，在50年代先后建成了一些引水渠、水库等水利工程。但由于水源有限，仍不能解决大面积灌溉问题。1960年2月，林县人民开始修建红旗渠（原称“引漳入林”工程），以浊漳河为源，渠首在山西省平顺县石城镇侯壁断下。经10年艰苦奋战，到1969年7月完成干、支、斗渠配套建设，以红旗渠为主体的灌溉体系基本形成。红旗渠灌区渠道（包括总干渠、干渠、支渠、斗渠）总长1500多公里。加上农渠，总长度达4000多公里，南北纵横，贯穿于林州腹地。沿渠共建有“长藤结瓜”式水库48座，利用居高临下的自然落差，兴建小型水力发电站45座，已成为“引、蓄、提、灌、排、电、景”相结合的大型灌区。

红旗渠全部开凿在峰峦迭嶂的太行山腰，工程艰险。工程动工的1960年，正是全国严重经济困难时期。修渠的干部群众生活艰苦，施工条件简陋。他们在艰难困苦

[1] 参见顾浩《中国治水史鉴》（第二版）（中国水利水电出版社，2006年）第五篇“坎儿井的创造与发展”。

的条件下，奋战于太行山悬崖绝壁之上，险滩峡谷之中，靠自力更生、艰苦创业的愚公精神，坚持苦干10个春秋，削平了1250个山头，架设了150多座渡槽，凿通了200多个隧洞。挖砌的土石如果垒筑成宽2米、高3米的墙，可以把广州和哈尔滨连起来。

红旗渠是林县人民的骄傲，更是新中国水利事业的光辉标志，已成为我国水利工程建设的一面旗帜。周恩来总理曾称赞红旗渠是“人工天河”。国际友人誉之为“世界第八大奇迹。”现在，红旗渠风景区先后获得“国家重点风景名胜区”、“国家水利风景区”、“全国爱国主义教育基地”等称号，并被国务院批准列入第六批全国重点文物保护单位。

红旗渠灌区有效灌溉面积达到54万亩，给林州人民带来了巨大的经济收益。在精神价值上，红旗渠不仅属于林州，更是属于全中国人民的、永久的精神榜样。红旗渠精神培育和鼓舞了一代又一代创业者，每年有数十万人到红旗渠参观、旅游，从工程的伟大气概和豪迈精神中受到鼓舞和振奋。2004年，“红旗渠精神展”在北京、广州、西安等地展出，引起热切反响。当年红旗渠的建设者把红旗渠精神总结为四句话：为了人民，依靠人民；敢想敢干，实事求是；自力更生，艰苦奋斗；团结协作，无私奉献。得到了周总理的肯定和赞扬。红旗渠的建设，体现了为民造福，带领人民创造新生活的执政理念；体现了建设者既满怀雄心壮志，又尊重科学的精神。红旗渠表明，中国人民不愧为伟大的人民，有豪迈的意志和无限的创造力。当年的建设者坚定的志向——“苦干一辈子，让后代享福”，鲜明体现了水的利他品格和水利人的无私奉献精神。红旗渠蕴涵的中华魂、民族魂，在今天实现民族复兴的宏伟大业中仍然是一座永恒的精神丰碑。

水景观也属于物象形态的水文化。关于水景观的文化意味，详情请参看链接20－1。

20.2.3 水环境的文化价值

水环境就是由水发挥主要作用的社会生活环境，它是可视、可触的实际存在。水环境不仅具有不可或缺的实用价值、经济效益，而且还有着丰富的文化价值。

1. 良好的水环境是经济发展和社会繁荣的必需条件

水利不仅是农业的命脉，还是国民经济的基础产业和基础设施，因为水利能为经济发展与社会繁荣创造良好的水环境。畜牧业对水环境的依赖是众所周知的。游牧民族“缘水而居，不稼不穑”❶，水草丰美是畜牧业发展的基础，而水又是草生长的基本条件。新疆罗布泊、内蒙古居延海，历史上曾经是风吹草低见牛羊的牧场。后来，水环境恶化，人口迁徙，终于成了荒凉的沙漠。

农耕社会，水与土（田地）共同构成人的生活基础，所谓“一方水土养一方人”。成书于2000多年前的《管子》就说：“夫民之所生，衣与食也；食之所生，水与土也。”❷马克思曾经指出：利用运河和水利工程灌溉是东方农业的基础。灌溉条件好的地区是上等的农业生产区。即使在今天，增加灌区面积依然是发展农业的一个重要途

❶ 《列子·汤问》。

❷ 《管子·禁藏》。

径。对于农业经济来说，水不仅用于浇灌，水中还能出产物质财富，养殖和捕捞是传统农业经济的组成部分。由于水能生财，自春秋战国以来，水在民众心目中就成为土地之外另一种可以供养生息的经济资源，“靠水吃水”被认为是合乎自然规律的生活方式，政府也开始对水中的出产进行管理。

城市的繁荣和发展更加依赖水资源和水环境。《管子》就提出，建立都城要充分考虑水的因素：“凡立大都，非于大山之下，必于广川之上。高毋近旱，而水用足；下毋近水，而沟防省。”[1]这是我国历史上最早论及城市建设与水的重要关系的。古代城市的发展，除了日常生活用水之外，漕运、防卫（护城河）和城市园林，也都需要依赖水环境条件。现代城市在工业、商业、基本建设方面，比古代城市用水量更大。“在知识经济时代之前，工业用水是现代城市用水的主要组成部分，约占整个城市用水量的70%。”[2]由于大环境的变化，北方许多城市水资源严重短缺，制约了城市的发展。从20世纪80年代以来，我国连续进行了引滦济（天）津、引黄济青（岛）、引黄济太（原）等水利工程建设，大大改变了城市原来的水环境，促进了城市的繁荣发展。目前正在加紧建设的南水北调工程，也是为了改善北方的水环境，促进经济发展和社会繁荣。

水对于人类社会，除了显而易见的实用意义之外，还具有赏心悦目的美学价值。亲水是人的自然本性，美好的水环境是人类生活的理想追求。古今中外的环境观，都非常重视水。中国古代的风水观，其中固然含有迷信糟粕成分，但它注重水环境对人类深层的精神、心理影响，并认为这些精神因素能够转化成为社会现实，其内在道理有着一定的科学依据。目前社会大众追求高品质生活的愿望越来越强烈，美好水环境的建设，总是直接拉动周围房地产的升值，这已成为众所周知的事实。旅游休闲通常选择山水佳处。凡有水的地方，总会在水环境上做文章，努力为人民群众提供美好和谐的休闲娱乐环境。

中华传统文化意识认为，“水”是“土”之外的另一种社会生活环境。关于此一问题的论述，详情请参看链接20-2。

2. 美好的水环境是珍贵的文化遗产和文化资源

人创造环境，环境也影响人，改变人，培育人。水环境对于社会的价值不是短暂的，而是长期的，不仅属于当代人，更具有代代相传的延续性。我国几个省（市）筹备联合将京杭大运河申报世界文化遗产，彰显了水环境的文化遗产价值。对于城市来说，街区、道路、建筑可以在短时间内有很大变化，但水环境的改变却缓慢得多。水环境延续时间越长，越具有文化遗产性质。例如，从古到今，一说到杭州，总是与西湖联系着。唐代的白居易就说：“未能抛得杭州去，一半勾留是此湖。”他留恋杭州，一半的原因是舍不得西湖。同样，黄浦江与上海，海河与天津，松花江与哈尔滨，秦淮河、玄武湖与南京，东湖与武汉，大明湖泉水与济南，滇池与昆明，大运河、瘦西湖与扬州，太湖与沿岸城市群，运河与沿河城市带……都是在文化上结为一体的。很多地方，把某一条河流称为“母亲河”，或者把某条河、某个湖称为当地的“名片”，

---

[1] 《管子·乘马》。

[2] 李宗新《水文化文稿》，远方出版社，2002年出版，第59页。

充分表现了民众对于水环境深厚的文化情感。

以历史眼光看，我国的水环境从古到今有着很大变化。特别是在北方，河流水量比古代普遍减少，大部分湖泊、沼泽萎缩乃至消失，许多地区严重缺水。这里有气候变化的自然原因，也有人口增长、开发过度等人为原因。人们无法要求水环境永远不变，但对于水环境的变化要引起充分的警觉，积极主动地应对环境变化，努力保护美好的水环境。“未来水利工作的重要内容之一就是努力营造清新优美的水环境，提高人居环境质量，为构建和谐社会提供重要支撑。水环境只有突出文化品位，才能满足人们的精神文化生活需要；水景观只有注入文化内涵，才能展示水的个性与魅力；水工程只有发挥审美效应，才能更生动、更和谐、更富有活力。”❶ 20世纪90年代，成都市成功进行了综合整治府南河工程，重现了锦江的风采，大大提升了成都的历史文化名城地位，该工程先后获联合国人居奖、优秀水岸奖最高奖、环境地域设计奖和联合国2000年最佳范例奖。近年来，北京市按照“新北京、新奥运”的战略构想，加强对水环境的治理，实现了水清，岸绿，流畅的河流使中断了近一个世纪的河道航运又恢复通航，当地水环境的文化含量大大增加，为建设首都宜居城市营造了良好的人文环境。南京市花大力气，投入巨资整治秦淮河，建成数十里文化风光带，与沿岸文化遗迹结为一体，相映成趣。在新时代，秦淮河真正成了南京市民珍爱的文化名片。2008年10月，南京市获得了联合国人居署授予的“人类居住特别荣誉奖”，其主要原因就是“鉴于南京市大力的、独特的、值得仿效的、全面的治理并开发了流经市区的秦淮河”。可见美好的水环境对于城市的重要价值。

20.3　水文化的中层——行为文化

行为文化，是人在克服与他人的矛盾的过程中创造出来的。❷治水、管水、用水等水事活动，不仅要克服与自然的矛盾，还要妥善处理与他人的矛盾，才能达到社会和谐。人与人之间的矛盾，往往比人与自然的矛盾还要复杂。克服这类矛盾，总要受到文化意识的支配，并创造出一些文化上的约定，这就是行为层面的水文化。它属于“物”（物质层面）与“心”（精神层面）的结合，既有具体可感的物质特征，也有精神的内容。

20.3.1　治水中的文化意识

治水的目的是克服人与水的矛盾，并对水资源进行开发利用。人类的治水活动与人类的历史一样久远。治水的工具、技术从古到今有了翻天覆地的变化，但在文化意识方面，有随时代变化的内容，也有贯串古今的传统。

1. *治水是有组织的社会行为*

在人类社会早期，“水”和“土”是人类生活的基本依靠。土性固定，水性流动，人与土的矛盾不如与水的矛盾那么突出。“治土”可以是个体性的行为，凭一人或数人之力即能进行，治水却不是个人（少数人）能够完成的。水为流动之物，分上下

---

❶ 刘宁《文化视野中的中国水资源问题》，《求是》2006年第23期。

❷ 也有学者称之为“制度文化”、“社群文化”或“伦理文化”，内涵大致相同。本书对此不作细致辨析。

游，流经不同地区，治水必须协同进行。特别是抗洪、防涝之类水事活动，投入与受益不是简单的直线关系，需要社会成员、社会团体的合作、协调，甚至是奉献。在通常意义上可以说，中华民族的文明史即起源于治水。我国有记载的洪水是从原始社会末期开始的，《尚书·尧典》中写道："汤汤洪水方割，荡荡怀山襄陵，浩浩滔天，下民其咨。"意思说，滔天的洪水淹没了平原，包围了山岗，人民饱受水灾之苦。当时的部落联盟领袖尧、舜先后召集会议，商讨治水大事。之后，禹治水十三年终获成功，因此而催生了中国第一个奴隶制国家——夏朝，也为后代留下了光辉的大禹精神。

从古到今，治水总是社会行为，而且通常是政府领导下有组织的行为，重大工程甚至是前赴后继的事业。在中国水利史上，很多重大的治水活动，皇帝常常亲临现场，以显示政治上的号召力，这是治水活动的一个突出特点。马克思在探讨东方社会的独特道路时指出，东方社会的一个显著特征，就是水利事业一直是国家的公共工程，在社会的生产方式和国家政治活动中，具有十分重要的地位。从中华民族的起源和国家形成来看，治水实现了社会的凝聚，并进一步影响到社会管理体系和国家体系。美国汉学家学魏特夫在其研究东方社会的著作中指出，东方社会的形成与发展与治水密不可分。中国古代，由于大规模的水利工程的施工和管理的需要，必须建立一个遍及全国或至少覆盖重要地区的组织，并有能够统一调度指挥的人物，于是就形成了管理系统和统治权力，并代代延续。古代社会的管理制度、法规都是因治水、用水而起，并逐步发展成体系的。他把这样的社会形态称为"治水社会"，而中国是治水社会的核心地区，也是治水社会的本质特征体现得最集中的地方。[1]治水的社会性决定了它的每一次成功或失败，都不是纯技术、纯经济的，而是具有更为广泛的政治意义和社会文化意义。

2. 治水历程体现出文化意识的演进

人类对水的治理和利用有一个发展历程，从早期的洪水防治为主，发展到农田水利，再拓展到水资源的综合利用，并进一步向海洋开发进军，体现了人类治水事业的不断发展。治水活动的总目标是克服人水矛盾，避害兴利。在治水策略上，有一个逐步演进的历程。古代传说中，鲧治水靠"堙"（堵），到了禹才改为"导"。其实，从《史记．河渠书》来看，禹起初也是用"堙"，经历了实践的探索，才改为以"疏"为主。禹之后的治水，也并未完全排斥"堙"，春秋时期，出现了堤防。"从某种意义上说，堤防也是'堙'，但堤防的'堙'与鲧采用的'堙'有质的区别，是从单纯消极的防洪进入到积极防洪的飞跃。同时，'疏'与'堙'的关系是对立统一、相辅相成的，而且在一定条件下可以互相转化，采用那种治水方法为主，要因时、因地制宜。"[2]从"堙"到"疏"再到"疏"、"堙"并用，标志着治水理论和技术发展到了一个新阶段。

治水史上还有一个典型现象是围湖造田，人水争地，对这一问题的认识也体现了治水意识的演进。详情请参看链接20-3。

---

[1] 参见行龙《从"治水社会"到"水利社会"》，《读书》2005年第8期。

[2] 靳怀堾《中华文化与水》上卷，长江出版社，2005年版，第322页。

中华民族的治水实践长期受到“天人合一”及“人定胜天”两种思想的影响。人在缺乏能力时，便听天由命或祈天祭神；有能力，便战天斗地或改造山河。特别是在科技高度发达的背景下，人们在“改造自然”时过多强调了“想到就能做到”、“让江河听从人安排”。然而，“历史的经验教训告诉我们，河流不是人类欲望的函数，而是人类赖以生存的母体。……人类在发挥能动性的同时，必须充分尊重河流的演变规律及其与相关生态系统的关系。”❶进入21世纪，需要在科学观念指导下创新治水思路，坚持以人为本，同时尊重自然，正确处理人类价值实现与自然价值利用的关系，追求人与水和谐相处。例如洪水，长期以来被视为人类的对立面，过分强调与之搏斗从而战胜之。而实际上，洪水的形成和宣泄有其客观规律，人不给水出路，水就不给人出路。新的治水理念应当尊重洪水的自然规律，为其留出宣泄的时间和空间，实现与洪水和谐相处。而且，在像中国这样的缺水国度里，洪水是可利用水资源的重要组成部分。因此，新的治水理念下的洪水调度应从单纯的防洪减灾向洪水资源利用方向转变。

治水不仅仅是科技活动，也是保护、传承和创造文化的过程。“水既有自然属性，又有文化属性。然而，在水资源的开发利用过程中，人们往往更加关注水的自然属性，而忽视了它的文化属性。”❷在当前建设现代化水利过程中，治水工作应当融入新的文化意识。

在人类长期的治水活动中，除了依靠人力和技术力量之外，还一直存在着“借助神力”治水、保佑江河安澜的文化传统。古代对于水灾、旱灾的畏惧，对于和谐水环境的乞求，与古代的宗教思想、“万物有灵”的文化意识纠联在一起，通常在治水过程中加入了许多崇神敬神的行为，包括祭祀水神、祈雨仪式、建碑或铸兽（多为牛）镇水等。这是水利史、文化史上的复杂现象。对这一问题的分析请参看链接20-4。

20.3.2 管水中的文化观念

人与水打交道的历史总体上是治水与管水、用水同生共长的过程。治水主要是为了克服人水矛盾的一面，管水则是为了实现水资源的社会使用，发挥水之利。这里所说的管水，主要是指政府机构对于水资源的管理。管水与治水总是互相联系，相辅相成。在如何管水上，人类对水价值的深入认识体现了文化观念的进步：

1. 管水制度是中国社会制度的基础

渔猎时代，人水关系主要体现为对水资源的依赖，管理的意识还比较淡薄。进入农耕为主的时代以后，人水关系便突出体现为对水资源的有效利用和调配，水管理的问题便成为人类的自觉行为。在管理水的实践活动中，人们积累了丰富的经验，学会使珍贵的水资源更好地造福人类。如古代徽州村落建设非常注重“水口”的规划，即对村落的进水口和出水口进行认真选址和建设，使水或穿村而过，或环村而流，其中固然含有风水观念，但实际上达到了对水资源的统一管理和有效使用。“水口文化”的传统至今还在当地农村发挥重要作用。这种水事管理的制度网络的扩大，会直接影

❶ 刘宁《文化视野中的中国水资源问题》，《求是》2006年第23期。

❷ 刘宁《文化视野中的中国水资源问题》，《求是》2006年第23期。

响到社会机构的建立和完善。

为什么管水的行为会有这样的影响呢？众所周知，水是流动的资源，对于社会的生产、生活和发展至为重要。特别在缺水地区，人水矛盾突出，如何合理配置水资源，涉及千家万户，是关系到社会能否安定和谐的大事。地方社会和政府对此必须密切关注并进行过问、安排、协调。越是在水资源珍贵的地区，水管理的制度和办法越多、越细致。历史上，水资源管理大都纳入政府管理的范畴，至少也要与区域性的管理相结合，这样才能有利于水这一公共物品的分配和利用。在长期的水管理过程中，中国社会逐步建立了完善的管理体系，并积累了很多历史经验。中国古代法律的公平意义即起源于水，《说文解字》对“法”字解释是：“平之如水，从水。”因此，有社会学家认为，如果说华夏民族和国家起源于“治水社会”，那么这种社会类型的发展就构成“水利社会”，即“以水利为中心延伸出来的区域性社会关系体系”[1]。这里包含几层含义：其一，水是社会稳定和发展的重要基础，水事兴衰与社会变革往往联系在一起，水运关乎国运。其二，水资源向来是地方社会和政府共同关注的“公共物品”，对它的调配、使用便成为头等重要的社会问题。其三，对水资源的支配影响着社会网络的建立，水事关系直接延伸到社会关系上。整体看来，中国社会的管理体系是在管水的基础上发展而成的，带有鲜明的“水利社会”印记。

2. 中国古代就确立了“水为国之财富”的管理思想

进行水管理以一个基本认识为前提——水是一种可以调控的珍贵资源。人类对水资源价值的认识有一个发展过程，是逐渐由单一走向丰富的。就中国古代文献来看，早期的疆域意识主要是国土意识，统治者重视的是土地以及土地之上的城市、人口，所谓“普天之下，莫非王土；率土之滨，莫非王臣”[2]。那时的战争也主要是“攻城掠地”，重在土地资源的争夺。以后，水作为财富的意识逐渐明确了，除了饮用、浇灌之外，它的捕捞、养殖价值也逐渐被认识到。基于“水中能出产财富”的认识，水逐渐纳入到政府管理的范围。在农业社会，土地按可耕作程度分级赋税是通行的规矩。大约到了周代中期之后，水也比照土地之法赋税。《管子》中就说到，流水和低洼湿地，凡能捕鱼的，都按照土地标准的五分之一折算。据《孔子家语》记载，孔子在鲁定公时担任鲁国司空，“乃别五土之性，而物各得其所生之宜。”所谓“五土”，就是山林、川泽、丘陵、高地、低洼沼泽，其中有两类是以水资源为主的，孔子视之与“土”有同样价值，体现出政府对水资源的管理措施。《墨子》中也有这样的例子。墨子与楚王争论楚国应不应当攻打宋国，他除了以荆（楚国）的“地方五千里”与宋的“地方五百里”相比之外，还特别说到两国在水产资源方面的巨大差异：楚国的云梦大泽中有犀兕麋鹿，长江、汉水的鱼鳖鼋鼍天下闻名；宋国却连一条鱼都不产。如此富有的楚国要攻打宋国，岂不像富人去偷穷人吗？可见，春秋战国时人们就把水看作国家的重要资源，水环境以及其中的水产资源，已成为“国之财富”的重要组成部分。

这种意识在汉代司马相如的《子虚赋》里，表现得更为充分。这篇辞赋作品内容

---

[1] 王铭铭《水利社会的类型》，《读书》2004年第11期。

[2] 《诗经·北山》。

虽为虚构，但体现了把水资源作为社会财富看待的意识。楚国的子虚先生出使齐国，在夸耀楚国时特别说到"楚有七泽，……臣之所见，盖特其小小者，名曰云梦。云梦者，方七百里。……"并大力渲染云梦的浩瀚，以及其中物产的丰富，旨在炫耀楚国的强盛和富有。齐国的乌有先生则不甘示弱，针锋相对地举出齐国的"渤澥"（渤海的港湾）、"孟诸"（大泽），它们可以把八九个云梦吞于胸中，以本国拥有的水域更广、气魄更大，来压倒对方的气势。文学是社会生活的反映，尤其是社会心理的反映。从对话中可以看出，在汉代人心目中，水域面积与土地面积一样，是国之疆域的重要部分，水中的出产标志着国之财富，水之大已成为国力强盛的标志之一。

3. 中国的水管理机构和制度有着悠久历史

随着社会的发展，对水的管理越来越全面，既涉及水资源的配置，也包括对水资源的保护，并形成了内容丰富的法律、制度、规矩。水利法规是其中最主要的部分，从春秋时期"无曲防"的条约算起，到民国时期制定近代第一部《水利法》，我国的水利法规已有2000多年历史。古代许多工程的管理，不仅有相当详尽的文献记载，还有系统的管理规章，对工程效益的分配、管理方法、维修经费分摊等方面都有切实可行的成文规定。例如，中国古代处理水权问题，就有着一些官府、民间公认的原则，主要包括：①水地相连原则。在灌渠渠水所及的范围内，有耕地者才能取得水使用权。②水权承袭原则。在渠（堰）土地业主变更，水使用权随土地所有权转移。③兴工使水原则。包含两层意思：一是只有投资投劳参加渠堰兴建者，才能取得水使用权；二是必须按所在渠堰的渠规、堰规，按受水田亩出夫投劳维修渠堰，并交纳渠堰费，不能"坐食水利"。④利泽均衡原则。河流、灌渠，要兼顾上下游用水利益，均水是中国古代水管理的一项基本政策，也有称为"水利均沾"的。❶ 这些思想文化遗产对于促进我国水利事业的可持续发展具有重要价值。

1949年新中国建立后，特别是改革开放之后，我国制定了一系列关于水管理的法律法规，如《水法》、《防洪法》、《水污染防治法》等，形成了较为完备的法律法规、体系。

除了制定和执行法规之外，古代官府还通过勒石、立碑等方式显示水管理的长期性和权威性。如，汉代南阳太守召信臣"为民立均水约束，立石于田畔，以防分（纷）争"。清代江南染织业的发展对水质形成污染，在民众请求下，苏州府于乾隆二年（1737年）专门在虎丘立了《永禁虎丘开设染坊污染河道碑》，以示"勒石永禁"❷。

随着水管理法规的完善，中国历代负责水管理的机构在长期实践中逐渐形成了一套完整体系。我国水利职官的设立，始于原始社会后期。《尚书·尧典》中记载禹担任的"司空"一职，就是主管水利、水事的官员。隋、唐、宋都在工部之下设水部，主管水政。以后各朝代，虽名称不同，但都有专门机构负责水政管理。民国初期，著名实业家张謇督办导淮事宜，成立导淮总局。民国3年，扩大为全国水利局，为民初

❶ 参见杨秀伟《中国古代水权问题的若干原则》，《中国水利报》2001年4月15日。

❷ 参见顾浩《中国治水史鉴》（第二版）（中国水利水电出版社，2006年）第六篇中的"中国历史上保护水环境的实践与经验"。

主管水政的最高单位。中华人民共和国建国后，成立水利部。水政管理的范围，既包括农田水利、水利工程、漕运，也包括对于江河湖泊等水体的管理。水管理机构和职官的设置，体现了治水和管水在中国历来是重要的政府职能和政府行为，水利事业历来为中国施政的重心。

4. 新时代水管理要确立新的文化理念

水是一种流动的珍贵资源，对它的使用往往难以实现天然的公平，因此需要社会性的管理和调配。古代水管理的目的，主要是顾及不同用水者的利益，追求水事上的社会和谐。如，唐代的《水部式》为在灌区内实行科学灌水，要求合理安排轮灌的先后顺序，规定“自远始”，“自下始”，就是灌区末端的渠道先用水。这样有助于避免上下游的用水矛盾，是公平的规定。又规定“先稻后陆”，即在旱作与稻作相间的地区，先灌水田，再灌旱田，也是科学合理的顺序。❶ 这样的管理之中体现着和谐的文化理念。但在实践中，很多水管理是区域性行为，即使小范围内能兼顾各方利益，达成合理、公平，但在大范围内却可能不和谐，有时还会人为制造水事矛盾。如《战国策》所记载的“东周欲为稻，西周不下水”，就是上游在用水上蓄意遏制下游。汉语成语中的“以邻为壑”，是指在防洪排涝时完全不顾相邻者的利益。这种情况古代历史上屡见不鲜，在当今时代依然存在。这里体现的是人与人之间的关系。

联合国于2006年的世界水日颁布的《世界水资源报告》指出，水资源面临的首要问题就是水资源管理不善。其中包含的问题是多方面的。钱正英院士高瞻远瞩地指出，新时代水资源管理中应当确立新观念。其一是妥善处理人与河流的关系：“水资源配置的最基本原则应当是：为人与自然和谐发展创造条件。当前，一些地方在水资源配置规划中的偏向仍然是：对社会经济用水的预测偏高，对河流生态和环境需水的估计偏低。”❷ “人水和谐”是21世纪水管理的新理念，要在水事上实现人与人在社会领域的和谐，首先必须注意人与水在自然领域的和谐相处。水管理要真诚秉持和谐发展、可持续发展思想，既要维护本地区、本地段的利益，也要顾及上下游、左右岸和其他地区在水事上的合法权益；既要追求人与人的和谐，也要追求人与水的和谐，保护水资源，保证水环境具备自我涵养、自我修复的生态条件。其二是从供水管理向需水管理转变。长期以来，水利工作的管理思想是努力满足社会的用水要求。为了向社会提供充足的水资源，就需要取水，取水不够就蓄水，蓄水不够就调水。而随着社会进入快速发展时期，人均水资源占有量在减少，同时水污染日益加剧。要实现水利事业的永久可持续发展，水管理应当树立新观念，采取新措施。今后，管水不是简单地保证使用，而是要更多地考虑满足需要，要计算单位水使用效益，按照所需的水资源规划生产布局和生活消费，努力使宝贵的水资源产生最大价值。继续学习国际先进经验，大力推广节水技术，同时加大治污和生态保护力度，为当代及后代人民生活和社会发展需要提供优质的水资源。

20.3.3 用水中的文化意义

用水包括生活用水、生产用水、环境用水。与古代社会相比，现代社会不仅用水

---

❶ 顾浩《中国治水史鉴》(第二版)，中国水利水电出版社，2006年版，第134-135页。

❷ 钱正英、陈家琦、冯杰《人与河流和谐发展》，《求是》2006年第6期。

范围大大扩展，用水量极大增加，而且水质本身也有了很大变化，其中蕴涵着许多社会文化意义。

1. 饮用水的历史变迁显示了社会文明的进步

饮用水是社会最基本、最普遍的用水。古代社会的饮用水，主要依赖自然水源(河流湖泊)，后来发展到凿井取水。井的出现标志着人类文明程度的提高，因此井的遗迹历来为历史学家和考古学家所重视。我国迄今发现年代最早的水井遗迹是浙江余姚河姆渡遗址发掘出的，距今已经有5600多年[1]。在村落、城市里，井是主要的饮水来源，古代城市又称为“市井”。在北方城市，自来水普及之前，生活用水主要靠井。据记载，清代北京城约有1200多眼井，但大多数水质咸苦。清代诗人王士祯有一首《天坛神橱井》诗：“京师土脉少甘泉，顾渚春芽枉费煎。只有天坛石甃好，清波一勺卖千钱。”当时北京的井水水质不好，纵有上等茶叶也泡不出好茶，偶有一眼好水质的井，井水价格不菲，普通百姓难以承受。那时，城市街头到处可见卖水的车子，普通百姓常常卖点甜水跟自家井里的水掺和使用。还有节省人家常备三种水：苦水洗刷，混合水煮饭，甜水泡茶。其实不仅北京，井水咸苦在全国很多地区都是普遍现象，直接影响民众的生活质量和身体健康。民间文学中有很多关于苦井变甜井的传说，可见民众对于甘甜井水的渴盼。

20世纪中期以来，我国城市已普及了自来水，水质大为改善，苦咸井水成为历史。进入新世纪，在新农村建设进程中，各地政府都把“村村通自来水”作为标志性工程，加大投入和建设力度，大力改善用水条件和饮水质量，很多农村、山区、海岛通了自来水，有的地方已经实现了农村自来水的普及，饮用水既方便又清洁，成为具有标志意义的“幸福水”。饮用水联系着千家万户，关系到社会的稳定、和谐、幸福。从昔日咸苦的井水到今天清洁甘洌的自来水，标志着生活质量的提高，社会文明的进步，也显示了水利（水务）工作对于社会发展的重要意义。

2. 日常饮水之中有很多学问

生命存在的五大营养要素是蛋白质、脂肪、糖类、维生素、矿物质，其实比营养要素更为重要的第一要素是水。人可以一日无食，但不可一日无水。水有调节身体温度，输送氧气和养分，排泄废弃物，协助肝、肾功能，溶解维他命和矿物质等多种功能，对于人类健康和社会幸福更为重要。美国医学博士巴特曼写了一本《水是最好的药》。书中说：许许多多疾病的病因仅仅是因为身体缺水。身体的某些区域缺水，它发出的信号不仅是口渴，而是会表现出许许多多症状。巴特曼总结了自己几十年的研究成果，仅用水就治愈了几千名患者。此书被人称为可与《圣经》并列，被翻译成16种语言，畅销世界各地。以后，作者又续写了该书的第二部和第三部，我国均有译本出版。

饮水是人类的本能需求，但并非每个人都了解饮水的学问。据不完全的统计，包括发达国家在内，人类有70%的人并没有完全掌握喝水的学问。根据在北京、上海、广州三市的调查，我国八成公众缺乏正确的饮水观。因此，需要在全社会大力普及饮水的科学知识，培育良好的饮水文化。

---

[1] 见中国社会科学院考古研究所《新中国的考古发现和研究》，文物出版社，1984年6月。

与饮水密切联系的是茶文化。茶文化兴盛，体现了时代的昌明和人民生活质量的提高。水是构成茶文化的基本要素之一，水文化是茶文化的母体。弘扬中华优秀茶文化应当以科学的饮水文化为前提。

第一，科学认识健康饮用水。世界卫生组织认为，符合以下标准的水对人体健康最有利：不含有害菌、藻类和重金属等有害物质，硬度适中，含有适量矿物质，活化富氧，含有碳酸根离子，偏弱碱性。人们称这种水为健康饮用水。现在，随着生活水平的提高，不少人偏爱其他饮料而疏远了最基本的饮水。据调查，在北京、上海、广州三市有20.6%的居民（主要是青少年），平时很少喝白开水、瓶装水或桶装水，而代之以牛奶、可乐、酒水、果汁等各种饮料。这其实是与健康饮水擦肩而过。有关专家认为，在所有饮料中，对人体最有益的健康饮品是白开水。

第二，养成科学、健康的饮水习惯。饮水之道，并不在乎满足喉干口渴，而是要保证人体的正常需要。因为年龄、体质、工作类型等方面的差异，饮水的时间、数量、方式不能整齐划一。但一般来说，早晨起床先喝一大杯白开水更有益于新陈代谢，上、下午工作（学习）中间需要补充水分，睡前一小时之内再喝一杯水对于血液运行也有好处。一天饮水的数量一般不少于2千克。要改变不好的饮水行为，如感觉口渴才饮，渴不择饮，长时间不饮，片刻内暴饮等，都是不利于健康的习惯。对饮水的讲究，小而言之，有益于身体健康；大而言之，体现了生活质量的提升，文明程度的提高，社会文化的进步。

3. 用水要具备节水、护水的良好习惯

水是自然资源，但并非取之不尽，用之不竭，水资源短缺和水污染已成为全球性问题，因此，要在全社会培育敬水爱水的意识。无论是个体、家庭还是团体、单位，用水时都要时刻具备惜水、爱水的自觉意识，养成合理用水、节约用水、自觉护水的良好习惯。

节水、护水，需要运用科技手段（如改变传统的浇灌方式，循环利用水，治理水污染等），需要加强管理（包括运用法律手段和经济杠杆），同时还有一个重要方面就是发挥先进文化的积极作用。现实生活中对水的浪费、污染等不良行为，深层都植根于不正确的用水意识，如“不用白不用”、“水值不了几个钱”、“（在地区与地区之间）谁节水谁吃亏”、“水不干净也影响不到我”、“先把经济效益搞上去，水环境以后再治理”等等。诸如此类，均属于用水方面落后、有害的文化理念，应当为现代社会的先进文化所摒弃。全社会的节水、爱水要收到实效，一定要重视文化心理上的除旧布新，重视培育全社会良好的用水素质。

我国民众的用水活动中，一些民俗、习惯很好地体现了对水的自觉爱惜和保护。如云南丽江、安徽宏村等古城（古村落），泉水流遍全城（村），不同的用水严格遵守规矩，按地段、按时间进行，人人注意保护水源的清洁和安全。我国江南、特别是古代徽州民居，讲究“四水归堂”，即让四面屋面上的水都流入中间的厅堂（天井），厅堂（天井）下有水道流入田中，或在天井中放一水缸，收集雨水以备消防或浇灌花木。“四水归堂”固然含有“水主财气”、“肥水不流外人田”的民俗心理，却也达到了充分利用雨水的实用效果。这些约定俗成的民俗习惯，很多都是不立文字，但在长期实践中已成为一种代代流传并自觉执行的信条，积淀为一种深入人心的价值观念、环境伦理，体现出了劳动人民用水的智慧和优秀文化精神。在我国南方一些农村，至今仍然保持着这样的良好习惯。这是中华水文化中值得继承和弘扬的好传统。

20.3.4　爱水、亲水中的文化眼光

爱水、亲水即对水的喜爱、亲近、亲和。水之于人，不仅具有实用价值，也具有情感意义。按照现代科学的分类观念，我们把水看做自然物质，与石头、土壤同样。中国古代哲学家、思想家却不这么认为，《荀子》就说："水火有气而无生。"[1]意即，水虽然没有生命，但它有内在的"气"，是动态的，这是它与土、石不一样的地方。许许多多的文艺家都把水看成有灵性的"活物"。我们应当从古代水文化思想遗产中得到启发，从情感上热爱水，亲近水。

1. 爱水具有多层含义

人与水之间的关系是多方面的：实用价值上的联系，科技劳动上的联系，精神感悟上的联系，每个方面都可以使人对水产生喜爱之情。特别是水利（水务）工作者，水是自己的劳动对象，对水不仅应当更多了解，也应当更有感情。"爱水"，应当追求全面、丰富的意义：喜爱水的实用价值，重视水的科学价值，同时还要珍爱水的精神价值。马克思主义美学告诉我们，在劳动对象上感受到美，将使劳动成为幸福的事情。

爱水，不仅是喜欢水，还必然要有一层重要含义——对水的珍爱。因为，见水而喜几乎是人的精神本能，这可以是爱水、亲水的起点，但并不一定就是真正的爱水、亲水。喜欢（Like）只是情绪的满意，并无责任上的承担；而爱（Love）则意味着要对被爱者有所付出，有所承担。真正的爱水一定要对水珍惜和爱护。在我国某些水资源严重短缺的地方，有人耗用大量自来水造人工水景，这不是真正的爱水，而是对水的挥霍，对水的灵性的亵渎。

2. 亲水要实现从浅层到深层的延伸

孔子说过，"知（智）者乐水"，其实，不仅是知（智）者，普通人面对形态各异的水也会本能地产生愉悦感。但这种感受可能是表面化的、浅层次的。随着生活水平的提高，现在外出旅游的人越来越多。旅游常常少不了游山玩水。但是，距离上接近水是否等于心灵上亲近水呢？看到了水是否就能从中获得审美体验和文化感受呢？文化学家说："旅游的种类很多，可以包括三大类：观光旅游、自然旅游与文化旅游，其中观光旅游可以说是最初级的旅游，最不具有文化修养的旅游。因为所谓观光旅游包括一般游览、娱乐旅游、消费旅游、采购旅游甚至于赌博旅游等。很显然，观光旅游只是满足感官之欲与物质之欲而已，其在文化修养上是最低层次的活动，可是国人的旅游却大都停留在此一阶段，极少数有进入文化旅游或自然旅游的境界。"[2] 水具有鲜明的自然美特征，又富有文化内涵，到水景点旅游，兼具自然旅游与文化旅游的双重条件。然而遗憾的是，很多人只是拍了一些留影，品尝了风味食品，购买了一些土特产，主要在浅层次徘徊，而对于景点之美和文化内涵，心灵上却基本没有"感光"。这也就是法国艺术家罗丹所说的，对我们来说，生活中不是缺少美，而是缺少

---

[1] 《荀子·王制篇》。

[2] 李亦园《文化与修养》，广西师范大学出版社，2004年版，第63页。

发现。发现水的深层内涵，需要文化的头脑和审美的眼睛。学习水文化知识，了解水景观、水工程的历史、文化、美学内涵，将有助于在近水之时实现精神上从浅层到深层的延伸。

3. 亲水是人水关系的和谐境界

亲水，不同于古代的水崇拜。古人崇拜水，很大程度上是以对水的恐惧、依赖为认识基础的，体现的还是人与水之间的隔阂、对立：水是神秘的力量，高居于人之上，人在不可预料的水面前只能顶礼膜拜。而现代人的亲水情感，是建立在对水的理解之上的喜爱和亲和：水是人的好朋友，两者关系是“大人合一”的融洽。郦道元在《水经注》中说过“水德含和”。[1]水性本身是“和”的，能否与水建立起和谐、融洽、亲密的关系，关键在人。由爱水发展到亲水，是人水关系的和谐境界。

中国文学艺术中充满了对于水的赞美和咏唱。古代的山水文学和山水画都是艺术门类中的大类别，作品特别丰富，起源也早于西方。在这些艺术作品中，水不仅是有灵性的“活物”，而且有情感、有性格，就像亲人、朋友一样。例如，李白从四川沿江而下，几千里之外还觉得是故乡的江水伴他一路行来：“仍怜故乡水，万里送行舟。”在朱自清笔下，南京的秦淮河、清华园里的荷塘，都像朋友和亲人一样可爱。众所周知，古曲《高山流水》就是亲密友情、相知甚深的象征。这样的例子在中国文艺史上不可胜数，这也是中华水文化的宝贵遗产。

20.4 水文化的深层——精神文化

精神文化是人类为了表达其内在的思想情感而创造出来的东西，它们是人类内心世界的升华，又反过来成为人类情感和心理的慰藉。在人类创造的三类文化中，精神文化是最核心的部分，居于文化的深层。在人类文明史上，水从来都不仅仅是自然物质，它与人类的精神生活密切联系并产生重要影响，涉及到哲学、史学、文学、艺术、美学、宗教、伦理、风情民俗等许多领域，内容极为丰富。以下选取几个有代表性的领域，对精神领域的水文化略作探讨。

20.4.1 水与哲学

哲学是人在认识自然界和人类社会的过程中产生的高度抽象化的理论概括。在人类的生活中，水不仅是具有实用价值的宝贵资源，还是触发人们进行哲学思考的重要对象。水孕育和滋养了中国哲学，促进了古代哲学观念的形成和发展。

1. “水”为中国古代“五行”之一

中国古代哲学的重要观念之一是“五行说”，认为世界由五种基本物质（金、木、水、火、土）构成，“水”为其中之一。这与古希腊哲学的“光、气、水、土”四要素说、古印度哲学的“地、水、风、火”四要素说，有共同之处。《易经》有“天一生水”之说。“天一”指“道性为一”，天为道，道为一性，在其下就被称为是“天一”所生，即由天往下而产生的。“天一”往下产生的是“水”，可见水在古代被认为

[1] 《水经注》卷十二，“巨马河”。

是仅次于天道的圣物，是其他圣物之源，是生命之本。20世纪90年代出土的古代竹简中，还发现了“大（太）一生水”的文章。“一”是宇宙的开始，“大（太）一”是开始的开始，它生出来的就是“水”。虽然学者们对此话的理解有差异，但都认为它表达的是宇宙起源与水密切相联的观念。《易传》中的八卦（乾、坤、震、艮、离、坎、兑、巽）分别代表八种基本物质（天、地、雷、山、火、水、泽、风）。八种物质中，“坎”为水，“泽”与水相通，算作水的同类，可见水在世界构成中的作用。《管子．天地篇》说：“水者何也？万物之本原，诸生之宗室也。”也体现了把“水”视为世界本原的哲学思想。

2. 道家哲学以水喻道

老子是中国道家思想创始人，他从哲学角度对水有许多充满智慧的体会。他的“上善若水”❶，是以水喻“道”的哲理名言。最高的“道”就像水一样，无形、柔弱、趋下，利万物而不争……这句简约的话给了后人深刻的启发。《老子》还以水作喻，表达道家“反者道之动”的辩证法：“天下莫柔弱于水，而攻坚强者莫之能胜，以其无以易之。”❷古希腊哲学家赫拉克利特的名言：“人不能两次踏进同一条河流。”借水流表达万事万物的变化。而在老子看来，水不仅是变化的，而且还具有以弱胜强、以柔克刚的大智慧。道家哲学对此极为赞赏，认为这是人生的最高境界。《老子》还以水喻人生、治国，如：“江海之所以能为百谷王者，以其善下之，故能为百谷王。”❸老子因水而生的思想、感受，百代之下仍然闪耀着智慧之光。《庄子》中对水的描写更多，也是借助水来表达深邃的哲学思想。

3. 儒家以水喻人格修养

《论语》中有几则论水的名言很富有哲理。如，“知（智）者乐水，仁者乐山。知者动，仁者静。知者乐，仁者寿。”❹在孔子的感受中，水这一自然事物具有生命的某些特征。他把流动的水与某种类型的人（“知者”）联系起来，流动蕴涵着灵气、智慧，显示着快乐，“知者”与“水”之间有着天然的亲和性。再如，“子在川上曰：‘逝者如斯夫！不舍昼夜。’”❺汤汤流水与逝去的时间一样都是不可停留，更不可逆转的。孔子面对河水的感叹，包含的潜台词是：时不我待，要珍惜宝贵光阴。观水的感受具有了哲学意味，也有了催人上进的励志价值。《论语》中这几句简短的话，在后代派生出了许多人生体会，具有重要的经典意义，为后人广泛引用。

孟子也因水而发过很多议论。《孟子·离娄下》记载，有学生问他，孔子为什么对水很称赞。孟子回答：“源泉混混，不舍昼夜，盈科而后进，放乎四海。”意即，水的最大特点就是有本源，因此才能活力充沛、生生不息。他借水而表达的是人生的真理——任何事物，要想长久发展，都必须像水一样有本源。宋代大儒朱熹的励志诗：“半亩方塘一鉴开，天光云影共徘徊。问渠哪得清如许，为有源头活水来”，也是以水

---

❶ 《老子》第八章。
❷ 《老子》第七十八章。
❸ 《老子》第六十六章。
❹ 《论语·雍也》。
❺ 《论语·子罕》。

为喻，表达了相同的哲理。孟子在与人辩论时，以水喻人性：人性之善也，犹水之就下也。人无有不善，水无有不下。[1]认为水性之就下如同人性之趋善，都是自然规律。中国古代典籍中还有一段广为人知的论水佳话，详情请参看链接 20－5。

前人从哲学角度对水所作的论述非常丰富，包含很多有价值的思想营养，以上只是管中窥豹，更多更丰富的内容需要今人认真梳理、扬弃，在新的起点上实现继承和创新。

20.4.2　水与文学

文学用形象反映社会生活，社会生活的各个方面都会在文学中得到反映，文学与水的关系尤其密切。在文学中，“水”已经成为一个“传统意象”，在全部文学作品中出现的频次无法量化统计。关于文学中“水”的意象的论述，详情请参看链接 20－6。

1. 水在文学创作中的作用

历代作家、文论家都很看重自然景物对作家创作的孕育和促进作用，“水”是其中的重要部分。水不仅是文学的重要内容，而且是促进作家创作的重要媒介。从孔子“知（智）者乐水”的体会开始，历代的作家、文人常常都从“水”中获得材料、动力和写作的灵感。如苏轼有大量以水为内容、为背景的诗文，其中经常出现长江、西湖、泗水、海潮等具体的水形象，从中可以看出水对于他创作的促进作用。

现代著名作家沈从文在谈话中回顾了水对于自己创作的重要影响，他认为，自己写作的基础不是“文章作法”之类的书籍，而是建立在“水”上：“从汤汤流水上，我明白了多少人事，学会了多少知识，见过了多少世界！我的想象是在这条河水（指家乡的沅江——引者注）上扩大的。……我虽离开了那条河流，我所写的故事，却多数是水边的故事。故事中我所最满意的文章，常用船上、水上作为背景。我故事中人物的性格，全为我在水边船上所见到的人物性格。我文字中一点忧郁气氛，便因为被过去十五年前南方的阴雨天气影响而来。我文字风格，假若还有些值得注意处，那只因为我记得水上人的言语太多了。”[2]

沈从文的弟子，现代作家汪曾祺写家乡苏北里下河水乡的风情、人物；孙犁写河北白洋淀抗日军民的故事，也都弥漫着水的灵气。他们笔下的人物，尤其是女性人物，一个个如水一般善良、纯净、明朗、亮丽。当代著名作家、北京大学教授曹文轩是江苏人，他在创作谈中说到，自己的作品“皆因水而生”，“水孕育着我的灵魂，也养育着我的创作。”[3] 在这些作品中，水不仅是人物活动的环境，也是作家塑造人物精神、品质的基本尺度，人的性格与水的氛围和谐一致。

2. 水在文学欣赏中的意义

文学中对水的描写多到不计其数，不管是作家的有意安排还是无意吻合，“水”的意象总是与民族的审美传统对接，呈现出或这一类或那一类的美学意义，这些

---

[1] 《孟子·告子上》。

[2] 沈从文《我的写作与水的关系》，《中国现代文论选》第二册，贵州人民出版社，1984 年版，第 453-456 页。

[3] 曹文轩《十年回首：〈草房子〉创作札记》，《中华读书报》2007 年 9 月 19 日第 15 版。

“水”的意象又往往不需注释，读者自能体悟出其中的美学含义。从文学欣赏的角度看，作品中水的美学含义主要有以下几个类别：

（1）长流不已的水蕴含着深邃悠长的历史及人生意味。流动，是水的自然属性。在人的审美感受中，这种自然属性可以化作生命的特征，成为人类生命、人生历史绵延不断的象征。常见的一种体会是面对水而抚今思昔，感慨水的长流不已。世间人事更迭交替变幻而流水依旧，水似已成为历史见证人。唐代张若虚写的著名的乐府长诗《春江花月夜》，其精华就在于面对长江流水而抒发了对历史、人生、青春的感慨，具有“强烈的宇宙意识”（闻一多语）。按照法国哲学家狄德罗的说法，水在这里已经不是“生糙的自然”，而是具有某种思想内涵的“人化自然”。再如，杜甫写“不尽长江滚滚来”（《登高》），比拟人生社会的生生不息，一往无前，全诗意境由此而变为开阔、雄浑。苏轼写“大江东去，浪淘尽，千古风流人物。……江山如画，一时多少豪杰！”（《念奴娇·赤壁怀古》）江水滚滚滔滔，不仅是历代英雄豪杰的见证，也是英雄精神的呼唤者。

由流水而引发的另一种人生感受是生命易逝的悲凉甚至悲观。李白写过豪迈雄壮的水，但不得志时也不免慨叹“古来万事东流水”（《梦游天姥吟留别》），流露出人生如梦，万事无价值的虚幻感。小说《三国演义》卷首词《临江仙》上阕：“滚滚长江东逝水，浪花淘尽英雄。是非成败转头空，青山依旧在，几度夕阳红。”也流露出人生空幻的悲凉情绪，与长流不已的江水相比，英雄的声名、业绩显得短暂而又微不足道。这种情绪的确不够豪迈和昂扬，但我们应当理解中国古代文学存在的这类现象。

（2）浩瀚博大的水象征着伟大崇高的境界。从审美的角度描写水的浩瀚博大，多取大海、大湖的形象，其浑浩汪洋之态显示出伟大崇高的阳刚之美。《庄子》较早描写了大海，他笔下的海不是自然意上的一片汪洋大水，它已经成为一种宏大精神、气魄、胸怀的形象写照。较早对大海进行写实性描绘的是曹操。他远征乌桓，东临碣石，留下了大气磅礴的《观沧海》：“秋风萧瑟，洪波涌起，日月之行，若出其中；星汉灿烂，若出其里。”海的雄浑壮阔被夸张到了极致，大海似乎能够吞吐日月，包容天地。曹操作为一个伟大政治家、军事家的广阔胸襟和平定寰宇、统一天下的豪情壮志，已经与大海雄浑浩瀚的形象融为一体了。两千多年后，毛泽东的《浪淘沙·北戴河》词，描绘雨中大海的“白浪滔天”、“一片汪洋”，景象壮阔，气势浩荡，洋溢着革命领袖改天换地，开创新时代的豪迈气概。

在文学家笔下，湖也可以具有海的气质。杜甫的“吴楚东南坼，乾坤日夜浮”（《登岳阳楼》），是写洞庭湖的名句。诗人不说湖水存于天地之间，而说天地都包容于洞庭湖水中，夸张、想象与曹操（《咏沧海》）异曲同工。昆明大观楼的长联由于描写滇池历来为人称颂，上联以“五百里滇池，奔来眼底”领起景象，意境壮阔；下联以“数千年往事，注到心头”引出中华民族的辉煌历史，眼前景物与胸中精神互为辉映，气魄宏大，营造出令人昂扬振奋的美学境界。

（3）秀美的水具有温柔多情的灵性。文学中的这类意象多取自山泉、池潭、溪流，也有写江河湖海的。风格属于阴柔之美（秀美）。南朝兴起山水文学，南方秀媚的水成为作家有意识的审美对象，并在后代文学中不断延续。唐代诗人王维的“清泉石上流”与“明月松间照”（《山居秋暝》）共同构成清新秀雅的意境。在李白笔下，朋友的情谊像“桃花潭水深千尺”(《赠汪伦》)，水的意象具有了色彩（碧）和芬芳(桃花)，诗人的情感渗透于其中。现代诗人徐志摩在《再别康桥》中描写英国剑桥大学校园内康河的“波光艳影”、“一潭清泉”，愿在“康河的柔波里做一条水草”。朱自清描写过浆声灯影里的秦淮河，清华园月夜的荷塘，也写过威尼斯流遍全城的河。水在他们的笔下，显得那么明媚、清丽、秀雅、温柔，具有可亲可爱的灵性。

(4) 清白的水标志着纯洁无瑕的品格。水可使物洁净。文学艺术家把水的这种自然属性作了美学意义上的延伸——水还可以洗去精神上、名誉上的种种尘垢，还其清白。历代文学的审美意识中，用“水”净化俗念，还人以纯洁，已是约定俗成的观念。在审美意义上，水是一个清白的处所，因此投入水中的人物，总是具有纯洁无瑕的品格。在中国文学传统中，“投水而死”的含义一直都是比较明朗、固定的——总是善良、正直、纯洁、无辜、美好的人遇到不幸。古代传说中，屈原投入汨罗江，李白在采石矶入水捉月而不归，刘兰芝、杜十娘等人物的投水而死，都显示了一个引人思索的规律——死者几乎无一例外地都是正面的、美好的人物，作者都不约而同地对人物寄以同情和赞美。他们安排这些人物死于水，让人物生前的污点、冤屈、羞辱，彻底在纯洁的水中洗个清清白白，人物的性格因此而得到了升华。

20.4.3　水与美学

水作为审美对象，既出现在现实领域，也出现在艺术领域。上一节论述的是文学艺术领域的水，本节所论述的水，主要是指现实生活中作为审美景观的水。

水之美不是仅仅来自客观事物本身，它与人的审美意识密不可分。人与水的审美关系不是从人类社会产生以来就存在的，而是在劳动实践过程中逐渐形成的。详情请参看链接20-7。

1. 水之美的多重性

为了方便对美的认识和欣赏，美学家将美划分为自然美、社会美、艺术美、科技美等多种类别。从现实生活实践来看，各类美之中都能找到水之美的内容，而具体到一处水景观，也常常是多种美的融合。现实生活中，水的自然性与人的社会劳动、科技手段分不开，很难把某一处佳水美景绝对归于某一类美。总体来看，现实中的水之美具有多重性，以下的划分只是为了认识上的方便。

(1) 水体现的自然美。自然美是自然事物的形象所体现的美。从水的一般性质来看，水是自然界客观存在的事物。古今中外大量对于水的赞美和欣赏，有很多是从自然美角度出发的，那些被欣赏、赞美的水，较多地保留着自然之物的本原状态，如泉水的清冽，瀑布的壮观，潭水的澄澈，山溪的淙淙作响、大海广阔而又深邃的蔚蓝……现代社会，工业化、城市化进程加快，水的自然美形象越来越显得珍贵，如西藏高原的湖，其水的自然美是让人神往的。

(2) 水体现的社会美。社会美是指社会生活中的美，它是人的社会实践最直接的表现，是生活现象的美。水在社会美中主要就是以人的劳动成果出现的。很多时候，水形象不是孤立的水体本身，而是与环境（与水有着密切联系的事物）结合起来的综合形象，体现着社会美的特点。人并不是仅仅被动地顺应自然，还要积极地利用自然、改造自然。生活中的很多水环境是经过了人劳动改造过的，如建成的水库、修整过的河道，美化过的河岸，整治过的水面，都使得水形象比原来的自然状态更加美好。这些都是人们实践劳动的成果，具有社会美的性质。如现在的南京外秦淮河就是经过劳动改造过的美的水环境。

(3) 水体现的科技美。科技美指的是经过科技手段创造出来的美。它体现了对自然的顺应和利用，但也在一定程度上对自然之物有所变动和改造。水事活动与科技紧密相联，在用水、亲水活动中，很多方面体现了科技美。最典型的是大坝蓄水，不仅大坝本身是科技美的结晶，而且流经大坝的水也带有科技美的属性。按其自然性质来说，水面本来是平的，但经过人的科技劳动，水在大坝两面形成了一高一低的明显落差，而且一面是高坝平湖，一面是激流奔涌，水的动静之态也对比鲜明，成为别具美感的水形象。喷泉也体现了水的科技美。自然状态下，水的流动一般是向下的。现代科技把这一自然现象加以改进和强化，利用压力，同时顺应水的流动这一自然性质，使之向上方喷涌，造成了形态各异的喷泉，成为城市的重要景观之一。水本来是无色的，现代科技赋予水五彩缤纷的颜色，成为彩色喷泉，有的还与音乐结合起来。科技为水之美增添了新的内容。

从审美角度欣赏水时，不仅要关注水体本身，还要关注“岸”。“岸”是构成水景美的重要组成部分。请参看相关链接。

2. 水的不同形态的欣赏

在“水景观的文化意味”（链接资料）中，对点、线、面三种水体分别做了论述，现在再对水的欣赏价值作综合考察。

(1) 清水胜于浊水。现实生活中的水有清有浊，实用上各有用途。但从美学角度看，清水的审美价值高于浊水。清澈的水，不仅色彩亮丽，本身给人纯洁、秀雅的美感，而且具有扩展审美视野的作用。最常见的现象是清水“两个世界”。特别是对于池潭泉等“点状”水来说，水面平静，清水中的倒影形成亦真亦幻的奇妙世界，是富有情趣的形象。而浊水却没有创造虚幻世界的功能。

(2) 曲水胜于直水。这主要是对“线状”水而言的。从实用角度看，直的河道，在泄洪、航运方面可能更有益处。但从美学角度看，曲水更有韵味。水性柔，善曲。古人创造曲水流觞的游乐方式，从水的弯曲流动中获得观赏的美感。河道的弯曲，多为自然形成。弯曲的河段往往是开展水上旅游的好场所。在曲水上乘舟（筏）而行，水自身蜿蜒盘旋的形态就有观赏价值。特别是，在山作岸或树（林）作岸的河流上，水的曲折也增加了景观变化的层次，人对前方的景物不能一览无余，这就比水上直行更有悬念、有吸引力。如福建武夷山的九曲漂流，景随水曲而变，是游客喜爱的水上旅游。

(3) 动水胜于静水。就同一条河流来看，水的平静状态固然也有其美，但流动的水美感更强。流动是水的自然性质，水流缓慢时，水面只是波纹，细流无声；流动快，变成浪花、浪涛，有了水声。如遇礁石阻挡，则溅为“碎珠散玉”，水声更响，水的形象就丰富了。例如黄河，它最为人称道的景观都是呈奔腾咆哮之态的河段。

不仅“线状”的河流是这样，“面状”的湖、海也同样如此。宽广的大海固然美观，但浪涛打来的片刻，更为摄影者喜爱。动态的浪花使画面更有生气，浪越大，越高，越具有形象美。“雪浪花”常常进入艺术家们的作品中。至于潮，更是体现了水的动感。排山倒海而来的大潮，极具气势和声威，古往今来的文艺家对它倾注了赞颂和想象。如我国著名的钱塘江八月观潮，千百年来积淀为传统的审美观赏活动，咏赞的诗文不计其数，现在已经发展成为一种文化现象，每年都有“观潮节”活动。

（4）跌水胜于流水。跌水包括瀑布以及比瀑布低的落水。流水一般是在平面上流动，跌水则是从高到低的俯冲。古书中记载孔子对水的赞美，说它“流行百仞之嵠而不惧，此似勇”，跌水的形象，使人联想到一往无前的勇士。在视觉上，水的直立形态比平面流淌能更多反射阳光，因此水色更白，更亮；在听觉上，自上而下的落水也比流水更具声响。我国贵州的黄果树瀑布，它与上下游连成一条河，徐霞客时代称为白水河。但全河最吸引游客的部分无疑是瀑布从天而降的那一段，它的上游和下游都没有瀑布这么著名。这正是跌水比一般流水精彩的典型实例。黄河上的壶口瀑布，虽然是浑浊之水，但其奔腾咆哮的声威，历来都是著名景观。可见，水之清浊，不能孤立论其美学价值，还要与水势等因素结合起来综合考察。

20.5　水文化与水利

20.5.1　水文化的现状与发展趋势

20世纪80年代，在全社会“文化热”的大背景下，水利系统一些研究者提出要研究水事、水政、水利的发展历史；研究水与人类文明、社会发展的密切关系；研究水利事业的核心价值观念等，这些倡议很快引起了强烈反响。90年代，水与生活环境、生活质量、可持续发展之间的关系越来越引起重视，水文化也越来越为社会各界广泛关注。对水文化的关注和研究已不限于水利系统，而是成为社会性的热点话题。环保、交通、建设、国土资源等部门，都在水文化建设方面开展了积极有效的工作。全国范围内，成立了水文化的学术组织和研究机构，创办了学术刊物和网站，很多网站开辟了水文化内容的网页或专栏。特别是高等学校和科研院所，在水文化理论研究方面走在社会前列，许多教授、学者致力于水文化研究和建设，发表了大量有影响的论文、论著，取得了显著成绩。水文化已成为学术文化界引人注目的领域。

2006年，联合国教科文组织为当年第14个世界水日确定的主题是“水与文化”，并与我国有关部门联合在北京召开了以“水．人．和谐社会”为主题的“中国首届水文化高峰论坛”。

2007年10月，水利部党组为贯彻落实党的十七大精神，推动社会主义文化大发展大繁荣，提出要积极推进水文化建设，以水利实践为载体，弘扬水文化传统，创造无愧于时代的先进水文化，为水利事业又好又快发展提供文化支撑和精神动力，并将2008年定为“水文化建设年”，标志着水文化将进入辉煌发展的新时期。

水文化为什么在当今时代特别引人关注？这有着深刻的社会原因。恩格斯曾经指出：“科学状况却在更大的程度上依赖于技术上的状况和需要。社会一旦有技术上的需要，这种需要就会比十所大学更能把科学推向前进。”[1]社会的需要不仅能够推进技

---

[1] 《马克思恩格斯选集》第4卷，人民出版社，1975年版，第505页。

术发展，也同样能够推进文化发展。水与人类社会的关系至为密切，水文化又是当前社会非常需要的文化营养。现代科技推动了全球经济的高速发展，但人类与水的矛盾、人类所面临的水问题，也比以往任何一个时代都要突出。要解决人水矛盾，实现人与水的和谐相处，在科技、经济、法律手段之外，还需要借助文化坐标进行思考和规划。特别是从中华文明史来看，华夏民族的形成，很大程度上与治水有关。中华水文化传统久远，博大精深，传承中华优秀水文化对于实现人水和谐的境界有着重要意义。我国当代水利事业正面临着前所未有的历史机遇和新的挑战。水利事业的发展需要以科学发展观来统领，需要以先进文化和科学理论为引导，形成新的工作思路，开创新的局面。加强水文化的研究、学习和建设正是适应了现实社会的客观需求。

从发展趋势看，随着水问题进一步成为社会性的热点话题，水文化将会在社会各行业、各领域引起越来越多的人关注、热爱，会有更多的力量加入到水文化的研究、学习、运用上来，这一领域的研究和建设会出现更多的新成果。水利系统要在水文化研究和建设中居于领军地位，处于领先水平。水利专业的大学生、研究生，应当走在水文化建设的前列。

20.5.2　当代中国水利事业中的水文化精神

中华人民共和国成立之后，中国的水利事业进入了一个崭新的阶段。新的政治制度、经济基础、科技水平和文化精神共同对水利事业产生推动力，使当代水利体现出前所未有的新面貌。当代中国波澜壮阔的水利实践，在工程建设上取得了世人瞩目的成就，同时也形成了社会主义时代的水文化精神。当代水文化精神与中华水文化传统有着内在联系，不仅内容丰富，而且更加具有时代的创新特色，因此有必要专门阐述。以下择其重要者略作概括。

1. 全国一盘棋：群力治水的团结协作精神

在中国，治水历来都不是个人行为，而是集体行为甚至是国家行为。在中华民族文明史上，大禹集合了各部落的力量获得治水的成功，促进了华夏民族的形成和统一政权的建立。历代以来，水利作为社会发展的重要部分，与政治、经济、社会等多方面都密切联系着。由于大规模修建水利工程以及有效管理这些工程和水资源的需要，必须运用一定的权力来组织、调动社会力量，协调相应的关系。如中国古代运河的开凿，就是中央政权调动全国之力为之，工程完成后又对全国的政治、经济、文化产生了全面影响。社会修水利、水利效益的社会化是东方社会的特点，也是中华水文化的传统。马克思在探讨东方社会的独特道路时指出，东方社会的一个显著特征，就是水利事业一直是国家的公共工程，在社会的生产方式和国家政治活动中，具有十分重要的地位。“（亚洲的）气候和土地条件，……使利用渠道和水利工程的人工灌溉设施成了东方农业的基础。……节省用水和共同用水是基本的要求，……所以就迫切需要中央集权的政府来干预。”[1]但是，在旧的历史条件下，政治割据的制度和社会结构对水事活动有着诸多制约，实践中对治水的社会统一性形成很多干扰，这也是历史上屡见不鲜的事实。

---

[1] 《马克思恩格斯选集》第二卷，人民出版社，1975年版，第64页。

新中国建立后，政通人和，国运昌盛，全社会洋溢着创造新生活的精神气概。人民政府执政为民，依靠生产资料公有制的优越性，开展大规模改造自然的伟业。政治统一带来水利事业的步调一致，治水、管水不仅是为了本地区的安全和幸福，也是为全国、全社会谋幸福。水利事业打破了地区和行业界限，国家制定各条江河以及全国水利的统一规划，为全面合理地开发水土资源和治理水患创造条件。全国一盘棋的水利视野形成了新中国水利事业的团结协作精神。以治理淮河为例，建国初期毛泽东就作了指示："河南、皖北、苏北，三省共保，三省一起动手。"[1] 1985 年，国务院治淮会议指出："小局服从大局，大局照顾小局，最终服从大局。"1991 年国务院《关于进一步治理淮河、太湖的决定》中再次强调淮河流域人民要进一步发扬团结协作精神，完成治理淮河的任务。这些都是从全流域整体出发的治水思路。再如长江中游的治理，50 年代，周恩来提出"要使江湖都对人民有利"的决策原则，结束了历史上长期的"舍南救北"的争论，成为建设荆江分洪工程和治理长江的指导思想。1990 年，国务院批准的长江流域综合开发，覆盖 12 个省、市、自治区共 180 万平方公里的面积，这在全世界是少见的。由于有了全国一盘棋思想的指导，才能在社会主义建设的每个时期，都集中一定力量，完成一批治理江河的骨干工程。尤其是在跨地区、跨省份的水利工程中，统一的规划、部署和协调保证了工程进度和质量，从而大大促进了当代水利事业的快速发展。

1998 年，我国长江流域、松花江流域发生了历史罕见的特大洪水，在抵御特大洪水中，党和国家高层领导亲临前线指挥；人民军队参加抗洪抢险，不怕困难，不怕牺牲；军民一心，团结奋战；海内外炎黄子孙同心同德，有钱出钱，有力出力，谱写了新中国抗洪史上的辉煌篇章，取得了抗洪斗争的伟大胜利，也向世人展示了中华民族"万众一心、众志成城，不怕困难、顽强拼搏，坚韧不拔、敢于胜利"的豪迈气魄。98 抗洪的胜利，是共产党领导下社会主义制度优越性的体现，是中国综合国力强大的体现，也是中华民族凝聚力的体现，集中体现了中国在改革开放时期新的精神风貌。

在全国一盘棋的精神指导下，人民群众在治水工程中也充分表现出识大体、顾大局的团结协作精神。从新安江水电站、丹江口水库、引滦入津工程到三峡水利工程、南水北调工程，每一次都涉及土地的占用和大量居民的动迁。特别是三峡移民，规模大，时间长，移民数量多，几乎相当于一个小国家的人口，是世界历史上前所未有的。这样大规模的移民，不仅在封建时代难以设想，在资本主义社会也难以顺利进行。党和政府对广大群众进行"一户迁移万户安"、"舍小家，为大家"的教育。三峡移民从国家利益出发，积极支持国家的重点水利工程建设，形成了新时代的三峡移民精神，其主要内涵是：顾全大局的爱国精神，舍己为公的奉献精神，万众一心的协作精神，艰苦创业的拼搏精神[2]。三峡移民精神是中华民族的优良传统在改革开放新的

[1] 高峻《新中国治水事业的起步》，国学网，中国经济史论坛（http：//economy. guoxue. com/article. php/2565）。

[2] 李长春《三峡移民精神是建设小康社会征途上的又一宝贵精神财富》，新华网。（http：//www. cq. xinhua . net. com）2006 年 4 月 14 日。

历史时期的升华，也是中华民族在全面建设小康社会征程上的又一宝贵精神财富。

2. 献身、求实、负责：继承大禹传统的当代水利行业精神

如前所述，以除害兴利为主要内容的水利事业对社会进步和经济发展影响深远，因而在水文化中居于主体地位，当代水利行业精神理所当然地属于水文化的重要内容。

大禹是中国水利人的先驱。大禹治水十三年终获成功，不仅以水利工程造福社会，而且直接促进了华夏民族的形成。在华夏文明史上，大禹被尊为“民族之魂”、“万众师表”，不仅是因其治水取得了成攻，更重要的是其精神文化的深远影响。大禹时代的水利工程实体今已不复存在，但大禹在治水实践中形成的大禹精神，给后人留下了丰厚的精神文化遗产。大禹精神的主要内涵是：将治水与部落整体利益结合起来的民族精神，舍小家为大家的奉献精神，尊重自然规律的科学精神。大禹精神是水利人的楷模，也是整个中华民族的精神旗帜。

大禹精神在当代中国水利事业中得到了传承。新中国波澜壮阔的水利实践凝聚成了新时代的水利精神，温家宝将其概括为“献身、求实、负责”。

(1) 献身。指的是当代水利人艰苦奋斗、吃苦耐劳、无私奉献的精神。它在三个方面体现得最明显，其一是历史的延续。水利是人类改造和利用自然的活动，工程环境主要是在露天的自然状态下进行，几千年以来，水利一直属于艰苦行业。其二是历史遗留的包袱。中华人民共和国成立之初，面对的是旧中国漫长历史留下的水事凋敝局面，特别是近代100多年来天灾人祸积累下来的水势紊乱，旱涝灾害频繁等严峻的水问题。因此，治理江河湖海的任务具有空前的艰巨性。建国之初，大批知识分子投身水利事业，很多学习土木工程的知识分子，包括一些留学欧美的知识分子，响应国家号召，不去建造大楼而是首先投身于水利工程，为水利事业做出了奉献。其三是社会发展赋予水利人新的时代重任。当代水利工作的服务对象不断拓展。从50年代直到“文革”结束，水利主要是为农业生产服务，“水利是农业的命脉”是尽人皆知的名言。从80年代起，水利作为国民经济基础设施的重要意义受到全社会重视。随着现代化事业的推进，工业化、城市化进程的加快，对水资源的需求也越来越迫切。水在中国的现代化建设进程中起着至关重要的作用，不仅关系到农业生产，更关系到工业布局、城市发展、交通运输、生态保护和环境优化，水利工作具有服务整个国民经济的重要意义。1999年，时任国务院副总理的温家宝在全国水利厅局长会议上，概括了当代水利建设的指导思想和方针（十条方针），其中第一条就是“坚持把兴修水利摆在国民经济发展的重要位置”。把水利事业提升到“中华民族生存发展的命脉”的高度。水利人肩负的使命比历史上任何一个时代都要更加重大，长期以来，当代“大禹”们就是在艰苦条件下以充满热情的劳动，创造了新中国水利事业的辉煌成绩，取得了超过历史上水利建设成就总和的伟大业绩。

(2) 求实。现代水利的基石是现代科学技术。当代中国水利人在科学精神的指导下，实事求是，尊重客观规律，努力掌握科学规律，追求创造，快速提升了中国水利的科技水平和创新能力。当代水利建设中，以求实创新的科学精神建成了令世界瞩目的大型水利工程，如三峡工程、小浪底工程等，科技水平居于世界前列，为当代水利事业树立了时代丰碑。特别在科学发展观的指导下，求实、创新成为21世纪水利人

更加自觉的精神追求。求实特别体现在对于治水规律的深入认识上。陆游在《禹庙赋》中特别赞扬大禹治水的高超智慧在于不是“以己治水”，而是“以水治水”。“以己治水”即简单地用人力与水对抗，“以水治水”是在顺应水的自然规律的基础上实现人水和谐。当代水利事业在人水和谐问题上也经过了一个发展历程。90年代之前，治水实践中较多地强调“战胜（洪水、旱涝灾害）”。进入90年代，水利人越来越重视人与水的和谐相处（详见后文关于“灾害双重性理论”的阐述），“人水和谐”成为21世纪治水、管水的新理念。确立和贯彻新的治水理念的过程，也就是科学求实精神不断深化的过程。

（3）负责。在前所未有的高度社会化的治水活动中，当代中国水利人特别具有时代责任感、历史使命感。治水要治本，管水要管长远，不仅要对现实的实践负责，更要对历史、对子孙后代负责。黄河三门峡工程的改造，是对人民负责、对历史负责的实例。三峡工程是全世界瞩目的宏伟工程，论证时间之长，程序之严密，决策之慎重，在中国水利史上是史无前例的，其基本出发点就是为了保证伟大工程能够长久造福于国家和人民。

3. 人民群众发挥力量和智慧：主动创造历史的主人翁精神

人民群众是创造历史的主力军，在水利工程建设方面也是如此，历史上就出现过诸如郭大昌、王同春等平民治水英雄。但是就总体而言，在旧时代的水利史中，人民群众主要体现为成千上万没有主动性和创造性的劳动力，创造精神被压抑，智慧不能得到充分发挥。新中国成立以后，全面开展的水利工程建设中广泛发动群众，充分发挥人民群众当家做主的主人翁意识，成为当代中国水利的又一特色，“人民群众创造自己的历史”的主人翁精神在水利事业中得到了鲜明的体现。当代水利是全国一盘棋的格局，但并不意味着全国的水利工程建设都是国家投资兴建。很多农村水利事业，就是依靠社会主义公有制体制下劳动人民的力量和智慧建成的。从50年代起全国开展的农田水利建设；60年代在华北农村建成的50万眼机井；利用当地条件建设农村小水电；陕西水利建设中的“南塘北窖关中井”等，都是社会主义制度下农民群众发挥了极大的积极性，创造了前所未有的业绩。

红旗渠的建成更是新中国水利史上的光辉典范。在红旗渠10年建设总投资中，国家投资不到15%，地方（县社队）投资超过85%。在地方投资中，自筹现金和物料折款将近占到1/3[1]。这是当代中国水利史上的独特现象，充分展示了人民群众勇于创造历史的主人翁精神。建设者们既满怀雄心壮志，又尊重科学，具有追求创造的智慧和才干。他们不仅创造了当代水利史上的奇迹，而且在建造红旗渠过程中焕发了创造新生活的雄心，形成了代代相传的红旗渠精神。

4. 将社会科学思想运用于水利建设：科学精神与人文精神的融合

英国学者C. P. 斯诺在《两种文化》一书中把“文化”划分为“科学文化”、“文学文化”，后者就是我们常说的与“科学”对应的“人文文化”，包含人文社会科学的许多学科，诸如哲学、文学、历史、经济、政治、法律等领域的内容，都可以归入“人文文化”的范畴。治水从来就不是一个单纯的自然科学或工程技术学的问题。中

[1] 王宏民、桑继录《红旗渠志》，生活．读书．新知三联书店，1995年，第95页。

国水利史上，治水事业与人文文化的联系极为密切，著名的水工程总是蕴含着深厚的人文精神内涵。新中国成立以来，特别是改革开放以来，中国水利事业继承和发扬了中华水文化的优秀传统，不断追求科学精神与文化精神的融合，在以下几个方面取得了明显成绩：

其一是水利法制建设。从春秋时期“无曲防”的条约算起，到民国时期制定近代第一部《水利法》，我国的水利法规已有2000多年的历史。新中国成立后，特别是改革开放以来，当代水利在法律、法规建设方面超过了历史上任何一个时期。尤其是全国人大2002年颁布的《中华人民共和国水法》，是以往时代从来没有过的，标志着依法治水进入了新阶段。当代水利在水管理的法律、法规方面的建设，体现出水利科学与行政学、管理学、法学、经济学等社会科学的融合，既是对历史传统的继承和发扬，又具有时代的新成就，收到了显著的实践成效。

其二是水利经济的兴起和繁荣。水利经济是国民经济的重要组成部分，是自然科学、工程技术经济学、管理学的结合。80年代之前，水利建设多是从工程角度思考，对于水利经济的研究则起步较晚。改革开放之后，特别是随着计划经济向社会主义市场经济的转变，水利事业的经济属性、经济规律受到普遍的重视，不仅加强了水利事业的财务管理，而且进一步深入探索水利在国民经济体系中的地位和价值，从而对水利工作的各个环节（投资、论证、评估、管理等）都产生了积极的影响和有力的推动。20多年来，我国积极借鉴国外的水利经济思想和经验，并与中国水利经济实践相结合，重点是关于水权、水价、水市场的研究，加深了对于水利经济规律的认识，大大促进了水利事业的改革和发展。纵观中国水利史，将水利置于国民经济的大系统中进行认识和研究，是改革开放时期中国水利的一个鲜明特色。从社会文化发展路程来看，市场经济也是一种文化现象，经济也是（广义的）文化。从这个意义上可以说，当代水利的经济眼光体现了文化视野的扩展。

其三是融合哲学、社会科学思想的治水新理念。这些理念具有鲜明的中国特色和创新意义。现列举三例作为代表：

（1）“河流辩证法”思想。从50年代开始，长江水利委员会开始探索关于“水流与河床对立统一”的河流辩证法思想。特别是被誉为“长江王”的林一山，在半个多世纪的治江实践中，自觉运用辩证哲学思想，对“河流辩证法”进行了精心的研究，将河流作为矛盾的统一体，从水流与泥沙两个主要方面认识我国河流的一般特征，内在包含着丰富的哲学智慧。他不仅首创了“河势”的概念，而且成功地运用于治江实践中，解决了“水库长期使用”等许多棘手的重大理论和实践问题[1]。“河流辩证法”的治水理念包含着丰富的哲学思想，是水利人融合科学思想和人文智慧而创造出来的精神成果。

（2）“水灾害双重属性”理论。90年代，水利专家从哲学、历史学与水利科学的交叉研究中，提出了对灾害双重属性的新认识：不能简单地把灾害说成是“自然灾害”，灾害既有自然属性，也有社会属性。相应的，“减灾的有效途径也有两个方面：

[1] 林一山《河流辩证法与冲积平原河流治理》，文伏波“序”，长江出版社，2007年12月第一版，第5—8页。

针对其自然属性，采取工程措施加以防范；针对其社会属性，调整国土开发和加强管理以适应自然规律。”❶ 对水灾害的防治除了物质手段和措施之外，同时还特别需要观念的改变和升华，从而采取正确的社会行为。一场大的水灾害之后，必然在治水理论上产生一次升华。例如防洪抗洪的实践，促进了对洪灾认识的深化，提出适应洪水规律的治理洪水方略，为其留出宣泄的时间和空间，在防洪策略上应当作出重大调整，给洪水以出路。新的治水理念下的洪水应对要从严防死守向科学防控转变，从单纯的防洪减灾向洪水资源利用方向转变。当代水利对水灾害理论认识的深化和战略思路的转变，是对减灾理论的突出贡献，是工程思想与人文社会观念融合而形成的理论创新。

（3）“河流伦理”理念。世纪之交，黄河水利委员会提出了“维持河流健康生命”的治河新理念，并邀请了人文社会科学界的学者与科技专家共同研讨黄河治理的深层道理，提出了“河流伦理”的理念以及相关理论。依照“河流伦理”理念来看，河流有其内在价值，也有自己的权利，人类对此要保持尊重和敬畏。专家认为，通过对河流伦理体系的研究和构建，一是可以提高人们对于河流生命的科学认识水准，把握人与河流和谐相处的规律，规范人类自身的社会行为；二是在特定的时代背景下，可以落实对河流生命理念进行培育和弘扬，从而在治河实践中真正落实科学发展观；三是能够改善调控管理，将人与河流的关系，从以往的改造、征服的关系转为和谐相处、共存共生的关系❷。总之，“河流伦理”理念把人与人之间的伦理关系拓展到人与河流的关系中，让全社会从伦理道德上认识到人与河流和谐相处的重大意义，并努力追求人与河流和谐相处的真正实现。在中国古代水文化遗产中，就有思想家把水视为生命体，如郦道元在《水经注》中就说过“水德含和”。水和人一样，是有德性、有性格的，要实现人与水的和谐相处，关键是人对于水的态度。“河流伦理”以及相关理论，既有对传统水文化思想的继承，更是适应时代发展的文化创新，具有新时代的科学价值和文化意义。

5. 与国际接轨：全球化时代的开放意识和竞争精神

近代以来，中国在水利工程理论和技术上落后于西方发达国家。从民国时期起，就经常聘请外国专家来华指导水利水电事业。但在20世纪50年代之前，大禹的后人们却很少有走出国门治水的经历，中国的水利水电事业也很少与国际接轨、与外国人竞争的机会。新中国成立后，中国水利积极学习国外先进科技，水利科技水平快速提升。改革开放以来，中国水利水电建设开拓了国际视野。一方面，水利水电队伍走出国门，在世界各地援建、承接工程项目，积极参与国际合作和国际市场竞争，努力开拓海外市场；另一方面，积极引进国外先进的管理经验，在施工和管理中与国际惯例接轨。当代水利人在这一过程中勇敢面对中西文化碰撞，在此过程中实现了文化交流和交融，展现了当代大禹面向世界的国际眼光和竞争精神。

云南鲁布革电站是我国水电史上第一个引进外资（利用世界银行贷款）、实行国

---

❶ 赵春明、周魁一《中国治水方略的回顾与前瞻》，中国水利水电出版社，2005年版，第167页。

❷ 葛剑雄、胡云生《黄河与河流文明的历史考察》，李国英“序一”，黄河水利出版社，2007版，第2-3页。

际竞争性招标承建并第一个采用国际惯例合同文本、第一个实行工程监理制度的重点工程。由此而在水利水电领域形成了著名的“鲁布革冲击”，使中国水利水电队伍在思想上经受了与国际管理模式全方位接轨的冲击，经受了重重困难的磨练和严峻考验。最终深刻地理解了国际竞争的含义，思想观念得到了转变，队伍素质得到了锻炼，技术水平得到了提高，在国际工程管理模式、项目管理、合同管理等方面积累了丰富的经验，并积淀成为闻名全国的“鲁布革经验”，为中国此后建立和推进工程监理制和项目法人负责制以及项目经理责任制等提供了示范作用。鲁布革经验的重要意义，就在于与国际惯例接轨，把国际范围的竞争机制引入工程建设领域。所谓“国际惯例”，就是市场经济发达国家在长期的市场运作中，摸索出的一整套适应市场的企业运行机制和项目管理体制。与国际惯例接轨，树立国际竞争意识，不仅是工程管理思想上的转变，也大大促进了当代水利人文化理念的更新和发展。

黄河小浪底工程是在国境之内的国际工程的典型实例。小浪底工程实行国际招标和国际化管理，国外多家工程队伍进驻工地，因此有“小联合国”之称。小浪底工程体现了与国际惯例的全面接轨，工程第一次真正完整地遵照国际工程管理模式，实行“三制”，业主负责制、招标承包制和建设监理制。与国际接轨，就意味着不同文化和观念的撞击与交融。在小浪底工地，社会主义制度与其他社会制度共存于同一个时空环境中，中西文化差异体现得非常鲜明。小浪底人在国际竞争中经受了考验，焕发出了光彩，保证了小浪底工程取得了工期提前、投资节约、质量优良的业绩，被世界银行誉为该行与发展中国家合作项目的典范，在国内外赢得了广泛赞誉。“小浪底精神”成为水利领域的一面旗帜。在国际竞争方面，“小浪底精神”主要体现为：

（1）爱国主义精神与国际合作精神的结合。面对众多的外方人员，小浪底人与他们精心合作，共同关注工程质量。小浪底人不与外国人比收入，也不比生活条件，而是比工作效率，比工作质量，比奉献精神，从而赢得了外方人员的尊重和敬佩。小浪底人的口号是“在外国人面前，我们是中国人；在中国人面前，我们是小浪底人。”他们以自己的行为和精神在外方人员面前树立了中国水利人的伟大形象，也为中国水利树立了现代化施工和管理的样板，同时也带来了具有中国特色的创新。

（2）学习西方先进管理经验与保持自身文化优势的统一。小浪底人在施工和管理中认真学习外国同行的优长，如严守程序、确保质量、文明施工等，大大提升了自身的管理水平和精神境界。在此基础上提出了建设“责任文化”的号召，并落实到行动上。同时发扬自身的精神文化优势，坚持每周一早晨举行全体干部、职工参加的升国旗仪式，实行党员挂牌上岗，发扬艰苦奋斗、顽强拼搏的优秀传统。这些都在外国同行面前展示了中国水利人独特的精神风貌。改革开放以来，当代水利人从勇敢迎接打开国门之后的剧烈冲击，到在碰撞中实现有效对接，从耐心学习到主动参与，从引进模仿到自主创新，从自我研制改革到对外输出，从合作对话到走向时代前列，日益开放的中国水利已经登上了国际水利的大舞台，成为国际水利水电领域的主力军，成为以可持续发展水利支撑经济社会可持续发展的实践者[1]。这是改革开放以来中国水利呈现的前所未有的新风貌、新精神。

---

[1] 纪念改革开放30年特稿三——“开放：以碰撞对接”，《中国水利报》2008年12月18日第3版。

20.5.3　加强水文化学习和建设的重要意义

“文化”作为一个世界性的话题，越来越受到政治界、思想界以及学术界的高度关注。“代表中国先进文化的前进方向”，已成为“三个代表”重要思想的内容之一。当今时代，文化在综合国力竞争中的地位日益重要。谁占据了文化发展的制高点，谁就能够在激烈的国际竞争中更好地掌握主动权。人类文明进步的历史充分表明，没有先进文化的积极引领，没有人民精神世界的极大丰富，没有全民族创造精神的发挥，一个国家，一个民族，不可能屹立于世界先进的民族之林。水文化，作为文化领域的一个重要方面，目前已逐步发展成为全国乃至全球关注的热门话题，可持续发展水利需要先进水文化的支撑。学习和建设水文化，意义主要有以下几个方面。

1. 有助于全面认识水的价值和水利工作的意义

我们对水的了解通常来自直接的生活经验，知道水的实用价值。但实际上，水的价值是多方面的。从实用方面看，水是生命之源，是国计民生的命脉；从科学角度看，水包含许多复杂的知识、学理、规律，值得认真研究；而以文化眼光来看，水能够承载文化内容，给人以文化启迪和审美愉悦，人与水之间有着丰富的精神联系。水利工作者几乎天天与水打交道，水是自己的劳动对象，对水不仅应当更多了解，也应当更有感情。我们通常所说的“爱水”，应当是全面而丰富的：珍爱“水之用”，探究“水之理”，同时还要学会欣赏“水之美”。这很符合马克思主义美学的精神——在劳动对象上发现其文化内涵，感受到它的美，这是劳动者的幸福，也显示了劳动者的修养。

水利，顾名思义，就是以水为民谋利，不仅包括抗洪、防旱、排涝、浇灌、发电、养殖，还应当包括水资源的储存和可持续利用、水环境的清洁和美化、人水关系的和谐等等。其中，既需要发挥科技的作用，也需要重视文化的价值。水利工作，突出体现了“水利（有益于）万物”的精神。古今中外很多思想家认为水具有许多美好品德，水利人“献身、求实、负责”的工作，与水“利万物而不争”的品格是相通的。“上善若水”的水文化精神，也是水利事业和水利人追求的崇高价值。水文化精神将有助于增强行业的凝聚力、向心力。

2. 有助于促进水利事业的持续发展

水利工作，自古以来都是“民生”性质最强的，与社会生活的方方面面都联系着。水的问题涉及到经济、政治、历史、人文环境等，涉及到不同群体、区域、代际之间的利益。特别在人水矛盾日趋严峻的形势下，仅仅靠科技手段、经济手段难以妥善解决水领域的问题，还需要从文化方面寻找问题的途径和方法。水利部原部长汪恕诚在谈到水利工作新思路时说：“（水利工作）整个都在发生变化，原来特别注意水资源的开发利用，现在特别注意水的开发和保护；以前注意的是水对人的伤害，现在要注意人对水的伤害。”“治水思路从人定胜天，转为人与自然和谐共处，这么多年来，就在人和自然的关系问题上一直在深化各种理念的转变。”[1]在确立和贯彻新的治水理念进程中，先进的水文化观念和意识可以为水利工作提供人文智慧，有助于和谐水利

---

[1] 汪恕诚《治水摒弃“人定胜天”》，央视国际（www.cctv.com）2006年月10日。

事业的建设。

从长远发展的眼光看，文化对于任何行业、事业都具有非常重要的作用。行业兴旺、事业发展，当然要靠科技力量的推动，但科技“第一”不等于“唯一”。事业的持续发展需要有“后劲”，先进文化就是事业发展的“后劲”。文化最核心的内容是价值观念，即对客观事物、对人类行为的理解和评价，什么是好的，可以做；什么是不好的，不可以做。在正确的价值观念引导下，能以古鉴今，弥补单纯技术眼光、单纯经济眼光之不足，工作可以避免狭隘、盲目和短视。水文化建设可以提高水行业职工队伍的素质，提升水工程、水环境的文化含量。水文化的精神内涵，将为水利事业提供强大“后劲”，促进水利事业的持续发展。

3. *有助于增强全社会的爱水意识*

建国60多年来，中国在水利建设方面取得了巨大成就，但是，“水资源短缺、洪涝灾害、水污染和水土流失仍是我国当代四大水问题，……这些问题的形成，既有人多水少、水资源时空分布不均等客观因素，也有用水意识、用水习惯以及不合理的开发活动等人为因素。”[1]解决我国当前日益紧迫的水问题，在运用科技手段、管理手段的同时，还要大力发挥水文化的社会教化作用。因为节约水、保护水的行为，都要以真正爱水的思想意识为基础。著名作家、文化学者余秋雨说，以往我们对水敬爱不够，要让全社会的人都崇拜水，敬爱水。水与民众生活和社会各行各业密切相关，水文化不仅是水行业的文化，更是全社会的文化。水文化应当进农村、进城市、进矿山、进工厂、进社区、进学校，进入每一个人心中。通过水文化的传播，促进每个社会成员自觉树立爱水的理念，增强全社会知水、惜水、护水的意识，并体现为全民的实践行动。

水文化的学习和建设包括以下几个方面：①开展水文化研究，整理古今中外的水文化思想遗产，继承和弘扬优秀水文化，结合时代精神和时代需求，实现水文化的古为今用，洋为中用。②将水文化的研究运用于水事活动（主要是工程建设和管理）实践之中，使水文化在和谐社会建设中发挥作用，同时追求新形式下的文化创新。③开展水文化宣传和教育，使水文化深入社会民众心中。特别是水利专业的大学生，更需要在专业学习的同时，学习水文化知识，领会水文化精神，成为懂科技、有文化眼光的新一代水利人。

---

[1] 刘宁《文化视野中的中国水资源问题》，《求是》2006年第23期。

参 考 文 献

［1］ （美）H. G. 戴明著．向世武，肖玲译．水——机会之泉［M］．北京：科学出版社，1985.

［2］ （苏）奥·阿·斯品格列尔著．宋炳忠译．水［M］．北京：海洋出版社，1983.

［3］ National Research Council，USA. Opportunities in the hydrologic sciences［M］. USA：Naional Academy Press，1991.

［4］ Namowitg，S·N，Eerth Science，D·C·Heath and Company，1981.

［5］ Herschy，R. W. & R. W. Fairbridge，Encyclopedia of Hydrology and Water resources［M］. Kluwer Academic Publ.，1998.

［6］ Hornberger，G. M.，at el：Elements of physical hydrology［M］. John Hopkins Univ. Press，1998.

［7］ Hamblin，W. K. Earth Dynamic Systems（6th edition）［M］. Macmillan Publishing Com.，1992.

［8］ Levi，E. The science of water，the foundation of modern hydraulics［M］. ASCE Press，1995.

［9］ 中国大百科全书；大气科学卷，水文科学卷．北京：中国大百科全书出版社，1999.

［10］ 赵人俊．流域水文模拟——新安江模型与陕北模型［M］．北京：水利电力出版社，1984.

［11］ 刘南威．自然地理学［M］．北京：科学出版社，2001.

［12］ 任立良，束龙仓，等译．M. Falkenmark & J. Rockström 著，Balancing Water for Humans and Nature－The New Approach in Ecohydrology.（人与自然和谐的水需求——生态水文学新途径）［M］. 北京：中国水利水电出版社，2006.

［13］ Xiaofan Liu，Liliang Ren，Fei Yuan，V. P. Singh，et al. Quantifying the effect of land use and land cover changes on green water and blue water in northern part of China［J］. Hydrol. Earth Syst. Sci.，2009，13：735－747.

［14］ 国家气候变化对策协调小组办公室．中国21世纪议程管理中心，全球气候变化——人类面临的挑战［M］．北京：商务印书馆，2004.

［15］ 国家自然科学基金委员会，中国科学院自然与社会协调发展局，等．现代大气科学前沿与展望［M］．北京：气象出版社，1996.

［16］ 水利部人事劳动教育司．水利概论［M］．南京：河海大学出版社，2002.

［17］ 秦大河，张坤民，牛文元．中国人口资源环境与可持续发展［M］．北京：新华出版社，2002.5

［18］ 陈震，等编著．水环境科学［M］．北京：科学出版社，2006.4

［19］ 李博主编．生态学［M］．北京：高等教育出版社，2002.

［20］ 杨志峰，等著．生态环境需水量理论、方法与实践［M］．北京：科学出版社，2003.

［21］ 刘树坤．水力发电站建设中的生态修复［J］．海河水利，NO.1，2003

［22］ 李玉梁，李玲．环境水力学研究进展与发展趋势［J］．水资源保护，2002，(1)．

［23］ 王艳．区域环境价值核算的方法与应用研究［D］．中国海洋大学，2006.

［24］ 沈长松，王世夏，林益才，刘晓青．水工建筑物［M］. 北京：中国水利水电出版社，2008.

［25］ 中国水利百科全书编辑委员会，中国水利百科全书［M］. 北京：水利电力出版社，1991.

［26］ 钱正英主编，中国水利［M］. 北京：水利电力出版社，1991.

［27］ 张超编著，水电能资源开发利用［M］. 北京：化学工业出版社，2005.

[28] 顾淦臣，束一鸣、沈长松．土石坝工程经验与创新［M］．北京：中国电力出版社，2004.
[29] 《水利水电工程建设征地移民设计规范》SL 290－2003.
[30] 《水电工程水库淹没处理规划设计规范》DL/T 5064－1996.
[31] 施国庆，陈绍军，等．中国移民政策与实践［M］．宁川：宁夏人民出版社，2001.
[32] 沈长松，顾圣平主编．注册土木工程师水利水电工程执业资格专业考试培训教材（下册）专业知识第二分册：水利水电工程地质、水土保持、征地移民［M］．北京：中国水利水电出版社，2007.
[33] 郭元裕．农田水利学［M］．第3版．北京：中国水利水电出版社，1997.
[34] 李远华．节水灌溉理论与技术［M］．武汉：武汉水利电力大学出版社，1999.
[35] 刘肇祎，朱树人，袁宏源．中国水利百科全书·灌溉与排水分册［M］．第2版．北京：中国水利水电出版社，2004.
[36] 周志远．农田水利学［M］．北京：中国水利水电出版社，1993.
[37] 华东水利学院．灌溉与排水［M］．北京：水利出版社，1982.
[38] 李永善，陈珍平．农田水利［M］．北京：水利电力出版社，1985.
[39] 茆智．发展节水灌溉应注意的几个原则性技术问题［J］．中国农村水利水电，2003，3：19-23.
[40] 姜德文．以生态修复为指导思想的水土保持技术路线探讨［J］．水土保持通报．2004，24(6)：86-89.
[41] 刘国彬，杨勤科，陈云明，等．水土保持生态修复的若干科学问题［J］．水土保持学报，2005，19(6)：126-130.
[42] 高辉巧．水土保持［M］．北京：中国广播电视大学出版社，2005.
[43] 丁泽民．我国水土保持四十年［J］．中国水土保持，1989，(6)：2-6.
[44] 陈雷．抓住机遇开拓创新推动我国水土保持工作再上新台阶［J］．中国水土保持，2002，(1)：1-2.
[45] 王浩．中国水资源与可持续发展［M］．北京：科学出版社，2007.
[46] 中国科学院可持续发展战略研究组．2007中国可持续发展战略报告——水：治理与创新［M］．北京：科学出版社，2007.
[47] 钱正英，张光斗主编．中国可持续发展水资源战略研究综合报告．中国水利水电出版社，2001.
[48] 汪恕诚．资源水利——人与自然和谐相处［M］．北京：中国水利水电出版社，2003.
[49] 顾浩等．中国水利现代化研究［M］．北京：中国水利水电出版社，2004.
[50] 张岳，任光照，谢新民．水利与国民经济发展［M］．北京：中国水利水电出版社，2006.
[51] 中华人民共和国水利部．中国水政要览（2000—2005）［M］．北京：中国水利水电出版社，2007.
[52] 中华人民共和国国家发展和改革委员会，水利部．水利工程供水价格管理办法［M］．北京：中国水利水电出版社，2007.
[53] 邱忠恩，沈佩君．中国水利百科全书·水利经济分册［M］．北京：中国水利水电出版社，2004.
[54] 中华人民共和国国家发展和改革委员会，建设部．建设项目经济评价方法与参数（第三版）［M］．北京：中国计划出版社，2006.
[55] 中国水利经济研究会．水利建设项目后评价理论与方法［M］．北京：中国水利水电出版社，2004.
[56] 中华人民共和国水利部．水利建设项目经济评价规范（SL72－94）［M］．北京：中国水利

水电出版社，1994.
[57] 姜弘道. 水资源需求管理概论 [M]. 南京：河海大学出版社，2009.
[58] 汪恕诚. 资源水利——人与自然和谐相处 [M]. 北京：中国水利水电出版社，2003.
[59] 赵春明，周魁一. 中国治水方略的回顾与前瞻 [M]. 北京：中国水利水电出版社，2005.
[60] 顾浩. 中国治水史鉴（第二版）[M]. 北京：中国水利水电出版社，2006.
[61] 水利部国际合作与科技司. 当代水利科技前沿 [M]. 北京：中国水利水电出版社，2006.
[62] 水利部国际合作与科技司. 水利科技发展战略报告 [M]. 北京：中国水利水电出版社，2006.
[63] 中国水利百科全书（第二版）[M]. 北京：中国水利水电出版社，2006.
[64] 中国水利学会. 水利学科发展报告 [M]. 北京：中国科学技术出版社，2008.
[65] 靳怀堵. 中华文化与水 [M]. 武汉：长江出版社，2005.
[66] 葛剑雄，胡云生. 黄河与河流文明的历史考察 [M]. 郑州：黄河水利出版社，2007.
[67] 雷毅. 河流的价值与伦理 [M]. 郑州：黄河水利出版社，2007.
[68] 李宗新，靳怀堵，尉天骄. [M]. 中华水文化概论. 郑州：黄河水利出版社，2007.
[69] 尉天骄等. 水文化教育丛书. [M]. 南京：河海大学出版社，2009.